POUDRES ET EXPLOSIFS

DICTIONNAIRE

DES

MATIÈRES EXPLOSIVES

PAR LE

Dr J. DANIEL

INGÉNIEUR DES ARTS ET MANUFACTURES
ANCIEN DIRECTEUR
DE LA COMPAGNIE DES EXPLOSIFS « SÉCURITE »

PRÉFACE

de M. BERTHELOT

SECRÉTAIRE PERPÉTUEL DE L'ACADÉMIE DES SCIENCES
MEMBRE DE L'ACADÉMIE FRANÇAISE
PRÉSIDENT DE LA COMMISSION DES SUBSTANCES EXPLOSIVES

PARIS (VIe)

Vve CH. DUNOD, ÉDITEUR

49, QUAI DES GRANDS-AUGUSTINS, 49

1902

DICTIONNAIRE

DES

MATIÈRES EXPLOSIVES

POUDRES ET EXPLOSIFS

DICTIONNAIRE

DES

MATIÈRES EXPLOSIVES

PAR LE

Dr J. DANIEL

INGÉNIEUR DES ARTS ET MANUFACTURES
ANCIEN DIRECTEUR
DE LA COMPAGNIE DES EXPLOSIFS « SÉCURITE »

PRÉFACE

de M. BERTHELOT

SECRÉTAIRE PERPÉTUEL DE L'ACADÉMIE DES SCIENCES
MEMBRE DE L'ACADÉMIE FRANÇAISE
PRÉSIDENT DE LA COMMISSION DES SUBSTANCES EXPLOSIVES

PARIS (6e)
Vve CH. DUNOD, ÉDITEUR
49, Quai des Grands-Augustins, 49

1902

PRÉFACE

Voici un gros livre, un bon livre, un volume utile consacré à l'étude essentiellement pratique des matières explosives, employées dans les travaux de mines et pour les applications militaires et industrielles les plus diverses.

L'usage des explosifs et leur existence même était ignorée dans l'antiquité : ce ne sont pas des produits naturels, dont l'empirisme pur ait pu révéler l'existence ou les propriétés : ce sont là des œuvres artificielles, des inventions de la science européenne.

La découverte du feu grégeois par les Byzantins, vers le VIIe siècle de notre ère, en fut la première origine. Non que le feu grégeois constituât par lui-même une matière explosive : c'était un mélange de substances inflammables, résines, soufre, pétroles, bitume, avec le salpêtre, sel dont les Grecs et les Romains n'avaient pas soupçonné les qualités comburantes et qu'ils ne distinguaient même pas des autres sels, tels que le sulfate de soude, le carbonate de soude, le chlorure de sodium, susceptibles de s'effleurir à la surface des terres, ou des vieux murs. On ignore par quelle circonstance on s'aperçut que le salpêtre avivait le feu, et comment son mélange avec les résines constituait une matière combustible, que l'eau n'éteignait pas et qui pouvait même continuer à brûler sous l'eau. Cependant, ce mélange fut mis en œuvre à Constantinople, siège d'une science déjà raffinée, et il fut utilisé pour détruire les flottes des Sarrasins et celles des Russes, dirigées contre cette capitale. Il jouait un grand rôle au temps des croisades. A la longue, l'emploi du feu grégeois révéla l'existence d'une force projective, utilisée d'abord dans les fusées, et d'une force explosive, mise en œuvre dans les pétards : à l'origine, on la redoutait fort et l'on s'efforçait d'en prévenir les effets, dangereux pour les opérateurs.

Au XIVe siècle seulement, la science occidentale commençait à s'éveiller de nouveau : l'un de ses premiers progrès consista dans l'invention de la poudre à canon, mélange de salpêtre, de soufre et de charbon, c'est-à-dire dans l'utilisation, pour l'art de la guerre et la projection des boulets et carreaux, de ses propriétés explosives. La face du monde ne tarda pas à être changée par son emploi. Observons que c'est à tort qu'il a été attribué aux Chinois : dans cet ordre, de même que dans la plupart des autres, les Chinois ont emprunté à peu près toutes leurs connaissances scientifiques à l'Occident. L'histoire de l'origine de la découverte de la poudre à canon, le prototype des explosifs, est aujourd'hui éclaircie. Parmi les renseignements que fournit cette histoire, on peut remarquer une circonstance capitale : son emploi dans l'artillerie, une fois révélé, se propagea avec une extrême promptitude chez les nations européennes. En effet, en 1338, lors d'une opération de guerre décrite par les textes retrouvés dans nos archives par Lacabane, on se borne à acheter une livre de salpêtre et une demi-livre de soufre, destinés aux pots de fer (bombardes) qui lançaient des carreaux à feu, grandes flèches à pelote incendiaire. Tel est l'humble commencement de la substitution de la force balistique de la poudre à celle des arbalètes à tour et des mangonneaux, seule artillerie usitée jusqu'alors. En 1339, au siège de Cambrai, figurent la poudre et dix canons métalliques, engins de faible calibre, car ils coûtaient seulement 2 livres, 10 sous, 3 deniers chacun. En 1345, on fabrique à Cahors 60 livres de poudre; et l'année suivante, à Crécy, les Anglais mettent en ligne trois petits canons. Cependant l'importance de ces nouvelles armes de guerre se manifesta à tel point que, cinquante ans après, toutes les grandes villes et châteaux forts en étaient pourvus : en guerre, nul ne veut rester inférieur à ses adversaires, sous peine de défaite et de ruine. L'art des mines, tant pour la guerre que pour l'industrie, ne tarde pas à mettre en œuvre la poudre à canon, comme le montrent les descriptions et les images des manuscrits depuis l'an 1400 : on y voit notamment l'emploi de la poudre pour la destruction des troncs d'arbre.

Dès lors le feu grégeois, naguère si réputé, disparaît rapidement de la pratique. Cependant, ses recettes, contrairement à une opinion fort répandue, n'ont jamais été perdues : elles figurent non seulement dans les manuscrits, mais dans les ouvrages imprimés du XVIe siècle, et elles se sont perpétuées par la composition de la roche à feu, encore usitée aujourd'hui dans les bombes, comme matière incendiaire, projetée au moment de l'explosion des projectiles.

Si j'ai cru intéressant d'entrer dans ces détails historiques, c'est que, de notre temps, nous avons observé un changement plus prompt encore, lors de la substitution des nouveaux explosifs à la poudre noire, laquelle tend aujourd'hui à disparaître de la pratique, comme l'ancien feu grégeois.

La première atteinte à la domination exclusive du salpêtre, en tant que base des poudres de guerre, fut apportée par Berthollet, lorsqu'il découvrit le chlorate de potasse et ses propriétés éminemment comburantes, dans les dernières années du XVIIIe siècle. Il eut aussitôt l'idée de fabriquer avec ce sel, mélangé au soufre et au charbon, une nouvelle poudre, plus énergique que l'ancienne. Ces essais, poursuivis d'abord avec quelque succès, se terminèrent par une explosion terrible, où périrent plusieurs personnes.

Les progrès de la chimie firent connaître bientôt, au commencement du XIXe siècle, un certain nombre de matières explosives, telles que l'or fulminant, l'argent fulminant, le fulminate de mercure, matières que leur sensibilité au choc écarta d'abord de tout emploi. Cependant, le fulminate de mercure et certains mélanges du chlorate de potasse avec le phosphore, le sulfure d'antimoine, etc., ne tardèrent pas à être employés comme amorces.

Vers 1846, les progrès de la chimie organique conduisirent à la découverte de matières explosives plus maniables, telles que la nitroglycérine, le coton nitrique et, plus généralement, les dérivés nitriques d'un grand nombre de composés hydrocarbonés. Un chimiste suisse, Schœnbein, eut l'idée d'employer l'un d'eux, le coton nitrique, à la place de la poudre à canon ; il l'appela le *coton-poudre*. Cette invention eut d'abord quelque succès. Mais le nouvel explosif détonait trop violemment et endommageait les armes. Les essais que divers gouvernements exécutèrent pour le fabriquer en grand aboutirent presque tous à de terribles catastrophes, par suite de la décomposition spontanée du coton nitrique, dont on ne savait pas alors assurer la stabilité ; de telle sorte qu'à partir de 1864, sa fabrication, en vue de remplacer la poudre à canon, fut à peu près abandonnée. Néanmoins, ces études furent poursuivies dans l'emploi des mines, en raison de l'énergie plus grande que l'on avait cru constater empiriquement dans les nouveaux explosifs.

L'un d'eux particulièrement, la nitroglycérine, en raison du bas prix de sa matière première et de la facilité de sa préparation, prit une certaine importance dans les applications. Mais, cette fois encore, la grande sensibilité au choc de l'explosif détermina des accidents épouvantables, dans les localités et sur les navires où l'on en avait réuni des quantités considérables. Ce fut un Suédois, Nobel, qui trouva le moyen de régulariser l'emploi de la nitroglycérine, à l'aide d'un artifice déjà bien connu par l'étude de la poudre noire, lequel consiste à mélanger la nitroglycérine avec une matière inerte convenablement choisie. Il employa d'abord une variété de silice amorphe, connue sous le nom de Kiesel-Guhr, constituée par les carapaces d'infusoires microscopiques. Nobel désigna le mélange ainsi obtenu sous le nom de *dynamite*, et reconnut en outre qu'il ne détonait pas par simple inflammation à l'air libre, mais seulement par le choc d'une amorce, spécialement d'une amorce au fulminate de mercure. Cette invention, brevetée par Nobel en 1867, devint pour lui la source d'une fortune considérable et son succès encouragea les tentatives pour mettre en œuvre d'autres matières explosives, telles que les picrates et plusieurs dérivés nitriques. D'autre part, le chimiste anglais Abel, par une étude approfondie de la préparation de la poudre-coton, détermina les conditions propres à en assurer la stabilité ; ce qui permit d'en reprendre l'emploi avec une sécurité inconnue auparavant.

Tous ces essais présentaient un caractère purement empirique et il n'existait jusqu'alors aucune théorie qui permît de prévoir à l'avance ou de calculer la force d'une matière explosive, soit ancienne, soit nouvelle.

Ayant été conduit à expérimenter les matières explosives sur une grande échelle, pendant le siège de Paris, j'ai montré, pour la première fois, comment, étant connues la composition chimique d'une matière simple ou mélangée et la nature des produits développés par son explosion, on pouvait en déduire *a priori* la force de cette matière, pourvu que l'on en déterminât à l'avance la chaleur de formation par les éléments de tous les corps simples ou composés intervenant dans la réaction. En effet, on calcule ainsi la chaleur dégagée dans la réaction même, et le volume des gaz développés. Ces deux données permettent d'évaluer le travail et la pression maximum que l'explosion est susceptible de produire, en supposant réalisées les circonstances les plus favorables. Pour fournir les données nécessaires à ces calculs, j'ai mesuré la chaleur de formation de l'acide azotique du salpêtre, et des azotates, jusque-là inconnue, celle de la nitroglycérine, de la poudre-coton, celle des chlorates et des perchlorates, celle de l'azotate d'ammoniaque et du bioxyde d'azote; bref, avec le concours de M. Sarrau et de M. Vieille, j'ai dressé le tableau de toutes les données thermo-chimiques indispensables pour calculer la force des matières explosives. J'y ai joint une étude approfondie des autres circonstances fondamentales qui en déterminent les effets, telles que la vitesse des réactions explosives et le mécanisme de leur propagation, spécialement lors de l'emploi du fulminate de mercure, ainsi que la théorie des explosions par influence. J'ai été ainsi conduit, dans des études faites en commun avec M. Vieille, à la découverte de l'onde explosive, qui joue un rôle capital dans une multitude de phénomènes.

A la suite de ces travaux, la comparaison entre les matières explosives connues autrefois et les matières nouvelles a pu se faire à l'avance et d'une manière générale; sans exclure cependant la nécessité de vérifier, par des épreuves spéciales, les conséquences de ces théories, dans les conditions particulières des applications.

L'un des premiers fruits de semblables déterminations fut d'éclaircir les causes, jusque-là obscures et mystérieuses de la différence qui existe entre la force de la poudre noire et celle des nouveaux dérivés nitriques tels que la nitroglycérine et la poudre-coton. En effet j'ai constaté que l'énergie de l'acide nitrique, qui sert de base à ces poudres aussi bien qu'au salpêtre, subsiste dans la nitroglycérine et la poudre-coton, suivant une proportion double environ de celle qui est conservée dans le salpêtre, base de la poudre noire. En conséquence j'ai pu annoncer, il y a trente ans, que la poudre noire legs des âges barbares, était destinée à avoir le sort de l'antique feu grégeois et à disparaître dans un cour espace de temps, prophétie aujourd'hui vérifiée.

Un tableau général de la force relative des divers groupes d'explosifs, à base d'azotate, de chlorate, de dérivés nitriques, sur la comparaison desquels on ne possédai jusque-là que de vagues données, put dès lors être dressé.

Les études sur les matières explosives, appuyées désormais sur des notions plus précises, ont pris une extension chaque jour plus considérable et une importance immense, particulièrement dans les industries minières. La découverte de la poudre sans fumée par M. Vieille, en 1886, bientôt imitée chez tous les peuples civilisés, a amené la disparition de la poudre à canon, qu'elle a remplacée dans les armes de guerre. Les explosifs nouveaux, tels que l'acide picrique et la poudre-coton comprimée, se sont également substitués à la poudre noire dans les obus et projectiles explosifs.

C'est le vaste tableau de ces nouveaux progrès et de la multitude des matières explosives inventées chaque jour, que présente l'intéressant ouvrage de M. Daniel.

Les monographies que renferme ce Dictionnaire sont surtout pratiques, comme il convient à un ouvrage destiné aux industriels et aux ingénieurs. On pourrait en dresser une longue liste et analyser les faits et les détails qui y sont exposés, avec beaucoup de clarté et de méthode. Mais il suffira d'appeler l'attention du lecteur sur les articles suivants, relatifs à des sujets, à des questions qui jouent un rôle important dans les applications;

Tel est le calcul des éléments caractéristiques, calcul dont le principe a été indiqué plus haut, mais qui exige le concours des théories thermodynamiques.

L'étude du celluloïd, celle de la poudre à canon et du charbon, destiné à sa fabrication, étude spéciale qui remplissait autrefois les traités de matières explosives, et que les progrès de la science ont réduite à occuper à peine quelques pages dans les ouvrages modernes;

La fabrication de la poudre sans fumée de Vieille et celle de la cordite, base des poudres anglaises, qui a été imaginée à son imitation; les détonateurs, la dynamite, les gélatines explosives, l'emploi de l'électricité pour le tirage des mines, et, plus généralement, les conditions de l'emploi des explosifs dans toutes sortes d'applications, sont l'objet d'articles intéressants. Je signalerai, en particulier, les explosions sous-marines pour la destruction des récifs, lesquelles ont donné lieu aux applications les plus grandioses.

On trouve également dans le présent ouvrage des détails curieux sur les engins criminels employés par les conspirateurs et par les anarchistes, à différentes époques

La glycérine, matière première, forme un article spécial

La question des explosifs dits de sûreté, qui a pris un si grande importance dans les mines à grisou, est traité avec le soin qu'elle comporte.

La préparation et la purification du salpêtre et d l'acide azotique, base de la plupart des nouveaux explo sifs, a conservé ici la même importance qu'autrefois.

Mais l'auteur a développé à juste titre les préparation de ses dérivés, tels que la nitrocellulose, la nitroglycé rine, l'acide picrique, base de la mélinite de Turpin, le nitrobenzines, etc.

Bref, le livre de M. Daniel constitue une véritabl encyclopédie des explosifs, presque innombrables, qui on été inventés depuis un quart de siècle. C'est un manue pratique, indispensable pour les ingénieurs, les indus triels et les artilleurs.

M. Berthelot.

A

A_3, $A\frac{8}{11}$ paraffinée et $A\frac{13}{20}$; $A\frac{26}{34}$; $A\frac{30}{40}$ (Poudres). — Ces diverses dénominations concernent les poudres noires réglementaires, dans la marine française, pour le tir respectif des canons de 10 et de 14 centimètres ; 16, 19 et 24 centimètres ; 27, 32 et 34 centimètres.

Abbot. — Voir *Sous-marines* (*Explosions*).

Abel est l'inventeur du procédé de fabrication du coton-poudre sur lequel sont basées les méthodes actuellement en usage (Voir *Nitrocelluloses*).

(Brevet anglais n° 1.102, du 2 avril 1865.)

Abel a fait breveter l'addition, au coton-poudre, d'un corps oxydant, tel que le chlorate ou le nitrate de potasse (ou des mélanges de ces sels), ainsi que d'un alcali ou d'un carbonate alcalin. Ce mélange, additionné de nitroglycérine, a été désigné sous le nom d'abélite, de glyoxyline ou de dynamite ou fulmicoton.

Voici une des formules indiquées :

Nitroglycérine	65,50
Fulmicoton en poudre	30,00
Salpêtre	3,50
Carbonate de soude	1,00
	100,00

(Brevet anglais n° 3.652, du 24 décembre 1867.)

Abel. — Voir *Amorces électriques*, *Smokeless Explosive* et *Picrates*.

Abel et Dewar. — Voir *Cordite*.

Abélite. — Voir *Abel*.

Ablonite. — Sorte de dynamite fabriquée à Ablon.

Acapnia (Poudre). — Poudre de chasse analogue à la poudre Schultze et fabriquée à Bologne.

Acétate d'éthyle, acétique (éther). — Voir *Ether éthylacétique*.

Acétone (C^3H^6O). — L'acétone ordinaire, ou acétyle-méthyle se présente sous la forme d'un liquide incolore, très fluide, d'une odeur aromatique agréable, soluble dans l'eau, l'alcool et l'éther. Son point d'ébullition est à 56°. Il brûle avec une flamme éclairante, mais n'est point explosible. Ce liquide joue un rôle important dans la fabrication des poudres sans fumée et autres explosifs, en raison de la facilité avec laquelle il dissout le fulmicoton et la nitroglycérine.

On l'obtient habituellement par la distillation sèche de l'acétate de calcium ou de strontium. Industriellement, on en prépare de grandes quantités en traitant les produits de la distillation du bois. Dans les deux cas, il convient de procéder à l'épuration du produit obtenu.

L'acétone doit satisfaire aux condutions suivantes : son poids spécifique ne peut dépasser 0,800, à la température de 15°. Mélangée à l'eau, elle ne doit pas se troubler. Evaporée à 100°, elle ne peut laisser aucun résidu. A la distillation, il faut que 80 0/0 au moins de volume employé passent à une température n'excédant pas 59°; le résidu ne doit contenir aucune substance étrangère à la fabrication.

Les impuretés sont décelées par le permanganate de potasse, que l'on additionne à raison de 1 0/0, en solution au centième.

La décoloration ne peut se produire avant une demi-heure. D'après les expériences auxquelles a procédé M. J.-T. Conroy, les résultats obtenus varient dans une large mesure avec la température. Celle-ci doit donc être spécifiée, 15° par exemple.

Pour reconnaître si l'acétone n'a pas été additionnée d'eau, on peut employer la méthode suivante, due à MM. Schweitzer et Lungwitz (*Chem. Zeit.*, 1895, p. 1384) : on agite ensemble, à volumes égaux, le liquide à essayer avec du naphte. S'il se trouve de l'eau, elle se déposera lors de la séparation des liquides par ordre de densité.

L'acidité ne peut dépasser 0,005 0/0. On la détermine en prélevant 50 centimètres cubes de l'échantillon à examiner, auxquels on ajoute la même quantité d'eau, ainsi que 2 centimètres cubes de phénolphtaléine en solution dans l'alcool (1 gramme par litre). On dose au moyen de la solution $\frac{N}{100}$ de NaOH ($1^{cc} = 0^{gr},0006$ acide acétique). Il faut avoir soin de vérifier la neutralité de l'eau dont on se sert; on s'abstiendra, d'autre part, de souffler dans les pipettes employées, car on pourrait neutraliser ainsi jusqu'à 2 centimètres cubes de la solution alcaline, soit la moitié de la quantité qui correspond à la limite d'acidité admise.

En général, l'acétone du commerce jaunit à la lumière et supporte moins facilement alors l'épreuve au permanganate et l'essai d'acidité. Pour prévenir tout malentendu, il convient donc de la conserver dans l'obscurité avant de la soumettre à ces deux essais.

Acétylure de cuivre. — Cette substance s'obtient sous la forme d'un précipité rouge marron, en traitant par l'acétylène une solution ammoniacale de chlorure cuivreux. Elle détone par le choc, ainsi que par la chaleur à 100°. Le mélange d'acétylure de cuivre et de chlorate de plomb détone au moindre frottement.

L'acétylure de cuivre peut prendre naissance dans les tuyaux à gaz en cuivre et provoquer certains accidents lorsqu'on en effectue le nettoyage.

Acétylure de mercure. — On prépare ce composé en faisant agir l'acétylène sur l'oxyde mercurique. Il se présente sous la forme d'une poudre blanche de densité élevée, détonant avec violence sous l'influence d'un rapide échauffement ou bien d'un choc.

Acide azothydrique. — Voir *Azothydrique (Acide).*

Acide azotique. — Voir *Nitrique (Acide).*

Acide carbazobique. — Voir *Picrique (Acide).*

Acide carbolique. — Voir *Phénol.*

Acide crésylique. — Voir *Crésol.*

Acide Emmens. — Voir *Emmens.*

Acide méthazonique. — Voir *Nitrométhane.*

Acide nitrique. — Voir *Nitrique (Acide).*

Acide oxypicrique. — Voir *Nitrorésorcine.*

Acide phénique. — Voir *Phénol.*

Acide picrique. — Voir *Picrique (Acide).*

Acides (Explosifs) de Sprengel. — Voir *Sprengel.*

Acide styphnique. — Voir *Nitrorésorcine.*

Acide sulfurique. — Voir *Sulfurique (Acide).*

Acide trinitrocrésylique. — Voir *Trinitrocrésylique (Acide).*

Acme Powder. — Voir *Liardet.*

Actiengesellschaft Dynamit Nobel (Die), à Vienne, a fait breveter la fabrication d'une poudre sans fumée obtenue en nitrifiant une cellulose transformée préalablement en une poudre impalpable, et le mélange de cette nitrocellulose avec un dérivé nitré de la benzine, du toluène, de la naphtaline ou du xylène. L'opération se fait à sec, en ayant soin de prendre toutes les précautions voulues concernant l'élévation de la température, sous une pression de 1.000 à 2.000 atmosphères. On obtient des plaques dont on effectue la granulation comme s'il s'agissait de la poudre noire. L'avantage de ce procédé de fabrication, c'est l'absence de tout véhicule dissolvant ou gélatinisant. Les proportions recommandées sont de 70 à 99 0/0 de nitrocellulose et 30 à 1 0/0 d'hydrocarbure nitré ; on peut substituer à la nitrocellulose l'amidon nitré ou bien la nitrodextrine, et l'on obtient ainsi la poudre Nobel à l'amidon nitré.

(Brevet français n° 212.650 et brevet anglais n° 6.219, du 9 avril 1891.)

La même société a fait breveter un explosif de sécurité à base d'azotate d'ammoniaque et de permanganate de potasse, additionnés de 1 à 3 0/0 de nitroglycérine.

[Brevet anglais n° 18.078 (1896), accepté le 19 septembre 1896.]

Elle a proposé également d'effectuer dans le vide la nitrification de la cellulose (Voir *Nitrocelluloses*).

Adams a fait breveter la poudre de mine répondant à la composition suivante :

Salpêtre	54,00
Soufre	20,00
Fleur de soufre	13,00
Eau	10,00
Acide picrique	1,00
Sulfure d'antimoine	1,00
Oxyde mercurique	0,50
Acide tungstique	0,50
	100,00

(Brevet français, n° 232.722, 9 septembre — 8 décembre 1893.)

Adam's Pistol Powder. — Poudre anglaise réglementaire pour le chargement des revolvers, obtenue par le tamisage des résidus de poudre RFG².

Aérolite. — Poudre à base d'azotate d'ammoniaque admise en Angleterre.

Agar-agar. — Voir *Grenée* (*Poudre*).

Afflamite. — Poudre à base d'azotate d'ammoniaque soumise à l'examen de l'Inspection anglaise des explosifs, en 1898, mais retirée avant les épreuves.

Agave nitré. — Voir *Trench.*

A grana fine (Polvere). — Poudre noire italienne à fusil et à canon (nº 1 et nº 2).

A grana grossa (Polvere). — Poudre noire italienne. Le numéro 1 (2.200 à 2.600 grains au kilogramme) est destiné aux canons de 90 à 210 millimètres, et le numéro 2 (485 à 515 grains), aux canons de 160 et de 240 millimètres.

Agriculture (Application des explosifs à l'). — L'abatage des arbres et l'arrachage des souches à l'aide de la dynamite ont été pratiqués aux États-Unis, ainsi qu'en Autriche.

En ce qui concerne la première de ces applications, l'emploi de la dynamite n'est économique qu'à partir de troncs mesurant au moins $0^{m},45$ de diamètre. Pour effectuer l'opération, on fore un trou radial de 3 à 4 centimètres de diamètre, d'une longueur égale aux trois quarts du diamètre de l'arbre, et à une hauteur de 30 à 40 centimètres au-dessus du sol ; on y introduit une charge qui en occupe la moitié environ. Si le diamètre dépasse 60 centimètres, il faut percer au moins deux trous à la même hauteur. Pour les arbres de diamètre restreint, on se contente de rouler un petit boudin de dynamite à peu de distance du pied ou de placer simplement la charge de côté. La dynamite à 30 0/0 de nitroglycérine est suffisante. L'explosion produit une détonation sourde, et l'arbre est coupé à hauteur de la charge.

Quant à l'arrachage des souches, l'emploi de la dynamite se recommande surtout lorsqu'on se propose de défricher des terrains occupés antérieurement par des forêts. On a remarqué, en effet, que la commotion due à l'explosion détruit complètement les insectes qui pullulent habituellement sur les souches ; en outre, elle remue le sol à une profondeur bien plus considérable que la charrue. Ces applications présentent de grands avantages dans les pays où la main-d'œuvre est coûteuse.

D'après M. Contagne, qui a fait en Tunisie des essais de défrichement à la dynamite (*Mémorial des Poudres et Salpêtres*, 1897-1898, p. 111), il faut tout d'abord nettoyer la surface de la souche, la dégager du sol juste assez pour pouvoir se rendre compte de l'endroit où est le pivot. Si on dégage trop les racines, on diminue la hauteur de terre au-dessus de la charge; il en résulte une réduction du bourrage et, par suite, du travail effectué.

La charge se place obliquement, à 50 ou 60 centimètres de profondeur au-dessous de la tête de la souche, et tout contre le pivot. On emploie une barre à mine dont la longueur ne dépasse pas 1 mètre, de manière qu'elle puisse avoir un diamètre assez considérable (40 à 55 millimètres) sans être trop lourde. Pour faciliter le travail, l'auteur conseille d'amorcer les cartouches un peu à l'avance; nous pensons qu'une telle pratique, toujours dangereuse, ne peut être préconisée.

Comme explosif, M. Contagne préconise l'emploi de la dynamite n° 2 à 35 0/0 de nitroglycérine, 52 0/0 d'azotate de soude et 13 0/0 de cellulose ; la charge comprend deux cartouches de 85 grammes. Quant à l'amorçage, il s'effectue au moyen d'un détonateur de $0^{gr},80$ et $0^{m},50$ de mèche de Bickford. Si l'explosion ne projette pas la souche, elle exerce néanmoins un travail de dégagement qu'il est aisé de terminer à peu de frais.

Aguiar (d') et Lautemann. — Voir *Azote* (*Dosage de l'*).

Ahrens. — Voir *Nitrate de sodium*.

Aix-la-Chapelle (Poudres d'). — Mélange de salpêtre du Chili et de houille en poussière.

Aktiebolaget Svenska Krutfaktorierna, à Landskrona (Suède). — Voir *Normale* (*Poudre*).

Alba Chemical Company (The), à New-York, a fait breveter une dynamite dont l'absorbant se compose d'azotate de soude, azotate d'ammoniaque, fibre de bois et vaseline.

(Brevet américain n° 648.222 et brevet belge n° 149.734, du 24 avril 1900.)

Albionite. — Explosif de sécurité fabriqué par la Nobel's Explosives Co., Ltd.

Alcool phénique. — Synonyme de phénol.

Alexander a fait breveter une poudre fulminante contenant 83 parties de phosphore amorphe et 917 parties de nitrate de plomb ou d'un autre sel métallique propre à cet usage.

(Brevet anglais, n° 1.003, du 9 avril 1857.)

Alexander, à Washington, a proposé les mélanges, en proportions variables, de naphtaline avec un ou plusieurs autres hydrocarbures solides, des sels oxygénés de potassium, et du picrate ou du sulfhydrate d'ammoniaque.

(Brevet américain n° 488.534, du 27 décembre 1892.)

Allison (Poudre). — Poudre de mine noire, granulée et poreuse, imbibée de nitroglycérine.

Allumettes. — Voir *Compositions incendiaires*.

Allumage des mines. — Voir *Emploi des substances explosibles.*

Allumeur multiple de Bickford. — Ce dispositif très simple, destiné à réaliser la mise en feu simultanée de plusieurs mines, se compose (*fig.* 1) d'une pièce cylindrique contenant une composition détonante et dans laquelle viennent s'adapter : d'une part, la mèche de sûreté ordinaire destinée à l'allumage et, d'autre part, un certain nombre de cordeaux détonants mis en communication avec les

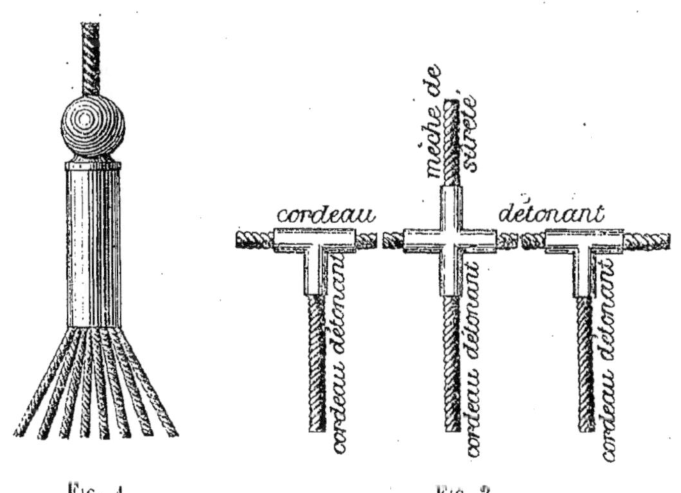

FIG. 1. FIG. 2.

diverses charges; les cordeaux, dont le nombre est compris entre trois à seize, ou même davantage, sont de couleur rouge; leur longueur varie à volonté. Ils brûlent à la vitesse de 150 pieds (45^{m},72) par seconde.

Lorsque les mines à allumer ne sont pas très rapprochées : dans une carrière, par exemple, on peut employer la disposition en T (*fig.* 2).

En tout état de cause, il est nécessaire d'assurer avec soin le contact des cordeaux détonants avec les charges ou avec les détonateurs; tous les contacts, d'ailleurs, doivent être vérifiés. Il faudra aussi éviter les taches d'huile ou de graisse sur les mèches, ainsi que sur les cordeaux. Pour les travaux humides et pour les sautages à effectuer sous l'eau, on emploie des allumeurs spéciaux.

L'allumeur multiple de Bickford a fait l'objet de nombreuses applications aux travaux de mines ou de carrières (*Liverpool Courier*, 13 octobre 1890 et 2 octobre 1893), aux opérations sous-marines de sautage, ainsi qu'aux travaux publics (Chemin de fer du Great Western; voir *Engineering*, 13 janvier 1893).

Allumeurs de sûreté. — Dans l'exploitation des mines, un des moyens les plus employés pour effectuer l'allumage de la mèche de sûreté consiste dans l'emploi d'amadou incandescent. Ce procédé présente l'inconvénient de pouvoir donner lieu à la production d'une mince gerbe d'étincelles ou d'une petite flamme pétillante qui correspond à la combustion des premiers centimètres de mèche. Afin de prévenir le danger qui en résulte au sein d'une atmosphère grisouteuse, on a proposé l'emploi d'un certain nombre d'allumeurs de sûreté.

M. Lagot a préconisé, en 1881, l'emploi de *charbon nitré* brûlant sans flamme. L'appareil est disposé de telle manière que tout morceau de charbon dont la combustion s'achève, allume le morceau contigu; par suite, on dispose constamment d'un corps incandescent. Les morceaux de charbon sont placés au fond d'un tube dont l'orifice est juste suffisant pour permettre le passage de la mèche à allumer ; la flamme produite au moment de l'allumage reste confinée dans un espace fermé.

MM. Heath et Frost adaptent à l'intérieur des lampes de sûreté un tube parallèle à l'axe et qui pénètre par le bas. Ce tube, ouvert à la partie inférieure, est fermé à l'autre extrémité. Vers le haut, il porte deux ouvertures dans lesquelles passe une petite broche en fer. Pour allumer la mèche, on l'introduit dans le tube, qui a juste le diamètre voulu, de manière qu'elle vienne buter contre la broche. Puis, saisissant celle-ci à l'aide d'un petit levier spécial, on la chauffe au rouge dans la flamme de la lampe; cela fait, on la replace dans sa position initiale : le contact avec la mèche en provoque l'inflammation immédiate.

Le briquet pneumatique, imaginé par M. Bourdoncle, est fondé sur le principe du classique briquet à air.

On a proposé plusieurs procédés d'allumage par réaction chimique : l'allumeur du Dr Roth, l'inventeur de la roburite, se compose d'un tube à l'extrémité duquel se trouve un peu de chlorate de potasse, dont on provoque l'explosion par l'introduction de quelques gouttes d'acide sulfurique. Les essais auxquels le Comité permanent du grisou de Segengottes (Autriche) a soumis l'allumeur de Roth, ont donné 5 inflammations sur un total de 215 expériences. Basée sur ce principe, également, était l'ancienne fusée de Prométhée.

L'allumeur de Zschokke et celui de Bickford (Colliery Safety Lighter) sont fondés sur la même réaction. Ce dernier présente la forme d'un tube métallique de même diamètre que les capsules au fulminate, et un peu plus long; vers l'extrémité de ce tube se trouve une petite ampoule en verre renfermant l'acidide sulfurique. Elle est enveloppée dans un morceau de mousseline imbibée d'une solution de chlorate de potasse et de sucre. On insère la mèche dans l'allumeur de la même manière que dans une capsule, aussi profondément que possible. Pour provoquer l'allumage, il suffit d'exercer sur l'ampoule de verre, au moyen d'une pince spéciale, une pression qui en détermine la rupture; cette pression ne doit pas être brusque, mais progressive.

L'allumeur de Bickford a fait l'objet de nombreux essais, depuis 1889, et il est employé en Angleterre dans certains charbonnages. Toutefois, on peut lui reprocher plus d'un inconvénient : il donne lieu à une proportion trop élevée de ratés, de détonations avec projection de l'appareil et de déchirures du tube sous la poussée des gaz. Dans ces cas, évidemment, son efficacité est nulle; il en est de même si la mèche n'est pas sertie avec tout le soin désirable. La rupture intempestive de l'ampoule peut donner lieu également à des accidents. L'appareil, en somme, est d'un maniement délicat.

M. Mortier a proposé un allumeur dont le principe est basé sur la production de chaleur que dégage la décomposition de l'eau par un globule de sodium métallique, fixé dans une capsule que l'on adapte à la mèche.

Dans un certain nombre de dispositifs, la mèche est mise en feu au moyen d'une capsule fulminante, l'extrémité ayant été introduite, au préalable, dans le canon d'un pistolet de construction appropriée; les projections incandescentes sont émises dans l'intérieur de l'appareil, et les gaz chauds ne peuvent sortir qu'après avoir effectué un certain parcours ou traversé une toile métallique qui les refroidit. Basé sur ce principe est l'appareil inventé par M. Müller, l'inventeur de la grisoutite, ainsi que celui de la Compagnie des mines de Lens, employé depuis 1880.

Dans le pistolet de Bickford, dont la figure 3 indique la disposition, le canon est divisé longitudinalement en deux parties, *a* et *b*, dont la seconde est mobile sur charnières. La mèche *c* est revêtue de l'amorce *d*; puis, on les introduit dans l'appareil. Lorsqu'on ferme celui-ci, deux pointes aiguës *f* viennent s'adapter exactement sur la mèche, ainsi que sur l'amorce, et en assurent la fixité. L'amorce *d* est construite de façon spéciale : la partie antérieure constitue le logement destiné à la mèche, laquelle est arrêtée par un diaphragme. La partie centrale est formée d'une toile métallique destinée à l'échappement des produits engendrés, lesquels ne sont donc pas en contact avec l'atmosphère ambiante; un petit ressort en spirale est placé à l'intérieur de cette partie centrale afin d'en assurer la rigidité. Quant au fulminate, il occupe l'extrémité postérieure

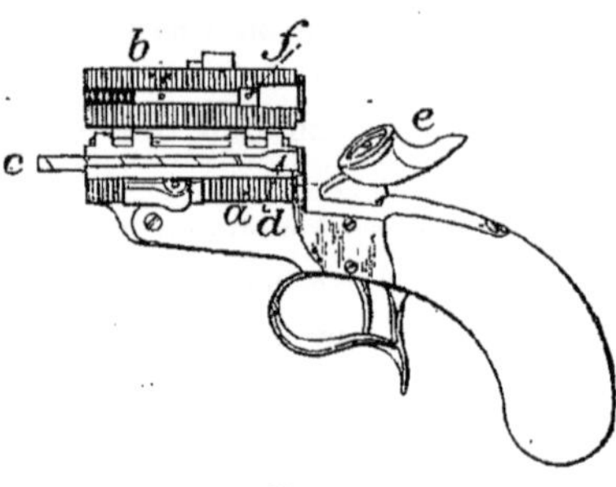

Fig. 3.

de l'amorce, de manière à être frappé par le percuteur *e*; l'échappement des gaz s'effectue par un canal inférieur ménagé dans le corps du pistolet.

Les expériences auxquelles le pistolet de Bickford a été soumis par M. Chesneau, secrétaire de la Commission française de grisou, ont donné des résultats favorables.

L'allumeur de M. Hohendahl, affecte la forme d'une pince. La figure 4 représente une coupe de cet allumeur, d'après les spécifications du brevet anglais n° 9.574 (1896), accepté le 5 mai 1897; dans la figure 5 se trouvent indiqués, en plan, le logement *n* destiné à la mèche, ainsi que les canaux d'échappement *o* et *p*. Ayant amorcé l'extrémité de la mèche, on l'introduit dans son logement, de manière qu'elle s'appuie sur les saillies *s*. Saisissant ensuite la pince fermée, de manière à tenir une des branches par le pouce et l'autre par les trois doigts extrêmes, on actionne de l'index la pièce *f*; par l'intermédiaire d'un ressort, celle-ci commande la pièce *d*, dont la percussion détermine l'explosion de l'amorce. Les extrémités supérieures de la pince, *q* et *r*, portent deux tranchants qui servent à couper les mèches à longueur.

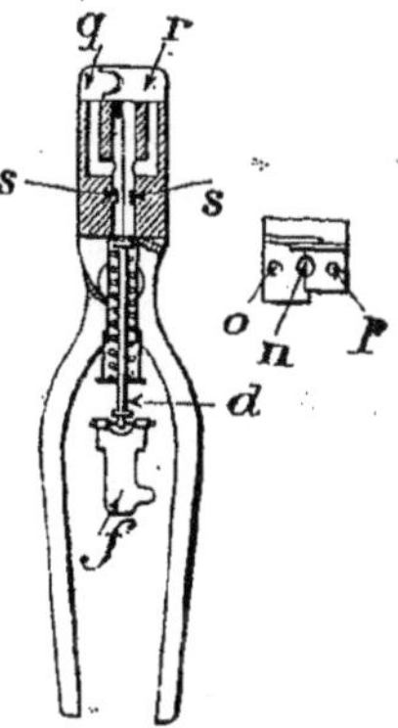

FIG. 4 et 5.

Dans un autre modèle de cet allumeur, la pièce *f* est supprimée; la pièce *d* est commandée par l'intermédiaire d'une coulisse solidaire d'une des branches de la pince, disposée de telle manière qu'il suffit d'ouvrir celle-ci pour produire une percussion.

MM. William Bennett, Sons and C°, de Camborne (Angleterre), fabriquent les *miners' safety fuse matches*, ou allumettes pour mèches de sûreté (brevet Pope). Ces allumettes présentent la forme d'un tube légèrement conique, que l'on adapte sur la mèche par l'extrémité la plus large, la composition détonante occupant la partie étroite; le sertissage est fait de telle manière que la mèche vienne en contact avec ladite composition. Pour effectuer l'inflammation, il suffit de frotter l'extrémité libre de l'allumette sur une des faces, spécialement préparée d'une boîte, de même que s'il s'agissait d'une allumette ordinaire; un léger crachement indique que la mèche est allumée. Ce dispositif est simple et peu coûteux.

L'allumeur Meinhard, dont les récents perfectionnements ont notablement simplifié la construction et l'emploi, comporte un tube en acier d'une vingtaine de centimètres de longueur. On introduit la mèche à l'une des extrémités ; l'allumage s'effectue au moyen d'une amorce placée à proximité, et dont le mineur détermine la détonation par le choc d'un percuteur.

Les divers appareils que nous venons de passer en revue, sont destinés à l'allumage des mèches de sûreté. D'autres allumeurs produisent directement l'explosion de l'amorce et permettent, par suite, de supprimer la mèche. Le dispositif au moyen duquel cette explosion est provoquée, par percussion ou bien par friction, est actionné par l'intermédiaire d'une corde suffisamment longue pour permettre au mineur de la tirer sans courir aucun risque. Le principe de ces allumeurs n'est guère nouveau : dès 1868, on employait, au charbonnage d'Anzin, des amorces à friction inventées par M. Cousin, de Condé-sur-Escaut. Elles furent abandonnées à la suite de la mort accidentelle d'un ouvrier qui, en tombant, avait exercé sur la corde la traction propre à amener l'explosion prématurée de la mine.

L'étoupille à friction de Macnab et celle de Ruggieri, présentées dix ans plus tard, ne furent pas accueillies avec faveur.

L'amorce ou étoupille à friction inventée par M. le colonel Lauer, du génie autrichien, est fort répandue dans les exploitations houillères de ce pays. Introduit, en 1887, dans les mines du bassin d'Ostrau, ce système fut l'objet, en 1895, de perfectionnements notables. La détonation de l'amorce est provoquée par un fil métallique dont l'extrémité, en forme de dents de scie, se trouve noyée dans la composition détonante et exerce une friction sur celle-ci lorsqu'on tire la corde qui le commande.

L'effort à exercer est de 14^{kg},5 et ne peut donc se produire accidentellement. La capsule de fulminate, placée à l'extrémité d'une douille de laiton présentant plusieurs étranglements, est fixée de manière à ne pouvoir s'échapper de cette douille. Ces amorces présentent l'inconvénient d'être sensibles à l'humidité : celle-ci cause des ratés et, en outre, diminue l'effort nécessaire pour produire l'inflammation. Normalement, la proportion de ratés ne dépasse pas 1 à 2 pour 1.000. Quant à la sécurité en présence du grisou, elle n'est pas douteuse.

Un procédé analogue a été proposé en Allemagne par M. W. Norres.

[Brevet anglais n° 15.885 (1897), accepté le7 août 1897.]

L'amorce à percussion de Tirmann comprend une douille métallique à l'extrémité de laquelle on place le détonateur. Cette opération ne s'effectue qu'au moment même de l'emploi; il en est de même, d'ailleurs, lorsqu'on se sert de l'étoupille de Lauer. La détonation est produite par la pointe en acier d'un percuteur guidé qui circule dans la douille métallique et que commande un fil par l'intermédiaire d'un ressort. Pendant le bourrage, le fil est tendu de l'extérieur; on le relie ensuite à une corde de 30 à 50 mètres de longueur; c'est sur celle-ci qu'on doit opérer une traction énergique pour provoquer le choc du percuteur contre l'amorce et l'explosion qui en résulte. L'effort à exercer est de 24 à 25 kilogrammes.

Au début, l'amorce Tirmann fut accueillie avec défiance. On craignait que le fonctionnement du percuteur ne fût point parfait, qu'il restât calé malgré l'effort exercé sur le fil ; l'expérience a démontré, toutefois, que cette crainte était peu fondée. En 1895, il a été consommé environ 500.000 de ces amorces dans le district d'Ostrau-Karwin, ainsi que dans quelques exploitations voisines. Elles présentent des avantages multiples : tout d'abord, la sécurité en présence du grisou est assurée. Ensuite, elles obligent à bourrer avec soin et permettent l'emploi de la mousse mouillée. L'outillage est moins encombrant que celui du tirage électrique, et le prix de revient n'est pas trop élevé.

Par contre, il est impossible de tirer plusieurs mines simultanément. Les amorces Tirmann doivent être conservées à l'abri de l'humidité.

Comme amorces à percussion, signalons également celles qui ont été proposées par M. Gormant.

[Brevet anglais n° 11.125 (1901), accepté le 6 juillet 1901].

L'allumeur Jarolimek utilise la chaleur produite par l'action de l'eau sur de la chaux vive pour mettre le feu à une substance inflammable, laquelle provoque à son tour l'explosion de la capsule de fulminate destinée à amorcer la mine. L'allumeur a la forme d'un cylindre surmonté d'un tronc de cône de même base ; la chaux qui le constitue est pulvérulente et fortement comprimée. La substance dont l'inflammation détermine l'explosion du fulminate est un mélange à poids égaux de sulfocyanate de mercure (point d'inflammation : 100 à 120°) et de chlorate de potasse. Elle est placée dans une capsule analogue à celle qui renferme le fulminate. On réunit ces deux capsules en emboîtant l'une dans l'autre les extrémités ouvertes, constituant ainsi une capsule double ; la partie qui renferme la poudre fusante est introduite dans un logement ménagé à la partie centrale du bloc de chaux et l'autre, dans la cartouche-amorce ; l'opération, évidemment, ne se fait qu'au moment même de l'emploi.

L'amorçage terminé, on détermine l'explosion en mouillant la chaux. Afin d'éviter un échauffement trop rapide, on enveloppe celle-ci d'une feuille d'étain ou de plomb que l'on détache sur une surface plus ou moins considérable, selon la rapidité avec laquelle on désire voir l'explosion se produire.

S'il s'agit de forages descendants, il suffit de verser de l'eau ; dans le cas de trous horizontaux ou faiblement montants, il faut confectionner, à l'orifice, une sorte d'entonnoir en argile. Si la direction est ascendante, l'eau est placée dans une enveloppe en carton obturée par un tampon de ouate qui absorbe le liquide. Ayant poussé ce tampon à une profondeur suffisante pour assurer son contact avec la chaux, on bourre ensuite au moyen d'argile ou de mousse mouillée. Dans les autres cas, il est inutile de bourrer : la chaux, par son foisonnement, constitue un bourrage propre à augmenter l'effet utile et à prévenir les longs-feux.

La sécurité est satisfaite. L'emploi de l'eau est très avantageux, car l'obligation dans laquelle se trouve le mineur d'employer ce liquide l'engagera à s'en servir pour l'arrosage du voisinage immédiat de la mine, ce qui constitue un grand avantage au point de vue des poussières de houille. Le procédé, enfin, n'est pas onéreux. Le Comité permanent du grisou de Segengottes (Autriche) le considère comme aussi pratique que le tir électrique. Il ne semble guère établi, toutefois, que cette manière de voir ait été sanctionnée en fait.

Les cartouches de chaux, très hygroscopiques doivent être emballées et maniées avec grand soin. Au surplus, les déchirures de l'enveloppe peuvent amener des explosions intempestives. En tout état de cause, les ratés sont dangereux, et s'ils surviennent, il faut laisser s'écouler un laps de temps considérable avant de revenir à proximité de la mine. Remarquons, enfin, que les explosifs de sûreté renfermant des composants hygroscopiques s'accommodent mal du bourrage à l'eau.

(Brevet anglais n° 13.714, du 16 juillet 1894.)

Aloès nitré. — Voir *Trench.*

Alvisi et **Pulifici** ont fait breveter un procédé spécial de préparation du perchlorate d'ammonium, en partant du chlorate de sodium, ainsi que l'emploi de ce sel comme base de certains explosifs.

(Brevet anglais n° 9.190, 21 avril — 6 août 1898.)

M. Alvisi a fait breveter ultérieurement plusieurs explosifs à base de perchlorate d'ammoniaque : les kratites, les crémonites, les poudres au cannel, etc., que nous décrivons ci-après.

Ambérite. — Poudre sans fumée, brevetée par MM. Curtis et André.

La variété n° 1 répond à la composition suivante :

Nitrocellulose insoluble	40 à 47	pour 100
Nitrocellulose soluble	20 à 23	»
Nitroglycérine	40 à 30	»

L'addition de paraffine ou de shellac modifie la puissance explosive ; dans le même but, on peut employer également l'huile de lin. Comme dissolvant, on se sert d'acétone ou d'éther acétique, la proportion étant de 50 à 60 0/0 du mélange ci-dessus.

(Brevet anglais n° 11.383, du 4 juillet 1891.)

Cet explosif a été remplacé par l'ambérite n° 2 ou *amberite sporting powder*, laquelle se présente sous la forme d'une poudre de couleur rouge, à gros grains durs et résistante.

L'analyse de deux échantillons d'ambérite n° 2 a donné les résultats suivants (Cundill-Thomson) :

Nitrocellulose insoluble	13,00	53,20
Nitrocellulose soluble	59,50	24,10
Nitrates de baryum et de potassium	19,50	10,80
Paraffine	6,10	9,60
Matières volatiles (eau principalement)	1,90	2,30
	100,00	100,00

Cette poudre est fabriquée en Angleterre, depuis 1891, par la Société Curtis's & Harvey, Ltd.

Si on l'additionne d'une proportion notable de farine de bois, on obtient l'explosif appelé *blasting amberite*, lequel est réservé aux applications industrielles, ainsi que son nom l'indique ; sa fabrication date de 1894.

Depuis 1899, il est ajouté de la farine de bois calcinée, du charbon de bois, etc., aux éléments ci-dessus indiqués.

Américaine (Dynamite). — Dans cet explosif, proposé par MM. Callahan et Leroy Higgins, l'absorbant est un mélange de poussière de coke tamisée et d'acétate de calcium.

(Brevet américain n° 525.188, du 28 août 1894.)

Américaine (Mèche). — Voir *Cordeaux détonants.*

Américaine (Poudre). — Voir *Blanche (Poudre).*

American E. C. and Schultze Gunpowder Company (The), dans son établissement de Oakland (New-Jersey), fabrique les poudres sans fumée dites E. C. et Schultze.

Américanite. — Dynamite renfermant 80 0/0 à 97 0/0 de nitroglycérine additionnée d'un liquide à base d'alcool.

Cet explosif, inventé par M. Smolianinoff, a été essayé en Amérique comme charge d'éclatement des obus. Aucune explosion prématurée n'est survenue, tant dans le canon de petit calibre que dans le canon de 203 millimètres se chargeant par la bouche, système Parrot. Avec ce dernier, on tira trois obus : les deux premiers, du poids de 44^{kg},900, contenaient une charge d'américanite égale à 2^{kg},086 ; le dernier pesait 37^{kg},200 et renfermait 1^{kg},860. La charge de tir employée pour chaque coup s'élevait à 8^{kg},165 de poudre Du Pont BPP, imprimant au projectile une vitesse initiale de 654 mètres. Le tir se faisait sur une cible située à 100 mètres de la bouche des pièces.

Le premier coup fut tiré sans fusée; l'obus se brisa sur la cible et la charge intérieure fut partiellement consumée. Pour le second, l'obus était armé d'une fusée à percussion munie d'une amorce spéciale; l'explosion fut complète et causa de graves dégâts à la cible, ainsi qu'aux fondations. Le troisième projectile, tiré dans les mêmes conditions que le précédent, fit explosion en ricochant sur l'eau.

L'américanite présenterait l'avantage de pouvoir se conserver longtemps en magasin sans subir d'altération.

(Brevet français n° 206.976, du 15 juillet 1890.)

American Smolekess Powder Company. — Voir *W. A. Powder.*

Amide (Poudre). — Brevetée par M. Gaens, cette poudre est fabriquée à Hambourg et répond à la composition que voici :

Salpêtre	40 à 50	pour 100
Nitrate d'ammoniaque	35 à 38	»
Charbon de bois	14 à 22	»

L'équation chimique correspondant à la décomposition explosive s'écrit comme suit :

$$AzO^3H + AzO^3.AzH^4 + 3C = KAzH^2 + H^2O + CO^2 + 2(CO^2Az).$$

L'amide de potassium ($KAzH^2$), volatil et explosible aux températures élevées, augmenterait l'effet utile de la poudre. En outre, le résidu serait très faible, de même que la production de fumée ; il en serait de même quant à l'action des produits de l'explosion sur le métal du canon. La température d'inflammation de cette poudre, échauffée lentement au bain de sable, est de 177° ; cette température est de 289° pour la poudre pebble et de 304° pour la poudre prismatique.

La poudre amide s'importe en Angleterre sous le nom de *Chilworth Special Powder*.

(Brevets anglais n° 14.412 et français n° 172.548, des 24 et 26 novembre 1885.)

Amide (Explosif). — Un certificat d'addition au brevet n° 172.548, daté du 12 mai 1886, concerne une dynamite désignée sous le nom d'explosif amide ou amylacé, et que l'on obtient en mélangeant 32 à 60 0/0 de poudre amide avec 68 à 40 0/0 de nitroglycérine ou d'un autre composé analogue.

Amidogène. — Cette poudre, brevetée par M. Gemperlé et fabriquée en Suisse, répond à la composition suivante :

Salpêtre	73
Soufre	10
Son	8
Charbon de bois	8
Sulfate de magnésie	1
	100

Les ingrédients sont mélangés à l'état humide.

(Brevet anglais n° 2407, du 22 mai 1882.)

Amidogène. — Dynamite à l'ammoniaque renfermant 70 à 75 0/0 de nitroglycérine, 4 à 7 0/0 de nitrate d'ammoniaque, 3 à 10 0/0 de paraffine et 18 à 13 0/0 de charbon de terre ou de bois réduit en poussier. Cet explosif, exsudant et déliquescent, nécessite l'emploi d'une cartouche bien étanche.

Amidon (Poudre à l'). — On obtient cette poudre par l'addition de 2 à 5 0/0 d'amidon aux ingrédients ordinaires de la poudre noire. Elle est dure et peu hygroscopique, mais n'a pas l'homogénéité désirable. La fabrication se pratique dans un tambour mobile calé sur un arbre creux et dans lequel on fait cuire les ingrédients, dont le mélange s'opère au moyen de dix à douze billes.

La poudre à l'amidon a été brevetée par MM. Fitch et Reunert. (Brevet français 161776, du 28 avril 1884.)

Une autre poudre à l'amidon, due aux mêmes inventeurs, s'obtient en additionnant 10 parties de nitroglycérine à un mélange renfermant 73 0/0 de nitrate de soude, 12 0/0 de charbon, 10 0/0 de soufre et 5 0/0 d'amidon.

(Brevet anglais 7497, du 22 mai 1888.)

Amidon nitré. — Voir *Nitramidon.*

Amidon nitré (Poudre à l') de Nobel. — Voir *Actiengesellschaft Dynamit Nobel (Die).*

Ammoniakkrut. — On désigne sous ce nom une sorte de dynamite brevetée, en Suède, le 31 mai 1867, par MM. Ohlson et Norrbin ; son invention fut contemporaine de celle de la dynamite Nobel. Cet explosif renferme 10 à 20 0/0 de nitroglycérine, mélangée avec 80 parties de nitrate d'ammoniaque et 6 de charbon.

A teneurs égales de nitroglycérine, il est plus puissant que la dynamite ordinaire. Mais, eu égard à l'hygroscopicité du nitrate d'ammoniaque, il est de conservation difficile et sujet à exsudation.

Quoique cette dynamite réalise la première application du nitrate d'ammoniaque à l'industrie explosive, ce n'est aucunement à titre d'explosif de sûreté qu'elle a été présentée.

Ammoniaque (Dynamite à l'). — Une autre dynamite à base de nitrate d'ammoniaque, de composition analogue à l'ammoniakkrut, mais renfermant 4 à 7 0/0 de paraffine en remplacement d'une quantité égale de nitrate, fut présentée, en 1873, par la British Dynamite Company (actuellement Nobel's Explosives Company Ltd.) à l'examen des autorités militaires anglaises. Elle fut rejetée à cause de la nature déliquescente de l'azotate d'ammoniaque.

Plusieurs dynamites à l'ammoniaque sont actuellement fabriquées en France. Voici la composition de celle que fournit l'usine d'Arles :

Nitroglycérine	40,00
Azotate d'ammoniaque	45,00
Azotate de soude	4,70
Cellulose	10,00
Ocre rouge	0,30
	100,00

La dynamite n° 1 à l'ammoniaque, de Paulilles et de Saint-Sauveur, diffère simplement de la composition ci-dessus, en ce que la cellulose est remplacée par 7 parties de farine de bois torréfiée et 3 parties de farine de blé.

A Cugny, on fabrique les variétés suivantes :

	N° 1	N° 2	N° 3
Nitroglycérine	40	20	22
Azotate d'ammoniaque	45	75	75
Azotate de soude	5	»	»
Cellulose	10	5	»
Charbon de bois	»	»	3
	100	100	100

Ammoniaque (Gélatine à l'). — Cet explosif se présente sous la forme d'une masse noire, humide, répondant à la composition suivante :

Gomme (à 97,5 0/0 de nitroglycérine) ..	40
Nitrate d'ammoniaque	55
Charbon de bois.......................	5
	100

La déliquescence du nitrate d'ammoniaque, susceptible d'être une cause d'exsudation, est aussi préjudiciable à la stabilité de la gélatine qu'à celle de la dynamite à l'ammoniaque.

La gélatine à l'ammoniaque A ou n° 2 (Belgique), identique à l'explosif employé en France sous le nom de grisoutine-gomme type H, présente la composition que voici :

Nitroglycérine	30
Nitrate d'ammoniaque	67
Nitrocellulose........................	3
	100

Ammoniaque (Gélignite à l'). — On désigne en Belgique, sous cette dénomination, l'explosif répondant à la composition suivante :

Nitroglycérine......................	29,30
Nitrate d'ammoniaque...............	70,00
Coton-collodion	0,70
	100,00

Cet explosif est identique à la grisoutine-gomme française.

Ammoniaque (Nitrate d'). — Voir *Nitrate d'ammoniaque*.

Ammoniaque (Poudre à l') ou poudre ammonique. — Voir *Ammoniakkrut*.

Ammonia Nitrate Powder (*Poudre au nitrate d'ammoniaque*). — Composition :

Nitrate d'ammoniaque	80
Nitroglucose	10
Chlorate de potasse	5
Goudron de houille	5
	100

Ammonique (**Dynamite**). — Explosif de sûreté basé sur le principe des *wetterdynamites* et répondant à la composition suivante :

Dynamite ordinaire (à 75 0/0)	50
Carbonate d'ammoniaque	40
Salpêtre	10
	100

Le salpêtre est destiné à prévenir la formation d'oxyde de carbone.

Ammonite. — Composition :

Nitrate d'ammoniaque	87 à 89 pour 100
Dinitronaphtaline	13 à 11 »

Introduite en Angleterre sous la dénomination de *Miners Safety Explosive*, l'ammonite porte, en Belgique, le nom d'explosif Favier n° 1 ; elle devient, en France, l'explosif type N n° 1 *c* et en Espagne, la nitramite.

L'ammonite, fabriquée à l'usine anglaise de Stanford-le-Hope (Essex), depuis 1889, par la Miners' Safety Explosives Co., Ltd. figure sur la liste des explosifs dont l'emploi est autorisé dans les charbonnages grisouteux ou poussiéreux [1]. L'autorisation est subordonnée à l'emploi d'une cartouche en plomb ou en étain complètement imperméabilisée au moyen de paraffine ; le déto-

(1) L'ammonite figure sur une *special list ;* les explosifs qui la constituent ont satisfait à des épreuves plus rigoureuses que les substances dont se compose la liste ordinaire (*permitted explosives*).

nateur employé doit contenir au minimum 1gr,25 de composition renfermant 80 0/0 de fulminate de mercure et 20 0/0 de chlorate de potasse.

Amorçage des mines. — Voir *Emploi des substances explosibles.*

Amorces. — Voir *Détonateurs.*

Amorces électriques. — Voir *Électricité (Application de l') au tirage des mines.*

Amorces-jouets ou capsules d'artifice. — On désigne, sous ce nom, des artifices d'agrément que l'on voit entre les mains de tous les enfants. Ils se composent d'une rondelle explosible placée entre deux rondelles plus grandes en papier, généralement de couleur rose. La composition autorisée en Angleterre contient du chlorate de potasse et du phosphore-amorphe, avec ou sans addition de salpêtre, de sulfure d'antimoine et de soufre pulvérisé. La charge est limitée à 0,07 grain (4mgr,55) par capsule, la quantité de phosphore ne pouvant dépasser 0,01 grain (0mgr,65).

Ces amorces, prises isolément, ne peuvent être considérées comme dangereuses. Mais il en est tout autrement s'il survient une explosion en masse : à Vanves, près de Paris, un enfant, voulant couper une de ces capsules avec des ciseaux, causa l'explosion de deux paquets qui se trouvaient sur la table et contenaient 600 capsules. Il ne survécut pas à ses blessures.

L'explosion terrible survenu le 14 mai 1878, dans un dépôt de ces amorces-jouets appartenant à M. Mathieu et situé rue Béranger, 22, à Paris, eut des résultats autrement désastreux : Quelques amorces s'étant enflammées, par suite d'un accident resté mal connu, déterminèrent l'explosion des 6 à 8 millions d'autres que renfermait le dépôt et qui représentaient au total 64 kilogrammes environ de composition explosive. Les amorces, du type

Chastin, étaient de deux espèces ; les unes, dites simples, répondaient à la composition suivante :

Chlorate de potasse............	12 parties
Phosphore amorphe...........	6 »
Oxyde de plomb...............	12 »
Résine..........................	1 »

Les autres, dites doubles, renfermaient les éléments que voici :

Chlorate de potasse............	9 parties
Phosphore amorphe...........	1 »
Sulfure d'antimoine...........	1 »
Soufre sublimé................	0,25 »
Salpêtre........................	0,25 »

Du poids de 9 à 10 milligrammes chacune, elles étaient collées par séries de cinq sur des bandes de papier et emballées dans des boîtes, par grosses de douze douzaines.

Quatorze personnes furent tuées et seize blessées. La violence de l'explosion fut telle qu'une pierre de taille mesurant un mètre cube fut lancée à 52 mètres de distance.

Un incendie survenu, le 5 juillet 1888, au n° 21 de la rue Saint-Médard, à Paris, dans le magasin de M. Bréchard, engendra l'explosion d'amorces analogues destinées au fonctionnement d'un appareil dénommé avertisseur Raphaël. Deux personnes furent tués et trois autres blessés. M. Vieille ne put arriver à reproduire expérimentalement les conditions propres à transformer en explosion l'inflammation de ces amorces, même en ajoutant une certaine quantité de poudre de chasse ; considérant la démarcation qui sépare les deux modes de décomposition des explosifs comme moins rigoureuse qu'on est porté à l'admettre en général, M. Vieille estime qu'une partie des amorces ayant été consumée, les autres se décomposèrent par détonation.

MM. Ward et Gregory, de Londres, dans le but de rendre moins dangereuse une composition pour amorces-jouets contenant 3 parties de chlorate de potasse, 4 parties de phosphore amorphe et 8 parties de charbon, y ajoutent de la paraffine en dissolution dans un véhicule non hygroscopique, tel que le tétrachlorure de carbone, l'acétate d'amyle ou la benzine.

Amsler. — Voir *Schenker*.

Amvis. — Explosif de sécurité breveté par M. W. J. Orsman et fabriqué, depuis 1897, par la *Roburite Explosives Company*. Cet explosif répond à la composition suivante :

Azotate d'ammoniaque	88 à 91	pour 100
Dinitrobenzine et chloronaphtaline	4 à 6	»
Farine de bois	4 à 6	»

Il figure sur la liste des explosifs dans l'emploi autorisé, en Angleterre, dans les charbonnages grisouteux ou poussiéreux (1). L'autorisation est subordonnée à l'emploi d'une cartouche en papier solide, complètement imperméabilisée au moyen de cérésine. Le détonateur employé doit contenir au minimum 1 gramme de composition renfermant 95 0/0 de fulminate de mercure et 5 0/0 de chlorate de potasse.

[Brevet anglais n° 29.598 (1896), accepté le 27 novembre 1897.]

Amylacé (Explosif). — Voir *Amide (Explosif)*.

Anciaux. — Voir *Lithofracteur*.

Anders. — Voir *Diaspon* et *Haloxyline*.

Anderson. — Voir *Pellet Powder*.

Anderson propose de dissoudre la nitrocellulose dans un poids double d'éther acétique, additionné de 10 à 20 0/0 de benzine. Après avoir agité la masse, on la laisse durcir.

(Brevet anglais 13.308, du 20 juillet 1889.)

(1) L'amvis figure sur la *special list*; voir la note, p. 25.

André a fait breveter l'explosif suivant (1895) :

Azotate d'ammoniaque	85
Salpêtre	3
Farine de bois	12
	100

André. — Voir *Ambérite*, *Curtis*, *Electronite.*

Anguleuses (Poudres de mine). — Voir *Mine (Poudres de).*

Anhydre (Poudre). — Voir *Wiener.*

Aniline fulminante. — Synonyme de nitrate de diazobenzol.

Aniline nitrée. — Voir *Nitraniline.*

Aniline (Oxalate d'). Voir *Kelbetz.*

Antheunis. — Voir *Lithotrite.*

Anthoine. — Voir *Pyroxylite.*

Antigrisou. — Voir *Favier (Explosif).*

Antigrisou d'Arendonck (Belgique). — Composition :

Nitrate d'ammoniaque	72
Nitroglycérine	27
Coton-poudre	1
	100

Cet explosif n'est autre chose qu'une variété de grisoutine.

Si nous représentons la décomposition explosive de l'antigrisou d'Arendonck par la formule :

$$1296\,AzO^3.AzH^4 + 86\,C^6H^{10}Az^6O^{18} + C^{24}H^{32}Az^8O^{36} =$$
$$3038\,H^2O + 540\,CO^2 + 677\,O^2 + 1558\,Az^2,$$

le calcul donnera 1.800° comme température de détonation et 252.195 kilogrammètres comme travail maximum par kilogramme d'explosif.

Antimoine cru. — Voir *Trisulfure d'antimoine*.

Aphosite. — Explosif répondant à la composition suivante :

Nitrate d'ammoniaque.....	58 à 62	pour 100
Nitrate de potasse..........	38 à 31	»
Charbon de bois...........	3,5 à 4,5	»
Farine de bois.............	3.5 à 4,5	»
Soufre sublimé............	2 à 3	»
Humidité.................	1,5	»

En vertu d'un arrêté ministériel du 11 juin 1901, l'aphosite figure, en Angleterre, sur la *special list* comprenant les substances dont l'emploi est autorisé dans les exploitations houillères dangereuses et qui ont satisfait à des épreuves plus rigoureuses que d'autres explosifs admis (*permitted explosives*).

L'autorisation est subordonnée aux conditions suivantes : si l'explosif est employé sous forme comprimée, sa densité ne peut excéder 1,25 ; dans ce cas, il doit être enveloppé dans du papier mince paraffiné. Au contraire, s'il est granulé, la cartouche sera en papier solide complètement imperméabilisé au moyen de cérésine et de paraffine. La mise en feu s'effectuera par l'électricité, l'amorce employée ne pouvant renfermer moins de 5 grains (0gr,325) de poudre noire, ou par tout autre moyen présentant une sécurité équivalente ; pour l'explosif granulé, il sera loisible d'employer un détonateur n° 6, c'est-à-dire renfermant 1 gramme de composition à 80 0/0 de fulminate de mercure et 20 0/0 de chlorate de potasse.

L'aphosite est fabriquée par le Nitrate Explosives Co., Ltd., dans son usine de Gatebeck (comté de Westmoreland).

Apyrite. — Poudre sans fumée de couleur grise, à base de fulmicoton. Fabriquée par la société Grakrut et employée par la marine suédoise, cette poudre est due à M. Skoglund.

Arabinose nitrée. — Voir *Nitrarabinose.*

Ardeer (Poudre d'). — Poudre fabriquée à Ardeer (comté d'Ayr) par la Nobel's Explosives Company Ltd., de même que la poudre d'Ardeer Nobel. Voici la composition centésimale de cette dernière :

Nitroglycérine	31 à 34 parties	
Kieselguhr	11 à 14	
Sulfate de magnésie	47 à 51	
Salpêtre	4 à 6	
Carbonate de soude	0,5	au plus.
Carbonate d'ammoniaque	0,5	au plus.

Elle figure sur la liste des explosifs dont l'emploi est autorisé dans les charbonnages grisouteux ou poussiéreux [1]. La sécurité est basée sur l'emploi du sulfate de magnésie ; on peut donc ranger cette poudre parmi les *wetterdynamites.* Son emploi est lié à celui de cartouches non imperméabilisées, en parchemin végétal, et de détonateurs contenant au minimum un demi-gramme de composition à 80 0/0 de fulminate de mercure et 20 0/0 de chlorate de potasse.

La poudre d'Ardeer est de la même famille que la fulgurite, la nitromagnite et la poudre Hercule.

Argent fulminant de Berthollet. — Voir *Fulminant (Argent).*

Argus (Poudre). — Composition :

Salpêtre	79 à 82 pour 100
Charbon de bois	17 à 20 »
Soufre pur	0,5 à 1 »

Cette poudre, mise en vente par la Société Curtis's & Harvey, Ltd., a figuré sur la liste de celles dont l'emploi est autorisé,

(1) La poudre d'Ardeer Nobel figure sur la *special list ;* voir la note, p. 25.

en Angleterre, dans les charbonnages grisouteux ou poussiéreux ; mais elle en fut rayée ultérieurement.

Arlberg (Dynamite d'). — La teneur en nitroglycérine est de 65 0/0. Quant à l'absorbant, il se compose de kieselguhr additionnée de nitrate de baryum et de charbon de bois.

Arlington Manufacturing Company (The), à New-York, fabrique des explosifs composés de pyroxyline additionnée d'amines aromatiques, telles que la dyméthylamine. On malaxe à chaud entre des cylindres, puis on presse fortement; on peut aussi employer un dissolvant, que l'on fait évaporer à la fin de l'opération.

(Brevet américain nº 528.812, du 6 novembre 1894.)

Arnould. — Voir *Chaux*.

Artifice (Amorces ou Capsules d'). — Voir *Amorces-jouets*.

Artifice (Papier d'). — Voir *Papier d'artifice*.

Asbeste (Poudre à l'). — Sorte de dynamite dont l'absorbant est de l'asbeste seul ou mélangé d'argile, de plâtre, silice, craie, etc. Cette poudre peut être additionnée ou non de poudre noire, de poudre blanche, de nitrocellulose, etc.

Aspden a présenté, en Angleterre, une poudre sans fumée qui fut reconnue, à l'examen, comme étant une cellulose imparfaitement nitrifiée, réduite en pulpe. L'échantillon donnait une forte réaction acide.

Asphaline. — Poudre de mine. Voici la composition centésimale de la variété nº 1 :

Chlorate de potasse	54	parties, au plus
Nitrate et sulfate de potasse	4	»
Eau	42	»

Il est facultatif d'ajouter de la paraffine, de l'huile, de l'ozokérite, du savon, etc. ; on colore au moyen de fuchsine.

L'asphaline n° 2 peut contenir jusqu'à 25 0/0 de salpêtre. La fabrication de cet explosif s'est poursuivie en Angleterre, depuis 1882 jusqu'en 1886, dans l'usine où s'était fabriquée antérieurement la pudrolithe.

(Brevet français n° 142.170, du 6 avril 1881 ; brevet anglais n° 2.488, du 8 juin 1881.)

Atlantic Dynamite Company (The), à New-Jersey (Etats-Unis d'Amérique), propose de chauffer, à haute température, un mélange de soufre et de résine. Lorsqu'il ne se forme plus de mousse, on laisse refroidir et on pulvérise. La poudre obtenue est employée comme absorbant de la nitroglycérine.

(Brevets américains n°s 647.606 et 647.607, acceptés le 17 avril 1900.)

Atlas (Dynamite). — Cet explosif, breveté par M. Kalk en 1883, a, comme absorbant, un mélange de nitrocellulose, nitromidon, nitromannite, pyropapier et verre soluble.

Atlas Powder. — Dynamite répondant à la composition suivante :

	A	B
Nitroglycérine	75	50
Farine de bois	21	14
Nitrate de soude	2	34
Carbonate de magnésie	2	2
	100	100

L'*Atlas Powder A* a été employée, à plusieurs reprises, en vue d'attentats criminels qui furent commis à Londres (Voir *Engins criminels*).

Cette dynamite, très en vogue aux États-Unis, y est fabriquée par la Repauno Chemical Company, ainsi que par la Laflin and Rand Powder Company.

L'*Atlas Gelatine Dynamite*, également fabriquée par cette dernière, est spécialement recommandée pour le minage dans des endroits confinés, eu égard à l'innocuité des produits engendrés par l'explosion. C'est un explosif très puissant.

Audemar a opéré la nitration de l'écorce de mûrier ou d'autres arbres de la famille des morus; le traitement est analogue à celui qui est employé pour l'obtention de la nitrocellulose.

(Brevet anglais n° 283, du 6 février 1855.)

Audouin. — Voir *Emilite.*

Aufschläger. — Voir *Grisoutite.*

Augendre a modifié comme suit la formule de la poudre blanche, décrite ci-après :

Chlorate de potasse................	41,66
Ferrocyanure de potassium	25,00
Soufre ou sucre en poudre.........	20,84
Charbon...........................	12,50
	100,00

Cette composition a été employée comme poudre électrique pour les amorces d'induction. Elle est très sensible et assez constante.

Autrichien (Explosif) M. C. n° 3. — Voir *M. C. n° 3 (Explosif autrichien).*

Autrichien (Poudre ternaire du laboratoire du Comité). — Composition :

Nitroglycérine.....................	42,85
Salpêtre..........................	42,85
Cellulose imprégnée de salpêtre.....	14,30
	100,00

L'explosion de cette dynamite exige des capsules renforcées. Elle est peu sensible au choc, mais sujette à exsudation.

Autrichienne (Composition) pour amorces. — Mélange à poids égaux de chlorate de potasse et de sulfure d'antimoine. On ajoute des traces de plombagine.

Azémar. — Voir *Sulfurite.*

Azotates. — Voir *Nitrates.*

Azote (Dosage de l'). — Le dosage de l'azote présente un intérêt tout particulier en vue de l'examen des nitrocelluloses. Un des appareils les plus employés à cet effet est le nitromètre de Lunge. Il est basé sur la réaction qui se produit lorsqu'on met de l'acide azotique dilué ou concentré en présence du mercure : du sulfate mercureux ou mercurique prend naissance, avec dégagement de deutoxyde d'azote. Cela étant, il suffit d'évaluer la quantité de ce gaz qui aura été engendrée pour en déduire la proportion d'azote.

Le nitromètre, que nous représentons schématiquement sous sa forme la plus habituelle (*fig.* 6), se compose de deux tubes gradués *a* et *b*, reliés à leurs parties inférieures par un tuyau de caoutchouc qui en assure la mobilité. Le tube *a* est surmonté d'un entonnoir en verre, que commande un robinet R, de Greiner et Friederich ; d'après la position que l'on donne à ce dernier, on peut mettre l'entonnoir en communication avec ce tube ou bien avec l'extérieur. Entre le tube et l'entonnoir se trouve ménagé un réservoir C, d'une capacité de 100 centimètres cubes.

Voici la manière dont s'effectue l'opération : ayant pesé très soigneusement $0^{gr},5$ à $0^{gr},6$ de la substance à analyser, préalablement desséchée, on les introduit dans un flacon d'environ 15 centimètres cubes de capacité ; on ajoute, avec soin, 10 centimètres cubes d'acide sulfurique concentré, au moyen d'une pipette, et on laisse digérer jusqu'à dissolution totale.

D'autre part, ayant versé dans le nitromètre une certaine quantité de mercure, on élève le tube *b* de manière que le liquide métallique s'élève jusqu'au robinet R, celui-ci étant ouvert pour permettre l'échappement de l'air. Ayant ensuite nettoyé l'entonnoir avec un peu de papier à filtrer, ainsi que la surface du mercure, on ferme le robinet. On verse alors la solution de nitrocellulose, en ayant soin de rincer le flacon et son bouchon avec 15 centimètres cubes d'acide sulfurique. Cela fait, on ouvre le robinet partiellement et l'on abaisse le tube *b*, afin que la presque totalité de la solution passe en *a*. Alors, ayant refermé le robinet, on verse l'acide qui a servi au lavage du flacon et on le laisse écouler de même.

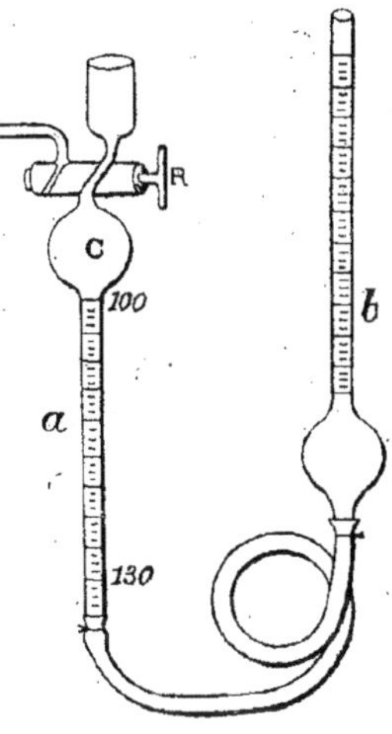

Fig. 6.

On lave ensuite au moyen de 10 centimètres cubes d'acide sulfurique, que l'on introduit par portions et dont on règle l'écoulement avec soin, de manière à prévenir toute entrée d'air dans l'appareil; de même, il convient de ne pas imprimer de mouvements trop brusques au tube *b*, car le liquide entraînerait de l'air en s'introduisant dans le réservoir.

Le lavage de l'entonnoir terminé et le robinet fermé, on élève légèrement le tube *a* et, plaçant horizontalement le tube *b*, on l'agite violemment pendant une dizaine de minutes. La réaction s'accomplit et le gaz s'accumule entre la surface du mercure et l'entonnoir, dans le réservoir C et la partie supérieure du tube *a*. On laisse alors reposer l'appareil pendant vingt à trente minutes, afin de permettre au deutoxyde d'azote de prendre la température de la salle, qu'indique un thermomètre disposé dans le voisinage immédiat du réservoir C.

Pour déterminer le volume de gaz produit, on établit l'égalité des niveaux de mercure dans les tubes ; on doit faire en sorte, toutefois, que celui de droite dépasse celui de gauche d'une hauteur égale au 1/7 du liquide qui s'y trouve, eu égard à la différence des densités. Pour vérifier le réglage, on introduit une goutte d'acide dans le robinet ; il faut qu'en ouvrant très légèrement celui-ci, cette goutte n'ait de tendance ni à monter ni à descendre lorsqu'elle se trouve dans le canal oblique qui le traverse. S'il se produit un de ces deux mouvements, c'est qu'il n'y a pas égalité rigoureuse de pression dans les tubes *a* et *b* ; dans ce cas, il faudra mouvoir légèrement ce dernier afin d'établir l'équilibre. Ce réglage final présente une certaine délicatesse et doit être pratiqué avec grande attention.

Lorsqu'il est terminé, il reste à lire le volume du gaz produit et à le corriger d'après les indications du thermomètre et du baromètre : si V représente, en centimètres cubes, le volume que l'on a lu ; B, la pression barométrique en millimètres et t la température en degrés centigrades, le volume corrigé V_1 sera donné par la formule

$$V_1 = \frac{VB}{760(1 + \delta t)};$$

δ est un coefficient qui vaut 0,003665.

Dans la table suivante, nous donnons les valeurs de $760(1 + \delta t)$ pour les températures comprises entre 0 et 30°.

Table pour la correction des volumes gazeux d'après la température.

t	$760 \times (1 + \delta t)$	t	$760 \times (1 + \delta t)$	t	$760 \times (1 + \delta t)$
0°,0	760,000	2	771,6987	4	783,3974
1	760,2785	3	771,9772	5	783,6959
2	760,5571	4	772,2558	6	783,9544
3	760,8356	5	702,5343	7	784,2330
4	761,1142	6	772,8128	8	784,5115
5	761,3927	7	773,0914	9	784,7901
6	761,6712	8	773,3699	9,0	785,0686
7	761,9498	9	773,6485	1	785,3471
8	762,2283	5,0	773,9270	2	785,6257
9	762,5069	1	774,2055	3	785,9042
1,0	762,7864	2	774,4841	4	786,1828
1	763,0639	3	774,7626	5	786,4613
2	763,3425	4	775,0412	6	786,7348
3	763,6210	5	774,3197	7	787,0184
4	763,8996	6	775,5982	8	787,2969
5	764,1781	7	775,8768	9°,9	787,5755
6	764,4566	8	776,1553	10,0	787,8540
7	764,7352	9	776,4339	1	788,1325
8	765,0137	6,0	776,7124	2	788,4111
9	765,2923	1	776,9909	3	788,6896
2,0	765,5708	2	777,2695	4	788,9682
1	766,8493	3	777,5480	5	789,2467
2	766,1279	4	777,8266	6	789,5252
3	766,4064	5	778,1051	7	789,8038
4	766,6850	6°,6	778,3836	8	790,0823
5	766,9635	7	778,6622	9	790,3609
6	767,2420	8	778,9407	11,0	790,6394
7	767,5206	9	779,2193	1	790,9179
8	767,7991	7,0	779,4978	2	791,1965
9	768,0777	1	779,7763	3	791,4750
3,0	768,3562	2	780,0549	4	791,7536
1	768,6347	3	780,3334	5	792,0321
2	768,9133	4	780,6120	6	792,3106
3°,3	769,1918	5	780,8905	7	792,5896
4	763,4704	6	781,1690	8	792,8677
5	769,7489	7	781,4476	9	793,1463
6	770,0274	8	781,7261	12,0	793,4248
7	770,3060	9	782,0047	1	793,7033
8	790,5845	8,0	782,2832	2	793,9819
9	770,8631	1	782,5617	3	794,2604
4,0	771,1416	2	782,8403	4	794,5390
1	771,4201	3	783,1188	5	794,8175

Table pour la correction des volumes gazeux d'après la température (*suite*).

t	$760 \times (1+\delta t)$	t	$760 \times (1+\delta t)$	t	$760 \times (1+\delta t)$
6	795,0960	8	806,7947	21,0	818,4934
7	795,3746	9	807,0733	1	818,7719
8	795,6531	0	807,3518	2	819,0505
9	795,9317	17,1	807,6303	3	819,8861
13,0	796,2102	2	807,9089	4	819,3290
1	796,4887	3	808,1874	5	819,6076
2	796,7673	4	808,4660	6	820,1646
3	797,0458	5	808,7445	7	820,4432
4	797,3244	6	809,0230	8	828,7217
5	797,6029	7	809,3016	9	821,0003
6	797,8814	8	809,5801	22,0	821,2788
7	798,1600	9	809,8587	1	821,5573
13,8	798,5385	18,0	810,1372	2	821,8859
9	798,7171	1	810,4175	3	822,1144
14,0	798,9956	2	810,6943	4	822,3930
1	799,2741	3	810,9728	5	822,6715
2	799,5527	4	811,2514	6	822,9500
3	799,8312	5	811,5299	7	823,2286
4	800,1098	6	811,8084	8	823,5071
5	800,3883	7	812,0870	9	823,7857
6	800,6668	8	812,3655	23,0	824,0642
7	890,9454	9	812,6441	1	824,3427
8	801,2239	19,0	812,9226	2	824,6213
9	801,5025	1	813,2011	3	824,8998
15,0	801,7810	2	813,4797	4	825,1784
1	802,0595	3	813,7582	5	825,4569
2	802,3381	4	814,0368	6	825,7354
3	802,6166	5	814,3153	7	826,0140
4	802,8952	6	814,5438	8	826,2925
5	803,1737	7	814,8724	9	826,5711
6	803,4522	8	815,1500	24,0	826,8496
7	803,7308	9	815,4925	1	827,1281
8	804,0093	20,0	815,7080	2	827,4067
9	804,2879	1	815,9865	3	827,6852
16,0	804,5664	2	816.2651	4	827,9638
1	804,8449	3	816,5436	5	828,3423
2	805,1235	4	816,8222	6	828,5208
3	804,4020	5	817,1007	7	828,7994
4	805,6806	6	817,3792	8	829,0779
5	805,9591	7	817,6578	9	829,3563
6	806,2376	8	817,9363	25,0	829,6350
7	806,5162	9	818,2149	1	829,9135

Table pour la correction des volumes gazeux d'après la température (*suite*).

t	$760 \times (1 + \delta t)$	t	$760 \times (1 + \delta t)$	t	$760 \times (1 + \delta t)$
2	830,1921	9	834,9273	6	839,6624
3	830,4706	27,0	834,2058	7	839,9410
4	830,7492	1	835,4843	8	840,2195
5	831,0277	2	835,7629	9	840,4981
6	831,3062	3	846,0414	29,0	840,7766
7	831,5848	4	836,3200	1	841,0551
8	831,8633	5	836,5985	2	841,3337
9	832,1419	6	836,8770	3	841,6122
26,0	832,4204	7	837,1556	4	841,8908
1	832,6989	8	836,4341	5	842,1693
2	832,9775	9	837,7127	6	842,4478
3	833,2560	28,0	837,9912	7	842,7564
4	833,5346	1	838,2697	8	843,0049
5	833,8131	2	838,5483	9	843,2835
6	834,0916	3	838,8268	30,0	843,5620
7	834,3702	4	839,1054		
8	834,6487	5	839,3839		

Si nous représentons $760(1 + \delta t)$ par Δ et par p le poids, en grammes, de l'échantillon analysé ; si nous tenons compte, en outre, de ce que 1[cc]AzO renferme 0[gr],6272 Az, la proportion centésimale de ce gaz contenue dans la nitrocellulose analysée sera donnée par l'expression :

$$x = \frac{100\,\text{VB} \times 0,6272}{p\Delta}.$$

Comme exemple numérique, supposons que :

$$\text{V} = 114,6,$$
$$\text{B} = 750,$$
$$p = 0,6,$$
$$t = 15.$$

D'après la table ci-dessus,

Δ vaudra 801,781.

D'où :

$$x = \frac{100 \times 114,6 \times 750 \times 0,6272}{0,6 \times 801,781} = 11,22.$$

S'il s'agissait de nitroglycérine, la marche à suivre serait la même; toutefois, on traiterait une quantité moindre : 0,1 à 0,28 gr. suffirait. Prenons l'exemple numérique suivant :

$$V = 32,5,$$
$$B = 761,$$
$$p = 0,1048,$$
$$t = 15.$$

Il viendra :

$$x = \frac{100 \times 32,5 \times 761 \times 0,0272}{0,1048 \times 801,781} = 18,46.$$

La proportion théorique est 18,50 0/0.

Pour doser les composés de l'azote, on multipliera la valeur de x par un coefficient variant d'après la quantité de ce gaz qu'ils renferment. La table ci-dessous indique les poids qui correspondent, à la température de 0° et sous la pression de 760 millimètres, aux volumes de deutoxyde d'azote qui figurent dans la première colonne. L'un ou l'autre des nombres qui constituent la première ligne, devra remplacer le dernier des facteurs du numérateur dans l'expression donnant la valeur de x, d'après le composé que l'on désire doser.

VOLUMES de AzO en centimètres cubes.	POIDS CORRESPONDANTS EN MILLIGRAMMES						
	Az	AzO	AzO^2	AzO^3H	AzO^3K	AzO^3Na	Nitro-glycérine
1	0,627	1,343	2,060	2,820	4,523	3,807	3,389
2	1,254	2,686	4,120	5,640	9,046	7,614	6,778
3	1,881	4,029	6,180	8,460	13,569	11,421	10,167
4	2,508	5,372	8,240	11,280	18,092	15,228	13,556
5	3,135	6,715	10,300	14,100	22,615	19,035	16,945
6	3,762	8,058	12,360	16,920	27,138	22,842	20,334
7	4,389	9,401	14.420	19,740	31,661	26,649	23,723
8	5,016	10,744	16,480	22,560	36,184	30,456	27,112
9	5,643	12,087	18,540	25,380	40,707	34,263	30,501

Pour la mesure de petites quantités de gaz, le professeur Lunge a fait subir une ingénieuse modification à son nitromètre :

le réservoir C, au lieu d'être placé à la partie supérieure du tube *a*, se trouve dans le corps même de ce tube (*fig.* 7). De cette manière, les quantités minimes de AzO peuvent se lire au moyen de la graduation supérieure du tube. La capacité du réservoir est de 70 centimètres cubes, et celle de chacune des parties du tube vaut 30 centimètres cubes.

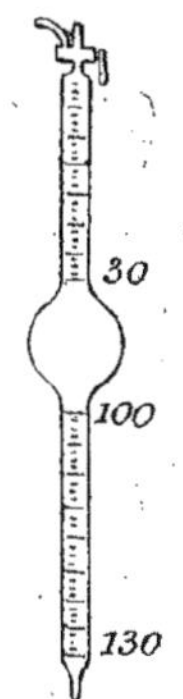

Fig. 7.

La forme donnée à l'appareil par M. Horn (*Zeitschrift für angewandte Chemie*, 1892, p. 358) s'emploie spécialement pour l'analyse des poudres sans fumée. Un premier robinet *r* (*fig.* 8) est pourvu d'une large ouverture à travers laquelle on introduit, dans le réservoir *b*, $0^{gr},3$ de l'échantillon à analyser, réduits en fragments très petits. On ajoute ensuite 4 à 5 centimètres cubes d'acide sulfurique préalablement chauffé à 30°, en ayant soin de fermer immédiatement après le robinet *r* ; on pourra hâter la dissolution en chauffant le réservoir avec précaution. Toutefois, il faudra se garder de procéder trop rapidement ; au bout d'une demi-heure, en effet, la dissolution semble terminée. Or, en examinant le mélange avec attention, on constate qu'en réalité, la dissolution n'est pas parfaite ; dans ce cas, évidemment, on obtient des résultats trop faibles.

Fig. 8.

On ouvre le robinet inférieur et la solution passe dans le tube *c*. Alors, on lave le réservoir *b*, à quatre ou cinq reprises, en employant chaque fois 1 centimètre cube d'acide dilué à 50 0/0; il faut avoir soin d'employer le moins de liquide possible. L'opération se continuera de la manière ci-dessus indiquée.

La réaction sur laquelle est basé l'emploi du nitromètre de Lunge n'est pas applicable aux composés tels que les picrates, les dérivés nitrés d'hydrocarbures, etc. Pour ces substances, on emploiera la méthode de Kjeldahl, décrite ci-dessous.

Méthode de Champion et Pellet. — Cette méthode, qui n'est

plus employée fréquemment, est basée sur le principe suivant : si l'on fait bouillir de la nitrocellulose avec du chlorure de fer et de l'acide chlorhydrique, elle se trouve décomposée, et la totalité de l'azote mise en liberté sous forme de AzO. Pour appliquer cette méthode, on prend 0gr,12 à 0gr,16 de nitrocellulose, que l'on dissout dans 5 à 6 centimètres cubes d'acide sulfurique. La solution est versée dans un flacon contenant du chlorure de fer et de l'acide chlorhydrique, dont on a chassé l'air par l'ébullition préalable du mélange. Ayant chauffé le tout, la réaction se produit; le deutoxyde d'azote est recueilli dans un tube gradué, après avoir passé sur de la soude caustique.

Eder a modifié ce procédé en traitant la solution de nitrocellulose par une dissolution de sulfate de fer dans l'acide chlorhydrique.

Pour doser la quantité de AzO^2 contenue dans la nitroglycérine, Champion et Pellet préconisent le procédé suivant (*Comptes rendus de l'Académie des Sciences*, t. LXXXIII, p. 707) : on prend une quantité connue de sulfate de fer, dont on a déterminé préalablement le pouvoir réducteur; on l'introduit dans un flacon contenant de l'acide chlorhydrique, puis on ajoute un peu de pétrole. Cela fait, on verse 0gr,5 de nitroglycérine et on chauffe au bain-marie. Lorsque la décomposition est terminée, on pousse jusqu'à l'ébullition pour chasser AzO, et on dose le sulfate de fer par le permanganate : 56 parties de fer oxydé par la réaction correspondent à 23 parties de AzO^2 dans la nitroglycérine analysée.

L'appareil de Schultze-Tieman convient spécialement à l'examen des nitrocelluloses et de la nitroglycérine ; les résultats qu'il permet d'obtenir présentent une grande exactitude.

Cet appareil, dont la figure 9 représente le schéma, est basé sur le même principe que la méthode de Champion et Pellet. Le gaz est recueilli dans un nitromètre réfrigéré par une circulation d'eau extérieure. Pour faire fonctionner l'appareil, il faut d'abord l'emplir d'une solution de soude caustique (densité 1,21 à 1,26), solution qui joue le rôle de joint hydraulique. A cet effet, on dispose le nitromètre de manière que son extrémité inférieure soit introduite dans l'ouverture que porte le bouchon en caoutchouc obturant le bas du vase *d* ; on ouvre alors le robinet *r* et la pince *g*, la pince *f* restant fermée. La solution de soude caustique, placée à un niveau supérieur, ne tarde pas à emplir l'appareil ; lorsqu'elle atteint environ la moitié de l'entonnoir *a*, on ferme la pince *g* et on ouvre *f*.

D'autre part, on pèse exactement, dans un verre de montre taré, $0^{gr},500$ à $0^{gr},650$ de la nitrocellulose à analyser, et

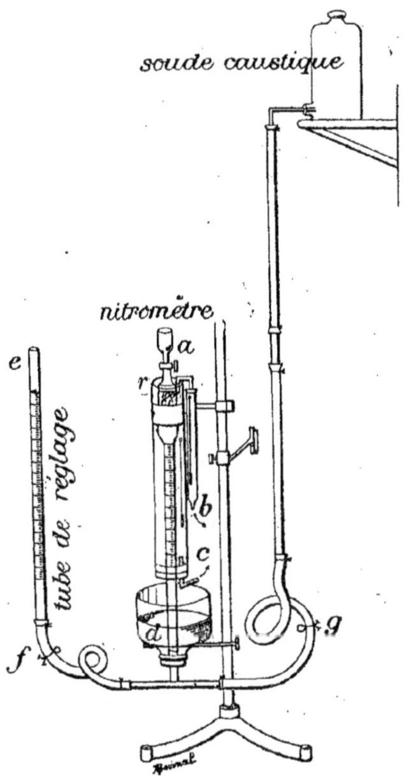

Fig. 9.

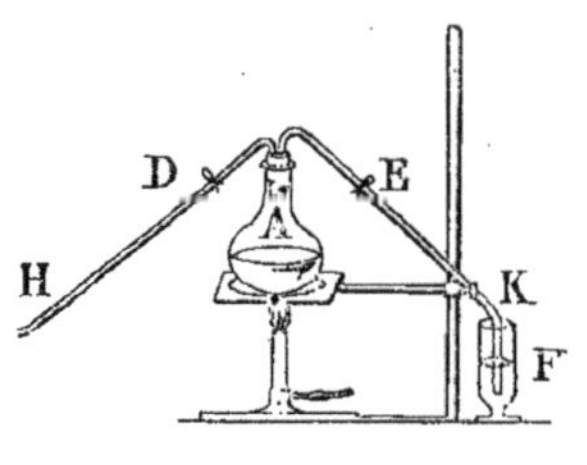

Fig. 10.

on l'introduit dans un solide flacon A (*fig.* 10) ; le verre de montre est lavé ensuite au moyen de 25 centimètres cubes d'eau. Dans le bouchon qui surmonte le flacon passent deux tubes, H et K. On dispose l'appareil de manière que l'extrémité inférieure du premier plonge dans le liquide que renferme le vase *d* ; quant à celle du second, elle plonge dans un tube à réactif (non représenté sur la figure), placé dans un verre F et contenant quelques centimètres cubes d'eau. On chauffe à ébullition le flacon, dont on expulse l'air en ouvrant et fermant alternativement les pinces D et E.

Dès que le vide est fait, on ferme ces pinces et on cesse de chauffer. On introduit alors, dans le tube à réactif, 25 centimètres cubes de chlorure ferreux en solution concentrée (1), ainsi que 10 à 15 centimètres cubes d'acide chlorhydrique concentré. Puis, ouvrant la pince E, on voit le liquide s'introduire dans le flacon A ; il faut avoir bien soin de faire en sorte que l'air ne puisse entrer en même temps. Ayant refermé la pince, on soulève légèrement le nitromètre et on déplace le tube H, de manière que son orifice inférieur vienne s'y introduire. Cela fait, on chauffe le flacon A, la réaction s'opère et le deutoxyde d'azote prend naissance ; la pince D est desserrée à nouveau et, dès que la pression exercée dépasse la pression atmosphérique, le gaz s'introduit dans le nitromètre. L'ébullition se continue avec des soubresauts ; lorsque l'introduction des bulles gazeuses au sein du liquide contenu dans le nitromètre vient à cesser, on perçoit le bruit caractéristique produit par la distillation de l'acide chlorhydrique ; à ce moment, on ferme la pince D et on ouvre E.

Ayant dégagé l'extrémité inférieure de H, on replace celle du nitromètre dans l'ouverture que porte le bouchon obturant le bas du vase *d* ; puis, on laisse reposer l'appareil jusqu'au moment où la température du nitromètre s'est abaissée suffisamment pour que l'eau servant à la réfrigération n'accuse plus, à sa sortie *b*, une température supérieure à celle de son entrée *c*. Il reste alors à égaliser les niveaux du liquide dans le nitromètre et dans le tube de réglage *e*, ce que l'on réalisera en élevant ou abaissant celui-ci. Puis on lira, à $0^{cc},1$ près, le volume occupé par le deutoxyde d'azote, volume auquel on fera subir les corrections relatives à la température et à la pression barométrique.

(1) Pour obtenir cette solution, on dissout un excès de fer (clous ou objets analogues) dans de l'acide chlorhydrique concentré. Lorsque le dégagement d'hydrogène cesse, on filtre à chaud.

MÉTHODE DE KJELDAHL ET CHENEL. — M. Kjeldahl, du laboratoire Carlsberg à Copenhague, est l'auteur d'une méthode de dosage de l'azote (*Zeitschrift Anal. Chem.*, 1883, t. XXII, p. 366) que l'on a appliquée aux substances organiques en général, et aux engrais en particulier. Cette méthode, modifiée par M. Jodlbauer (*Chemisches Centralblatt*, 1886, p. 434-484), a été adaptée à l'analyse des explosifs nitrés par M. Chenel, du Laboratoire central des Poudres et Salpêtres.

La marche peut être résumée comme suit : on prend $0^{gr},5$ de la substance à analyser, finement pulvérisée au préalable, et on les laisse digérer, à froid, avec une solution de $1^{gr},2$ phénol et $0^{gr},4$ anhydride phosphorique dans $30^{cc}SO^4H^2$. On agite fréquemment, jusqu'à obtention de la complète dissolution. Puis on ajoute, par petites quantités, 3 à 4 grammes de poussière de zinc, en ayant soin de réfrigérer jusqu'à ce que la réduction soit entièrement effectuée. On verse ensuite $0^{gr},7$ de mercure et on distille, la totalité de l'ammoniaque produite étant absorbée par de l'acide titré. Il reste à doser au moyen d'une solution titrée d'ammoniaque.

M. Chenel a obtenu d'excellents résultats par l'application de ce procédé. Le succès de l'opération est subordonné à la parfaite transformation du phénol en dérivé nitré, laquelle se manifeste par la limpidité complète de la solution sulfurique. Pour les nitrocelluloses, il sera nécessaire d'apporter un soin tout particulier à la pulvérisation préalable au traitement initial.

M. Chenel a constaté que ce procédé ne peut être appliqué à l'analyse de la naphtaline tri- ou tétranitrée, ces composés n'étant pas complètement solubles dans l'acide sulfurique à froid. Il est nécessaire de les transformer préalablement en naphtylamines, suivant la méthode de MM. d'Aguiar et Lautemann : on prend 12 grammes d'iode, que l'on ajoute par petites quantités à une solution de $2^{gr}Ph$ dans 15 à $20^{cc}S^2C$, contenue dans un flacon de 250 centimètres cubes. On chauffe le tout au bain-marie à 100°, avec précaution, jusqu'à distillation complète du sulfure de carbone ; puis on laisse refroidir et on détache l'iodure de phosphore des parois du flacon, en ayant soin d'agiter un peu. On introduit alors $0^{gr},5$ à $0^{gr},6$ de la substance à analyser, puis 8 centimètres cubes d'eau, et l'on agite doucement le flacon deux ou trois fois. La réaction est terminée au bout d'une minute. Lorsque le tout est refroidi, on verse peu à peu $25^{cc}SO^4H^2$, ainsi que $0^{gr},7$ Hg ; il se forme de l'acide iodhydrique (HI), lequel est chassé par suite de l'augmentation de température. Il reste à continuer l'analyse d'après la méthode de Kjeldahl.

Dans le tableau suivant se trouvent consignés un certain nombre de résultats obtenus par M. Chenel :

SUBSTANCES ANALYSÉES	AZOTE TOTAL	
	théorique	déterminé analytiquement
Salpêtre	13,86	13,91 13,82 13,73 13,96
Nitrate d'ammonium	35,00	35,31 34,90 34,96
Nitrate de baryum	10,72	10,67 10,62
Nitroglycérine	18,50	18,45
Dinitrobenzine (1)	16,67	16,78 16,57
Para-nitrophénol	10,07	10,03
Acide picrique	18,34	18,42 18,43
Picrate d'ammonium	22,76	22,63 22,67
Ortho-dinitrocrésol	14,14	14,10 13,98
Méta-trinitrocrésol	17,28	17,57 17,27

(1) Le Dr Dyer a obtenu 16,54 0/0 pour la dinitrobenzine et 18,39 0/0 pour l'acide picrique (*Journ. Chem. Soc.*, août 1895).

Cette méthode a été perfectionnée également par M. A. Herberg (*Chemiker Zeitung*, t. XXII, p. 505).

Dans le tableau ci-dessous, nous donnons les proportions centésimales d'azote et de peroxyde d'azote que renferment les composés que voici :

NOMS	FORMULES	Az	AzO^2
Nitroglycérine	$C^3H^5(OAzO^2)^3$	18,50	60,70
Cellulose dodécanitrique	$C^{24}H^{28}O^8(OAzO^2)^{12}$	14,14	46,42
Cellulose décanitrique	$C^{24}H^{32}O^{10}(OAzO^2)^{10}$	11,11	36.52
Nitrobenzine	$C^6H^5AzO^2$	11,38	37,39
Dinitrobenzine	$C^6H^4(AzO^2)^2$	16,67	54,77
Trinitrobenzine	$C^6H^3(AzO^2)^3$	19,24	63,22
Nitrotoluène	$C^7H^7AzO^2$	10,21	33,49
Nitronaphtaline	$C^{10}H^7AzO^2$	8,09	26,53
Dinitronaphtaline	$C^{10}H^6(AzO^2)^2$	12,84	42,12
Nitromannite	$C^6H^8(AzO^3)^6$	23,59	77,37
Nitramidon	$C^{24}H^{32}O^{16}HAzO^3$	6,76	22,18
Acide picrique	$C^6H^2OH(AzO^2)^3$	18,34	60,25
Chloro-nitrobenzine	$C^6H^3Cl(AzO^2)^2$	13,82	45,43
Nitrate d'ammonium	AzO^3AzH^4	35,00	
Nitrate de sodium	AzO^2Na	16,47	
Nitrate de potassium	AzO^3K	13,86	
Nitrate de baryum	$(AzO^3)^2Ba$	10,72	
Acide nitrique	AzO^3H	22,22	

S'il s'agit d'examiner au nitromètre de Lunge, un échantillon de celluloïd, on facilitera la dissolution dans SO^4H^2 concentré en agitant au moyen d'un fil de platine. Il est utile, en outre, d'éliminer le camphre. Voici le traitement préconisé, à cet effet, par M. Zaunschirm (*Chem. Zeitsch.*, t. XIV, p. 905) : on dissout une quantité pesée de celluloïd dans de l'éther alcoolisé ; ensuite, on ajoute une quantité connue d'asbeste lavée et calcinée, ou bien de pierre ponce. Cela fait, on sèche, pulvérise et extrait le camphre par le chloroforme ; après une seconde dessiccation suivie d'une pesée destinée à l'évaluation du camphre, on traite par de l'alcool méthylique absolu, on évapore et on pèse à nouveau ; finalement, on dose l'azote au nitromètre.

La présente rubrique est extraite en grande partie de l'ouvrage intitulé *Explosifs nitrés* (*Nitro-Explosives* de G. Sanford, traduit, revu et augmenté par J. Daniel), Paris, 1898.

Azote Powder Company (The), à Indianopolis (États-Unis d'Amérique), a fait breveter un procédé spécial de nitrification de l'amidon. Celui-ci est tout d'abord desséché, à une température comprise entre 100 et 140°. Ensuite, on le place, encore chaud, dans un récipient hermétiquement clos, où la température est maintenue à un maximum de 4°. La nitrification s'effectue au moyen du mélange sulfo-nitrique 2 : 1, porté à la même température ; les proportions sont de 200 grammes d'amidon par litre de mélange. Lorsque la macération a suffisamment duré, le malaxage ayant été soigneusement effectué, la masse est versée sur de la glace pilée, en ayant soin d'éviter tout échauffement. Viennent ensuite la neutralisation à la soude, le lavage, etc.

Ce procédé permet de nitrifier l'amidon sans altérer la forme du grain.

(Brevet américain n° 692.216, 29 septembre 1898.)

Le brevet français n° 289.627 (6 juin — 23 septembre 1899) et le brevet anglais n° 12.316 (1899), accepté le 5 mai 1900, ont comme titulaire M. Sargent.

Azothydrique (Acide) (Az^3H). — Ce composé, dont les propriétés explosives sont très développées, a été étudié par M. Chenel. Pour la préparation, voir *Thiele*.

Azotine. — Poudre de mine bon marché, fabriquée en Hongrie et inventée par M. A. Bercsey. Cette poudre contient du nitrate de soude, du soufre, du charbon et des résidus de pétrole.

Azotique (Acide). — Voir *Nitrique (Acide)*.

Azotures. — Les propriétés explosives de ces composés ont été étudiées par MM. Berthelot et Vieille (*Mémorial des Poudres et Salpêtres*, t. VIII, p. 7).

L'azoture mercurique cristallise en longues aiguilles blanches, solubles dans l'eau, surtout à chaud ; il est beaucoup plus sensible que le fulminate de mercure. En raison de son analogie avec ce sel, il présente un certain intérêt théorique.

L'azoture mercureux est moins dangereux que le sel mercurique ; sa décomposition explosive s'effectue aussi rapidement que celle du fulminate.

L'azoture d'ammonium est également explosible. Son mode de combustion est lent et présente de l'analogie avec celui de la poudre sans fumée à base de pyroxyle pur.

L'azoture d'argent est une poudre de couleur noire, que l'on obtient par l'action de l'ammoniaque sur l'oxyde d'argent. C'est un composé très sensible : le contact d'une barbe de plume suffit pour en déterminer la détonation.

L'azoture de cuivre, poudre d'un vert foncé, s'obtient en faisant passer un courant de gaz ammoniac sur de l'oxyde de cuivre finement pulvérisé, chauffé à 250°. Il fait explosion à la température de 310°.

B

B (Poudre). — Ancienne poudre noire, réglementaire en France pour le tir du fusil modèle 1866.

B (Poudre) ou poudre Vieille. — Poudre sans fumée actuellement en usage dans l'armée française (fusil Lebel). Elle se présente sous la forme de petits carrés plats, de couleur jaune pâle ou brunâtre, à odeur d'éther acétique; elle ne remplit pas entièrement la douille de la cartouche. Les charges sont réduites à un tiers environ des charges anciennes. L'artillerie emploie la même poudre, mais à grains plus gros.

L'analyse d'un échantillon de poudre B (lieutenant Wisser, de l'artillerie des États-Unis) a donné les chiffres suivants :

Coton-poudre	68,21
Nitrocellulose soluble	29,79
Paraffine	2,00
	100,00

La poudre B développe une vitesse initiale très élevée, jointe à une pression faible. Elle présente une stabilité considérable, tant au point de vue de la chaleur, de l'humidité, etc., que de l'action du choc.

B 77 (Poudre). — Poudre noire à fusil russe, réglementaire.

Baked Powder. — Voir *Wiener*.

Bakewell (États-Unis d'Amérique) a fait breveter l'emploi de la nitroglycérine congelée pour le chargement des projectiles creux. On sait que, sous cette forme, la sensibilité explosive du liquide est notablement atténuée. Un dispositif placé à l'intérieur du projectile élève la température de la nitroglycérine, de manière que son explosion se produise au moment opportun.

L'idée de congeler la nitroglycérine, afin d'en rendre le maniement et le transport moins dangereux, est due à Mowbray. Son efficacité semble rien moins que démontrée : s'il est exact, en effet, que la sensibilité explosive de la nitroglycérine diminue lorsqu'elle est congelée, dans ce sens qu'elle exige des amorces plus puissantes, il n'en est pas moins vrai que, sans cause spéciale apparente, il peut arriver qu'elle détone sous l'influence de la moindre action externe : choc, friction, etc., lorsqu'elle se trouve dans cet état.

[Brevet anglais n° 27.290 (1896), accepté le 16 octobre 1897.]

M. Hurst, compatriote des deux inventeurs précédents, a pris un brevet analogue à celui de M. Bakewell.

Balais de bruyère. — Voir *Compositions incendiaires.*

Balistite ou **ballistite.** — Cette poudre sans fumée, inventée par Nobel, est la première de celles qui renferment de la nitroglycérine. Le brevet anglais n° 1.471, du 31 janvier 1888, spécifie le mélange de 100 parties de nitroglycérine, 10 parties de camphre, 200 parties de benzine et 50 parties de nitrocellulose soluble. La masse pâteuse passe entre des cylindres chauffés à la température de 50 à 60° ; la benzine s'évapore. Une seconde variété renferme 100 parties de nitroglycérine, 10 à 25 parties de camphre, 200 à 400 parties d'acétate d'amyle et 200 parties de nitrocellulose soluble. On peut substituer partiellement l'amidon nitré à la nitroglycérine.

La ballistite actuelle se compose de 40 parties de coton-collodion dissous dans 60 parties de nitroglycérine et additionné de 1 à 2 0/0 d'aniline ou de diphénylamine. A l'origine, elle renfermait environ 3 0/0 de camphre, en vue de modérer les effets explosifs, mais la volatilité de cette substance en rend l'efficacité temporaire; aussi l'a-t-on abandonnée.

(Brevet français n° 199.091, des 20 juin 1889 et 22 avril 1890, perfectionnant le brevet n° 185.179, du 4 août 1887, relatif à la ballistite primitive.)

Dans le brevet primitif, la fabrication de la ballistite était décrite comme suit: on introduit, dans un récipient, 1 partie de coton-collodion, ainsi que 6 à 8 parties de nitroglycérine, la température étant maintenue à 6 ou 8° environ. A l'effet d'établir entre les deux substances un contact très intense, on fait le vide au moyen d'une pompe; le liquide est absorbé. On passe ensuite à la presse ou bien à la turbine, afin d'éliminer l'excédent de nitroglycérine et d'en ramener la proportion au taux indiqué. La masse obtenue est réduite en fragments et chauffée à une température comprise entre 60 et 90°, de manière à dissoudre le coton-collodion dans la nitroglycérine. On obtient une substance que l'on soumet au laminage à chaud ou bien au découpage ; on peut également réunir plusieurs des feuilles laminées et découper ensuite.

Le procédé de Nobel a été remplacé par celui de MM. Lundholm et Sayers (brevet anglais n° 10.376, du 26 juin 1889). La nitroglycérine et le coton-collodion sont introduits dans un récipient renfermant une grande quantité d'eau chaude, où le mélange s'opère au moyen d'un courant d'air comprimé; celui-ci n'est pas indispensable, à condition que la masse soit maintenue à la température de 60°, plusieurs jours durant. Le chauffage s'effectue au moyen de tuyaux à circulation de vapeur. En tout état de cause, évidemment, l'agitation de la masse favorise la gélatinisation.

La figure 11 représente, d'après une photographie prise sur place et empruntée à la revue *Arms and Explosives* (1), l'atelier de la Nobel's Explosives Co., Ltd. Le malaxage s'effectue au moyen de

(1) Les diverses photographies d'usines anglaises que nous reproduisons sous des rubriques ultérieures sont empruntées à la même revue.

l'air comprimé. L'appareil est de dimensions très vastes, ce qui est favorable au point de vue de la sécurité. Il est disposé de manière que l'opération terminée, il suffit de lui imprimer un

Fig. 11.

mouvement partiel de rotation pour déverser dans un réservoir placé au-dessous la majeure partie de l'eau qu'il renferme.

La masse pâteuse qui reste dans le malaxeur est soumise à l'action de la presse hydraulique. La gélatinisation est telle que le liquide exprimé ne contient que de l'eau pure, toute la nitroglycérine étant absorbée par le collodion.

Au sortir de la presse, on obtient une sorte de gâteau de ballistite que l'on fait passer à l'atelier de tamisage, où il est brisé et réduit en fragments menus. Ces fragments, de consistance molle, contiennent encore une certaine humidité. A l'effet de l'éliminer, et de donner en même temps au produit l'homogénéité et la densité voulues, on le fait passer entre des cylindres en fer mesurant $1^{m},50$ de longueur sur 34 centimètres de diamètre, et à l'intérieur desquels circule un courant d'eau chaude ; on ajoute graduellement la quantité de ballistite nécessaire et, lorsque l'opération a suffisamment duré, l'explosif se présente sous la forme de feuilles homogènes, exemptes de bulles d'air, et parfaitement sèches.

Au cours du laminage, il se produit fréquemment des explosion locales, inoffensives en général. Ces explosions, que l'on attribue à la présence de bulles d'air, seraient dues, d'après M. Guttmann, à des particules de coton-collodion non dissous; cette substance est très sensible au choc et même à la friction, lorsqu'elle est chauffée à 60°.

Les feuilles de ballistite ont la forme de carrées mesurant 45 centimètres de côté environ et un demi-millimètre d'épaisseur; densité : 1,6. Leur teinte varie du brun clair au brun chocolat. Elles rappellent au toucher le caoutchouc dur. Ces feuilles sont découpées en fragments cubiques; à cet effet, on emploie une machine très simple qui comprend une table animée d'un mouvement d'avancement peu rapide et au-dessus de laquelle se trouve disposée une lame qui s'abaisse à intervalles réguliers. On place sur la table un châssis sur lequel on a superposé une vingtaine de feuilles, que la lame découpe en bandes; déplaçant le châssis à angle droit, on divise ensuite ces bandes en fragments qu'il reste à soumettre au tamisage, puis à enduire de mine de plomb.

La ballistite peut être également transformée en fragments ayant la forme de tubes. Elle prend alors le nom de *tubéite*. Cette opération s'effectue au moyen d'une presse spéciale, dans laquelle un piston oblige la matière à passer au travers d'ouvertures qui lui donnent la forme voulue. En opérant cette transformation, on augmente la surface de contact avec l'air, ce qui permet d'obtenir un meilleur mode de combustion de la poudre.

La ballistite n'est pas sensible à l'influence de l'humidité et peut être facilement desséchée lorsqu'elle est mouillée.

Elle a été l'objet d'expériences faites par les soins de Sir A. Noble : la pression moyenne obtenue au *crusher gauge* fut de 14,3 tonnes par pouce carré, soit 2.180 atmosphères (maximum : 2.210, et minimum : 2.142), la charge étant de 2^{kg},290. La vitesse initiale fut de 640 mètres et l'énergie, de 442.533 kilogrammètres. La quantité de gaz permanents engendrés, 615 centimètres cubes par gramme et la quantité de chaleur développée, 1.365 calories. On trouvera, sous la rubrique *Cordite*, le résumé d'essais comparatifs effectués par le même expérimentateur.

La ballistite est fabriquée, depuis 1889, à Ardeer (Ecosse), par la Nobel's Explosives Co., Ltd.; à Chilworth (Surrey), par la Chilworth Gunpowder Co., Ltd.; ainsi que par la National Explosives Co., Ltd. et la New Explosives Co., Ltd.

En Allemagne, on emploie une variété de ballistite qui porte le nom de *R G P* 89 *Pulver* ou poudre-dynamite Nobel, et contient une porportion plus élevée de coton-collodion. En Italie, on lui donne la forme de cordes ou en fils, d'où le nom de *filite*, Cette forme convient aux besoins de l'artillerie, tandis que les grains cubiques servent à l'infanterie.

La ballistite est fabriquée en Espagne et importée en Belgique par la Société anonyme de Dynamite et de Produits chimiques de Galdacano (Bilbao).

Balles à feu. — Sachets en toile remplis de matière grise, que l'on rendait aussi compacte que possible par l'addition d'un peu d'eau-de-vie. Les balles à feu étaient amorcées à l'aide d'un tube à feu. Pendant les guerres de siège, on les lançait à la main pour éclairer les terrains environnants. Voir *Compositions incendiaires*.

Balles à fumée. — Voir *Fumée* (*Balles à*).

Balles luisantes. — Engins lancés par des pièces spéciales ou simplement tirés dans des tubes à bombes, servant de signaux pendant la nuit. Ils renfermaient 76,6 0/0 de matière grise et 23,4 0/0 de soufre. Éventuellement, on ajoutait l'ingrédient nécessaire pour obtenir un feu coloré. Les tubes à bombes étaient de fortes cartouches en papier, remplies de couches alternantes d'une composition lente (2 parties de pulvérin et 1 de charbon) et d'une petite charge de poudre en grain, sur laquelle reposait une balle luisante. On les enfouissait debout en terre.

Le *flambeau* ou *feu de conserve*, employé également pour les signaux, était un tube cylindrique renfermant 107 parties de matière grise additionnée de 3 parties de sulfure d'antimoine. La *roche à feu* était tirée dans les tubes à bombes avec une composition plus lente (Désortiaux, *Traité sur la poudre, les corps explosifs et la pyrotechnie*, Paris, 1878).

Bals. — Voir *Gerrersdorfer*.

Bandisch (Poudre). — Variété de poudre Schultze, obtenue par compression à la presse hydraulique.

Bantock a proposé un explosif analogue au coton-poudre nitraté d'Abel. Le seul point spécial à signaler concerne la présence de 1 0/0 de sulfate de potasse anhydre dans le mélange acide employé pour la nitrification, mélange contenant 34 parties d'acide nitrique ($d = 1{,}5$) et 65 parties d'acide sulfurique ($d = 1{,}84$). La quantité de cellulose traitée est de 8 parties, et l'on ajoute ensuite 25 parties de salpêtre, ainsi que 15 parties de chlorate de potasse.

(Brevet anglais n° 4.806, du 12 décembre 1876.)

Barbe propose de diminuer la sensibilité explosive du coton-poudre en l'additionnant de nitrates organiques ou inorganiques, notamment de nitrate d'ammoniaque.

(Brevet français n° 159.214, du 17 décembre 1883.)

Le même inventeur, afin d'assurer la neutralité et de diminuer l'hygroscopicité du nitrate d'ammoniaque, propose d'ajouter du carbonate d'ammoniaque à ce sel.

(Brevet français n° 168.189, du 10 avril 1885.)

Barils ardents, barils foudroyants ou fulminants. — Voir *Compositions incendiaires*.

Barils éclairants. — De composition analogue aux balles à feu, ces barils étaient lestés de manière à rester verticaux dans l'eau.

Barnwell et **Rollason** ont recommandé l'emploi de la pyroxyline en solution, comme enduit des poudres noires ordinaires, ou en combinaison avec des substances plastiques, pour le moulage. A l'état pulvérisé, ils en préconisent la substitution au charbon dans la poudre ordinaire.

(Brevet anglais n° 2.249, 15 septembre 1860.)

Baron et **Cauvet** ont fait breveter des poudres chloratées qui sont de simples variétés de la poudre Augendre.

(Brevet français n° 150.334, 29 juillet 1882.)

Barton. — Voir *Glycérine*.

Baryte (Dynamite à la). — Inventé par Nobel, cet explosif répond à la composition suivante :

Nitroglycérine	21,74	20
Nitrate de baryte	65,21	70
Charbon de bois	13,05	»
Résine	»	10
	100,00	100

La première de ces variétés est également désignée sous le nom de dynamite au charbon.

Barytique (Poudre). — Mélange de 8 parties de poudre noire ordinaire avec 2 parties d'une poudre au nitrate de baryte, employé en Prusse, vers 1865, pour les pièces de gros calibre.

Battage de pieux au moyen d'explosifs. — Voir *Pieux (Battage de)*.

Bautzen (Poudre). — Mélange à poids égaux de salpêtre et de nitrolignine.

Bayer. — Voir *Chlorate de potassium.*

Bayon a fait breveter une poudre chloratée contenant de la gomme arabique et du gros son.
(Brevet français n° 144.903, du 20 septembre 1881.)

B C P Powder. — Poudre à base de nitrate, admise en Angleterre.

Beadle. — Voir *Oxycellulose.*

Beckman. — Voir *Sébastine.*

Behrens. — Voir *Nitrate de potassium.*

Bell. — Voir *Kelly.*

Bell a fait breveter une poudre noire répondant à la composition suivante :

Salpêtre	70,20
Houille	18,00
Soufre	11,80
	100,00

(Brevet anglais n° 24.555, du 21 novembre 1898 ; brevet français n° 285.513, 1er février-8 mai 1899.)

Bellénite. — Cet explosif, fabriqué à Sydney (N. S. W.), aurait fait l'objet, dans le courant de l'année 1900, d'essais très favorables au point de vue de l'effet utile, ainsi que des produits engendrés. La bellénite, poudre de couleur bleu-vert, est un composé à base de nitrolignine.

Bellford (Poudre). — Poudre noire additionnée de chlorate de potasse.

(Brevet anglais n° 2.910, du 15 décembre 1853.)

Bellite. — Cet explosif, inventé par M. Carl Lamm et fabriqué à Rotebro (près Stockholm), s'obtient, si nous nous en référons aux termes du brevet anglais accepté le 10 novembre 1885, en mélangeant du nitrate d'ammoniaque avec de la méta-dinitrobenzine préalablement fondue sous l'actionde la chaleur ; la dinitrobenzine enrobe les particules de nitrate et constitue autour d'elles, après refroidissement, une enveloppe destinée à les protéger contre l'action de l'humidité.

La bellite n° 1, telle qu'elle est fabriquée en Angleterre par la Lancashire Explosives Co., Ltd, renferme 82 à 85 0/0 de nitrate, additionné de 18 à 15 0/0 de méta-dinitrobenzine. S'il s'agit de la bellite n° 2, les proportions deviennent respectivement 66 et 34 0/0. Quant à la bellite n° 3, sa teneur en nitrate atteint 92 à 95 0/0. L'emploi des variétés n° 1 et n° 3 est autorisé dans les exploitations houillères grisouteuses ou poussiéreuses. Au reste, la bellite est un des plus anciens explosifs de sûreté et a fait l'objet d'expériences fort nombreuses. La température de détonation de la variété à 83 0/0 de nitrate a été évaluée à 2.190° (Mallard et Le Châtelier).

De même que les autres explosifs à base d'azotate d'ammoniaque, elle ne peut détoner pratiquement sous l'action du choc, de la friction ou de la flamme ; au point de vue de la fabrication et du maniement, c'est un explosif de sécurité. Chauffée à l'air libre, elle perd sa consistance vers 90° et vers 200°, elle se transforme en gaz sans subir de décomposition explosive.

D'après M. Chalon, un demi-gramme de fulminate suffirait pour provoquer l'explosion de la bellite. Nous pensons qu'avec un tel détonateur, la décomposition totale doit être aléatoire. Les charges des capsules imposées en Angleterre sont respectivement de 1gr,5 et 1 gramme pour les variétés n° 1 et n° 3 (la composition employée renferme 80 0/0 de fulminate de mercure et 20 0/0 de chlorate de potasse).

Le brevet de Lamm fut acheté très cher à l'origine, par la Bellite Explosives Co., Ltd. Mais les difficultés que rencontra cette entreprise en provoquèrent la dissolution, et c'est la Lancashire Explosives Co., Ltd. qui fabrique la bellite en Angleterre, depuis 1894. La même année, cette Compagnie assigna en contrefaçon de brevet la Roburite Explosives Co., Ltd. et, après avoir échoué en première instance, obtint en appel une somme importante à titre de dommages-intérêts. A la suite de ce procès, la roburite n° 3 fut substituée aux variétés n° 1 et n° 2, alors en usage. Une nouvelle action, intentée par la Lancashire Explosives Co., Ltd, fut infructueuse cette fois.

Si l'on substitue au nitrate d'ammoniaque le nitrate de potassium, on obtient la nitrobellite. D'après M. Salvati, cet explosif répondrait à la composition suivante :

	N° 1	N° 2
Nitrate de potasssium......	54,59	70,63
Dinitrobenzine............	45,41	29,37
	100,00	100,00

Bender. — Voir *Grisoutine comprimée.*

Bender a fait breveter l'emploi des explosifs en vue d'actionner les pistons de machines-outils telles que perceuses, riveuses, cisailleuses, etc.

(Brevet anglais n° 26.801, 20 décembre 1898 — 11 mars 1899.)

Benedict (Poudres).— Compositions pour amorces, proposées comme succédanés du fulminate de mercure :

	Simple	Double
Chlorate de potasse.........	38,70	79,16
Phosphore amorphe........	19,35	8,33
Minium.....................	38,70	»
Résine.....................	3,25	»
Sulfure d'antimoine........	»	8,33
Soufre sublimé.............	»	2,08
Salpêtre...................	»	2,08
	100,00	100,00

Le minium peut être remplacé par de l'oxyde rouge de mercure ou de bioxyde du manganèse.

Benedikt et **Canton.** — Voir *Glycérine.*

Bénédite. — Explosif de sécurité répondant à la composition suivante :

Nitrate d'ammoniaque..........	93 à 95	pour 100
Colophane......................	7 à 5	»

le point de fusion de cette dernière ne pouvant être inférieur à 200° F. (93°,3).

Cet explosif, admis en Angleterre depuis 1898, figure sur la liste de ceux dont l'emploi est autorisé dans les charbonnages grisouteux ou poussiéreux. L'autorisation est subordonnée à l'emploi de cartouches en papier imperméabilisé [1] au moyen de cérésine, huile de lin ou résine. Le détonateur à employer doit contenir au minimum 2 grammes de composition à 80 0/0 de fulminate de mercure et 20 0/0 de chlorate.

Beneké (Angleterre) propose l'emploi d'explosifs à base de nitrate d'ammoniaque additionné de résine, destinée à servir de protection contre l'humidité, ainsi que de bichromate de potassium, en vue de faciliter l'ignition.

[Brevet anglais n° 13.922 (1896), accepté le 20 mars 1897.]

Le même inventeur revendique, par son brevet n° 28.220 (1896), accepté le 10 janvier 1898, l'addition de carbonate ou de bicarbonate alcalin aux ingrédients ci-dessus.

Pour fondre la résine à une température aussi basse que possible, on l'additionne de 2,5 fois son poids de bichromate de potasse et 0,75 de carbonate ou de bicarbonate alcalin ; ces pro-

(1) Il est assez curieux de remarquer que l'emploi de cartouches imperméables est imposé pour la bénédite, alors qu'un autre explosif sur la composition duquel est absolument calquée la sienne, la wesphalite n° 1, ne peut s'employer qu'en cartouches de papier non imperméabilisé.

portions ne sont pas absolues. Après refroidissement, on pulvérise; puis, on mélange 8 à 10 parties du produit obtenu avec 92 à 90 parties d'azotate d'ammoniaque. Après deux heures de chauffage à 100°, le mélange est placé sur un tambour rotatif pour être soumis au malaxage.

Si l'explosif ne contient pas de bichromate de potasse, la fabrication s'effectue comme suit : on mélange par fusion 1 à 1,5 partie de résine avec la même quantité de bicarbonate de soude finement pulvérisé. On ajoute ensuite 4 à 5 parties de résine pulvérisée, puis 93 à 94 parties de nitrate d'ammoniaque.

Le bicarbonate de soude peut être remplacé par un sel propre à réduire la flamme, tel que le tungstate de soude, par exemple.

[Brevet anglais n° 23.340 (1897), accepté le 13 août 1898.]

Beneké a fait breveter une composition destinée à imperméabiliser les cartouches renfermant les explosifs de sûreté, composition qui présente l'avantage d'être moins inflammable que les substances habituellement employées. Elle se prépare en chauffant ensemble des poids égaux de résine et de poix. On ajoute un cinquième environ de carbonate ou de bicarbonate de soude; puis, de la cire d'abeille et de l'huile de lin en proportions restreintes.

[Brevet anglais n° 24.385 (1897), accepté le 20 août 1898.]

Beneké a fait breveter le mélange d'un hydrocarbure liquide avec du bichromate, du chlorate ou du permanganate de potasse, ainsi que du charbon finement pulvérisé.

[Brevet anglais n° 14.780 (1898), accepté le 11 mars 1899.]

Beneké a proposé l'emploi d'explosifs composés de nitrate d'ammoniaque additionné de chlorate de potasse.

[Brevet anglais n° 4.507 (1899), accepté le 1er mars 1900.]

Beneké propose d'effectuer, au moyen de véhicules montés sur roues, les opérations successives que comporte la fabrication des explosifs, de manière à prévenir le danger provenant du transvasement des substances manipulées.

[Brevet anglais n° 1.888 (1900), accepté le 30 janvier 1901.]

Bengaline. — Poudre chloratée contenant 60 0/0 de son, brevetée par Medail en 1882.

Benker. — Voir *Nitrate d'ammoniaque.*

Bennett (Poudre). — Cette poudre, de composition analogue à la poudre noire, contient 7 0/0 de chaux.

(Brevet anglais n° 3.026, du 21 décembre 1861.)

Bennett (William), Sons and C°. — Voir *Allumeurs de sûreté.*

Benzène. — Synonyme de benzine.

Benzénol. — Synonyme de phénol.

Benzine ou **benzol.** — Liquide incolore, très réfringent et très mobile, de saveur sucrée et d'odeur éthérée agréable.

La benzine (C^6H^6) fut découverte par Faraday en 1825. C'est Hofmann qui, le premier, la retrouva dans le goudron de gaz, en 1845. On obtient industriellement ce composé par la distillation sèche de l'acide benzoïque ou de l'acide phtalique avec la chaux. La benzine ordinaire du commerce renferme du tiophène (C^4H^4S), dont on la débarrasse en l'agitant en présence d'acide sulfurique. Elle bout à 79°; sa densité à 0° est 0°,9. Elle dissout aisément les corps gras ou résineux, le soufre, le phosphore, etc.

Les dérivés mono-chloré, bromé et iodé de la benzine sont des liquides incolores, dont l'odeur est caractéristique. On connaît également les dérivés provenant de la substitution de 2, 3, 6 atomes de chlore ou de brome à autant d'atomes d'hydrogène. Les dérivés nitrés de la benzine, ou nitrobenzines, que nous décrivons ci-après, entrent dans la composition d'un grand nombre d'explosifs.

Benzoglycéronitre. — Synonyme de *Fortis*.

Bercsey. — Voir *Azoline*.

Berg. — Voir *Nitrolkrut*.

Berg et **Carimantrand** ont proposé une poudre chloratée contenant de l'hyposulfite de baryum ou de sodium.

Bergenstrom. — Voir *Salite*.

Bergès, Corbin et C°. — Voir *Street* (*Explosifs*).

Bergmann (Le Dr), à Halle, a fait breveter les explosifs obtenus en faisant agir le dinitrophénol ou le dinitrocrésol — seul ou en mélange — sur l'ammoniaque, l'aniline, la toluidine ou l'α-naphtylamine. Il est facultatif d'ajouter un nitrate alcalin; voici, dans ce cas, quel est le mode de préparation : on fond ensemble 8kg,300 de dinitrophénol et 4kg,200 d'aniline. D'autre part, on place dans une marmite à double fond, munie d'un agitateur, 87kg,500 d'azotate d'ammoniaque finement pulvérisé et sec. On chauffe à 80°; puis, on fait arriver peu à peu le dinitrophénate d'aniline. On arrête l'opération au bout d'une demi-heure.

(Brevet allemand B. n° 14.279, 1er février — 14 avril 1893.)

Ultérieurement, le même inventeur a fait breveter l'addition à ces explosifs de dérivés mono- ou dinitrés des hydrocarbures aromatiques.

(Brevet allemand B. n° 14.611. 17 avril — 17 juillet 1893.)

Berg-Roburite. — Cet explosif, d'après Salvati, est un mélange de dinitrobenzine et de nitrate d'ammoniaque, avec ou sans addition de phénol.

Bernadou préconise le traitement de la nitrocellulose insoluble par l'éther éthylique, à une température très basse. Il se forme une sorte de gelée; la nitrocellulose, ramenée à la température normale, constitue un colloïde qui, une fois desséché, peut être employé à la confection de poudres sans fumée et servir de liant à d'autres ingrédients.

(Brevet américain nº 652.445, 17 novembre 1899—26 juin 1900.)

Bernadou propose de dissoudre dans l'éther une cellulose à laquelle il assigne la formule $C^{30}H^{38}Az^{12}O^{49}$ et qui diffère peu de la cellulose décanitrique ; si on représente celle-ci par une formule analogue, on obtient en effet $C^{30}H^{37}Az^{12}O^{50}$.

(Brevet américain nº 652.505, 8 décembre 1899—26 juin 1900.)

Berthelot. — Voir *Azotures*, *Bombe calorimétrique*, *Calcul des éléments caractérisques, etc.*, *Celluloïd*, *Chlorate de potasse*, *Détonation*, *Eau*, *Explosion*, *Explosions sympathiques*, *Mica Powder*, *Nitramidon*, *Nitrate d'ammoniaque*, *Nitrate de potassium*, *Nitrocellulose*, *Nitroglycérine*, *Picrique* (*Acide*), etc.

Berthelot (Poudre de). — Le dictionnaire de Cundill-Thomson mentionne, sous cette rubrique, la poudre dont nous donnons ci-dessous la composition. Il est probable que cette dénomination est le résultat d'une erreur : le chlorate de potasse, en effet, est connu sous le nom de sel de Berthollet; telle fut également la manière de voir de M. Berthelot, lorsque nous lui fîmes connaître l'existence d'une poudre portant son nom.

Cette poudre, présentée à l'examen des autorités en vue d'obtenir une licence dans la colonie de Victoria, ne fut pas jugée d'une stabilité suffisante. Elle répond à la composition suivante :

Chlorate de potasse....................	80
Vaseline et paraffine..................	10
Craie..................................	10
	100

Berthollet (Argent fulminant de). — Voir *Fulminant* (*Argent*).

Berthollet (Poudre de). — Composition :

Chlorate de potassium	75,00
Soufre............................	12,50
Charbon de bois...................	12,50
	100,00

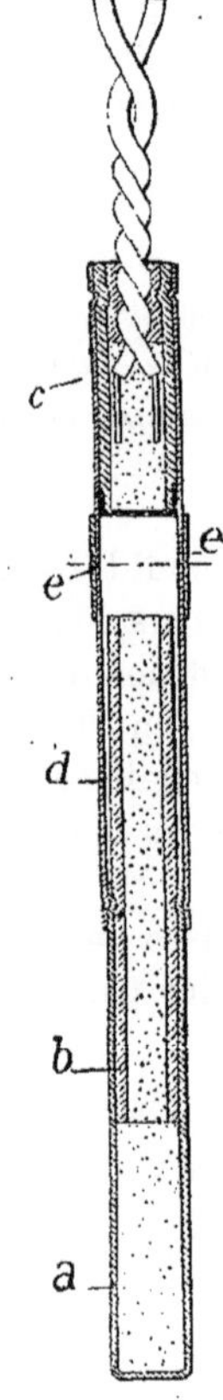

Fig. 12.

C'est, comme on le voit, la même composition centésimale que la poudre de guerre.

Berthollet (Sel de). — Synonyme de chlorate de potassium.

Besancele. — Voir *Celluloïd.*

Betterman, à Cologne, a proposé un système d'amorces électriques à temps qui semblent très recommandables en vue d'opérations importantes de sautage. Lorsque le nombre des mines à tirer simultanément est considérable, il est avantageux de pouvoir déterminer d'abord l'explosion de celles qui constituent le noyau interne du groupe et, un très court instant après, l'explosion des mines placées extérieurement. De cette façon, la désagrégation, l'ébranlement des roches se trouve commencé au moment où ces dernières mines exercent leur effet utile ; il en résulte que le rendement se trouve accru dans une large mesure.

Les amorces imaginées par M. Betterman, et que nous représentons en coupe dans la figure 12, d'après les spécifications du brevet anglais n° 15.647 (16 juillet — 27 août 1898), comprennent d'abord la composition détonante placée en *a*. Vient ensuite une colonne de poudre lente *b* et une amorce électrique *c*, qui peut être indifféremment à basse ou à haute tension. La colonne *b* peut être remplacée par une mèche de sûreté ou bien un cordeau détonant. L'enveloppe *d*, en métal ou en papier, s'étend jusqu'à la partie supérieure de l'amorce *c*; elle sert à établir la solidarité de l'ensemble, en même temps qu'elle le protège.

L'amorce tout entière se trouve recouverte d'un enduit ou vernis destiné à l'imperméabiliser. Deux ou plusieurs ouvertures, pratiquées en *e*, dans l'enveloppe *d*, servent à l'échappement des produits gazeux engendrés par la combustion de la poudre *b*. Sur ces ouvertures se trouvent collés des morceaux de papier, que l'on crève au moment de l'emploi.

D'après la description qui précède, on voit que la détonation de l'amorce ne peut avoir lieu qu'après la combustion de la colonne *b*. Il suffira donc, pour appliquer le principe que nous avons exposé ci-dessus, d'employer des amorces à temps pour les forages extérieurs, alors que les mines intérieures seront pourvues d'amorces électriques ordinaires.

Cette amorce a été brevetée en Belgique par la *Rheinisch-Wesfaliche Sprengstoff Actiengesellschaft*.

(Brevet n° 136.849, du 16 juillet 1898.)

Bevan. — Voir *Nitrojute* et *Oxycellulose*.

Bichel a fait breveter la fabrication d'explosifs liquides, composés d'acide nitrique mélangé de farine fossile et logés dans une cartouche plastique en plomb pur ou mélangé d'étain.

(Brevet français n° 171.179, du 14 septembre 1885.)

Bichel a fait connaître une série de composés explosibles obtenus en mélangeant des hydrocarbures saturés de soufre avec des comburants tels que les nitrates, les chlorates, la nitroglycérine, la nitromannite, les hydrocarbures nitrés, etc. Les hydrocarbures employés de préférence sont les huiles végétales ou minérales, que l'on sature en les distillant avec 28 à 30 0/0 de soufre pulvérisé, dans un récipient en fer.

Voici deux formules indiquées par l'inventeur :

1°	Thérébentine sulfurée...........	3 parties
	Nitroglycérine..................	10 »

Ce mélange, pétri avec de la guhr, donnerait une dynamite moins brisante et moins sensible au choc que la dynamite ordinaire

2°	Huile de goudron sulfurée....	10 parties
	Nitrocumol..................	5 »
	Nitrate de soude............	90 à 100 »

Ce second explosif, qui constituait primitivement la carbonite, est abandonné depuis plusieurs années.

Les huiles sulfurées présentent l'inconvénient de s'oxyder au contact de l'air. Il en résulte un dégagement de chaleur qui peut donner lieu à l'inflammation spontanée du produit.

(Brevets allemands du 11 novembre 1886 et du 5 octobre 1888.)

Bichel a fait breveter, comme poudre de mine, le mélange des ingrédients suivants :

Nitrate d'ammoniaque................	86
Trinitrotoluène......................	8
Farine ou amidon....................	6
	100

On ajoute environ 7 parties d'eau, à l'effet de pétrir la masse. [Brevet anglais n° 22.712 (1899), accepté le 22 septembre 1900.]

Bichel et Schmidt. — Voir *Carbonite et Stonite.*

Bichlorhydrine. — Voir *Chlorhydrine (Di)* et *Fleming.*

Bichromate d'ammonium. — Ce sel est un des éléments constitutifs de la poudre pyroxylée, dite du type J. On le fabrique, depuis quelques années, à la raffinerie nationale de Lille, réalisant une économie considérable comparativement au prix d'achat payé antérieurement.

Le principe de la méthode employée est basé sur les différences que présente la solubilité du sel dans l'eau, selon que le liquide est froid ou chaud. Il a comme point de départ la réaction qui se produit entre le bichromate de sodium et le chlorhydrate d'ammonium, lorsque ces deux sels sont en solution aqueuse concentrée et portés à l'ébullition : du chlorure de sodium prend naissance et se précipite ; le bichromate d'ammonium, d'autre part, reste dissous dans la liqueur décantée et s'en sépare par refroidissement, sa solubilité s'abaissant de 422 0/0 (ébullition) à 9 0/0 (à froid).

(*Mémorial des Poudres et Salpêtres*, 1895-1896, 2e fasc., p. 100.)

Bichromate de potassium. — Employé en proportion restreinte, le bichromate de potasse entre dans la composition d'explosifs de sécurité, tels que la carbonite, la dahménite A, etc. D'après certains auteurs, l'avantage qui résulterait de cette addition serait purement illusoire : le sel, en effet, ne prendrait aucune part à la réaction explosive et resterait absolu et intact. Cette manière de voir ne semble guère admissible, et il est probable, au contraire, que le sel est décomposé et exerce une action oxydante sur les produits de l'explosion, dont il abaisse la température. La présence d'oxyde de chrome aurait été constatée, même au nombre des substances engendrées par l'explosion de la dahménite A. D'autre part, cinq expériences effectuées en Allemagne par M. Winckhaus, en présence du grisou, semblent avoir établi l'influence directe exercée par cette addition sur la sécurité.

L'emploi du permanganate de potasse a été préconisé au même titre que le bichromate. La décomposition le transformerait en peroxyde ou en sesquioxyde de manganèse.

Bickford. — Voir *Nitrolin*.

Bickford, Smith & C°. — Voir *Mèches de sûreté*.

La même société a fait breveter un type d'amorces électriques dans lequel l'isolement des fils conducteurs est assuré au moyen d'une petite pièce de bois de section semi-circulaire sur le côté plat de laquelle ils viennent aboutir ; les extrémités sont repliées sur la face convexe. Un tube en carton recouvre le tout ; on y introduit la composition dont le courant électrique doit déterminer la détonation. Le principe de cette amorce est analogue à celui de l'amorce Taylor, décrite ci-après.

(Brevet anglais n° 20.990, 5 octobre — 26 novembre 1898.)

Bickford, Smith & C° ont fait breveter également une composition pour amorces renfermant les éléments que voici : tungstate de soude, azotate de strontium, sulfure d'antimoine, chlorate de potasse, cuivre et argent précipités, plombagine.

(Brevet américain n° 634.716, 15 décembre 1898 — 10 octobre 1899.)

Bickford's Patent Pistol Shot-Firer (*Pistolet-allumeur*). — Voir *Allumeurs de sûreté*.

Bickford's Patent Safety Fuses. — Voir *Mèches de sûreté*.

Bickford's Patent Safety Lighter. — Voir *Allumeurs de sûreté*.

Bickford's Patent Volley Firer. — Voir *Allumeur multiple de Bickford*.

Bielefeldt. — Voir *Westphalite*.

Bielefeldt a fait breveter également la poudre de mine suivante :

Nitrate de soude	69
Nitrate de potasse	5
Soufre	10
Goudron de houille	12
Bichromate de potasse	1
	100

On obtient un produit très homogène en malaxant à sec, sous une forte pression, entre des plaques chauffées.

(Brevet anglais n° 17.204, du 10 octobre 1896 et brevet américain n° 650.225, 19 août 1896 — 22 mai 1900.)

Bielefeldt a fait breveter un procédé spécial de gélatinisation des composés nitrés : nitroglycérine, nitromélasse, nitrobenzine, etc., par l'emploi du protochlorure de soufre ; on sait que ce produit, ajouté au sulfure de carbone, permet d'obtenir la vulcanisation du caoutchouc.

Le mélange peut être additionné ou non d'un véhicule tel que l'alcool ou l'éther, ou bien d'une huile siccative ou d'une huile de résine dans laquelle le composé nitré, insoluble, reste simplement en suspension.

La gélatinisation exige une réfrigération énergique. Le produit obtenu peut être façonné par les procédés habituels et mélangé à des composés oxydants ou carbonés.

(Brevets allemands B. n° 1.926, 22 mai 1896 — 18 mars 1897 et B. n° 20.381, 31 mars — 5 août 1897.)

Binitrobenzène, binitrobenzine ou binitrobenzol. — Voir *Nitrobenzines.*

Binitrocrésylate d'ammonium. — Voir *Nitrocrésylates.*

Binitroglycol. — Voir *Nitroglycol.*

Binitromonochlorhydrine. — Voir *Nitromonochlorhydrine.*

Binitrotoluène ou **binitrotoluol.** — Voir *Nitrotoluènes.*

Bioxyde de sodium (Na^2O^2). — Ce composé se présente sous la forme d'une poudre jaune très stable, qui ne peut faire explosion ni par la percussion, ni par la friction, ni par l'action de la chaleur. Si on le met en contact avec l'eau, il se produit une réaction qui donne naissance à de l'hydrate de sodium, de l'oxygène et de l'eau oxygénée, avec dégagement important de chaleur; en somme, le bioxyde de sodium n'est aucunement explosible. Mais il devient très dangereux s'il est mélangé ou simplement en contact avec une substance combustible(1); dans ce cas, la réaction produite par l'eau devient violente : selon le degré d'intimité du mélange, elle est accompagnée d'une flamme ou bien d'une explosion.

Il résulte de ce qui précède que le bioxyde de sodium doit être emballé dans de solides caisses métalliques qui ne puissent être avariées par le transport, ou dans des récipients en verre. C'est une explosion causée par ce composé et survenue, en 1894, à la station de marchandises de White Cross Street (Midland Railway), qui a appelé l'attention sur lui.

Des explosions analogues se sont produites, en France, lors du transport de bioxyde de baryum contenu dans des barils en bois. Elles peuvent survenir également avec d'autres composés suroxydés : permanganate de potasse, perchlorates, oxyde d'argent, etc.

Bjorkmann (C.-G.). — Voir *Kraft* (*Poudre*) et *Séranine*.

Bjorkmann (C.-G.) a proposé l'explosif suivant :

Nitrate de potasse	20
Chlorate de potasse	20
Cellulosa	10
Farine de pois	10
Sciure de bois	10
Nitroline	30
	100

La cellulosa s'obtient en nitrifiant 3 parties de farine de pois par le mélange 10 : 5 d'acides sulfo-nitrique; la nitroline est le

(1) Le cas est le même pour le chlorate de potassium, ainsi que nous le verrons ci-après. Ces sels ont tous deux un pouvoir oxydant considérable.

produit de la nitrification d'un mélange renfermant 12 parties d'huile stéarique et 15 parties de sirop, au moyen de 80 parties d'acide nitrique et 170 d'acide sulfurique. L'explosif ainsi obtenu est désigné par certains auteurs sous le nom de vigorine américaine.

Bjorkmann (C.-G.) a recommandé l'emploi d'un mélange renfermant 3 parties de glycérine et 1 partie de glucose. On nitrifie ce mélange en le chauffant avec 2,5 fois son poids d'acide nitrique concentré. Le produit obtenu est analogue à la glukodine, décrite ci-après.

On obtient un explosif en mélangeant 60 parties de ce produit avec les ingrédients suivants :

Bioxyde de manganèse................	18 parties
Prussiate de potasse..................	10 »
Sulfure d'antimoine..................	2 »
Sciure de bois de pin ou poussier de charbon..........................	10 »

(Brevet anglais n° 2.483, du 10 juin 1880.)

Bjorkmann (E.-A.). — Voir *Vigorite*.

Blanche (Dynamite). — Mélange de 70 parties de nitroglycérine avec 19,35 de guhr calcaire et 10,65 de pulpe de bois; la guhr calcaire se rencontre dans certaines grottes ou cavernes. Cet explosif, d'origine autrichienne, a été inventé par M. Diller.

Blanche (Dynamite) de Paulilles. — Explosif différant fort peu de la dynamite n° 1 et renfermant 70 à 75 0/0 de nitroglycérine, mélangée avec 30 à 25 0/0 d'une terre siliceuse naturelle.

Blanche (Poudre) allemande ou américaine. — Poudre chloratée très brisante, contenant 25 0/0 de prussiate jaune de potasse et autant de sucre de canne.

Brevetée par M. Augendre en 1849, cette poudre fut également dénommée teutonite ; elle fut modifiée par M. Pohl, qui fit varier les proportions des ingrédients. La poudre Reveley renferme les mêmes composants.

Sous le nom de poudre Reynold et de poudre Robert, on a désigné deux autres poudres blanches, que nous décrivons ci-après.

Blank Powders. — Dénomination des poudres anglaises pour charge de salut : F G (*fine grain*) pour les armes de petit calibre de toute espèce, R F G (*rifle fine grain*) pour les armes rayées de petit calibre et L G (*large grain*), pour les canons de toute espèce.

Blasting Amberite. — Voir *Ambérite.*

Blasting Gelatine. — Voir *Gélatines explosibles.*

Blasting Matagnite. — Voir *Matagnite.*

Blastite. — Voir *Rosslyn.*

Bleckmann (Poudre). — Voir *Haloxyline.*

Blomen, à Landing (État de New-York), a fait breveter un explosif fabriqué en dissolvant dans la nitroglycérine le produit obtenu par l'action de l'acide picrique sur un hydrocarbure aromatique.

(Brevet américain n° 495.178, du 11 avril 1893.)

Blondeau. — Voir *Fulminose.*

Blumenstegel et **Helbig,** à Dresde, ont fait breveter l'emploi de bourres en fulmicoton pour cartouches de manœuvre. On prévient ainsi le danger que peuvent présenter, lorsqu'elles font balle, les bourres en carton, en feutre ou en bois.

(Brevet allemand B. n° 10.211, exposé le 30 juin 1890.)

B N (Poudre). — Poudre sans fumée importée en Angleterre et composée de nitrocellulose partiellement gélatinisée, additionnée de tanin et de nitrate de baryte ou de potasse.

B N (Poudres). — Poudres de guerre sans fumée à grande puissance balistique, destinées aux fusils de petit calibre et aux canons de tous calibres. Elles sont livrées au commerce par le Gouvernement français.

En voici la composition :

Nitrocellulose soluble	41,31
Nitrocellulose insoluble	29,13
Nitrate de baryum	19,00
Nitrate de potassium	8,00
Carbonate de sodium	2,00
	100,00

Reproduisons quelques données relatives à la poudre B N, extraites du *Mémorial des Poudres et Salpêtres :*

CANON DE 57 MILLIMÈTRES A TIR RAPIDE
PROJECTILE 2kg,270

	Charges	Vitesses V_0	Pressions
Poudre brune C_2	0,930	610	2.600 kg
Poudre B N	0,460	655	2.600

CANON DE 90 MILLIMÈTRES, MODÈLE 1877
PROJECTILE DE 8 KILOGRAMMES.

	Charges	Vitesses V_{35}	Pressions
Poudre noire C_1	1,900	450	1.800 kg
Poudre brune C_2	1,900	469	1.780
Poudre B N	0,860	434	1.240
Poudre B N	1,050	504	2.260

CANON DE 155 MILLIMÈTRES
PROJECTILE DE 40 KILOGRAMMES

	Charges	Vitesses V_{50}	Pressions
Poudre noire SP_1	8,750	450	2.000 kg
Poudre prismatique brune	9,000	457	1.400
Poudre B. N	6,000	523	1.435

CANON DE 34 CENTIMÈTRES, MODÈLE 1870-1884
PROJECTILE DE 420 KILOGRAMMES

	Charges	Vitesses V_0	Pressions
Poudre noire A $\frac{30}{40}$	118	507	2.015 kg
Poudre prismatique brune.	182	611	2.100
Poudre B N.............	84	613	2.029

On trouvera, sous la rubrique *Cordite*, le résultat d'autres essais comparatifs auxquels Sir A. Noble a soumis la poudre B N.

Bobœuf (Poudre). — Analogue à la poudre Désignolle.

Boghead (Dynamite au). — La proportion de nitroglycérine est d'environ 60 à 62 0/0; l'absorbant se compose de cendre de boghead soigneusement purifiée et pulvérisée ; cette cendre est un mélange de silice et d'alumine.

Bohm. — Voir *Falkenstein.*

Boinet and C°. — Voir *Veltérine.*

Bois (Poudres au). — Nom générique donné aux mélanges à base de nitrolignine.

Bollmann. — Voir *Soufre.*

Bolton (Poudre). — Mélange complexe à base de nitrate de soude, sucre, ferrocyanure de potasse, carbonate de potasse, alun, charbon, cendre de soude, chaux, plombagine, carbonate de cuivre.

(Brevet anglais n° 342, du 31 janvier 1868.)

Bolton (Sir F.) a proposé le mélange du chlorate de potasse, ou d'un autre chlorate ou nitrate, avec de la nitrobenzine ou tout autre substance contenant en solution de la résine, de la mélasse, etc. Pour confectionner les cartouches, on met les composants solides dans un sachet et on sature avec le liquide, comme pour l'explosif *rack-a-rock.*

Bombe calorimétrique. — Appareil employé par M. Berthelot pour mesurer les quantités de chaleur dégagées ou absorbées au cours des réactions chimiques (*Sur la force des matières explosives d'après la thermochimie*, 3e édition, t. I, ch. III).

Bombes. — Voir *Engins criminels.*

Bonbons à pétard ou **bonbons fulminants.** — Voir *Fulminates.*

Bonneville a fait breveter un procédé de nitrification du phénol ou de ses homologues. On le mélange d'abord avec 18 parties d'acide sulfurique titrant 20° B. ; on le traite ensuite au moyen de 3 parties d'acide azotique ou d'azotate de soude en solution.

Bonnite. — Cet explosif, de composition analogue à la poudre Kolf, a été proposé à l'examen des autorités anglaises, dans le courant de l'année 1896. Mais il ne fut pas admis, n'ayant pu supporter pendant une période suffisante l'essai de résistance à la chaleur.

Boritine. — Explosif de sécurité breveté par M. Turpin, et basé sur le principe des *wetterdynamites.* Voici deux formules proposées :

Nitroglycérine	37,5	Mélange à poids égaux de dynamite n° 1 et d'acide borique
Kieselguhr	12,5	
Acide borique	50	
Chlorate de potasse	35	Mélange à poids égaux de duplexite et d'acide borique.
Acide borique	50	
Binitrobenzine	5	
Charbon	5	
Coaltar	5	

(Brevet français n° 189.428, du 17 mars 1888.)

Borkenstein. — Voir *Rhexite.*

Borland. — Voir *Carbodynamite.*

Borland préconise l'addition de chromates alcalins aux explosifs à base de nitrocellulose. La préparation s'effectue comme suit : on traite la cellulose sous forme de tissu, par exemple de toile décatie, de manière à la nitrifier comme d'ordinaire. La nitrocellulose obtenue est immergée dans une solution de chromate alcalin, séchée plus ou moins complètement, et placée ensuite au sein d'une solution d'un sel de baryum. Une double décomposition a lieu et le chromate de baryum se précipite. On obtient un produit que l'on peut employer tel quel ou soumettre aux traitements destinés à lui donner la forme gélatineuse, cornée, granuleuse, comprimée etc. Selon l'usage auquel on destine la poudre obtenue, on peut employer, soit une quantité de chromate alcalin correspondant à une transformation totale en chromate insoluble, soit un excès de chromate alcalin.

[Brevet anglais n° 6.289 (1995), accepté le 1er février 1896.]

Borland a fait breveter récemment un procédé de fabrication des poudres sans fumée, consistant à employer, sous forme d'émulsion, les ingrédients qui servent au traitement de la nitrocellulose. Voici les proportions indiquées, par tonne de poudre :

Alcool méthylique..........	500 litres
Acétone......................	5 litres
Camphre.....................	2kg,5
Paraffine liquide..............	2kg,5
Benzine ou naphte raffiné (*d* comprise entre 0,700 et 0,776)......	3 litres

L'élimination complète des substances volatiles, que la paraffine tend d'ailleurs à retenir, se pratique au moyen d'air chauffé à 65°,5 et chargé de vapeur d'eau ; celle-ci est introduite, sous forme d'un jet mince et à basse pression, dans l'ouverture d'entrée du ventilateur qui amène l'air chaud. L'électricité qui se développe en général au cours de cette opération, ne peut prendre naissance dans l'air humide. C'est un second avantage que présente le système préconisé par M. Borland.

Ce procédé permet d'obtenir une poudre à grain très dur, en même temps que poreux. Il est appliqué par la E. C. Powder-Company, Ltd., dont M. Borland est directeur.

[Brevet anglais n° 4.593 (1900), accepté le 19 janvier 1901.]

Borlinetto (Poudre). — Composition :

Acide picrique	34,09
Nitrate de soude	35,09
Chromate de potasse	29,82
	100,00

Bornhardt. — Voir *Electricité (Application de l')*.

Bouchaud a fait breveter un procédé de fabrication de l'acide nitrique. Il a proposé, également, de perfectionner la poudre à canon en remplaçant le soufre, en tout ou en partie, par de l'acide nitrique hydraté.

Bouchons de mines. — Voir *Emploi des substances explosibles.*

Boulets creux soufrés, boulets incendiaires. — Voir *Compositions incendiaires.*

Bourdoncle. — Voir *Allumeurs de sûreté.*

Bourrage. — Voir *Emploi des substances explosibles.*

Bourrages de sûreté. — L'emploi de ces bourrages permet d'introduire dans le trou de mine, en même temps que la charge, certaines substances propres à abaisser la température des produits engendrés par l'explosion. De cette manière, on diminue le danger du minage en présence des éléments inflammables (grisou ou poussières de houille) que peut renfermer l'atmosphère souterraine. C'est généralement à l'eau que l'on a recours. Elle peut être introduite telle quelle (Macnab, Abel, Settle), retenue par de la mousse ou d'autres substances (Galloway, Heath et Frost, Caen, Chalon et Guérin), ou bien associée chimiquement dans des sels renfermant une proportion élevée d'eau de cristallisation (Schöneweg, Hosie, Trench, Clark, Cocking, Macnab, Curtis et Harvey, Greaves et Hann); la volatilisation des sels employés contribue à abaisser la température de l'explosion, de même que la mise en liberté de l'eau de cristallisation et l'échauffement de la vapeur produite.

Ces divers bourrages de sûreté sont décrits sous des rubriques séparées.

Bourroir. — Voir *Emploi des substances explosibles.*

Bousfield recommande l'addition de collodion au fulminate de mercure.

(Brevet anglais n° 2.882, du 17 novembre 1857.)

Bovier (Belgique) a fait breveter l'emploi d'un dispositif spécial destiné à assurer la sécurité du bourrage, celui-ci étant obtenu par compression et non par percussion. Il se sert, à cet effet, d'une sorte de bouchon ou de tampon en bois constitué de diverses parties formant coins et dont on détermine l'expansion par une tige filetée introduite dans la partie centrale.

[Brevet anglais n° 23.498 (1899), accepté le 6 janvier 1900.]

Bowden. — Voir *Thorite.*

Bowen a fait breveter l'emploi de lignite carbonisé et broyé en remplacement du charbon de bois qui entre dans la composition de la poudre à canon.

(Brevet anglais n° 3.876, du 9 août 1883.)

Le même inventeur a proposé également d'utiliser le charbon obtenu par la carbonisation du maïs et d'autres céréales.

(Brevet anglais n° 3.953, du 13 mars 1886.)

Boyd, à Birmingham, a fait breveter la poudre de mine suivante :

Nitrate de potasse	43,75
Soufre du commerce..................	18,75
Ocre, oxyde de fer ou chaux pulvérisée.	12,50
Nitrate de baryte	12,50
Acide picrique	6,25
Sciure de bois ou poussier de laine (tontisse)........................	6,25
	100,00

De même que la poudre noire, cette poudre peut être allumée par une mèche, sans l'intermédiaire d'un détonateur.

D'après l'inventeur, l'oxyde de fer ou la chaux aurait comme pouvoir d'absorber les fumées produites par l'explosion de la poudre, de telle sorte que son emploi serait particulièrement recommandable dans les travaux de percement des tunnels, exploitations houillères, etc.

[Brevet anglais n° 10.403 (1896), accepté le 12 septembre 1896.]

Il semble probable que cette poudre diffère bien peu de la *fumelessite fume*, fumée et *less*, suffixe privatif), du même inventeur. Une poudre analogue, dénommée *ripp-lene*, a été également brevetée par M. Boyd ; tout fait supposer que ces trois produits présentent des liens de la plus étroite parenté. A part 10 0/0 d'acide picrique, la poudre *ripp-lene* renferme tous les composants ci-dessus indiqués ; les proportions seules varient.

(Brevet anglais n° 24.420, 19 décembre 1893.)

La poudre *ripp-lene*, ainsi que la *fumelessite*, sont admises en Angleterre, où la Safety Explosives Company, Ltd., a été constituée tout récemment en vue de l'exploitation de cette dernière. Elles sont introduites également en Australie.

Boyd a fait breveter la poudre suivante :

Nitrate de soude	39,95
Soufre	22,20
Picrate d'ammoniaque	11,10
Bichromate d'ammoniaque	11,10
Bichromate de potasse	5,55
Poussière de tourbe	5,55
Chaux	5,55
	100,00

Ces divers ingrédients sont mélangés avec de l'huile de coton, puis comprimés en cartouches.

(Brevet anglais n° 30.442, du 22 octobre 1898.)

BP (Poudre). — Voir *Plastoménite.*

Br 152 (Polvere). — Poudre prismatique brune employée en Italie pour les canons de 149 et de 152 millimètres.

Br 431 (Polvere). — Poudre prismatique brune destinée aux canons de 254, 343 et 431 millimètres, de la marine italienne.

Br Pulver. — Poudre prismatique brune autrichienne, destinée aux canons de 120 à 305 millimètres.

Bracket (Poudre de chasse). — Poudre sans fumée, fabriquée en Amérique et dont l'analyse a donné les résultats suivants (Munroe) :

Nitrolignine soluble	31,43
Nitrolignine insoluble	13,70
Nitrate de soude	19,76
Humus	18,94
Farine de bois carbonisée	13,22
Humidité	2,95
	100,00

Braconnot. — Voir *Nitramidon.*

Bradbury. — Voir *Harrison.*

Brady. — Voir *Vulcain* (*Poudre*).

Brain. — Voir *Amorces électriques.*

Brain (Poudres). — Mélanges renfermant 40 à 78 0/0 de nitroglycérine additionnée de chlorate de potasse, salpêtre, sucre, charbon de liège, sciure de bois, dextrine, etc.

(Brevet anglais n° 2.984, du 11 septembre 1873.)

Brandeisl (Poudre). — Se compose de 16 parties de salpêtre, 2 parties de soufre et 3 parties de sucre.

Brandes, brandons. — Voir *Compositions incendiaires.*

Brank (Von). — Voir *Von Brank.*

Brevester. — Voir *Ripp-lene.*

Briquet pneumatique. — Voir *Allumeurs de sûreté.*

Brise-rocs. — Voir *Robandis.*

Britainite. — Cet explosif, inventé par M. Von Dahmen, est admis en Angleterre.

L'analyse à laquelle fut soumis un échantillon, donna le résultat suivant (Cundill-Thomson) :

Nitrate d'ammoniaque	70,80
Nitrate et chlorate de potasse	20,40
Naphtaline	7,10
Humidité	1,70
	100,00

La britainite peut contenir également des substances telles que la résine, la colophane, etc.

(Brevet anglais n° 16.566, du 16 août 1893.)

British Dynamite Company. — Voir *Dynamites à l'ammoniaque, à la potasse, à la soude.*

British Gelignite. — Voir *Gélignite.*

Broberg et Wildrick, à Douvres (États-Unis d'Amérique), ont fait breveter une poudre contenant du nitrate de soude, de la résine nitrée, de la nitronaphtaline, du soufre et du chlorate de potasse. Aucune indication n'est donnée quant aux proportions de résine nitrée; celles des autres ingrédients varient respectivement de 40 à 80, 10 à 20, 5 à 12 et 1 à 15 0/0.

(Brevet américain, n° 550.141, du 28 mai 1895.)

Brodersen. — Voir *Glyoxyline.*

Bromamide. — Synonyme de bromure d'azote.

Bromopicrine. — Voir *Nitrométhane.*

Bromure d'azote ($AzBr^3$). — Ce composé se présente sous la forme d'une huile volatile dense, de couleur rouge foncé, dont l'explosion est provoquée par le contact avec le phosphore, l'arsenic, substances ayant de l'affinité pour le brome.

On le prépare en décomposant le chlorure d'azote par du bromure de potassium en solution aqueuse.

Brones (Bela de). — Voir *Bronolithe.*

Bronnert et Schlumberger proposent d'employer, comme dissolvant, des produits à base de nitrocellulose, de l'alcool méthylique ou éthylique additionné d'une proportion restreinte de certains acides : oxalique, citrique, etc., ou de leurs sels, ou d'éthers en dérivant.

[Brevet anglais n° 6.858 (1896), accepté le 27 février 1897.]

Bronolithe. — Explosif inventé par M. B. de Brones, en 1885, et répondant à la composition suivante :

Salpêtre	20 à 40 0/0
Picrate double de baryte et de soude	15 à 30 »
— plomb —	8 à 30 »
— potasse	2 à 10 »
Nitronaphtaline	5 à 20 »
Sucre	1,5 à 20 »
Gomme	2 à 3 »
Noir de fumée	0,5 à 4 »

Cet explosif a été autorisé en Angleterre, moyennant les modifications que voici :

La variété n° 1 ne peut contenir plus de 5 0/0 de picrates au total, ni plus de 8 0/0 de nitronaphtaline. Quant à la bronolithe n° 2, sa teneur en salpêtre et nitronaphtaline réunis ne peut excéder 10 0/0 ; la quantité de picrates n'est pas limitée.

Brouillard (Signaux de) pour chemins de fer. — Voir *Signaux*.

Brower propose, afin d'atténuer les effets brisants des poudres sans fumée, de les malaxer à froid, entre des cylindres, avec de la gutta-percha, du caoutchouc, du balata, etc. (1894).

Brown (A.-J.), à Matlock (Angleterre), a fait breveter la dynamite suivante :

Nitroglycérine	30
Salpêtre	40
Sulfate de magnésie	24
Coton-collodion	1
Thérébentine	4
Carbonate de soude	1
	100

On commence par mélanger le coton-collodion avec la térébenthine, et l'on chauffe à 40° environ. On ajoute alors la nitroglycérine et on porte la température à 75°, au bain-marie. Les sels métalliques sont additionnés ensuite à la gélatine obtenue. La soude a comme rôle de neutraliser l'acide acétique ou l'acide formique auquel l'oxydation de la térébenthine peut donner naissance.

(Brevet anglais n° 3.427, 14 février — 29 avril 1899.)

Brown (E.-A.). — Voir *Amorces* et *Nitrocelluloses*.

Brown Powder. — Traduction anglaise de poudre brune.

Brugère (Poudre). — Se compose de 54 parties de picrate d'ammoniaque et 46 parties de salpêtre. Elle donna de bons résultats dans les expériences exécutées avec le fusil Chassepot.

Il convient de signaler cette poudre comme marquant un acheminement vers l'emploi rationnel des explosifs puissants dans les armes.

Brûlots. — Voir *Compositions incendiaires*.

Bruneau. — Voir *J* (*Poudre pyroxylée, dite du type*).

Brune (Poudre prismatique). — Variété spéciale de poudre à canon employée pour la grosse artillerie. La fabrication de la poudre prismatique brune a pris naissance à Rottweil-Hambourg, en 1882. En voici la composition :

	Angleterre	Allemagne
Salpêtre	79	77
Soufre	3	3
Charbon	18	20
	100	100

Le charbon provenait de la paille de seigle.

Certaines variétés de poudres brunes ont été préparées pour la chasse. Les poudres brunes ou prismatiques portent également le nom de poudres chocolat.

Voir *E X E* et *S B C Powders*. Pour les poudres brunes fabriquées en France, voir PB_1, PB_2 et PB_3 (*Poudres*).

Brunner. — Voir *Dynamoïte*.

Buchholz. — Voir *Cramer*.

Buckley. — Voir *Harrison* (*Poudres*).

Budenberg. — Voir *Schäffer*.

Buechert, à San-Francisco, a fait breveter une poudre contenant du chlorate ou du sulfate d'ammoniaque, du nitrate de soude, de la nitroglycérine et de la pulpe de bois. Les grains sont enrobés d'oléate d'alumine, lequel intervient comme hydrofuge et sert, en outre, à prévenir toute réaction entre le sulfate d'ammoniaque et le nitrate de soude.

(Brevet anglais n° 15.887, du 21 août 1894.)

Bulldog (Poudre dite) (*Bulldog Brand Gunpowder*).— Poudre de mine répondant à la composition suivante :

Salpêtre................	83,5 à 86,3	pour 100
Soufre..................	13 à 14	»
Charbon................	1 à 2,5	»

L'excès de salpêtre est destiné à abaisser la température des produits de l'explosion, ainsi qu'à en favoriser l'oxydation ; il restreint la formation de l'oxyde de carbone et celle du sulfure de potassium, sous forme susceptible de s'enflammer avec facilité.

Cette poudre figure sur la liste des explosifs dont l'emploi est autorisé dans les charbonnages grisouteux ou poussiéreux. L'autorisation est subordonnée aux conditions suivantes : la puissance explosive, essayée au bloc de plomb, ne peut être inférieure à celle de la poudre R F G², la proportion de cette dernière n'étant que de 80 0/0.

Les grains doivent être de telle grosseur qu'ils passent à travers le tamis de 10 mailles par pouce linéaire et soient refusés pour celui de 40 mailles. En outre, il faut qu'on puisse comprimer cette poudre, sous forme de cylindres ou de tuyaux, de manière que la densité ne dépasse pas 1,40. Sous l'une ou l'autre de ces formes, on ne peut l'employer qu'enveloppée de papier brun imperméable aux étincelles.

La poudre dite *bulldog* doit satisfaire enfin à l'essai suivant : après élimination du salpêtre par lavage et dessiccation du résidu à 230° F. (110), il faut que la perte de poids, si l'on chauffe au rouge dans un courant de gaz de houille, ne soit pas inférieure à 22 0/0. Par combustion à l'air libre, cette poudre ne peut laisser un résidu supérieur à 5 0/0 de la quantité de charbon de bois qu'elle renferme.

Le brevet anglais n° 6.523, du 30 septembre 1899, a comme titulaires MM. Curtis, Smith, Metcalfe, Pearcy et Fuller. Il prévoit l'addition facultative d'une quantité de soufre qui ne peut excéder 1 0/0.

Bulldog (Poudre spéciale dite) (*Special Bulldog*). — Composition :

Salpêtre	84 à 86 pour 100
Charbon de bois	12 à 13 »
Hydrocarbonate de magnésie	2,5 à 3,5 »
Humidité	2 (au maximum)

En vertu d'un arrêté ministériel du 11 juin 1901, cette poudre figure sur la *special list* comprenant les substances dont l'emploi est autorisé dans les exploitations houillères dangereuses, en Angleterre, et qui ont satisfait à des épreuves plus rigoureuses que d'autres explosifs autorisés (*permitted explosives*).

L'autorisation est subordonnée à l'emploi de cartouches en papier brun. La poudre, sous la forme comprimée, ne peut être de densité supérieure à 1,45. La mise en feu doit être effectuée par l'électricité, l'amorce employée ne pouvant renfermer moins de 5 grains (0gr,325) de poudre noire, ou par tout autre moyen présentant une sécurité équivalente.

De même que la précédente, cette poudre est fabriquée par la Société Curtis's & Harvey, Ltd., de Londres.

Burstenbender imprègne des substances végétales souples, spongieuses, élastiques : cellulose, moelle ligneuse, champignons, etc., avec du glycocolle ou de la chondrine, et ajoute ensuite 20 à 60 0/0 de nitroglycérine. L'explosif obtenu présenterait l'avantage de pouvoir supporter, sans exsudation, une température voisine de 100° et de ne pas se congeler, même à 14° au-dessous de 0.

Burton a fait breveter le mélange de la poudre noire ordinaire avec du coton-poudre, additionné ou non de nitroglycérine, de nitrogélatine ou de gomme-laque en solution.

(Brevet français n° 192.819, du 6 septembre 1888.)

Buse a proposé l'addition de permanganates, chromates ou bichromates aux explosifs de sécurité à base d'azotate d'ammoniaque.

[Brevet anglais n° 15.834 (1895), accepté le 5 octobre 1895.]

C

C (Explosifs de mines type). — Compositions fixées par lettre collective du Ministre de la Guerre, en date du 2 septembre 1895 :

	n° 1		n° 2
	a	*b*	
Nitrate d'ammoniaque......	93	78	75
Crésylate d'ammoniaque....	7	22	25

Un nouvelle variété d'explosif type C, contenant 95 0/0 de crésylate d'ammoniaque, a été proposée en 1898 à la Commission des substances explosives. Mais elle ne fut pas autorisée, la proportion admise par la Commission ne pouvant dépasser 50 0/0 (*Mémorial des Poudres et Salpêtres*, t. X, rapport n° 105).

Le mélange mi-parties nitrate et crésylate est désigné sous le nom d'explosif type C n° 1 *bis*.

Ces divers explosifs sont fabriqués à Esquerdes.

Voir *Sûreté* (*Dynamite de*) et *Veltérine*.

C, CC et CCC Du Pont's Blasting et Mining Powders. — Voir *Du Pont de Nemours*.

La lettre C, initiale du mot *coarse* (gros), s'applique à d'autres poudres américaines à gros grains (Voir aussi *Laflin and Rand*).

C_1 (Poudre). — Poudre noire française destinée aux canons de campagne.

C_2 (Poudre). — Poudre noire réglementaire dans la marine française pour le tir des canons de 65 et de 90 millimètres.

C/68, C/69, C/75, C/82 Pulver. — Voir *Prismatiques* (*Poudres*).

C/88 Pulver. — Explosif de rupture employé en Allemagne et analogue à la mélinite.

C/89 Pulver. — Poudre allemande analogue à la ballistite et

CANON		CHARGE			PROJECTILES	VITESSE initiale (mètres)	PRESSION maxima (atmosphères)
Calibre (millimètres)	Longueur de l'âme (en calibres)	Dimensions des des grains (millimètres)	Poids (kilogrammes)	Densité de la charge	Poids (kilogrammes)		
50	40	2,0	0,340	0,35	1,750	678	2400
60	40	3,0	0,500	0,35	3,000	669	2470
75	25	3,0	0,670	0,40	6,000	533	2110
75	28	4,0	0,700	0,48	6,800	548	2100
87	24	3,0	0,780	0,45	6,800	570	2150
87	30	3,0	0,900	0,39	6,800	649	1900
96	26	3,0	1,000	0,33	12,170	485	1760
105	35	5,0	1,950	0,37	18,000	562	1800
120	24	4,0	2,250	0,45	16,400	649	2190
130	30	7,5	5,500	0,48	40,000	595	1920
150	35	7,5	7,400	0,35	40,000	609	2150
150	35	10,0	8,500	0,41	51,000	600	1950
210	35	10,0	22,000	0,36	140,000	615	2270
210	35	10,0	23,500	0,39	108,000	710	2230

dénommée également RGP/89 (*Rauchloses Geschützpulver*, 1889, poudre à tirer sans fumée, 1889).

Le tableau qui précède indique les moyennes de plusieurs expériences faites avec des canons de divers calibres, la poudre C/89 étant employée en cubes de dimensions variées.

Cacao (Poudres). — Analogues aux poudres brunes.

Cadoret. — Voir *Tribénite.*

Caen a fait breveter des bourres de sûreté destinées au minage en présence du grisou et renfermant environ 99 0/0.

Caerphilly. — Voir *Nitromagnite.*

Cahuc. — Voir *Safety blasting Powder.*

Caillebotte nitrée. — Voir *Nitrocaillebotte.*

Cairney. — Voir *Ross.*

Cake (Poudres) perforées. — Poudres moulées cylindriques, fabriquées en Amérique dès 1860, pour les canons de 10 et 12 pouces.

Calcul des éléments caractéristiques d'un explosif donné. — Ce calcul est basé sur l'équation chimique qui exprime la décomposition explosive. La détermination des produits engendrés laisse une grande place à l'incertitude. Théoriquement, leur composition peut être prévue à l'avance toutes les fois que la matière explosible contient assez d'oxygène pour transformer ses éléments en composés stables et parvenus au plus haut degré d'oxydation. Mais, même dans ce cas, l'influence de la dissociation sera susceptible d'apporter des modifications importantes et, comme les données relatives à ce phénomène ne sont connues qu'imparfaitement, nous nous trouvons donc en présence d'une première cause d'erreur.

Lorsqu'il s'agit d'une substance qui ne renferme pas une quantité d'oxygène suffisante pour déterminer une oxydation totale, les produits formés varient, en général, avec les circonstances qui accompagnent l'explosion, telles que la température, la pression, la détente, les effets mécaniques, etc. C'est ainsi que la poudre de guerre, par exemple, ne se réduit pas seulement en acide carbonique, sulfate de potasse et carbonate de potasse, résultats d'une combustion complète, mais encore en oxyde de carbone et sulfure de potassium, dus à une réaction incomplète. Cela étant, on conçoit que la composition des produits engendrés ne peut être prévue; elle doit être déterminée par des analyses spéciales dont les résultats pourront différer pour chacun des cas susceptibles de se présenter.

L'azotate d'ammoniaque peut subir huit modes différents de décomposition (Berthelot, *Sur la force des matières explosives, d'après la thermochimie*, t. I, p. 20 et 364). La cause principale de ce phénomène réside dans la diversité des conditions locales développées par un échauffement progressif dans une masse qui ne se décompose pas instantanément. En ce qui concerne les substances explosibles constituant de simples mélanges, cette diversité ne saurait être évitée : un mélange mécanique de corps pulvérisés ne peut atteindre le degré d'homogénéité d'une combinaison chimique proprement dite.

L'évaluation de toutes les données qui caractérisent une substance explosible, telles que la chaleur dégagée, le volume des gaz résultant de l'explosion, leur température, la pression qu'ils exercent, est basée sur la connaissance exacte des produits de la réaction explosive. On ne saurait considérer avec trop d'attention les diverses circonstances qui, en fait, s'opposent à ce que ces produits puissent être exactement déterminés *a priori*, et dont l'intervention aura donc comme conséquence d'amener un écart parfois énorme entre les produits prévus et ceux qui existeront réellement.

Quantité de chaleur dégagée. — La quantité de chaleur dégagée par une réaction explosive peut être déterminée expérimentalement au moyen d'un appareil calorimétrique : calorimètre ou bombe calorimétrique. Un grand nombre de ces déterminations expérimentales ont été effectuées par M. Berthelot [1].

On peut calculer cette quantité de chaleur, abstraction faite des effets mécaniques, lorsqu'on connaît exactement les produits de la réaction explosive, ainsi que la chaleur de formation des matières mises en présence et celle des produits de l'explosion, depuis leurs éléments. Il suffira de retrancher la première quantité de chaleur de la seconde, pour obtenir la chaleur même développée par l'explosion. Ce calcul se fait d'après des données thermochimiques contenues dans les tableaux revisés chaque année et publiés par l'*Annuaire du Bureau des Longitudes*. La détermination exacte de ces données est due aux recherches de MM. Berthelot, Sarrau et Vieille.

Si l'explosion a lieu sous volume constant, dans une capacité contenant de l'air où la substance aura été renfermée avant l'obturation, la chaleur dégagée sera un peu plus grande : en effet, lorsque l'explosion se produit à l'air libre, les gaz développés exercent une pression sur l'atmosphère ambiante, d'où résulte un travail qui consomme une quantité de chaleur correspondante.

Si Q_{tv} représente la chaleur dégagée à volume constant et Q_{tp} celle qui est dégagée sous pression constante, ces deux quantités sont liées par la relation :

$$Q_{tv} = Q_{tp} + 0{,}5424\,(n' - n) + 0{,}002\,(n' - n)\,T,$$

relation applicable à toute réaction entre corps gazeux [2] ;

n et n' représentent les nombres d'unités de volume occupés par les gaz qui existent respectivement avant et après la réaction ; cette unité est $22^{\text{lit}},2$ à 0° et sous la pression de 760 millimètres.

(1) Berthelot, *loc. cit.*, t. I, p. 221. — *Essai de mécanique chimique*, t. I, p. 137 et suiv.

(2) Berthelot, *Essai de mécanique chimique*, t. I, p. 115.

T, la température de l'atmosphère ambiante comptée depuis 0°.

Il est essentiel de ne pas perdre de vue les restrictions que nous avons faites relativement au calcul dont nous nous occupons : la quantité de chaleur dégagée par une explosion ne peut être déterminée *a priori* que dans le cas d'une combustion totale. En effet, dans tout autre cas, les produits de l'explosion varieront avec une foule de circonstances. Et même, si la combustion est totale, cette détermination est toujours subordonnée à celle des produits de l'explosion.

Pression, volume et température des gaz produits. — La pression exercée par les gaz qu'engendre l'explosion est une donnée importante. Lorsque l'explosion a lieu sous volume constant, cette pression peut être déduite de la connaissance du volume des gaz formés et de leur température ; ces trois quantités sont liées, en effet, par les lois de Mariotte et de Gay-Lussac.

L'équation qui exprime la réaction explosive, permet de calculer le volume des gaz produits ; il convient de joindre au volume des gaz proprement dits celui des corps, tels que l'eau ou le mercure, susceptibles d'acquérir l'état gazeux à la température de l'explosion.

L'évaluation de la température développée par une explosion se déduit de la quantité de chaleur dégagée, la mesure directe de cet élément n'ayant pu être effectuée, jusqu'ici. Si t représente la température développée par une réaction quelconque, Q la quantité de chaleur dégagée et c la chaleur spécifique moyenne des produits, évaluée entre la température T et la température ambiante, ces trois quantités sont liées par la relation :

$$t = \frac{Q}{c}.$$

Nous venons de voir combien est aléatoire, en fait, l'évaluation exacte de la quantité Q. La détermination de c constitue également une donnée fort incertaine : la valeur du calorique spécifique des gaz, en effet, est loin de demeurer constante lorsque la température augmente. Quant à la loi de la variation qui la régit, elle ne peut être formulée qu'avec beaucoup de réserve. Entre 0 et 3.000°, elle ne s'éloignerait pas beaucoup de celle que représente l'expression :

$$c = 4{,}8 + 0{,}0006\ t$$

s'il s'agit des gaz parfaits, c étant exprimé en petites calories et t en degrés centigrades.

Les chaleurs spécifiques des gaz parfaits s'écartent rapidement de celles des autres gaz à mesure que la température augmente : pour la vapeur d'eau, $c = 5{,}61 + 0{,}0033\ t$ et pour l'anhydride carbonique, $c = 6{,}26 + 0{,}0037\ t$.

L'accroissement continu des chaleurs spécifiques gazeuses avec la température, signalé par Regnault, Bunsen et Berthelot, a été étudié par Mallard et le Chatelier ; ce sont ces savants ingénieurs qui ont établi la formule que nous venons d'indiquer.

« Ce phénomène, ont-ils conclu, est donc commun à tous les gaz, et l'une des propriétés considérées comme essentielles à l'état gazeux idéal doit disparaître de la science.

« ...... L'état gazeux est régi par deux lois : celles de Mariotte et de Gay-Lussac. Ces lois sont évidemment des conséquences de la nature des actions intermoléculaires et de l'espèce particulière de mouvement que prend le centre de gravité des molécules sous l'action de la chaleur.

« Quant aux propriétés qui tiennent à la nature de ce petit édifice complexe et très mystérieux encore, auquel on donne le nom de molécule, on ne peut, en aucune façon, les considérer comme connues..... La simplicité des lois des gaz s'arrête donc, si on peut s'exprimer ainsi, au seuil de la molécule.

« Voilà pourquoi nous ne pouvons connaître qu'expérimentalement, sans qu'il soit permis de faire appel à aucune théorie, la manière dont la chaleur spécifique des gaz varie avec la température (1).

Supposons connu le volume V des gaz formés par l'explosion ainsi que leur température t. Si P représente la pression qu'ils

(1) *Annales des Mines*, 8e série, t. IV.

exercent, en kilogrammes par mètre carré, ces trois quantités sont liées par l'équation caractéristique des gaz

$$PV = RT. \qquad (1)$$

T représente, en degrés, la température absolue : $t + 273$. La valeur du coefficient R est $\frac{v_0 p_0}{272}$, v_0 représentant le volume spécifique du gaz considéré, exprimé en litres, et p_0, la pression atmosphérique normale, exprimée en kilogrammes par mètre carré.

L'équation (1), basée sur les lois de Mariotte et de Gay-Lussac, cesse absolument d'être vérifiée lorsque la pression et la température devient très élevée. Suivant la théorie de Van der Waals, cette équation doit être modifiée comme suit :

$$P = \frac{RT}{V - \alpha} - \frac{K}{V^2}. \qquad (2)$$

α est appelé le *covolume* du gaz dont il s'agit. M. Van der Waals désigne sous ce nom un multiple du volume propre des molécules gazeuses. Le covolume, étant une partie immuable du volume, ne peut participer à la loi de Mariotte. K est une constante.

La détermination de R implique celle de v_0. Or nous avons représenté par v_0 le nombre de litres qu'un kilogramme du gaz considéré occuperait, à la température de 0° et sous la pression de 760 millimètres, s'il était possible de lui faire subir ces conditions de température et de pression sans qu'il cessât de satisfaire aux lois de Mariotte et de Gay-Lussac.

En fait, l'hydrogène, l'azote, l'oxygène et l'oxyde de carbone sont les seuls gaz qui satisfassent sensiblement à cette condition ; pour tout autre gaz, le volume spécifique v_0 diffère sensiblement du volume w_0, réellement occupé à la température de 0° et sous la pression atmosphérique. L'équation (2) permet de déterminer w, si on l'applique au cas de la pression atmosphérique et de la température de 0°.

Clausius, modifiant l'hypothèse de Van der Waals, a proposé l'équation :

$$P = \frac{RT}{V - \alpha} - \frac{f(T)}{(V + \beta)^2}. \qquad (3)$$

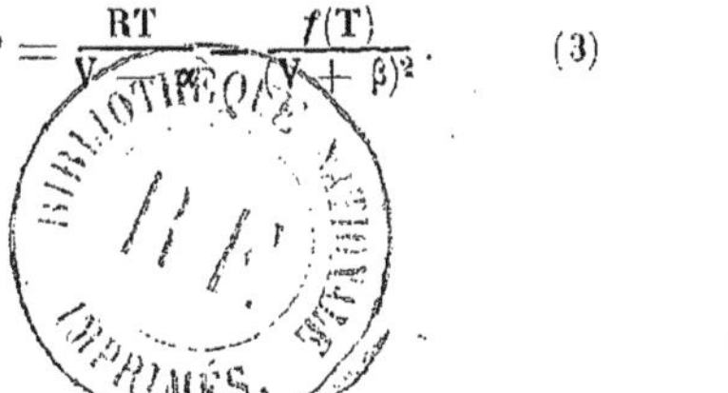

α représente, dans le cas actuel, la somme des valeurs propres de toutes les molécules constituant la masse gazeuse considérée, par analogie avec le volume total. $(V - \alpha)$ est donc la valeur du volume intermoléculaire, du volume éminemment variable.

β est une constante spécifique et $f(T)$, une fonction de la température absolue.

Cette équation devient celle de Van der Waals si on y fait $\beta = 0$ et $f(T) = K$.

Il résulte de l'équation (3) que si la valeur de V diminue, se rapprochant de α, celle du premier terme du second membre devient prépondérante, par rapport au second terme; dans le cas d'explosifs détonant en vase clos, l'intensité des pressions développées rend la valeur de $(V - \alpha)$ fort petite. Au surplus, la prédominance du premier terme sera plus sensible encore si, admettant pour $f(T)$ la forme $\frac{K}{T}$, on suppose que la température T atteigne une grande valeur. Il s'ensuit que la loi des pressions sera sensiblement représentée, dans ce cas, par la relation :

$$P = \frac{RT}{V - \alpha}.$$

Cette équation ne diffère de celle des gaz parfaits que par la présence du covolume α.

Dans ces conditions extrêmes de température et de pression, les lois thermodynamiques des fluides se déduiront de celles des gaz parfaits, avec une approximation suffisante, en remplaçant V par $(V - \alpha)$ dans les formules.

Les déterminations effectuées par M. Sarrau et basées sur les expériences de M. Amagat, ont montré que, pour les gaz étudiés par ces savants, les rapports des covolumes respectifs aux volumes correspondants v_0 étaient tous voisins de 0,001 ; en d'autres termes, si l'on considère une quantité quelconque d'un gaz, la somme immuable des volumes propres de ses molécules vaut 0,001 du volume total que cette quantité occupe à 0° et sous la pression de 760 millimètres.

Lorsqu'il s'agit de mélanges gazeux explosibles, la détermination expérimentale des pressions s'effectue au moyen d'appareils dont on trouvera la description dans la *Théorie des Explosifs*, de M. Sarrau (*Mémorial des Poudres et Salpêtres*, t. VII, p. 166). Quant à la mesure des pressions élevées, elle nécessite l'emploi de manomètres à écrasement (Sarrau et Vieille, *loc. cit.*, t. I, p. 356). Voir *Pressions*.

La *Sprengstoff Actiengesellschaft Carbonit* a fait breveter un appareil destiné à déterminer expérimentalement la pression et le volume des gaz engendrés par un explosif donné. Nous le décrivons ci-après.

Afin d'éclaircir les considérations qui précèdent, nous allons les appliquer numériquement au cas d'un explosif détonant dans une capacité close, c'est-à-dire à volume constant.

Adoptant les notations de la Commission française du grisou, nous désignerons par :

ω', le poids total, en kilogrammes, de la quantité d'explosif considérée ;

V', le volume du vase clos, exprimé en litres, dans lequel on détermine l'explosion.

Δ', le rapport numérique $\frac{\omega'}{V'}$, appelé densité apparente de chargement ;

ω, le poids, en kilogrammes, de la portion qui se transforme en gaz par la détonation ;

V_0, le volume, en litres, des gaz formés par la détonation, ramené à 0° et sous la pression de 760 millimètres ;

V'', le volume, en litres, des composés solides formés par la détonation ;

V, le volume, en litres, que les gaz formés par la détonation occupent réellement dans le vase clos où elle a eu lieu ;

Δ, le rapport numérique $\frac{\omega}{V}$, appelé densité réelle du changement ;

Q, la quantité de chaleur, exprimée en grandes calories, que dégage la détonation de la quantité d'explosif considérée, l'eau étant supposée gazeuse ;

ω_k, V_{ok}, V_k'', Q_k, : les mêmes données, rapportées à 1 kilogramme d'explosif;

t, la température de détonation, exprimée en degrés centigrades;

c, la somme des chaleurs spécifiques, à volume constant, des produits de la détonation;

P, la pression, exprimée en kilogrammes par centimètre carré, qu'exercent les produits de l'explosion sur les parois du vase clos dans lequel on l'a réalisée;

f, *la force spécifique* de l'explosif considéré, c'est-à-dire la pression, exprimée en kilogrammes par centimètre carré, qu'exercerait 1 kilogramme des gaz développés par l'explosion, si cette unité de poids occupait le volume de 1 litre à la température de la décomposition explosive, abstraction faite des corrections apportées à l'équation caractéristique des gaz;

α, *le covolume spécifique* de l'explosif considéré, exprimant en litres la valeur du covolume de 1 kilogramme des gaz obtenus;

u, le rapport du volume total $\alpha\omega$ (invariable) des gaz produits au volume total V_0, ci-dessus défini.

Comme exemple de calcul, nous allons considérer la poudre picrique, inventée par Abel, et qui contient 40 0/0 de picrate d'ammoniaque et 60 0/0 de salpêtre.

La formule du picrate d'ammoniaque est $C^6H.AzH^4(AzO^2)^3\,OH$ ou $C^6H^6Az^4O^7$; son poids atomique, 246. Quant au salpêtre, il répond à la formule AzO^3K; poids atomique : 101.

Eu égard aux proportions du mélange et aux poids atomiques, la décomposition explosive se produira suivant les proportions suivantes :

$$\frac{2}{246}\,C^6H^6Az^4O^7 + \frac{3}{101}\,AzO^3K;$$

d'où nous déduirons la formule :

$$C^6H^6Az^4O^7 + 3{,}65\,AzO^3K = 2{,}35\,CO^2 + 1{,}175\,H^2O + 0{,}5625\,O^2$$
$$+ 3.825\,Az^2 + 3{,}65\,CO^3KH.$$

Telle est donc la loi de décomposition que nous admettons. Il est clair que les résultats obtenus ne pourront s'appliquer qu'à la détonation correspondante, à l'exclusion de tout autre mode de décomposition.

Ces préliminaires posés, passons à la détermination des éléments que nous avons énumérés :

ω') le poids total que nous considérons est de

$$246 \text{ grammes} + 101 \text{ grammes} \times 3,65 = 0^{kg},61465.$$

Nous supposons que la valeur de Δ' est de 0,3.

Il s'ensuit que V' ou $\frac{\omega'}{V'}$ vaut $\frac{614,75}{0,3} = 2,04^{\text{lit}}$.

ω) le poids total des produits gazeux, équivaut à :

$$41^{g} \times 1,35 + 18^{g} \times 1,175 + 32^{g} \times 0,5625 + 28^{g} \times 3825$$
$$= 0^{kg},24965.$$

Si $249^{gr},65$ sont transformés en gaz lorsque la quantité totale d'explosif est de $614^{gr},65$, la valeur de ω_k, correspondant à 1 kilogramme, sera

$$\frac{249,65 \times 1000}{614,64} = 0^{kg},40617.$$

V_0) La manière la plus simple de déterminer V_0, c'est de s'appuyer sur l'hypothèse d'Avogrado et Ampère et multiplier le volume occupé par 1 molécule d'hydrogène, à 0° et sous la pression atmosphérique, soit $22^{lit},32$, par le nombre des molécules gazeuses :

$$22^{l},32(2,35 + 1,175 + 0,5625 + 3,825) = 176^{lit},627;$$

le nombre n' des molécules gazeuses est de 7,7125.

$$V_{ok} = \frac{176,627 \times 1000}{614,65} = 287^{lit},36.$$

V'') Le volume du bicarbonate produit s'obtiendra en divisant son poids par sa densité :

$$V'' = \frac{0,365}{1,64} = 0^{lit},223,$$

$$V''_k = \frac{0,223 \times 1000}{614,65} = 0^{lit},363,$$

$$V = V' - V'' = 1^{lit},824.$$

Donc :

$$\Delta = \frac{249,65}{1824} = 0,137.$$

Q) Nous allons déterminer préalablement la quantité de chaleur Q_p, dégagée sous pression constante. Cette quantité est égale à celle qui est dégagée par la formation de CO^2,H^2O et CO^3KH, diminuée de la chaleur absorbée par la décomposition du picrate et du salpêtre.

Il viendra donc :

$$Q_p = 94 \text{ cal.} \times 2,35 + 58,2 \text{ cal.} \times 1,175 + 232,8 \text{ cal.} \times 3,65 - 80,1 \text{ cal.} - 118,7 \text{ cal.} \times 3,65 = 625,75 \text{ calories.}$$

Si, pour déterminer Q, nous appliquons la relation :

$$Q = Q_p + 0,5424\,(n' - n) + 0,002\,(n' - n)\,T,$$

vue ci-dessus, nous aurons, remplaçant n' par 7,925, n par o et T par 15 :

$$Q = Q_p + 4,54 = 630,29 \text{ calories.}$$

D'où :

$$Q_k = \frac{630,290}{614,65} = 1025 \text{ calories}$$

t) Nous avons vu que $t = \frac{Q}{c}$.

Or, nous avons admis pour c l'approximation

$$c = a + bt.$$

Donc :

$$1000\,Q = at + bt^2.$$

Si nous exprimons Q en petites calories, il vient :

$$t = \frac{-a + \sqrt{a^2 + 4000\,bQ}}{2b}.$$

Nous basant sur les valeurs de a et de b indiquées par MM. Mallard et Le Chatelier (voir ci-dessus), nous aurons :

$$a = 6,26 \times 2,35 + 5,61 \times 1,175 + 4,8\,(0,5625 + 3,825) + 26 \times 3,25 = 137,26,$$

et

$$b = 0{,}0037 \times 2{,}35 + 0{,}0033 \times 1{,}175 + 0{,}0006\,(0{,}5625 + 3{,}825)$$
$$= 0{,}015205.$$

Par suite :

$$t = \frac{-68{,}63 + \sqrt{(68{,}63)^2 + 0{,}015205 \times 630.290}}{0{,}015205} = 3.355°.$$

P, f, α) Nous avons vu que, dans l'équation caractéristique des gaz, il fallait soustraire du volume la valeur du covolume. Or, si α représente le covolume spécifique, le covolume total sera $\alpha\omega$. Donc, l'équation caractéristique des gaz, $\mathrm{PV} = \frac{p^o v^o \mathrm{T}}{273}$, deviendra, puisque $p_o = 1^{gr},033$:

$$\mathrm{P}(\mathrm{V} - \alpha\omega) = \frac{1033\, v_o\, (t + 273)}{273}.$$

Or, $\Delta = \frac{\omega}{\mathrm{V}}$, et, par suite, $\mathrm{V} = \frac{\omega}{\Delta}$. Donc :

$$\mathrm{P}\left(\frac{\omega}{\Delta} - \alpha\omega\right) = \frac{1{,}033\, v_o\, (t + 273)}{273}.$$

D'où :

$$\mathrm{P} = \frac{\dfrac{1{,}033\, v_o\, (t + 273)\,\Delta}{273\,\omega}}{1 - \alpha\Delta}.$$

Or, la fraction $\frac{1{,}033\, v_o\,(t + 273)}{273\,\omega}$ représente précisément f, tel que nous l'avons défini. Par conséquent,

$$\mathrm{P} = \frac{f\Delta}{1 - \alpha\Delta}. \qquad (1)$$

Nous avons donc à déterminer f et α, données caractéristiques de l'explosif considéré :

$$f = \frac{1{,}033 \times 176{,}627 \times 3628}{273 \times 0{,}24965} = 9.713 \text{ kilogrammes.}$$

De $u = \frac{\alpha\omega}{V_0}$, nous déduirons :

$$\alpha = \frac{uVo}{\omega} = \frac{0,001 \times 176,627}{0,24065} = 0,708.$$

Par suite, P vaudra

$$\frac{9.713 \times 0,137}{1 - 0,708 \times 0,137} = 1.484 \text{ kilogrammes.}$$

Si H représente le potentiel, tel que nous le définissons ci-après, nous aurons :

$$H = Q_k \times 425 = 435.625 \text{ kilogrammètres.}$$

Causes d'inexactitude. — En dehors des restrictions préalables au calcul que nous venons d'effectuer, il en est d'autres, relatives au degré d'approximation des éléments que nous avons utilisés au cours de ce calcul. A côté des données calorimétriques, dont la détermination peut être considérée comme suffisamment précise, certains éléments sont bien loin de présenter les mêmes garanties. A ce titre, nous citerons :

1° L'exactitude de la loi d'acroissement des chaleurs spécifiques, admise sous la forme $c = a + bt$, laquelle suppose la non-subordination des chaleurs spécifiques à la pression, vérifiée par MM. Berthelot et Vieille, Mallard et Le Chatelier, jusque 16 à 17 atmosphères seulement ;

2° La détermination des constantes a et b ;

3° L'exactitude de l'hypothèse de Clausius, dont se déduit immédiatement la relation (1) donnant la valeur de P ;

4° L'exactitude de la valeur de 0,001, assignée au rapport u, que nous avons supposé le même pour tous les gaz.

Ainsi donc, faisant abstraction de l'incertitude relative au mode de décomposition et à la dissociation, conviendra-t-il encore de n'accorder aux résultats de ces calculs qu'une valeur purement relative.

Caliche. — Voir *Nitrate de sodium*.

California Explosives Company (The) a proposé des mélanges de nitrate de méthyle et d'éthyle ($C^2H^3.AzO^6$, $C^4H^5.AzO^6$), d'alcool méthylique, de pyroxyline et de nitroglycérine purifiée par traitement à l'alcool éthylique.

(Brevet anglais n° 11.326 A, du 3 juillet 1891.)

California Vigorite Powder Company. — Voir *Vigorite.*

Californie (Coton-poudre de). — Mélange renfermant 93 parties de coton-poudre insoluble et 7 parties de coton-poudre soluble.

Callaghan. — Voir *Kallénite.*

Callahan. — Voir *Américaine (Dynamite).*

Callenburg a fait breveter, en 1899, un dynamite préparée comme suit : On mélange 1 partie de collodion avec 4 parties de thérébentine, et on chauffe au bain-marie, à la température de 40°. Ayant ajouté 30 parties de nitroglycérine, on porte la température à 70-80° ; la masse se gélatinise. On y incorpore, à ce moment, un mélange contenant 40 parties de salpêtre, 24 parties de sulfate de magnésie et 1 partie de carbonate de soude.

Cet explosif présenterait l'avantage d'être peu sensible à l'action de la flamme, ainsi qu'à celle du choc. D'autre part, il résisterait à l'influence de l'humidité.

Callow. — Voir *Melville (Poudres).*

Cambrite. — Cet explosif contient 92 0/0 de carbonite Nobel et 8 0/0 d'oxalate d'ammoniaque.

En vertu d'un arrêté ministériel du 11 juin 1901, il figure sur la *special list* comprenant les substances dont l'emploi est autorisé dans les exploitations houillères dangereuses, en Angleterre, et qui ont satisfait à des épreuves plus rigoureuses que d'autres explosifs autorisés (*permitted explosives*).

L'autorisation est subordonnée à l'emploi d'une enveloppe en papier parcheminé non imperméable. Quant au détonateur, il ne peut être de puissance inférieure au n° 6, lequel renferme 1 gramme de composition à 80 0/0 de fulminate de mercure et 20 0/0 de chlorate de potasse.

La cambrite est fabriquée par la Nobel's Explosives Co.; Ltd., dans son usine d'Ardeer (Ayrshire).

Camphré (Coton-poudre). — S'obtient en agitant le coton-poudre ordinaire dans une solution de camphre. C'est un produit peu sensible, exigeant l'emploi d'un fort détonateur.

Camphrée (Gélatine). — Voir *Gélatine camphrée.*

Cannel (Poudres au).— Sous ce nom, le chimiste italien Alvisi a présenté les mélanges de perchlorate d'ammoniaque avec du charbon dit *cannel.* Les résultats obtenus par l'inventeur furent bons avec le boghead d'Australie et meilleurs avec le cannel de Scozia, auquel il additionna 5 fois son poids de perchlorate.

La fabrication s'opère de la manière suivante : le malaxage bien effectué, on humecte légèrement au moyen d'eau contenant un peu de gomme ; ensuite, on comprime et on granule comme la poudre ordinaire. On peut également confectionner des cylindres percés d'une ouverture centrale, destinée au détonateur. Les cartouches sont recouvertes d'un enduit imperméable lorsqu'elles ont à être employées sous l'eau.

M. Alvisi a constaté que cette poudre, après sept mois, de conservation, n'avait perdu aucune de ses qualités.

(Brevet belge n° 148.189, du 27 février 1900.)

Cannette. — Voir *Emploi des substances explosibles.*

Cannonite ou **canonite.** — Poudre sans fumée inventée par M. Chapman et fabriquée à Trimley (Suffolk).

L'analyse d'un échantillon de cannonite n° 1, faite par le Dr Dupré, a donné les résultats suivants :

Nitrocellulose et graphite...........	86,00
Salpêtre.........................	6,88
Résine...........................	6,19
Humidité.........................	0,93
	100,00

Le mélange des composants s'effectue dans l'appareil de Werner et Pfleiderer (voir *Poudres sans fumée*) à l'aide d'un dissolvant. La masse est envoyée ensuite à la presse, où son passage à travers une plaque en bronze, percée de 1.700 trous du diamètre d'une épingle, la transforme en fils, que l'on monte sur des bobines. Après évaporation du dissolvant, que l'on a soin de recueillir, le produit est broyé finement entre des cylindres en bronze cannelés, et passe ensuite à la granulation et au tamisage. Finalement, les grains sont polis au graphite. Ils se présentent sous la forme de bâtonnets noirs et rugueux.

La cannonite n° 2 est exempte de nitrate. L'analyse d'un échantillon a donné les résultats suivants (Cundill-Thomson) :

Nitrocellulose.......................	86,32
Résine...............................	11,28
Substances solubles dans l'eau........	2,40
	100,00

On emploie, comme dissolvant, 250 parties d'aldéhyde concentré en mélange avec 60 parties de benzine. Parfois, on substitue l'acétate d'amyle à la résine.

(Brevet anglais n° 1.115, du 21 janvier 1889.)

Composition d'une autre variété de cannonite n° 2 :

Nitrocellulose..................	92 pour 100
Résine..........................	8 »

On ajoute 40 à 60 parties de camphre dissous dans 3 fois son poids de benzine ; la masse est soumise ensuite au traitement ci-dessus indiqué.

La cannonite n° 3 se compose de nitrocellulose additionnée d'azotate de baryum, ainsi que d'un ou plusieurs des ingrédients suivants : dinitrobenzine, trinitrotoluène, paraffine, vaseline, résine, stéarine.

Cette poudre est mise en vente parla société Curtis's & Harvey, Ltd., à Londres.

La fabrication des deux premières variétés date de 1892 ; celle de la troisième, de 1897.

Canouil a proposé la composition suivante, destinée aux amorces :

Chlorate de potasse...........	100 parties
Poudre de verre..............	100 »
Hydrosulfure et cyanoferrure de plomb..................	80 »
Phosphore amorphe..........	2 »

Ces ingrédients sont pulvérisés, puis malaxés avec 200 parties d'eau, de manière à former une pâte.

(Brevet anglais n° 970, du 18 avril 1860.)

Canton. — Voir *Benedickt.*

Capsules. — Voir *Détonateurs.*

Carbazotique (**Acide**). — Synonyme d'acide picrique.

Carbazotine. — Voir *Safety blasting Powder.*

Carbodynamite. — Cet explosif se présente sous la forme d'une substance noire, friable, répondant à la composition suivante :

	N° 1	N° 2
Nitroglycérine	90	71,45
Charbon de liège	10	8,57
Salpêtre	»	19,98
	100	100,00

Il est facultatif d'ajouter 1,5 0/0 de carbonate de soude ou d'ammoniaque.

La carbodynamite présenterait l'avantage de ne pas exsuder sous l'action de l'eau. D'après l'inventeur, la substitution de charbon obtenu par la carbonisation du liège à 5 0/0 de kieselguhr permettrait d'obtenir le même résultat avec la dynamite ordinaire.

Il existe une variété de carbodynamite renfermant 20 0/0 d'eau, destinée à augmenter la sécurité du maniement. Le produit obtenu engendrait, paraît-il, une quantité trop élevée d'oxyde de carbone.

La carbodynamite, brevetée par M. W. D. Borland, se fabrique en Angleterre depuis 1891.

(Brevet anglais n° 758, du 18 janvier 1886; brevet français n° 188.087, du 6 janvier 1888.)

Carbogélatine. — Composition :

Nitroglycérine et nitrocellulose mélangées	37 à 40 p. 100
Salpêtre	48 à 51 »
Mélange de farine de bois et de charbon de bois	9 à 12 »
Carbonate de magnésium	2 parties au plus;

la proportion de charbon de bois ne peut dépasser 3 0/0.

La carbogélatine est fabriquée, depuis 1897, par la Cotton Powder Company, Ltd. Elle figure sur la liste des explosifs dont l'emploi est autorisé dans les charbonnages grisouteux ou poussiéreux ; l'autorisation est subordonnée à l'emploi d'une capsule contenant 1 gramme de composition à 80 0/0 de fulminate de mercure et 20 0/0 de chlorate de potasse.

Carbolique (Acide). — Synonyme de phénol.

Carbonate de potassium. — Voir *Nitrate de potassium.*

Carbonit (Die Sprengstoff Actiengesellschaft) a fait breveter un appareil destiné à la mesure des pressions développées par les substances explosibles, ainsi que le volume des gaz engendrés.

Cet appareil (*fig.* 13), dont nous reproduisons les dispositions d'après les spécifications du brevet anglais n° 3.023 (1896), accepté le 12 décembre 1896, comprend deux cylindres *a* et *b*, dans lesquels se meuvent respectivement les pistons *c* et *d*. A la partie inférieure se trouve une chambre *e*, dans laquelle on place en *f* la cartouche de l'explosif à expérimenter.

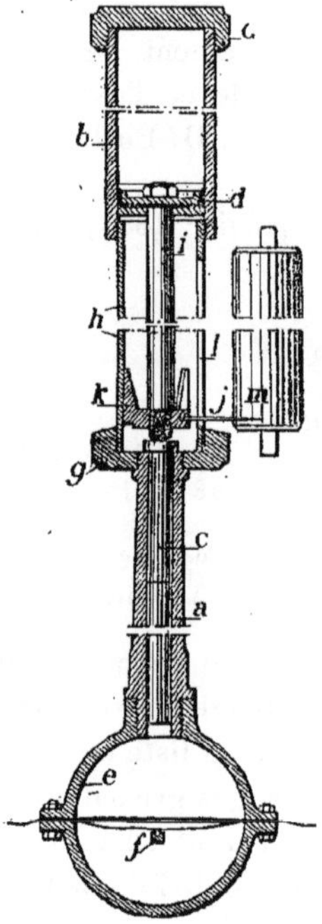

Fig. 13.

Les cylindres *a* et *b* sont reliés par l'intermédiaire d'un collet *g* vissé à la partie supérieure du premier, et dans lequel on place une pièce cylindrique *h*, dont le haut fait corps avec la partie inférieure du cylindre *b*. Ce collet présente l'avantage de pouvoir permettre de démonter facilement l'appareil et de le nettoyer après chaque opération. La tige *i*, du piston *d*, porte un crayon *j*, fixé par l'intermédiaire d'une pièce démontable *k*; la partie de gauche de cette pièce frotte sur la paroi de *h* et guide ainsi le piston. Quant au crayon *j*, une rainure *l*, ménagée dans la pièce *h*, lui permet de circuler librement. Il aboutit à un cylindre *m*, dont la rotation est commandée par un mouvement d'horlogerie non figuré. Le couvercle *o*, enfin, solidement fixé sur le cylindre *b*, en assure la parfaite étanchéité.

L'explosion de la cartouche placée en *f* ayant été provoquée par l'électricité, la pression développée s'exerce sur le piston *c* et se transmet au piston *d*. Le volume de l'air qui se trouve dans le cylindre *b* obéit à la loi de Mariotte. Si donc nous représentons par :

x, la pression, par unité de surface, que développe l'explosion ;

p, la pression initiale, par unité de surface, exercée par l'air que renferme le cylindre b ;

V_1 et V_2, les volumes occupés respectivement, avant et après l'explosion, par l'air que renferme ce cylindre ;

S_a, la surface du piston c ;

S_b, la surface du piston d,

nous aurons la relation suivante :

$$\frac{x}{p} = \frac{V_1}{V_2} \times \frac{S_b}{S_a}.$$

Si nous prenons comme unité la pression atmosphérique, p vaut 1.

Représentons par h la hauteur du cylindre V_1 et par δ la distance parcourue par le piston ; la hauteur du cylindre V_2 vaudra $(h - \delta)$. Il viendra donc, comme valeur de la pression exprimée en atmosphères :

$$x = \frac{h}{h - \delta} \times \frac{S_b}{S_a}.$$

Il convient d'effectuer les corrections relatives aux pertes dues aux frottements, à l'échauffement de l'air du cylindre b par suite de la compression, etc.

Le rapport $\frac{S_b}{S_a}$ est invariable. La distance δ sera indiquée par l'examen du diagramme tracé sur le cylindre m. La comparaison des courbes obtenues par divers explosifs est très intéressante, car elle permet de se rendre compte immédiatement de la manière dont la pression se développe.

Le cylindre b, au lieu de contenir simplement de l'air, peut renfermer de l'eau ou de la glycérine, que la pression du piston d fait sortir par une ouverture de très petit diamètre (non figurée), ménagée dans le cylindre. L'évaluation de la quantité du liquide écoulée permet de mesurer la pression.

Le volume approximatif des produits engendrés par l'explosion s'obtient en multipliant la capacité de la chambre e par l'accroissement de pression développé, c'est-à-dire par $(x - 1)$.

Carbonit (Die Sprengstoff Actiengesellschaft) ou, plus exactement, M. Bichel, inventeur de la carbonite, a fait breveter un appareil enregistreur électrique qui permet d'obtenir une courbe caractérisant l'explosion de toute substance expérimentée.

Cet appareil, dont nous reproduisons les dispositions d'après les spécifications du brevet anglais n° 18.273 (28 août 1898 — 22 juillet 1899), est représenté en coupe longitudinale dans la figure 14 et en vue dans la figure 15.

La chambre d'explosion *a*, à paroi épaisse, est de forme cylindrique ; *b* et *c* sont les fils conducteurs destinés à assurer électriquement l'explosion de l'amorce *d*, que porte la charge. Le couvercle *e* est solidement assujetti au moyen de boulons. Une valve *f* sert à faire le vide dans l'appareil ; la pression exercée

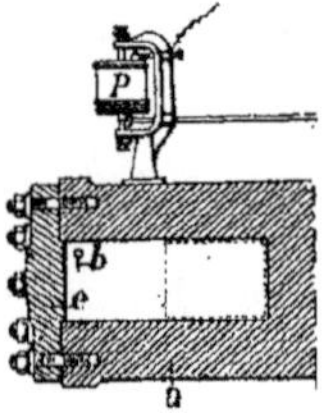

Fig. 14.

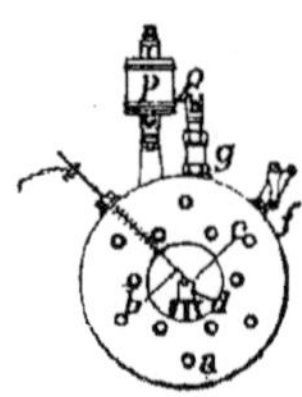

Fig. 15.

par les produits de l'explosion sur l'air s'y trouvant renfermés, constituerait, en effet, une cause d'erreur. Ladite pression agit sur le piston *g*, lequel porte une pointe *o* ; celle-ci trace sur le tambour *p* la courbe caractéristique de l'explosif expérimenté.

La rotation de ce tambour est produite par l'électricité, les connections étant disposées de telle manière que le courant propre à engendrer l'explosion prenne naissance automatiquement dès que cette rotation atteint une vitesse suffisante; il est essentiel, évidemment, pour que les courbes soient comparables entre elles, que la vitesse soit rigoureusement invariable. Cela étant, chacune des courbes tracées caractérisera la pression exercée ainsi que la rapidité de l'explosion.

Si on désire restreindre la capacité de la chambre d'explosion, il suffit d'y introduire une pièce de métal; nous représentons celle-ci en traits interrompus (*fig.* 14).

Carbonit (**Die Sprengstoff Actiengesellschaft**) a fait breveter également un procédé destiné à supprimer l'hygroscopicité des poudres à base de nitrate d'ammoniaque.

A cet effet, on ajoute à ce sel de 6 à 8 0/0 de farine de seigle et on confectionne une pâte à chaud. On pulvérise, après dessiccation, et on ajoute de la laine collodionnée très divisée, en proportion comprise entre 0,5 et 5 0/0 ; ensuite, on comprime fortement et on granule. Le produit obtenu est introduit dans un tambour, aspergé de nitroglycérine et soumis au malaxage jusqu'à complète absorption du liquide. Il reste à gélatiniser la masse.

Voici une des formules proposées :

Azotate d'ammoniaque	81
Nitroglycérine	9
Farine de seigle	6
Laine collodionnée	1
Graphite	3
	100

(Brevet français n° 278.596, du 4 juin 1898.)

Carbonite. — Explosif de sécurité inventé par MM. Bichel et Schmidt, de Schlebusch (Allemagne) et fabriqué par la Sprengstoff Actiengesellschaft Carbonit. On désignait sous ce nom, à l'origine, un mélange à base d'huile de goudron sulfurée (Voir *Bichel*).

Voici quelles sont les variétés actuelles :

	Type primitif	Type 1896	N° 1	N° 2	Angleterre — Carbonite	Angleterre — Carbonite Nobel	*Kohlencarbonit* ou *Wetterdynamit* de Wittemberg
Nitroglycérine........	25	30	25	30	25 à 27	25 à 27	25
Nitrate de soude......	34	»	30,5	24,5	»	»	»
Nitrate de potasse	»	28,5	»	»	30 à 36	28 à 32	34
Nitrate de baryte	»	»	»	»		3,5 à 4,5	1
Farine de blé ou de bois.	40,5	36,5	37	38	40 à 43	31,2 à 37,8	39,5*
Humidité............			2,5	2,5		3,9 à 8,4	0,5
Bicarbonate de soude.	0,5	»	»	»	0,5 au plus		
Carbonate de calcium.	»	»	»	»			
Bichromate ou permanganate de potasse	»	5	5	5	»		
Benzine sulfurée	»	»	»	»	0,5 au plus		

* La farine est remplacée par du tan pulvérisé, contenant 2,5 0/0 d'eau.

L'addition de chromates, bichromates ou permanganates alcalins a fait l'objet du brevet anglais n° 17.307 (1896), accepté le 5 août 1897.

Si nous représentons les équations relatives aux réactions explosives de la carbonite n° 1, de la carbonite n° 2 et de la *kohlencarbonite* respectivement comme suit :

$$36\,C^6H^{10}Az^6O^{18} + 210\,AzO^3Na + 134\,C^6H^{10}O^5 + 82\,H^2O + 10\,Cr^2K^2O^7 = 376\,CO^2 + 515\,CO + 376\,H^2O + 536\,H^2 + 201\,Az^2 + 105\,CO^3Na^2 + 10\,Cr^2K^2O,$$

$$8\,C^6H^{10}Az^6O^{18} + 34\,AzO^3Na + 28\,C^6H^{10}O^5 + 16\,H^2O + 2Cr^2K^2O^7 = 76\,CO^2 + 123\,CO + 76\,H^2O + 120\,H^2 + 41\,Az^2 + 17\,CO^3Na^2 + 2Cr^2K^2O^7,$$

$$144\,C^6H^{10}Az^6O^{18} + 880\,AzO^3K + 596\,C^6H^{10}O^5 + 363\,H^2O + 10\,Az^2O^6Ba + 12\,CO^3Na = 1648\,CO^2 + 2342\,CO + 1647\,H^2O + 2416\,H^2 + 877\,Az^2 + 440\,CO^3K^2 + 10\,CO^3Ba + 12\,CO^3Na^2,$$

les températures de détonation correspondantes seront respectivement de 1.868°, 1.821° et 1.845°; le travail maximum fourni par kilogramme d'explosif : 239.000, 232.000 et 231.000 kilogrammètres. Il y a lieu de remarquer que les deux premières de ces formules ne sont pas acceptées sans conteste; elles supposent, en effet, que le bichromate de potassium n'est aucunement décomposé par l'explosion (Voir à ce sujet la rubrique *Bichromate de potassium*).

La carbonite a donné d'excellents résultats lors des essais officiels allemands dont elle a fait l'objet, en présence du grisou et des poussières de houille. La carbonite, ainsi que la carbonite Nobel, sont fabriquées en Angleterre, respectivement depuis 1892 et 1897, par la Nobel's Explosives Co., Ltd. Toutes deux, elles figurent sur la liste des explosifs dont l'emploi est autorisé dans les exploitations houillères dangereuses (1). L'autorisation est subordonnée à l'emploi de cartouches en parchemin non imperméabilisées et de capsules renfermant au minimum 1 gramme de composition à 80 0/0 de fulminate.

La même société fabrique également, depuis 1899, l'*oxalate carbonite*. La carbonite fabriquée à Stowmarket et désignée sous le nom de *pit-ite*, est décrite ci-après.

Le Dr Dupré a procédé, en 1899, à des essais relatifs à l'inconvénient attribué à la carbonite, dont on représentait la nitroglycérine comme s'accumulant à la partie inferieure des cartouches conservées en magasin. Ces essais eurent une durée de neuf mois, au cours desquels les analyses du Dr Dupré lui permirent de constater la constance de la composition. Ils ont été repris en 1900, et les résultats obtenus ont confirmé les précédents.

Carillon préconise l'utilisation des gaz produits en décomposant l'eau par voie électrolytique dans un vase hermétiquement clos. On peut également employer un autre liquide,

(Brevet français n° 238.973, 2 juin — 19 octobre 1894.)

(1) Elles figurent également sur la *special list*, dont les explosifs ont satisfait à des épreuves plus rigoureuses que les substances dont se compose la liste ordinaire (*permitted explosives*).

Carimantrand. — Voir *Berg*.

Carlsonites. — On désigne sous ce nom une série d'explosifs inventés par M. O.-F. Carlson, de Stockholm, et présentant le caractère commun de renfermer le perchlorate d'ammoniaque comme unique agent oxydant. Deux des trois échantillons soumis à l'examen des autorités anglaises, en 1898, furent admis; dans son rapport annuel, M. le Dr Dupré appelle spécialement l'attention sur l'avenir qui semble réservé à ce genre d'explosifs.

Voici les compositions proposées :

Perchlorate d'ammoniaque	40 à 80	51 à 80	60 à 70	76 à 80	70	81	89
Paraffine	»	10 à 25	10 à 20	»	»	»	»
Naphtaline	5 à 8	20	»	»	»	»	»
Dinitrobenzine	»	»	»	»	»	10	»
Charbon de bois	»	5 à 20	»	»	»	»	11
Sucre de canne	»	»	»	16 à 32	»	»	»
Pétrole	»	»	10 à 20	»	»	»	»
Farine de bois	5 à 20	»	»	»	»	»	»
Vaseline	»	»	»	»	7 à 16	»	»
Ostalka (résidu de la distillation de pétrole)	3 à 10	»	10 à 20	»	»	»	»

(Brevet allemand C. n° 6.365, 22 septembre 1896 — 24 juin 1897; brevet anglais n° 10.362, accepte le 3 juillet 1897.)

Carnallite. — Voir *Chlorure de potassium*.

Caro. — Voir *Griess*.

Carrière (Poudre de). — Voici la composition d'une poudre peu coûteuse et produisant un travail convenable lorsqu'elle est bourrée avec soin :

Nitrate de soude	63
Soufre	16
Sciure de bois	21
	100

Carrington. — Voir *Elliott.*

Cartouche, cartouche-amorce. — Voir *Emploi des substances explosibles.*

Cartouche, encartouchage. — Voir *Dynamite et Gélatines explosibles.*

Castan. — Voir *Végétale (Poudre).*

Castan (Poudre plate). — C'est une poudre noire dont les grains ont la forme de parallélipipèdes mesurant 10 × 10 × 2 millimètres et qui est destinée aux canons de 7^{cm},5 et de 8^{cm},5 (Voir *Poudres progressives*).

Casteau (Explosifs de). — Explosifs de sécurité fabriqués par la poudrerie de Casteau (Belgique).

La variété n° 1 répond à la composition suivante :

Nitrate d'ammoniaque................	90
Nitrodextrine........................	10

L'explosif n° 2 contient en outre 1 à 5 0/0 de résine.

D'une lettre que nous a adressée le Dr Peny, Directeur-gérant de la poudrerie du Casteau, en date du 8 novembre 1899, il résulte qu'à cette époque, ces explosifs étaient encore dans la période d'essai.

(Brevets belges n°s 142.776 et 143.691, des 16 mai et 29 juin 1899).

Castellanos (Poudres). — Dynamites dont l'absorbant peut être constitué de nitrobenzine, additionnée de terre pulvérisée et de matière fibreuse. Il peut également se composer d'azotate de potasse ou de soude additionné d'un picrate, de soufre, de carbone, ainsi que d'un sel insoluble dans la nitroglycérine et incombustible : silicate de zinc, de magnésie ou de chaux, oxalate de chaux, carbonate de zinc, etc. Ce sel a pour effet de rendre la nitroglycérine moins sensible.

Voici une des formules proposées :

Nitroglycérine	40
Nitrate de potasse ou de soude	25
Picrate	10
Sel inerte	10
Carbone	10
Soufre	5
	100

Casthelaz. — Voir *Désignolle.*

Castro (Poudre). — Poudre américaine, proposée en 1884 et répondant à la composition suivante :

Chlorate de potasse	50,00
Son	43,75
Sulfure d'antimoine	6,25
	100,00

Castroper Sicherheits-Sprengstoff Actiengesellschaft, à Castrop (Westphalie). — Voir *von Dahmen.*

Catactines. — M. Chandelon a fait breveter, sous cette dénomination, l'emploi de picrates organiques, notamment de picrates d'hydrocarbures simples, nitrés ou chloronitrés, additionnés ou non de matières oxydantes : azotates ou chlorates alcalins ou alcalino-terreux, de soufre et de charbon. L'explosif peut s'employer sous forme granulée ou comprimée.

(Brevet français n° 192.952, du 13 septembre 1888 ; brevet anglais n° 13.360, du 15 septembre 1888.)

Cauvet. — Voir *Baron.*

C. C. Chemical Co., C. C. Electric Exploder. — Voir *Électricité (Application de l')*, etc.

Celloïdine. — Cette substance, obtenue en évaporant partiellement l'alcool contenu dans le collodion, présente l'apparence du savon. Son transport n'est autorisé, en Allemagne, que si elle est emballée de façon à empêcher la dessiccation complète.

Cellulodine. — Sous cette dénomination, M. Marga a fait breveter une poudre composée de nitrocellulose additionnée d'une certaine proportion de cellulose non nitrée. Le produit obtenu, après avoir été traité par une substance dissolvante, est moins visqueux que la nitrocellulose pure et plus facile à mouler, à travailler. On conseille d'employer la cellulodine pour les charges à blanc, en vue de prévenir les accidents qui peuvent se produire lorsque la bourre fait balle.

[Brevet anglais n° 21.470 (1895), accepté le 2 mai 1896.]

Celluloïd. — La fabrication première de cette substance est due aux frères Hyatt, de Newark (États-Unis d'Amérique). C'est une variété de coton nitré voisine de la cellulose octonitrique, à laquelle on ajoute du camphre en vue d'annihiler la sensibilité au choc. L'incorporation peut s'effectuer en comprimant fortement ensemble les deux substances, ou bien en employant un dissolvant, alcool ou éther, qu'on laisse évaporer ensuite ; souvent les deux méthodes sont suivies concurremment.

La densité du celluloïd varie avec les éléments qui le constituent et leur degré de compression ; on peut considérer 1,35 comme valeur moyenne. Le celluloïd s'amollit lorsqu'on le plonge dans l'eau bouillante ; dans cet état, on peut le mouler. C'est un produit très inflammable. Pratiquement, il peut être considéré comme non explosible et travaillé avec des outils, à la façon de l'ivoire, pour en confectionner d'innombrables objets ; on peut le colorier à volonté, le marbrer, etc.

Lorsqu'on chauffe le celluloïd vers 150°, il prend une forme plastique. Mais il ne faut pas oublier qu'il tend alors à devenir explosible sous l'action du choc et que des amas de matières semblables peuvent être fort dangereux en cas d'incendie, par suite de l'échauffement général de la masse et de l'évaporation du camphre. Le celluloïd échauffé peut même détoner lorsqu'il est comprimé, et l'on a observé des accidents de presses dans les fabriques.

Maintenu dans une étuve à 135°, le celluloïd ne tarde pas à se décomposer. Il y a plus : lors d'une expérience faite en vase clos à 135°, sous une densité de chargement égale à 0,40, il a fini par détoner en développant une pression de 3.000 kilogrammes. C'est donc une matière dont le travail réclame certaines précautions.

La fabrication du celluloïd a pris un développement considérable. M. Field, de New-York, a publié à ce sujet une série de notes (*Journal of the American Chemical Society*, vol. XV, n° 3; vol. XVI, n°s 7 et 8), auxquelles nous nous sommes permis d'emprunter quelques indications utiles :

La cellulose est traitée sous forme de coton brut, déchets de filature, chiffons, papier, etc. Les différences qui existent entre les fibres quant à leur structure, caractérisent de même la manière dont s'effectuera leur nitrification. La fibre de coton présente l'aspect d'un tube cylindrique aplati, noueux, fermé à l'une de ses extrémités; ce tube existe sur presque toute la longueur. Son diamètre et l'épaisseur de ses parois modifieront la marche de la nitrification : elle s'effectuera plus rapidement dans la fibre de coton que dans la fibre de lin, où le diamètre est petit et les parois épaisses.

Si on nitrifie des fibres de lin et des fibres de coton, dans des conditions identiques, on constate que les premières donnent naissance à un produit épais, glutineux, tandis que les fibres de coton deviennent beaucoup plus fluides. Il suffira de nitrifier le lin à une température plus élevée que le coton pour obtenir une fluidité égale.

Parmi les diverses variétés de lin, c'est celle de la Nouvelle-Zélande qui permet d'obtenir la nitrocellulose la plus soluble. La variété de coton dénommée *Memphis Star* croît, en Amérique, dans les régions montagneuses; ses fibres sont très douces, humides et élastiques. Elle est de couleur blanc crème et reste telle après la nitrification. Les filaments sont courts, droits et moins noueux que ceux de toute autre variété ; on trouve parmi ces filaments une forte proportion de fibres mûres à demi ou aux trois quarts seulement, extrêmement fines et transparentes. Cette variété de coton fournit un produit parfaitement soluble ; avant la nitrification, il doit être simplement cardé. Les déchets de filatures doivent en outre être épurés ; ils donnent également une nitrocellulose de bonne qualité.

M. Mowbray a constaté que, si on traite un papier provenant exclusivement d'un tissu de coton et dont l'épaisseur ne dépasse pas $0^{mm},005$, l'opération demande vingt minutes, par suite de la résistance qu'offre la surface du papier. Si l'épaisseur est plus considérable, la surface seule pourra être accessible à la nitrification. Pour obvier à cet inconvénient, il propose (brevet américain n° 443.105, du 3 décembre 1890) de saturer la fibre, avec une solution de nitrate de soude, qu'on laisse ensuite sécher lentement; la recristallisation du sel au sein de la fibre, ou son introduction par osmose en provoque l'ouverture et favorise notablement la nitrification. L'application de ce procédé n'est pas nécessaire si l'opération s'effectue à haute température.

MM. Dietz et Wayne préconisent la nitrification de la ramie (brevet américain n° 433.969). Le produit obtenu, de composition homogène, nécessiterait une quantité de dissolvant moins élevée que le coton nitré ordinaire. Les expériences auxquelles a procédé M. Field sont loin, toutefois, de confirmer cette assertion.

En tout état de cause, il faut veiller soigneusement à ce que la fibre employée soit exempte de chlore, car la neutralisation du produit obtenu serait très difficile.

De nombreuses formules ont été proposées pour l'obtention des nitrocelluloses solubles. Fréquemment, on n'arrive pas au résultat voulu : les produits obtenus diffèrent lors de chaque expérience. On peut admettre, en principe, que la composition du mélange acide doit varier d'après la substance à nitrifier, ainsi que la température à laquelle l'opération est pratiquée.

Le mélange que l'on emploie le plus fréquemment répond à la composition suivante :

Acide sulfurique	66	parties en poids
Acide nitrique	17	»
Eau	17	»

Température : 30°. Durée de l'immersion : vingt à trente minutes. La cellulose est nitrifiée sous la forme de papier en feuilles minces et dans la proportion de 0,01 en poids du mélange acide. La pyroxyline obtenue est insoluble dans les éthers composés.

On peut également obtenir un produit peu soluble dans l'alcool méthylique exempt d'acétone et très soluble dans les éthers composés anhydres, l'acétone et les aldéhydes. Dans ce cas, on se sert d'un mélange contenant 7^{kg},158 d'acide sulfurique (d = 1,830) et 3^{kg},632 d'acide nitrique (d = 1,435). On y plonge 400 grammes de coton. La température s'élève à 60° environ.

Quant à la durée de l'immersion, elle varie notablement, ainsi qu'on s'en rendra compte par le tableau ci-dessous, dressé par

ÉTAT DU TEMPS	DENSITÉS des acides		DURÉE de la nitrification		TEMPÉRATURES extrêmes		GAINS en pertes de rendement	
	SO^4H^2	AzO^3H	Commencement	Fin				
1. Clair	1,838	1,4249	midi 20'	4^h	57°	62°	+ 31 %	»
2. Clair	1,837	1,4249	midi 20'	2^h	60	62	+ 18 %	»
3. Nuageux	1,837	1,4220	midi 45'	2^h	60	62	+ 7 %	»
4. Pluvieux	1,837	1,420	midi 20'	1^{h}20	60	63	+ 0	0
5. Clair	1,8377	1,42	1^h 15'	2^h	58	62	+ 15 %	»
6. Pluvieux	1,8391	1,422	midi 35	1^h	58	62	»	— 2 %
7. Nuageux	1,835	1,4226	midi 20'	35	62	64	»	— 10 %
8. Clair	1,835	1,422	midi 35	1^{h}10	60	62	+ 5 %	»
9. Partiellem. clair	1,824	1,4271	midi 20	1^h	50	60	»	— 3 %
10. Partiellem. clair	1,83	1,4271	midi 10'	25	58	60	»	— 10 %
11. Nuageux	1,832	1,425	midi 10'	50	58	60	+ 8 %	»
12. Pluvieux	1,822	1,425	midi 10'	20	58	60	»	— 10 %
13. Partiellem. clair	1,8378	1,4257	midi 50'	1^{h}40	50	58	+ 20 %	»
14. Nuageux	1,837	1,4257	1^h 56'	4^{h}40	50	60	+ 16 %	»

M. Field. Ce tableau se rapporte à une production journalière de 30 à 35 livres de pyroxyline (13 1/2 à 16 kilogrammes) pendant une période de quatorze jours consécutifs. L'acide nitrique employé avait une densité un peu inférieure à 1,435 ; le produit obtenu était soluble dans l'alcool méthylique.

L'examen de ce tableau montre que le rendement est susceptible de varier dans une mesure très large. Les jours de pluie sont défavorables ; cela tient vraisemblablement à ce que le coton absorbe l'humidité de l'air, dont l'action est d'affaiblir le mélange acide au moment de l'immersion. En somme, ce qu'il importe de retenir, c'est que la nitrification à haute température donne, lors de chaque opération, des résultats dissemblables à tous égards.

Ceci entendu, passons à l'examen de la nitrification proprement dite. La Celluloïd Manufacturing Company, ainsi que la Xylonite Manufacturing Company, traitent la cellulose sous forme de papier en feuilles de 0,0050 à 0,0075 millimètres d'épaisseur. La première les coupe en petits carrés de 25 millimètres de côté ; la seconde les emploie en longues bandes de la même largeur, ce qui est moins avantageux au point de vue du rendement. Les petits carrés de papier sont introduits dans le mélange acide par l'intermédiaire d'un tube qui tourne rapidement sur lui-même et dont la partie inférieure plonge dans le liquide. Par suite de la rotation, ils se trouvent projetés dans la masse liquide et le bas du tube reste libre. La Xylonite Mg. Co. introduit les bandes de papier, au moyen d'une fourchette, dans un cylindre où se trouve le mélange acide. La nitrification terminée, le produit passe au lavage directement, sans turbinage préalable ; par suite, une quantité notable d'acide se trouve perdue.

Dans certaines fabriques, on emploie des récipients en grès oblongs, où la cellulose est traitée par portions de 1 livre (454 grammes). Une tige en verre ou en acier, dont une des extrémités est recouverte de caoutchouc afin d'en faciliter le maniement, l'autre étant terminée en pointe, permet de retirer la matière au fur et à mesure de la nitrification ; de cette manière, on favorise le traitement de la portion restante. En hiver, la température de l'atelier doit être maintenue à 21°, afin d'assurer l'homogénéité du produit obtenu.

Citons l'appareil de MM. White et Schüpphaus (Brevet américain n° 418.237), dont on trouvera la description dans l'ouvrage intitulé *les Explosifs nitrés*, p. 82.

M. Mowbray est l'auteur d'un procédé concernant le traitement du papier continu (Brevet américain n° 434.287).

Le lavage auquel on soumet la pyroxyline, lorsque la nitrification est terminée, a pour objet d'éliminer jusqu'aux dernières traces d'acide. Le produit passe ensuite à la presse; puis, encore humide, il est additionné de camphre. Les proportions habituellement employées comprennent 2 parties de pyroxyline pour une de camphre. L'opération est fractionnée comme suit : ayant dissous le camphre dans la plus petite quantité d'alcool [1] possible, on arrose la pyroxyline au moyen de cette solution ; on place alors une seconde couche de pyroxyline, que l'on arrose également. On continue de même en alternant les couches.

La matière passe ensuite entre des cylindres en fer, où elle est travaillée à froid pendant une heure; puis, pendant le même temps, entre des cylindres chauffés modérément à la vapeur. La couche qui entoure ces cylindres est alors enlevée, pressée à nouveau et découpée en morceaux de $0^{m},70 \times 0^{m},30$, d'une épaisseur de $0^{m},01$ environ. Ces morceaux sont superposés, puis soumis à une pression hydraulique considérable, pendant vingt-quatre heures et à la température de 70°. La masse obtenue est découpée encore une fois en bandes d'épaisseur voulue, que l'on place dans une chambre maintenue à la température de 30 à 40°, où elles séjournent une à deux semaines, jusqu'à complète dessiccation. Elles en sortent prêtes à être transformées en objets divers, soit par moulage sous pression et à haute température, soit par tournage.

(1) Parfois on se sert d'autres dissolvants, tels que l'éther, l'esprit-de-bois, etc.

Dans le procédé de Trébouillet et Besancèle, la cellulose est nitrifiée sous forme de papier, coton ou toile. Le mélange acide contient 3 parties d'acide sulfurique de densité = 1,83 et 2 parties d'acide nitrique concentré contenant de l'acide nitreux. La cellulose séjourne d'abord dans le mélange ayant servi à un trempage précédent et ensuite, dans du liquide frais ; puis, elle est pressée et soigneusement lavée à l'eau. Vers la fin du lavage, on ajoute un peu d'ammoniaque ou de soude caustique, pour éliminer les dernières traces d'acide.

La proportion de camphre employée est de 40 à 50 parties pour 100 de pyroxyline. On commence par mélanger intimement les deux substances, puis on moule le produit sous une pression élevée et à haute température. On laisse alors évaporer à l'air libre, et la dessiccation se complète au moyen de chlorure de calcium ou d'acide sulfurique.

La présente rubrique est extraite, en grande partie, de l'ouvrage intitulé *Explosifs nitrés* (*Nitro-Explosives* de G. Sanford, traduit, revu et augmenté par J. Daniel), Paris, 1898.

Celluloïdine ou poudre celluloïque. — La préparation de ce produit, breveté par M. Turpin, s'effectue comme suit : on fait dissoudre à saturation du fulmicoton en pulpe dans de l'éther sulfurique ou acétique (52 à 56°). On étend la pâte obtenue sur des plaques à rebords et on laisse sécher à l'air libre ou dans une étuve avec réfrigérant, afin de récupérer une partie de l'éther. Il reste à passer au laminoir et à découper le produit en cubes de petites dimensions.

(Brevet français n° 189.398, du 16 mars 1888.)

Cellulosa. — Voir *Bjorkmann* (*C. G.*).

Cellulose nitrée. — Voir *Nitrocellulose*.

Chabert. — Voir *Woodnite*.

Chaleur (Essai de résistance à la) des explosifs nitrés. — Voir *Résistance* (*Essai de*), etc.

Chalon et Guérin. — Voir *Gélosine*.

Chambres de mine (1). — Ce sont des cavités que l'on pratique à l'extrémité des forages sans en modifier le diamètre. L'avantage caractéristique qu'elles présentent est la faculté de pouvoir concentrer, au point où la résistance à vaincre est maximum, une charge relativement considérable.

Le premier procédé de formation des chambres de mine, dû à M. l'ingénieur Courbebaisse, date de 1855. Il consiste dans l'emploi des acides pour agrandir le fond des forages, par dissolution de la roche ; ce procédé présente l'inconvénient de n'être applicable qu'aux roches en calcaire assez pur et aux forages très inclinés vers le bas.

La découverte de la dynamite permit d'essayer un autre système, consistant à faire détoner successivement des charges peu considérables de cet explosif dans le fond du trou de mine. Ce procédé est lent et sa réussite ne peut être assurée.

On préconise en Angleterre, plus spécialement pour l'extraction du granit, un système connu sous le nom de *Lewising* et dont l'application en grand est due à MM. Wickersheimer et Pech : Deux trous de mine voisins, parallèles et de même profondeur, sont forés d'abord. On charge d'un d'eux en le bourrant légèrement, le second restant vide ; puis, on met le feu. La portion de roche comprise entre les deux trous, si elle est assez mince, est pulvérisée sur toute la hauteur de la charge ; au-dessus, les trous restent intacts. On retire les débris non expulsés par l'explosion ; on fore et charge alors un troisième trou, parallèle aux deux autres. L'explosion, analogue à la première, détruit en général la partie comprise entre les trois trous. En procédant de cette manière, on agrandi progressivement le vide primitif.

Pour les chambres à constituer dans les roches dures, les auteurs préconisent le forage de cinq trous de mine occupant le centre et les sommets d'un carré dont les dimensions doivent être basées sur les circonstances locales. Pour les roches plus

(1) Extrait de notre *Note sur quelques procédés de forage des trous de mines dans les carrières*, parue dans les *Annales des Mines de Belgique* (t. I, p. 311).

tendres, il vaut mieux forer six trous placés au centre et aux sommets d'un pentagone régulier.

Il est bon de guider les fleurets, afin que la direction soit constante ; la perforation mécanique conviendra, par conséquent. Dans le creusement de galeries, le grand avantage de ce procédé consiste dans la rapidité avec laquelle on obtient l'avancement. Cette rapidité tient surtout à l'emploi de fortes charges permettant de réduire au minimum le nombre des forages au front de taille.

Au charbonnage du Hasard (Belgique), on s'est servi d'un appareil élargisseur du fond des forages, inventé par MM. Plom et l'Andrimont.

Champion Powder. — Dynamite américaine analogue à la poudre Judson.

Champion et Pellet. — Voir *Azote* (*Dosage de l'*).

Chance. — Voir *Nitrate d'ammoniaque*.

Chandelon. — Voir *Catactines*.

Chanu. — Voir *Davey* (*Poudres*).

Chanvre nitré. — Voir *Trench*.

Chapman. — Voir *Cannonite*.

Chapman a proposé des compositions destinées à remplacer le fulminate de mercure. Voici l'une d'elles :

Nitrate de potasse	51,90
Phosphore amorphe	15,90
Chlorate de potasse	10,90
Magnésium	6,10
Peroxyde de manganèse	5,20
Oxyde de mercure	4,00
Carbonate de potasse	2,00
Sucre de canne	2,00
Résine pulvérisée	2,00
	100,00

(Brevet anglais n° 16.997, 22 novembre 1888.)

Charbon. — Le charbon de bois employé pour fabriquer la poudre à canon s'obtient par la distillation du bois et spécialement de la cellulose; celle-ci forme la partie solide de ses cellules et des fibres, associée à de petites quantités d'azote, d'oxygène, d'hydrogène, de soufre et d'autres matières minérales.

Les essences employées dans cette opération sont celles qui fournissent un bois léger, de combustion facile, et contenant peu de cendres, comme le cerisier, le saule, le noyer, le tilleul, l'aulne, le cornouiller, le peuplier et les tiges de chanvre. En Italie, on se sert spécialement des rameaux du cerisier, de 1 mètre de longueur, et dont le diamètre varie de 3 à 8 centimètres; ces branches, après avoir été dépouillées de leur écorce, sont conservées pendant trois ans.

En Angleterre, on se sert du bois de cornouiller pour la fabrication des poudres MG, RFG et RFG_2; du bois d'aulne et de saule pour les poudres RLG^2, RLG^4, P_2, la poudre prismatique noire, etc. Pour la poudre brune, les poudres SBC et EXE, on se sert de charbon roux provenant de la paille. En France, on emploie l'aulne et le fusain pour la poudre de guerre; le noyer, le peuplier, le fusain et le bouleau pour les poudres de mine, de chasse et d'exportation.

Le charbon de bois peut s'obtenir par l'action directe de la flamme ou bien à l'aide d'un courant de vapeur surchauffée.

La carbonisation à flamme directe se pratique comme suit : le bois, réduit en baguettes ou en morceaux, est introduit dans des cylindres en tôle de fer appelés *étouffoirs*, à raison de 50 à 60 kilogrammes par cylindre. Ces étouffoirs, après avoir été chauffés, sont placés à leur tour dans d'autres cylindres, en fonte, d'une largeur de $1^m,30$ et de $0^m,60$ de diamètre, que l'on désigne sous le nom de *carbonisateurs*. Le feu, que l'on active pendant une heure, est modéré ensuite pendant tout le cours de l'opération; celle-ci se prolonge, dans les établissements italiens, pendant huit heures.

La partie antérieure des carbonisateurs est fermée par un couvercle étanche et l'autre extrémité porte un tube destiné à donner passage aux produits de la distillation. Ces tubes, réunis en séries, aboutissent à un tube transversal appelé *barillet;* les divers barillets sont en communication avec un long cylindre collecteur qui porte dans une citerne voisine les produits engendrés par la distillation. Parfois, ces produits sont dirigés vers un four qui les utilise.

La disposition et les dimensions des appareils varient, au surplus, avec les établissements. Le cylindre mobile peut être vertical ou horizontal. Parfois aussi, on emploie des fours fixes.

Parmi les systèmes les plus perfectionnés, on peut citer celui de Güttler, décrit par M. Guttmann (*The Manufacture of Explosives*, t. I, p. 87). En principe, on fait passer constamment dans l'appareil de carbonisation un courant de gaz inerte : acide carbonique pur ou mélangé d'azote; le charbon poreux se sature de gaz, ce qui prévient les combustions spontanées.

Lorsque la carbonisation s'effectue au moyen de la vapeur surchauffée, on introduit le bois dans un cylindre perforé. Celui-ci est placé dans une double enveloppe cylindrique, entre les parois de laquelle circule la vapeur. La température de la vapeur est comprise entre 300 et 400°, et sa tension est de 2 atmosphères environ. Les produits de la distillation, ainsi que la vapeur, sont reçus dans un condenseur. Ce système présente l'avantage de pouvoir régler aisément la température. Il fut introduit par Violette, à Esquerdes, en 1847.

Le but de la carbonisation est de débarrasser le bois de l'eau et des autres substances liquides ou volatiles dont il est imprégné, en même temps que d'une partie de l'oxygène et de l'hydrogène contenus dans la cellulose; ces gaz se combinent avec une minime quantité de carbone, sous forme de goudron, de vinaigre de bois, d'anhydride carbonique, d'oxyde de carbone, d'eau, etc. Le résidu ou charbon de bois renfermant une proportion de carbone beaucoup plus élevée que le bois dont il provient, sa combustion avec le salpêtre est susceptible de développer une température considérable. Plus la température de distillation sera élevée, plus grande sera la quantité d'oxygène et d'hydrogène éliminée par l'opération ; conséquemment, le charbon de bois obtenu contiendra d'autant plus du carbone pur, ainsi qu'on peut s'en rendre compte par le tableau suivant :

TEMPÉRATURE de distillation	COMPOSITION DU CHARBON DE BOIS			
	Carbone	Oxygène	Hydrogène	Cendres
270°	71,00	23,00	4,60	1,40
363°	80,10	14,55	3,71	1,64
476°	85,80	9,47	3,13	1,60
519°	86,20	9,11	3,11	1,58

Il n'est pas avantageux, toutefois, d'opérer à trop haute température, car on obtient ainsi un charbon compact, de combustion difficile, et qui n'est guère propre à la fabrication de la poudre.

L'opération exige beaucoup d'attention, ainsi qu'une certaine habileté professionnelle spéciale, d'autant plus que la proportion de carbone varie avec la température finale de carbonisation, ainsi que la durée de la chauffe, comme on le voit par le tableau que voici :

TEMPÉRATURE FINALE	DURÉE DE LA CHAUFFE	PROPORTION DE CARBONE pour 100
410°	5 h.	81,65
414°	2 h. 45 m.	83,14
490°	3 h. 15 m.	84,19
555°	2 h. 45 m.	86,34
558°	3 h. 45 m.	83,32
	3 h.	86,52

En Angleterre, le charbon qui sert à fabriquer la poudre noire est préparé à une température comprise entre 360 et 520°. En Italie, les limites sont 300 et 400°.

Le charbon obtenu à une température comprise entre 260 et 320° est de couleur brun roussâtre, et plus inflammable que le charbon noir obtenu aux températures plus élevées; il est employé pour les poudres de mine et de chasse. Le charbon destiné aux poudres brunes se prépare avec des tiges de seigle carbonisées à une température relativement très basse. Les poudres ainsi obtenues sont très vives, mais plus hygrométriques que les autres.

Le charbon de bois ne peut être broyé que quinze jours au moins après sa préparation, car, dans le cas contraire, il ne pourrait avoir absorbé une quantité suffisante d'air ainsi que d'humidité, et serait susceptible de s'enflammer spontanément.

L'analyse du charbon doit porter sur plusieurs points différents. Les méthodes que voici, sans être d'une exactitude rigoureuse, suffisent dans la pratique :

Détermination de l'eau. — Dans un creuset en platine taré, on introduit 1 gramme de charbon finement pulvérisé. Ensuite, on le place dans une étuve portée à 150°; on pèse toutes les deux heures, jusqu'à obtention de la constance du poids. L'eau sera dosée par différence.

Matières volatiles. — Le creuset, au sortir de l'étuve, est introduit dans un second creuset en terre réfractaire, où on l'entoure, de toutes parts, de petits morceaux de charbon; on place le tout dans un fourneau à tirage forcé. Au bout d'une demi-heure, on retire le creuset de platine et on le met à refroidir dans un dessiccateur. La seconde perte de poids indiquera la teneur en matières volatiles.

Cendres. — On fait brûler, sur une lampe de Bunsen, 5 grammes de charbon pulvérisé, placés dans un creuset de platine taré; on pèse ensuite le résidu. Pour les poudres de guerre, la quantité de cendres ne peut excéder 2 0/0.

Carbone solide. — On l'obtient par différence, après avoir déterminé l'humidité, les matières volatiles et les cendres.

Détermination du pouvoir calorifique absolu. — Cet essai est basé sur la réduction du protoxyde de plomb par le carbone. On sait que chaque partie de carbone réduit à l'état métallique 34,5 parties de plomb et que, d'autre part, le nombre de calories développées est de 8.080. Donc, à chaque partie de plomb qui aura été réduite correspondra $\frac{8080}{34,5} = 234,2$ calories. Il s'ensuit qu'en multipliant par 234,2 le nombre de parties de plomb obtenues, on déterminera le nombre de calories développées par la combustion totale du charbon employé.

L'opération se pratique comme suit : On mélange, dans un creuset en terre réfractaire, 1 gramme de charbon avec 40 grammes de litharge (PbO) ; les deux substances ayant été finement pulvérisé, le mélange effectué, on répand encore 20 grammes de litharge en poudre. Le creuset, muni de son couvercle, est introduit dans un fourneau déjà en activité, où on le laisse une demi-heure. Lorsqu'il est retiré et refroidi, on le brise pour rechercher le bouton de plomb métallique qui se trouve dans la masse. Ce bouton est débarrassé au marteau de l'oxyde de plomb, ainsi que de la terre du creuset qui y adhèrent, et pesé ensuite. Le nombre de grammes obtenu, multiplié par 234,2, indiquera le nombre de calories développées par 1 gramme de charbon.

(Salvati, *Vocabulaire des poudres et explosifs*, traduit par E. Brion, Paris, 1895).

Charbon (Dynamite au). — Voir *Carbodynamite.*

Charbon nitré. — Voir *Allumeurs de sûreté.*

Charbon nitré. — Voir *Nitro-houille.*

Chargement des mines. — Voir *Emploi des substances explosibles.*

Chastin (Amorces). — Voir *Amorces-Jouets.*

Chaux. — Les cartouches de chaux ont été préconisées par M. Jarolimek comme moyen d'allumage des mines (Voir *Allumeurs de sûreté*).

MM. Smith et Moore ont proposé d'employer la chaux comme succédané des substances explosibles. On fait usage à cet effet de chaux très grasse, que l'on comprime sous forme de cartouches de dimensions analogues aux cartouches ordinaires. Suivant l'une des génératrices, on ménage une rainure d'assez fort diamètre, destinée à servir de logement à un tube de fer percé de trous. Ce tube est introduit avant la charge et permet d'injecter, au moyen d'une petite pompe à bras, un volume d'eau à peu près égal à celui de la chaux. L'extinction de celle-ci produit un foisonnement qui détermine la rupture de la roche environnante. Le résultat s'obtient au bout d'une période qui varie de dix à trente minutes. Il est essentiel que le bourrage soit effectué avec grand soin, de manière à être imperméable.

M. Van Hassel propose l'emploi de cartouches comprimées mesurant 5 centimètres de diamètre et 10 à 15 de longueur. On les introduit dans le forage en ayant soin de les séparer au moyen de petits flacons remplis d'eau, de façon à faire alterner le liquide et la chaux. Les flacons portent au goulot une amorce électrique destinée à en déterminer l'explosion. La mine ayant été bourrée énergiquement, on fait éclater les bouteilles d'eau ; à l'action du foisonnement vint s'ajouter celle de la vapeur surchauffée à 300°. Ce système présente l'inconvénient de nécessiter des forages d'un diamètre trop considérable.

Le principe des cartouches à la chaux fut préconisé, en 1853, par Sir Georges Elliott. Quoique les résultats obtenus n'aient guère été défavorables, ce système ne s'est guère généralisé : il nécessite un havage préalable de la houille et exige un charbon qui ne soit, ni trop dur, ni trop friable, ni surtout trop fissuré. Il faut encore que la chaux soit de bonne qualité, provienne de calcaire très pur ; d'après Melsens, la chaux obtenue par calcination du marbre blanc est celle qui convient le mieux. Elle doit enfin être fraîchement fabriquée : si elle reste plusieurs jours dans des wagons, par exemple, elle ne tarde pas à s'altérer. Les résultats deviennent alors très aléatoires.

Les cartouches de chaux présentent l'avantage de ne pas fragmenter les blocs ; en outre, la sécurité est satisfaite en présence du grisou. Les expériences d'Abel ont montré, en effet, que la température ne peut dépasser 325°.

M. Arnould (Belgique) fit breveter, en 1869, un procédé dans lequel la production de chaleur due à l'hydratation de la chaux était employée pour vaporiser certaines substances, telles que l'anhydride sulfureux ou le protoxyde d'azote liquéfié, et produire ainsi une tension suffisante pour faire éclater la roche.

M. Steinau, dans la cartouche que nous décrivons ci-après, utilise d'une manière indirecte la chaleur dégagée par l'extinction de la chaux vive.

Cheddite. — Dénomination sous laquelle la streetite est autorisée, en Angleterre, depuis 1900.

Chemische Fabrik, anciennement **Goldenberg, Geromont und C°,** à Winkel sur le Rhin. — Cette Société a proposé d'employer, comme absorbants de la nitroglycérine, les composés découverts par Parkes et obtenus par l'action du chlorure de soufre sur les huiles végétales. Ces composés, souples et élastiques comme le caoutchouc, ne sont pas moins absorbants que la guhr. La dynamite ainsi obtenue est représentée comme pouvant être employée pour le tir des canons sans faire courir le risque d'explosion intempestive.

On peut également associer ces substances à des composés nitrés solides, pulvérisés au préalable : acide picrique, trinitrotoluène, fulminate de mercure, etc. Le mélange effectué, on élimine par turbinage l'excès de dissolvant, puis on sèche graduellement. La puissance se règle à volonté, d'après les proportions respectives des ingrédients employés.

(Brevet allemand n° 110.621, 31 juillet 1898.)

Un brevet antérieur de M. Bielefeldt concerne l'emploi des mêmes substances.

Chemische Fabrik Griesheim. — Voir *Trinitraniline*, *trinitrobenzine*, *trinitrophénol*.

Chemises à feu. — Voir *Compositions incendiaires.*

Chenel. — Voir *Azote* (*Dosage de l'*) et *Azothydrique* (*Acide*).

Chili (Salpêtre du). — Synonyme de nitrate de soude.

Chilworth Gunpowder Company, Ltd. (The), dans son usine de Chilworth (Surrey), fabrique la ballistite, la cordite, ainsi que la *Chilworth Smokeless Sporting Powder.*

Chilworth Smokeless Sporting Powder. — Voir *Troisdorf* (*Poudre sans fumée de*).

Chilworth Special Powder. — Dénomination sous laquelle la poudre amide est importée en Angleterre.

Chloramide. — Synonyme de chlorure d'azote.

Chlorate d'ammonium. — C'est un sel blanc qui cristallise en fines aiguilles. Il est très soluble dans l'eau et dans l'alcool; sa saveur est piquante. Projeté sur une plaque chaude, il fait explosion en donnant une flamme rouge. Parfois même, il se décompose spontanément avec violence.

Chlorate de potassium (ClO^3K). — Cette substance, que l'on désigne également sous la dénomination de *sel de Berthollet*, se présente sous la forme d'un corps solide blanc, cristallisé en lamelles anhydres du système clinorhomboïdal, d'une densité de 2,35 et d'une saveur salée désagréable. Insoluble dans l'alcool et peu soluble dans l'eau à froid, elle est beaucoup plus soluble à chaud. Le poids moléculaire de ce sel est de 722,5 ; sa chaleur spécifique vaut 0,210.

C'est un composé endothermique, à partir de l'oxygène et du chlorure de potassium, car la transformation inverse :

$$ClO^3K = KCl + O^3$$

dégage $11^{cal},9$, en développant $33^{lit},5$ d'oxygène ; soit, pour 1 gramme, 97 calories et 273 centimètres cubes.

Il fond à 400° et si la température s'élève davantage, il se décompose en perchlorate et chlorure de potassium, avec dégagement d'oxygène.

Dans les laboratoires, on le prépare en faisant passer un courant de chlore sur une dissolution concentrée de potasse caustique. Le prix élevé de ce composé s'oppose à son emploi industriel. On préfère diriger le chlore sur de la chaux vive ou sur un lait de chaux préalablement chauffé, puis précipiter par du chlorure de potassium le chlorate de calcium ainsi obtenu.

On peut également préparer le chlorate de potassium en décomposant électrolytiquement le chlorure ; on emploie une solution à 25 0/0, additionnée d'un peu de potasse caustique et chauffée à 60° avant d'être introduite dans la cuve électrolytique (*Chemiker Zeitung*, 1898, p. 331). Citons, à cet égard, le procédé Schuckert (Brevet allemand n° 83.536).

L'emploi de la chaux présente l'inconvénient de donner naissance à une grande quantité de chlorure de calcium, substance dépourvue de valeur. On a essayé de la remplacer par la magnésie ; mais ce procédé n'est guère économique. M. K.-J. Bayer (*Chemiker Zeitung*, 1895, p. 1453) propose d'employer l'oxyde de zinc ; le chlorure de zinc est susceptible de nombreuses applications. D'après les essais auxquels cette méthode a été soumise, elle permettrait de réaliser une certaine économie.

M. Jame Hargreaves (*Moniteur Quesneville*, t. XLIX, p. 37) introduit les matières brutes : mélange de chlorure de potassium et de chaux hydratée ou de magnésie hydratée dans une tour d'absorption, où elles sont exposées à l'action du chlore gazeux (Brevet français n° 256.872, du 2 juin 1896).

Pratiquement, on considère le chlorate de potasse comme ne pouvant être susceptible de détoner par inflammation, lorsqu'il n'est mélangé avec aucune autre substance. A cet égard, toutefois, il n'est pas sans intérêt de noter qu'une explosion, survenue, le 12 mai 1899, à l'usine de l'United Alkali Company, Ltd., à Sainte-Hélène

(Angleterre), causa la mort de cinq personnes, blessant quarante à cinquante autres. Sur les 150 tonnes de chlorate qui se trouvaient en magasin, six seulement firent explosion; le produit se trouvait emballé avec soin et absolument séparé de toute substance organique. M. le colonel Ford, Inspecteur général des explosifs, ne put arriver à reproduire expérimentalement les conditions susceptibles de déterminer l'explosion du chlorate de potasse, lorsqu'il est seul. Dans le même ordre d'idées, citons le cas de deux tonnes de chlorate qui furent consumées, le 12 mars 1900, en gare de Bletchley (Angleterre), sans qu'aucune explosion s'ensuivît; elles étaient emballées dans des barils en bois d'orme, placés dans un vagon recouvert d'une bâche.

Rappelons à cet égard l'intéressante expérience effectuée par M. Berthelot, qui a fait détoner le chlorate de potasse en l'introduisant brusquement dans une enceinte portée à l'avance et maintenue à une température beaucoup plus élevée que celle de la décomposition commençante. L'expérience a été effectuée dans une atmosphère inerte (azote), au moyen d'un tube en verre de 25 à 30 millimètres de diamètre, fermé à la partie inférieure, et que l'on échauffait sur une longueur de 50 à 60 millimètres en le tenant presque verticalement sur la flamme d'un gros bec de gaz. Le chlorate, étendu sur une baguette de verre, était introduit, fondait et faisait explosion au contact du fond. Déjà antérieurement, un résultat analogue avait été obtenu avec l'acide picrique en le soumettant au même traitement. « Dans les cas de ce genre, dit M. Berthelot, la température croissant sans que son accroissement soit limité par dissociation ou changement d'état physique, la vitesse de réaction, combinaison ou décomposition croît de son côté, suivant une loi que j'ai reconnue, comme une fonction exponentielle de la température. Il y a là certaines propriétés générales des corps explosifs qui entrent en jeu avec une facilité inégale, suivant leur facilité individuelle, mais qu'il est nécessaire de ne jamais oublier dans leur emploi industriel ou militaire. » (*Mémorial des poudres et salpêtres*, t. X, p. 282.)

Associé à d'autres substances, le chlorate de potasse constitue un oxydant très énergique : que l'on en projette une pincée sur du charbon de bois allumé, il se produira une déflagration très vive. Mélangé avec le soufre pulvérisé, le sucre, le charbon de bois ou toute substance combustible, il fait explosion sous l'action du choc, de la friction, ou bien à l'approche d'un corps en ignition.

L'acide sulfurique décompose le chlorate de potassium, avec formation de peroyle de chlore s'il est concentré et d'acide perchlorique, s'il est dilué. Lorsque le chlorate est additionné d'une substance combustible, de sucre notamment, la chaleur engendrée provoque l'inflammation spontanée du mélange (1). Cette propriété a été utilisée comme moyen de mise à feu (Voir *Allumeurs de sûreté*). Elle a été appliquée également pour déterminer l'inflammation par le choc des torpilles et des projectiles creux, que l'on charge d'une poudre chloratée ; l'acide est placé dans un tube ou dans des billes en verre. On l'a mise à contribution, enfin, pour confectionner certains engins criminels.

Le chlorate de potasse fut découvert par Berthollet, qui voulut l'employer à la fabrication des poudres de guerre. Mais il ne tarda pas à suspendre les essais qu'il avait entrepris, à la suite d'une explosion survenue, en 1788, à la poudrerie d'Essonnes, explosion dans laquelle plusieurs personnes furent tuées autour de lui. La fabrication, le maniement des poudres chloratées sont de nature, en effet, à présenter les plus graves dangers (2), et l'on conçoit qu'elles n'aient pu entrer dans le domaine de la pratique minière, malgré le nombre considérable de compositions qui ont été proposées.

Depuis quelques années, on s'est préoccupé de rechercher des types susceptibles de présenter les garanties voulues de sécurité. Ces recherches semblent avoir produit certains résultats :

(1) Les expériences récentes par le Dr Dupré ont montré que le degré de dilution est trop considérable, l'inflammation spontanée ne se produit plus ; la limite indiquée est de 1 0/0.

(2) Rappelons, à ce sujet, les accidents terribles auxquels donnèrent lieu, à plusieurs reprises, les explosions de poudre Acmé, accidents que nous rapportons ci-après (Voir *Liardet*) ; bien d'autres exemples pourraient être signalés.

les poudres dénommées asphaline, britainite, cheddite, cycène, éruptérite, greffite et sodalite sont autorisées en Angleterre ; à part l'éruptérite, aucune d'elles, toutefois, n'est fabriquée jusqu'ici (1). Citons également la kinétite, fabriquée en Allemagne ; la streetite, dont une des variétés est autorisée en Belgique, ainsi que les pyrodialytes de M. Turpin. Le rack-a-rock a fait l'objet, en Amérique, d'applications très importantes; d'autres mélanges chloratés sont employés aux États-Unis.

Ces poudres sont brisantes : la pression des gaz engendrés atteint rapidement une valeur considérable, pour retomber très rapidement aussi. Ce fait s'explique aisément si l'on se reporte aux produits de la détonation, lesquels sont des composés binaires, stables, tels que le chlorure de potassium, l'oxyde de carbone, l'anhydride sulfureux. L'influence de la dissociation étant moins sensible que s'il s'agit de combinaisons plus complexes, le sulfate ou le carbonate de potassium, par exemple, produit par l'explosion de la poudre noire, il s'ensuit que les pressions développées dès le début sont plus voisines des pressions théoriques et que, d'autre part, elles diminuent plus rapidement au cours de la détente.

Les propriétés brisantes des poudres chloratées les rendent particulièrement propres à la confection des détonateurs. On en trouvera la description sous la rubrique consacrée à cet objet.

Plusieurs inventeurs ont proposé de substituer au chlorate de potasse les perchlorates d'ammoniaque ou de potasse, moins sensibles au danger d'explosion par le choc, et plus stables également ; ces sels sont décrits sous des rubriques séparées.

Les essais auxquels il convient de soumettre le chlorate de potassium ne sont guère compliqués. L'impureté que l'on y rencontre le plus fréquemment est le chlorure de calcium, sel très hygroscopique. On le décèle par l'oxalate d'ammonium, qui donne un précipité blanc. La recherche qualitative suffit, la tolérance étant nulle.

(1) L'asphaline fut fabriquée en Angleterre de 1882 à 1886.

On falsifie souvent le chlorate de potassium par l'addition de salpêtre. L'examen se pratique au moyen de l'oxalate de brucine, réactif que l'on prépare en dissolvant, dans 100 parties d'alcool à 90°, 1 partie de brucine et 2 parties d'acide oxalique. Ayant versé quelques gouttes de ce réactif sur une petite quantité de chlorate placée dans une capsule en porcelaine, on évapore au bain-marie. La moindre trace de salpêtre fait naître une coloration d'un rouge intense.

Pour doser le chlorate de potassium, on dissout 10 grammes de sel à analyser dans 200 parties d'eau distillée. Ayant divisé en deux parties égales le liquide obtenu, on dose les chlorures dans la première. Dans la seconde, on verse 150 centimètres cubes d'une solution saturée d'acide sulfureux fraîchement fabriquée. On chauffe doucement, puis on porte à l'ébullition pour chasser l'excès d'acide sulfureux. Par l'action de ce gaz, le chlorate de potassium est réduit et transformé en chlorure. On ajoute de l'eau distillée, de manière à obtenir 250 centimètres cubes; on en prélève 10 pour doser le chlore par voie volumétrique; du résultat obtenu, il faut avoir soin de retrancher les chlorures.

On peut également transformer le chlorate en chlorure par la calcination prudente.

Chlorate de sodium. — Ce sel est anhydre, de forme cristalline cubique dominante. Il est hygroscopique et entre dans la composition de peu d'explosifs ; on peut citer certaines variétés de streetites.

On se sert du chlorate de sodium pour fabriquer le perchlorate d'ammonium.

Chlorhydrine (Mono et di). — Pour préparer ces composés, on sature la glycérine concentrée par de l'acide chlorhydrique, puis on chauffe le mélange pendant plusieurs heures à 100°; on neutralise ensuite avec du carbonate de soude et on agite dans l'éther. Pour séparer la monochlorhydrine [$C^3H^5(OH)^2Cl$] de la dichlorhydrine ($C^3H^5.OH.Cl^2$) qui se forme en même temps, on distille la solution éthérée : la dichlorhydrine, qui a son point d'ébullition à 174°, passe dans les premières parties ; la monochlorhydrine, qui bout à 227°, est recueillie ensuite.

La monochlorhydrine liquide, de même densité que l'eau, y est plus soluble que la chlorhydrine. Il en est de même de la dichlorhydrine, liquide plus dense.

Le second de ces composés a été préconisé par le Dr Fleming comme dissolvant de la nitrocellulose. Quant au premier, sa nitrification a été proposée par M. Volney.

Chlorure d'azote ou chloramide ($AzCl^3$). — Liquide jaune, oléagineux, dense, d'une odeur irritante. Il détone avec une extrême violence sous l'influence de la chaleur (93°), ainsi qu'au contact des substances ayant de l'affinité pour le chlore : phosphore, arsenic, huile d'olive, essence de térébenthine, alcalis. La lumière vive détermine également l'explosion ; celle-ci décompose la substance en ses éléments, deux gaz simples. La brusquerie des effets est telle, la sensibilité au choc et à la friction est si considérable, que le chlorure d'azote n'a pu recevoir aucune application industrielle.

On le prépare en faisant passer un courant de chlore gazeux dans une solution concentrée et chaude de chlorure d'ammonium ; on peut également décomposer ce dernier par voie d'électrolyse.

Chlorure de potassium (K Cl). — Corps blanc, de saveur salée et amère, très soluble dans l'eau, et dont on emploie des quantités considérables pour fabriquer le salpêtre de conversion.

On trouve les principaux gisements de sel à Stassfurt (Saxe), où il constitue la *sylvine ;* on le rencontre aussi sous forme de *carnallite*, chlorure double de potassium et de magnésium. Vers 1840, on creusait, à Stassfurt, plusieurs puits destinés à rechercher le sel gemme ; la probabilité d'en découvrir des gisements était basée sur l'existence de sources d'eau salée. Les travaux furent fructueux et, à 324 mètres, on rencontra des couches puissantes du sel recherché. A 255 mètres, on avait traversé des couches de sels à goût désagréable, sels qui furent considérés pendant de longues années comme étant de nulle valeur. Or, lesdites couches, très riches en chlorure de potassium, sont exploitées actuellement de préférence au sel gemme.

Le chlorure de potassium peut aussi être extrait de l'eau de mer, laquelle renferme ce sel en assez grande abondance On peut l'obtenir enfin en traitant les varechs : 5 à 6 tonnes fournissent 1 tonne de cendres, lesquelles contiennent environ 25 0/0 de chlorure de potassium titrant 80 0/0.

Chocolat (Poudres). — Voir *Brunes (Poudres).*

Choke bore Powder. — Voir *Du Pont de Nemours.*

Chromate de diazobenzol. — Ce composé fait partie d'un groupe de substances fulminantes étudiées par MM. Griess et Caro. Le procédé de fabrication consiste à mélanger 1 partie de chlorhydrate d'aniline avec 2 parties d'acide chlorhydrique. Le produit obtenu est traité par 1 équivalent d'azotite de chaux ; puis, on ajoute un mélange renfermant 1 équivalent de chromate de potasse acide et 1 équivalent d'acide chlorhydrique.

(Brevet anglais n° 1.956, du 28 juillet 1866.)

Les propriétés du chromate de diazobenzol sont analogues à celles de l'aniline fulminante.

Chromate de plomb (CrO^4Pb). — Ce sel, employé en peinture, est connu également sous le nom de *jaune de chrome.* C'est un oxydant très énergique et, de même que le chlorate de potassium, le peroxyde de sodium, etc., il devient aisément explosible lorsqu'il est associé à une substance combustible. On a vu des exemples d'objets peints au jaune de chrome, tels que des abat-jour, par exemple, s'enflammer spontanément et même faire explosion.

Chromates, chrome. — Employées en proportion restreinte, ces substances entrent dans la composition de certains explosifs de sûreté. Voir *Bichromate de potassium*.

Chromé (Coton-poudre). — Voir *Davey*.

Cibalite. — Poudre sans fumée brevetée par M. Kalliwoda von Falkenstein, de Vinkovce (Croatie), en 1892. Préalablement à la nitrification, la cellulose est soumise à l'action d'une solution au 1/10 de permanganate de potasse. On lave ensuite à l'effet de neutraliser, puis on traite par l'acide nitrique ($d = 1{,}3$) et on chauffe au bain-marie à 70 0/0. La cellulose se précipite sous forme d'une masse blanche amorphe. Elle passe ensuite à une série de traitements mécaniques. C'est alors qu'on la nitrifie ; à cet effet, on effectue un certain nombre d'opérations qui compliquent singulièrement la fabrication.

Le produit obtenu est additionné de bichromate de potasse.

C. L. (Poudre). — Poudre sans fumée, à base de nitrocellulose, importée en Angleterre. Cette poudre supprimée depuis 1900, a été remplacée par la poudre Cooppal.

Clarite. — Poudre soumise à l'examen des autorités de la colonie de Victoria, mais non admise. Trois variétés furent présentées :

	N° 1	N° 2	N° 3
Chlorate de potasse........	50	40	57
Xanthorrœa balsam........	50	30	29
Bioxyde de manganèse.....	3	0	»
Camphre..................	»	»	14
	100	100	100

La *Xanthorrœa hastilis* est une gomme originaire de Botany-Bay ; anciennement, c'est par le traitement de cette gomme que l'on préparait l'acide picrique.

Clark a proposé une poudre de bois obtenue par la nitrification de fibres ou de pulpe de bois imprégnée d'alun ou de tanin. La nitrification terminée, on trempe le produit dans une solution d'alun ou on le fait bouillir avec une solution de potasse ou de soude.

(Brevet anglais n° 1.210, du 11 avril 1868.)

Le même inventeur a proposé un procédé de neutralisation de la pyroxyline.

(Brevet anglais n° 3.408, du 10 novembre 1868.)

Voir *Glycéro-pyroxiline*.

Clark (E.-S.), à Denbigh (Angleterre), a fait breveter une composition destinée à être employé comme bourrage de sécurité et répondant à la formule suivante :

Monocarbonate de soude..........	97,50
Sulfate de soude..................	2
Oxyde ferrique (colorant)..........	0,50
	100,00

Ce bourrage est destiné à abaisser la température des produits engendrés par l'explosion, eu égard de la mise en liberté de l'eau de cristallisation et à l'échauffement de la grande quantité de vapeur qui prend naissance.

Le mélange est moulé sous forme de tuyaux mesurant 30 millimètres environ de diamètre extérieur et 15 millimètres de diamètre intérieur ; ces tuyaux peuvent être sectionnés longitudinalement sur l'axe. On peut également donner aux moules la forme de prismes triangulaires à coins arrondis et à canal central, ou d'autres encore.

Ce bourrage spécial est placé à la suite de la charge et précède le bourrage ordinaire.

(Brevet anglais n° 20.224, 2 septembre 1897 — 6 août 1898 ; brevet français n° 116.774, du 23 mai 1898.)

Clark a proposé une poudre de mine renfermant de l'azotate de soude, du soufre et du charbon, ainsi que de l'acide picrique et de l'antimoine métallique.

(Brevet américain n° 649.913, 26 janvier — 22 mai 1900.)

Classification des substances explosibles. — Si on envisage leur composition chimique, les substances explosibles peuvent être rangées en plusieurs catégories, suivant qu'elles sont à base de nitrates, de perchlorates, de chlorates, ou de composés nitrés. Voici la classification qui semble pouvoir être admise à ce sujet :

Première catégorie. — Poudres renfermant un nitrate minéral ; nitrate de potasse, de soude, etc., à condition qu'il ne soit additionné d'aucun des éléments qui forment la base d'une des catégories suivantes.

Deuxième catégorie. — Poudres renfermant un perchlorate : perchlorate d'ammoniaque, de potasse, etc., à condition qu'il ne soit additionné d'aucun des éléments qui forment la base d'une des catégories suivantes.

Troisième catégorie. — Poudres renfermant du chlorate de potassium, quels que soient les ingrédients dont ce sel est additionné. Les poudres choratées se subdivisent, eu égard à la nature de ces ingrédients.

Quatrième catégorie. — Première classe : les mélanges ou composés à base de nitroglycérine.

Deuxième, troisième et quatrième classes : les mélanges ou composés exempts de nitroglycérine et ayant respectivement comme base :

a) La nitrocellulose ;

b) L'acide picrique ou les picrates ;

c) Tout autre dérivé nitré d'hydrocarbure ou de substance organique quelconque.

Cinquième catégorie. — Toute substance organique ou inorganique ne pouvant être rangée dans une des catégories qui précèdent.

Claus. — Voir *Soufre*.

Clément a fait breveter, sous le nom de poudre Fuchs, un mélange de chlorate de potasse, de salpêtre, de soufre, de charbon de bois et d'écaille de tortue finement concassée.

Clermonite. — Poudre sans fumée composée de nitrocellulose additionnée de nitrates et fabriquée par la Société Müller et C°, à Clermont (Belgique).

Clodéine. — Voir *Emploi des substances explosibles.*

Coad (Explosifs). — Mélanges de nitroglycérine, de salpêtre et de bois mort, avec ou sans addition de poudre noire. D'après M. Guttmann, cet explosif serait identique à la rhexite.

Composition :

Nitroglycérine	75	30	30
Salpêtre	5	50	»
Bois mort	20	20	20
Poudre de mine ordinaire	»	»	60
	100	100	100

Coalite. — Voir *Thunderite.*

Cook a fait breveter l'application du soufre fondu comme enduit ou revêtement destiné aux cartouches ou aux mélanges explosibles.

(Brevet français n° 165.127, du 31 octobre 1884.)

Cocking. — Voir *Kynite.*

Cocking, directeur à la Société Kynoch, Ltd., est l'auteur de plusieurs perfectionnements relatifs à la fabrication des poudres sans fumée et des explosifs nitrés.

En ce qui concerne les premières, il a fait breveter un séchoir qui permet la récupération de l'acétone employé au cours de la fabrication. Le dispositif qu'il préconise [brevet anglais n° 22.190 (1896), accepté le 24 juillet 1897)] comporte une série de chambres autour desquelles circule de l'eau chauffée de telle manière que la température intérieure soit maintenue à 65°,5. Cette eau provient d'un réservoir placé au-dessus et dont le chauffage s'effectue au moyen d'un serpentin.

La figure 15 représente, d'après les spécifications du brevet ci-dessus, une des chambres en coupe transversale, et la figure 16, une vue de face (porte fermée), ainsi qu'une coupe longitudinale. Une série de rayons métalliques *b* constitués de plaques, perforées

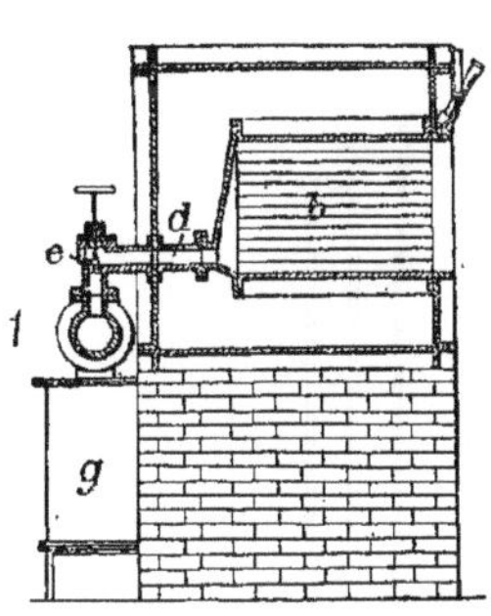

Fig. 15.

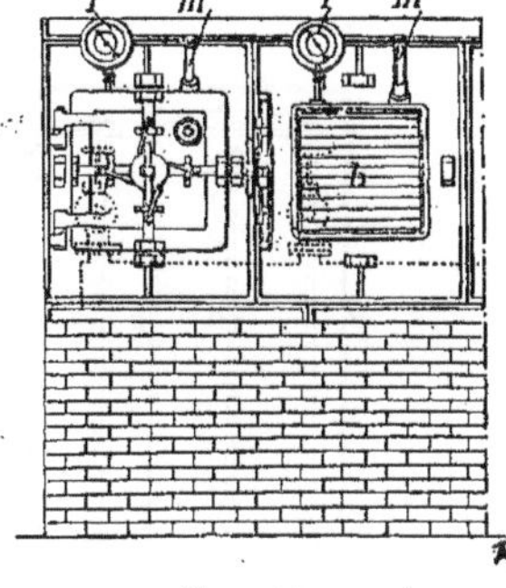

Fig. 16.

à l'effet d'assurer la parfaite circulation de l'air chaud ainsi que des vapeurs dégagées, est fixée aux parois de la chambre, parois qui sont métalliques également ; de cette manière, la chaleur se distribue aisément dans toute l'étendue du séchoir. Sur ces rayons, on pose des châssis destinés à recevoir la cordite ou toute autre poudre sans fumée ; ces châssis se composent d'une plaque de métal perforée ou bien de fils métalliques.

L'étanchéité est assurée à l'aide de portes solides munies de garnitures en caoutchouc ; chacune des chambres porte un manomètre *l* et un thermomètre *m*. Les vapeurs d'acétone qui sont dégagées se dirigent vers le tuyau *d*, que commande la valve *e* ; de là, elles passent dans une conduite *f*, qui règne tout le long des chambres, puis dans un séparateur *g*, où s'effectue une condensation partielle et où se trouve retenue la petite quantité de nitroglycérine qui peut avoir été entraînée. Sous l'action d'une pompe aspirante, la vapeur est envoyée dans un second condenseur, où la concentration se complète. Quant aux vapeurs qui peuvent encore se trouver mélangées à l'air sortant vers le haut, elles peuvent être recueillies, si on le désire, au moyen d'un *scrubber*.

Cocking a fait breveter un appareil qui permet de mélanger les acides destinés à la fabrication des explosifs nitrés

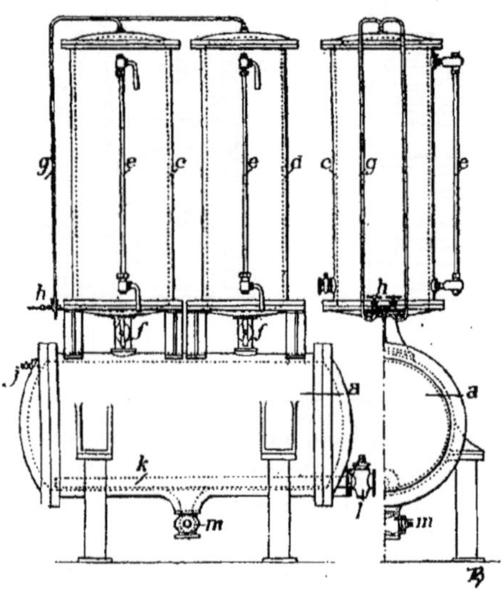

Fig. 17.

et de faire agir sur eux une force motrice propre à en assurer le transport. Cet appareil, dont nous reproduisons les vues de face et de côté d'après les spécifications du brevet anglais n° 22.717 (1896), accepté le 25 septembre 1897, comprend un réservoir cylindrique en fonte *a* portant deux fonds plats ou bombés, et destiné au mélange des acides. Ceux-ci sont reçus dans deux réservoirs *c* et *d*, à la partie antérieure desquels se trouvent les tubes de niveau *e*; ils communiquent avec *a* par l'intermédiaire des robinets *f*.

Les tubes *g*, commandés par les valves *h*, permettent d'établir la connection avec une pompe qui fait le vide dans les réservoirs *c* et *d*. On ouvre ensuite les robinets qui commandent l'introduction des acides, et celle-ci se continue jusqu'au moment où les niveaux, qui se trouvent marqués dans les tubes de verre *e*, aient atteint la hauteur voulue. On ferme alors les valves *h* et on ouvre les robinets de communication *f*, tandis qu'à la partie supérieure des réservoirs *c* et *d*, on laisse l'air s'introduire. Une valve *j*, placée vers le haut du réservoir *a*, permet à l'air de s'échapper durant l'admission des acides.

A la partie inférieure du réservoir *a* règne un tuyau perforé *k*, commandé par une valve *l*, et destiné à introduire, après les acides, l'air comprimé propre à en effectuer le mélange. Cette opération terminée, on ferme la valve *j* et on laisse l'air comprimé s'accumuler vers le haut du réservoir; on dispose ainsi d'une force suffisante pour pouvoir transporter le mélange acide vers les ateliers où on doit l'employer, lesquels sont très éloignés parfois. La sortie est commandée par le robinet *m*. La conduite d'écoulement doit toujours être remplie de liquide : si on y laissait séjourner l'air atmosphérique, l'humidité corroderait le métal et diluerait les acides.

Cocking a proposé l'emploi d'ascenseurs hydrauliques sur lesquels on place les réservoirs renfermant la nitroglycérine. De cette manière, on assure le transport du liquide sous la seule action de la pesanteur.

[Brevet anglais nº 28.890 (1896), accepté le 4 décembre 1897.]

Cocking a fait breveter l'emploi de bourres à base de chlorure d'ammonium, que l'on plonge dans l'eau au moment de l'emploi et que l'on place en deçà et au delà de la charge. La chaleur absorbée par la volatilisation du sel et par l'échauffement des gaz engendrés de ce chef diminue la température des produits de l'explosion et, par suite, augmente la sécurité lorsque le minage est effectué d'une atmosphère inflammable.

(Brevet anglais n° 19.650, 25 août 1897—13 août 1898.)

M. Cocking, lorsqu'il dirigeait les travaux de la Flameless Explosives Co., Ltd., fit breveter, sous le nom de *Flameless Cartridge Case*, un sac en laine imprégné de chlorure d'ammonium, sac que l'on mouillait et dont on enveloppait la cartouche préalablement à l'explosion.

Cocoa Powder (*Poudre cacao*). — Voir *Brunes* (*Poudres*).

Colinite. — Gélatine explosible fabriquée par la Société de dynamite de Malagne-la-Grande (Belgique).

Colle nitrée. — Voir *Nitrocolle.*

Collodine. — Voir *Volkman* (*Poudres*).

Collodion. — Voir *Nitrocelluloses.*

Collodion nitro-lignine. — Fabriqué en Angleterre depuis 1899.

Colloxyline. — Synonyme de pyroxyline.

Cologne (Poudre de.) — Mélange de poudre de mine ordinaire avec 30 à 40 0/0 de nitroglycérine. Cette poudre a été fabriquée à Cologne par MM. Wasserfuhr frères.

Cologne-Rottveil. (Poudre de sûreté de). — Traduction de *Köln-Rottweiler-Sicherheits-Sprengpulver.*

Colonia Pulver. — Voir *Cologne* (*Poudre de*).

Colson. — Voir *Wiener*.

Columbia Powder Manufacturing Company (The) a fait breveter un procédé destiné à mélanger intimement le chlorate de potasse avec le soufre et constituer, avec ou sans l'addition d'un nitrate, un explosif dont les grains sont recouverts ensuite de paraffine.

Voici une des formules proposées :

Chlorate de potasse	82,54
Soufre	8,73
Paraffine	8,73
	100,00

(Brevet français n° 217.632, du 24 novembre 1891.)

Columbia Powder Manufacturing Company (The). — Voir *Maximite*.

Comète (Poudre). — Brevetée en Amérique, cette poudre est un mélange de chlorate de potasse avec un tiers de résine de pin.

Commerce extérieur (Poudres de.) — Poudres noires bon marché, fabriquées en France spécialement en vue de la vente dans certaines régions de l'Afrique, etc.

Compositions détonantes. — Voir *Amorces*.

Compositions incendiaires (1). — Les matières incendiaires doivent brûler avec une flamme longue, chaude et persistante. Pour obtenir ce résultat, on ajoute aux compositions fusantes ordinaires, à la matière grise, par exemple, des substances à combustion plus lente, telles que de la poix, du goudron, de la résine, des étoupes, du pétrole, de la térébenthine, etc.

(1) Désortiaux, *Traité sur la poudre, les corps explosifs et la pyrotechnie*, p. 805 (Paris, 1878).

On peut distinguer les artifices destinés à porter l'incendie directement à une faible distance et ceux qui ont à le propager au loin.

A la première catégorie se rattachent les *boulets incendiaires* et les *balles à feu*, autrefois en usage dans l'armée et la marine française, et composés de 4 parties de salpêtre, 3 à 4 de soufre, 4 de pulvérin et 3 de colophane en poudre ; on y rattache également les artifices employés dans la marine pour la confection de *brûlots*, bateaux ou carcasses de navires remplies d'artifices et destinées à incendier les navires ou à avarier les palissades et les approches. Les principaux artifices pour brûlots étaient les suivants :

Allumettes. — Faisceaux de baguettes de pin ou tiges de chanvre trempées dans du soufre fondu.

Balais de bruyère.

Barils ardents. — Barils défoncés par un bout et renfermant une composition incendiaire.

Barils foudroyants ou *fulminants*. — Analogues aux précédents, mais avec addition de bombes et grenades qui, éclatant par intervalles, empêchaient qu'on s'approchât du brûlot.

Boulets creux soufrés.

Brandes ou *brandons*.

Couronnes incendiaires.

Cravates. — Bandes de vieille toile trempées dans une solution de salpêtre, imbibées d'huiles résineuses, frottées de graisse et couvertes de pulvérin.

Fascines goudronnées.

Grenades. — Bombes à main.

Panaches.

Pelotes ou *pompons*. — Petites balles d'étoupe trempées dans des huiles résineuses et contenant de la poudre en grain.

Saucissons. — Conduites en toile remplies de composition et destinées à relier les diverses parties des brûlots.

Les *chemises à feu* étaient de volumineux artifices, de section rectangulaire, destinés à incendier les navires ennemis. La composition incendiaire renfermait de nombreuses mèches à bouts débordants, afin de faciliter l'allumage. On la plaçait dans une enveloppe de toile grossière; que l'on introduisait à son tour dans une carcasse ou cage en fer munie d'un anneau destiné à suspendre les chemises à feu au navire à incendier. Ces engins, quoique d'un emploi difficile et aléatoire, ont maintes fois produit des résultats efficaces.

Les artifices de la seconde catégorie comprennent les *bombes* et *obus incendiaires*, ainsi que les *fusées incendiaires à la Congrève.*

Pour le chargement des bombes et des obus, on employait, en France, des *cylindres incendiaires de roche à feu*. La composition qu'ils renfermaient se composait de salpêtre, soufre, colophane, térébenthine, suif de mouton et sulfure d'antimoine; la masse fondue était versée dans des moules, où elle se solidifiait. On l'amorçait au moyen de la *mèche incendiaire*, obtenue en trempant la mèche à canon imprégnée de salpêtre dans la roche à feu liquide

Les *fusées à la Congrève* ou *rockets à boulets*, destinés à lancer des projectiles détonants ou incendiaires, étaient des cylindres de grandes dimensions, chargés de composition analogue.

On donne le nom de *mixtes comburants* à certaines compositions destinées à s'enflammer spontanément lorsque, par une action mécanique, on amène l'eau au contact du potassium, du sodium ou du phosphure de calcium, qui leur sert d'amorce. Tels sont les mélanges de Niepce, composés de benzine, huile de pétrole ou sulfure de carbone associé avec une huile, et dont l'amorce est constituée de potassium métallique ou de phosphure de calcium ; citons également la composition de Fleck, avec amorce de sodium.

Le *feu liquide* (*Fenian fire*), que l'on a employé en Amérique, se compose d'une dissolution de phosphore dans le sulfure de carbone; l'évaporation de celui-ci laisse un résidu de phosphore à l'état de particules fines, qui prend feu spontanément. Darapski a proposé, pour le chargement des projectiles incendiaires, une composition formée de 3 parties de phosphore pour 1,3 de sulfure de carbone. Il ajoute à la charge, enfermée dans une enveloppe en peau, un mélange d'huile de pétrole avec une matière incendiaire.

Niklès a proposé, sous le nom de *feu lorrain*, un mélange d'acides chloro-sulfurique avec une dissolution phosphorique de sulfure de carbone; ce mélange s'enflamme en dégageant d'épaisses vapeurs rougeâtres, dès qu'il est mis en contact avec une dissolution ammoniacale.

Le trichlorure de phosphore, mélangé avec de l'ammoniaque ou du sulfhydrate d'ammoniaque, donne lieu au même phénomène. Guyot a conseillé de remplacer l'acide chloro-sulfurique par l'acide bromo-sulfurique.

Le mélange de 3 parties d'acide sulfurique concentré avec 2 parties de permanganate de potasse a été proposé par Sophronius.

Compressed Securite (*Sécurite comprimée*). — Voir *Sécurite*.

Comprimée (Poudre). — C'est une forme de la poudre de mine en grains, obtenu par compression à la presse hydraulique. Les cartouches ont la forme cylindrique, lenticulaire parfois, et sont percées d'un canal latéral ou central destiné à recevoir la mèche de sûreté.

Cette transformation entraîne de grands avantages : le poids est garanti, facile à contrôler. Le maniement des cartouches n'expose pas aux pertes inhérentes à celui du pulvérin, pertes préjudiciables, tant au point de vue de la sécurité que de l'économie. En outre, la charge se trouve plus condensée vers le fond du trou de mine, à l'endroit où la résistance à vaincre est le plus considérable ; d'autre part, la densité de chargement étant augmentée, il en est de même quant à l'effet utile. Une autre source d'économie provient enfin de ce que les dimensions à donner au forage deviennent plus restreintes.

Le diamètre de celui-ci, toutefois, devra être tel qu'un jeu suffisant existe entre la paroi et la périphérie des cartouches. Sinon, on peut être obligé de forcer celles-ci à coups de bourroir, ce qui est susceptible de présenter certains dangers. Il se pourrait aussi que le frottement échauffât l'air, de même que dans le briquet à air, et qu'une explosion s'ensuivît.

L'invention de la poudre comprimée est due à MM. Davey et Watson. C'est la maison John Hall et Fils qui l'introduisit sur le marché anglais, en 1875.

Condy. — Voir *Soufre.*

Congélation. — Voir *Dynamite.*

Congrève (Fusées incendiaires à la). — Voir *Compositions incendiaires.*

Cooppal et Cie (La Société) ou Poudrerie royale de Wetteren (Belgique), fondée en 1778, fabrique un grand nombre de poudres sans fumée destinées au tir : poudre de bois ou poudre Schultze ; poudre de chasse Cooppal, colorée en rose, violet, bleu, vert, etc.; poudre de chasse Cooppal (grise ou blanche); poudre de guerre dite L_3, poudre lamellaire L^3S ; poudre Natbrand pour tir à la cible. Ces poudres sont composées de coton ou de jute nitré, gélatinisé par l'action d'un dissolvant, mélangé ou non avec des nitrates.

Dans ses usines de Wetteren et de Caulille, la société Cooppal fabrique en outre la poudre royale et la poudre lion, poudres noires extra-fortes, la tonite, etc.

La poudre Cooppal est fabriquée également en Angleterre, depuis 1889. L'analyse d'un échantillon de cette poudre a donné les résultats suivants (Cundill-Thomson) :

Nitrocellulose	71,25
Nitrate de baryum	23,65
Matières résineuses	3,45
Humidité	1,65
	100,00

Corbin. — Voir *Bergès.*

Corde à feu ou **mèche à canon.** — Ce dispositif, abandonné depuis l'invention des étoupilles fulminantes, consistait en un cordage de chanvre ou de lin que l'on imprégnait de substances propres à en augmenter la combustibilité et à propager aisément l'inflammation d'une de ses extrémités à l'autre. En Prusse, on préparait les mèches à canon en faisant digérer pendant plusieurs jours 50 kilogrammes d'écheveaux de chanvre purifiés avec une dissolution de 1^{kg},8 d'acétate de plomb ou de chromate de potasse dans 143 litres d'eau. La dissolution employée en France était à 5 0/0.

La mèche mesurait de 13 à 14 millimètres de diamètre et brûlait à raison de 0^{m},162 par heure, se réduisant en un charbon dur de 0^{m},02 de longueur. On l'a employée d'abord pour mettre directement le feu au canon et, ensuite, pour allumer les *lances à feu*.

Cordeau combustible. — Ce cordeau, breveté par M. A. Quentin, consiste en une pâte composée de nitroglycérine, de pulvérin et de glycérine, que l'on introduit dans des tubes en papier enduits d'une solution de caoutchouc; les proportions du mélange règlent la rapidité de la combustion.

(Brevet anglais n° 1805, du 6 mai 1878.)

Cordeaux détonants. — Les types de tubes et cordeaux détonants établis par la Commission française des substances explosives et introduits dans l'armée à partir de 1879, sont constitués par des tubes en plomb contenant du coton-poudre et réduits par étirage à un faible diamètre.

Le coton-poudre provient d'hydrocellulose. Les tubes ont 15^{mm},5 de diamètre externe et une épaisseur de 3^{mm},3 ; leur longueur est de 5 mètres. Ayant aplati une de leurs extrémités au moyen d'un marteau, on les place verticalement et on y verse, au moyen d'un entonnoir, la poudre explosible préalablement desséchée. Le tassement est favorisé au moyen de légers chocs, qu'un homme monté sur une échelle imprime en frappant avec un morceau de gutta-percha. La charge, de 200 grammes par tube, correspond à une densité gravimétrique de 0,366. Le remplissage terminé, on aplatit au marteau l'extrémité du tube, puis on fait passer celui-ci dans une plaque métallique où se trouvent forées des ouvertures circulaires dont le diamètre décroît progressivement de 15,5 à 4 millimètres. Le nombre des passages successifs s'élève à vingt-six ; l'opération dure trois heures. Lorsqu'elle est terminée, la densité du coton-poudre atteint 1,10 à 1,25. Quant à la longueur des tubes, elle est de neuf à dix fois plus considérable qu'au début. Chaque mètre pèse environ 88 grammes, sur lesquels la charge intervient pour 5 grammes à peine. Le tube est recouvert d'une enveloppe protectrice en chanvre, puis enroulé sur une bobine, à l'instar des fils télégraphiques ; les extrémités sont protégées au moyen de vernis, gommes, etc.

L'étain peut être employé, comme le plomb, à la confection des tubes détonants.

L'inflammation d'un cordeau détonant en provoque simplement la combustion ; celle-ci ne se continue que sur une longueur restreinte. La détonation, au contraire, s'obtient par l'emploi d'une amorce ; elle se propage avec une vitesse qui n'est pas inférieure à 5 ou 6 kilomètres par seconde si le tube est en étain, ou à 4 kilomètres s'il est en plomb.

Les cordeaux détonants sont particulièrement utiles lorsque l'opérateur se trouve à une distance telle de la mine que l'emploi de la mèche de sûreté entraînerait un retard trop considérable. On peut les disposer de manière à constituer des ramifications successives plus ou moins nombreuses, susceptibles de provoquer l'explosion simultanée de charges correspondantes. L'allumeur multiple de Bickford, que nous décrivons dans une rubrique antérieure, réalise d'une manière très pratique cette intéressante application.

L'enveloppe des cordeaux ne doit pas être nécessairement métallique; elle peut être analogue à celle des mèches de sûreté. Le coton-poudre, d'autre part, n'est pas la seule substance dont on se soit servi pour les confectionner : les mèches dites américaines, de Gomez et Mills, employées par l'armée autrichienne, se composaient d'un mélange à poids égaux de chlorate de potasse et de cyanure double de fer et de plomb, que l'on pétrissait avec de l'alcool. On l'étendait sur une bande de papier très mince, à raison de $0^{gr},41$ par mètre courant; la bande était placée ensuite dans une enveloppe de papier que l'on enduisait de poix, de résine, etc. Ce mélange présentait l'inconvénient d'être trop sensible au choc; il suffisait même parfois de couper un cordeau pour en déterminer l'explosion. La détonation se propageait avec une vitesse qui ne dépassait pas 610 à 730 mètres par seconde.

Le général Hess a proposé de constituer l'âme au moyen de fulminate de mercure; le cordeau ainsi confectionné a remplacé, dans l'armée autrichienne, celui que nous venons de décrire,

L'emploi de la nitromannite a été expérimenté à la poudrerie de Sevran-Livry par MM. Sébert et Fritsch. Ce composé permet de donner aux cordeaux un diamètre réduit; mais il présente l'inconvénient d'une sensibilité très considérable, jointe à un prix trop élevé.

Nobel a proposé une composition destinée à la confection des cordeaux et formée de gélatine détonante camphrée (15 à 20 0/0 de camphre), additionnée d'un mélange de 70 parties de chlorate de potasse, 25 parties de ferrocyanure de potassium et 44 parties de nitrocellulose. On obtient un produit très plastique.

(Brevet anglais n° 1.470, du 31 janvier 1888.)

Le même inventeur a fait breveter la composition obtenue en dissolvant, dans 100 parties de nitroglycérine ou de nitrosucre, les éléments suivants :

Nitrocellulose	200	parties
Mononitronaphtaline	33	»
Dinitrobenzine	33	»
Di ou trinitrotoluène	34	»

Si la nitrocellulose est sèche, on la traite par un dissolvant : acétone, acétate d'éthyle, etc., que l'on évapore ensuite. A 100 parties de produit obtenu : on ajoute 38 parties de bichromate de potassium et 12 parties de ferricyanure de potassium, puis on procède au malaxage de la masse.

(Brevet français n° 237.447, 31 mars — 20 juin 1894.)

Voir *Maissin*.

Cordite. — Poudre sans fumée employée par le Gouvernement anglais et répondant à la composition suivante :

Nitroglycérine	58
Nitrocellulose	37
Vaseline	5
	100

On emploie, en outre, 20,83 parties d'acétone à titre de dissolvant, et on l'élimine lorsque la fabrication est terminée.

Les ingrédients qui entrent dans la composition de la cordite doivent satisfaire aux conditions suivantes : la nitroglycérine, exposée dans un dessiccateur au chlorure de chaux pendant seize heures, ne peut perdre plus de 0,5 0/0 d'humidité. Si on en prélève 20 grammes, que l'on additionne de 1 centimètre cube d'orangé méthyle et de 50 centimètres cubes d'eau, il faut que le dosage au moyen de la solution déci-normale d'acide sulfurique, ne donne pas plus de 0,1 0/0 d'alcalinité (carbonate de soude). L'essai de résistance à la chaleur, pratiqué sur une portion de nitroglycérine dont on a préalablement éliminé l'humidité, doit pouvoir être supporté pendant un quart d'heure à la température de 180° F. (82°,6).

La nitrocellulose, conforme à celle que produit la manufacture royale de Waltham-Abbey, ne peut contenir plus de 10 à 12 0/0 de nitrocellulose soluble et 0,6 0/0 d'impuretés minérales, ni moins de 12,5 0/0 d'azote. L'essai de résistance à la chaleur doit durer durer dix minutes au moins.

Fabrication de la cordite. — Le fulmicoton arrive de l'étuve sous la forme de cylindres faiblement comprimés, il est déchiqueté grossièrement dans une cuve, où l'on verse ensuite la nitroglycérine. Les ingrédients sont mélangés à la main ; l'opération prend fin lorsqu'on a obtenu une masse parfaitement homogène. La gélatinisation et l'addition de la vaseline viennent ensuite et se pratiquent à chaud, dans des appareils mécaniques ou malaxeurs; on trouvera la description de ceux-ci sous la rubrique *Poudres sans fumée*. Ayant introduit dans l'appareil une certaine quantité de pâte, on verse peu à peu l'acétone, en ayant soin d'effectuer le malaxage, en même temps. Au bout de trois heures et demie, on ajoute la vaseline, et l'on continue alors le pétrissage pendant une nouvelle période de trois heures et demie. La pâte obtenue, très homogène, prend une teinte chamois. On fait alors basculer le malaxeur et l'on recueille le produit dans des caisses fermées.

Avant de le transformer en cordes, il convient de le soumettre à un pressage préliminaire, destiné à rendre la masse aussi compacte que possible et à chasser les bulles d'air qu'elle renferme ; cette précaution est prise en vue d'éviter des accidents qui pourraient se produire lors du pressage subséquent, au cours duquel on fait passer de force la pâte dans un orifice étroit. Ce pressage s'effectue au moyen d'une presse à main lorsque la fabrication ne porte pas sur des quantités très considérables. La substance est introduite par couches successives dans un moule, au moyen d'un outil en bois ; quant au piston, il est commandé par l'intermédiaire d'un long levier. Si la fabrication est pratiquée sur une grande échelle, on emploie la presse hydraulique.

L'opération terminée, la pâte est reçue dans un cylindre que l'on place sur la table de la presse proprement dite et qui porte à la partie inférieure l'orifice destiné au passage de la cordite. La figure 18 représente, d'après une photographie prise sur place à Stowmarket, dans l'un des ateliers de la New Explosives Co., Ltd., la presse destinée à façonner la cordite, ainsi que le cylindre renfermant la pâte sur le point de subir l'opération. Lorsque celle-ci est terminée, les cordes obtenues sont découpées, à l'aide d'une machine qui figure au premier plan ; le dispositif employé se compose essentiellement d'une courroie sans fin, en acier, montée sur deux poulies et portant un certain nombre de lames tranchantes placées de distance en distance. La presse hydraulique à action directe, que nous venons de montrer, est remplacée par

Fig. 18.

une presse à vis, lorsqu'on désire obtenir des variétés de cordite à petit diamètre. Cette presse, que nous représentons dans la figure 19, ne diffère pas, en principe, de la précédente. La cordite sort par l'orifice inférieur et s'enroule mécaniquement sur une bobine qui se trouve figurée au premier plan.

La cordite, découpée ou bien enroulée sur une bobine, est portée au séchoir, où s'effectue l'élimination complète de l'acétone; des ouvertures percées vers le haut permettent aux vapeurs émises de se dégager au dehors. Le séchoir est chauffé au moyen de tuyaux à circulation de vapeur, à la température de 38° envi-

Fig. 19.

ron; la cordite y séjourne de trois jours et demi à quinze jours, d'après le diamètre qui lui a été donné. M. Cocking a imaginé un système de séchoir qui permet la récupération de l'acétone et dont nous donnons la description ci-dessus. Le séchage marque la fin de la fabrication proprement dite. L'obtention d'un produit uniforme est réalisée en combinant les cordes de diamètres différents : pour le chargement des cartouches destinées au Lee Metford, on tord ensemble dix cordes à la machine; on réunit ensuite six de ces nouvelles cordes, de manière à obtenir soixante torons.

M. Silvermann a proposé l'emploi d'un dispositif destiné à couper automatiquement les charges de cordite lorsqu'elles ont la longueur voulue et à en effectuer l'encartouchage.

[Brevet anglais n° 5.790 (1897), accepté le 19 février 1898.]

Le même inventeur a fait breveter une machine qui s'arrête automatiquement si l'une des cordes dont on opère la torsion vient à se briser ; de cette manière, on prévient la formation de charges ne contenant pas la quantité voulue de cordite.

[Brevet anglais, n° 30.735 (1897), accepté le 12 novembre 1898.]

Propriétés de la cordite. — La cordite se présente, en général, sous la forme de cordes dont le diamètre varie suivant le type d'arme à employer et d'aspect analogue aux cordes à violon ; elle dégage une faible odeur d'acétone. La teinte varie du brun clair au brun foncé, d'après la couleur de la vaseline employée ; la cassure est jaunâtre.

Voici, d'après le colonel Barker, quels sont les diamètres qui correspondent aux diverses catégories d'armes.

	Pouces	Millimètres
Carabine 0,303............	0,0375	0,09525
Canon 12 Pr. B. L.........	0,05	0,127
	0,075	0,1905
Canon Q. F. (calibre 12)...	0,100	0,254
Canon Q. F. (calibre 15)...	0,300	0,762
Canons lourds............	0,4 à 0,5	1,016 à 1,27

Le prix au kilogramme augmente quelque peu avec le diamètre.

Pour le chargement des cartouches à blanc, on prépare une variété de cordite ne renfermant pas de vaseline ; la corde est découpée transversalement en rondelles minces, que l'on empile dans des étuis.

Si on provoque l'ignition d'un échantillon de cordite, il brûle avec une flamme vive que l'on peut éteindre en soufflant avec force. Des expériences officielles, qui datent de 1891, ont montré que cet explosif, même en quantité considérable, pouvait être enflammé sans que l'explosion s'ensuivît : sur un vaste bûcher furent placées plusieurs caisses, contenant chacune de 500 à 600 livres de cordite (227 à 262^{kg},5); elles brûlèrent tranquillement pendant quinze minutes environ. A Woolwich, l'année suivante, dix cartouches de cordite, enveloppées dans du papier, furent soumises à la décharge d'une carabine (0,303) sans qu'aucune fît explosion.

En 1897, on soumit la cordite à l'essai suivant : ayant placé, dans un petit magasin en briques, 72 caisses renfermant chacune 100 livres de cordite, on provoqua, par l'électricité, l'inflammation de l'une d'elles, située au centre et vers le bas du tas. Les caisses placées au dessus tombèrent. La toiture en ardoises, très légère, se brisa en deux; la porte et les fenêtres, qui avaient été fermées, restèrent intactes.

Les opinions diffèrent quant à l'action exercée sur les propriétés balistiques de cet explosif par l'élévation de la température ; d'après le Dr Anderson, directeur général des manufactures de l'Artillerie anglaise, cette action serait plus prononcée sur la cordite que sur la poudre noire. Le colonel Barker, sans méconnaître la réalité de cette influence, ne partage pas cette manière de voir.

Les expériences nombreuses auquelles a été soumise la cordite sous les latitudes les plus diverses, ont donné de bons résultats quant à la stabilité de cet explosif, dont les propriétés balistiques ne furent point affectées d'une manière sensible. Cette parfaite stabilité, toutefois, est abandonnée à la qualité du produit.

Le Dr Anderson recommande de ne point charger la cordite dans le voisinage des chaudières marines. Dans le même ordre d'idées, le professeur Lewes pense qu'il pourrait être utile d'établir, dans les vaisseaux de guerre, une circulation d'eau autour des magasins à cordite, afin d'empêcher la température de dépasser 100° F. (43°,3).

Les propriétés balistiques de la cordite ont fait l'objet d'expériences nombreuses ; il a été constaté que, dans le canon de 6 pouces (15 centimètres), la vitesse initiale était de 2.400 pieds

(731m,50) ; avec celui de 12 centimètres, on obtint, la charge étant de 2kg,5, le même résultat que si l'on avait employé 5kg,450 de poudre noire. La pression exercée sur les parois du canon fut de 14 tonnes par pouce carré (2.133 atmosphères).

Le tableau ci-dessous montre les résultats de deux expériences comparatives auxquelles fut soumise la cordite.

CANON employé	CALIBRE	POIDS du projectile	POUDRE NOIRE		CORDITE	
			Charge	Vitesse initiale	Charge	Vitesse initiale
14 Pr.....	7cent,62	6kg,356	3kg,234	640m	1kg,248	748m,50
3 Pr.....	4cent,70	1kg,498	0kg,632	585m	0kg,340	696m,50

Dans la figure 20, nous indiquons, d'après une communication faite par le Professeur Lewes à la *Society of Arts*, de Londres, les courbes comparatives concernant les pressions exercées par la

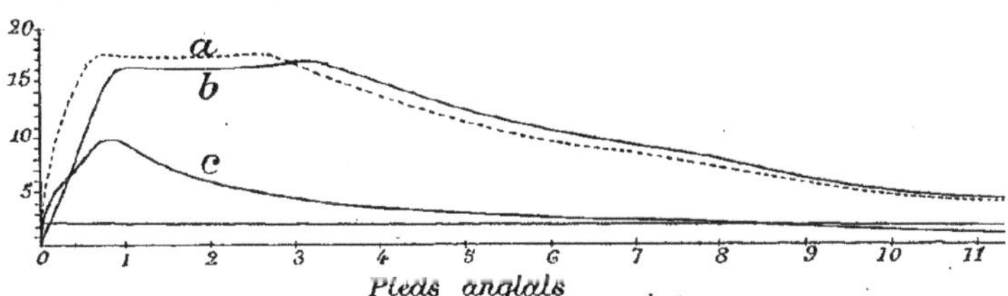

Fig. 20. — *a*, poudre noire, charge : 48 lb. (21kg,792); *b*, cordite, charge : 13 lb. 4 oz. (6kg,014); *c*, poudre noire, charge : 13 lb. 4 oz. (6kg,014).

cordite et par la poudre noire. Les expériences furent exécutées sous la direction du Dr Anderson, au moyen du canon de 6 pouces (15 centimètres) ; le poids du projectile était de 100 livres (45kg,359) et la vitesse initiale due à la cordite, 1.960 pieds (597m,58).

Le capitaine Sir A. Noble a soumis la cordite à d'intéressantes expériences : avec une charge de $2^{kg},550$ (diamètre = $0^{mm},5$), la pression moyenne obtenue au *crusher gauge* fut de 13,3 tonnes par pouce carré, soit 2.027 atmosphères ; la vitesse initiale fut de $654^{m},50$, et l'énergie, de 445 tonnes-mètres, le poids du projectile étant de 45 livres ($18^{kg},400$).

Effectué au moyen de $5^{kg},5$ de poudre pebble ordinaire, le même essai donna une pression moyenne de 2.424 atmosphères, La vitesse initiale fut de 561 mètres et l'énergie développée, de 32 tonnes-mètres ; 1 gramme de poudre pebble, à 0° et sous la pression de 760 millimètres, engendre 280 centimètres cubes de gaz permanents et développe une quantité de chaleur égale à 720 calories.

D'après les expériences de sir A. Noble, la quantité de gaz engendrée par 1 gramme de cordite est de 700 centimètres cubes à 0° et sous la pression de 760 millimètres ; aux gaz permanents, il convient d'ajouter une notable proportion de vapeur d'eau. La quantité de chaleur développée est de 1.260 calories.

Le même expérimentateur a résumé, dans le tableau ci-dessous, les résultats des expériences auxquelles il a soumis un certain nombre de poudres :

NOMS DES POUDRES	40 CALIBRES		50 CALIBRES		75 CALIBRES		100 CALIBRES	
	Vitesses	Energies	Vitesses	Energies	Vitesses	Energies	Vitesses	Energies
	M.	T. m.	M.	T. m.	M.	T. m.	M.	T. m.
Cordite, de diamètre = $1^{mm},016$	851,60	1676	896,10	1856	964,88	2152	1001,55	2316
Cordite, de diamètre = $0^{mm},762$	752,54		798,26		856,79		885,43	
Ballistite, en cubes de $0^{mm},762$	736,48	1309	773,26	1472	829,96	1697	855,25	1812
Poudre française B N, pour canon de 15^{cm}	685,48	1253	719,32	1392	772,96	1581	797,34	1651
Poudre amide prismatique	676,04	1086	713,83	1196	765,34	1381	784,54	1469

D'autres essais comparatifs sont reproduits sous la rubrique *Rifléite*.

La fumée produite par l'explosion de la cordite n'est invisible que si l'arme est de petit calibre et si le temps est sec ; s'il est humide, il se produit un léger nuage. Celui-ci est plus visible, quoique fugace également, lorsque le tir est pratiqué au moyen de pièces d'artillerie lourdes. Nous avons constaté, et avec nous d'autres expérimentateurs, que, dans ce cas, la fumée présente une coloration rougeâtre. On a attribué cette particularité à la présence de carbone finement divisé, ainsi qu'à des vapeurs de protoxyde d'azote; mais l'odeur caractéristique de ce composé fait défaut. Peut-être est-elle due à des particules métalliques extrêmement ténues, de cuivre principalement, engendrées par l'explosion, et qui se trouvent en suspension dans la fumée ?

L'analyse de la cordite s'effectue comme suit : on prend 5 grammes de la substance, que l'on place dans un flacon conique, où on les laisse digérer jusqu'au lendemain avec de l'éther alcoolisé ; puis, on filtre sur de la toile. Le résidu est lavé avec un peu d'éther, pressé, desséché à 40° et pesé. On obtient ainsi le poids de nitrocellulose insoluble que renferme l'explosif.

La solution renferme la nitroglycérine, la nitrocellulose soluble et la vaseline. La nitrocellulose est précipitée par le chloroforme, recueillie sur le filtre, séchée et pesée. On reprend les deux solutions et on les mélange ; puis, on les soumet à l'évaporation, à basse température, dans une capsule en platine chauffée au bain-marie. On obtient un résidu, qu'on additionne de 80 pour 100 d'acide acétique, à l'effet de dissoudre la nitroglycérine. Celle-ci est dosée par différence.

L'essai de la résistance à la chaleur s'effectue à la température de 180° F. (82° C.), que la cordite doit pouvoir supporter pendant un quart d'heure.

La cordite est l'objet d'une fabrication importante dans plusieurs pays de l'Europe. Rien que dans le Royaume-Uni seul, elle est fabriquée par la Nobel's Explosives Co., Ltd., la National Explosives Co., Ltd., la New Explosives Co., Ltd., la Chilworth

Gunpowder Co., Ltd., et la Société Kynoch Ltd. Les adjudications faites pour le compte du Gouvernement, même avant la guerre sud-africaine, ont atteint parfois jusque 1.200 tonnes.

L'invention de la cordite a donné lieu à des débats qu'il n'est pas sans intérêt de rappeler :

En 1889, Sir Frederick Abel et le professeur James Dewar firent breveter, pour le compte du Gouvernement anglais, une poudre sans fumée composée de coton-poudre (nitrocellulose insoluble) intimement mélangé avec de la nitroglycérine, l'opération se trouvant facilitée par l'emploi de l'acétone ou de l'éther acétique à titre de dissolvant (brevet anglais nº 11.664, du 22 juillet ; brevet français nº 200.275, du 19 août). Un autre brevet concernait un explosif pour munitions de guerre, obtenu en transformant la gélatine explosive en fils, ces fils étant découpés ensuite à longueur et emballés dans des douilles de cartouches, avec ou sans addition de tanin ou de composés tanniques (brevet anglais nº 5.614, 20 avril 1899; brevet français nº 198.946, 15 juin 1889).

L'année précédente, une Commission avait été nommée par le Ministre de la Guerre à l'effet de rechercher le meilleur type de poudre sans fumée à adopter pour l'armée et la marine anglaises ; une circulaire, adressée aux inventeurs et aux spécialistes en la matière, les invitait à faire connaître les résultats des recherches qu'ils avaient pu effectuer à ce sujet. Alléchés par des bénéfices considérables que permettait d'espérer cette affaire, les inventeurs s'empressèrent de répondre à l'appel du Comité. Celui-ci, en possession des documents les plus récents et les plus circonstanciés, ne fut pas en peine d'élaborer un type de poudre sans fumée perfectionnant ceux qui lui avaient été soumis ; et c'est ainsi que la cordite vit le jour.

La ballistite de Nobel avait été la première des poudres sans fumée contenant de la nitroglycérine. Mais la présence du camphre, dont la dose diminue graduellement par suite de la volatilisation, et d'autre part, le mode de fabrication à l'aide de cylindres chauffés à la vapeur, étaient des inconvénients touchant la stabilité du produit. C'est pour y obvier que l'on employa un dissolvant destiné à faciliter la gélatinisation.

Un second perfectionnement consistait dans la substitution du coton-poudre à la dinitrocellulose ; l'intervention de l'acétone, en effet, permettait de ne plus se trouver obligé d'employer une nitrocellulose soluble dans la nitroglycérine. Deux avantages résultaient de ce fait : d'abord, l'obtention d'un produit de qualité meilleure et ensuite, la facilité de se procurer le coton-poudre, tel qu'il est communément fabriqué.

L'emploi de l'explosif sous forme de cordes fut une nouveauté. Il va sans dire que de nombreux tâtonnements durent précéder l'établissement exact des charges. Les premiers essais de transformation en cordes furent effectués au moyen d'un bloc cylindrique en bois, dans lequel le piston était manœuvré à la main.

Dès que la cordite apparut, deux des inventeurs qui avaient confié à la Commission le résultat de leurs recherches, se considérant lésés, recoururent à l'intervention de la justice : feu le Dr Anderson, directeur général des manufactures de l'Artillerie, fut assigné par Nobel d'abord, et par M. Hiram Stevens Maxim ensuite. Mais ceux-ci succombèrent tous deux, après avoir épuisé tous les degrés de juridiction. Le jugement signale, pour le premier, les perfectionnements que nous avons rappelés au sujet de la ballistite. Pour le second, il fait ressortir les différences essentielles qui existent entre les substances en cause. La poudre de M. Maxim renferme, il est vrai, du fulmicoton et de la nitroglycérine ; mais le brevet, qui spécifie pour cette dernière une proportion de 10 à 16 0/0, ne peut viser celle que renferme la cordite. En outre, l'huile de castor qu'elle contient comme troisième composant ne peut être assimilée à la vaseline, le rôle de ces deux corps gras étant tout à fait distincts : la vaseline, en effet, n'entre nullement dans la cordite en vue de modérer les effets explosifs : elle sert à exercer une action protectrice sur le canon du fusil, qu'elle lubrifie en quelque sorte [1].

(1) Dans le même but, on a proposé également l'addition d'oxalate (Voir *Greaves et Hann*).

L'enjeu de ces contestations n'était pas de minime importance : il dépassait, paraît-il, cinquante millions de francs, pour la première seule. Le Comité, a-t-on dit, *avait l'intention* de demander au Ministre une indemnité importante en faveur de M. Nobel, au moment où celui-ci intenta son procès !

Après le prononcé du jugement déboutant M. Maxim, la revue anglaise intitulée *Arms and Explosives* exprima son impression en ces termes, qui valent d'être reproduits : « *The late M. Nobel has had law, M. Maxim has now had law, and the Governement has got Cordite without paying it* (1). »

La cordite présente un défaut capital, défaut inhérent aux poudres sans fumée contenant de la nitroglycérine : elle détériore trop rapidement le canon des armes, par suite de la température élevée des produits engendrés. Aussi peut-on dire que ses jours sont comptés : une nouvelle commission a été nommée à l'effet de rechercher le type de poudre sans fumée qui doit la remplacer. Rien ne prouve, toutefois, que la cordite ne puisse être susceptible de perfectionnements tels qu'il soit possible d'en continuer l'usage ; il ne faut pas perdre de vue qu'à côté de leurs inconvénients, les poudres sans fumée à la nitroglycérine présentent des avantages sérieux (Voir *Poudres sans fumée*).

On s'est rendu compte, bien certainement, que tout n'avait pas dû se passer, la première fois, de la façon la plus correcte : une circulaire récente, émanant du Ministère de la Guerre et signée par Sir Henry Brackenbury, fait connaître aux intéressés que l'examen de tous les produits soumis à la commission sera strictement confidentiel et que, sauf autorisation spéciale, aucun d'eux ne sera mis entre les mains des experts du gouvernement. Hâtons-nous d'ajouter que, parmi les membres de la commission, il en est deux, à notre connaissance, qui sont titulaires de brevets relatifs à une poudre sans fumée !

(1) Feu M. Nobel a eu loi, M. Maxim vient d'avoir loi... et le Gouvernement, lui, a la cordite sans bourse délier.

Cornara (Le colonel), à Mantoue (Italie), a proposé d'employer la pression due aux gaz produits par la décomposition électrolytique de l'eau ou d'autres liquides, comme succédané des substances explosibles.

(Brevet anglais n° 30.253, 21 décembre 1897—21 décembre 1898; brevet belge n° 133.392, du 2 février 1898.)

Cornet. — Voir *Lithotrite* et *Minolite.*

Cornet (Poudre). — Mélange de 75 0/0 de chlorate de potasse avec 25 0/0 de résine.

Cornil. — Voir *Nitroferrite.*

Corrie et **Smith.** — Voir *Amorces électriques.*

Corteso. — Voir *Mendoça.*

Cosaques. — Voir *Fulminates.*

Coton (Poudre au). — Synonyme de tonite.

Coton nitré, coton-poudre, coton-poudre camphré, paraffiné, etc. — Voir *Nitrocelluloses.*

Coton-poudre de Californie. — Voir *Californie (Coton-poudre de).*

Coton-poudre de Liverpool. — Synonyme de potentite.

Coton-poudre nitraté. — Terme générique désignant tout mélange de coton-poudre avec des nitrates. En Angleterre, l'emploi du nitrate de plomb est interdit (Voir *Nitrate de plomb*).

Coton pyrique. — Voir *Pyrocoton.*

Cotter (Poudre). — Mélange en proportions à peu près égales de chlorate de potasse et de réalgar (As^2S^2).

Cotton Powder Company, Ld. (The), dans ses usines de Faversham (Kent) et de Melling, près Liverpool, fabrique la tonite, la dynamite, ainsi que les différentes espèces de gélatines explosibles, y compris la carbogélatine; elle fabrique également l'oarite, la poudre oare, la poudre de Faversham et la potentite. Ces dernières, toutefois, sont bien moins répandues que les précédentes.

En dehors de ces substances explosibles, la Cotton Powder Co., Ltd., produit également les amorces ordinaires ou électriques, les mèches de sûreté, ainsi que le mélange extincteur de Trench.

Courteille (Poudre) (*Triumph Safety Powder*). — Sorte de poudre noire, à base de nitrate de potasse ou de soude additionné de tourbe, sulfates métalliques et matières oléagineuses.

(Brevet anglais n° 3.217, du 14 septembre 1875.)

Couronnes incendiaires. — Voir *Compositions incendiaires.*

Cousin. — Voir *Allumeurs de sûreté.*

Craig a proposé d'employer les nitrates de chaux et de magnésie associés avec du nitrate de soude, chaque grain étant recouvert d'une couche de collodion.

Cramer et Buchholz dans leurs usines de Roensahl et Rübeland (Allemagne), fabriquent la poudre de chasse *Diana* et la poudre de tir *Nasserbrand.*

Cravates. — Voir *Compositions incendiaires.*

Crémonites. — Sous cette dénomination, le chimiste italien Alvisi a proposé récemment des mélanges de perchlorate d'ammoniaque avec l'acide picrique ou des picrates, ainsi qu'avec l'acide crésylique ou des crésylates.

En ce qui concerne la première de ces deux catégories, l'inventeur recommande les mélanges suivants :

Perchlorate d'ammoniaque	50,97
Acide picrique	49,03
	100,00

Perchlorate d'ammoniaque	48,85
Picrate d'ammoniaque	51,15
	100,00

La puissance de ces explosifs serait supérieure à celle de l'acide picrique. En outre, des échantillons en ont été conservés pendant plus d'un an sans avoir été aucunement altérés.

Creose a fait breveter une poudre à fumée intense, destinée à masquer le terrain aux lignes ennemies.

Crésol. — Le phénol toluidique ($C^7H^7O^7$) est désigné sous les dénominations de crésol, crésylol ou acide crésylique ; on l'extrait du goudron de houille. C'est un liquide épais, incolore, réfringent, dégageant une odeur de créosote.

Il présente trois variétés isomériques. Une seule, le métacrésol, est susceptible de nitrification ; les deux autres s'oxydent. Il s'ensuit que la valeur d'un échantillon d'acide crésylique est subordonnée à la proportion de méta qu'il renferme. Le dosage de ce composé a fait l'objet d'une note de M. Raschig (*Zeitschrift für angewandte Chemie*, 1900, p. 759. — *Moniteur Quesneville*, 1900, p. 831).

Les dérivés nitrés du crésol, les nitrocrésols, font l'objet d'une rubrique spéciale.

Crésol nitré. — Synonyme de *nitrocrésol.*

Crésylates. — Abréviation sous laquelle on désigne les nitro-crésylates.

Crésylique (Acide). — Synonyme de crésol.

Crésylite. — Voir *Trinitrocrésylique (Acide).*

Crésylol. — Synonyme de crésol.

Cristaux Emmens. — Voir *Emmens.*

Cromie, à Londres, a fait breveter un procédé de fabrication qui lui permet d'obtenir une nitrocellulose complètement soluble dans l'éther alcoolisé. L'emploi de ce dissolvant donne une poudre très homogène.

(Brevet anglais n° 19.074, 7 septembre 1898 — 5 août 1899.)

Cross. — Voir *Luck, Nitrojutes, Nitro-oxycellulose.*

Crowe, à Georgetown (Colorado), propose d'ajouter à la *giant powder*, afin de neutraliser les produits de l'explosion, la composition suivante :

Farine de froment non blutée...........	50
Sel marin très finement pulvérisé........	25
Bicarbonate de soude sec...............	25
	100

(Brevet américain n° 612.707, du 18 octobre 1898.)

Crystal Grain Powder. — Voir *Du Pont de Nemours.*

C S Powder. — Synonyme de *Chilworth special Powder.*

Cul, culot. — Voir *Emploi des substances explosibles.*

Cumène ou **cumol nitré.** — Voir *Nitrocumène* ou *Nitrocumol*.

Curtis. — Voir *Davies.*

Curtis et **André.** — Voir *Ambérite et Electronite.*

Curtis et **André** ont fait breveter le mélange suivant, à peu près identique à l'électronite n° 2 :

Nitrate d'ammoniaque	92,50
Farine de bois	4,00
Amidon	3,50
	100,00

[Brevet anglais n° 11.842 (1898), accepté le 17 avril 1897.]

Curtis et **André** ont fait breveter une poudre de guerre à base de picrate d'ammoniaque additionné d'azotate de baryum en quantité variable, d'après le calibre de l'arme employée : les proportions respectives sont de 20 et 13 à 15 pour les fusils ; 20 et 24 pour les canons. A l'azotate de baryum, on peut substituer partiellement le salpêtre, afin de rendre la combustion plus rapide ; on peut ajouter également un peu de nitrocellulose, afin de maintenir une température de combustion suffisamment élevée et de diminuer la quantité de fumée produite. L'incorporation se fait à la meule, avec addition de 5 à 8 0/0 d'eau.

Voici la formule, pour armes de petit calibre :

Picrate d'ammoniaque	55,56
Nitrate de baryum	33,33
Nitrate de potassium	2,78
Nitrocellulose (environ 13 0/0 d'azote)	8,33
	100,00

Cette poudre a donné de bons résultats avec le Lee-Metford, le Mannlicher et le Mauser.

[Brevet anglais n° 9.062 (1899), accepté le 31 mars 1900.]

Curtis et **André** ont fait breveter, comme poudre de mine, le mélange de 88 0/0 de poudre lente avec 12 0/0 de coton-poudre. Ce mélange déflagre si la mise en feu est effectuée au moyen d'une mèche de sûreté et détone si l'explosion est provoquée par une amorce au fulminate de mercure; l'amorce n° 6 est conseillée à cet égard.

Comme la poudre lente, MM. Curtis et André indiquent la composition suivante :

Nitrate de baryum....................	62
Nitrate de potassium..................	20
Paraffine	12
Coke ou farine de bois torréfiée	6
	100

Ces proportions peuvent être modifiées; on peut même supprimer l'un ou l'autre des ingrédients.

[Brevet anglais n° 16.595 (1899), accepté le 21 juillet 1900.]

D'autres inventeurs, M. Burton entre autres, ont fait breveter antérieurement le mélange de la poudre noire avec la nitroglycérine, la nitrogélatine, etc. Mais nous ne pensons pas qu'ils aient signalé la faculté de pouvoir employer à volonté le produit obtenu comme poudre lente et comme poudre brisante.

Curtis et **Durnford.** — Voir *Earthquake Powder*.

Curtis et Durnford ont préconisé un mode spécial de préparation des poudres sans fumée à base de nitrocellulose :

La quantité d'eau que contient le coton nitré au moment d'être soumis à l'action des dissolvants est de 25 à 30 0/0 et, dans les procédés habituels de fabrication, on élimine la totalité du liquide avant de passer à la gélatinisation. MM. Curtis et Durnford préfèrent se borner à une dessiccation partielle, laissant subsister 12 à 20 0/0 d'eau. Cette opération présente le grand avantage d'être moins dangereuse que la dessiccation totale. D'autre part, l'action de l'acétone se produit avec une régularité beaucoup plus considérable, et son élimination ultérieure se trouve facilitée. En outre, les grains obtenus sont durs et compacts.

Les inventeurs préconisent l'addition de craie. Celle-ci modère l'action explosive de la nitrocellulose, augmente notablement le volume des gaz émis. D'autre part, elle empêche toute décomposition acide de prendre naissance durant l'emmagasinage de la poudre. Indépendamment de la craie, on peut ajouter aussi du charbon de bois et du salpêtre mélangés au préalable dans la proportion de 4 : 1. Le malaxage des divers ingrédients, que l'on commence avant de procéder à la gélatinisation, se continue pendant que l'on arrose la masse avec l'acétone, ce qui permet d'employer une quantité moindre de dissolvant.

MM. Curtis et Durnford ont indiqué les formules suivantes :

Nitrocellulose	75	50	60	75	80
Craie	25	»	10	15	12
Mélange de salpêtre et de charbon de bois	»	50	»	10	8
Salpêtre	»	»	30	»	»
	100	100	100	100	100

Ces proportions peuvent être modifiées, d'après la qualité de poudre que l'on désire fabriquer : on réduira la proportion de craie ou on supprimera même celle-ci, pour obtenir la poudre de guerre. L'augmentation de la quantité de dissolvant donnera une poudre plus concentrée. Quant au mélange de salpêtre et de charbon de bois, il diminue le prix, mais augmente la quantité de fumée produite.

[Brevet anglais n° 12.591 (1899), accepté le 19 mai 1900.]

Curtis's & Harvey, Ltd. — Cette puissante société a été constituée à Londres, en 1898, au capital nominal de £ 600.000 (15.120.000 francs), par la fusion des sociétés suivantes :

Curtis and Harvey ; John Hall and Son, Ltd. ; Hay, Merricks and Co., Ltd. ; Kennall Gunpowder Co. ; Midlothian Gunpowder Co. ; Pigou, Wilkes and Lawrence, Ltd. ; Ballincollig Royal Gunpowder Mills, Ltd. ; East Cornwall Gunpowder Co.

Parmi les poudres qu'elle fabrique, citons l'ambérite, la cannonite, l'électronite, les poudres de sûreté dites *Argus*, *Bulldog*, *Earthquake*, *Elephant*, etc.

Curtis's & Harvey's Military and Sporting Powders. — Dénominations sous lesquelles sont désignées, depuis 1900, les poudres de Pigou.

Curtis, Smith, Metcalfe, Pearcy and Fully. — Voir *Bulldog* (*Poudre dite*).

Cycène. — Composition :

Chlorate de potasse	16,66	(au maximum)
Salpêtre	38,89	
Sucre de canne	38,89	
Huile de paraffine ou poussière de houille	5,56	
	100,00	

Cette poudre est admise en Angleterre.

L'inventeur, M. Kitchen, avait présenté primitivement un échantillon dont les deux tiers étaient constitués de chlorate, sans addition de salpêtre. La sensibilité au choc et à la friction était trop considérable.

(Brevet anglais n° 11.102, 1889.)

Cylindres incendiaires de roche à feu. — Voir *Compositions incendiaires*.

D

Daddow. — Voir *Pétards de mine.*

D'Aguiar et **Lautemann.** — Voir *Azote* (*Dosage de l'*).

Dahménite. — Voir *Von Dahmen.*

Dale. — Voir *Roberts.*

Darapsky. — Voir *Compositions incendiaires* et *Jaune* (*Poudre*).

Dartford Powder. — Cette dénomination s'appliquait à une poudre de chasse superfine réputée la meilleure. Le commissaire des poudres Maguin, qui s'était rendu en Angleterre, parvint à en découvrir le procédé de fabrication (1822) et l'installa sans tarder à la poudrière du Bouchet.

Davey (Poudre). — Mélange breveté par M. Chanu et contenant du chlorate de potasse, du salpêtre, du prussiate jaune de potasse, du bichromate de potasse et du sulfure d'antimoine.

(Brevet anglais n° 14.065, du 15 avril 1852.)

Davey (Poudre). — Poudre noire dont le charbon est partiellement remplacé par de la farine, du son, de l'amidon, etc. ; le salpêtre peut, en outre, être remplacé par du nitrate de soude.

(Brevet anglais n° 2.478, du 5 novembre 1858.)

Davey ajoute, à la poudre noire, 4 à 6 0/0 du produit obtenu en faisant bouillir de l'amidon, de la dextrine, de la gomme, de la farine ou du sucre avec le mélange contenant 1 partie d'acide nitrique et 3 parties d'acide sulfurique. Le soufre peut être remplacé partiellement ou totalement par un hydrocarbure.

(Brevet anglais n° 2.072, du 21 juillet 1862.)

Davey a recommandé de traiter le coton-poudre par une solution de chromates, de sesqui-chromates ou de bichromates, avec ou sans addition d'azotate de potasse ou autre, de gomme ou hydrocarbure.

Ce coton-poudre chromaté, insensible à l'action de l'humidité, peut s'employer au lieu de la poudre noire, pour la confection des mèches de sûreté.

(Brevet anglais n° 2.832, du 25 juillet 1877.)

Davey et **Watson.** — Voir *Comprimée* (*Poudre*).

Davey et **Watson** ont proposé d'imprégner la poudre noire d'hydrocarbures liquides ou gazeux, ou bien d'hydrocarbures solides fondus.

(Brevet anglais n° 2.641, du 29 juillet 1874.)

Davies (Poudre). — Composition :

Chlorate de potasse	47,00
Prussiate de potasse	23,50
Sucre	23,50
Soufre	6,00
	100,00

(Brevet anglais n° 834, du 30 mars 1860.)

Davies et **Curtis** ont fait breveter une poudre de sûreté composée comme suit :

Salpêtre	85
Lignite	14
Soufre	1
	100

L'addition du soufre est facultative.

Le lignite à employer doit avoir une teneur en matières volatiles comprise entre 30 et 40 0/0 ; cendres : 7 à 10 0/0. Dans le cas où ces conditions ne seraient pas réalisées, il conviendrait d'opérer la carbonisation du lignite à basse température.

Cette poudre se fabrique et s'emploie à l'instar de la poudre noire. Elle peut servir également pour le tir.

(Brevet anglais n° 9.546, 26 avril 1898 — 25 mars 1899.)

Davies a fait breveter ultérieurement une poudre analogue, à base d'azotate d'ammoniaque, et répondant à la composition suivante :

Azotate d'ammoniaque.......	80 à 90 pour 100
Lignite.....................	20 à 10 »

Il est loisible d'ajouter 1 0/0 de paraffine.

(Brevet anglais n° 27.316, 27 décembre 1898 — 21 octobre 1899.)

Davy a proposé la substitution du nitrate de soude au nitrate de potasse, dans la poudre de mine ordinaire.

Dawson et **Karstairs** ont breveté des explosifs à base d'urée. Cette dernière est obtenue en concentrant l'urine par évaporation, de manière à réduire son volume au dixième. Toutefois, si l'urée peut être obtenue à bon marché, il est préférable de l'employer en solution saturée. Voici deux des formules préconisées :

	Explosif puissant	Explosif faible
Urée..........................	37,50	60,00
Acide nitrique...............	37,50	33,33
Alcool........................	25,00	6,67
	100,00	100,00

Le mélange est concentré dans le vide, à basse température ; après la formation de cristaux, on décante le liquide. Puis, on sèche et réduit les cristaux en poudre. Pour les protéger contre l'humidité et prévenir des réactions chimiques qui pourraient être dangereuses, on les malaxe soigneusement avec 5 à 15 0/0, en poids, de caoutchouc (ou gomme) dissous dans du naphte ou tout autre dissolvant. Il reste à passer à la presse la substance obtenue ; celle-ci peut servir à des usages divers, par exemple au chargement des torpilles. Pour d'autres applications, il convient de granuler l'explosif et, dans ce cas, on le mélange avec une solution de résine ou de gomme résineuse, jusqu'à obtention d'une consistance pâteuse.

(Brevet anglais n° 8.470, du 2 août 1899.)

Dean (Explosif). — On mélange à 100 parties de nitroglycérine, 10 parties de nitrocellulose ou de nitrodextrine en poudre, et 2 à 3 parties d'eau.

(Brevet anglais n° 2.226, du 21 mai 1881 ; brevet français n° 142.995, du 24 mai 1881.)

De Béchi a fait breveter la fabrication et l'emploi d'une cartouche métallique flexible à diaphragme, comprenant deux chambres étanches et distinctes dans lesquelles on introduit des substances inexplosibles par elles-mêmes, dont le mélange engendre un produit explosible.

(Brevet français n° 185.157, du 10 septembre 1887.)

Débourrage, débourroir. — Voir *Emploi des substances explosibles.*

De Brones (Béla). — Voir *Bronolithe.*

De Chardonnet a proposé des perfectionnements relatifs à la fabrication des pyroxyles. Préalablement à la nitrification, il conseille d'exposer la cellulose, pendant une durée de quatre à huit heures, à une température invariable comprise entre 150 et 170°. Ce traitement favorise l'élimination ultérieure des impuretés.

(Brevets français n° 201.740, des 5 novembre 1889, 3 avril 1890 et 24 mars 1891 ; n° 216.564, du 6 octobre 1891.)

De Custro a fait breveter des poudres chloratées renfermant du trisulfure d'antimoine et du son ou autre substance analogue.
(Brevet français n° 159.172, du 14 décembre 1883.)

Déflagration. — Voir *Explosion*.

De Fléron. — Voir *Pertuiset* (*Poudre*).

Defraiteur a fait breveter les explosifs suivants :

Nitrate d'ammoniaque	80 à 89	80 à 93
Nitrodextrine	15 à 10	20 à 7
Résine	5 à 1	»
	100	100

La seconde variété est recommandée comme explosif de sûreté.
(Brevets français nos 282.135 et 282.136, 14 octobre 1898 — 12 janvier 1899.)
Ces mélanges sont analogues à ceux qui furent brevetés un peu plus tard en Belgique sous le nom d'explosifs de Casteau.

Deissler a fait breveter le principe de compositions pour amorces ayant comme base un métal facilement oxydable sous forme très divisée, mélangé avec un sulfure, un sel halogéné ou oxygéné cédant facilement son oxygène.
(Brevet belge n° 127.538, du 12 avril 1897.)

Deissler et **Kuhnt** ont proposé un explosif de sûreté à base de carbonate ou de chlorure d'ammoniaque, additionné de nitroglycérine. La sécurité est basée sur le principe des *wetterdynamites*.
(Brevet anglais n° 5.949, du 21 avril 1888.)

Déjardin. — Voir *Soufre*.

De la Tour du Breuil. — Voir *Soufre*.

Delattre (**La Société anonyme pour la fabrication des cartouches et explosifs**), à Bruxelles, a fait breveter l'explosif suivant :

Nitrate de baryum	78
Nitrate d'aniline	12
Oxalate d'ammoniaque	10
	100

(Brevet belge n° 139.483, du 8 décembre 1898; brevet français n° 286.907, 17 mars — 22 juin 1899.)

Delhorbe (**Explosif**). — Se prépare en dissolvant 50 parties de chlorate de potasse dans l'eau bouillante et ajoutant ensuite 5 parties de farine, sciure de bois ou fécule, 1 partie de paraffine et 1 partie de noir de fumée calciné.

Les essais auxquels ce mélange a été soumis par la Commission française de substances explosives n'ont pas donné de résultats favorables.

De Lom de Berg. — Voir *Magnier*.

De Macar, à Embourg (Belgique) a fait breveter des explosifs à base d'azotate de plomb additionné ou non d'autres nitrates, ainsi que d'une ou plusieurs des substances suivantes : dérivés de l'acide phtalique, sels de ces dérivés, hydrocarbures nitrés, dérivés azoïques, combinaisons formées entre les hydrocarbures nitrés et les dérivés azoïques et enfin, nitrocelluloses.

Remarquons qu'une de ces variétés est analogue à un explosif breveté en 1895 par le chimiste américain Divine.

L'emploi de nitrate de plomb est interdit en Angleterre, ainsi que nous le verrons ci-dessous.

[Brevets belges n° 142.506, du 25 avril 1899, et n° 150.365, du 21 mai 1900; brevet anglais n° 10.456 (1900), accepté le 27 avril 1901.]

De Maria. — Voir *Pr.* (*Polveri*) et *Wiener*.

Démolitions. — Les opérations qu'effectue le génie militaire peuvent être préméditées ou précipitées. Dans le premier cas, on emploie de préférence la poudre ordinaire, plus économique que les explosifs puissants. On trouvera dans l'*Instruction in Military Engineering* (5ᵉ édition, IVᵉ partie, section XI) les renseignements relatifs à l'emploi de la poudre noire, ainsi que du fulmicoton (section XII). Nous nous bornerons à dire quelques mots des sautages précipités.

Les principales opérations de cette nature sont : l'abatage d'arbres, la rupture de pièces de fer ou de bois, la démolition de portes, maçonneries ou ponts, la destruction de rails, ponts, canons, etc. Ces opérations doivent être exécutées avec rapidité et certitude ; le facteur principal est l'économie de temps, tandis que la question de frais et de dépenses n'est qu'accessoire. L'emploi des explosifs brisants, puissants, plastiques, d'une manipulation simple et sans danger, d'un amorçage facile, se recommande particulièrement ; il importe aussi que l'explosif employé soit insensible au choc des projectiles.

Nous avons vu, en examinant l'application des explosifs à l'agriculture, que l'abatage des arbres peut se pratiquer au moyen d'une charge introduite dans un trou horizontal, enroulée, ou placée latéralement. Si on emploie la dynamite-gomme, les valeurs respectives des charges correspondant à ces trois cas seront $2d^2$, $14d^2$, et $17{,}5^2\ d$, si d représente le diamètre de l'arbre dans le plan de la section, exprimé en mètres.

Pièces métalliques. — On détermine la rupture d'une pièce de fer par la détonation d'une charge simplement posée sur l'une de ses faces. La quantité à employer, exprimée en kilogrammes, est donnée par la formule ce^2b, dans laquelle e et b représentent en mètres l'épaisseur et la largeur de la pièce ; c est un coefficient qui vaut 6.000 si le fer est plein et 3.000 s'il est riveté, l'explosif étant la dynamite nº 1 ; pour la gomme, on pourra réduire ces chiffres de 1/3. On dispose la charge de manière à occuper, autant que possible, toute la largeur de la pièce à briser.

La destruction de ponts en fer peut être réalisée comme suit : pour rompre une poutre en treillis, on place la charge sur la semelle inférieure, au point où l'épaisseur de la tôle est la plus faible, près d'une culée ; si cette épaisseur est uniforme sur toute la longueur du pont, il vaut mieux poser la charge vers le milieu de la portée. Pour une poutre à âme pleine, le plus simple consiste à mettre la charge sur la tête de la poutre ; dans le cas d'une charpente en fer, les croisements doivent recevoir des charges doubles.

S'il s'agit de tuyaux, on enroule l'explosif suivant une section normale à l'axe. Dans la formule ci-dessus, b représentera la longueur de la circonférence externe.

Une cartouche de 200 à 250 grammes de dynamite suffit pour rompre un rail ordinaire ; on l'attache contre l'âme du rail au moyen d'un fil de cuivre ou de fer. Une brigade de huit hommes exercés peut détruire 2 à 3 kilomètres de voie en une heure.

Ouvrages en bois. — Si on se propose de détruire une pièce de bois, la formule deviendra $30e^2\sqrt{b}$. S'il s'agit de faire sauter une palissade de 25 millimètres d'épaisseur, par exemple, on place les charges au pied des piquets, sur le sol, à raison de $1^{kg},125$ par mètre courant.

Pour démolir une porte cochère, on introduit 18 à 20 kilogrammes de dynamite dans un sac, que l'on suspend à mi-hauteur au moyen d'un crochet ou d'une pioche violemment enfoncée dans l'épaisseur du bois. On arriverait au même résultat en employant un poids triple de poudre, que l'on déposerait au pied de la porte.

Maçonneries. — S'il s'agit de pratiquer dans un mur détaché une brèche ayant une longueur double de l'épaisseur de la maçonnerie, la charge à employer sera exprimée par $2,4e^2$, e représentant l'épaisseur du mur en mètres. Cette formule est applicable dans le cas où l'explosif est simplement posé au bas du mur sans bourrage ; s'il est possible de pratiquer, vers la base, un trou de mine jusqu'au milieu de l'épaisseur, on peut réduire la charge de moitié.

Pour démolir un pilier en briques, la charge est égale à $3{,}2e^2$ si elle est placée au pied. On peut aussi arriver au résultat en forant des trous verticaux, que l'on fait sauter successivement ou simultanément; lorsqu'il ne reste plus une hauteur suffisante pour permettre le forage, on termine au moyen de charges placées dans les anfractuosités de la maçonnerie.

S'il s'agit de faire sauter une arche de pont, la charge se calcule par la formule $2{,}4e^2$; on la place à la clé ou aux reins de la voûte.

Pièces d'artillerie. — Pour mettre hors de service un canon de campagne ou même de siège, il suffit de faire détoner dans l'âme, près de la bouche, une charge de 5 à 700 grammes de dynamite. On peut également faire sauter les tourillons ou bien l'affût. Si le canon est en fonte, on cale la pièce verticalement dans le sol. Puis, on descend dans l'âme deux charges soutenues par une baguette de bois; la première, placée au jour de l'âme, est double de la seconde, soutenue à hauteur des tourillons. L'âme est remplie d'eau et on obture la bouche au moyen d'un tampon en bois. L'explosion est produite par l'électricité. La charge peut être calculée à raison de 1 gramme par 10 centimètres cubes de la capacité de l'âme (Autriche), ou par kilogramme du poids de la pièce (France).

Les diverses formules ci-dessus seront évidemment modifiées d'après la puissance de l'explosif à employer.

De Montravel. — Voir *Montravel.*

De Mosenthal, Salomon et Hood, à Londres, proposent de substituer à la guhr, en tout ou en partie, comme absorbant de la nitroglycérine, les boues provenant de la fabrication du chlore par le procédé Weldon, soigneusement lavées et séchées au préalable. Ces boues absorbent deux à trois fois leur poids de nitroglycérine.

(Brevet anglais n° 13.038, 1892.)

Denaby (Poudre de). — Voir *Sécurite.*

Densite. — Explosif de mine présentant les variétés suivantes :

Nitrate d'ammoniaque........	49,80	81,10	82,74
Nitrate de strontium..........	33,70	10,40	11,82
Trinitrotoluène..............	16,50	8,50	5,84
	100,00	100,00	100,00

La densite est fabriquée par M. Ghinijonet, à Ougrée (Belgique). (Brevet belge n° 141.582, du 14 mars 1894.)

Densités (Table de) :

Poudre à canon anglaise S. B. C.........	1,850
Poudre à canon anglaise E. X. C........	1,800
Emmensite...........................	1,800
Nitrate d'ammoniaque.................	1,707
Para-dinitrobenzine (à la temp. de 18°)...	1,625
Dynamite n° 1.........................	1,620
Acide picrique fondu (Turpin)...........	1,600
Cannonnite............................	1,600
Nitromannite..........................	1,600
Ortho-dinitrobenzine (à la temp. de 18°)..	1,590
Méta-dinitrobenzine (à la temp. de 18°)...	1,575
Gélatine dynamite.....................	1,550
Dynamite-gomme.......................	1,540
Forcite...............................	1,510
Amidon nitré..........................	1,500
Carbodynamite.........................	1,500
Cellulose.............................	1,450
Bellite...............................	1,400
Roburite..............................	1,400
Celluloïd.............................	1,350
Fulmicoton (25 0/0 d'eau)..............	1,320
Tonite................................	1,280
Mononitrobenzine......................	1,200
Fulmicoton (sec)......................	1,060

Désignolle (Poudres). — Ces poudres, fabriquées au Bouchet, en 1869, présentaient les variétés suivantes :

	POUDRES pour torpilles et pour projectiles creux		POUDRES pour CANONS Ordinaires	POUDRES pour CANONS Gros calibres	POUDRES à mousquet	
Picrate de potasse....	55	50	16,4	9,6	28,6	22,9
Salpêtre	45	50	74,4	79,7	65,0	69,4
Charbon	»	»	9,2	10,7	6,4	7,7

Les poudres Désignolle peuvent être rangées parmi les premières poudres à base de picrate de potasse.

(Brevet anglais n° 3.469, du 5 décembre 1867.)

Désignolle et Casthelaz, par le même brevet, revendiquent l'emploi d'un certain nombre de mélanges à base de chlorate de potasse, avec ou sans addition de picrate, isopurpurate ou ferrocyanure de potasse, chromate ou picrate de plomb et charbon. Certains de ces mélanges sont destinés aux usages généraux ; les autres, à la confection d'amorces.

De Soulages, à Toulouse, a fabriqué un explosif analogue à la carboazotine de MM. Pigou, Wilks et Lawrence.

Destruction des matières explosibles. — Cette opération doit être effectuée par des personnes expertes et prudentes, dans un endroit suffisamment isolé. La façon de procéder varie avec la substance qu'il s'agit de détruire :

a) Poudres à base de nitrates minéraux ne renfermant ni chlorate, ni nitroglycérine, ni nitrocellulose, ni picrate, ni autre dérivé nitré. Si on se propose de les détruire par inflammation, on les répand sur le sol, à l'abri du vent, sous forme d'une longue traînée mince, dont on enflamme une des extrémités au moyen d'une mèche de Bickford ou d'un autre procédé. Lorsqu'on a affaire à de la poudre comprimée, on débarrasse les cartouches de leur enveloppe, puis on les place bout à bout. Il est prudent de s'éloigner dès que l'inflammation est commencée, les cartouches ayant une tendance à se mouvoir.

On peut également noyer ces poudres. Si on les jette dans une pièce d'eau, une rivière, etc., il faudra qu'il n'en puisse résulter aucun dommage pour les hommes ou les animaux. Parfois, on préfère se servir d'un baquet ; dans ce cas la quantité d'eau employée ne pourra être inférieure à huit à dix fois le volume de la poudre. On renouvelle le liquide au bout de quelques heures, en prenant soin de remuer la masse; parfois, il conviendra de le renouveler à deux reprises. Les eaux de lavage, répandues sur le sol, constituent un excellent engrais. Quant au résidu insoluble, on le jette dans un endroit sans culture.

b) Poudres à base de chlorates ou de perchlorates et ne renfermant ni nitroglycérine, ni nitrocellulose, ni picrate, ni autre dérivé nitré. Le mode de destruction par combustion est analogue au précédent. Il importe d'agir avec une extrême prudence, eu égard au danger que présente l'opération.

Si on préfère noyer la poudre, les eaux de lavage doivent être versées dans des trous assez profonds, car, en cas de sécheresse, le sel pourrait s'enflammer, sous l'influence de causes diverses, s'il venait à effleurer. Le perchlorate de potasse, presque insoluble à froid, nécessite l'emploi d'eau chaude.

c) Explosifs renfermant de la nitroglycérine ou de la nitrocellulose : la destruction ne peut être opérée en noyant les cartouches, car l'eau fait exsuder la nitroglycérine. Quant à la nitrocellulose, ses propriétés explosives apparaissent à nouveau lorsqu'elle est desséchée.

Si l'explosif est placé dans des enveloppes, on enlèvera celles-ci et on examinera avec soin si aucune des cartouches ne renferment de détonateur. Cela fait, on formera une traînée en plaçant les cartouches bout à bout et on mettra le feu à la première d'entre elles, au moyen d'une mèche non amorcée. Toutefois, comme une explosion est toujours possible [1], il convient de choisir un endroit désert, au sol sans pierre. En outre, la mèche doit être assez longue pour que l'opérateur ait le temps de s'éloigner. La sécurité est notablement augmentée si on arrose les cartouches à enflammer au moyen d'huile de paraffine (Dr Dupré).

On peut également détruire les cartouches en les faisant détoner une à une, au moyen de la mèche amorcée. Il va sans dire que, dans ce cas, il est indispensable de pouvoir se mettre à l'abri. Certains auteurs conseillent de fragmenter les cartouches et d'en jeter les morceaux dans un brasier. Nous pensons que ce mode de destruction doit être considéré comme absolument inadmissible : s'il est exact qu'en général, la dynamite ne fait pas explosion par simple combustion, rien ne permet d'affirmer qu'il doive en être infailliblement ainsi. A titre d'exemple, nous nous bornerons à citer l'accident survenu, à Orléans, en 1876 : dans une conférence faite aux hommes d'un régiment d'artillerie de la garnison, on venait de dire que la dynamite ne détonait pas par simple combustion. Afin de démontrer le fait pratiquement, on fit brûler une cartouche de 100 grammes, expérience classique que l'on exécute dans les corps de troupe ; mais la cartouche, prenant subitement le mode de décomposition explosive, causa la mort de plusieurs hommes. De même, à Whitehaven (Angleterre), le 21 avril 1900, un ouvrier mineur fut blessé par l'explosion d'une cartouche de dynamite qu'il avait introduite dans un poêle, afin d'en opérer la combustion.

Si on désire appliquer ce mode de destruction, il conviendra de réduire les fragments en particules aussi ténues que possible, les pulvériser en quelque sorte ; puis, opérer la combustion par pincées successives.

Il faudra être extrêmement prudent si on se propose de détruire

(1) Un accident de cette nature s'est produit, en 1873, au polygone de Vincennes. Un autre accident, survenu à Faversham (the Cotton Powder Co., Ltd.), le 16 août 1900, causa l'explosion d'une traînée de 4 mètres environ, comprenant 100 livres de nitroglycérine et de nitrocellulose ; cette explosion fut attribuée à la grosseur trop considérable de la traînée. Nous pensons que c'était plutôt la quantité d'explosif à détruire en une seule opération qui était trop élevée.

de la dynamite gelée. Le maniement de cette substance est très dangereux ; aussi convient-il de faire détoner chaque cartouche séparément, en ayant soin d'employer une capsule de force suffisante. Il faut également s'abstenir de briser les cartouches gelées.

Si l'on est obligé de procéder à la destruction de nitroglycérine, on la transformera au préalable en dynamite, en la mélangeant soigneusement avec du sable sec jusqu'à consistance pâteuse. On peut aussi en opérer la combustion à l'air libre, le liquide étant brûlé par petites parties à la fois et enflammé par l'intermédiaire d'une mèche de sûreté.

S'il s'agit de fulmicoton humide, enfin, on pourra le brûler en le jetant par fractions dans un brasier, ou bien le faire détoner par l'amorce au coton-poudre sec. Ce dernier mode de destruction est préférable à la combustion, laquelle ne devra être pratiquée que sur des quantités très restreintes. Dans le cas contraire, en effet, on s'expose à des accidents ; c'est ainsi qu'en Angleterre, des expériences avaient été instituées, précisément en vue de prouver l'innocuité du coton-poudre humide en cas d'incendie. Les assistants, certains qu'il n'y avait aucun danger à redouter, se penchaient et se pressaient pour mieux voir, lorsque, tout à coup, une explosion se produisit, tuant ou blessant plusieurs personnes.

d) Poudres à base d'acide picrique ou de picrates, exemptes de nitroglycérine et de nitrocellulose. La destruction est analogue à celle des poudres nitratées. Il faut tenir compte, toutefois, de ce que ces poudres sont susceptibles d'empoisonner les pièces d'eau, rivières, etc.

e) Explosifs de sûreté à base d'azotate d'ammoniaque. On les jette dans un brasier, après avoir fragmenté les cartouches.

Si les substances sont renfermées dans des enveloppes difficiles à ouvrir, on les fait détoner par influence. C'est ainsi que, dans les polygones, après le tir, on détruit, sans les remuer, les obus chargés dont l'explosion a raté ; à cet effet, on emploie une cartouche de dynamite que l'on met en contact direct avec eux.

Pour ce qui concerne la destruction des bombes ou engins criminels, voir la rubrique spéciale relative à ces derniers.

De Terré (Poudres). — Poudres de mine à base de nitrate de potasse ou de soude; le charbon de bois est remplacé par de la sciure de bois.

(Brevet anglais n° 2.715, du 13 octobre 1871.)

Détonateurs. — Les amorces, capsules ou détonateurs, employés pour provoquer l'explosion des mines, sont constitués de mélanges à base de fulminate de mercure, placés au fond de cylindres en cuivre de 4 à 5 millimètres de diamètre; l'extrémité libre sert à l'introduction de la mèche, dont l'ignition provoque la détonation du mélange. En principe, les détonateurs se composent d'une substance détonante très vive, renfermée dans une enveloppe d'une résistance suffisante pour s'opposer à l'évacuation des gaz, jusqu'au moment où ils ont acquis une tension considérable. Les capsules contiennent de 1/4 à 1 gramme de mélange, ou même davantage; leur longueur varie de 15 à 45 millimètres et au-dessus. La détonation de la capsule entraîne celle de la cartouche dans laquelle on l'introduit et, par suite, celle de la charge entière.

Le fulminate de mercure, employé seul, attaquerait l'enveloppe métallique de la capsule. Les matières qu'on y ajoute diminuent la rapidité de sa décomposition, en même temps qu'elles accroissent l'effet explosif en augmentant le volume des gaz produits; elles rendent donc l'amorce plus efficace. Le fulminate peut être additionné de 50 0/0 en poids de salpêtre ou de poudre fine. Citons également les compositions renfermant respectivement 20 et 5 0/0 de chlorate de potasse.

C'est à M. Nobel que l'on doit le principe sur lequel repose l'emploi des amorces destinées au sautage des mines. Dans le brevet anglais n° 1.813, du 20 juillet 1864, il revendique comme son invention le mode de mise en feu de la nitroglycérine par « l'élévation de la température due à. . . . . une explosion ou détonation initiale, laquelle peut être produite de différentes manières, au moyen d'une capsule percutante ou bien d'une petite quantité de poudre à canon ».

Ce principe fut développé à nouveau par Nobel dans le texte

du brevet anglais n° 1.345, daté du 7 mai 1867 : « On comprendra qu'une forte capsule fulminante. . . détermine l'explosion, quelles que soient les conditions : à l'air libre ou sous bourrage. . . La capsule fulminante peut avoir des formes diverses ; mais le principe de son action consiste invariablement dans la production soudaine d'une pression ou d'un choc très intense. »

Nobel avait fait ressortir très nettement la portée considérable de sa découverte. Ainsi que M. Berthelot l'a fait remarquer (1), la réaction qui constitue toute explosion, exige, pour se développer, un travail préliminaire, une sorte de mise en train qui est représentée par la nécessité de porter la matière à une certaine température initiale, température dont le degré varie évidemment avec l'explosif que l'on considère. Le choc, la pression, la friction, les actions mécaniques ne sont efficaces qu'à la condition de déterminer ce premier échauffement.

Nous voyons donc que l'inflammation, la subite élévation de température est le moyen par excellence de provoquer l'explosion. Il est évidemment nécessaire que cette température ne soit pas trop élevée, car la détonation de l'amorce risquerait de ne plus être provoquée à coup sûr par la chaleur que développe la combustion de la mèche.

L'étude de la détonation de la charge, provoquée par celle de l'amorce, est d'un puissant intérêt pratique. On a considéré bien longtemps les amorces comme de simples agents destinés à communiquer l'inflammation à la poudre, mais c'est là une notion erronée : ces amorces, pour peu que leur masse soit suffisante, règlent, par leur nature, l'intensité du choc initial et, par suite, le caractère de l'explosion tout entière.

Pour nous en rendre compte, supposons d'abord que l'on provoque, au moyen d'une amorce, l'explosion de la poudre ordinaire : lorsque les gaz produits par la détonation de l'amorce auront acquis une tension suffisante pour faire éclater l'enveloppe qui la renferme, cette tension les projettera avec force au travers des

(1) *Essai de Mécanique chimique*, t. II, p. 6.

interstices de la poudre, dont ils provoqueront l'ignition immédiate. Une cartouche de dynamite ou de fulmicoton pourra également constituer une excellente amorce propre à provoquer la déflagration de la poudre ordinaire. Celle-ci produira un travail beaucoup plus considérable si son explosion est provoquée au moyen d'une amorce, que si la mise en feu est effectuée par simple inflammation. Abel a fait, à ce sujet, une expérience caractéristique : ayant placé, dans deux cylindres de fer identiques, fermés à une de leurs extrémités, deux charges égales de poudre de chasse, il provoqua la déflagration de la première par simple inflammation, tandis que, pour la seconde, il employa une capsule. Le premier de ces cylindres fut retrouvé intact, tandis que l'autre fut brisé et ses morceaux, dispersés.

Si le détonateur agit sur un explosif dans lequel le comburant et le combustible sont chimiquement combinés, la chaleur des gaz développés ne joue plus un rôle prépondérant. L'explosion est due plutôt à un phénomène caractérisé d'une autre façon ; ce phénomène peut être considéré comme un cas particulier de manifestations auxquelles on a donné le nom d'*explosions sympathiques*, et que nous décrivons ci-après. En tout état de cause, il convient de ne pas perdre de vue l'influence prépondérante qu'exerce la puissance du détonateur sur le résultat de l'explosion.

D'après M. Guttmann, l'adaptation, au sautage des mines, des amorces au fulminate de mercure est due à E. A. Brown, chimiste adjoint du Ministère de la Guerre, à Londres.

Les substances qui entrent dans la composition des détonateurs, doivent être mélangées à l'état humide ; l'opération se fait, par petites parties à la fois, sur une table feutrée et dans un atelier spécial dont le plancher est recouvert d'un tapis. Les fenêtres sont badigeonnées en blanc, afin d'intercepter les rayons du soleil. Les personnes qui y travaillent, doivent porter des chaussures en feutre. Il faut maintenir dans un parfait état de propreté tous les outils et appareils employés : le grenage, que l'on fait subir à la composition avant de charger les amorces, se pratique au moyen de tamis en crin ; il importe, après chaque opération, de laver les tamis à l'eau pure ou mieux, à l'acide sulfurique très étendu. Pour donner aux grains de la consistance, on les fait sécher sur des feuilles de papier, que l'on dispose sur des châssis légers en toile. Il est nécessaire de munir ces châssis de bandes en caoutchouc, afin de les protéger contre les chocs éventuels.

Le procédé actuel de chargement des détonateurs présente des inconvénients sur lesquels l'attention a été appelée, lors de la onzième réunion annuelle des industries chimiques de Bavière, tenue à Ratisbonne : il arrive fréquemment que des explosions, minimes, à la vérité, surviennent au cours du chargement. D'autre part, les vapeurs mercurielles en suspension dans l'atmosphère sont hautement préjudiciables à la santé des ouvriers. La fabrication du fulminate donne naissance, d'ailleurs, à des produits très délétères, ainsi que l'addition subséquente d'alcool.

La fabrication des capsules se fait au moyen d'une machine qui coupe en disques les feuilles ou bandes de cuivre employées et donne ensuite la forme voulue, à l'aide de poinçons. Le chargement se fait également à la machine, l'eau dans laquelle on conserve le fulminate ayant été préalablement remplacée par de l'alcool méthylique.

L'emballage des détonateurs doit faire l'objet de soins tout particuliers. L'article 119 de l'arrêté royal du 27 octobre 1894, lequel régit, en Belgique, l'industrie explosive, formule à cet égard les dispositions suivantes :

« Les détonateurs sont placés, l'ouverture en haut et au nombre de cent au plus, dans des boîtes en fer-blanc, de façon à éviter tout ballottement ou frottement dangereux. Le fond des boîtes et le dessous des couvercles seront garnis de drap ou de feutre. Ces boîtes seront emballées dans une caisse en tôle ou en planche, d'épaisseur suffisante, dont le couvercle sera fixé au moyen de vis à bois, et qui sera contenue elle-même dans une seconde caisse en bois, munie de deux poignées non métalliques solidement fixées. L'intervalle entre les deux caisses sera d'au moins 2 centimètres et sera rempli de sciure de bois ou de toute autre matière analogue propre à amortir les chocs.

« Le poids brut de chaque colis ne pourra dépasser 35 kilogrammes. »

En vue d'assurer la parfaite fixité des détonateurs dans les boîtes, certains fabricants épandent de la sciure de bois, laquelle vient se loger dans les interstices qu'ils laissent entre eux. Cette sciure de bois pénètre à l'intérieur des tubes métalliques et peut donner lieu à des accidents: le mineur, désireux d'en débarrasser la capsule au moment d'y introduire la mèche, imprime à la capsule de petits chocs en tenant l'ouverture tournée vers le bas. Si ces chocs se produisent sur un corps dur, ils peuvent être susceptibles de déterminer l'explosion intempestive du fulminate; ou bien des parcelles peuvent se détacher, être projetées à l'extérieur et constituer ainsi une source de danger. Parfois encore, le mineur souffle dans la capsule pour faire disparaître la sciure; l'humidité ainsi produite peut causer des ratés. On a même vu des accidents causés par des pointes métalliques qui avaient été introduites dans le même but.

A la suite d'un grave accident, survenu aux mines de Gardanne, le 11 mai 1895, au moment de l'ouverture d'une caisse de détonateurs, la Commission des substances explosives a prescrit les mesures de précautions suivantes :

Afin d'assurer parfaitement la fixité des détonateurs, même une fois la boîte entamée, la Commission conseille de les maintenir à l'aide d'une feuille de carton perforée, de mêmes dimensions que la boîte. Elle conseille aussi de retenir le fulminate par un opercule tel qu'aucune trace explosive ne se détache par le choc de la partie libre du détonateur sur une table que recouvre une feuille de papier. La Commission a appelé l'attention, enfin, sur la nécessité d'employer des capsules parfaitement propres (1), eu égard au danger présenté par les traces de fulminate.

(1) Les détonateurs, avec leur enveloppe en cuivre rouge poli, ont peut-être l'aspect trop séduisant. N'y a-t-il pas lieu d'attribuer à ce fait les accidents si fréquents qui se produisent lorsque des enfants — ou même des grandes personnes — trouvent un détonateur et, instinctivement, y introduisent une pointe métallique quelconque, afin d'en enlever le contenu ?

Rien qu'en Angleterre, nous avons relevé, pour l'année 1900 seulement,

Lors des expériences faites par la Chambre de commerce de Birmingham, une caisse en bois renfermant le contenu normal, soit 10.000 détonateurs, fut consumée sans faire explosion. Les essais de résistance au choc ne furent pas moins favorables. Des expériences analogues, effectuées par les inspecteurs des explosifs, donnèrent les mêmes résultats. Il y a lieu de remarquer, toutefois, dans cet ordre d'idées, qu'il pourrait être dangereux d'argumenter du particulier au général.

Les explosifs de sûreté à base d'azotate d'ammoniaque exigent des détonateurs puissants. En vue de prévenir toute chance d'inflammation de l'atmosphère sur les produits qu'engendre la décomposition explosive de ces derniers, on cherche à accroître le travail mécanique qu'ils exercent, ce qui diminue leur température ; à cet effet, on augmente l'épaisseur de l'enveloppe métallique et on comprime davantage le fulminate. Les amorces ainsi modifiées ont reçu le nom d'amorces renforcées. Dans le même ordre d'idées, on peut également employer une double enveloppe, la seconde étant composée d'un fil de cuivre enroulé en spires contiguës autour de l'enveloppe cylindrique.

Passons à l'examen de quelques brevets relatifs aux détonateurs :

Nobel a fait breveter :

1° La granulation des matières fulminantes destinées au chargement des détonateurs ;

2° Un sertissage spécial des alvéoles, dans le but de mieux enserrer la charge ;

3° Un détonateur à double alvéole, dont la première est chargée

dix-huit accidents de ce genre. En présence d'un chiffre aussi considérable, nous nous demandons s'il ne conviendrait pas de prescrire l'obligation de revêtir chaque détonateur d'une inscription obtenue par estampage, destinée à signaler le danger et prescrivant le dépôt de l'objet au bureau de police le plus proche. Cette inscription, certes, serait minuscule. Mais, à coup sûr, du moment que le détonateur est considéré comme un jouet, un porte-crayon, etc., il est certain qu'il sera examiné de bien près par celui qui vient d'en faire la trouvaille.

de fulminate de mercure et la seconde, d'acide picrique ou d'une autre substance dont la détonation est provoquée par celle du fulminate.

(Brevet français n° 184.129, du 9 juin 1887.)

Ce dernier est analogue aux *amorces fulminantes*, proposées antérieurement. Ces amorces étaient de forme légèrement conique, la composition fulminante occupant la partie la plus étroite du tube ; quant à l'autre partie, elle renfermait du coton-poudre en flocons.

La Nobel's Explosives Co., Ltd., fabrique, depuis 1892, des amorces destinées aux gélatines explosibles et composées de nitrocellulose mélangée avec un poids égal de nitroglycérine, avec ou sans l'addition de carbonate de calcium ou de magnésium. Ces amorces doivent satisfaire à l'essai suivant : plongées dans l'eau et soumises à une pression de 2,5 livres (1^{kg},134), il faut qu'aucune exsudation ne se produise.

Nobel a également proposé la composition suivante : 2 parties de collodion dissous dans 12 parties d'acétone, 1 partie de nitroglycérine, 4 parties de picrate de potasse et 8 parties de chlorate de potasse.

(Brevet anglais n° 16.919, du 2 octobre 1888.)

Trauzl préconise l'emploi de nitrocellulose ou, plus exactement, de nitro-hydrocellulose imprégnée de nitroglycérine, dans le rapport de 2 à 3, ou bien à poids égaux ; il conseille également le fulmicoton chloraté ou nitraté. Ces amorces, très puissantes, sont employées pour la gomme ; elles sont avantageuses dans les mines inondées.

Les compositions brevetées par M. Maxim sont décrites ci-après.

M. Roux a proposé de donner à l'enveloppe du détonateur la forme d'une bouteille, le diamètre de l'orifice restant invariable.

(Brevet français n° 232.068, 23 février — 16 juin 1894.)

M. Williams (Australie) a fait breveter l'emploi d'un alliage renfermant 91 0/0 de cuivre et 9 0/0 d'arsenic métallique, destiné à la confection des tubes d'amorces à employer dans les exploitations aurifères. Les fragments des tubes, en effet, se mêlent au minerai et la présence de cuivre pur, susceptible de s'amalgamer, n'est pas sans offrir certains inconvénients lors des traitements subséquents que l'on fait subir en vue de séparer l'or.

[Brevet anglais n° 7.514 (1899), accepté le 7 avril 1900.]

M. Williamson (Canada) propose de recouvrir les détonateurs d'une gaine protectrice affectant la forme d'un dé et garnie de caoutchouc; la solidarité s'établit au moyen de crochets spéciaux. L'emploi de cette gaine permet de garantir l'amorce du contact de l'eau.

[Brevet anglais n° 14.814 (1899), accepté le 7 octobre 1899.]

Un dispositif analogue, conçu dans le même but et applicable aux amorces ainsi qu'aux cartouches, a été breveté par M. Miller. Nous le décrivons ci-après.

Afin de prévenir les accidents pouvant résulter de friction ou de pression intempestive exercée sur la composition détonante au cours de l'amorçage, M. J.-W. Fowler (Nouvelle-Zélande) propose de placer ladite composition dans une sorte de petit réservoir contigu à l'amorce. En outre, le tout est recouvert de caoutchouc.

[Brevet anglais n° 23.954 (1899), accepté le 6 janvier 1900.]

Le Dr Wohler (Allemagne) propose de substituer partiellement le trinitrotoluol au fulminate de mercure ; ce composé serait à la fin plus économique et plus puissant.

[Brevet anglais n° 21.065 (1900), accepté le 16 février 1901.]

Pour les compositions détonantes destinées aux armes à feu, le fulminate est additionné de chlorate de potasse et de sulfure d'antimoine ; ce dernier possède un caractère de rugosité qui rend plus efficace l'action initiale exercée sur l'amorce.

Voici la composition employée, en Angleterre, pour le Martiny-Henry :

Fulminate de mercure..............	27,27
Chlorate de potassium	27,27
Sulfure d'antimoine	45,46
	100,00

Pour les canons, cette formule est modifiée comme suit :

Fulminate de mercure	50
Chlorate de potassium	25
Sulfure d'antimoine	25
	100

Pour la cordite, on cherche à augmenter la flamme produite, sans donner une intensité initiale trop considérable. Voici la composition employée :

Fulminate de mercure	15,00
Chlorate de potassium	35,00
Sulfure d'antimoine	45,00
Soufre	2,50
Pulvérin	2,50
	100,00

Parfois, le sulfure d'antimoine est remplacé par du verre pulvérisé.

La poudre muriatique pour étoupilles, mélange à poids égaux de chlorate de potassium et de sulfure d'antimoine, se fabrique en pétrissant à la main 10 grammes de chlorate avec le liquide obtenu en dissolvant 30 grammes de gomme arabique dans un demi-litre d'eau de pluie et ajoutant un demi-litre d'alcool à 90° G. L. Cela fait, on ajoute 10 grammes de sulfure d'antimoine avec une nouvelle portion d'alcool gommé et on malaxe intimement, et avec prudence ; la consistance finale de la pâte est celle du mastic de vitrier. L'opérateur doit porter un masque en fil de fer et des gants épais.

Le Dr Dupré a constaté que certains échantillons de sulfure d'antimoine renferment du soufre et de l'acide sulfurique libres. Eu égard à l'action de ce composé sur le chlorate de potasse, il importe d'appeler l'attention sur les accidents qui peuvent se produire, dans ce cas, lorsqu'on procède au mélange de ces deux ingrédients.

Voici la composition de l'amorce pour cartouches de fusil (Mauser) :

Chlorate de potassium	49,84
Sulfure d'antimoine	43,22
Soufre	3,32
Pulvérin	3,32
Fulminate de mercure	0,33
	100,00

Le malaxage s'opère avec l'adjonction d'une dissolution de gomme adragante.

Composition par capsules fulminantes des vis porte-feu (modification) :

Chlorate de potassium	40
Sulfure d'antimoine	40
Fulminate de mercure	20
	100

D'autres compositions fulminantes renferment également du soufre.

La plupart des compositions d'amorces électriques sont également chloratées. Citons également la poudre Augendre, ainsi que les amorces-jouets, les poudres Ward et Gregory, Benedict, etc., qui font l'objet de rubriques distinctes.

Nous indiquons, sous leurs rubriques respectives, la composition d'autres poudres d'amorces.

Analyse des compositions détonantes. — S'il s'agit d'analyser un mélange de fulminate de mercure, chlorate de potassium et sulfure d'antimoine, le dosage de chacune de ces trois substances en présence des deux autres ne peut se pratiquer sans difficulté. En effet, la séparation du sulfure d'antimoine et du fulminate de mercure nécessite le traitement du mélange par l'acide chlorhydrique. Or, ce traitement engendre de l'hydrogène sulfuré, dont le soufre se précipite partiellement sous l'action du chlore mis en liberté. On ne peut songer, d'autre part, à séparer le chlorate de potassium par simple dissolution, car la solubilité du fulminate de mercure dans l'eau n'est pas négligeable.

MM. Jones et Willcon (*Chemical News*, vol. LXXIV, p. 283) proposent, comme réactif, l'acétone saturée de gaz ammoniac; ils ont constaté que ce réactif dissout le fulminate de mercure, à l'exclusion des deux autres composés en présence.

Pour effectuer l'analyse, on place un filtre taré, parfaitement sec, sur un entonnoir dont la douille porte un tube en caoutchouc muni d'une pince à vis. On humecte le filtre avec une solution d'acétone ammoniacale, et on y dépose la prise d'échantillon pesée, que l'on arrose aussitôt avec le réactif. Après un contact de trois à quatre heures, on laisse écouler le liquide et on procède à des lavages répétés à l'acétone ammoniacale, jusqu'à ce que la liqueur qui passe ne se colore plus par le sulfhydrate d'ammoniaque. On lave alors à l'acétone pure jusqu'à obtention d'un liquide ne donnant plus de résidu par l'évaporation à sec. Il reste à sécher le filtre et à le peser; la quantité de fulminate de mercure que renfermait le mélange sera indiquée par la perte de poids subie.

Replaçant sur l'entonnoir le filtre et son contenu, on lave à l'eau chaude jusqu'à complète extraction du chlorate de potassium. Il reste à sécher et à peser le filtre pour obtenir de même, par différence, le poids de chlorate présent dans le mélange.

Cette méthode exige que l'échantillon à analyser soit finement pulvérisé; il sera prudent de ne broyer que de très petites quantités à la fois. Remarquons en outre que, pour chacune des pesées, le filtre doit être desséché à la même température.

Détonation. — Voir *Explosion*.

De Tret. — Voir *Pyronome*.

Deutsche Sprengstoff Actiengesellschaft (Die), à Hambourg, a fait breveter la fabrication d'une nitrocellulose à grains très fins et compacts, obtenue en nitrifiant des coquilles, noix ou noyaux durs et riches en cellulose, tels que, par exemple, les noix de *phytelephas macrocarpa*, *mauritia vinifera*, *mauritia flexuosa*, etc.

(Brevet français n° 172.309, du 16 novembre 1885.)

Deutsche Sprengstoff Actiengesellschaft (Die), à Hambourg. — Voir *Nitrogélatine picrique*.

Dewar. — Voir *Abel*.

Dextrine nitrée. — Voir *Nitrodextrine*.

Diamide Powder n° 1. — Poudre de sûreté à base de nitrate, fabriquée en Angleterre en 1899 seulement, et remplacée, l'année suivante, par l'aphosite.

Diaspon. — Explosif breveté par M. Johann Anders et répondant à la composition suivante :

Nitroglycérine....................	47,0 à 63 pour 100
Nitrate de soude..................	22,0 à 23 »
Cellulose de bois.................	8,0 à 18 »
Soufre............................	3,9 à 9 »
Coton-poudre......................	0,5 à 3 »

(Brevet anglais n° 81, et brevet français n° 141.346, du 24 février 1881.)

Diaspon-gélatine. — Breveté par le même inventeur, cet explosif se compose des éléments suivants :

Nitroglycérine....................	92,0 à 95 pour 100
Cellulose de bois légèrement nitrée ou collodion..................	4,5 à 7 »
Alcool............................	0,5 à 2 »

Les ingrédients sont chauffés au bain-marie, à la température de 40-45°, avec 10 à 15 0/0 d'un dissolvant comprenant 3 parties d'éther pour 1 d'alcool. La dissolution s'opère et le véhicule s'évapore.

(Brevet anglais n° 80, et brevet français n° 141.345, du 24 février 1881.)

Diazobenzol (Nitrate de). — Voir *Nitrate de diazobenzol.*

Diazotées (Substances). — Voir *Aniline fulminante, chromate de diazobenzol.*

Dichlorhydrine. — Voir *Chlorhydrine (Di)* et *Fleming.*

Dickson, à Manitoba (Canada), a fait breveter la poudre suivante.

Nitrate de baryum	40,00
Acide picrique	32,00
Chlorate de potasse	6,33
Farine de froment	6,33
Ferrocyanure de potassium	6,34
Ammoniaque liquide	8,00
Noir de fumée	1,00
	100,00

[Brevet anglais n° 19.667 (1895), accepté le 14 décembre 1895.]

Dieckerhoff (Poudres). — Mélanges de poudre noire avec 15 0/0 au plus d'un ou plusieurs picrates alcalins précipités. A la poudre noire, on peut substituer un simple mélange de salpêtre et de soufre, sans charbon de bois.

Diénite. — Mélange d'acide picrique avec 10 à 30 0/0 de dinitrotoluène en poudre.

Dietz et **Wayne.** — Voir *Celluloïd.*

Di-flamyr. — Explosif fabriqué, depuis 1889, par la Smokeless Explosives Co., Ltd., dans son usine de Barwick, Herts. C'est du coton-poudre additionné de nitrates minéraux (à l'exception des nitrates de plomb ou d'ammoniaque).

Di-flamyr signifie : sans flamme, dans le langage du pays de Galles.

Diller. — Voir *Blanche* (*Dynamite*) et *Rhexite*.

Dinitramidophénol. — Voir *Acide picramique*.

Dinitrobenzine ou **dinitrobenzol.** — Voir *Nitrobenzines*.

Dinitroglycol. — Voir *Binitroglycol*.

Dinitromonochlorhydrine. — Voir *Nitromonochlorhydrine*.

Dinitronaphtalène ou **Dinitronaphtaline.** — Voir *Nitronaphtalines*.

Dinitrotoluène ou **Dinitrotoluol.** — Voir *Nitrotoluènes*.

Diorrexine. — Poudre de mine à base de salpêtre ou de salpêtre du Chili, avec addition de soufre et de sciure de bois ; avec ou sans addition de charbon, acide picrique (1,5 0/0) et eau. Cette poudre, inventée en Autriche par M. Pancera, a été essayée en Amérique.

(Brevet anglais n° 146.650, du 31 décembre 1881.)

Diripsite. — Poudre chloratée dont deux échantillons furent présentés, en 1889, à l'examen des autorités anglaises. Ils furent rejetés pour cause de trop grande sensibilité au frottement et au choc, ainsi que pour insuffisance de stabilité chimique.

Dissolvants. — Les dissolvants que l'on emploie le plus communément dans la fabrication des poudres sans fumée, sont les substances suivantes :

Acétone	C^3H^6O
Alcool } en mélange	C^2H^5OH
Ether } en mélange	$(C^2H^5)^2O$
Ether amylique ou acétate d'amyle	$C^5H^{11}.C^2H^3O^2$
Ether acétique ou acétate d'éthyle	$C^2H^5.C^2H^3O^2$

Voir *Bronnert et Schlumberger*, *Fleming*, etc.

Dittman a proposé, comme absorbants de la nitroglycérine, le charbon de bois finement divisé et saturé d'une solution de salpêtre, de salpêtre du Chili ou de carbonate de soude; la nitrocellulose et la sciure de bois nitrée ou non.

(Brevet anglais n° 3.458, du 5 décembre 1867.)

Dittmar. — Voir *Dualine*, *Glukodine*, *Titan* (*Poudre*) et *Xyloglodine*.

Divine, à New-York. — Voir *Rack-a-rock*.

Divine a fait breveter un explosif constitué d'un hydrocarbure nitré: dinitrobenzine ou dinitrotoluène, additionné d'azotate de plomb; les proportions ne sont pas indiquées. En Angleterre, l'emploi d'azotate de plomb est interdit pour la confection des substances explosibles, ainsi que nous le verrons ci-après.

(Brevet américain n° 540.647, du 11 juin 1895.)

Domergue (Explosif). — Mélange grossier de chlorate de potasse et de soufre.

Donar. — Voir *Fielder*.

Donnithorne Gun Patents and Ammunition Co., Ltd. (The), à Londres. — Voir *Hawkins*.

Double effet (Poudres dites à). — Voir *Turpin*.

Doutrelepont. — Voir *Pétragite*.

Drayson a proposé certains perfectionnements relatifs à la fabrication de la poudre noire; les essais qui furent effectués à la poudrerie de Dartmoor, durent être abandonnés, à la suite d'une grave explosion.

(Brevets anglais n°s 2.427, du 31 octobre 1855, et 292, du 4 février 1864.)

D R P Pulver. — Poudre sans fumée, en tuyaux, fabriquée par la Société *Vereinigte Köln-Rottweiler Pulverfabriken*, de Rottweil (Wurtemberg) et admise à l'importation en Belgique.

Dualine. — On désigne, en général, sous le nom de *dualines*, des mélanges de nitroglycérine avec de la sciure de bois nitrifiée (c'est-à-dire avec de la poudre Schultze), ou avec d'autres pyroxyles analogues.

La dualine Dittmar, fabriquée à Charlottenburg (Suède), en 1869, répondait à la composition suivante :

Nitroglycérine	50
Sciure de bois partiellement nitrifiée	30
Salpêtre	20
	100

La cellulose s'obtenait au moyen de bois tendres, traités par des acides dilués et bouillis ensuite avec une solution de soude. Le brevet pris par M. Dittmar prévoit plusieurs variétés de dualines renfermant de la cellulose, de la nitrocellulose, de la nitroglycérine, de la nitromannite et du nitramidon. La variété commerciale, poudre légère d'un brun jaunâtre, s'employait en cartouches protégées contre l'humidité par un enduit de verre soluble. Cet explosif, sujet à l'exsudation, est plus dangereux que la dynamite. Il engendre, en outre, une certaine proportion d'oxyde de carbone.

Voir *Schultze*.

Un certain nombre de *dualines américaines*, à base de nitroglycérine et de nitrocellulose, ont été fabriquées à San-Francisco ; elles contenaient les éléments suivants : fulmicoton, salpêtre, nitrate de baryte et résine. Ces dualines présentaient l'inconvénient d'être trop sensibles à l'action du froid et de l'humidité.

Dubois préconise (1897) l'emploi de gaz liquéfié pour opérer le chargement des obus. Ce gaz est l'acétylène ou l'éthylène, mélangé ou non avec du peroxyde ou bien du protoxyde d'azote.

Du Bois-Raymond (1892) a proposé des mélanges de substances oxydantes : nitrates, chromates, picrates, avec des corps combustibles, tels que la naphtaline, l'anthracène, le phénanthène, l'alizarine, le camphre, etc. On ajoute du goudron de houille. Voici l'une des formules proposées :

Mélange A :

Azotate d'ammoniaque................	27 parties
Naphtaline..........................	1 à 5 »
Goudron.............................	1 à 5 »

Mélange B :

Picrate de potasse..................	25 parties
Anthracène..........................	25 »
Goudron.............................	4 à 5 »

On mélange A et B. Ensuite, on ajoute du vernis ou de la laque additionnée d'huile siccative et de camphre, dans la proportion de 30 parties de ceux-ci pour 7 de laque ou de vernis.

Ducretet. — Voir *Électricité (Application de l') au tirage des mines.*

Dulitz propose d'ajouter, à une gelée de coton-poudre et de nitrobenzine, une quantité de chlorate de potasse qui peut atteindre 10 fois son poids. Il est loisible de substituer partiellement au chlorate un autre oxydant. On obtient un produit analogue à la kinétite.

(Brevet anglais n° 12838, du 17 août 1886.)

Dumas. — Voir *Nitramidine.*

Duplexite. — Poudre brevetée par M. Turpin. Composition :

Chlorate de potasse ou de baryte	70
Binitrobenzine	10
Charbon	10
Coaltar	10
	100

La mise en feu de cette poudre peut s'effectuer sans le secours d'un détonateur.

(Brevet français n° 189.426 du 17 mars 1888.)

Düneberg (Poudres de). — Poudres de guerre fabriquées à la poudrerie de Düneberg, située près la gare de Bergendorf, sur un des domaines ayant appartenu au prince de Bismarck. Ces poudres se distinguaient par les soins tout particuliers que l'on apportait à la trituration des matières premières, ainsi qu'au lissage des grains.

On fabrique actuellement à Düneberg des poudres sans fumée.

Du Pont de Nemours (E. I.) and C°, à Wilmington (Delaware. États-Unis d'Amérique), fabriquent plusieurs variétés de poudres noires destinées aux usages de la guerre, de la chasse et de l'industrie, ainsi que des poudres sans fumée fort réputées.

É. I. Du Pont de Nemours, qui avait étudié la fabrication de la poudre sous la direction de l'illustre Lavoisier (1), arriva en Amérique, il y a un siècle environ, et établit, près de Wilmington, la manufacture dont ses descendants ont conservé la direction à l'heure actuelle.

La *Du Pont's Rifle Powder*, destinée aux armes de guerre ainsi qu'au gros gibier, présente quatre variétés : OPT, Fg, FFg et FFFg (les dimensions des grains diminuent de la première à la quatrième). Comme poudres de chasse, citons la *Trap Powder V G P*, la *Choke Bore* (n°s 5 et 7), l'*Eagle Duck*

(1) Lavoisier fut l'un des premiers chefs de l'administration des Poudres et Salpêtres, créée en 1775 sous le ministère de Turgot.

(nos 1 à 3) et l'*Eagle Rifle*, ainsi que la *Crystal Grain* (nos 1 à 4). Cette dernière est la qualité supérieure, tant au point de vue de la rapidité que de la puissance.

MM. Du Pont de Nemours ont fabriqué également, depuis 1872, la poudre hexagonale destinée aux canons de gros calibre et répondant à la composition suivante :

Salpêtre	78	pour 100
Soufre	2,8 à 3	»
Charbon de bois	12,5 à 14	»
Hydrates de carbone (sucre, etc.)	3 à 4	»

Les grains sont composés de deux pyramides hexagonales tronquées, réunies par une couche cylindrique.

Comme poudres de mines, citons la *Du Pont's A Blasting Powder* (dimensions F, FF, FFF et FFFF) à base de salpêtre et la *Du Pont's B Blasting and Mining Powder*, qui présente trois dimensions C (*Coarse*, gros grains) et quatre dimensions F (*Fine*).

La fabrication des poudres sans fumée est basée sur le principe suivant : Si on mélange un dérivé nitré d'hydrocarbure aromatique avec de l'eau contenant en suspension du coton-poudre finement divisé, le pyroxyle ne tarde pas à abandonner le liquide pour s'allier au dérivé nitré (brevet Lundholm et Sayers).

L'opération s'effectue dans l'appareil que nous représentons (*fig.* 21 et 22), d'après les spécifications du brevet anglais n° 15.865, du 14 octobre 1893 ; cet appareil comprend un récipient A, où se meuvent des palettes *b*, montées sur un arbre B. On introduit, par l'ouverture F, 80 litres d'eau pure ou contenant du salpêtre en dissolution, suivant la poudre que l'on désire obtenir ; on ajoute ensuite 6 kilogrammes de fulmicoton finement divisé, que la rotation des palettes met en suspension dans le liquide ; cela fait, on additionne 18 kilogrammes de nitrobenzine. Il ne tarde pas à se former une masse floconneuse qui, sous l'action d'une agitation lente, prend graduellement la forme granuleuse. Cette forme se dessinant, des grains de consistance pâteuse prennent naissance ; ils contiennent une grande quantité d'eau, ainsi qu'un excès du dissolvant. L'introduction de vapeur d'eau, par les tubes C, provoque une distilla-

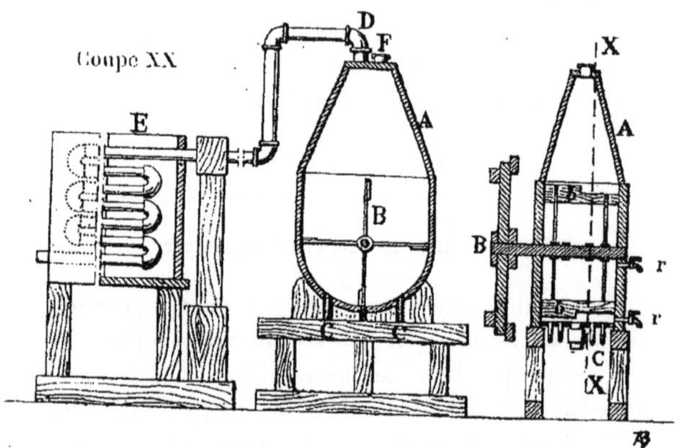

FIG. 21. FIG. 22.

tion partielle; les produits s'échappent en D et passent au réfrigérant E. Les grains acquièrent ainsi une certaine dureté.

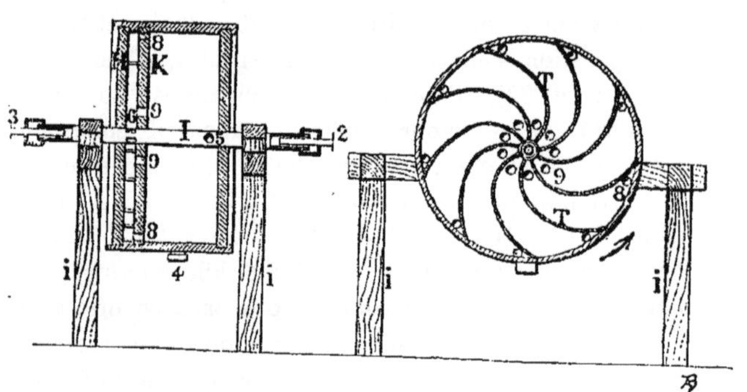

FIG. 23. FIG. 24.

Des prises d'échantillons peuvent être obtenues au moyen des robinets r.

Les grains passent ensuite dans un tambour rotatif monté sur un axe I (*fig.* 23 et 24). Cet axe est creux ; l'extrémité 2 est destinée à introduire la vapeur d'eau au moment opportun ; en 5 s'effectue l' admission. La vapeur, après avoir séjourné dans l'appareil, passe par deux séries d'ouvertures 8 et 9, ménagées dans un double fond K ; elle est évacuée en 6 et sort enfin par l'extrémité 3. Une série de lames cycloïdales T, montées sur l'axe, se trouvent logées dans l'espace qui sépare K et H.

Par suite de leur rotation à sec, la consistance des grains augmente et leur forme s'arrondit. On verse dans l'appareil une certaine quantité d'eau, en ayant soin de le faire tourner dans le sens de la flèche ; on fait arriver également la vapeur. Il se produit une seconde élimination du dissolvant. L'évacuation de l'eau introduite, ainsi que celle qui est due à la condensation, s'obtient, d'une manière ingénieuse, en changeant le sens du mouvement de rotation imprimé à l'appareil. Eu égard à la forme des lames, elles entraînent le liquide; celui-ci traverse la série externe 8 et s'échappe par l'ouverture ménagée en 6 sur l'axe. Une dernière introduction de vapeur active l'élimination du dissolvant, en même temps que la rotation augmente la densité et la cohésion des grains.

On modère l'action de la poudre obtenue en l'additionnant de 2,5 à 10 0/0 de thérébentine ou de résine nitrée, que l'on fait dissoudre dans la nitrobenzine avant de l'introduire dans l'appareil A.

(Brevet français n° 232.330, 22 août — 23 novembre 1893),

Un brevet additionnel préconise l'émulsion de la nitrobenzine préalablement à son emploi.

MM. Du Pont de Nemours et C° fabriquent également la poudre Maxim-Schüpphaus.

La même société a fait breveter un appareil spécial destiné au séchage de la nitrocellulose. Cet appareil comprend une presse dont le fonctionnement est combiné avec celui d'une pompe aspirante; l'eau est déplacée par de l'alcool, et l'on opère ensuite la totale récupération de celui-ci.

[Brevet anglais n° 15.693 (1897), accepté le 26 février 1898.]

Durnford a fait breveter une poudre renfermant 80 parties de salpêtre, 20 parties de charbon de liège et 1 à 10 parties de soufre.

[Brevet anglais n° 3.578, 13 mars 1886].

Durnford a proposé l'emploi d'un procédé de dessiccation de la nitrocellulose au moyen de l'alcool, procédé permettant de ne pas recourir à l'intervention de la chaleur pour effectuer l'opération.

(Brevet anglais n° 20.880, du 17 novembre 1892; ce brevet ne fut publié qu'en 1894).

Durnford. — Voir *Curtis*, *Earthquake Powder*, *Griffith et Luck*.

Düttenhoffer (Poudre). — Poudre sans fumée qui fut adoptée par le Gouvernement allemand, et abandonnée ensuite. La composition n'a pas été indiquée; il est probable que cette poudre renferme de la nitrocellulose traitée par un dissolvant, mélangée avec un nitrate et additionnée ensuite de naphtaline, de paraffine, etc. (Brevets Engel et Glaser).

La poudre Düttenhofer se compose de grains durs, petits, irréguliers comme forme, mais de dimensions égales. Elle est noire, probablement par suite du traitement à la graphite.

Dynalite. — Poudre chloratée présentée en 1898 à l'examen de l'Inspection anglaise des explosifs, mais rejetée par suite de son instabilité.

Dynamagnite. — Voir *Nitromagnite*.

Dynamit Actiengesellschaft vormals Alfred Nobel, à Hambourg. — Voir *Gélatines explosibles* et *Wilhelm*.

Dynamite. — On désigne, sous cette dénomination, le mélange de la nitroglycérine avec une ou plusieurs substances susceptibles d'absorber le liquide de telle manière que celui-ci n'exsude pas, dans les conditions normales de température et de pression.

L'invention de la dynamite est due à Alfred Nobel, dont les premiers essais datent de 1863 : des cartouches, composées d'une feuille de zinc, étaient emplies de poudre noire arrosée de nitroglycérine, qui en occupait les interstices.

A la suite des accidents terribles auxquels la nitroglycérine avait donné lieu, son emploi se trouvait interdit dans plusieurs pays. Pour diminuer le danger présenté par le transport et l'emmagasinage du liquide explosible, Nobel proposa de le dissoudre dans deux fois son volume d'alcool méthylique ou esprit-de-bois (CH^4O). Au moment de l'emploi, il fallait séparer les deux substances ; à cet effet, on ajoutait une certaine quantité d'eau et on remuait la masse : les liquides se superposaient par ordre de densité.

Eu égard aux inconvénients que présente ce procédé, Nobel l'abandonne peu de temps après, pour proposer « l'emploi de la nitroglycérine sous une forme modifiée qui en rend l'usage beaucoup plus pratique et plus sûr. On obtient cette forme nouvelle en faisant absorber la nitroglycérine par des substances poreuses inexplosibles, telles que le charbon, la silice, le papier ou autres matières analogues. Elle se trouve transformée en une poudre que j'appelle dynamite ou poudre de sûreté Nobel. Absorbée par une substance poreuse quelconque, la nitroglycérine acquiert la propriété d'être, à un haut degré, insensible au choc et de pouvoir être brûlée sur le feu sans faire explosion (1). » (Brevet anglais n° 1.345, du 7 mai 1867.)

Vers la même époque, le professeur Seeley proposait le mélange de la nitroglycérine avec du sable, tandis qu'en Suède, MM. Ohlson et Norbin inventaient l'*ammoniakkrut* et M. Bjœrkmann la *séranine*. Ces explosifs renfermaient 10 à 20 0/0 de nitroglycérine, l'absorbant étant constitué de nitrate d'ammoniaque additionné

(1) Cette dernière assertion, évidemment, doit être entendue avec toutes les restrictions qu'elle comporte.

d'une petite quantité de substances combustibles non explosibles.

L'absorbant choisi par Nobel, la *kieselguhr* ou *guhr*, n'a pu être détrôné par aucune autre substance analogue. C'est un calcaire siliceux, composé de carapaces de diatomées dans les cavités desquelles est retenue la nitroglycérine dont on l'imbibe. On trouve de grands dépôts de ce produit à Oberlohe (Hanovre), en Suède et en Écosse. La qualité à employer de préférence est celle où se retrouvent en plus grande quantité les *bacillariæ*, présentant la forme de tubes allongés, et en quantité minime les carapaces de forme ronde ou anguleuse, telles que les *pleurosigmata* ou les *dictyochea*. L'absorption du liquide se trouve favorisée par la forme tubulaire des éléments qui constituent l'absorbant; ces éléments, intervenant en quelque sorte à l'instar d'un bourrage, augmentent l'intensité de l'explosion.

La dynamite nº 1, ou dynamite ordinaire, contient 75 0/0 de nitroglycérine et 25 0/0 de guhr. Cette dernière, pour être de qualité convenable, doit pouvoir absorber la nitroglycérine jusqu'à concurrence de quatre fois son propre poids, et former alors une pâte plutôt sèche; l'absorption ne peut être trop aisée car dans ce cas, la dynamite obtenue, trop sèche, aura une tendance à s'émietter; pour prévenir cet inconvénient, on additionne la guhr d'environ 1 0/0 de sulfate de baryum. Sa couleur doit être rose pâle, rouge brun ou blanche. Il faut qu'elle soit exempte, autant que possible, de petits cailloux, quartz, etc., et douce au toucher lorsqu'on la frotte entre le pouce et l'index. Il faut enfin qu'elle présente à l'examen microscopique des diatomées en quantité très considérable.

Voici le résultat de l'analyse, après dessiccation, d'un bon échantillon de kieselguhr :

Silice	94,30
Magnésie	2,10
Oxyde de fer et alumine	1,30
Matières organiques	0,40
Humidité	1,90
	100,00

Fabrication de la dynamite. — La calcination de la guhr est destinée à éliminer l'eau et les matières organiques qu'elle peut renfermer. Cette opération se pratique généralement dans un four à reverbère. Le produit est placé sur la sole, en une couche de $0^m,08$ à $0^m,10$ d'épaisseur, et remué au moyen d'un ringard en fer. La combustion des matières organiques exige que la guhr soit portée à la température du rouge. La durée de l'opération augmente avec la proportion d'éléments à éliminer. Après calcination, la teneur totale en eau et matières organiques ne peut dépasser 5 0/0.

La guhr est soumise ensuite au broyage et au tamisage; à cet effet, elle passe d'abord entre deux rouleaux en fer animés d'un mouvement peu rapide, au-dessous desquels se trouve disposé un tamis à mailles serrées. Ces opérations terminées, le produit est emmagasiné dans des sacs, que l'on doit avoir bien soin de placer à l'abri de l'humidité; la présence d'une teneur plus élevée que 5 0/0 causerait l'exsudation subséquente de la nitroglycérine.

Vient ensuite l'incorporation du liquide explosible, opération que nous allons examiner sommairement. Il est essentiel que la nitroglycérine soit limpide, absolument exempte d'eau et qu'en outre, elle ait séjourné un jour au moins dans l'atelier de précipitation.

Dans bien des usines, on la verse immédiatement, dès qu'elle est prête, sur la quantité voulue d'absorbant. Elle est donc transportée à l'atelier de pétrissage sous la forme d'une masse pâteuse; de cette manière, on est certain de ne pas en épandre à terre. Lorsqu'on la transporte sous forme liquide, il est bon d'employer à cet effet des câbles aériens séparés par des cloisons en bois; les seaux à employer doivent être parfaitement étanches et disposés de telle manière qu'aucun choc ne soit à redouter. Par mesure de précaution, on place sous les câbles des feuilles de zinc; de cette manière, on peut enlever avec une éponge la nitroglycérine qui vient à s'épandre.

Le liquide est versé sur la guhr; on confectionne ensuite la pâte, à la main, dans des récipients en plomb. L'emploi de gants en caoutchouc destinés à prévenir les troubles qui peuvent résulter du contact de la nitroglycérine avec l'épiderme ne semble guère utile : l'organisme, en effet, s'accoutume à l'action du produit; en outre, ces gants, gênent les ouvriers, les empêchent d'apprécier le degré de perfection du malaxage. En tout état de cause, l'obtention d'une dynamite bien homogène et de teinte uniforme n'est pas une opération facile.

Lorsqu'on juge la pâte suffisamment travaillée, on la soumet au tamisage; l'opération terminée, il faut que le produit obtenu ait la forme de grains fins qui ne soient ni trop secs, ni trop gras ; l'appréciation est délicate et demande une certaine pratique.

La fabrication de la dynamite fait l'objet, en Belgique, des prescriptions suivantes, formulées par l'arrêté royal du 29 octobre 1894 :

Art. 72. — Les presses à cartouches seront construites avec la plus grande précision et seront l'objet d'une surveillance attentive. Elles seront démontées au moins une fois par semaine et soumises, dans toutes leurs parties, à une vérification minutieuse. On suspendra immédiatement le travail aux presses qui viendraient à se déranger et l'on préviendra un surveillant.

Art. 73. — Les encartoucheurs seront payés à la journée et non à la tâche; on veillera à ce que la manœuvre des presses à cartouches se fasse sans précipitation.

Art. 74. — Il ne pourra rester de pâte à encartoucher, à la fin de la journée, ailleurs qu'à l'atelier d'incorporation.

Art. 75. — Les ateliers. . . . . d'incorporation, d'encartouchage et d'emballage seront constamment maintenus à une température qui ne sera jamais supérieure à 12° C.

Art. 76. — Le sol des ateliers dangereux. . . . . . rendu imperméable, sera recouvert d'une couche absorbante de sciure de bois ou de sable. On enlèvera et on renouvellera, chaque semaine, la partie supérieure de cette couche. . . .

Art. 77. — Tous les appareils et ustensiles susceptibles de retenir de la nitroglycérine seront lessivés quotidiennement.

Art. 78. — Tous les résidus ou matières quelconques non débarrassés de nitroglycérine seront réunis chaque soir et brûlés dans un endroit écarté avec les précautions convenables, sous la direction d'un surveillant.

. . . .

La fabrication étant terminée, la dynamite est transportée, par petites charges, vers l'atelier où elle doit être mise en cartouches. Ce transport s'effectue au moyen de bacs en bois doublé de zinc ou simplement verni ; on peut employer également des récipients en caoutchouc.

L'encartouchage se pratique à la presse; il ne peut y en avoir qu'une seule par atelier. Cet appareil se compose, en principe, d'un cylindre de diamètre égal à celui des cartouches à confectionner, et dans lequel se meut un piston commandé par un levier à mains qui opère la compression de la dynamite. La presse est en bronze; elle est fixée à un des murs de l'atelier. Deux ouvrières, assises à des tables placées latéralement, enveloppent les cartouches au moyen de papier parcheminé ou de papier paraffiné.

Le papier parcheminé, plus cher que le papier paraffiné, s'emploie surtout en Angleterre. Il faut avoir soin de le débarrasser, par lavages successifs, des acides qu'il renferme généralment lorsqu'on le livre à la dynamiterie. Ce papier ne peut être trop raide; pour corriger ce défaut, il suffit d'ajouter un peu de glycérine à l'eau servant au dernier lavage. S'il est trop mou, par contre, la cartouche se déforme ultérieurement.

Le paraffinage du papier se pratique souvent dans la dynamiterie même. Il s'opère mécaniquement au moyen de papier continu qui part de la partie inférieure de l'atelier et, après avoir passé sur un rouleau en fer placé vers le haut, traverse une cuve dans laquelle se trouve la paraffine en fusion, et où il est maintenu à l'aide de deux rouleaux qui assurent la régularité de la position. Le chauffage s'effectue à la vapeur. On substitue parfois, à la paraffine pure, un mélange qui renferme 2 parties de paraffine, 6 de résine et 3 de suif. La paraffine, employée seule, est susceptible de craquer et de se fendiller par le refroidissement.

Le papier, au sortir de la cuve de paraffinage, s'enroule successivement sur quatre cylindres disposés sur un chevalet et placés alternativement à la partie supérieure et à la partie inférieure de l'atelier. Il passe finalement entre deux rouleaux fixés sur une table portant un dispositif qui le coupe automatiquement à longueur. Parfois, il est dirigé au préalable vers une presse destinée à imprimer les indications utiles : marque de fabrique, poids, numéro, date, etc.

Afin de prevenir tout suintement, il est bon que le papier qui enveloppe la cartouche soit collé, et non roulé simplement. Cette mesure est imposée en France pour le transport par chemin de fer.

Lorsque les cartouches sont confectionnées, des manœuvres les transportent, par petites charges, vers l'atelier d'emballage. Là, on les place, par quantités de 2 kilogrammes, dans des boîtes en carton qui sont enveloppées, à leur tour, dans du papier fort et ficelées ; au préalable, les vides entre les cartouches sont remplis exactement avec de la sciure de bois, de l'étoupe ou toute autre substance (1) susceptible d'absorber la nitroglycérine qui viendrait à exsuder.

Les boîtes sont placées, sans vides, dans des caisses en bois à planches jointives, assemblées au moyen de pointes en fer à tête noyée. Les couvercles sont fixés par des chevilles en bois; on peut également se servir de vis en laiton ou en fer galvanisé ; il faut strictement s'abstenir d'employer des clous ordinaires (2). Ces caisses doivent être munies de poignées non métalliques ou de tasseaux. Leur poids brut ne peut excéder 25 kilogrammes, d'après les règlements français; en Belgique, on admet 35 kilogrammes, tandis qu'en Angleterre, le maximum est de 50 livres

(1) Voir le brevet Königs.

(2) Cette imprudence, commise par des ouvriers dans un magasin situé à proximité de Tunis, coûta la vie à deux d'entre eux, blessant grièvement le troisième (23 mars 1899).

(22^{kg},670). L'épaisseur des planches ne peut être inférieure à 15 millimètres en Belgique et à 11 dans les deux autres pays. Pour les dynamites destinées à être transportées par eau, la caisse en bois ne peut suffire. Il faut une enveloppe imperméable; à cet effet, on se sert de métal ou bien de caoutchouc.

Lorsque la dynamite est emmagasinée, il convient de prélever des échantillons de temps à autres et de les soumettre à l'essai de résistance à la chaleur. Un autre essai, non moins utile, consiste à couper un morceau de cartouche mesurant 2 à 3 centimètres de longueur et à le placer sous une cloche, en même temps qu'un vase ouvert contenant de l'eau; aucune exsudation ne doit se produire.

En France, aucune dynamite n'est admise au transport par chemin de fer si elle a séjourné plus d'un an en magasin.

Propriétés de la dynamite. — La densité de la dynamite ordinaire est de 1,50; toutefois le poids d'un décimètre cube ne dépasse pas 1^{kg},225. Elle est onctueuse au toucher, inodore, et de couleur grise ou rouge.

La dynamite est bien moins sensible au choc que la nitroglycérine; toutefois, on a vu de nombreux exemples d'accidents dus au seul fait d'avoir voulu forcer brutalement l'entrée d'une cartouche dans un trou de mine trop étroit; elle fait explosion sous le choc d'une balle de fusil, même à grande distance, ce qui rend impossible son adaptation aux usages militaires. Elle ne peut servir au chargement des obus, car elle détone sous l'action du choc au départ. En Amérique, le lieutenant Zalinsky et le lieutenant Graydon ont imaginé des types de canons pneumatiques, destinés à lancer des torpilles ou des obus chargés de dynamite.

Soumise à l'action d'une douce chaleur, la dynamite ne se modifie pas, même si on la maintient une heure durant à la température de 100°. En contact avec une substance incandescente, un cigare allumé par exemple, elle s'enflamme facilement et brûle sans détoner. De même, l'étincelle électrique provoque l'inflammation de la dynamite sans en entraîner l'explosion, à l'air libre tout au moins.

Elle fait explosion à la température de 180-182°. L'échauffement préalable la rend très sensible à la friction ou au choc; aussi convient-il, dans les pays chauds, de ne jamais l'exposer aux rayons du soleil. La lumière du soleil décompose d'ailleurs la nitroglycérine, de même que tous les composés nitriques.

Lorsque la dynamite est en quantité restreinte, elle brûle à l'air libre avec une flamme rosée, en abandonnant la guhr. Si on enflamme un tas d'un certain volume, il se consume tranquillement; toutefois, dès que l'échappement de gaz éprouve quelque résistance, la masse fait explosion.

Soumise à l'action du froid, la dynamite se congèle; elle se présente alors sous la forme d'une masse dure. La température de congélation de la nitroglycérine varie avec son degré d'hydratation : au moyen de nitroglycérine anhydre et de guhr très calcinée, on a confectionné des cartouches qui ont pu être maintenues intactes pendant soixante-douze heures, à la température de 4° sous 0. Pour les cartouches ordinaires du commerce, la congélation se produit généralement à la température de 6 à 7°. La matière ne reprend sa plasticité, toutefois, qu'à une température supérieure de 2 ou 3° à celle de la congélation. Il arrive fréquemment que, dans une même caisse, certaines des cartouches aient durci, tandis que d'autres n'aient pas été modifiées; le fait est-il dû à l'inégale répartition de la nitroglycérine, ou bien à la présence dans le liquide explosible de proportions différentes d'humidité ?

La dynamite, lorsqu'elle est gelée, exige l'emploi de détonateurs contenant au moins 1 gramme de fulminate de mercure, alors que $0^{gr},6$ suffisent lorsqu'elle est plastique. L'emploi de l'explosif sous cette forme est des plus dangereux : son introduction dans le forage est malaisée, et la cartouche peut aisément faire explosion sous l'influence du choc ; il a suffi même parfois de briser, de couper une cartouche, d'y pratiquer une ouverture destinée au placement du détonateur pour en provoquer l'explosion.

Il est donc nécessaire de dégeler la dynamite. Cette opération a donné lieu à des accidents bien nombreux : le cas le plus ordinaire est celui de cartouches que l'on place sur un poêle ou bien dans des cendres chaudes ; l'explosion ne tarde pas à survenir. Ce phénomène provient de l'exsudation qui se produit par suite de la répartition fatalement irrégulière de la nitroglycérine au sein de la kieselguhr. Malgré les recommandations qui ont été faites si fréquemment à ce sujet, on lit fréquemment le récit d'accidents de ce genre.

Il y a grand danger, également, à dégeler la dynamite en la plaçant dans un récipient contenant de l'eau chaude : la nitroglycérine ne tarde pas à former une couche huileuse à la partie inférieure du liquide.

Le seul moyen auquel on puisse recourir en toute sécurité consiste dans l'emploi d'un appareil constitué de deux récipients en zinc, séparés par un espace annulaire dans lequel on verse de l'eau chauffée à une température comprise entre 60 et 70° ; les cartouches à dégeler sont placées dans le vase intérieur. Afin de prévenir toute déperdition de calorique, l'appareil porte extérieurement une troisième enveloppe, destinée à maintenir une couche de substance mauvaise conductrice de la chaleur ; il est surmonté d'un couvercle à double paroi disposé de même.

Le principe de cet appareil est excellent ; cependant, il peut donner lieu à des accidents : si une fuite vient à se produire dans le récipient central, la nitroglycérine qui exsude viendra se mêler à l'eau. Le mélange fera explosion si on le chauffe pour l'utiliser à nouveau [1] et sera dangereux, quoi qu'on en fasse. Le seul moyen de prévenir tout accident consiste à assurer l'étanchéité du récipient avec le plus grand soin ; à cet effet, on le double intérieurement de bois. Il faut qu'en outre il puisse être enlevé avec la plus grande facilité, de manière à pouvoir le nettoyer chaque jour à fond et en vérifier l'étanchéité. Si celle-ci était douteuse, il faudrait examiner la couche d'eau extérieure et, dans

(1) Rien qu'en Angleterre, nous avons relevé, pour une période de quatre années (1879 à 1883), sept accidents de ce genre, accidents qui causèrent la mort de huit ouvriers et blessèrent dix de leurs camarades.

le cas où un dépôt de nitroglycérine se serait formé vers le bas, en opérer la combustion ; de même, il faudra brûler les résidus provenant du nettoyage. Par sécurité, il convient de pratiquer le dégel des cartouches dans une place non chauffée.

On conseille parfois de dégeler les cartouches en les plaçant dans du fumier en tas. Ce procédé n'est pas exempt de danger, car la température peut atteindre un degré trop élevé. Il peut être dangereux, aussi, de porter dans la poche du pantalon les cartouches dont on veut prévenir la congélation : un ouvrier, rentrant chez lui, en avait oublié une dans sa poche. Il mit ses vêtements à sécher près du poêle ; soudain survint une explosion violente, dont il fut la victime (29 février 1888, Bolts Burn, Durham).

Si la nitroglycérine est absolument exempte d'acide, la dynamite se conserve indéfiniment sans s'altérer. Dès que la décomposition a commencé, elle se propage très rapidement ; l'explosion de la dynamite pourra s'ensuivre, surtout si celle-ci est placée dans une enveloppe résistante. Dans ce cas, il convient de la détruire sans retard (Voir *Destruction des matières explosibles*).

L'exsudation de la nitroglycérine peut se produire également lorsque la dynamite n'est pas de qualité convenable. Elle survient aussi sous l'action de l'eau, par suite d'un phénomène d'osmose que favorise la nature de l'enveloppe en papier parcheminé ; à la longue, dans un trou de mine humide, par exemple, l'eau remplacera complètement la nitroglycérine. Cette exsudation a causé, sans nul doute, de nombreux accidents : au cours du forage d'un trou de mine, des ouvriers rencontraient de la nitroglycérine qui s'était répandue dans les fissures de la roche ou, lors du travail au pic consécutif à une explosion, déterminaient par le choc la détonation intempestive du liquide. Dans les terrains humides, ainsi que dans l'eau, il convient donc de placer la dynamite dans des cartouches métalliques ou dans des enveloppes en gutta-percha.

D'après M. Guttmann, l'humidité atmosphérique affecterait fort peu la dynamite de bonne qualité et ne pourrait en provoquer l'exsudation.

Théoriquement, la détonation complète, l'explosion franche de la dynamite ne produit pas de gaz nuisibles. Mais, en fait, lorsque l'aération est imparfaite, il arrive souvent que les mineurs ressentent des maux de tête ou d'autres troubles dus à des produits de décomposition incomplète. Il importe de remarquer que l'emploi de capsules à charge trop faible favorise la décomposition incomplète de l'explosif.

La dynamite est sensible aux explosions par influence ou explosions sympathiques.

L'usage de la dynamite n° 1 a été des plus répandus; actuellement, il diminue, dans une proportion énorme, au profit des gélatines explosibles. C'est au point que, dans certains pays, la consommation industrielle en est devenue absolument nulle.

L'inspection des explosifs admet, en Angleterre, que la kieselguhr entrant dans la composition de la dynamite n° 1 soit remplacée, jusqu'à concurrence de 8 parties, par un ou plusieurs des éléments suivants : carbonate de soude, sulfate de baryte, mica, talc et ocre. Elle peut renfermer aussi 1,5 0/0, au maximum, de carbonate d'ammoniaque.

La dynamite n° 1, fabriquée en France (Paulilles et Saint-Sauveur), répond à la composition suivante :

Nitroglycérine	75,00
Guhr	24,75
Carbonate d'ammoniaque	0,25
	100,00

La guhr est une substance inerte, c'est-à-dire qu'elle ne prend aucune part à la réaction explosive. Comme dynamites à absorbants inertes, on peut citer encore les dynamites de Vonges, la dynamite blanche de Paulilles, la dynamite rouge, la dynamite au mica, la dynamite spéciale, la pantopollite, etc. Ces explosifs font l'objet de rubriques distinctes.

Au lieu d'additionner la nitroglycérine d'une substance inerte, on peut l'associer à une matière combustible. L'idée est logique en principe, car la décomposition du liquide explosible met en liberté de l'oxygène. Toutefois, elle a donné lieu à des discussions : on a fait remarquer que les deux substances mélangées ne se décomposant pas simultanément, mais, successivement, leur union ne pouvait donner lieu à aucun avantage.

Comme ingrédients ayant été employés à titre d'absorbants actifs, on peut citer le charbon, la sciure de bois, la farine, etc. On s'est servi également des nitrates de potasse, de soude, d'ammoniaque, de baryte, constituant ainsi des dynamites à la potasse, à la soude, etc. Les dynamites n° 2 et n° 3, de Nobel, à 52 0/0 de nitroglycérine, renfermaient du salpêtre et de la sciure de bois, additionnés d'une petite quantité de carbonate de soude. La poudre noire a été employée aussi comme absorbant de la nitroglycérine (*Coloniapulver*). Citons aussi les *wetterdynamites*, contenant de la cellulose.

On peut citer encore les dynamites au chlorate de potasse (séranine, vigorite, etc.). Les poudres chloratées peuvent toutes être considérées comme dangereuses ; il va de soi que ce n'est pas l'addition de nitroglycérine qui accroîtra la sécurité.

Le coton-poudre fut proposé comme absorbant, dès l'année 1867, par Abel, en Angleterre, et par Trauzl, en Autriche. L'année suivante, en Prusse, le capitaine Schultz proposa la dualine, mélange de nitroglycérine avec la poudre qu'il avait fait breveter, laquelle était constituée de nitrolignine. Parmi les dynamites à absorbant actif, on peut ranger également la paléine, décrite ci-après. L'Amérique exceptée, ces dynamites n'ont jamais fait l'objet d'une grande consommation industrielle.

L'examen de la dynamite doit porter sur un certain nombre de points : l'essai de résistance à la chaleur fait l'objet d'une rubrique spéciale, sous laquelle nous indiquons également la manière de séparer la nitroglycérine. Nous traitons séparément aussi les essais relatifs à l'exsudation.

Reste l'analyse chimique, opération que nous allons examiner sommairement : l'humidité est dosée par perte de poids, en plaçant un échantillon de 10 grammes environ dans un dessiccateur au chlorure de calcium [1], où il séjourne de six à huit jours. La teneur, peu élevée, est inférieure en général à 1 0/0.

M. Handy a proposé une méthode plus rapide : on prend une capsule en porcelaine d'un pouce de diamètre. Après y avoir placé 1 gramme de la dynamite à analyser, on l'introduit à la partie inférieure d'un ballon de 600 centimètres cubes environ, à goulot très large. Ensuite, au moyen d'un aspirateur, on fait passer sur la dynamite un courant d'air préalablement desséché par un barbotage dans l'acide sulfurique concentré. L'air est débité à raison de 10 centimètres cubes environ par seconde et arrive à une distance d'un pouce environ de la capsule contenant la dynamite. A l'entrée, ainsi qu'à la sortie, il passe par des flacons de sûreté destinés à protéger la dynamite en cas d'entraînement mécanique de l'acide sulfurique ou d'introduction de l'eau provenant de l'aspirateur. Au bout de trois heures, on arrête le courant; l'humidité est déterminé par la perte de poids. Ce procédé donne également de bons résultats avec la nitroglycérine. Le dosage effectué, la dynamite est placée sur du papier à filtrer; on pèse, puis on sépare la nitroglycérine au moyen de l'éther, dans un appareil de Soxhlet.

Le procédé employé par M. Sanford, beaucoup plus simple, n'offre pas moins d'exactitude : l'humidité ayant été dosée, on place la dynamite dans un petit flacon d'Erlenmeyer, où on la laisse digérer avec de l'éther pendant vingt-quatre heures. Après avoir décanté, on la met en contact à nouveau avec de l'éther pendant une heure; ensuite, on fait passer sur un filtre taré, on dessèche à 100° et on pèse la kieselguhr, laissée comme résidu. On déterminera la nitroglycérine par différence. Si l'on voulait l'isoler par distillation de l'éther, on obtiendrait fatalement un résultat

(1) Il serait dangereux d'employer à cet usage l'acide sulfurique concentré, car la moindre parcelle d'explosif projeté dans l'acide pourrait amener une explosion.

trop bas, car elle se volatiliserait elle-même à la température de volatilisation de l'éther.

Le résidu de guhr sèche peut être repris en vue de la recherche de sels minéraux : carbonate de soude, etc.

Eu égard à la complexité de leur composition, l'analyse des dynamites à absorbant actif peut être très délicate parfois. La presque totalité des sels minéraux : nitrates, chlorate, carbonates (neutres alcalins) sont séparés en bloc par l'eau chaude et dosés ensuite. Parmi les autres ingrédients, on trouve la paraffine, la résine, le soufre, le bois, la houille pulvérisée, le charbon de bois, le camphre, etc.

Au cours du traitement par l'éther, la nitroglycérine, la paraffine, la résine et la majeure partie du soufre passent en solution. La liqueur ayant été soumise à l'évaporation, on pèse le résidu et on le traite par une solution de soude caustique; la résine se dissout. On décante la liqueur, puis on précipite la résine par l'acide chlorhydrique et on la recueille sur un filtre taré, préalablement desséché à 100°; on fait sécher le dépôt à 100° et on le pèse.

Le dépôt obtenu après la séparation de la résine, est traité par l'alcool concentré; ensuite, on décante. Il reste un résidu de paraffine et de soufre, qu'on lave à l'alcool et pèse ensuite. Pour séparer ces deux substances, on chauffe le mélange en présence d'une solution de sulfure d'ammonium. Après refroidissement, la paraffine vient former une croûte à la surface du liquide, et il suffit de la percer avec une tige de verre pour évacuer le liquide. Il reste à la laver à l'eau, sécher et peser. On déterminera le soufre par différence.

Si la dynamite contient du camphre, on la traite d'abord par l'éther alcoolisé, puis par le bisulfure de carbone. Celui-ci laisse passer dans la solution, en même temps que le camphre, la résine, la paraffine, le soufre et une petite quantité de nitroglycérine. Il suffit d'évaporer pour obtenir la volatilisation du camphre, que l'on dosera ainsi par perte de poids; il y a une légère correction à faire, du chef de la nitroglycérine qui se volatilise en même temps.

Les gélatines explosibles, dont l'industrie consomme actuellement des quantités énormes, peuvent être considérées aussi comme des variétés de dynamite à absorbant actif. Ces explosifs font l'objet d'une rubrique spéciale.

Dynamite n° 0. — Cet explosif, que l'on désigne parfois sous le nom de dynamite spéciale, contient 90 0/0 de nitroglycérine et 10 0/0 de guhr. Elle est recommandée pour les roches particulièrement résistantes.

On fabrique en France, sous le nom de dynamite n° 0, deux variétés de dynamites à absorbant combustible répondant à la composition suivante :

	Paulilles et St-Sauveur	Cugny
Nitroglycérine	70,00	74
Cellulose	29,75	26
Carbonate de soude	0,25	»
	100,00	100

Dynamite n° 1. — Explosif renfermant 75 0/0 de nitroglycérine et 25 0/0 de kieselguhr. Voir *Dynamite*,

Dynamites n° 2 et n° 3. — Dynamites à absorbant actif. Voir *Potasse* (*Dynamite à la*) et *Soude* (*Dynamite à la*).

Dynamite gélatine, dynamite-gomme. — Voir *Gélatines explosibles*.

Dynamite spéciale. — Voir *Dynamite n° 0*.

Dynamitières souterraines. — Les expériences de la Commission française des substances explosives ont montré la sécurité que ces dynamitières peuvent présenter, comparativement à celles de la surface. Les rapports parus dans les *Annales des mines* (9e série, t. XI, p. 86, 119, 517 ; t. XIII, p. 644 et t. XV, p. 523) définissent les conditions relatives à leur établissement.

La question a été développée par M. Le Chatelier, lors du Congrès des mines et de la métallurgie qui s'est réuni à Paris en 1900.

Il y a lieu de remarquer, tout d'abord, que les produits faisant explosion par simple inflammation, ne sont pas en cause ; il s'agit des explosifs détonants. La poudre noire ne pourra être placée dans les mêmes magasins que ceux-ci. Sous aucun prétexte, d'autre part, on ne pourra y déposer des amorces.

S'il s'agit de magasins destinés à renfermer des quantités élevées de dynamite, il faut les munir de dispositifs d'obturation qui isolent automatiquement, en cas d'explosion, la dynamitière des galeries en exploitation communiquant avec elle. A cet effet, la Commission propose l'emploi de boules obturatrices composées de disques en carton et en bois de diamètre voulu, enfilés sur un boulon dont la tête et l'écrou présentent la forme de calottes sphériques. Ce système, énergiquement serré, est tourné au diamètre voulu.

La dynamitière est placée dans un cul-de-sac. L'accès de la galerie avec laquelle celui-ci communique, a lieu par une dérivation présentant deux coudes à angle droit. Cette galerie est rétrécie à l'endroit où elle recoupe le plus éloigné des deux coudes ; ce rétrécissement est destiné à être obturé si une explosion vient à projeter la boule. Le diamètre de celle-ci doit être le plus grand possible, eu égard à celui de la galerie ; comme il est nécessaire, d'autre part, de parcourir des galeries de section moindre, il en résulte que le dispositif employé doit être démontable et facile à transporter, ainsi qu'à remonter. La résistance de la boule obturatrice doit être suffisante pour qu'elle ne puisse se disloquer, au contact du siège, sous le choc des pressions considérables susceptibles d'être développées. Il faut, enfin, que la plasticité soit suffisante pour réaliser l'obturation, même avec des joints imparfaits. La solution proposée par la commission rencontre ces divers desiderata.

Pour les dépôts peu importants, on peut se dispenser d'établir la sphère obturatrice, relativement coûteuse. On isolera chaque caisse dans un logement maçonné fermé par une porte en fer ayant au moins 10 millimètres d'épaisseur. Les logements seront séparés les uns des autres par une distance de 4 mètres dans les terrains tendres, tels que la houille ou les schistes, et de 3 mètres dans les terrains très durs, comme le grès. Ils seront établis sur une seule des parois du magasin, et non sur les deux. Les portes des magasins seront à claire-voie, de façon à assurer la ventilation. Chaque magasin sera distant d'au moins 200 mètres de toute porte d'aérage de la mine, et de 400 mètres, si possible, de la porte dont la destruction pourrait supprimer toute ventilation dans la mine entière ou dans un de ses quartiers.

Les expériences effectuées ont montré, enfin, qu'une faible épaisseur de terre ou de sable suffit pour empêcher d'une façon absolue tout ébranlement dangereux en cas d'explosion et limiter à une zone très restreinte la projection des matériaux : si la dynamitière renferme 500 kilogrammes, 9 mètres de hauteur limiteront les risques de projection à 25 mètres, dans le cas d'un dépôt concentré de construction cubique ; la moitié de cette hauteur sera suffisante si le magasin affecte la forme d'une galerie de 25 mètres de long.

Dynamite-paille. — Voir *Paléine.*

Dynammon. — Voir *Von Geldern.*

Dynamo. — Explosif autorisé dans la colonie de Victoria et composé de nitrate, picrate et perchlorate de potasse, additionnés de goudron et de sciure de bois.

Dynamo-électrique (Explosif). — C'est une sorte de dynamite à laquelle, d'après le dictionnaire de Cundill-Thomson (n° 263), on aurait attribué des avantages exagérés ; l'inventeur est le major Verstraete, de l'armée belge.

Dynamogène. — Cet explosif se prépare comme suit : on fait bouillir 17 parties de prussiate jaune de potasse et autant de charbon de bois, avec 150 parties d'eau; puis, ayant malaxé, on laisse refroidir. On ajoute alors le mélange suivant :

Chlorate de potasse	70 parties
Potasse..........................	35 »
Amidon	10 »
Eau..............................	50 »

On transforme le tout en une pâte fine qui est étendue sur du papier à filtrer ; celui-ci est ensuite desséché, découpé et roulé sous forme de cartouches.

(Brevet anglais n° 2.895, du 19 juin 1882; brevet français n° 149.642, du 19 juin 1882.)

Dynamoïte. — Poudre de mine inventée par MM. Moschek et Brunner et répondant à la composition centésimale suivante :

Chlorate de potasse......	20 à 40	»	30 à 60
Nitrate d'ammoniaque....	40 à 10	30 à 60	»
Résidus de malt.........	40 à 70	70 à 40	70 à 40

(Brevet anglais n° 5.843, et brevet français n° 212.565, du 4 avril 1891.)

E

Eagle Duck et Eagle Rifle Powders. — Voir *Du Pont de Nemours*.

Eales. — Voir *Mèches de sûreté*.

Earle. — Voir *Reid*.

Earthquake Powder. — Composition :

Salpêtre	78 à 81 pour 100
Charbon de bois	19 à 22 »
Soufre pur	1/3 »

L'*earthquake powder* est fabriquée par la Société Curtis's & Harvey, Ltd. ; elle figure sur la liste de celles dont l'emploi est autorisé dans les charbonnages grisouteux ou poussiéreux. L'autorisation est subordonnée aux conditions suivantes : la puissance explosive, essayée au bloc de plomb, ne peut être moindre, à poids égal, que celle de la poudre R F G². Les grains doivent être de telle grosseur qu'ils passent à travers le tamis de 11 mailles par pouce linéaire et soient refusés par celui de 40 mailles.

Elle doit satisfaire aussi à l'essai suivant : après élimination du salpêtre par lavage et dessiccation, il faut que la perte de poids par volatilisation, si l'on chauffe au rouge dans un courant de gaz de houille, ne soit pas inférieure à 56 0/0. Quant au charbon de bois employé, si l'on en opère la combustion à l'air libre, il ne peut laisser un résidu minéral supérieur à 1 1/2 0/0 en poids.

Cette poudre est due à MM. Curtis et Durnford.

(Brevet anglais n° 17.878, 19 août 1898 — 17 juillet 1899.)

Eaton (Poudre). — Poudre à gros grains et à combustion lente.

Eau. — L'emploi de l'eau sous forme comprimée a été proposé à titre de succédané des substances explosibles. Plusieurs dispositifs ont été imaginés dans ce but.

Dans un autre ordre d'idées, certains inventeurs : Carillon, Cornara, Edison, Ochsé, Preisenhammer, etc., ont songé à provoquer électriquement l'explosion des gaz engendrés par la décomposition de l'eau. M. Berthelot fait remarquer à cet égard

(*Traité sur la force des matières explosives*, introduction), que « le mélange tonnant, formé par l'hydrogène et l'oxygène, fournit, à poids égal, une force supérieure à celle de tous les autres mélanges connus. Malheureusement, le volume occupé par les corps primitifs est énorme, en raison de leur état gazeux : ce qui ne permet pas aux pressions développées pendant l'explosion d'atteindre une valeur fort élevée. En outre, l'état gazeux du mélange primitif nécessite l'emploi d'enveloppes hermétiques, pour empêcher la déperdition des gaz. Ce double inconvénient n'a pas permis de tirer parti des mélanges gazeux explosifs, non plus que de l'oxygène libre » (brevets Linde). Eu égard à la pression considérable sous laquelle le gaz se trouve renfermé dans les cartouches chargées, leur prix est élevé et leur maniement susceptible de danger.

E. C. (Dynamite). — La composition de cet explosif ne se distingue de celle de la dynamite n° 1 que par l'addition d'une quantité de carbonate de soude qui ne peut excéder 3 0/0. Il fut fabriquée, en Angleterre, de **1883** à 1886.

E. C. (Poudre). — Cette poudre est due à MM. Reid et Johnson, qui ont fait breveter le traitement du coton-poudre granulé par l'éther alcoolisé, lequel est susceptible de dissoudre environ 30 0/0 de la matière. L'effet de ce dissolvant est de rendre plus compacte, plus dure, la surface extérieure des grains, mais non pas d'exercer une action gélatinisante.

(Brevet français n° 147.325 du 11 février 1882.)

La poudre E. C. est antérieure de plusieurs années à la découverte des poudres sans fumée. L'E. C. Powder Company, Ltd. la fabrique, depuis 1882, dans son usine de Greenhite (Kent). Cette fabrication a fait l'objet, depuis lors, de modifications telles que la poudre E. C. peut être comparée avantageusement aux types les plus récents.

La fabrication de l'*E. C. Powder Company's Rifle Powder*, poudre de guerre abandonnée depuis 1889, s'effectuait comme suit :

La cellulose, d'abord nitrifiée, était réduite en pulpe, puis grenée au moyen de tamis oscillants. Après dessiccation, les grains étaient humectés au moyen de 50 à 80 0/0 d'éther alcoolisé, à l'effet d'endurcir la surface. Pour terminer, on les colorait en orangé au moyen d'auréine dissoute dans l'alcool ou tout autre dissolvant.

La poudre de chasse : *E. C. Sporting Powder*, dont la fabrication subsiste seule, contient un peu de camphre. Le traitement à l'éther alcoolisé s'opère en même temps que la granulation (Voir *Borland*). Le grain obtenu, dur et dense, brûle avec régularité. L'analyse de deux échantillons de cette poudre a donné les résultats suivants (Eissler, *Handbook on Modern Explosives*) :

Nitrocellulose soluble	27,95	21,79
— insoluble	28,32	25,58
Cellulose (non nitrifiée)	3,15	4,17
Nitrates de potasse et de baryte	37,80	38,32
Substances solubles dans la benzine.	0,60	1,95
— — l'alcool.	2,15	6,32
Humidité		1,87
	100,00	100,00

En Amérique, la poudre E. C. est fabriquée par l'*American E. C. and Schultze Gunpowder Co., Ltd.*, dans son usine d'Oakland (New-Jersey). Un magasin flottant qui renfermait cinquante caisses contenant chacune dix boîtes de cinq livres (soit 1.136 kilogrammes au total) et se trouvait en rade de New-Jersey, fut incendié par la foudre, en date du 12 août 1900. La violence du feu fut telle que pas une seule des cinquante caisses ne resta intacte; la soudure même fut fondue. Quant à la poudre, elle brûla sans qu'aucune explosion s'ensuivît. Plusieurs caisses de poudre noire, qui se trouvaient en magasin également, ne furent pas détruites par le feu. Leur combustion, bien certainement, ne se fût pas effectuée d'une manière aussi inoffensive.

Éclairage des fabriques d'explosifs. — L'éclairage électrique doit être pratiqué, non à l'aide de lampes à arc, mais au moyen de lampes à incandescence. Les expériences officielles faites à Waltham Abbey, en 1881, ont montré que ces dernières, même, peuvent devenir dangereuses en cas de rupture. Il convient donc de les protéger par une enveloppe solide en verre, disposée de telle manière que, normalement, sa température extérieure ne puisse dépasser 60°. Il est prudent d'entourer cette enveloppe d'une cage protectrice solide en fils métalliques.

Les lampes seront disposées extérieurement aux ateliers; si elles font partiellement saillie vers l'intérieur, elles doivent être néanmoins accessibles de l'extérieur. En cas de chutes, explosions voisines, etc., il faut qu'elles ne puissent tomber, ni dans les ateliers, ni sur les conducteurs. On ne pourra les placer à l'intérieur qu'exceptionnellement.

Dans les endroits particulièrement dangereux, les lampes seront placées dans des globes remplis d'eau distillée, que l'on additionnera de glycérine en hiver. On pourra se dispenser de placer de l'eau dans les globes si leurs joints présentent une étanchéité telle que la poussière ne puisse absolument s'y introduire.

L'ordonnance anglaise du 1er décembre 1892 règle l'éclairage électrique des fabriques d'explosifs et indique les mesures imposées au sujet des conducteurs. Cette dernière question a été examinée récemment dans le *Mémorial des Poudres et Salpêtres*.

Éclipse (Poudre). — Mélange d'acide picrique, de litharge, de soufre et de charbon. Cette poudre doit être considérée comme particulièrement dangereuse, ainsi qu'on s'en rendra compte en se reportant à la rubrique *Picrique (Acide)* (explosion de Cornbrook).

Écrasite. — Cet explosif, constitué de nitrocrésylate d'ammoniaque additionné de salpêtre, est employé par l'armée autrichienne pour le chargement des obus brisants, des pétards, ainsi que des cartouches de rupture.

S'il s'agit de la première de ces applications, on tasse la poudre au moyen de baguettes en bois ou bien on la comprime en plaques. L'explosion de l'écrasite exige un détonateur contenant 2 grammes de fulminate ; on préfère, en général, une amorce au fulmicoton. C'est un explosif de couleur jaune soufre, gras au toucher, fusible vers 100° ; on le représente comme insensible à l'action de l'humidité et des variations de température ne pouvant détoner sous l'action du choc, de la friction, ni même de la balle. En contact avec une substance incandescente ou avec une flamme, il brûlerait sans faire explosion. Il y a lieu de remarquer, toutefois, qu'un accident s'est produit au Laboratoire du Comité militaire autrichien, lors du remplissage d'un obus ; la cause n'en put être exactement définie.

La puissance explosive de l'écrasite dépasse notablement celle de la dynamite. L'essai auquel cet explosif est soumis, en Autriche, analogue d'ailleurs à celui qui est pratiqué dans d'autres pays, consiste à faire sauter une charge posée à la partie centrale d'une pièce de bois tendre. Pour que l'écrasite soit jugée de qualité convenable, il faut qu'une charge de 1 kilogramme, placée sur une poutre de 1^{m},50 de longueur, 22 centimètres de largeur et 30 d'épaisseur, en provoque nettement la rupture. La poutre est fixée à une hauteur de 80 centimètres, au moyen de deux supports distants de 1 mètre.

Un second essai consiste à placer 50 grammes d'écrasite dans une enveloppe cylindrique en étain de 40 millimètres de diamètre externe, 31 de hauteur et 5 d'épaisseur. Au-dessous de cette enveloppe, et séparés d'elle par deux disques en acier de 4 millimètres et demi chacun, se trouvent superposés deux cylindres massifs en plomb, de mêmes dimensions extérieures que l'enveloppe, cylindres dont la déformation augmente avec la puissance de l'explosif. Ils reposent sur une plaque solide en fer fondu, dans un léger évidement ménagé à cet effet. Quatre fils, aboutissant à cette plaque, fixent la cartouche d'étain et assurent la stabilité de l'ensemble. L'explosion ayant été provoquée, il faut que l'aplatissement du cylindre inférieur soit compris entre 24 et 27 millimètres et, celui de l'autre, entre 11 et 11,5 ; ce dernier prend une forme en champignon. La raison qui oblige à effectuer cet essai avec une charge supérieure à celle que l'on emploie habituellement, réside dans la puissance du détonateur nécessité par l'écrasite ; en procédant de cette manière, on annihile pratiquement l'influence propre de ce détonateur.

D'après le lieutenant John Wisser, de l'artillerie des États-Unis, cet explosif serait un mélange de gélatine explosible et de picrate d'ammoniaque.

L'écrasite est fabriquée, près de Presbourg, par MM. Kubin et Siersch.

Eder. — Voir *Azote (Dosage de l')*.

Edison. — Voir *Eau*.

Edmunds, à Calcutta, a fait breveter les mélanges suivants :

	N° 1	N° 2	N° 3
Salpêtre....................	37,50	37,50	24,25
Acide picrique.............	9,38	11,88	15,10
Chlorate de potassium......	18,75	»	24,25
Chlorure de potassium......	12,50	12,50	»
Soufre.....................	3,12	9,37	8,10
Bleu de Prusse.............	3,12	3,75	4,02
Sciure de bois.............	15,64	25,00	»
— nitrifiée.......	»	»	18,28
Silice.....................	»	»	6,00
	100,00	100,00	100,00

Il est facultatif d'ajouter une solution de caoutchouc.

(Brevet anglais n° 23.416, du 5 décembre 1893.)

Ehrhardt (Poudre). — Mélanges composés de chlorate de potasse, salpêtre, charbon, acide tannique et résine.

(Brevets anglais n° 1.694, 8 juillet 1864 ; n° 2.594, 20 octobre 1864, et n° 402, 13 février 1865.)

Eisler (Poudre). — Poudre de mine à base de nitrate de soude, additionné de soufre et de sucre.

Électricité (Application de l') au tirage des mines. — Aperçu historique. — L'invention de la première machine électrique, due à Otto de Guericke, date du XVIIe siècle. Dès le principe, sans nul doute, on dut songer à se servir de l'étincelle électrique pour provoquer l'inflammation de certaines substances. Mais ce ne fut qu'un siècle plus tard, lors de l'inauguration de l'Académie des Sciences de Berlin par Frédéric le Grand, en 1744, que Ludolf put enflammer, par ce moyen, de l'éther sulfurique. Le fait est signalé par le Dr Priestley, dans l'ouvrage intitulé *History of Electricity* (p. 73), publié en 1767. Par suite d'une confusion, dont nous ignorons l'origine, c'est à cet auteur que l'on attribue, en générale, l'idée première du tirage électrique.

En 1745, le Dr Watson, membre de la *Royal Society*, parvint à enflammer la poudre noire au moyen de l'étincelle électrique. Toutefois, la réussite de l'opération était très aléatoire : eu égard à la vitesse si considérable de l'étincelle électrique, la poudre était projetée avec force avant d'avoir pu être enflammée. Benjamin Franklin, en 1751, trouva le moyen de parer à cet inconvénient en encartouchant la poudre et en la comprimant au point d'écraser partiellement les grains. En 1787, le Dr Wolff indiqua le moyen de retarder la vitesse de l'étincelle électrostatique en intercalant dans le circuit un tube en verre, mouillé à l'extérieur.

A la pile de Volta, découverte en 1800 et modifiée l'année suivante par le Dr Cruickshank, succéda la batterie du Dr Wollaston, que l'on peut considérer comme le premier appareil voltaïque de quelque valeur pratique. Entre temps, le baron Schelling avait proposé, en 1812, d'effectuer les sautages au moyen du *galvanisme*, terme sous lequel on désignait le courant électrique produit par les batteries primaires. Il enflammait la poudre par l'intermédiaire de charbon de bois et avait inventé une corde électro-conductrice.

Le professeur Hare, de Pensylvanie, fit subir à la pile de Volta, en 1822, des perfectionnements qui augmentèrent, dans une large mesure, les effets thermiques. C'est à lui que serait due la première application de l'électricité au sautage des mines.

De 1835 à 1840, le tirage électrique des mines prit une forme réellement pratique, en Angleterre ainsi qu'en Amérique. Le premier sautage en grand qui attira l'attention fut effectué à Douvres, le 26 janvier 1843 : 9 1/4 tonnes de poudre, disposées en trois charges, furent tirées simultanément au moyen d'une batterie de Wollaston de grandes dimensions. Les déblais dépassèrent 30.580 mètres cubes de rocher.

En France, le tirage électrique a été pratiqué, dès l'année 1838, par les ingénieurs militaires. La première application industrielle date de 1851 ; il s'agissait du fonçage d'un puits à Veyras (Ardèche). « Le principe de ce procédé, disait M. Castel dans les *Annales des Mines*, consiste à plonger dans la poudre les deux extrémités des conducteurs, reliées par un fil de fer très fin. Sous l'influence d'un courant électrique qui n'a pas besoin d'être très fort, ce fil s'échauffe, rougit, fond même et communique le feu à la poudre. »

Avantages. — Comparé aux autres modes de mise en feu, le tirage électrique présente des avantages considérables : au point de vue de la sécurité, il permet de tirer d'aussi loin que l'on veut et même sans la présence d'un seul homme dans la mine, de manière à réduire à de simples dégâts matériels les résultats d'une explosion accidentelle. Il évite, à proximité de la mine, toute production de flamme due à l'allumage, ce qui est essentiel pour les mines grisouteuses. Si les amorces ou détonateurs sont fabriqués avec tout le soin voulu, les longs feux ne sont pas à redouter. De ce que la sécurité est considérablement accrue, il ne faut nullement conclure que tout danger soit écarté. On compte maints exemples d'accidents causés par la production intempestive du courant électrique, laquelle provoque l'explosion prématurée de la mine : l'appareil producteur d'électricité, placé à grande distance peut se trouver actionné par suite d'une circonstance fortuite telle qu'accident, maladresse, signal interprété à faux, etc.

Un autre avantage sérieux consiste dans la suppression des fumées produites par la combustion de la mèche, fumées qui vicient considérablement l'atmosphère des mines.

L'électricité, enfin, est d'un emploi très pratique pour le sautage des mines sous-marines. Elle a permis de réaliser, en Amérique notamment, des travaux véritablement grandioses. Au point de vue économique, l'avantage essentiel réside dans la facilité avec laquelle le tirage électrique permet de réaliser les sautages simultanés; ceux-ci sont indispensables pour les opérations de grande envergure.

MATÉRIEL A EMPLOYER. — Le tirage électrique des mines nécessite un matériel qui comprend une source d'électricité, un conducteur du courant et une amorce ou un détonateur dont l'explosion, provoquée par le courant, entraîne celle de la charge.

Source d'électricité. — On peut recourir aux machines à frottement, aux machines à induction et aux piles ou batteries.

Les appareils électrostatiques ou à frottement dérivent de la machine bien connue de Ramsden. L'électricité est produite par la rotation d'un disque en gutta-percha ou en verre frottant un coussin, en face duquel se trouve placé un peigne collecteur.

Le baron von Ebner, du Génie autrichien, est l'inventeur d'une machine à friction qui a rencontré une grande faveur dans son pays d'origine. La machine de Bornhardt, très répandue en France, en Allemagne, ainsi qu'en Autriche, se compose de deux plateaux en ébonite tournant entre des frottoirs garnis de peau de chat et chargeant deux bouteilles de Leyde, par l'intermédiaire de peignes collecteurs. Citons aussi les exploseurs d'Abbey, Mahler, Nobel, Elsner, Ladd (Angleterre) et Mowbray (Amérique), basés sur le même principe(1).

Ces appareils présentent plusieurs inconvénients : ils sont lourds, et leurs dimensions en rendent le transport difficile dans les galeries de mines; aussi, leur emploi n'est-il avantageux que si les travaux permettent de les installer à poste fixe pendant un certain temps. En outre, toutes les machines à frottement s'al-

(1) On trouvera la description de plusieurs d'entre eux dans une note publiée par M. Maurice (*Transactions of the Federated Institution of Mining Engineers*, décembre 1897, p. 142). A consulter, également, une note de M. J. von Lauer parue dans l'*Oesterreichische Zeitschrift für Berg und Hüttenwesen* (1896, t. XLIV, p. 59).

tèrent rapidement sous l'influence de l'humidité, quelques précautions que l'on prenne pour les en garantir ; il va de soi qu'on ne peut les employer si les travaux sont humides. Dans les milieux grisouteux ou poussiéreux, leur maniement n'est pas sans danger, car on ne peut isoler efficacement les étincelles abondantes et chaudes qu'elles produisent.

Malgré leurs défauts, elles ont eu beaucoup de succès, eu égard à la haute tension électrique et à l'intensité du courant développés. La tension élevée est favorable au point de vue des sautages simultanés; quant à l'avantage des courants intenses, il consiste à permettre un isolement moins assujettissant des conducteurs. Ces qualités, toutefois, s'altèrent rapidement.

Quelques mots au sujet des machines à induction. C'est en 1851 que Ruhmkorff établit le premier appareil destiné au tirage électrique des mines. Les essais eurent lieu d'abord en 1853, à la Villette, près de Paris, sous la direction d'un ingénieur espagnol, le colonel Verdu. L'année suivante, le comte du Moncel procédait, dans le port de Cherbourg, à des sautages d'une importance considérable.

En Angleterre, les brevets n°s 2.617, 1.043 et 2.100, pris respectivement en 1855, 1862 et 1864 par MM. Withehouse, Gedge et Browman concernent des appareils basés sur le même principe. Les deux derniers se rapportent à une machine ingénieuse, mais compliquée, dérivent de celle qu'avait imaginée M. Alphonse Dumas, de Privas.

Actuellement, la bobine de Ruhmkorff est très rarement employée pour les travaux de mines; elle l'est encore quelquefois dans les tirs simultanés des grands travaux à ciel ouvert, exigeant un certain nombre d'amorces de tension.

Passons à l'examen des machines magnéto : c'est en 1831 que Faraday fit connaître les découvertes mémorables sur lesquelles repose leur principe [1]. La première application des magnétos

(1) Il est intéressant de remarquer que la revue anglaise intitulée *The Monthly Magazine*, dans sa livraison d'avril 1802, signale certaines recherches faites à Vienne et ayant abouti à la décomposition de l'eau par l'électricité produite à l'aide d'un aimant.

au tirage des mines date de 1856; elle fut effectuée par Sir Charles Wheatstone.

Ces machines peuvent être divisées en deux genres principaux : les premières produisent le courant par la rotation d'une bobine d'induction dans un champ magnétique, ce qui donne naissance à des courants alternatifs d'une tension proportionnelle à la longueur du fil induit et inversement proportionnelle à sa section; l'intensité, au contraire, varie en raison directe de celle-ci. On peut donc, d'après les dimensions du fil, modifier à volonté l'un ou l'autre de ses éléments. Comme exploseurs de ce genre, citons ceux de M. Ducretet à Paris, Hunter et Waren à Glascow, l'Ingersoll Rock Drill Co, à New-York, etc.

Le second genre d'appareils magnéto-électriques comprend ceux dont la bobine induite est fixe et dont on modifie le champ magnétique au moyen d'un choc. Le plus employé de ces exploseurs est le *coup-de-poing* de Bréguet. M. Ducretet a fait subir des perfectionnements notables à la construction de ces appareils. Ceux de Hickley et de Scola sont analogues en principe.

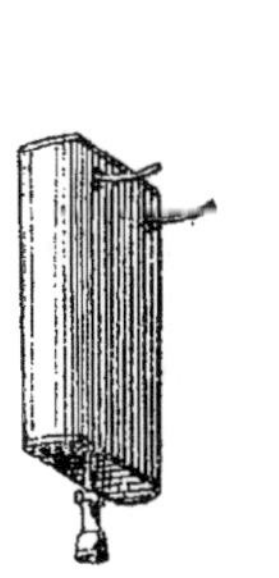

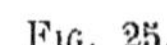

Fig. 25.

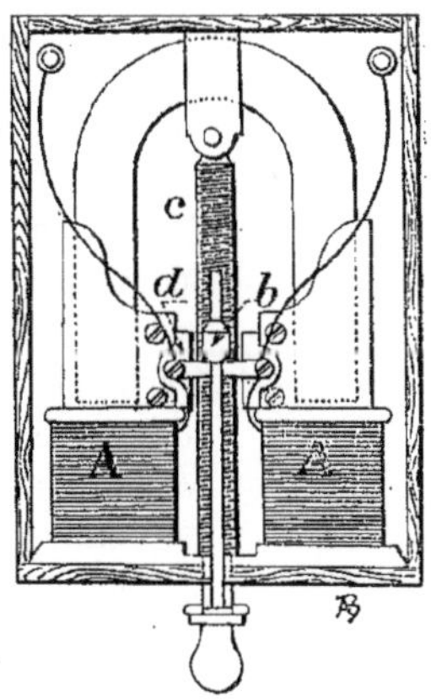

Fig. 26.

MM. Schmitt et C°, à Küppertesg (Allemagne), construisent le *Gnom*, appareil de poche dont nous reproduirons la vue perspective, ainsi que la coupe, à des échelles différentes (*fig.* 25 et 26). Lorsqu'on tire la poignée, le courant prend naissance par l'introduction des pôles de l'aimant dans les bobines A ; un court-circuit se produit, grâce au renflement *b* et aux ressorts *d*. La poignée lâchée, le ressort *c* se détend et les pôles de l'aimant sortent de la bobine (voir la coupe); *b* n'est plus en contact avec les ressorts. Il se produit un extra-courant qui vient renforcer le courant primitif.

Les dynamos peuvent être à haute ou à basse tension, selon le type des amorces dont on se sert. Leur emploi est surtout avantageux lorsqu'on se propose de faire sauter simultanément un grand nombre de mines. Parmi ces appareils, il convient de citer ceux de Siemens, Manet frères, Bürgin; ce dernier a été employé par l'armée suisse. En Amérique et en Angleterre, le *Crescent* a été introduit par l'Ingersoll-Sergeant Drill Company.

Les piles électriques, ainsi que les batteries d'accumulateurs, sont moins employées dans l'industrie que dans les applications militaires; à cet égard, on consultera avec intérêt les ouvrages spéciaux, notamment le traité de M. le capitaine Picardat. C'est la pile de Bunsen qui fut employée en France lors du premier sautage ci-dessus rappelé. Cette pile a subi des modifications qui permettent de l'employer de nos jours (pile vigilante, etc.). Les batteries du type Leclanché ont été l'objet d'applications très nombreuses; signalons les batteries du modèle Silvertown, que l'on employait sur une grande échelle dans le district de Wigan (Angleterre), il y a une vingtaine d'années. Les batteries de Grove s'emploient dans l'armée anglaise, concurremment avec celles de Leclanché. On trouvera leur description, ainsi que les indications relatives à leur emploi, dans l'*Instruction in Military Engineering* (4e partie, 5e édition, p. 53). Parmi les piles au bichromate de potasse ou de soude, citons la pile dite d'Arras (France) et celle de Puddot (Autriche).

Conducteurs et amorces électriques. — Les conditions qui régissent l'établissement des conducteurs varient avec les types d'amorces employées; examinons donc d'abord ces dernières. On peut les diviser en deux classes distinctes : les amorces à incandescence et les amorces à étincelle. Certains types participent à la fois des deux catégories.

a) Les amorces à incandescence sont également désignées sous les noms d'amorces à fil, amorces de quantité ou amorces à faible tension. La figure 27 indique, en coupe, la disposition de l'amorce que fabrique la *Laflin and Rand Powder Co.*, très répandue en Amérique. En principe, les amorces à incandescence se composent d'une enveloppe *a* en bois, en métal ou en carton, contenant la poudre ou composition *b*, au sein de laquelle est noyé le fil ou *pont d* dont l'incandescence déterminera l'explosion. On sait, d'après la loi de Joule, que la quantité de chaleur dégagée est en raison directe du carré de la quantité d'électricité qui passe dans un temps donné; cette quantité d'électricité est donc l'élément principal. Il faut avoir soin de confectionner ces amorces de manière qu'elles ne puissent être détériorées par l'influence de l'humidité. En fait, elles se comportent relativement bien à cet égard et leur résistance varie peu. Elle n'est guère considérable, d'ailleurs : pour l'amorce anglaise, elle ne dépasse pas 1,08 ohm, à la température ordinaire; il en résulte qu'un courant de faible tension suffit.

Fig. 27.

Le fil est fixé par serrage ou mieux par soudure, aux extrémités des conducteurs du courant. Ces derniers sont des fils de cuivre de 0,6 à 0^{mm},9 de diamètre, soigneusement isolés l'un de l'autre. Ils sont prolongés extérieurement, en *c*, de 1 mètre ou davantage ; de cette manière, on ménage les conducteurs du courant électrique, que l'explosion endommagerait au voisinage immédiat de la mine. Au sortir de l'amorce, chacun des fils est recouvert d'une enveloppe isolante. En *f* se trouve un ciment à base de soufre destiné à assurer la stabilité du système et à le protéger contre l'humidité.

Le fil doit présenter une grande ténacité ; en outre, il faut qu'il soit assez peu fusible pour pouvoir être porté à la température voulue sans risquer d'atteindre son point de fusion. Le métal dont ce fil est constitué doit être inaltérable tant au contact de la poudre qui l'environne que sous l'action des influences atmosphériques. Enfin, il est nécessaire qu'il présente une résistance électrique suffisante; puisque la quantité de chaleur due au passage du courant est proportionnelle à cette résistance (d'après la loi de Joule et la loi d'Ohm). Eu égard à ces desiderata, c'est le platine qui a été choisi. On l'emploie sous forme d'alliage avec l'argent et l'iridium ; de cette manière, la résistance est plus constante et plus considérable.

Le fil peut être droit ou bien enroulé en spirale ou en boucle, (voir *Favier*), de manière à accroître la longueur pour une même distance et par suite, l'efficacité. Quant au diamètre, il varie également entre des limites étendues ; il y aura intérêt à ce qu'il soit fort restreint, l'élévation de température étant, pour une même quantité d'électricité, inversement proportionnelle au cube du diamètre. Pour l'amorce danoise, par exemple, il n'est que de 1/100 à 1/200 de millimètre; aussi suffit-il d'un courant d'une intensité de 0,005 à 0,07 ampère pour le porter au rouge.

Dans la plupart des types, les fils conducteurs, préalablement isolés, sont placés dans une même enveloppe en coton ou en gutta-percha, selon l'état sec ou humide des terrains ou de l'atmosphère ; vers leur extrémité seulement, ils se séparent, pour permettre d'établir la connexion avec les fils conducteurs proprement dits.

La poudre peut être constituée de mélanges divers dans lesquels entrent, en proportions variables, le sous-sulfure et le sous-phosphure de cuivre, le chlorate de potasse, le fulminate de mercure, le fulmicoton, la poudre de chasse, le charbon de cornue, etc. Les poudres fusantes — par exemple celles qui contiennent du salpêtre — peuvent donner lieu à des ratés ou des longs feux. La plupart des types d'amorces peuvent être adaptés aux poudres brisantes, par la simple addition d'un détonateur ordinaire au fulminate de mercure.

b) Dans les amorces à étincelles ou à haute tension (amorces de tension), les fils d'aller et de retour du courant sont séparés par un petit intervalle où se produit l'étincelle disruptive. Il est essentiel que cette distance soit rigoureusement constante. Si cette condition n'est pas réalisée, la sensibilité des amorces diffère, et elles ne peuvent convenir au tir multiple. Une distance relativement considérable présente l'avantage d'être moins affectée par les petits écarts qui peuvent se produire ; il est vrai que, dans ce cas, il faut recourir à des sources d'électricité qui permettent le développement d'une tension élevée. De nombreux dispositifs sont employés dans le but d'obtenir la constance absolue dans l'écartement des fils. Dans l'amorce autrichienne, ils sont réunis par un fil mince ; on coupe celui-ci en son milieu au moyen d'une petite pince qui écarte les deux extrémités d'une quantité invariable. Les dispositifs proposés par Bikford-Smith, Pettinger, Smith-Corrie, Taylor, sont décrits sous des rubriques séparées. Il est nécessaire de confectionner les amorces à étincelles avec grand soin, car leur résistance est susceptible de varier avec la durée de l'emmagasinage ; ces amorces sont sensibles aux influences climatériques.

La poudre est constituée de mélanges dont la composition qualitative est analogue aux précédents. Sa conductibilité électrique joue un rôle important : si elle est trop grande, le courant passera sans produire d'étincelle, et il en résultera un raté ; d'autre part, une poudre trop résistante exigera une force électromotrice très considérable. Il doit exister un rapport constant entre la conductibilité de la poudre et la distance des fils. Il s'ensuit qu'à une poudre donnée correspond une certaine tension et, par suite, un appareil destiné à la produire. C'est un inconvénient auquel il a été paré dans plusieurs types d'amorces.

Les amorces électriques présentent de nombreuses variétés. On en trouvera la description dans les ouvrages, mémoires, notes, etc., consacrés à ce sujet.

M. Ferguson, de New-York, est l'auteur d'un perfectionnement qui consiste à donner la forme pointue à l'extrémité des amorces, de manière à en faciliter l'introduction dans la charge. Les amorces de ce modèle sont construites par la *C. C. Chemical Company*.

(Brevet anglais n° 1.857, 30 août — 12 novembre 1898.)

Les conducteurs électriques, avons-nous dit, varient avec le type d'amorces employées. Ces conducteurs sont des fils métalliques isolés, mis en connexion, d'une part, avec la source d'électricité et, d'autre part, avec les amorces dont on se propose de déterminer l'explosion ou, plus exactement, avec les conducteurs auxiliaires solidaires de celle-ci ; ils comprennent un fil d'aller et un fil de retour du courant. Il est essentiel que leur longueur soit suffisante pour n'exposer à aucun danger l'ouvrier qui manœuvre l'exploseur.

Nous allons examiner, sommairement, l'influence de l'amorce sur le conducteur à adapter : supposons qu'on emploie une amorce à incandescence dont la résistance soit de 1 ohm, la longueur de chacun des conducteurs étant de 50 mètres et leur diamètre, de 1 millimètre. Leur résistance sera de 2,1 ohms, s'ils sont en cuivre ; elle s'élèvera à 14,7 ohms, s'ils sont en fer. On voit donc combien est considérable, dans ce dernier cas, la résistance des conducteurs par rapport à celle des amorces. Il en résulte que, malgré la différence de prix, on aura tout avantage à se servir de conducteurs en cuivre. Il convient de remarquer, d'autre part, que la réussite du sautage ne risque pas d'être grandement affectée en cas d'isolation imparfaite. Admettons, en effet, qu'un court-circuit se produise et que la résistance soit de 5.000 ohms : la proportion entre la perte de courants et la quantité qui traverse l'amorce sera de 3,1 : 5.000, c'est-à-dire négligeable.

La résistance de l'amorce est très élevée s'il s'agit d'amorces à étincelles. Supposons qu'elle vaille 5.000.000 ohms. Il est clair que, dans ce cas, il importe peu que les conducteurs aient une résistance de 2 ou de 15 ohms ; ils pourront donc être en fer tout comme en cuivre. Quant à l'isolation, elle joue un rôle très important ; on voit en effet, admettant les données ci-dessus, que le raté serait inévitable.

Dans le district de Dortmund, on fait une consommation importante d'amorces qui participent des deux types que nous avons décrits et sont désignées sous le nom de *Spaltgluhzunder* (amorce à incandescence divisée). Quoiqu'elles soient à incandescence, en principe, elles n'ont pas les extrémités de leurs conducteurs réunies par un fil de platine ; celui-ci est remplacé par une substance conductrice finement divisée, telle que du graphite ou de la houille pulvérisée, mélangée avec la composition déflagrante qui constitue l'amorce ; de cette manière, la résistance électrique est de beaucoup supérieure à celle des amorces à fil. Elle varie notablement avec la fabrication : en général, on considère qu'elle est comprise entre 500 et 20.000 ohms, la valeur admise en moyenne étant de 5.000 ohms. L'intensité du courant nécessaire ne dépasse pas 0,01 ampère.

Ces amorces réunissent les avantages des deux types dont elles procèdent : dans les galeries qui ne sont pas trop humides, on peut se servir de fils conducteurs en fer, non isolés, même pour certaines variétés dont la résistance est inférieure à 100 ohms. Au cours de leur construction, elles sont essayées plusieurs fois au galvanoscope ; aussi ne donnent-elles sensiblement jamais lieu à des ratés.

La *Rheinisch-Westphalische Sprengstoff-Actiengesellschaft* de Cologne, ainsi que la raison sociale N. Schmitt et C°, à Küppersteg, fabriquent plusieurs types de *Spaltglühzünder* que M. l'ingénieur Heise a décrits dans le *Glückauf*, 1899 (Voir aussi *The Colliery Guardian*, n° 2010).

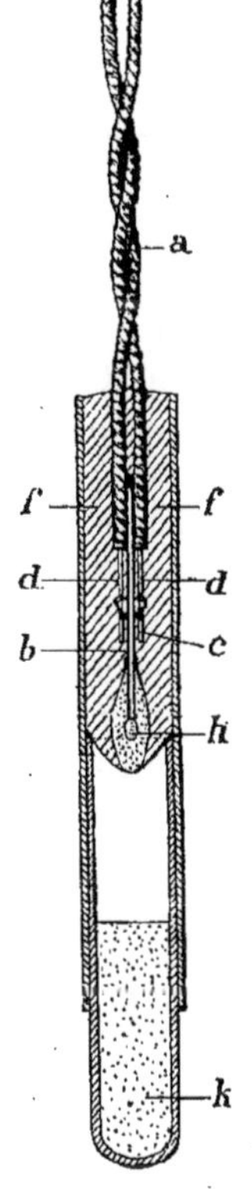

Fig. 28.

Dans la figure 28, nous reproduisons, en coupe, un type d'amorces dont la *Fabrik elektricher Zünder*, de Cologne, a bien voulu nous envoyer des échantillons. Les deux extrémités des fils *a* sont mises à nues et aplaties, en *d*. On introduit entre elles une bande mince de mica ou de carton *b*, sur laquelle on colle de chaque côté une feuille de métal *c* ; ces feuilles de métal constituent les pôles électriques. A l'extrémité de la double bande est fixée, en h, la poudre déflagrante; on la recouvre d'un vernis qui la protège contre l'humidité. La partie hachurée f représente le ciment qui sert à assurer la stabilité de l'amorce. Lorsqu'on dépouille une telle amorce de son enveloppe, la poudre recouverte du vernis émerge légèrement du ciment, présentant un aspect analogue à la pointe mousse d'un crayon de couleur. En k se trouve le détonateur.

(Brevet belge n° 149.662, du 5 mai 1900.)

Essai du matériel. — L'essai des éléments dont on fait usage dans le tir électrique, présente une importance considérable : il permet de diminuer, dans une large mesure, le nombre des ratés. Pour les câbles, un galvanoscope permettra de voir si le courant passe. Quant aux exploseurs, on les adapte à des appareils qui se composent d'une simple lampe à incandescence; l'éclat de la flamme permet d'apprécier le courant engendré. Certains appareils perfectionnés, tels que celui de M. Ducretet (*Catalogue raisonné*, édition de 1900, n° 3.528), permettent de régler les exploseurs de tension de manière à obtenir le maximum d'effet utile. Signalons également l'appareil destiné à l'essai rapide des amorces de tension (n° 3.529) ; pour les amorces de quantité, on peut se servir de piles, galvanomètres, etc. Il convient d'entourer chaque amorce essayée d'un tronçon de tuyau ou bien d'une enveloppe protectrice quelconque en fer, afin de prévenir les accidents pouvant résulter d'explosions éventuelles [1]. Cette mesure de précaution doit être observée rigoureusement, quel que soit le nombre d'amorces appartenant au lot expérimenté et ayant donné déjà un résultat favorable. Pour l'essai des amorces de quantité et de leurs circuits, on peut employer le galvanomètre ou le pont de Kohlrausch (n° 3.532), appareil basé sur le pont de Wheatstone.

Pratique du tirage électrique. — Diverses recommandations générales concernant le tirage électrique : avant de mettre les

(1) Un accident de cette nature s'est produit le 10 novembre 1900, dans une des usines de la Nobel's Explosives Co., Ltd. : deux ouvriers furent blessés, faute d'avoir observé la mesure de précaution ci-dessus indiquée.

extrémités des conducteurs en connexion avec l'exploseur, il est nécessaire de voir si tous les hommes sont à l'abri du danger; l'ouvrier qui, le dernier, quitte la mine chargée, doit se charger d'établir la connexion. Si l'on n'observe pas ces mesures de prudence, on s'expose à des accidents provenant de sautages intempestifs. Comme précaution supplémentaire, on munira tous les appareils rotatifs de manivelles démontables, lesquelles ne seront adaptées qu'au moment opportun.

Si une explosion ne réussit pas, il faut essayer plusieurs fois à nouveau d'arriver au résultat, sans se décourager. En cas d'insuccès, recourir à un autre exploseur ou même à plusieurs; ceux-ci seront couplés au moyen de bouts de fils attachés aux extrémités des conducteurs. Si on est obligé de revenir vers une mine ratée, il faut, au préalable, détacher les câbles des exploseurs.

Toutes les connexions doivent être bien nettoyées, établies avec soin. On aura soin de placer sur les conducteurs, tout près de l'exploseur, une grosse pierre ou un autre objet de poids suffisant pour empêcher qu'une tension des câbles ou toute autre cause vienne couper la connexion. Il conviendra, aussi, de veiller à ce que l'exploseur corresponde aux amorces employées. Le matériel, enfin, doit être emmagasiné dans un endroit sec et pas trop chaud; les exploseurs ne peuvent être maniés brutalement, car on risquerait de les détériorer.

Disposition des circuits. — Lorsqu'on désire effectuer le sautage simultané de plusieurs mines, les circuits peuvent affecter des formes diverses. Si les amorces sont reliées de manière à constituer un circuit continu (disposition en série), le courant passe complètement dans chacune d'elles : le conducteur principal d'aller et celui de retour sont reliés respectivement au premier et au second des conducteurs auxiliaires de la première et de la dernière amorce du circuit. Cette disposition ne peut convenir aux amorces à fil que si la vérification préalable de leur résistance a été faite avec grand soin, car si une mine vient à sauter avant les autres, celles-ci ne peuvent faire explosion, le circuit étant ouvert. Elle permet d'obtenir une simultanéité pratiquement rigoureuse, irréalisable de toute autre façon.

Dans le circuit divisé, chacune des amorces est reliée directement, au moyen de ses conducteurs auxiliaires, aux deux conducteurs principaux du courant. Cette disposition convient aux amorces à incandescence ; dans ce cas, il est bon de placer deux amorces ou détonateurs par charge, ce qui exige un courant intense.

D'autres dispositions sont dérivées des deux premières : dans le circuit continu avec amorces couplées, les mines sont groupées par paire, les conducteurs auxiliaires étant couplés dans chacun des groupes. Les paires successives constituent un circuit continu, de telle sorte que le conducteur principal d'aller et celui de retour sont reliés respectivement au premier des doubles conducteurs auxiliaires de la première paire et au second de la dernière paire du circuit. Cette disposition est avantageuse lorsqu'on est à même de développer une force électromotrice considérable.

Citons encore le mode de connexion qui consiste à établir un circuit à la fois continu et divisé : les mines sont séparées en un certain nombre de groupes, et chacun de ceux-ci est disposé en circuit continu ; il se trouve relié aux conducteurs principaux, à l'aide de ses conducteurs auxiliaires extrêmes. Ces groupes peuvent être également constitués de plusieurs mines couplées, comme dans le cas précédent. Il est nécessaire que chacun des circuits divisés présente la même résistance. Cette disposition est généralement avantageuse lorsqu'on se propose de faire sauter simultanément un nombre considérable de mines. Toutefois, dans les travaux courants, on se borne généralement au circuit continu et au circuit divisé ; les autres modes de connexion, plus complexes, peuvent exposer les ouvriers à des erreurs.

L'amorce à temps de Betterman, qui fait l'objet d'une rubrique précédente, est d'un emploi avantageux lorsqu'il s'agit de sautages simultanés de quelque importance.

Électrique (Poudre). — Dynamite américaine à base active, contenant 28 à 33 0/0 de nitroglycérine.

Électronite. — A l'origine, la composition présentée, en Angleterre à l'examen officiel, était un mélange d'ambérite n° 1 avec une proportion élevée de carbonate d'ammonium. Mais la stabilité laissant à désirer, même à la température ordinaire, on dut modifier le produit et on introduisit, sous le nom d'électronite n° 1, le mélange de *blasting amberite* avec du carbonate de calcium en proportion restreinte.

L'électronite présente les variétés suivantes :

	N° 2 ou premier type	N° 3	Second type (remplaçant le n° 3)
Nitrate d'ammoniaque........	94 à 96	70 à 75	71 à 75
Nitrate de baryte............	»	16 à 21	18 à 20
Farine de bois (légèrement calcinée ou non) et amidon....	6 à 4	6 à 9	7 à 10
Résine de pin purifiée........	»	6 à 9	»

Aucun des composants n'est toxique; cela est avantageux, tant au point de vue du maniement de l'explosif que de l'ingestion, par les voies respiratoires, des produits émis par l'explosion.

L'électronite, brevetée par MM. Curtis et André, est fabriquée par la Société Curti's & Harvey, Ltd., à Towbridge (Kent), ainsi qu'à Glenlean (Argyll). La fabrication date de 1895, pour les deux premières variétés et de 1899, pour la dernière.

L'électronite dite *premier type* figure sur la liste des explosifs dont l'emploi est autorisé dans les charbonnages grisouteux ou poussiéreux; la variété dite *second type* figure sur une liste spéciale (1). L'autorisation est subordonnée à l'emploi de cartouches métalliques, ainsi que de détonateurs ne pouvant contenir respectivement moins d'un gramme et un gramme et demi de composition

(1) Les explosifs qui constituent cette liste ont satisfait à des épreuves plus rigoureuses que les substances dont se compose la liste ordinaire (*permitted explosives*).

à 80 0/0 de fulminate de mercure et 20 0/0 de chlorate de potasse.

Éléphant (Poudre dite) (*Elephant Brand Gunpowder*). — Composition :

Salpêtre pur	74,50 à 76,00	pour 100
Charbon de bois	14,50 à 15,50	» »
Soufre sublimé	9,00 à 11,00	» »

Cette poudre, que met en vente la Société Curtis's & Harvey, Ltd., de Londres, figure sur la liste de celles dont l'emploi est permis dans les exploitations grisouteuses ou poussiéreuses. L'autorisation est subordonnée à l'addition de 50 0/0 en poids d'oxalate neutre d'ammoniaque ou de bicarbonate de soude, que l'on place dans la même cartouche que la poudre, en ayant soin d'intercepter un diaphragme d'une résistance suffisante pour prévenir le mélange. Ce diaphragme se compose d'une bague en carton sur laquelle on applique une rondelle de mousseline, de papier, ou de toute autre substance peu résistante. Le sel destiné à refroidir les produits de l'explosion est employé sous forme de gros cristaux ; il occupe la partie antérieure de la cartouche. La mèche est introduite de manière à atteindre le diaphragme, c'est-à-dire la poudre.

Celle-ci se compose de grains dont les dimensions puissent permettre le passage à travers un tamis de 11 mailles par pouce. L'essai au bloc de plomb ne peut donner, à poids égal, un résultat inférieur à la poudre R. F. G². Quant à la charge, elle ne doit pas excéder 9 onces (255 grammes) par cartouche, et il est interdit d'employer plus d'une cartouche par mine. Le bourrage ne peut être inférieur à celui que nécessiterait une charge égale de poudre noire.

L'empaquetage doit se faire par quantités inférieures à 5 livres. Quant aux cartouches, elles sont confectionnées au moyen de papier brun *spark-proof* (à l'épreuve des étincelles).

MM. Curtis, Metcalfe, Watson-Smith, Hargreaves et Pearcy, sont titulaires du brevet anglais n° 232 (présenté le 4 janvier et accepté le 5 novembre 1898), brevet relatif à l'emploi de l'oxalate d'ammoniaque, du sulfate d'alumine, du borax, de l'alun ordinaire ou de l'alun ammoniacal, comme bourrages propres à assurer la sécurité. La validité en est contestée par M. James Macnab, dont le brevet, relatif à l'emploi de bourres à l'oxalate d'ammoniaque, est antérieur de six mois.

Le brevet relatif à l'*Elephant Brand Gunpowder* n° 2 (bicarbonate de soude) prévoit également l'addition du bicarbonate de potasse (CH^2 KH) aux ingrédients qui composent la poudre.

[Brevet anglais n° 12.404, 2 juin 1898 — 29 avril 1899.]

Elia, à Gênes, a fait breveter un système spécial de torpilles, accompagnées d'une ancre et d'autres dispositifs permettant de les fixer à l'endroit que l'on a en vue.

[Brevet anglais n° 18.986 (1898), accepté le 21 novembre 1900.]

Elliott (Sir Georges). — Voir *Chaux*.

Elliott et **Carrington** (États-Unis d'Amérique) proposent de se servir d'une substance fragile pour confectionner les cartouches destinées à envelopper les explosifs ou poudres de mine. La cartouche, assez solide toutefois pour résister au maniement usuel, est telle que les chocs nécessités par le bourrage en provoquent la rupture. De cette manière, la substance explosible est répartie dans l'intégralité de la cavité qu'elle occupe et vient en contact direct avec les parois ; son effet utile se trouve donc augmenté.

Il est permis de se demander si la rupture de la cartouche n'est pas des plus aléatoires, eu égard aux précautions que commande la prudence la plus élémentaire lorsqu'on bourre au-dessus d'une capsule au fulminate.

[Brevet anglais n° 18.197 (1895), accepté le 14 décembre 1895.]

Émeraude (Poudre). — Dénomination sous laquelle est désignée, en Angleterre, une des variétés de la poudre Cooppal, coloriée au moyen du vert de malachite (oxalate de tétraméthyl-diamido-triphényl-carbinol).

Émilite. — Cet explosif, breveté par M. Audouin, s'obtient par la nitrification de la partie du goudron de houille qui bout à 185-200°, après élimination des matières résineuses.

(Brevet anglais n° 5.899, du 22 avril 1887.)

Emmens, de New-York, a fait breveter l'emmensite, appartenant à la catégorie des explosifs Sprengel.

L'emmensite s'obtient en traitant l'acide picrique par l'acide nitrique fumant. L'acide picrique se dissout en dégageant des vapeurs rouges ; puis, par le refroidissement, se transforme en cristaux. La liqueur laisse déposer une seconde couche de cristaux analogues et une quantité de flocons luisants. Chauffés dans l'eau, ces flocons se dissolvent partiellement et donnent naissance, ainsi, à de nouveaux cristaux n'ayant aucune ressemblance avec les premiers. Les cristaux d'*acide Emmens* et le résidu sont fondus, à poids égal, avec du nitrate d'ammoniaque, ainsi que du nitrate de soude; on obtient ainsi l'emmensite. Cet explosif, soumis aux essais du département de la Guerre, aux États-Unis, a donné de bons résultats, tant au point de vue de son utilisation aux besoins du sautage qu'à ceux de l'artillerie.

(Brevet américain n° 376.145 et brevet anglais n° 370, du 10 janvier 1888.)

Le brevet n° 422.514, du 4 mars 1890, revendique le procédé consistant à faire fondre un dérivé nitré d'hydrocarbure, tel que le trinitrophénol, à y ajouter un nitrate alcalin (soude), et à maintenir la température suffisamment élevée jusqu'à complète liquéfaction de la masse, qu'on laisse refroidir ensuite.

Par le brevet n° 422.515, de la même date, le Dr Emmens propose d'abaisser le point de fusion de l'acide cristallin ci-dessus décrit par l'addition d'un hydrocarbure nitré, la nitrobenzine par exemple. Le même principe a été breveté par la *Chemische Fabrik Griesheim*.

Emmens a fait breveter, sous le nom de gelbite, une substance composée de papier ou de pulpe à papier, que l'on soumet à la nitrification et imprègne ensuite d'ammoniaque et d'acide picrique. (Brevet américain n° 423.235, du 11 mars 1890.)

Emmerling. — Voir *Grêle.*

Empire Powder. — Poudre à base de nitrocellulose partiellement gélatinisée et additionnée de nitrate, admise par l'Inspection anglaise des explosifs.

Emploi des substances explosibles. — Pour fixer les idées, considérons le cas d'un trou de mine dont le forage est terminé et que l'on se propose de charger. L'explosion pourra être déterminée par inflammation (épinglette) ou par détonation ; dans ce cas, l'amorce employée est allumée au moyen d'une mèche de Bickford([1]) ou bien de l'électricité.

Chargement de la mine. — Les explosifs doivent être introduits dans le trou de mine sous forme de cartouches. Si la poudre est vendue en barils, il est nécessaire que l'ouvrier confectionne lui-même les cartouches, ce qui consiste simplement à l'introduire dans des cornets en papier de forme cylindrique. Il importe de procéder à cette opération avec grand soin ; on a vu, en effet, des accidents se produire par suite de la rupture de telles cartouches au cours de leur introduction dans le trou de mine, une flamme ayant jailli par le choc du bourroir sur la roche. Jamais, on ne devra verser la poudre dans le forage : des grains demeurés près de l'orifice du trou de mine peuvent s'enflammer et faire explosion lorsque l'ouvrier vient d'allumer la mine, avant qu'il ait eu le temps de se mettre en sûreté.

Rappelons l'emploi d'une pratique surannée : le tirage au tasseau, cylindre de petit diamètre que l'on place entre la charge et le fond du trou de mine, à côté de la charge, ou bien entre la charge

(1) Les mèches de Bickford, les détonateurs, ainsi que le tirage électrique des mines, font l'objet de rubriques spéciales.

et le bourrage, à l'effet d'augmenter la capacité de la chambre d'explosion et d'obtenir une utilisation meilleure de l'explosif. Dans le même but, M. Lagot préconise l'emploi d'un ressort occupant le fond. On a proposé également l'addition de substances pulvérulentes : sciure de bois, corne, chaux, en vue d'arriver au même résultat. Mais ces procédés sont défavorables à tous égards.

Les cartouches, introduites une à une dans le trou de mine, sont pressées successivement à l'aide d'une tige appelée bourroir, de manière à occuper un espace restreint. Il est évident que cette pression ne pourra être trop brusque ni trop énergique, car elle serait susceptible de provoquer une explosion prématurée ; on compte maints exemples de tels accidents. Si les cartouches sont rigides et si des vides existent entre leurs parois et celles du forage, il sera bon d'introduire du sable fin, de manière à les combler, pour autant que la direction du forage le permette. C'est dans cet ordre d'idées que MM. Elliott et Carrington ont proposé la cartouche que nous décrivons ci-dessus.

Examinons sommairement l'emploi de l'épinglette ; c'est une tige pointue terminée à l'une de ses extrémités par un anneau et que l'on pique, dans la dernière cartouche, à l'effet de ménager, au sein du bourrage introduit subséquemment, un canal cylindrique destiné à livrer passage au *fétu* ou à la *cannette* employée pour communiquer la combustion à la mine. Le bourroir porte, le long d'une de ses génératrices, un logement destiné à recevoir l'épinglette. Le fétu est une paille de blé assez large et assez régulière, coupée entre deux de ses nœuds ; on l'emplit de pulvérin et on la place, dans le canal, de manière à établir le contact avec la cartouche. L'allumage de la charge est assuré par le mouvement de recul que subit le fétu pendant sa combustion. Quant à la *cannette* ou *raquette*, on la confectionne en enfilant des feuilles de papier qui ont été roulées autour de l'épinglette, après avoir été trempées dans une bouillie très claire de poudre et d'eau gommée. L'allumage s'effectue par l'intermédiaire d'une cordelette où d'une mèche soufrée. L'épinglette ne s'applique qu'aux poudres déflagrantes et tend à disparaître.

C'est la mèche de Bickford qui constitue le mode d'allumage le plus répandu : la cartouche introduite la dernière porte l'amorce destinée à provoquer l'explosion. La préparation de cette cartouche est très importante, et la plupart des ratés peuvent lui être imputés. Pour l'effectuer, on commence par couper la mèche ; celle-ci se vend par rouleaux de 10 mètres. En général, les mineurs font en sorte qu'elle dépasse de 25 centimètres au moins, à l'extérieur du trou de mine ; sa longueur ne peut être évidemment trop restreinte, puisqu'elle doit laisser à l'ouvrier le temps de s'éloigner. La mèche étant coupée, on introduit l'une de ses extrémités dans la capsule, où elle doit pénétrer le plus loin possible ; pour assurer son contact avec le fulminate, il faut

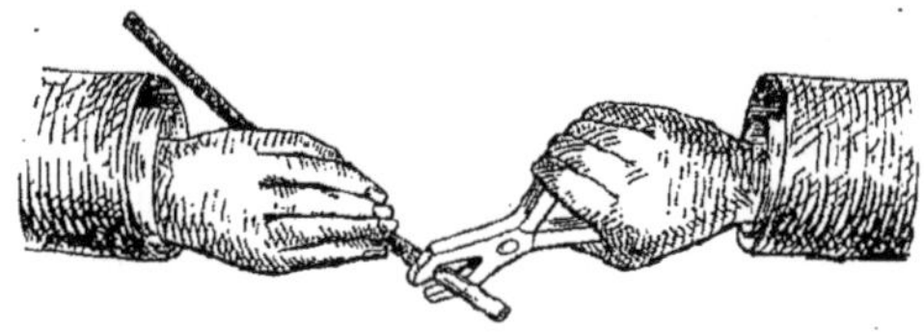

FIG. 29.

avoir soin d'en couper nettement et normalement l'extrémité. Ensuite, on serre fortement la capsule sur la mèche, de manière que celle-ci soit solidement emprisonnée (*fig.* 29) ; il faut avoir soin d'opérer avec précaution, d'exercer une pression graduelle, car tout mouvement brusque pourrait éloigner la mèche du fulminate ou bien causer la détérioration de la capsule. Il est désirable que la mèche ait un diamètre aussi fort que possible, eu égard à celui de la capsule ; l'explosion de la charge sera d'autant plus assurée que la solidarité entre la mèche et la capsule sera mieux établie.

Le coupage des mèches et leur sertissage dans les capsules s'effectuent très commodément à l'aide de la pince Vian ou de pinces analogues. Bien souvent, les mineurs coupent la mèche au moyen d'une hache et, pour la sertir, pressent la capsule entre les mâchoires. C'est là une pratique dangereuse, qu'il importe d'interdire.

La solidarité de la mèche et de l'amorce étant assurée, il s'agit d'établir celle de ce système avec la cartouche que l'on se propose d'amorcer et dont l'explosion doit entraîner celle de la charge entière. A cet effet, on ouvre la cartouche en dépliant le papier qui se trouve à sa partie supérieure. Ensuite, on y introduit la capsule, en l'enfonçant dans la substance explosible d'une quantité qui ne peut dépasser les trois quarts de sa longueur, de manière qu'il n'y ait pas contact direct entre la mèche et l'explosif ; ce point est important. En effet, si le contact a lieu, il peut arriver que l'explosif brûle au lieu de détoner ; par suite, explosion ratée, production de gaz délétère et source de danger grave dans les milieux grisouteux ou poussiéreux. Pour obvier à cet inconvénient, on se sert, dans certaines régions (district de Bonn), de cartouches-amorces ne mesurant que 2 à 3 centimètres de longueur.

La capsule introduite, on ramène sur la mèche le papier qui surmonte la cartouche, et on le lie solidement, au moyen d'une cordelette (*fig.* 30) ; il importe de procéder avec grand soin,

Fig. 30.

de manière que la solidarité ne puisse être détruite ultérieurement au cours du bourrage. Dans le cas où la résistance du papier inspirerait des craintes à ce sujet, il serait utile, également, de passer la cordelette en croix autour de la cartouche. Parfois, la solidarité est assurée par de petits ressorts ou autres dispositifs métalliques placés à l'intérieur des cartouches, lesquelles ne portent pas de papier. Si l'explosion a lieu sous l'eau ou dans un milieu très humide, il faut avoir soin de graisser le joint de la cartouche et de la mèche, de manière à protéger le fulminate.

Toute cartouche amorcée ne peut être maniée qu'avec de grandes précautions. De même que pour les détonateurs seuls, l'action du feu, du choc, est susceptible de provoquer l'explosion, en amplifiant considérablement les résultats; aussi est-il essentiel de *n'amorcer les cartouches qu'au moment et au lieu mêmes de leur emploi.* Cette mesure de précaution doit être entendue de la manière la plus rigoureuse. Il arrive fréquemment que des ouvriers mineurs ou carriers, portant une cartouche amorcée de l'endroit où elle a été préparée au point où se trouve forée la mine, soient victimes d'une explosion causée par le choc ou tout autre motif. Le terrible accident de Rio Tinto, survenu le 9 décembre 1879, n'est que trop explicite à ce sujet : un chef ouvrier, portant une boîte contenant plusieurs cartouches amorcées qu'il allait placer dans des trous de mine déjà préparés, commit l'imprudence de s'approcher d'un grand feu, autour duquel se chauffaient des camarades. Soudain, survint une explosion terrible qui tua dix-huit personnes et en blessa plus ou moins grièvement dix-sept ou dix-huit autres. On ignore si elle fut provoquée par quelque cartouche tombant sur le brasier ou par l'inflammation d'une mèche pendant à l'extérieur de la boîte.

La cartouche amorcée est introduite dans le trou de mine au moyen du bourroir et avec précaution, de manière que son contact avec le restant de la charge soit bien établi, qu'il n'y ait pas interposition de matières étrangères. Ensuite, on procède au bourrage.

Cette opération consiste à introduire dans le forage, à la suite de la charge, une certaine quantité de matière non explosible ni inflammable, que l'on tasse de manière à opposer une certaine résistance à l'évacuation trop rapide des produits de l'explosion. Le bourrage oblige donc ces produits à exercer leur effet utile, en même temps qu'il les empêche d'être émis à une température trop élevée; on voit donc toute l'importance qu'il présente, au point de vue de la sécurité en présence du grisou.

Pour le confectionner, il faut avoir soin de n'employer que des matières rigoureusement exemptes de quartz et autres minéraux durs, lesquels pourraient produire des étincelles au cours de l'opération ; à cet égard, il est bon de tamiser les matières pulvérulentes que l'on se propose d'employer. On peut utiliser de l'argile grasse, de la brique ou de la tuile pilée peu cuite, du schiste houiller tendre, du gypse ; l'emploi des poussières de charbon doit être proscrit de la manière la plus absolue. Les mineurs préparent à l'avance des boudins d'argile, d'un emploi très commode et très utile ; il faut avoir soin de dégager l'argile des grains siliceux qu'elle renferme parfois.

Le mineur doit introduire les premières parties du bourrage avec précaution, de manière à expulser graduellement l'air du trou de mine. Sinon, il risque d'échauffer le fluide par brusque compression, de même que dans le briquet à air, et de provoquer ainsi l'inflammation prématurée de la charge ; il risque également de détruire la solidarité entre la cartouche et l'amorce et de faire sauter celle-ci. Il introduira donc 10 à 15 centimètres de bourrage pulvérulent, sans exercer de pression, avant de procéder au tassement proprement dit. Cette opération, de même, ne doit pas s'effectuer brutalement. Pour la pratiquer, on emploie une tige cylindrique appelée bourroir, qui sert également à introduire les cartouches. Les bourroirs en métal sont dangereux, eu égard aux étincelles résultant des chocs qu'ils subissent ; aussi faut-il les proscrire et n'employer que des outils en bois.

Dans les charbonnages grisouteux, où les flammes ne peuvent se trouver à découvert, on allume la mèche de Bickford au moyen d'amadou. On se sert d'un briquet ou bien, aspirant au moyen d'une paille, on attire la flamme de la lampe de sûreté au contact de la toile métallique, en y tenant appliqué l'amadou ; parfois aussi, on allume celui-ci au moyen d'un fil de fer assez fin pour pouvoir passer à travers la toile et rougir dans la flamme de la lampe. Les *allumeurs de sûreté* font l'objet d'une rubrique spéciale.

Lorsque le bourrage n'offre pas une résistance suffisante et que le seul travail effectué par l'explosion consiste à le projeter au loin, on dit que la mine a fait canon. De telles mines, dans certains cas, ne donnent lieu qu'à une simple perte de poudre et de temps; elles peuvent devenir une source grave de danger, dans les charbonnages grisouteux et poussiéreux.

Dans le but d'augmenter la résistance du bourrage, on a préconisé l'emploi du plâtre. Seulement, ce système ne présente pas une sécurité parfaite : la chaleur dégagée lorsque le plâtre fait prise, peut déterminer l'inflammation de la charge ou, tout au moins, provoquer un dégagement de gaz exerçant une pression suffisante pour produire une explosion ; il serait imprudent de laisser longtemps de telles mines chargées sans les tirer.

M. Mayer a proposé l'emploi de la *clodéine fend-pierre*, liquide que l'on verse dans le trou en même temps que le bourrage. Au bout de cinq minutes, ce liquide fait prise et constitue une masse qui oppose une résistance suffisante à l'échappement des gaz.

M. Van Hassel conseille de ne bourrer que sur 5 à 6 centimètres de hauteur; l'orifice du trou de mine est fermé, ensuite, avec une broche en bois et un peu d'argile.

M. Scola, l'inventeur de l'amorce qui porte son nom, a dirigé des essais analogues, en avril 1887, aux carrières à plâtre de Vaujours (Sevran), mais en les appliquant à des mines allumées par l'électricité. Dans le même ordre d'idées, on a employé une barre de fer terminée, à la partie supérieure, par une sphère dont le poids offre une résistance suffisante, et que l'on place à la suite d'un court bourrage.

Signalons aussi le bouchon de mine de Stephen Humble (*blasting plug*), proposé en vue de supprimer complètement le bourrage. Il se compose d'une tige perforée, dont la longueur correspond à celle du bourrage. Sur cette tige est monté un cylindre en caoutchouc vulcanisé dont la compression, réalisée à l'aide d'un écrou à large base vissé à la partie extérieure de l'appareil, est apte, affirme-t-on, à opposer à la sortie des gaz une résistance supérieure à celle du bourrage ordinaire. Rappelons enfin le brevet pris par M. Bovier, ci-dessus décrit.

Avant de terminer le présent exposé, signalons un point de

vue spécial auquel le maniement des explosifs impose des précautions toutes particulières : certaines substances possèdent des propriétés toxiques susceptibles d'engendrer, par simple contact avec l'épiderme, des troubles plus ou moins graves de l'organisme. On peut citer, à ce titre, la nitroglycérine et la nitrobenzine. De tels explosifs ne peuvent être maniés qu'à la condition d'être recouverts d'une enveloppe; dans le cas contraire, il sera utile de se laver les mains avec soin, et le plus rapidement possible.

L'intoxication peut être déterminée également par l'absorption de produits gazeux tels que l'oxyde de carbone ([1]), le deutoxyde d'azote, etc., susceptibles d'être engendrés par la décomposition explosive de certaines substances. A cet égard, il convient que le mineur attende, pour revenir à proximité des mines tirées, que les fumées produites aient été complètement dissipées. Il est essentiel, d'autre part, qu'il se serve exclusivement de détonateurs dont la puissance soit suffisante pour engendrer la décomposition complète de l'explosif employé; dans le cas contraire, en effet, il s'exposerait à engendrer les gaz toxiques dont la présence est si redoutable.

Explosions ratées. — Il arrive fréquemment qu'un coup de mine ne produise pas l'effet attendu : le résultat est partiel ou nul, auquel cas l'explosion peut ne pas s'être produite — ce qui constitue un *raté* — ou bien, si elle a eu lieu, s'être bornée à projeter le bourrage : la mine a fait canon. Dans ce cas, on ne peut laisser subsister le chargement; un accident pourrait aisément se produire si, par exemple, en forant un trou de mine, on venait à ren-

(1) L'oxyde de carbone, gaz extrêmement toxique, peut être dangereux à partir d'une proportion qui ne dépasse pas 0,2 0/0. Pour combattre son action nocive, il faut pratiquer la respiration artificielle et, si possible, administrer de l'oxygène pendant quelques minutes; à cet effet, on introduira dans la bouche du malade le tuyau amenant le gaz, et l'on bouchera le nez à chaque inspiration. Le malade devra être couché dans un endroit très tranquille et à l'abri de l'air froid.

Quant au deutoxyde d'azote, il ne tarde pas à se peroxyder au contact de l'air. Dès lors, il devient très dangereux et engendre la bronchite aiguë, affection d'autant plus redoutable que, fréquemment, aucun symptôme ne se manifeste avant plusieurs heures. Les soins médicaux s'imposent d'urgence.

contrer une cartouche de dynamite intacte ou bien de la nitroglycérine ayant exsudé. Il est certain, d'autre part, que la présence de cartouches, entières ou divisées, au sein de blocs de charbon extraits, est une source réelle de danger.

Avec l'ancien système de tir, on enlevait le fétu ou la cannette et on la remplaçait, afin d'essayer une nouvelle inflammation ; on recourait même à la dangereuse pratique de repasser l'épinglette dans son logement, quand on le suspectait de s'être encombré, risquant ainsi de mettre en contact avec la poudre des matières dans lesquelles le feu couvait.

En tout état de cause, il est très dangereux de procéder au débourrage des ratés pour en rechercher le défaut, les remettre en état et les faire partir. Si on se trouve dans la nécessiter de débourrer une mine, il convient de la noyer au préalable. Mieux vaut encore la faire sauter au moyen d'un second forage pratiqué à proximité. Si l'explosif employé est à base de nitroglycérine et si la direction du premier forage est sensiblement horizontale, on pratiquera le second au-dessus, afin que l'outil ne puisse rencontrer quelque suintement provenant de la charge ratée. Dans le cas où les circonstances s'opposeraient à l'emploi de ce procédé, on débourrerait jusqu'à une dizaine de centimètres de la charge et on essaierait une nouvelle cartouche-amorce, plus puissante que la première.

L'utilisation des coups de mine défectueux fait l'objet des prescriptions suivantes, que formule la circulaire ministérielle française du 28 janvier 1890 :

« Il doit être formellement interdit d'approfondir les coups ayant fait canon, ainsi que les culots [1] ou fonds de trous restés intacts après l'explosion, d'en retirer les cartouches ou parties de cartouches non brûlées qui pourraient y être restées ou d'en entreprendre le curage.

« Les coups ayant fait canon ou les culots pourront être rechargés, sous la réserve expresse que l'opération sera effectuée

(1) Dans le langage courant du mineur, cette dénomination n'est guère employée : on en considère la première moitié comme suffisante.

par des ouvriers expérimentés sous une surveillance spéciale, après un intervalle d'une demi-heure au moins pour le refroidissement des parois. Une boule d'argile grasse sera introduite au fond du trou, et la nouvelle cartouche sera enfoncée très doucement, de manière à éviter tout choc.

« Les trous faits au voisinage, soit des coups ratés, soit des coups ayant fait canon ou des culots, doivent être placés à une distance de 0m,20, dans tous les sens, entre l'ancienne charge et le nouveau trou (1) ; toutefois, si les culots ont moins de 0m,10 de longueur, les nouveaux trous de mine pourront être pratiqués jusqu'à 0m,05 de distance, pourvu qu'ils soient dirigés de manière à ne pas rencontrer les culots. Ces distances devront être augmentées, s'il y a lieu de craindre que la nitroglycérine se soit répandue dans la roche à travers les fissures. »

M. Franz Kühn, propriétaire de carrières d'ardoises à Lehesten (Prusse), est l'inventeur d'un *débourroir* fort ingénieux. Cet appareil consiste en une tarière hélicoïdale en laiton tendre de 25 millimètres de diamètre et 6 à 8 millimètres de pas, munie à la base de deux tranchants aptes à attaquer le bourrage. Il convient, avons-nous dit, d'arrêter l'opération à une dizaine de centimètres de la charge ; on marque cette distance sur une tige de fer que l'on adapte à l'appareil et dont la longueur varie avec celle du trou de mine. Cette tige est munie d'un œillet dans lequel on passe une crosse mobile qui permet de faire fonctionner l'appareil dans toutes les positions.

L'opération se pratique en opérant la rotation du débourroir, dans les spires duquel se loge la bourre ; le dégagement dure de cinq à dix minutes par mètre de bourrage. Si le diamètre du trou de mine excédait un pouce, on dégagerait le bourrage du côté opposé à la mèche et on placerait une nouvelle cartouche de dynamite à 10 centimètres de la charge.

Parfois, l'explosion de certains coups de mine se produit avec un retard, plus ou moins considérable, provenant de ce que le feu

(1) Le *Coal Mines Regulation Act* de 1887 prescrit une distance de 6 pouces (15 centimètres) seulement.

a couvé avant d'atteindre le détonateur; ce sont les *longs feux*, source de danger redoutable : l'ouvrier, croyant à un raté, revient, après un certain temps de silence, et se trouve à proximité de la mine au moment de l'explosion. D'innombrables accidents sont survenus dans ces conditions. Aussi convient-il de ne revenir vers la mine qu'après une attente d'une demi-heure au minimum; certains règlements ne permettent le retour au chantier que le lendemain.

Nous avons résumé, dans le tableau ci-dessous (1), l'ensemble des éléments dont la défectuosité est susceptible d'entraver la réussite des coups de mine :

- 1. Trou de mine
  - Emplacement
  - Direction
  - Dimensions
- 2. Explosif
  - Choix
    - inaptitude à la détonation
    - venues d'eau
    - terrain fissuré
  - Qualité
    - mauvaise
    - avariée
      - humidité
      - gelée
      - conservation : décomposition spontanée, favorisée par l'élévation habituelle de la température ambiante.
  - Charge
    - trop faible
    - trop forte
- 3. Détonateur
  - Qualité
    - mauvaise
    - avariée (humidité)
  - Charge trop faible
- 4. Mèche
  - Qualité
    - mauvaise
    - avariée (humidité)
  - Diamètre trop faible
- 5. Amorçage
  - Sertissage de la mèche :
    - *a*) l'extrémité de la mèche ne touche pas le fulminate dans la capsule
    - *b*) le métal de la capsule a été coupé par la pince
  - Cartouche-amorce
    - *c*) la capsule ne pénètre pas suffisamment dans la matière explosible
    - *d*) elle y pénètre trop : contact direct de la mèche et de l'explosif.

(1) Extrait de notre ouvrage : *les Explosifs industriels*, etc. (Paris, 1893), p. 84.

6. Chargement	a) Les cartouches laissent trop de vide dans le trou de mine b) Le contact de la cartouche-amorce avec le restant de la charge ou bien de deux cartouches consécutives quelconques est contrarié par l'interposition de substances étrangères, parfois même par une couche d'air.
7. Bourrage	Défaut de compression Défaut de précaution { amorçage dérangé, mèche coupée } Quantité insuffisante.

Engel. — Voir *Düttenhofer* (*Poudre*).

(Brevet anglais n° 6.022, du 25 avril 1887.)

Le procès intenté en 1898, par le propriétaire de ce brevet, à la Smokeless Powder Co., Ltd., ne se termina pas à l'avantage du demandeur. Le jugement signala, à titre de disposition essentielle du brevet Engel, la dissolution totale de la nitrocellulose : les fibres complètement détruites, ne sont plus visibles lorsque la poudre est confectionnée. Dans la rifléite, au contraire, poudre sans fumée fabriquée par la défenderesse, elles sont encore apparentes.

Engels a proposé les explosifs à composition centésimale que voici :

Nitroglycérine	60 à 70	p. 100
Pyropapier	15 à 18	»
Sels d'ammoniaque (nitrate, sulfate ou chlorure)	10 à 30	»
Salpêtre	8 à 10	»
Pyroxyline	5 à 10	»
Nitromannite	1,5	»
Nitroamidon	0,5	»
Nitrobenzol	0,5	»
Wasserglas	0,5	»

Engins criminels. — Les substances explosibles ont été appliquées à la confection d'engins destinés à la perpétration d'attentats dirigés contre les personnes ou contre les propriétés.

Si nous procédons par ordre chronologique, nous rappellerons d'abord l'attentat du 3 nivôse an IX (24 décembre 1800) : Les chefs de la chouannerie s'étaient réfugiés à Londres et là, sous la présidence de Cadoudal, ils avaient décidé la mort du Premier Consul. L'un d'eux, Robinet de Saint-Régent, accompagné de Carbon et de Limoëlan, se rendit à Paris. Il fit confectionner un tonneau d'aspect identique, en tous points, à ceux dont se servaient les porteurs d'eau ; l'ayant chargé de poudre, il adapta les mèches et, déguisé en charretier, alla se poster à l'angle de la rue Saint-Nicaise et la rue de Malte, sur l'itinéraire que Bonaparte devait suivre, ce soir-là, pour se rendre à l'Opéra, situé alors rue Richelieu. Le Premier Consul ne tarda pas à arriver ; sa voiture venait à peine de tourner l'angle qu'une explosion formidable retentit. Par un hasard providentiel, il ne fut pas atteint; toutefois, il ressentit une violente secousse. Douze personnes furent tuées et trente autres, grièvement blessées.

Un autre attentat, dont les effets ne furent pas moins terribles, marqua la première partie du XIXe siècle : le 28 juillet 1835, Paris fêtait le cinquième anniversaire de la révolution qui avait substitué la branche cadette à la branche aînée des Bourbons. Louis-Philippe, suivi d'un brillant état-major, devait passer en revue l'armée et la garde nationale, échelonnées depuis la place Vendôme jusqu'à la Bastille. Le cortège, en tête duquel se trouvaient le roi et ses fils : le duc d'Orléans, le duc de Nemours et le prince de Joinville, arrivait, vers midi, à la hauteur du boulevard du Temple, lorsque soudain, une explosion violente, analogue à un feu de peloton bien nourri, vint jeter l'épouvante. A l'instant, autour du roi, un grand vide se fait ; le pavé est inondé de sang, jonché de morts et de blessés.....

La décharge était partie de la fenêtre d'une maison voisine. La machine infernale imaginée par Fieschi et ses complices, Pépin et Mori, était montée sur une sorte d'échafaudage se composant de quatre pilastres reliés au moyen de fortes traverses, le tout en bois de chêne ; sur la traverse de derrière, plus élevée d'une vingtaine de centimètres, pour donner l'inclinaison nécessaire, reposaient les culasses de vingt-cinq canons de fusils. Les bouches des canons étaient appuyées sur la traverse de devant, dans laquelle avaient été pratiquées des entailles à des niveaux inégalement élevés, de manière à faire porter la charge vers des directions différentes. La zone d'action dépassait 8 mètres en longueur et 3 en hauteur. C'est presque par miracle que le roi et ses fils échappèrent à la mort : le duc de Trévise, qui les suivait à quelques pas, fut au premier rang des victimes. Onze autres personnes périrent sur place. Trente et une furent blessées ; trois d'entre elles succombèrent peu de temps après.

Au cours de la seconde moitié du siècle, le nombre des attentats fut considérable. Les engins employés à cet effet peuvent être divisés en plusieurs catégories, selon la manière dont en fut déterminée l'explosion.

Première catégorie. — Le procédé le plus rudimentaire consiste à enflammer simplement, au moyen d'une mèche de sûreté ou tout autrement, la poudre ou la cartouche explosible. Celle-ci peut se trouver à l'air libre ou placée dans un récipient quelconque : tube métallique, boîte à conserves, etc.

Deuxième catégorie. — *a*) La substance explosible est introduite dans des bombes destinées à être lancées et à détoner par le choc. Le premier et le plus célèbre des attentats perpétrés au moyen d'engins de cette espèce fut commis par Orsini, le 14 janvier 1858. Il était dirigé contre la personne de Napoléon III. L'empereur se rendait à l'Opéra, situé à cet époque rue Le Peletier. Arrivé à destination, il s'apprêtait à descendre de voiture, lorsque quatre bombes furent lancées ; les trois premières firent explosion, projetant de sept à huit cents fragments : la voiture impériale en reçut soixante-seize et les deux chevaux qui la conduisaient, quarante ; les vingt-quatre chevaux de l'escorte, cent vingt-cinq. Il y eut neuf morts et cent cinquante-six blessés, sur lesquels on constata l'existence de cinq cent onze plaies.

Les bombes fabriquées par Orsini et ses complices, Piéri, Gomez et de Rudio, étaient des cylindres en fonte commune et très cassante, composés de deux parties réunies par un pas de vis pratiqué dans l'épaisseur des parois; elles mesuraient 12 centimètres de haut sur 73 millimètres de large. L'épaisseur était de 3 centimètres vers la partie inférieure et se réduisait à 5 millimètres vers le haut. La bombe, en tombant, devait donc fatalement frapper le sol par sa partie inférieure, plus lourde que l'autre. Cette partie portait vingt-cinq cheminées munies de capsules au fulminate de mercure, dont le choc devait déterminer l'explosion. La charge s'élevait à 135 grammes de fulminate par bombe; poids brut : 1^{kg},380.

Dans sa *Tactique révolutionnaire*, brochure d'un caractère très spécial, Johann Most fait remarquer que ces bombes étaient trop peu résistantes, eu égard à leur charge. Il est exact, en effet, que le nombre des fragments fut très considérable et que, proportionnellement, le nombre des morts fut peu élevé (1). A notre avis, ce résultat provint, surtout, du caractère beaucoup trop brisant de la poudre employée.

C'est aussi d'une bombe que fut victime le czar Alexandre II, le 13 mars 1881; bombe ou, plus exactement, simple boule de verre à la carapace losangée vert et blanc. Cet engin était chargé de dynamite amorcée au moyen d'azoture d'argent; il renfermait, en outre, des fragments de verre destinés à servir de projectiles. Une première bombe ayant blessé des soldats de l'escorte, le czar, descendant de voiture, s'était enquis de leur état et leur avait adressé des paroles réconfortantes. Il s'apprêtait à remonter lorsqu'une seconde bombe vint tomber à ses pieds, lui causant d'affreuses blessures auxquelles il ne tarda pas à succomber.

L'attentat commis au théâtre du *Lyceo*, à Barcelone, le 7 novembre 1893, fut perpétré au moyen de bombes en fonte du type Orsini, de forme sphérique; elles mesuraient environ 9 centimètres de diamètre et 6^{mm},5 d'épaisseur; la charge se composait de dynamite. La périphérie portait trente ou-

(1) Les critiques de Johann Most, formulées en allemand, sont reproduites dans la brochure française intitulée *l'Indicateur anarchiste;* la même brochure explique, dans tous ses détails, la fabrication de la nitroglycérine et d'autres agents explosibles.

vertures équidistantes, dans lesquelles se trouvaient fixées des cheminées portant des capsules au fulminate de mercure. Ces bombes furent lancées des galeries supérieures ; la première tua douze personnes et en blessa vingt-neuf, dont onze grièvement. La seconde, ayant atteint une dame qui fut tuée sur le coup, ne fit pas explosion. Les essais auxquels furent soumises ces bombes montrèrent qu'elles pouvaient être lancées d'une hauteur de $1^{m},70$ sans que l'explosion s'ensuivît.

b) Les bombes destinées à faire explosion par le choc peuvent être basées sur la réaction qui se produit lorsqu'on met l'acide sulfurique concentré en présence du chlorate de potassium (Voir *Chlorate de potassium*).

L'engin renferme une composition explosible quelconque, au sein de laquelle on noie des projectiles divers : mitraille, clous, etc. La partie centrale constitue l'amorce et se compose d'un mélange chloraté, où se trouve ménagé un logement destiné à l'introduction d'un tube en verre renfermant l'acide. Dans ce tube, on place également une bille en plomb destinée à en assurer la rupture par le choc (bombes saisies à Birkenhead, le 11 avril 1884) ; puis, on obture au moyen d'un bouchon ciré ou paraffiné. La forme ou la nature de la boîte employée, ainsi que celle du récipient en verre contenant l'acide, variera, dans chaque cas particulier, sans modifier en rien le principe de l'amorce employée. On peut également baser ce principe sur une réaction quelconque analogue à celle que nous avons indiquée, telle que, par exemple, celle de l'acide sulfurique sur l'azoture de mercure.

Certains attentats, de date récente, eurent un retentissement considérable : le 9 décembre 1893, Vaillant lançait, à la Chambre des députés, une boîte explosible contenant une grande quantité de clous à tête carrée ; dix-neuf personnes furent blessées, dont une seule grièvement. L'attentat commis par Emile Henry, en février 1894, à l'hôtel Terminus, blessa sept personnes ; aucune d'elles ne fut atteinte sérieusement.

Troisième catégorie. — *a*) Le mode d'amorçage que nous venons d'indiquer, peut également être appliqué à la confection de *bombes à renversement* : le contact entre l'acide et le mélange chloraté, qui ne peut se produire dans certaines positions de l'appareil, doit avoir lieu pour d'autres. Parfois, on interpose entre les deux substances un absorbant destiné à retarder le moment de l'explosion, de manière à laisser le temps de s'éloigner à l'individu qui porte la bombe.

Des engins de cette nature furent trouvés, par la police hollandaise, en possession d'anarchistes américains. C'étaient des tubes en cuivre mesurant une quinzaine de centimètres, et d'un diamètre de 15 millimètres environ. L'écoulement de l'acide sulfurique était réglé par des feuilles de papier dont le nombre variait avec le temps que la machine devait mettre pour éclater. La charge se composait de nitroglycérine. Ces engins que nous avons vus au musée de New Scotland Yard, s'y trouvent catalogués sous le nom de *mansometre* ou *libertador*. A Liverpool également, la police trouva un tube de même fabrication.

C'est en déposant une bombe à renversement, le 15 février 1894, dans un sentier du parc de Greenwich situé à proximité de l'observatoire, que Martial Bourdin trouva la mort, dans des conditions particulièrement dramatiques : il était accompagné de son chien; s'imaginant que Bourdin avait oublié le paquet qu'il venait de déposer, l'animal courut le rechercher et, avec le sentiment du devoir accompli, arriva en gambadant autour de lui. Mais, étant lâché soudain, l'engin fit explosion par suite du choc qui lui avait été imprimé, tuant à la fois et le chien et son maître.

b) L'action de l'eau sur le sodium ou sur le potassium peut être utilisée d'une manière analogue. L'amorce est confectionnée comme suit : on verse un peu d'eau dans un tube à réactif, où l'on place ensuite un nombre de rondelles en papier suffisant pour en occuper la plus grande partie. A la partie supérieure, on introduit un globule de sodium ou de potassium métallique, que l'on recouvre au moyen d'un diaphragme de papier ; ce diaphragme porte enfin une poudre d'amorce quelconque, dont on a soin d'assurer la fixité. Lorsqu'on retourne l'engin, l'eau imbibe peu à peu les rondelles de papier et, se décomposant au contact du sodium ou du potassium, provoque la détonation de la poudre d'amorce.

Quatrième catégorie. — Dans les *machines infernales*, la détonation de l'amorce est produite par percussion. L'engin renferme un appareil d'horlogerie dont le fonctionnement produit la détonation de l'amorce : un marteau vient frapper celle-ci, de la même manière qu'il ferait sonner l'heure s'il s'agissait d'une pendule. Dans certaines machines infernales, la pièce percutante est maintenue au moyen d'une ficelle, qu'un petit couteau actionné par le mouvement d'horlogerie coupe au moment opportun.

C'est en Angleterre, principalement, que ces engins ont été employés ; la plupart, toutefois, furent découverts à temps et, à peu d'exceptions près, les autres ne furent point meurtriers. Le 30 juin 1881, on trouvait dans des barils de ciment que transportait le steamer *Malta*, arrivant d'Amérique par Liverpool, six machines infernales chargées de dynamite lignine, que l'on tentait ainsi d'introduire en Angleterre. Le surlendemain, on en saisissait quatre sur le *Bavaria*.

Parmi les machines infernales dont la découverte prévint l'explosion, on peut encore citer celle qui fut trouvée à Liverpool, le 27 mars 1883 ; elle renfermait 12 kilogrammes et demi de dynamite lignine. Le 26 février 1884, ainsi que les trois jours suivants, des machines infernales chargées de poudre Atlas A furent déposées respectivement aux gares de Victoria, Charing Cross, Paddington et Ludgate Hill, à Londres (1).

(1) Plusieurs autres attentats furent commis, vers cette époque, à l'aide du même explosif : à Trafalgar Place, une bombe amorcée fut découverte le 30 mai. Le même jour, la population fut mise en émoi par trois explosions qui se produisirent respectivement au Junior Carlton Club, Saint-James's Square (quatorze blessés), à la résidence de Sir Watkin Williams Wynn, située à proximité, ainsi qu'à Scotland Yard, dans un urinoir placé sous un bureau occupé par plusieurs des chefs de la police métropolitaine.

Le 24 janvier suivant, trois attentats criminels, perpétrés au moyen de poudre Atlas A, étaient commis respectivement à la tour de Londres, à Westminster Hall et à la Chambre des députés. Les deux premiers de ces attentats blessèrent plusieurs personnes ; tous trois entraînèrent de graves dommages matériels. Les auteurs, Burton et Cunningham, furent condamnés aux travaux forcés à perpétuité.

Ces engins, que nous avons été autorisé à examiner au musée de New Scotland Yard, sont confectionnés avec grand soin; ils comportent deux compartiments bien distincts, qui renferment respectivement le mouvement d'horlogerie et la charge explosible.

Citons encore la machine infernale qui fut déposée, le 23 avril 1885, dans les bureaux de l'Amirauté, et, pour terminer, celle qui fut placée à proximité d'un bureau de police, de Dublin, le 24 décembre 1892, et tua un des employés.

Cinquième catégorie. — Une dernière catégorie d'engins criminels se compose d'objets tels que boîtes, lettres, etc., que l'on adresse à certaines personnes et dont l'explosion se produit au moment où le destinataire en effectue l'ouverture.

a) Si l'amorçage est produit par l'action de l'acide sulfurique concentré sur le chlorate de potassium, la construction de ces boîtes est analogue à celle des bombes que nous avons décrites ci-dessus. Toutefois, le contact entre les deux substances se produit de la manière suivante : le tube dans lequel se trouve l'acide, a l'extrémité supérieure effilée et attachée à une ficelle dont l'autre bout tient au couvercle de la boîte. Par suite, lorsqu'on essaie d'enlever celui-ci, la pointe du tube est brisée et l'acide s'écoule sur la composition chloratée.

b) Il y a quelques années, des volumes explosibles furent adressés à Mme Constans, dont le mari était alors ministre de l'Intérieur, à M. Etienne, sous-secrétaire d'Etat aux Colonies, ainsi qu'à M. Treille, médecin en chef des Colonies. Ces volumes étaient des missels; les pages, collées entre elles, ne formaient avec la couverture inférieure qu'un seul bloc, dont le milieu avait été évidé de manière à constituer un logement où l'on avait déposé une composition explosible, ainsi que des clous et autres projectiles. Une sorte de *cosaque* ou *papillote* reliait cette composition à la couverture supérieure et était destinée à jouer le rôle d'amorce dès que l'on ouvrirait le missel. Comme les destinataires n'attendaient aucun envoi de cette espèce et que, d'autre part, divers attentats avaient été commis récemment, ils se méfièrent et envoyèrent les livres au Laboratoire municipal.

c) Sur le même principe était basée la lettre qui fut adressée à MM. de Rothschild, en 1894. Elle renfermait une feuille de carton assez fort, disposée de façon à ménager en creux quatre compartiments peu épais, dans lesquels se trouvait placé du fulminate de mercure ; un cosaque reliait la substance explosible à l'enveloppe et avait été disposé de telle manière qu'en coupant celle-ci le long du bord supérieur, avec un couteau à papier, on devait faire détoner l'amorce. Les choses se passèrent ainsi, en effet : le secrétaire qui ouvrit la lettre fut grièvement blessé à la main, en même temps qu'il perdit un œil.

d) Notons enfin, pour mémoire, l'emploi d'engins tels que cigares, cigarettes, cire à cacheter, etc., dans lesquels se trouve dissimulée une composition explosible dont la combustion détermine la déflagration.

En dehors des crimes que nous avons rappelés, Paris fut le théâtre, il y a quelques années, d'une série d'attentats qui provoquèrent une émotion énorme :

L'explosion qui détruisit le restaurant Véry, boulevard Magenta, le 25 avril 1892, avait comme mobile une vengeance particulière : c'est dans ce restaurant, en effet, que Ravachol avait été arrêté sur les indications du garçon, Lhérot, lequel l'avait reconnu d'après le signalement publié dans les journaux ; le patron avait même fait graver le portrait du célèbre anarchiste sur le marbre de la table à laquelle celui-ci s'était trouvé assis.

La bombe avait été déposée entre la porte d'entrée et le comptoir, lequel se trouvait à proximité de celle-ci. L'explosion se produisit avec une violence considérable : une allumette fut projetée hors du porte-allumettes et alla se planter, sans la casser, dans la bobèche d'un bec de gaz où elle resta fichée ; la cave, qui se trouvait juste au-dessous du restaurant, fut bouleversée de fond en comble. Si l'immeuble ne fut pas démoli, c'est parce que les vitres ayant été brisées tout de suite, les gaz engendrés purent se répandre librement au dehors.

Véry, qui était au comptoir lorsque survint l'explosion, reçut des blessures terribles : il eut la jambe gauche brisée en plusieurs endroits. La partie moyenne du tibia avait disparu sur une longueur de 10 centimètres environ ; le fragment fut retrouvé plus tard dans les débris du comptoir. Les muscles étaient hachés, séparés en feuillets dans le sens vertical, effilochés dans le sens horizontal. Le tibia était absolument dépouillé de son périoste, lequel avait été relevé comme une manchette, au niveau de l'épine du tibia. A la jambe gauche existait une plaie de 8 centimètres. Les tympans furent perforés ; l'œil, blessé grièvement par un éclat de verre (1).

Un consommateur, Hamonod, placé près du comptoir, ne fut guère plus heureux : la jambe droite, qui en était la plus rapprochée, fut criblée de projectiles, au point de ressembler à une écumoire. Le Dr Brouardel, chargé de l'examen des victimes, put compter plus de mille plaies sur le corps de ce malheureux ; autour de certaines de ces plaies, les décollements avaient une étendue de 30 à 40 centimètres.

D'autres personnes furent atteintes de blessures plus ou moins graves, ainsi que de troubles nerveux divers.

Véry et Hamonod succombèrent à des accidents infectieux. Les accidents de cette nature proviennent de ce que, dans de telles explosions, tout devient projectile ; les victimes ne sont pas seulement atteintes par l'enveloppe de l'agent explosif, mais encore par les objets environnants : débris du plancher, des meubles, des ustensiles, etc. On conçoit aisément combien les poussières nuisibles peuvent, de la sorte, pénétrer sous la peau et au fond des décollements si considérables qu'elle subit.

Ces décollements, dont l'importance surprend de prime abord, présentent la plus grande analogie avec d'autres faits que l'on a pu constater à maintes reprises : on a vu des victimes déshabillées, parfois même complètement, par suite de l'explosion qui venait de survenir. Tel fut le cas pour Mme Mathieu, lors de l'explosion de la rue Béranger (Voir *Amorces-jouets*). Dans l'artillerie, il est arrivé également plus d'une fois de trouver des servants déshabillés,

(1) Dr Brouardel, *les Explosifs au point de vue médico-légal.* (Paris, 1897) C'est au même ouvrage que sont empruntées les figures 31 et 32.

lorsqu'un caisson venait de faire explosion ; citons encore le cas d'un lieutenant, auquel il ne restait que ses bottes. Au restaurant Véry, deux cuisinières, installées à la table de Ravachol, perdirent leur jupe et leur corsage; leur corset même fut dégrafé. Ajoutons qu'elles ne furent point blessées. Des phénomènes analogues ont été constatés, d'ailleurs, chez les personnes frappées par la foudre.

D'après les expériences de MM. Sarrau et Vieille, ces manifestations seraient dues à une grande raréfaction de l'air, produite par l'action immédiate de la quantité élevée de produits gazeux qui prennent naissance. La dépression est très considérable : l'air qui se trouve entre les pantalons, les jupes, etc., se dilate dans une proportion énorme et fait flotter les vêtements. Ceux-ci, pris par le tourbillon ascendant qui ne tarde guère à se produire, sont déchirés, déchiquetés avec la plus grande facilité.

Quelques mots au sujet de l'explosion du 11 décembre 1892 : Émile Henry avait déposé une bombe devant la porte du local occupé, avenue de l'Opéra, par les bureaux de la Compagnie de Carmaux. L'engin, découvert, fut transporté au commissariat de police de la rue des Bons-Enfants, où son explosion ne tarda pas à se produire avec une violence extrême : les employés du commissariat, ainsi que les agents qui s'y trouvaient réunis, furent horriblement mutilés. Nous reproduisons (*fig.* 31) la photographie de la salle du commissariat de police, prise après l'explosion. Le parquet fut défoncé à l'endroit où la bombe se trouvait placée, l'effet principal s'étant produit verticalement vers le bas.

Les attentats de la Chambre des députés et de l'hôtel Terminus survenus ensuite, sont rappelés ci-dessus.

Le 14 mars 1894, un individu nommé Pauwels tenta de faire sauter l'église de la Madeleine. Mais l'explosion se produisit intempestivement dans le tambour de la porte d'entrée et l'on retrouva en cet endroit le cadavre de Pauwels.

Afin de ne pas trop allonger cette liste, terminons-la en rappelant l'attentat commis, le 4 avril 1894, au restaurant Foyot, où des inconnus placèrent un engin explosible sur le rebord extérieur d'une des fenêtres du rez-de-chaussée. Plusieurs personnes furent blessées.

Une tentative de vol, peu banale assurément, fut commise à

Fig. 31.

New-York, dans la nuit du 24 au 25 février 1896 : une bombe,

portant une mèche de deux pieds de long, avait été déposée contre les bâtiments du Sub-Treasury, où se trouvaient des sommes importantes. Les voleurs espéraient profiter du désarroi causé par l'explosion pour pouvoir opérer tout à leur aise. Bien malheureusement pour eux, la bombe fut découverte avant d'avoir pu sauter.

Lorsque, à la suite d'une explosion, on se propose de déterminer la nature de la substance employée, c'est en cherchant dans les cendres que l'on retrouvera les éléments inertes qu'elle renfermait, les diatomées, par exemple, s'il s'agit de dynamite. On a constaté que cet explosif présentait la caractéristique de poudrer les cheveux et la barbe des victimes, par suite du dépôt des fines poussières qui proviennent de l'absorbant; la poudre, elle, donne naissance à un enduit noir. D'autre part, plus l'explosif est brisant, plus il produit de dégâts sur place.

Si certains motifs permettent de considérer un objet comme engin criminel, l'examen du contenu pourra s'effectuer par la radiographie, pour autant que l'enveloppe ne soit pas métallique. Nous reproduisons (*fig.* 32) l'épreuve obtenue, par MM. Girard et Bordas, en soumettant à l'actif des rayons X un engin amorcé au moyen d'une composition chloratée, laquelle vient en contact avec l'acide sulfurique que renferme un tube central lorsqu'on essaie d'enlever le couvercle, engin que nous décrivons ci-dessus (5e catégorie, *littera a*). On voit que les objets métalliques : clous, mitraille, etc., interceptent les rayons X; il en serait de même si l'on radiographiait du fulminate de mercure.

La destruction des engins criminels doit faire l'objet de précautions spéciales. L'arrêté royal belge du 29 octobre 1894, où se trouvent coordonnés les règlements relatifs aux substances explosibles, formule à cet égard les dispositions suivantes (*Annexe n° 5*) :

Art. 8. — Généralement, une bombe [1] qui n'a pas éclaté trente

(1) On désigne sous le nom de bombe (art. 3) tout engin fermé qui est supposé contenir une substance explosible dont on ignore la nature, ainsi que le mode de mise en feu. L'article 4 divise ces engins en bombes à mécanisme et en bombes à renversement, les deux systèmes pouvant être combinés dans un même engin.

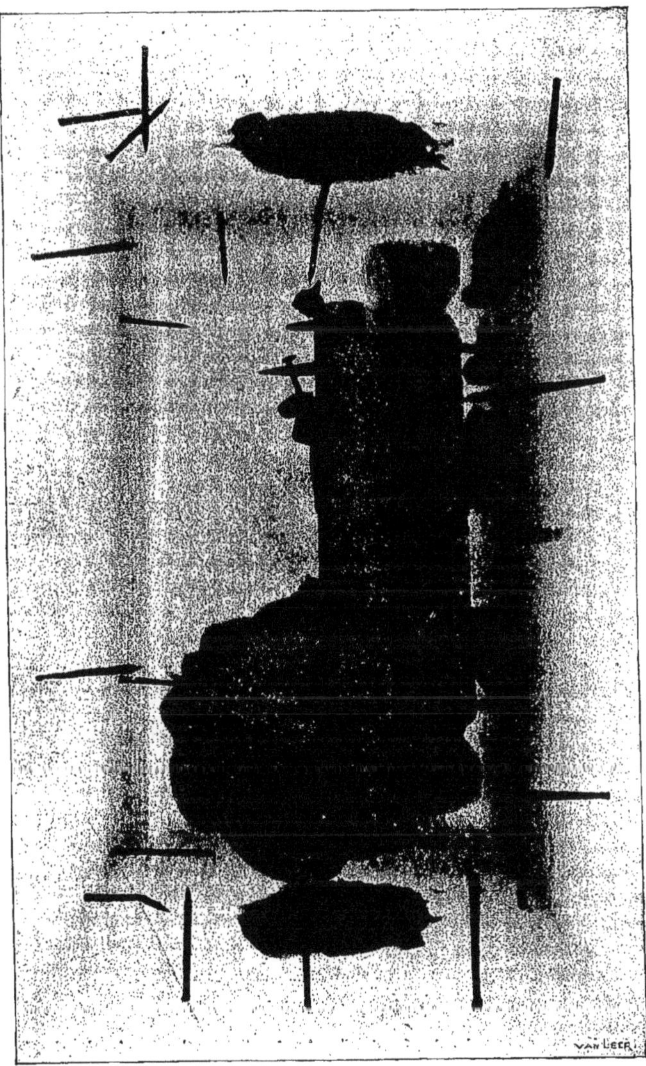

Fig. 32.

minutes environ après sa découverte peut être considérée comme n'étant pas de la première espèce, à moins que le mécanisme ne soit arrêté pour une cause quelconque, notamment parce qu'on a changé la position de la bombe. Il est donc prudent de manier ces engins avec les plus grandes précautions.

Dans tous les cas, il faut agir comme si la bombe était à renversement. A cet effet, on fera, à la partie supérieur de l'engin (s'il n'existe pas de repère naturel), une marque quelconque en se servant de craie, d'un crayon, etc., de manière à être certain que la bombe reste, pendant le maniement et le transport, dans sa position primitive.

Si le poids et la forme de la bombe permettent un transport facile, on peut la faire porter à bras par un ou plusieurs hommes; sinon, il faut obligatoirement se servir d'un ustensile quelconque (panier, caisse, baril, etc.), dans lequel on fixe l'engin au moyen d'une couronne de paille, d'un lit de papier ou d'étoupe, de sciure de bois, etc. On doit vérifier, au préalable, la solidité du matériel de transport et le renforcer au besoin par des cadres, des lattes, etc.

Il ne faut se servir, en aucun cas, d'un appareil roulant (brouette, charrette, etc.), pouvant donner à la bombe des secousses.

. . . .

Art. 12. — Les bombes sont détruites par rupture. Le moyen le plus recommandable consiste à faire usage d'une cartouche amorcée de dynamite ou même de tonite, la manipulation de cette dernière substance offrant moins de danger. Le poids de la cartouche à employer doit être évalué approximativement d'après la résistance supposée de l'enveloppe.

La bombe est placée dans une excavation du sol, la cartouche amorcée maintenue au-dessus à l'aide d'un bout de ficelle ou d'un morceau de gazon. On recouvre ensuite le tout d'un matelas de terre. Une longue mèche est nécessaire pour permettre aux opérateurs de se retirer, à 100 mètres au moins.

. . . .

En général, il est dangereux de procéder à l'ouverture d'engins criminels ; toutefois, si on est obligé de le faire, il conviendra de les abandonner, au préalable, dans un liquide tel que le chloroforme, le pétrole, etc. L'eau peut présenter du danger, si l'amorçage est pratiqué au moyen de sodium ou de potassium.

Épichlorhydrine. — Voir *Fleming.*

Épinglette. — Voir *Emploi des substances explosibles.*

Épreuve de pieux ou de pilotis au moyen d'explosifs. — Voir *Pilotis* (*Epreuve de*).

Érupterite. — Poudre chloratée admise, en 1899, par les autorités anglaises. Elle est fabriquée par la Northern Explosives Co., Ltd., de Glascow.

Érythrite nitrée. — Voir *Nitérythrite.*

Espir (**Poudre explosive**). — Poudre composée de 60 0/0 d'azotate de soude, 14 0/0 de soufre et 26 0/0 de sciure de bois.

La poudre Espir désignée également sous le nom de poudre vulcanienne, a été fabriquée, près de Plymouth, depuis 1878 jusqu'en 1885. La proportion élevée de nitrate de soude qu'elle renferme la rend hygroscopique.

(Brevet anglais n° 291, du 26 janvier 1875 ; brevet français n° 166.511, du 19 janvier 1885 et du 22 juin 1886.)

Essai de résistance à la chaleur. — Voir *Résistance à la chaleur* (*Essai de*).

Essai de résistance à l'exudation. — Voir *Exsudation.*

Essence de mirbane. — Voir *Nitrobenzine.*

Éther amylazotique ou **amylnitrique** (**nitrate d'amyle**) ($O^{11}.C^{5}H^{11}.AzO^{2}$). — C'est une huile incolore, d'une odeur désagréable, à la saveur sucrée et brûlante. Elle bout à 148° en se décomposant partiellement ; sa vapeur détone, lorsqu'elle est surchauffée. Elle est soluble dans l'alcool et dans l'éther; l'eau la précipite de ses solutions.

Pour préparer ce composé, on distille 4 parties d'alcool amylique avec 3 parties d'acide sulfurique concentré, 1 partie d'acide nitrique ordinaire et 1 partie de nitrate d'urée. On peut également nitrifier l'alcool amylique par le mélange sulfo-nitrique.

Éther éthylacétique ($O.C^2H^5.C^2H^3O$). — Cette substance, que l'on désigne également sous le nom d'éther acétique ou acétate d'éthyle, se présente sous la forme d'un liquide incolore, d'une densité de 0,89, à 15° ; elle est peu soluble dans l'eau, soluble dans l'alcool et dans l'éther.

On la prépare, au laboratoire, en distillant ensemble 6 parties d'alcool concentré, 4 parties d'acide acétique cristallisable et 1 partie d'acide sulfurique. Dans l'industrie, on décompose l'acétate de soude par l'acide sulfurique. On peut aussi distiller le même sel avec un mélange d'acide sulfurique concentré et d'alcool à 95°, refroidi au préalable.

L'éther éthylacétique est employé, comme dissolvant de la nitrocellulose, dans la fabrication de certaines poudres sans fumée. C'est un corps volatil, inaltérable quand il est sec; humide, il s'acidifie. Aussi arrive-t-il fréquemment que des traces d'acide acétique subsistent dans l'explosif, après l'élimination du dissolvant.

Éther éthylazotique ou éthylnitrique (nitrate d'éthyle) ($O.C^2H^5.AzO^2$). — C'est un liquide incolore qui bout à 85°. Il possède une odeur très agréable et une saveur sucrée. Insoluble dans l'eau, il se mélange en toutes proportions avec l'alcool et l'éther. Il brûle avec une flamme blanche. Sa vapeur surchauffée détone avec violence. Il peut être chauffé régulièrement, à condition d'éviter toute surchauffe locale. A la température de 300°, il détone avec violence; même résultat au contact d'une flamme. Densité: 1,112 à 17°; poids moléculaire : 91. Chaleur de formation depuis ses éléments : 49,3 par molécule.

La préparation de ce composé est des plus dangereuses et exige des précautions minutieuses ; il n'est jamais prudent, même, de l'effectuer sur une grande échelle. Voici la méthode à employer : on chauffe, dans une étuve à vapeur d'eau, 80 grammes d'acide nitrique de densité = 1,40, avec 2 grammes d'urée ($CH^4.Az^2O$) ; cette opération a pour but d'éliminer l'acide nitreux (AzO^2H), dont la présence serait dangereuse. On fait refroidir le mélange, auquel on ajoute encore 15 grammes d'urée. On additionne ensuite 60 grammes d'alcool, de densité = 0,81. Le mélange est distillé avec grande attention dans une étuve à vapeur, en ayant soin de recueillir séparément les produits de la distillation ; les premières parties qui passent se composent à peu près exclusivement d'alcool dilué. Pour séparer le nitrate d'éthyle des substances qui l'accompagnent, on ajoute de l'eau distillée et un peu de potasse ; après avoir bien agité le tout, on laisse reposer ; puis, on décante. On rectifie la partie décantée sur du chlorure de calcium sec. La distillation doit être faite à une température ne dépassant pas 85°.

Éther éthylique. — C'est l'éther ordinaire ou éther sulfurique [$O(C^2H^5)^2$]. On l'emploie, en quantités très considérables, pour la fabrication des poudres sans fumée.

L'éther est un liquide incolore, très mobile, d'une odeur particulière très connue et d'une saveur brûlante. Il est très peu soluble dans l'eau, soluble dans l'alcool et dans l'esprit-de-bois. On le prépare en chauffant à 140°, dans un ballon muni d'un réfrigérant, un mélange de 3 parties d'acide sulfurique et de 5 parties d'alcool à 90° ; un thermomètre indique la température. A mesure que l'éther distille, on laisse arriver de nouvelles quantités d'alcool, provenant d'un flacon placé à un niveau plus élevé. On lave le produit obtenu au moyen d'une lessive alcaline et on le rectifie au bain-marie sur du chlorure de calcium fondu.

La fabrication industrielle suit, dans ses grandes lignes, le procédé de laboratoire (Voir *Mémorial des poudres et salpêtres*, t. VI, p. 32, et t. VII, p. 79).

Éther méthylazotique ou **méthylnitrique** (**nitrate de méthyle**) ($O.CH^3.AzO^2$). — Liquide incolore, d'une odeur faible et éthérée, d'une densité de 1,182 à 15°; il bout à 60°. Sa vapeur surchauffée détone avec violence et peut engendrer l'explosion de l'éther liquide; une explosion, de ce genre, se produisit à Saint-Denis, le 12 novembre 1874. On peut considérer le nitrate de méthyle comme un explosif très puissant, se rapprochant de la nitroglycérine.

On le prépare de la même manière que le nitrate d'éthyle, remplaçant l'alcool ordinaire par de l'alcool méthylique ou esprit-de-bois. On peut aussi l'obtenir en traitant, à chaud, 1 partie de salpêtre par le mélange de 2 parties d'acide sulfurique avec 1 partie d'esprit-de-bois. On distillera à plusieurs reprises, sur un mélange de massicot et de chlorure de calcium, la couche qui se condense par refroidissement, en recueillant les portions qui passent vers 66°.

Le nitrate de méthyle est employé en teinture.

Éther-oxyline. — Voir *Winiwarter*.

Éthers azotiques ou nitriques des alcools monovalents. — Ces éthers répondent à la formule générale

$$O\left\langle\begin{matrix}C^nH^{2n+1}\\AzO^2\end{matrix}\right.$$

Nous venons de décrire ceux qui proviennent des alcools amylique, méthylique et éthylique.

Etna Powder. — Dynamite américaine renfermant de 15 à 65 0/0 de nitroglycérine. L'absorbant est un mélange de salpêtre du Chili et de pulpe de bois, avec ou sans addition de farine grillée.

Etnite. — Explosif composé d'asphaline additionnée d'environ 8 0/0 de sulfure d'antimoine.

Étoupilles à friction. — Voir *Allumeurs de sûreté.*

Everling et **Kandler** ont fait breveter une poudre sans fumée qu'ils obtiennent en soumettant la cellulose de bois, avant la nitrification, à un traitement destiné à la rendre amorphe. A cet effet, ils la laissent en contact, pendant dix à douze heures, avec une solution au 1/10 d'hyposulfite de soude chauffée à 30°. Vient alors la série des opérations habituelles.

(Brevet français n° 238.318, 5 mai — 30 juillet 1894.)

E. X. E. Powder. — Poudre brune anglaise, pour canons de calibre moyen (152 millimètres). Densité : 1,8. Les grains sont prismatiques avec canal central et, sur l'une des bases, creux avec sillon annulaire. Ils se distinguent par leur couleur gris ardoise.

Exploseurs électriques. — Voir *Électricité (Application de l') au tirage des mines.*

Explosion. — Transformation totale ou partielle d'une substance solide ou liquide en produits gazeux dont l'expansion soudaine, sous un volume beaucoup plus grand que le volume initial, est accompagnée de bruits et d'effets mécaniques violents.

Tout système de corps capable de développer des gaz permanents ou des matières qui prennent l'état gazeux, dans les conditions de la réaction, peut constituer un agent explosif. Toutefois, dans l'industrie, il n'est possible d'utiliser que les systèmes susceptibles d'une transformation rapide et accompagnée d'un grand dégagement de chaleur. De plus, le système initial doit pouvoir subsister jusqu'au moment où les affinités chimiques sont mises en mouvement par l'intervention d'une cause extérieure (mise en feu), que l'opérateur fait agir volontairement.

La réaction qui constitue l'explosion, une fois provoquée, continue d'ailleurs d'elle-même en se propageant, soit par simple inflammation progressive (déflagration), soit par transmission presque instantanée (détonation).

On ne range pas parmi les substances explosibles les liquides susceptibles d'être vaporisés ni les solides décomposables par la chaleur, s'il est nécessaire que ces substances soient placées dans un vase clos et soumises à un échauffement extérieur pour que le phénomène se produise ; dans ce cas, l'énergie est empruntée à cet échauffement lui-même. Il faut également que la réaction explosive se produise sans le concours de l'air atmosphérique ; si l'intervention de celui-ci est nécessaire, la substance dont il s'agit est inflammable, et non explosible.

En pratique, on n'utilise que les substances renfermant de l'oxygène, lequel agit sur les substances combustibles. Le corps comburant et le corps combustible peuvent être mélangés mécaniquement, comme dans la poudre ordinaire. Ils peuvent être combinés chimiquement et constituer un composé défini tel que la nitroglycérine, le picrate de potasse, etc.

L'étude des phénomènes explosifs qui constituent la détonation a amené MM. Berthelot et Vieille à la découverte d'un mouvement ondulatoire produit en vertu d'une certaine concordance des impulsions physiques et des impulsions chimiques au sein de la matière qui se transforme, mouvement que ces savants ont désigné sous le nom d'*onde explosive*. Cette onde constitue un régime qui s'établit presque instantanément, régime caractérisé par la production d'une certaine surface régulière où se développe la transformation et qui réalise un même état de combinaison, de température, de pression, etc., au sein de la substance explosible.

L'onde explosive diffère de l'onde sonore en ce que celle-ci est un phénomène d'ordre purement physique, tandis que, dans le cas actuel, c'est le changement de constitution chimique qui se propage et communique au système une vive force énorme et un excès de pression considérable.

La propagation de l'onde explosive est un phénomène tout à fait distinct de la combustion ordinaire. Elle a lieu seulement lorsque la tranche enflammée exerce une pression fort élevée sur la tranche voisine, c'est-à-dire lorsque les molécules enflammées conservent la presque totalité de la chaleur développée par la réaction chimique. Cet état caractérise le régime de détonation. Au contraire, le régime de combustion, de déflagration, répond à un système dans lequel la chaleur est perdue en grande partie par rayonnement, conductibilité, détente, contact des corps environnants, etc., à l'exception de la très petite quantité indispensable pour porter les parties voisines à la température de combustion.

M. Berthelot a déterminé les lois qui régissent l'onde explosive lorsqu'elle est produite au sein d'un mélange gazeux explosible. Ces lois ne subsistent qu'en partie dans la détonation des liquides et des solides, tout en demeurant assujetties aux mêmes notions générales de dynamique physico-chimique.

Explosions sympathiques. — On désigne sous le nom d'explosions sympathiques ou explosions par influence, des phénomènes qui ont fait l'objet d'études et d'applications fort intéressantes.

Si, par exemple, on provoque, au moyen d'une amorce de fulminate, l'explosion d'une cartouche de dynamite, celle-ci fera détoner à son tour les cartouches voisines, non seulement au contact et par choc direct, mais même à distance. Si ces cartouches sont placées dans des enveloppes métalliques rigides et posées sur un sol résistant, la détonation produite par 100 grammes de dynamite ordinaire se communiquera à 30 centimètres de distance, d'après les expériences du capitaine Coville.

Si deux cartouches sont appuyées sur un rail, l'explosion est transmise, pour 100 grammes, à la distance de 70 centimètres. Sur un terrain ameubli ou détrempé, les distances se trouvent diminuées, au contraire; elles le sont également si les cartouches se trouvent placées dans des enveloppes métalliques moins résistantes. Elles augmentent, d'ailleurs, avec le poids de la charge.

Dans les explosions de poudrières, on voit des constructions sauter simultanément, quoique placées à une certaine distance les unes des autres.

C'est surtout dans l'eau que les explosions par influence se prêtent à des applications fort intéressantes. Il est aisé, d'en apprécier l'importance si l'on tient compte de ce que l'explosion d'une torpille chargée de fulmicoton fait détoner les torpilles voisines placées dans un certain rayon d'activité. Les premières études d'explosions sympathiques sous l'eau furent faites à Stowmarket, par le professeur Abel, au moyen de fulmicoton comprimé; pour lui, la cause déterminante de ces phénomènes réside dans le synchronisme entre les vibrations produites par le corps qui provoque la détonation et celles qui correspondent à la substance qui fait explosion par l'influence, de même qu'une corde de violon résonne à distance avec une autre corde mise en vibration.

M. Berthelot oppose à cette théorie le cas des explosifs qui détonent sous l'influence d'un détonateur au fulminate de mercure de puissance donnée, à condition que la charge de fulminate atteigne une certaine valeur; cependant, la note vibratoire spécifique déterminant l'explosion devrait toujours demeurer la même. Cet exemple montre l'existence d'une relation directe entre le caractère de la détonation et l'intensité du choc produit par un seul et même détonateur.

D'autres faits sont en désaccord formel avec la théorie des vibrations isochrones : l'explosion du coton-poudre ne peut être provoquée par celle de la nitroglycérine, ce qui semble indiquer une discordance absolue entre les vibrations propres à ces deux substances. Or, d'autre part, l'explosion d'une quantité minime de coton-poudre fait toujours détoner la nitroglycérine.

C'est à M. Berthelot que l'on doit la théorie la plus généralement admise pour expliquer la propagation des explosions par l'influence. Cette théorie « repose sur la production de deux ordres d'ondes : les unes, qui sont les ondes explosives proprement dites, développées au sein de la matière qui détone, et consistant en une transformation incessamment reproduite des actions chimiques en actions calorifiques et mécaniques, lesquelles transmettent le choc aux supports et aux corps contigus; les autres, purement physiques et mécaniques, et qui transmettent également les pressions subites tout autour du centre d'ébranlement, aux corps voisins et, par un cas singulier, à une nouvelle masse de matière explosive.

« L'onde explosive, une fois produite, se propage sans affaiblissement, parce que les réactions chimiques qui la développent, en régénèrent à mesure la force vive sur tout le trajet; tandis que l'onde mécanique perd continuellement de son intensité à mesure que la force vive, déterminée par la seule impulsion originelle, se répartit dans une masse de matière plus considérable.

. . . .

« La matière explosive ne détone pas parce qu'elle transmet le mouvement, mais, au contraire, parce qu'elle l'arrête et qu'elle en transforme sur place l'énergie mécanique en une énergie calorifique capable d'élever subitement la température de la matière jusqu'au degré qui en provoque la décomposition (1). »

Si des explosifs sont laissés dans le voisinage d'une mine dont on provoque l'explosion, ces explosifs pourront détoner par influence. M. Mowbray cite le cas d'une boîte métallique contenant quatre livres de nitroglycérine, placée sous un rail et en contact avec lui, à une distance de 400 pieds environ du front d'attaque du tunnel de Hoosac (États-Unis). Cette boîte fit explosion après que seize coups de mine eurent été tirés.

Abel, au cours des expériences qu'il a faites sur la transmission d'explosions sympathiques dans des tubes analogues aux trous de mine, a constaté que l'aptitude de ces tubes à transmettre la détonation dépend, dans une mesure restreinte, de la nature des tubes et, plus sensiblement, du degré de poli de leur surface intérieure. Si l'on interpose vers leur milieu un diaphragme en papier mince ou de petits tampons de laine cardée, la transmission ne se produit plus. Abel a constaté également le manque de réciprocité que présentent certaines substances, dans ce cas particulier.

La transmission de la détonation au moyen de tubes a été appli-

(1) Berthelot, *Sur la force des matières explosives d'après la thermochimie*, 3e édition, t. I, p. 122 et 132.

quée pour la première fois, par le capitaine Trauzl, à l'explosion simultanée de nombreuses charges placées à distance les unes des autres et réunies par des tubes. Abel utilisa également cette propriété en se servant de trous profonds et sans bourrage, renfermant trois charges placées respectivement au centre et aux deux extrémités. La détonation de la charge extérieure provoquait celle des autres ; ce système a permi de réaliser une grande économie de temps et de main-d'œuvre.

M. Hamilton Smith a appliqué cette méthode sur une grande échelle, en Californie, à la démolition de récifs et autres masses considérables : on perce d'abord, dans la masse à faire sauter, une galerie droite d'une profondeur convenable; ensuite, on creuse des galeries transversales dont le nombre, les dimensions et la situation doivent être déterminés d'après les circonstances locales. Dans ces diverses galeries, on fore des mines en nombre voulu et placées aux endroits convenables. Les mines de la galerie principale sont chargées sans bourrage et avec amorçage double : la détonation de ces mines provoque l'explosion simultanée de toutes les mines auxiliaires, chargées sans bourrage ni amorçage.

Le sautage de Flood-Rock, exécuté en Amérique sous la direction du général Newton, fut une application grandiose des explosions par influence.

Exsudation. — Les explosifs à base de nitroglycérine sont sujets à exsuder sous l'influence de diverses causes, parmi lesquelles on peut citer principalement l'action de l'eau, laquelle se substitue graduellement à la nitroglycérine. A cet égard, il n'est pas mauvais de soumettre l'explosif à un essai qui consiste à l'abandonner une quinzaine de jours dans un coffre garni d'étoupe humide.

L'exsudation peut se produire également par suite de la congélation. Les règlements anglais imposent l'obligation de congeler et de dégeler à trois reprises consécutives l'échantillon que l'on désire examiner; il faut qu'aucune exsudation ne se produise. De même, ces règlements prescrivent l'essai relatif à l'influence physique qu'exerce l'élévation de la température ; celle-ci peut aussi amener l'exsudation (Voir *Liquéfaction*).

L'exsudation peut enfin se produire lorsque la dynamite est soumise à une pression modérée. L'essai à pratiquer s'effectue comme suit : on introduit la cartouche dans un tube de laiton percé de petits trous et fermé vers le bas par un couvercle. Un piston, portant à sa partie supérieure un plateau que l'on charge progressivement de poids, sert à comprimer l'explosif. Il faut que le suintement de la nitroglycérine ne se produise pas sous une pression de 4 à 5 kilogrammes par centimètre carré, équivalente à celle qui est subie au cours de l'encartouchage. La même expérience est reproduite en chauffant le tube à 55 ou 60° dans une étuve, la pression étant plus faible.

Extinctite. — Explosif à base d'azotate d'ammoniaque admis par l'inspection anglaise des explosifs.

Extra Dynamite. — Cet explosif, breveté par Nobel en 1879, présente plusieurs variétés :

Nitroglycérine	23	48,40	63
Nitrocellulose	71	1,60	24
Nitrate d'ammoniaque	2	34,50	12
Nitrate de soude	»	»	»
Charbon de bois	4	5,00	1
Farine de seigle	»	9,00	»
Soude	»	1,00	»
Ocre	»	0,50	»
	100	100,00	100

La nitrocellulose peut être remplacée par le nitramidon ou la nitrodextrine ; le charbon par de l'amidon, du sucre, etc.

Extra (Poudre Hercule). — Voir *Hercule (Poudre)*.

Extra Powder. — C'est une variété de la *Giant Powder*, dont elle ne diffère que par la présence de nitrate d'ammoniaque. Pour atténuer l'hygroscopicité de ce sel, on l'enduit de vaseline brute avant de le mélanger avec les autres composants.

Extralite. — Composition :

Nitrate d'ammoniaque	41,97
Chlorure de zinc	41,97
Hydrocarbures liquides	8,34
— solides	4,16
Carbonate d'ammoniaque	4,16
	100,00

F

F, FF, FFF et FFFF Du Pont's Blasting Powder; Fg, FFg et FFFg Du Pont's Rifle Powder. — Voir *Du Pont de Nemours*.

La lettre F, initiale du mot anglais *fine*, s'applique aux poudres à grains fins (Voir aussi *Laflin and Rand*).

F_1, F_2 et F_3 (Poudres). — Poudres noires réglementaires en France, respectivement pour les fusils modèles 1874, 1878 et 1884.

Fahneljelm. — Voir *Nysébastine*.

Fahrm a fait breveter l'explosif suivant :

Nitrate d'ammoniaque	86
Nitroglycérine	5
Résine	5
Chlorate de potasse	4
	100

(Brevet français n° 283.187, 19 novembre 1898—20 février 1899.)

Faille. — Voir *Mélanite.*

Fairley. — Voir *Nitrate d'ammoniaque.*

Falkenstein (Kaliwoda von). — Voir *Cibalite.*

Fallenstein. — Voir *Kin'tite.*

Faucher. — Voir *Nitrate de potassium.*

Faure. — Voir *Trench.*

Faversham (Coton nitraté de). — Voir *Tonite.*

Faversham Powder. — Composition :

Nitrate d'ammoniaque	83 à 87	pour 100
Dinitrobenzine	9 à 14	»
Chlorure d'ammonium	1 à 2	»
Chlorure de sodium	2 à 3	»

Cette poudre est fabriquée, depuis 1895, par la Cotton Powder Co., Ltd., dans son usine de Faversham (Kent); elle figure sur la liste de celles dont l'emploi est autorisé dans les charbonnages grisouteux ou poussiéreux.

L'autorisation est subordonnée à l'emploi d'une cartouche en papier paraffiné, ainsi que d'un détonateur contenant au minimum 1,25 gramme de composition à 80 0/0 du fulminate de mercure et 20 0/0 de chlorate de potasse. D'une lettre qui nous fut adressée par la Cotton Powder Co., Ltd., en date du 15 novembre 1900, il résulte que le trinitrotoluène a remplacé la dinitrobenzine dans la composition de la poudre de Faversham.

Favier (Explosifs).— Le premier type de cartouche décrit sous ce nom se composait d'explosif sous forme comprimée, dans la partie périphérique, et sous forme pulvérulente, dans la partie centrale; le mélange employé renfermait 91,5 0/0 de nitrate d'ammoniaque avec 8,5 0/0 de mononitronaphtaline. Le brevet primitif mentionne, en outre, la faculté de remplir la cavité d'un explosif plus puissant, tel que la dynamite, le coton-poudre, etc.

Diverses variétés à base de nitrate de soude, employées à l'origine, furent abandonnées par la suite. Voici celles qui furent proposées ultérieurement :

	EXPLOSIF-TYPE ou antigrisou n° 1		Anti-grisou n° 0	Anti-grisou n° 2		Anti-grisou n° 3	Explosif n° 3	Grisou-nite couche	Grisou-nite roche	Grisou-nite gomme
Azotate d'ammoniaque	88	87,40	80,57	81,49	80,90	82	17,48	95,5	9,15	70
Mononitronaphtaline..	»	»	»	»	»	»	13,52	»	»	»
Dinitronaphtaline.....	12	12,60	6,36	11,11	11,70	»	»	»	»	»
Trinitronaphtaline....	»	»	»	»	»	5	»	4,5	8,5	»
Chlorure d'ammoniaq.	»	»	13,02	7,40	»	13	»	»	»	»
Coton azotique.......	»	»	»	»	»	»	»	»	»	0,5
Azotate de soude.....	»	»	»	»	»	»	64	»	»	»
Nitroglycérine........	»	»	»	»	»	»	»	»	»	29,5

Le calcul de la température de détonation du Favier-type donne comme résultat 2.139°, le travail maximum développé par 1 kilogramme s'élevant à 360.162 kilogrammètres. La décomposition explosive est représentée par la formule suivante :

$$20\,AzO^3.AzH^4 + C^{10}H^6.AzO^4 = 43\,H^2O + 10\,CO^2 + 0{,}5\,O^2 + 21\,Az.$$

Pour l'antigrisou n° 2, si on considère le chlorure d'ammoniaque comme jouant le rôle d'un corps inerte, on obtient les mêmes produits de décomposition. Le calcul donne 2.040° comme température de détonation et 330.940 kilogrammètres comme travail maximum au kilogramme.

Si on admet pour l'antigrisou n° 3 la formule :

$$54\,AzO^3.AzH^4 + C^{10}H^5.Az^3O^6 + 13\,AzH^4Cl = 13\,AzH^4Cl + 110{,}5\,H^2O + 10\,CO^2 + 55{,}5\,Az^2 + 18{,}75\,O^2,$$

le calcul donnera une température de détonation égale à 1.420° et un travail maximum de 185.640 kilogrammètres par kilogramme.

La fabrication de l'explosif Favier n'est guère compliquée. A l'usine de Vilvorde (Belgique), elle comprend les phases suivantes : on procède d'abord à la dessiccation du nitrate d'ammoniaque ; à cet effet, on l'introduit, au moyen d'une trémie, dans deux augets métalliques inclinés, chauffés à 80° par une circulation de vapeur d'eau et dans lesquels se meuvent deux vis d'Archimède. Celles-ci entraînent le sel d'un bout à l'autre des augets ; le trajet dure deux heures.

Le nitrate passe immédiatement au broyage. Cette opération s'effectue au moyen de deux meules en fonte pesant de 700 à 800 kilogrammes, dans un appareil à table tournante, chauffé également à la vapeur d'eau ; l'une des meules est cannelée et l'autre lisse. Lorsque le broyage est parfait, on ajoute la binitronaphtaline. Le malaxage dure deux heures environ.

L'explosif obtenu est comprimé, à chaud, sous la forme d'un cylindre creux ; puis, les cartouches sont plongées dans de la paraffine fondue. Dans la partie centrale, on introduit ensuite l'explosif en poudre, plus sensible à l'explosion que la matière comprimée. Les deux extrémités de la cartouche sont fermées au moyen de rondelles en fer-blanc ; l'une d'elles porte une ouverture destinée au passage de l'amorce.

La fabrication, le maniement, ainsi que l'emploi des explosifs Favier présentent relativement fort peu de danger. Ils ont fait l'objet de nombreux essais en présence du grisou et des poussières de houille, tant en France qu'en Belgique. Introduits en Espagne sous le nom de *nitramides* ou *nitramites*, ils sont désignés, en France, sous la dénomination d'explosifs de mine du type N. L'ammonite anglaise n'est autre chose que le Favier-type.

(Brevet anglais n° 2.139, du 16 février 1885.)

Favier (Les Explosifs), Société anonyme, à Vilvorde (Belgique), a fait breveter un type d'amorce électrique dont le fil forme un nœud emprisonné sur le fond par un resserrement du tube en forme de gorge, les deux extrémités dépassant dans la poudre d'allumage.

(Brevet belge n° 140.772, du 11 février 1899.)

Fehleisen. — Voir *Haloxyline.*

Felhoen a fait breveter le mélange de poudre à canon (75 0/0 salpêtre, 10 0/0 charbon de bois, 10 0/0 soufre) avec 10 0/0 de nitronaphtaline; celle-ci renferme une proportion élevée de mononitronaphtaline et une proportion restreinte de dinitronaphtaline. Elle est obtenue en laissant en contact, pendant cinq jours, 1 partie de naphtaline avec 4 parties d'acide nitrique ($d = 1,40$).

(Brevet anglais n° 2.266, du 9 juin 1879.)

Fenian fire. — Voir *Compositions incendiaires.*

Fenton (Poudre). — Poudre chloratée contenant du prussiate jaune de potasse et du sucre.
(Brevet anglais n° 4.148, du 17 décembre 1873.)

Ferguson. — Voir *Électricité* (*Application de l'*), etc.

Fergusonite. — Substance minérale explosible, découverte il y a longtemps dans les masses feldspathiques de la Norvège. C'est un niobate d'yttrium, contenant du tantale, de l'erbium, du cerium, etc. Chauffée vers 500°, la fergusonite dégage une notable proportion de ce gaz curieux, l'hélium, dont la présence n'avait été observée, jusqu'à ce jour, que dans l'atmosphère du soleil.

MM. Ramsay et Travers ont constaté que si l'on chauffe la fergusonite, elle devient subitement incandescente et atteint une température très élevée au moment où l'hélium est mis en liberté. C'est donc une substance dont la décomposition s'effectue avec dégagement de chaleur, un composé endothermique, comme les explosifs; la quantité de chaleur dégagée est de 800 calories pour 1 gramme. Jusqu'ici, fait observer M. Gauthier (*Année scientifique*, 1898), tous ces composés étaient regardés comme produits artificiellement par l'homme.

Ferrifractor.—Explosif de sûreté répondant à la composition suivante :

Azotate d'ammoniaque..............	90
Binitrobenzine.....................	10
	100

Fétu. — Voir *Emploi des substances explosibles.*

Feu (Balles, corde, lances, roche, tubes à). — Voir *Balles à feu*, *corde à feu*, etc.

Feu (Chemises à). — Voir *Compositions incendiaires.*

Feu de conserve. — Voir *Balles luisantes.*

Feu grégeois. — Composition incendiaire qui brûlait même au contact de l'eau et qui fut employée, pour la première fois, au cours du VIIe siècle. Le feu grégeois, dont le secret de la composition fut rigoureusement gardé, assura, pendant plusieurs siècles, aux Byzantins la suprématie de la mer contre les flottes russes et arabes.

Feu liquide, feu lorrain. — Voir *Compositions incendiaires.*

Feu prussien. — Voir *Wigfall* (*Poudre*).

Feux d'artifice de guerre. — Les feux d'artifice de guerre sont généralement classés dans les cinq catégories suivantes :

1° *Artifices pour l'allumage.* — Mèches, fusées, amorces, étoupilles, étoupilles de mise à feu, capsules, allumeurs, mèches graduées des fusées à temps, etc. ;

2° *Artifices éclairants.* — Feux blancs, bombes éclairantes, fusées à étoiles, fusées à feu de Bengale avec parachute, barils éclairants, etc. ;

3° *Artifices incendiaires.* — Bombes incendiaires, barils incendiaires, brûlots, chemises à feu, fusées incendiaires et toutes les compositions telles que la roche à feu, le feu grégeois, le chirosiphon, le tho-ho-tsiang, etc.;

4° *Artifices de démolition.* — Pétards, tubes détonants, faisceaux de tubes détonants, etc.;

5° *Artifices pour signaux.* — Feux blancs ou colorés, fusées.

F. G. Powder. — Poudre anglaise (*fine grain*) employée autrefois pour le tir des petits canons et pour la charge d'éclatement des obus et shrapnels. C'est une variété des *blank powders*.

Field. — Voir *Celluloïd.*

Fielder, Russie, a proposé l'emploi d'un mélange comprenant: une substance liquide et une substance pulvérulente, non explosibles lorsqu'elles sont isolées. Le liquide renferme 80 0/0 de mononitrobenzine et 20 0/0 de térébenthine. Quant à l'élément solide, on l'obtient en additionant 70 0/0 de chlorate de potasse à 30 0/0 de permanganate de potasse.

L'explosif, désigné sous le nom de *donar*, s'obtient en associant 80 0/0 de la poudre chloratée à 20 0/0 du liquide; les diverses proportions indiquées sont susceptibles de modifications.

[Brevet anglais 8.101 (1901), accepté le 29 juin 1901.]

Filite. — Poudre sans fumée pour canons, employée en Italie, et qui n'est autre que de la ballistite confectionnée sous forme de cordes ou de fils.

Fin grain (Poudre de mine). — Voir *Mine (Poudre de).*

Firedamp dynamite. — Traduction anglaise de *dynamite-grisou* (Voir *Wetterdynamite*).

Fitch et Reunert. — Voir *Amidon (Poudre à l').*

Flambeau. — Voir *Balles luisantes.*

Flamboyure. — Voir *Pulvérin.*

Flameless cartridge case. — Voir *Cocking.*

Flameless Explosives Co., Ltd., Flameless securite. — Voir *Sécurite.*

Flamelessite. — Mélange à base de nitrates, additionnés de charbon et d'autres ingrédients. Cet explosif est admis en Angleterre.

Flammivore. — Explosif de sécurité :

Azotate d'ammoniaque	85
Coton-collodion	10
Sulfate d'ammoniaque	5
	100

Cet explosif est fabriqué par la Société anonyme des Poudres et Dynamites, à Arendonck (Belgique). Il a été breveté par M. A. Leroux, le 19 octobre 1887 (Brevet belge n° 131.401), pour le compte de ladite Société.

La composition primitive de la flammivore différait légèrement de celle que nous venons d'indiquer : la proportion de nitrocellulose ne dépassait pas 7,5 0/0 et le sulfate d'ammoniaque pouvait être remplacé par de l'hyposulfite de soude.

Fleck. — Voir *Compositions incendiaires.*

Fleming (Le D^r) a indiqué l'épichlorhydrine et la dichlorhydrine comme dissolvants de la nitrocellulose. Le premier de ces composés ($C^3H^5.O.Cl$) est insoluble dans l'eau, et soluble dans l'alcool et l'éther. Il bout à 117° ; la densité, à 0°, est de 1,203. Il dissout la pyroxyline en toutes proportions ; toutefois, à partir de 20 0/0, la solution devient opaque.

La dichlorhydrine ($C^3H^5.OH.Cl^2$) est légèrement soluble dans l'eau, franchement soluble dans l'alcool et l'éther. Elle bout à 174° ; sa densité est de 1,367. Nous en indiquons la préparation sous la rubrique *Chlorhydrine (Di).*

Ces dissolvants présentent l'avantage de posséder un point d'ébullition plus élevé et d'être moins volatils que les substances généralement employées à cet effet : alcool, éther, acétone, acétate d'amyle. Il n'est pas possible, toutefois, de se prononcer quant aux avantages effectifs que présenterait leur application à l'industrie explosive.

Flemming. — Voir *Nitrocelluloses.*

Fluoramide. — Synonyme de *Fluorure d'azote.*

Fluorine. — Explosif de sécurité breveté par M. Turpin et basé sur le principe des *wetterdynamites.*

Voici deux formules proposées :

Nitroglycérine..................	37,50	Mélange à poids égaux de dynamite n° 1 et de fluorure de calcium.
Kieselguhr ou randanite.........	12,50	
Fluorure de calcium............	50,00	

Chlorate ou nitrate de potasse...	35
Fluorure de calcium............	50
Binitrobenzine.................	15

(Brevet français n° 189.428, du 17 mars 1888.)

Fluorure d'azote. — Ce composé se présente sous la forme d'un liquide oléagineux dont l'explosion est provoquée par le contact avec la silice, le verre, les matières organiques, par suite de l'affinité du fluor pour le silicium et pour l'hydrogène.

On le prépare en décomposant par électrolyse une solution concentrée de fluorure d'ammonium.

Foin nitré. — Voir *Trench.*

Fonite. — Sorte de dynamite à base active.

Fontaine (Poudres). — Voir *Picrates.*

Forage. — Synonyme de *perforation :* ce terme s'emploie, par métonymie, pour désigner les trous de mine.

Forcite. — Nitrogélatine brevetée en 1880 par le capitaine Lewin, de l'armée suédoise, et fabriquée à Baelen-sur-Nèthe (Belgique).

A l'origine, cet explosif n'était pas, à proprement parler, une nitrogélatine : d'après le brevet français du 14 juin 1881, il renfermait de la cellulose gélatinisée, et non pas de la nitrocellulose. La gélatinisation s'opérait dans un autoclave, sous l'action de la vapeur à haute pression.

Voici les compositions actuellement admises en France :

	Extra	Sup^re	N° 1	N° 2	Sup^re	Extra F	Sup^re F	N° 1 P	N° 2 P
Nitroglycérine	64.0	64	49	36	64	74	64	49	36
Coton azotique	3,5	3	2	3	3	6	3	2	2
Nitrate de potasse	»	»		»	24	14	23	37	46
Nitrate de soude	»	24	36	35	»	»	»	»	»
Nitrate d'ammoniaque	25,0	»	»	»	»	»	»	»	»
Farine de bois séchée	6,5	8	13	11	8	5,5	9	11	»
Son de seigle	»	»	»	14	»	»	»	»	15
Magnésie	1	1	»	1	1	0,5	»	»	»
Carbonate de soude	»	»	»	»	»	»	1	1	1
	Tableaux arrêtés le 8 mars 1893				Tableaux arrêtés le 2 juillet 1896				

D'autres variétés contiennent du soufre, de la colophane, de la dextrine et du goudron de bois.

Celles qui renferment du nitrate de soude n'ont pas été admises en Angleterre, par suite d'insuffisance de stabilité. L'importation des autres est autorisée.

Cet explosif se fabrique aussi en Amérique, à l'usine de Hopatcong (New Jersey).

Forcite antigrisouteuse. — Fabriquée à Baelen-sur-Nèthe. Composition centésimale :

N° 1	Nitrate d'ammoniaque	70,00
	Nitroglycérine	29,40
	Nitrocellulose	0,60
N° 2	Nitroglycérine	44
	Sulfate de magnésie	44
	Cellulose	12

La première de ces compositions est analogue à la grisoutine-gomme, ainsi qu'à l'explosif désigné en Belgique sous le nom de gélignite à l'ammoniaque ; la seconde est identique à la grisoutite de Matagne. Ces deux variétés, en somme, sont des explosif absolument différents.

Si nous représentons la décomposition explosive de la forcite antigrisouteuse n° 1 par la formule :

$$1470\,AzO^3.AzH^4 + 109\,C^6H^{10}Az^6O^{18} + C^{24}H^{32}Az^8O^{36} = 678\,CO^2 + 3501\,H^2O + 770,5\,O^2 + 1801\,Az^2,$$

le calcul donnera **1.848°** comme température de détonation et **263.200** kilogrammètres comme énergie potentielle.

Forcite gélatine. — Explosif fabriqué en Amérique et répondant à la composition suivante :

Nitroglycérine....................	95 à 96 pour 100
Nitrocellulose soluble............	5 à 4 »

C'est de la dynamite-gomme.

Effet explosif sous l'eau (Abbot) : **133** (Dynamite n° **1.100**).

Formène nitré. — Voir *Nitrométhane.*

Forster (Von). — Voir *Von Forster.*

Fortis. — Cette poudre, que l'on désigne également sous le nom de polynitrocellulose, poudre d'Heusschen, glycéronitre ou benzoglycéronitre, présente un grand nombre de variétés répondant à la formule suivante :

Salpêtre..................	57,00 à 93,19 pour 100
Soufre....................	8,00 à 12,00 »
Tan.......................	15,00 à 25,00 »
Noir de fumée...........	2,00 à 3,00 »
Sulfate de fer............	1,35 à 27,80 »
Glycérine................	0,95 à 1,84 »

(Brevet anglais n° **1.024**, du 8 janvier **1884**.)

La fortis n° 2 renferme, en outre, de l'acide sulfurique et de la naphtaline ; le nitrate de soude peut être substitué au salpêtre.

Le brevet français n° **214.741**, du **8** juillet **1891**, mentionne la composition que voici :

Nitrate de potasse ou de soude	65
Soufre..................................	13
Charbon.................................	12
Dinitrobenzine ou dinitronaphtaline...	10
	100

La fortis, fabriquée à Hérenthals par la Société anonyme des poudrières belges, est admise à l'importation en Angleterre, sous forme de cartouches comprimées.

Fortisine. — Poudre analogue à la fortis et composée de salpêtre, soufre, charbon de bois, dinitrobenzine (5 0/0 au maximum), avec addition facultative de résine ou de dextrine.

L'analyse d'un échantillon a donné les résultats suivants (Cundill-Thomson) :

Nitrate de potasse.................	74,80
Charbon de bois....................	14,40
Soufre.............................	6,30
Dinitrobenzine.....................	4,10
Humidité...........................	0,36
	100,00

Fossano (Poudre). — Poudre noire employée en Italie.

Foudre. — Il est nécessaire de protéger contre la foudre tout atelier ou magasin susceptible de renfermer des matières explosibles.

Le système préconisé par le professeur Melsens, de Bruxelles, consiste à entourer les constructions à sauvegarder, d'une enveloppe métallique, sorte de cage conductrice. La figure 33, empruntée à la revue *Arms and Explosives*, reproduit le schéma de la disposition employée. Les conducteurs se terminent par une aigrette en brosse portant cinq ou sept pointes, celle du milieu étant un peu plus élevée que les autres, qui forment avec elle un angle de 45°. Elles sont en fer galvanisé. Le principe consiste à constituer de l'ensemble un circuit métallique fermé. Le système du professeur Zenger, de Prague, est analogue. L'armée autrichienne en a fait de nombreuses applications, et les rapports du colonel Hess le représentent comme parfaitement efficace.

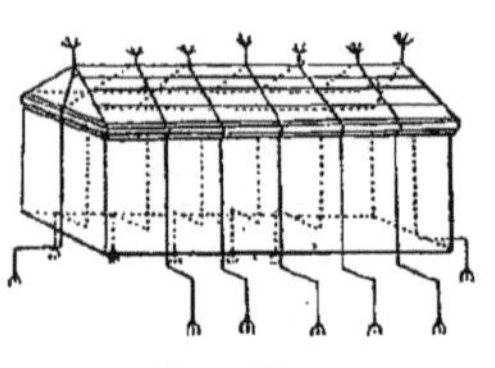

Fig. 33.

Si les tiges ne sont pas terminées en aigrettes, la protection est moins efficace. Parfois, on se sert de conducteurs soutenus par des mâts et placés à côté des murs, mais sans les toucher.

Les instructions officielles publiées en Angleterre prescrivent de protéger les meules servant à la fabrication de la poudre, au moyen de conducteurs se terminant à une hauteur telle que l'on n'ait point à craindre l'inflammation du pulvérin en suspension dans l'atmosphère, par la décharge électrique qui peut se produire à l'extrémité du conducteur ; dans ce cas, il est nécessaire d'employer l'aigrette à plusieurs pointes. En aucune circonstance, les conducteurs ne peuvent être espacés d'une quantité supérieure à 15 mètres, et aucun point de la construction ne peut être distant d'un conducteur de plus de 7m,50.

Les magasins souterrains, quoique moins exposés que les autres, doivent également être protégés. S'ils renferment des explosifs placés dans des caisses métalliques, ils présentent une résistance électrique inférieure à celle de la terre qui les entoure.

Dans tous les systèmes analogues à ceux que nous venons d'indiquer, il faut que les conducteurs verticaux soient reliés à la partie supérieure, ainsi qu'à la partie inférieure. Les angles et les parties saillantes de la construction à protéger, plus exposés à être frappés par la foudre ainsi que l'arête faîtière de la toiture, doivent être munis de conducteurs. Ceux-ci seront en connexion avec toutes les parties métalliques du toit ou des murs, et spécialement avec le pied des gouttières.

Par prudence, il convient d'arrêter momentanément tout travail dans les usines à poudre et d'en faire sortir les ouvriers, quand l'état orageux de l'atmosphère peut menacer la sécurité de ces usines.

Deux explosions causées par la foudre sont survenues, les 29 et 30 juillet 1900, aux usines de Krummel et de Hamm-sur-Sieg (Allemagne), usines qui appartiennent à la Compagnie Nobel. Dans les deux cas, les installations protectrices étaient irréprochables à tous égards; la mesure des résistances, d'autre part, montra qu'aucune défectuosité ne s'était produite. Ces faits tendent à prouver que la protection, telle qu'on la conçoit actuellement, ne peut être considérée comme complètement efficace; il semble nécessaire, si on veut l'obtenir telle, d'établir une surface métallique continue, même au-dessous du plancher. Les conclusions que nous venons de formuler, ont été confirmées expérimentalement, en Angleterre, par le Dr Olivier Lodge.

Périodiquement, il est utile de faire l'essai de la continuité de la résistance électrique, des prises de terre et de la tige du paratonnerre au sol. Parmi les appareils employés à cet effet, signalons celui de M. Anderson; celui de M. Ducretet; le pont de Kohlrausch, qui permet d'effectuer des mesures précises; le vérificateur Borel, approuvé en France par le comité d'artillerie, et le rhéélectromètre Marioni, appliqué par Melsens au contrôle permanent des paratonnerres télégraphiques. Ces divers appareils se trouvent décrits dans le catalogue de la maison Ducrétet (5e édition, nos 3.537 à 3.539 *bis*).

Pour ce qui concerne les effets de la foudre, on lira, avec le plus grand intérêt, une note publiée par M. Guchez, Inspecteur général des explosifs en Belgique, sur la destruction de trois ateliers de la poudrerie Müller et Co, à Clermont-sur-Meuse. Cette note, parue dans les *Annales des Mines de Belgique* (t. III, p. 275), a été reproduite dans le *Mémorial des Poudres et Salpêtres* (t. X, p. 59).

Fougasse. — Trou de mine incliné, en forme de pyramide tronquée. La charge est placée dans une boîte hermétique.

L'amorce est commandée par un cordeau détonant, de longueur suffisante, ou bien par l'électricité. Les fils conducteurs sont enterrés. L'entrée de l'excavation est recouverte d'un fort panneau sur lequel se trouve un tas de pierres; celles-ci sont projetées par l'explosion.

Fournier a présenté, comme succédané de la poudre noire, un curieux mélange renfermant 125 parties de carbonate de chaux, 65 parties de sel marin, plus une quantité suffisante d'urine pour recouvrir ces deux composants, placés dans un récipient. Après avoir évaporé presque à siccité, on ajoute 35 parties de charbon. (Brevet anglais n° 507, du 21 février 1870.)

Fowler. — Voir *Détonateurs*.

Fowler (Explosif). — Dynamite présentant la composition suivante :

Nitroglycérine	20,00
Nitrate d'ammoniaque	56,25
Sulfate de soude anhydre	18,75
Charbon	5,00
	100,00

Fractorite. — Explosif de sûreté :

Azotate d'ammoniaque	90
Colophane	4
Dextrine	4
Bichromate de potasse	2
	100

Cet explosif est fabriqué par la Société anonyme de dynamite de Matagne-la-Grande (Belgique).

France (T.-R.). — Voir *Nitrocelluloses*.

Frank, à Berlin, préconise l'addition de permanganate de potasse aux explosifs à base d'azotate d'ammoniaque, à l'effet, d'augmenter leur résistance aux agents atmosphériques, ainsi que leur puissance et leur aptitude explosive.

L'inventeur a pris comme exemple le mélange contenant 90,8 pour 100 de nitrate d'ammoniaque et 9,2 de nitronaphtaline. Cet explosif, mis en feu à l'aide d'une amorce n° 6 (1 gramme de composition fulminante), donne une dilatation de 450 centimètres cubes à l'appareil de Trauzl. Les proportions des composants étant portées respectivement à 96 et 4, on obtient un explosif à basse température de détonation, mais qui ne donne plus que 250 centimètres cubes de dilatation, l'amorce employée étant plus puissante. D'après l'inventeur, il suffit d'ajouter 4 0/0 de permanganate pour obtenir une dilatation de 500 centimètres cubes, en ne se servant que d'une amorce n° 3 ($0^{gr},54$).

(Brevets allemands F. n° 8,397, 26 juin — 4 novembre 1895, et F. n° 8.634, 18 octobre — 28 novembre 1895.)

Les mêmes avantages peuvent être obtenus avec des chromates simples ou doubles.

Franke a fait breveter un procédé consistant à mélanger les combinaisons nitrées de benzol, du phénol, du crésylol, de la naphtaline ou du naphtol, avec des corps oxygénés solides, en y ajoutant, comme liant, une substance non explosible : huile siccative, solution de collodion ou de gomme, silicate de potasse, etc.

(Brevet français n° 179.452, du 4 novembre 1886.)

Fränkel a fait breveter la fabrication d'une poudre composée d'azotate de potasse, de soude, d'ammoniaque ou de plomb, que l'on imbibe d'un hydrocarbure solide en fusion (de préférence un mélange de naphtaline et de paraffine). On rend cette poudre active, au moment voulu, par une addition de chlorate de potasse pulvérisé.

(Brevet français n° 193.039, du 18 septembre 1888 ; brevet anglais n° 13.789, du 27 juillet 1899.)

Le même inventeur a proposé également de placer une cartouche de chlorate de potasse dans la partie centrale d'une cartouche de nitrate d'ammoniaque. L'idée est analogue à celle de Favier.

Fraser. — Voir *Kallénite.*

Freeden (Von). — Voir *Van Freeden.*

Freiberg (Poudre de mine de). — Composition :

Nitrate de soude	64,65
Soufre	17,25
Charbon	17,35
	100,00

C'est une poudre très économique.

Friedler, à Helberstadt (Allemagne), a fait breveter, en 1893, une composition incendiaire brûlant sur l'eau et renfermant une solution de caoutchouc additionnée de sodium ou de potassium. Cette composition, destinée à garnir les projectiles creux ou les balises immergées, est plus légère que l'eau et surnage lorsqu'on détermine la rupture de l'enveloppe. Dès lors, elle s'enflamme sans tarder.

Frost. — Voir *Heath.*

Fuchs. — Voir *Fulminatine.*

Fuchs. — Voir *Muller.*

Fuchs (Poudre). — Voir *Clément.*

Führer, à Vienne, propose l'addition d'aluminium métallique aux substances explosibles. On utilise l'effet calorifique développé

au moment de l'explosion pour transformer le métal en oxyde.
[Brevet anglais n° 16.277 (1900), accepté le 10 novembre 1900; brevet belge n° 151.618 *bis*, du 18 août 1900.]

Fulgor. — Poudre sans fumée à base d'hydrocellulose nitrée, brevetée par M. E. Ungania.

Voici les formules indiquées :

Variété *A*.

Hydrocellulose endécanitique........	100
Nitromannite....................	30
Paraffine........................	2
Noir d'aniline.....................	0,05

Variété *B*.

Nitrocellulose endécanitrique........	100
Ferrocyanate de potassium..........	0,05

Variété *C*.

Hydrocellulose heptanitrique.........	80
Hydrocellulose hexanitrique..........	20
Chlorate de potassium................	15
Nitrate de baryum..................	8
Paraffine..........................	1,50
Ferrocyanate de potassium............	0,05

La préparation de l'hydrocellulose s'effectue en traitant par l'acide chlorhydrique dilué, la cellulose préalablement débarrassée de ses impuretés au moyen d'une lessive bouillante d'alcali caustique et blanchie aux hypochlorites. Le produit obtenu se prête à une nitrification plus aisée et plus uniforme que la cellulose ordinaire.

Le mélange à employer pour obtenir le degré de nitrification le plus élevé, répond à la composition suivante, la quantité d'hydrocellulose à traiter étant supposée égale à 1 partie en poids :

Acide nitrique ($d = 1,52$).............	5 parties
Acide sulfurique (Nordhausen).........	15 »

Pour l'obtention des produits moins nitrés (variété C), le mélange est modifié comme suit :

Acide nitrique (42°)	4 parties
Acide sulfurique (66°)	12 »

Quant à la nitromannite, on la prépare, par le procédé suivant : après avoir fait sécher avec soin la mannite, on la pulvérise finement et on la presse ensuite dans un récipient contenant un mélange d'acide nitrique fumant et d'acide sulfurique ; le produit obtenu présente une grande stabilité.

La variété A est une poudre de guerre, tandis que les deux conviennent pour la chasse. On gélatinise les variétés A et B au moyen d'éther acétique ; le troisième, avec de l'acétone ou de la benzine.

La poudre fulgor A se présente sous la forme de pentagones d'un demi-millimètre d'épaisseur, durs, brillants, dont la teinte est semblable à celle du plomb. La variété B se compose de petites écailles régulières, dures et brillantes, de couleur vert clair ; l'aspect de la variété C est analogue.

[Brevet anglais n° 12.325 (1895), accepté le 8 février 1896.]

Fulgurite. — On a désigné sous ce nom une dynamite qui se fabriquait à Eperies, en Hongrie, peu de temps après l'invention de la dynamite par Nobel. L'absorbant était un mélange de carbonate de magnésie et de farine ; ces substances engendrent une quantité considérable de gaz susceptible d'augmenter la force explosive. La fulgurite n° 1 renfermait 60 0/0 de nitroglycérine et la variété n° 2, 90 0/0 ; la première était une substance solide et la seconde, liquide.

Cet explosif est analogue à la nitromagnite, ainsi qu'à la poudre Hercule.

Fulgurite. — Explosif à base de dérivés de nitrés d'hydrocarbures tels que le crésol, la naphtaline, etc., breveté par M. Serrant, à Paris.

(Brevet belge, n° 150.626 du 21 juin 1900.)

Fuller. — Voir *Curtis.*

Fulmîbois. — Cette substance, que l'on appelle également nitrolignine, consiste en sciure de bois nitrée. Pour la préparer, on traite 6 parties de sciure de bois par le mélange suivant :

Acide nitrique ($d = 1,48$)...........	28,50 parties
Acide sulfurique ($d = 1,84$).........	71,50 »

La sciure se prépare au moyen de bois dur et non résineux ; elle est réduite en poudre très fine et purifiée des matières résineuses, incrustantes ou azotées qu'elle contient, par l'ébullition avec une solution de carbonate de soude pendant huit heures. On la soumet ensuite à un traitement analogue à celui que subit la cellulose, en vue de la nitrification.

Le fulmibois entre dans la composition de la poudre Schultze et de plusieurs autres poudres sans fumée ; il laisse peu de résidu et dégage peu de fumée.

Fulmicoton. — Voir *Nitrocellulose.*

Fulmicoton nitraté de Faversham. — Voir *Tonite.*

Fulminant (Argent, or, platine). — L'*argent fulminant de Berthollet* est un composé qu'on prépare en laissant digérer, pendant vingt-quatre heures, de l'oxyde d'argent fraîchement précipité avec un excès d'une dissolution concentrée d'ammoniaque. La substance pulvérulente qui prend naissance est séchée avec précaution sur du papier gris. La sensibilité de ce sel est si considérable qu'il détone sous la moindre pression.

L'or fulminant est une substance qui se dépose, en un précipité de couleur chamois, lorsqu'on traite par l'ammoniaque le trichlorure d'or. Si, de même, on traite une solution d'oxyde platinique dans de l'acide sulfurique dilué par un excès d'ammoniaque, on obtient un précipité noir de platine fulminant. Ces composés, très sensibles, détonent avec violence sous l'action du choc, de la friction, ou d'une température de 160°. D'aucuns les considèrent comme identiques aux azotures.

Fulminant (Argent) de Brugnatelli ou de Howard. — Synonyme de fulminate d'argent.

Fulminant (Papier). — Voir *Pyropapier*.

Fulminant (Aniline). — Voir *Nitrate de diazobenzol.*

Fulminates. — Ces composés curieux, dont la constitution n'est pas connue, d'une manière parfaite, semblent dériver du cyanure de méthyle ($CH^3.CAz$), un atome d'hydrogène étant remplacé par le radical AzO^2 et les deux autres par des radicaux métalliques.

MM. Divers et Kawikita assignent au fulminate de mercure et au fulminate d'argent les formules suivantes (*Journal of the Chemical Society*, 1884, p. 13-19) :

```
    OC = Az                 AgOC = Az
   /  |     \                  |     \
Hg    |      O      et         |      O
   \  |     /                  |     /
  —  C = Az                 AgC = Az
```

Le Dr Armstrong préfère, pour l'acide fulminique (nitroacétonitryle, corps non isolé), la formule

```
OAz.C.OH
    |
    C(Az.OH);
```

M. Holleman (*Berichte*, t. XXVI, p. 1403) indique, pour le fulminate de mercure, la formule

```
   C : Az.O
Hg |      |
   C : Az.O
```

et M. Schol (*Berichte*, t. XXIII, p. 3505),

```
C : AzO
||        Hg
C : AzO
```

Le principal de ces composés est le fulminate de mercure, découvert par Howard en 1799. Ce corps cristallise en fines aiguilles blanches, soyeuses. Presque insoluble dans l'eau froide, il est soluble dans 130 parties d'eau bouillante. Sa densité s'élève à 4,43 ; c'est le plus lourd de tous les explosifs. Il est vénéneux.

Le fulminate de mercure est très sensible au choc et, plus encore, à la friction ; il détone également sous l'influence d'une température de 186° ou au contact de l'acide sulfurique. Son maniement est, en somme, très dangereux.

Additionné de 5 0/0 d'eau, il devient moins sensible : si on le frappe sur une enclume avec un marteau, le point frappé détone seul. La présence de 10 0/0 d'humidité le rend inexplosible ; le fait n'a été vérifié, toutefois, que pour des quantités peu considérables. Le fulminate humide se décompose lentement au contact des métaux oxydables : fer, cuivre, zinc, lesquels se substituent au mercure. Noyé dans l'eau, il devient absolument inerte au choc. Ajoutons, d'ailleurs, que le séjour dans l'eau ne l'altère en rien et qu'une fois séché, il reprend ses propriétés explosives.

Le fulminate de mercure est un explosif très brisant, qui exerce au contact une action puissante : la pression est évaluée à 31.000 kilogrammes par centimètre carré. Associé au chlorate de potasse, au salpêtre, à la poudre fine, etc., il sert à confectionner les compositions pour amorces.

Sa préparation s'effectue, au laboratoire, de la manière suivante : on dissout à chaud 1 partie de mercure dans 11 parties d'acide azotique de densité $= 1,35$; on ajoute 11 parties d'alcool (90 à 92° Gay-Lussac). Une réaction violente se produit : il se dégage de l'anhydride carbonique, de l'aldéhyde et de l'éther azoteux. Il reste dans le ballon une poudre cristalline qui est le fulminate de mercure.

La fabrication industrielle se pratique d'après deux procédés : la méthode allemande (procédé de Liebig) consiste à traiter 1 partie de mercure par 72 parties d'acide nitrique ($d = 1,375$), dans un vase dont la capacité soit au moins égale à 18 fois le volume de la liqueur ; on ajoute graduellement à la solution 16,5 parties d'alcool absolu, et l'on échauffe jusqu'à cessation des fumées denses dues à la réaction. Lorsque celle-ci devient tumultueuse, on verse peu à peu 16,5 autres parties d'alcool, à l'effet de la modérer. Le fulminate de mercure se dépose en cristaux au fond du vase : le rendement est d'environ 112 0/0.

Dans le procédé de Chandelon, on dissout 10 parties de mercure dans 100 parties d'acide nitrique ($d = 1,4$), en chauffant doucement; lorsque la liqueur a atteint la température de 54°, on la verse dans un ballon contenant 83 parties d'alcool ($d = 0,83$) et dont la capacité doit valoir six fois, au moins, celle de son contenu. Au bout d'un quart d'heure environ, la réaction commence; calme au début, elle ne tarde pas à devenir tumultueuse. Elle se termine par la précipitation du fulminate, sous forme de petites aiguilles d'une teinte légèrement grisâtre; ces aiguilles sont filtrées, lavées et séchées à une température inférieure à 100°. Ensuite, le fulminate est placé dans des boîtes en carton mince ou dans des bouteilles fermées, où on le conserve à l'état humide.

Les précautions relatives à la fabrication du fulminate de mercure et des poudres fulminantes se trouvent spécifiées dans l'arrêté royal du 29 octobre 1894, lequel régit, en Belgique, la fabrication, le dépôt, le débit, le transport, la détention et l'emploi des substances explosibles. Elles font l'objet des dispositions suivantes :

Art. 80. — Toute fabrique aura au moins :

1° Un magasin spécial de matières premières;

2° Un atelier de dosage des matières premières et de fabrication du fulminate humide, avec une annexe pour la fabrication et la distillation des liqueurs éthérées, si l'on effectue ces opérations. Cette dernière annexe sera à 5 mètres au moins de l'atelier principal ;

3° Un atelier pour le pesage du fulminate humide et des ingrédients à mélanger ;

4° Un atelier pour le mélange du fulminate humide avec ces ingrédients, ainsi que pour le grenage et le séchage de la poudre fulminante (Le mélange proprement dit pourra s'effectuer dans l'atelier de pesage) ;

5° Deux armoires-magasins : l'une pour le fulminate humide, l'autre pour le fulminate sec ou la poudre fulminante.

Art. 81. — On emmagasinera séparément les matières présentant un danger d'inflammation ou d'explosion.

Art. 82. — L'atelier mentionné au paragraphe 2° de l'article 80 ne contiendra que les quantités d'acide, d'alcool et de liqueurs éthérées nécessaires au travail d'une journée.

Art. 83. — Cet atelier sera parfaitement ventilé. L'appareil servant à la réaction sera muni d'un condenseur et d'un tuyau de dégagement débouchant au-dessus du toit.

Art. 84. — Le nitrate de mercure se préparera à froid, ou à chaud sur bain de sable. On prendra les précautions nécessaires pour soustraire le personnel à l'action des vapeurs nitreuses.

Art. 85. — Le fulminate retiré de l'appareil sera immédiatement lavé, introduit dans un vase et conservé dans l'eau. Ce vase sera immédiatement déposé dans l'armoire-magasin au fulminate humide.

Art. 86. — La manière de se défaire ou de tirer parti des eaux-mères, des liqueurs éthérées provenant de la condensation et des eaux de lavage, sera indiquée dans l'arrêté d'autorisation.

Si l'on sature et distille les eaux-mères et les liqueurs éthérées, la saturation s'effectuera à l'extérieur, dans un vase clos pourvu d'un tuyau de dégagement.

Les liqueurs éthérées provenant de la condensation ou de la distillation ne pourront être livrées au commerce ; elles pourront remplacer une partie de l'alcool dans la préparation du fulminate.

Art. 87. — L'atelier de mélange, de grenage et de séchage sera établi dans une baraque construite en matériaux légers.

Le sol sera recouvert d'asphalte ou de planches fixées au moyen de chevilles en bois, ou enfin de feuilles de plomb de 2 millimètres au moins d'épaisseur. Les portes et les fenêtres s'ouvriront vers l'extérieur.

On s'opposera à la pénétration des rayons solaires directs.

La barraque sera entourée d'un parapet dont les dimensions seront fixées par l'arrêté d'autorisation.

Art. 88.— A moins que l'arrêté d'autorisation n'en dispose autrement, le mélange du fulminate humide avec les autres ingrédients, ainsi que le grenage de la poudre fulminante, se feront à la main.

Art. 89. — Les armoires-magasins mentionnées à l'article 80 seront placées sous un léger abri et entourées d'un parapet de dimensions suffisantes pour protéger les ateliers voisins.

Un ouvrier de confiance sera chargé de prendre ou de déposer le fulminate ou la poudre fulminante dans ces armoires.

Art. 90. — Le fulminate sec et la poudre fulminante ne seront préparés que pour les besoins d'une journée.

L'article 128 exclut de tout transport les fulminates et poudres fulminantes quelconques non renfermés dans des capsules, à l'exception des bonbons ou des pois fulminants, et des amorces pour briquets ou pour jouets d'enfants.

En France, le transport par chemins de fer du fulminate de mercure est autorisé, à condition qu'il soit renfermé dans des vases métalliques pleins d'eau et placés dans des caisses en bois. Les autres fulminates ne sont pas admis.

Le fulminate de mercure contient parfois du mercure libre. Pour le déceler, on mettra la substance en suspension dans de l'acide chlorhydrique : le liquide blanchira s'il se forme du chlorure mercureux.

Passons à l'examen du fulminate d'argent, également désigné sous le nom d'argent fulminant de Brugnatelli ou de Howard.

La préparation de ce composé est analogue à celle du fulminate de mercure. C'est un corps blanc, cristallisé en aiguilles très brillantes, très peu soluble dans 36 parties d'eau bouillante. Gay-Lussac indiqua, pour ce sel, la formule $C^2Az^2Ag^2O^2$ et la composition centésimale suivante :

Carbone	7,92
Azote	9,24
Argent	72,19
Oxygène	10,65

Laurent et Gerhardt lui assignent la formule $C^2Az.AzO^2.Ag^2$. Les propriétés explosives du fulminate d'argent sont très développées : l'étincelle électrique, le contact d'une goutte d'acide sulfurique le font détoner. Vers 100°, il détone avec une extrême violence sous le moindre choc. Même noyé, ce sel présente encore une sensibilité supérieure à celle du fulminate de mercure.

Avec les autres radicaux métalliques, il forme des fulminates doubles très sensibles : si l'on ajoute du chlorure de potassium à une solution bouillante de fulminate d'argent, on obtient, après évaporation, du fulminate double d'argent et de potassium : $(C.AzO^2.KAg.CAz)$, sous la forme d'un dépôt blanc et brillant; l'action sur ce corps de l'acide nitrique dilué précipitera l'hydrofulminate ou fulminate acide d'argent : $C(AzO^2)H.Ag.CAz$.

Par suite du danger que présente la manipulation du fulminate d'argent, ce composé n'a pu recevoir d'application industrielle. En doses minuscules, on l'emploie pour la fabrication des bonbons à pétards, dits *papillotes* ou *cosaques*.

Fulminatine. — Dynamite à 68 0/0 ou plus de nitroglycérine, inventée par M. Fuchs, d'Alt Berau (Silésie). L'absorbant se compose de laine tontisse.

Fulmine (Dynamite). — Analogue aux dynamites Jupiter, Neptune, Titan, Vulcain, etc.

Fulminose. — Substance analogue à l'hydrocellulose, préparée par Blondeau.

Fulminurates. — Explosifs faibles obtenus par l'action des chlorures sur les fulminates. L'acide fulminurique a comme formule $C^3A^3H^3O^3$, et le remplacement d'un atome d'hydrogène par un atome de métal donne naissance aux fulminurates.

Fulmipaille. — Voir *Paléine*.

Fulmison. — Une dynamite au son nitré, contenant 30 ou 40 0/0 de nitroglycérine, a été étudiée en France par la Commission des substances explosives. Cette dynamite présente l'inconvénient de geler facilement.

Fulöph et **Lackovic,** à Budapest, ont fait breveter une poudre de mine répondant à la composition suivante :

Salpêtre	39
Soufre	10
Poudre à canon (fine)	23
Crottin de cheval	28
	100

[Brevet français n° 267.599, 5 juin — 8 octobre 1897 ; brevet anglais n° 13.822 (1897), accepté le 19 mars 1898.]

La composition de cette poudre a été modifiée comme suit :

Crottin de cheval	60
Salpêtre	26
Fleur de soufre	10
Matières colorantes	4
	100

(Brevet anglais n° 18.516, 13 septembre — 16 décembre 1899) ; brevet belge n° 144.971, du 11 septembre 1899.)

Il convient d'employer du crottin frais. Les produits ammoniacaux qu'il renferme passent dans la poudre. Celle-ci, spécialement recommandée pour l'obtention de blocs non fragmentés, dans les carrières ou dans les mines, est moulée en cartouches cylindriques.

Fumée (Balles à). — Engins destinés à produire, par leur combustion, une grande quantité de gaz irrespirables et à chasser ainsi l'ennemi des casemates, etc. La composition généralement employée à cet effet était du soufre-salpêtre ; ce mélange, en effet, brûle avec formation d'acide sulfureux et d'azote. On se servait également de *balles à feu* pour arriver au même but.

Fumée (Poudres à) intense. — M. Ronger en France, et le colonel Creose, en Angleterre, ont breveté des types de poudres à fumée intense.

Fumée (Poudres sans). — Voir *Poudre sans fumée.*

Fumelessite. — Voir *Boyd.*

Fusée. — On désigne sous ce nom tout appareil destiné à produire l'inflammation de la charge placée dans un projectile creux ou, généralement, d'une pièce d'artifice quelconque.

Les fusées se divisent en deux classes principales, suivant que l'inflammation doit se produire instantanément ou au bout d'un temps déterminé (fusées à temps); ces deux classes comprennent elles-mêmes plusieurs catégories. L'étude de cette question n'entre pas dans les limites du cadre que nous nous sommes tracé.

Appliqué au tirage des mines, le terme *fusée électrique* est synonyme d'amorce électrique.

Fusée de Hunter. — Voir *Hunter.*

Fusée de Prométhée. — Voir *Sûreté (Allumeurs de).*

Fusée de sûreté. — Synonyme de *Mèche de sûreté.*

Fusées incendiaires à la Congrève. — Voir *Compositions incendiaires.*

G

G Pulver. — Poudre noire autrichienne. Le type *a* (grains de 7 millimètres) est destiné aux canons de 80 et de 90 millimètres ; le type *b* (grains de 13 millimètres), aux canons de 120 et de 150 millimètres.

Gacon. — Voir *Grenadine.*

Gaens. — Voir *Amide* (*Poudre*).

Gaens a fait breveter un explosif composé de binitrocellulose gélatinisée par de l'éther acétique, qu'il mélange avec du salpêtre et de l'*ulmate d'ammoniaque;* ce composé s'obtient en faisant bouillir de la tourbe lavée avec une solution de carbonate de soude.

(Brevet allemand n° 48.933, du 19 mars 1889.)

Gaiffe et **Comte.** —Voir *Amorces électriques.*

Galactose nitrée. — Voir *Nitrogalactose.*

Gallaher (**Poudre**). — Sorte de poudre noire de composition complexe, brevetée en Amérique par MM. Lloyd et Walker. Outre les éléments habituels, cette poudre contient du sulfate de fer, du sulfate de cuivre et de l'écorce pulvérisée.

Gallique (**Poudre**) **de Horsley.** — Mélange de chlorate de potasse et de noix de galle, dans la proportion de 3 à 1. Malgré les qualités supérieures que l'on attribua à cette poudre, les essais dont elle fut l'objet autrefois en Autriche, ne donnèrent pas de brillants résultats.

(Brevets anglais n°s 1.194, du 19 avril 1869, et 1.885, du 22 juin 1872.)

Garside. — Voir *Harrison*.

Gathoye a imaginé un système de magasin pour explosifs. Ce système met ceux-ci à l'abri de toute tentative de vol, en même temps qu'il les protège contre les attaques de la foudre. On en trouvera la description dans les *Annales des mines de Belgique*, t. II, p. 105.

(Brevet belge n° 129.031, du 18 juin 1897.)

Gathmann (Etats-Unis d'Amérique) propose de mouler les charges de poudres pyroxylées en y pratiquant des ouvertures multiples.

[Brevets anglais n°s 18.920 et 18.923 (1900), acceptés le 24 novembre 1900.]

Gathurst (Poudre de). — Cette poudre, fabriquée depuis 1895 par la Roburite Explosives Co., Ltd., dans son usine de Gathurst, se compose d'un mélange de :

a) Nitrate de potasse, de soude ou d'ammoniaque, avec ou sans addition de sulfate neutre, azotate ou chlorure d'ammoniaque, sulfate de magnésie, charbon ou noir de fumée (matière colorante) ;

b) Composés nitrés et chloro-nitrés de la benzine, du toluène et de la naphtaline.

L'analyse d'un échantillon a donné le résultat suivant (Cundill-Thomson) :

Nitrate d'ammoniaque	84,40
Dinitrobenzine	15,52
Humidité	0,08
	100,00

Gaüs (Poudre). — Mélange d'azotate de potasse, d'azotate d'ammoniaque et de charbon.

Gaz (Poudre-). — Modification du papier-poudre de Melland.

Géante (Poudre). — Le terme *Giant Powder* est employé, en Amérique, comme synonyme de dynamite. L'explosif fabriqué en Californie sous ce nom est une dynamite-lignine contenant du nitrate de soude.

La variété n° 2 présente la composition suivante :

Nitroglycérine	40
Nitrate de soude	40
Nitrate de potasse	
Résine	6
Soufre	6
Kieselguhr	8
	100

Il existe sept variétés, renfermant de 20 à 75 0/0 de nitroglycérine ; les nitrates de soude ou de potasse peuvent être remplacés par d'autres nitrates, et la résine par du charbon ou des substances combustibles.

Gélatine à l'ammoniaque. — Voir *Ammoniaque* (*Gélatine à*).

Gélatine camphrée ou **gélatine de guerre.** — Voir *Gélatines explosibles.*

Gélatine (Diaspon). — Voir *Diapson gelatine.*

Gélatines explosibles. — Brevetées en 1875 par Alfred Nobel, ces substances occupent de loin la première place parmi les explosifs puissants que la science a pu mettre au service de l'industrie ; elles font l'objet d'une consommation très considérable et supplantent la dynamite dans la presque totalité de ses applications. Le premier, Nobel remarqua que l'addition à la nitroglycérine d'une cellulose moins nitrée que le fulmicoton proprement dit exerçait sur le liquide une action particulière, une sorte de gélatinisation. Cette addition, d'ailleurs, réalisait l'avantage recherché dans les dynamites à base active, fournissant à l'excès d'oxygène de la nitroglycérine un élément susceptible de l'utiliser.

La terminologie des gélatines explosibles n'est pas régie par des règles suffisamment précises; aussi règne-t-il à cet égard une confusion à laquelle il est désirable de remédier. Voici certaines conventions que nous estimons pouvoir proposer à cet effet :

Nous désignons sous le nom de *dynamite-gomme* ou sous l'abréviation de *gomme*, tout explosif constitué de nitroglycérine gélatinisée par l'addition de nitrocellulose, pour autant que ces composants ne soient additionnés d'aucun autre ingrédient. Nous faisons exception pour certaines substances qui peuvent être ajoutées en petites quantités et ne participent en rien aux effets explosifs, ces substances étant destinées à neutraliser l'explosif, à en faciliter la fabrication, etc.; tels sont, par exemple, la soude (1 0/0), l'alcool méthylique (2 0/0), etc. La proportion de nitroglycérine que renferment les gommes est élevée : rarement inférieure à 90 0/0, elle dépasse parfois 93. Nous proposons d'ajouter au nom de *gomme* l'indication de ladite proportion.

La dénomination de *gélatine-dynamite*, *dynamite-gélatine*, *nitrogélatine* ou, par abréviation, *gélatine*, s'appliquera à toutes les gélatines explosibles autres que les gommes. Celles-ci, trop puissantes pour la plupart des opérations courantes de l'industrie, sont additionnées de certaines substances qui les rendent moins brisantes, tout en diminuant le prix de revient. On peut citer à ce titre l'azotate de potasse, de soude ou d'ammoniaque, la farine de bois ou de blé, la cellulose, etc. Voici les variétés de dynamites-gélatines qui furent brevetées par Nobel, en 1876 :

Nitroglycérine.......	71	63,40	48,35	24,35
Nitrocellulose.......	6	1,60	1,15	0,65
Salpêtre............	18	26,25	41,25	»
Farine de bois......	5	8,40	13,20	75,00
Carbonate de soude..	0,35	0,55	»	»
	100,00	100,00	100,00	100,00

On voit que la quantité de nitroglycérine varie dans des proportions considérables. De même que pour les gommes, nous proposons d'ajouter, pour chaque gélatine, le nombre correspondant à sa teneur en nitroglycérine. En outre, si le salpêtre est remplacé par de l'azotate de soude ou d'ammoniaque, nous proposons de l'indiquer, en désignant l'explosif sous le nom de gélatine à la soude, à l'ammoniaque ou, plus simplement, gélatine S ou A ; la présence de deux nitrates serait indiquée par les initiales correspondantes.

Parmi les gélatines, les *gélignites* sont celles que l'on emploie le plus dans l'industrie. Nous basant sur la composition des diverses variétés de gélignites qui sont reproduites ci-après, nous proposons de désigner sous cette dénomination toute gélatine répondant à la composition suivante :

Nitroglycérine....................	54 à 64	pour 100
Nitrocellulose....................	2 à 6	»
Salpêtre	24 à 34	»
Farine de bois ou de blé, cellulose	51 à 0,5	»

Ces limites peuvent être élevées ou abaissées de 2 unités au maximum ; en outre, on admettra la présence d'une proportion restreinte d'autres matières, inertes ou non [1]. Si on substitue le ni-

[1] La Nobel's Explosives Co., Ltd. fabrique l'*oxalate gélignite*. Nous pensons que cette gélignite, dont la composition a été modifiée notablement à plusieurs reprises, est un explosif de sûreté basé sur l'emploi de l'oxalate d'ammoniaque ; nous en ignorons toutefois la composition, malgré les démarches que nous avons faites à ce sujet auprès de la Nobel's Explosives Co., Ltd. Quoi qu'il en soit, nous estimons que cet explosif ne peut être réellement considéré comme une gélignite que s'il renferme une proportion de nitroglycérine comprise entre les limites ci-dessus indiquées.

trate de soude ou d'ammoniaque à l'azotate de potasse, l'indication en sera faite, de même que pour les gélatines. Nous proposons, en outre, de désigner sous le nom de gélignites fortes ou F celles qui renferment au moins 60 0/0 de nitroglycérine et d'employer l'appellation de gélignites moyennes ou M, lorsque la proportion ne sera pas inférieure à 57 0/0.

Un certain nombre de gélatines portent des dénominations particulières, telles que *forcite*, *malagnite*, etc., dénominations indépendantes de la présente classification.

Les *grisoutines* sont des explosifs de sûreté renfermant du nitrate d'ammoniaque en proportion élevée (67 0/0 au moins), additionné de dynamite-gomme, sans autre nitrate minéral. Ces explosifs font l'objet d'une rubrique spéciale.

Dans certaines gélatines, le nitrate est remplacé par un composé organique : acide picrique, nitrobenzine, etc. Ces explosifs font l'objet de rubriques spéciales. Citons encore la gélatine de guerre, que nous décrivons ci-après.

Afin de rendre plus claires les conventions que nous venons d'exposer, nous allons les appliquer aux diverses variétés de gélatines explosibles fabriquées ou importées en France :

NOM DES EXPLOSIFS			COMPOSITION						DÉNOMINATION MODIFIÉE
			Nitroglycérine	Nitrocellulose	Azotate de potassium	Azotate de sodium	Farine de bois, cellulose, farine, etc.		
Tableaux arrêtés le 8 mars 1893	Paulilles et St-Sauveur	Gomme	83	5	»	10	2	»	Gélatine S à 83.
		Gélatine	57	3	»	34	6	»	Gélignite SM.
	Cugny	Gomme J	92	8	»	»	»	»	Gomme à 92.
		Gomme B	82	6	9	»	3	»	Gélatine à 82.
		Gomme B[s]	69,5	5,5	24,75	»	0,25	»	Gélatine à 69,5.
		Dynamite n° 1 gélatinée	57,5	2,5	32	»	8	»	Gélignite M.
	Matagne la Grande (Belgique)	Dynam.-gomme	87	13	»	»	»	»	Gomme à 87.
		Dynam.-gélatine	67	3	20	»	10	»	Gélatine à 67.
		Dynam.-gomme	86	5	3	»	6	»	Gélatine à 86.
le 2 juillet 1896	Paulilles et St-Sauveur	Gomme supér.	92	8	»	»	»	»	Gomme à 92.
		Dynam.-gomme	83	5	10	»	2	»	Gélatine à 83.
		Gélignite de St-Sauveur	57,30	2,05	29,70	»	9,95	»	Gélignite M.
		Dynam.-gomme	83	5	»	10	2	»	Gélatine S à 83.
		Gélignite	57,862	2,082	»	28,700	11,353	OCRE ROUGE »	Gélignite SM.
		Dynamite n° 1 gélatinée	57	3	34	»	5,8	0,2	Gélignite M.
		Dynamite n° 1 gélatinée	57	3	»	34	5,8	0,2	Gélignite SM.
		Dyn.-gomme C.	70	4	16	»	10	»	Gélatine à 70.
	Cugny	Gomme M	74	6	15,5	»	4	MAGNÉSIE 0,5	Gélatine à 74.
		Gomme MB	70	4	16	»	16	»	Gélatine à 70.
		Gélignite	60	3	26,6	»	10	0,4	Gélignite F.
Tableaux arrêtés	Arles	Gomme	83	5	»	10	2	»	Gélatine S à 83.
		Gélatine n° 1 A (Forcite sup[re].)	64	3	»	24	8	1	Gélignite SF.
		Gélatine n° 1 B.	57	3	»	34	6	»	Gélignite SM.
	Matagne la Grande (Belgique)	Gomme extra-forte	92	8	»	»	»	»	Gomme à 92.
		Dyn.-gomme A.	92	8	»	»	»	»	Gomme à 92.
		Dyn.-gomme B.	86	5	4	»	5	»	Gélatine à 86.
		Dynamite à la nitrobenzine C.	86	10	»	»	»	NITROBENZINE 4	Gél. à la nitrobenz. 86.
		Type G	83	5	»	10	2	»	Gélatine S à 83.
Tableaux arrêtés le 15 décembre 1897	Arles	Dynam.-gomme à la potasse	83	5	10	»	2	»	Gélatine à 83.
		Gomme ordinaire au nitrate de potasse	82	6	9	»	3	»	Gélatine à 82.
		Dyn. gélatinée n° 1 B à la potasse	57,5	2,5	32	»	8	»	Gélignite M.
		Gomme n° 5, type J	84	5	9	»	2	»	Gélatine à 84.
								CARBONATE DE MAGNÉSIUM	Gélatine à 74.
Rapport n° 123 (*Mém.* t, X)	Cugny	Gélatine-dynamite M_a	74	4	11	»	10,5	0,5	Gélatine à 50.
		Dynamite gélatinée n° 2[a]	50	1,5	42	»	6,5	»	Gélatine à 45.
		Dynamite gélatinée n° 2[b]	45	3	42	»	10	»	Gélatine à 43.
		Dynamite gélatinée n° 2[c]	43	2	41	»	14	»	Gélatine à 69,50.
N° 124.	St-Martin-de-Crau.	Gomme BS.	69,50	5,50	24,75	»	0,25	»	Gomme à 94.
N° 126.	Ablon, Paulilles.	Gomme AA (1)	94	6	»	»	»	»	
N° 132	Cugny	Gomme NP	25	1	10	»	»	NITRATE d'ammoniaque 64	Gélatine AP à 25.
		Gomme NS	25	1	»	10	»	64	Gélatine AS à 25.

(1) Cet explosif, soumis à la Commission des substances explosives par la Société générale pour la fabrication de la dynamite, ne put être autorisé, en raison de sa tendance à l'exsudation.

L'examen de ces tableaux nous montre combien la terminologie actuelle manque de précision : un seul et même produit, la dynamite-gomme à 92, est désigné sous le nom de *gomme J* à Cugny, *gomme supérieure* à Paulilles et Saint-Sauveur, *gomme extra-forte* à Arles, et *dynamite-gomme A*, à Matagne-la-Grande ; il devient enfin la *dynamite-gomme jaune*, lorsqu'il est fabriqué par la Société française des Explosifs. Il ne faut pas le confondre, avec la *dynamite-gomme blanche*, laquelle est de la gélatine S à 83.

La gélatine à 83, désignée sous les noms de *dynamite-gomme* et *dynamite-gomme à la potasse*, prend les noms de *gomme*, *dynamite-gomme* ou *type G*, lorsque le salpêtre est remplacé par du nitrate de soude.

La gélignite M devient, selon la provenance, la *dynamite n° 1 gélatinée*, la *gélignite* ou la *dynamite gélatinée n° 1 B à la potasse ;* quant à la gélignite SM, on la désigne sous les noms de *gélatine*, *gélignite*, *dynamite n° 1 gélatinée* et *gélatine n° 1 B*.

En Belgique, le classement des explosifs admis à la fabrication ou à l'importation, fait l'objet de l'arrêté ministériel du 30 avril 1899. Voici, pour ces derniers, plusieurs des catégories indiquées :

Gélatine explosive *ou* dynamite-gomme supérieure.	Société générale pour la fabrication de dynamite, à Paris.
Dynamite-gomme	
Gélignite *ou* dynamite Transwaal I_a	
Gélatine explosive *ou* gomme pure	Fabrication allemande.
Dynamite-gomme..........................	
Gélignite *ou* dynamite-gomme n° 2.............	

D'autre part, les explosifs désignés en Belgique sous les noms de *gélatine à l'ammoniaque A* ou *n° 2* et de *gélignite à l'ammoniaque* ne sont autre chose que des variétés de grisoutines.

Nous trouvons un autre exemple de confusion dans le *Mémorial des Poudres et Salpêtres* (t. VII, p. 109), au cours de la traduction de l'ordonnance de police allemande du 19 octobre 1893, relative au commerce des substances explosibles. Les gélatines sont définies comme suit :

« Gélatines-détonantes. — Mélange visqueux et élastique à la température ordinaire, composé de nitroglycérine gélatinisée par de la nitrocellulose, avec ou sans carbonates alcalins (ou terres alcalines), ou nitrates à réaction neutre.

« Dynamite-gomme. — Mélange plastique à la température ordinaire, composé de nitroglycérine gélatinisée par de la nitrocellulose et de la sciure de bois, salpêtre et carbonates alcalins ou terres alcalines. »

Cette question entendue, examinons la fabrication des gélatines explosibles.

Avant toute chose, il est nécessaire de soumettre la nitroglycérine et la nitrocellulose à l'essai de résistance à la chaleur. En outre, chacune des matières premières à employer doit être analysée avec soin. Ces mesures de précaution présentent une importance capitale : si les matières premières présentent la moindre défectuosité, la gélatine aura fatalement une tendance à l'exsudation.

En ce qui concerne la nitrocellulose, voici l'analyse d'un échantillon susceptible de donner une très bonne gélatine :

Nitrocellulose soluble	99,118
Nitrocellulose insoluble	0,642
Coton non nitré	0,240
	100,000

Teneur en Az	11,65 pour 100
Cendres totales	0,25 »

Il est essentiel que le coton nitré soit exempt, autant que possible, de nitrocellulose insoluble ; celle-ci présenterait l'inconvénient de subsister telle quelle au sein de l'explosif obtenu. De même, la proportion de coton non nitré ne pourra dépasser 0,5 0/0. La teneur en azote ne devra pas être inférieure à 11 0/0. La nitrocellulose sera exempte de sable ou autres substances analogues et ne donnera, comme résidu total ou cendres, plus de 0,25 0/0.

La dessiccation est une opération importante : la nitrocellulose est emmagasinée à l'état humide dans des caisses en bois doublées de zinc, et il est essentiel, d'autre part, que la dynamite-gomme soit confectionnée avec des matières exemptes d'humidité [1]. S'il en est autrement, elle exsude, est dangereuse à manier et ne produit qu'un effet utile fort restreint. En outre, la dissolution de la nitrocellulose s'opère avec difficulté.

Pour se rendre compte de la quantité d'humidité à éliminer, on prélève un échantillon moyen, du poids de 1 kilogramme environ, composé d'éléments pris au centre d'un certain nombre de caisses; on le pèse exactement. On le place ensuite dans une étuve à 100°, où on le laisse séjourner pendant une heure. La perte de poids indiquera la dose initiale d'humidité; cette dose est en général de 20 à 30 0/0. Après un séjour de quarante-huit heures dans l'atelier de dessiccation, on prélève à nouveau un échantillon, que l'on fait séjourner de même à l'étuve pendant une heure; et ainsi de suite, s'il y a lieu, jusqu'à ce que l'on constate l'obtention du degré de dessiccation voulu : 0,25 à 0,50 0/0 d'humidité au maximum.

L'atelier de séchage est généralement en bois. Le coton nitré, disposé par couches d'environ 5 centimètres sur des toiles en fil de bronze ou de cuivre, est soumis à l'action d'un courant d'air chaud. De temps à autre, on le retourne, à la main, dans le but de modifier constamment la surface exposée à l'air chaud. L'atelier est chauffé à l'eau, et il est essentiel que les tuyaux ne soient pas apparents. Dans le cas contraire, les parcelles de coton qui s'échappent chaque fois que l'on retourne la masse viendraient y adhérer et, s'échauffant, acquerraient une extrême sensibilité explosive. C'est pour la même raison qu'il faut journellement balayer avec grand soin le plancher, épousseter les rebords des fenêtres, etc. Il est recommandable de recouvrir le plancher de linoléum, afin d'amortir les chocs éventuels. Les ouvriers doivent être chaussés d'espadrilles. La dessiccation de la nitrocellulose

1. La *Dynamit Actiengesellschaft Nobel*, à Hambourg, a fait breveter, toutefois, un procédé de fabrication consistant à employer la nitrocellulose humide. (Brevet allemand N. n° 2.116, 1er mai-8 décembre 1890, complétant le brevet n° 51.471.)

est incontestablement une opération dangereuse (Voir *Poudres sans fumée*).

La température du coton est marquée par un thermomètre noyé dans la masse, de préférence à la partie inférieure. Celle de l'atmosphère, par un second thermomètre placé au centre de l'atelier; elle ne peut dépasser 40°. A l'effet d'éviter les déperditions de chaleur, les murs sont constitués de cloisons doubles, séparées par des cendres, et la toiture est feutrée. Il importe de veiller avec soin à ce que l'atelier soit ventilé parfaitement.

La dessiccation terminée, si la nitrocellulose ne présente pas un degré de finesse suffisant, il faudra la soumettre au tamisage; pendant le transport à l'atelier où se fait cette opération et pendant toute sa durée, il faudra éviter le contact de l'air, car il s'ensuivrait une sensible absorption d'humidité. Le coton est placé ensuite dans des récipients étanches en zinc ou dans des sacs en caoutchouc.

La nitroglycérine et la nitrocellulose doivent être soumises successivement au malaxage (gélatinisation) et au pétrissage. La première de ces opérations s'effectue dans des récipients à double enveloppe, garnis de plomb, à une température qui ne peut dépasser 40 à 50°. L'échauffement est obtenu par la circulation d'un courant d'eau dans la double paroi qui entoure le récipient. Si la température que l'on veut obtenir est de 45°, celle de l'eau devra s'élever à 60°; elle atteindra 80° si c'est 50° que l'on désire. Ces données varieront, d'ailleurs, avec les circonstances particulières de la fabrication.

Généralement, une série de récipients, montés sur une même charpente, communiquent extérieurement de manière à être desservis par une même distribution d'eau chaude. Il faut que celle-ci puisse être coupée instantanément et remplacée par de l'eau froide, si le mélange vient à s'échauffer trop rapidement. Pour assurer la constance de la température, le meilleur moyen consiste à disposer, extérieurement à l'atelier, un réservoir de grande capacité (1m,75 à 2 mètres de profondeur), alimenté automatiquement ; un thermomètre flottant à la surface du liquide permettra d'en connaître constamment la température.

Ayant versé la nitroglycérine dans le récipient[1], on la laisse séjourner jusqu'au moment où elle atteint la température de 40 à 50°, ce qui prend d'une demi-heure à une heure. On ajoute alors la nitrocellulose et on opère le malaxage de la masse au moyen d'une pelle en bois. S'il est pratiqué trop brusquement, des accidents peuvent survenir. C'est ainsi qu'à la manufacture de la National Explosives Co., Ltd., située à Hayle (Cornwall), une explosion s'est produite, le 19 octobre 1899, par suite de friction trop vive entre l'instrument en bois et la paroi en plomb ; environ 900 livres (408 kilogrammes) de matières explosibles se trouvaient dans la cuve. Cet accident coûta la vie à un ouvrier et blessa un de ses camarades.

La durée du malaxage ne peut être inférieure à une demi-heure. Lorsqu'il est terminé, on laisse reposer la gelée obtenue pendant deux heures, sans modifier la température, en se bornant à remuer de temps à autre. La gélatinisation de la nitroglycérine peut s'opérer à froid. Dans ce cas, il faut employer un dissolvant : acétone, alcool, etc. ; c'est ce procédé que l'on emploie pour fabriquer les poudres sans fumée.

La nitrogélatine picrique, que nous décrivons ci-après, s'obtient également à froid.

Le pétrissage est l'opération qui vient ensuite. Si les précautions voulues ne sont pas observées pour transporter la gelée à l'atelier où il s'effectue, des accidents peuvent se produire. Témoins ceux qui survinrent à Waltham-Abbey, le 7 mai 1894, et à Ardeer, le 24 février 1896 ; ce dernier, qui coûta la vie à six personnes, fut attribué à l'emploi de boîtes portant des garnitures apparentes en laiton. On peut pétrir à la main ou bien à la machine ; les appareils mécaniques ou malaxeurs sont décrits, ci-après, sous la rubrique *Poudres sans fumée*.

Lorsque l'opération est terminée, on met la substance dans des

(1) Dans certaines fabriques, la nitrocellulose est introduite avant la nitroglycérine.

caisses en bois pour la transporter à l'atelier où s'effectue l'encartouchage.

L'appareil employé à Ardeer (*fig.* 34) se compose d'un cône en bronze ou en laiton, à l'intérieur duquel se meut une hélice montée sur un arbre. Les coussinets qui le portent sont placés extérieurement au cône, en dehors de tout contact avec l'explosif. Celui-ci, que l'on introduit par un entonnoir supérieur, est entraîné vers la sortie, dont le diamètre varie d'après celui de la cartouche que l'on désire obtenir. Le boudin est coupé ensuite à longueur, au moyen d'un morceau de bois dur de forme appropriée. D'autres appareils, analogues en principe, sont employés ailleurs.

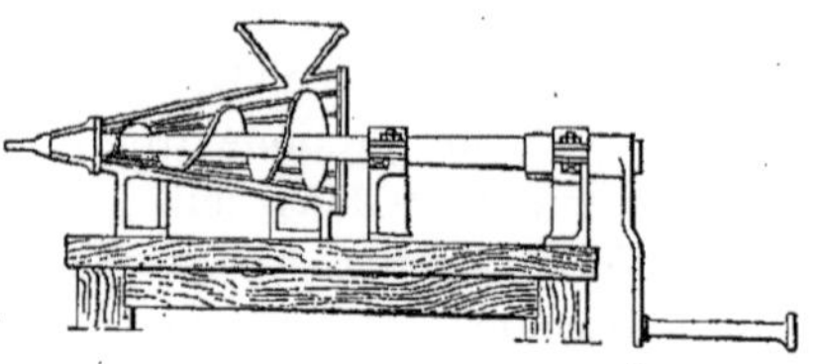

Fig. 34.

M. Trench (Cotton Powder Co., Ltd.) a imaginé l'emploi d'une espèce de cadre en laiton portant des cannelures dans lesquelles s'introduit la gélatine au sortir du cône. Un second châssis en bois, portant une série de lames transversales en laiton, est fixé par des charnières à la partie inférieure du premier. Ayant superposé les deux châssis, les cartouches se trouvent coupées à longueur.

On trouvera, sous la rubrique *Dynamite*, les indications relatives à l'encartouchage et à l'emballage des gélatines, ainsi que les mesures générales de précaution à observer. Lorsque la marchandise est livrée, il est utile de garder au magasin une cartouche par caisse, pour le cas où surviendrait une contestation ou un accident.

La fabrication de la gélatine-dynamite est identique à celle de la gomme. L'incorporation des ingrédients dont on l'additionne se fait à la main ou à la machine, au cours du pétrissage. Toutes les gélignites anglaises sont au nitrate de potassium. En France, il existe une certaine proportion de gélatines au nitrate de soude.

Un grand nombre d'entre elles contiennent de la cellulose; d'autres, de la farine de blé ou de bois torréfiée. Celle-ci, employée de préférence en Angleterre, provient généralement du sapin, du peuplier, du tilleul, du bouleau ou du hêtre. Elle est confectionnée comme suit : l'écorce et les racines ayant été enlevées, le tronc est scié en planches dont on fait disparaître les nœuds; elles passent ensuite dans un appareil qui les brise en morceaux n'excédant pas un pouce de longueur. Ces morceaux, après avoir été broyés entre deux rouleaux, passent dans des cuves contenant une solution de bisulfite de sodium ou d'acide sulfurique fortement étendu, que l'on porte à l'ébullition sous une pression de 6^{kg},325 par centimètre carré et pendant une durée de dix à douze heures; viennent enfin le lavage et le blanchissage. Le rendement en farine est d'environ 45 0/0 pour le bouleau et 40 0/0 pour le sapin. Préalablement à la fabrication de la gélatine, il faut vérifier la neutralité de la farine obtenue.

L'analyse de quelques essences des plus répandues, faite par le Dr Müller, a donné les résultats suivants :

	Bouleau	Hêtre	Tilleul	Sapin	Peuplier
Cellulose...........	55,52	45,47	59,03	56,99	62,77
Résine.............	1,14	0,41	3,93	0,97	1,37
Extrait aqueux......	2,65	2,47	3,56	1,26	2,88
Eau................	12,48	12,57	10,10	13,87	12,10
Principe ligneux....	28,21	39,14	29,32	26,91	20,88

Dans certaines gélatines, on ajoute une petite quantité d'ocre, à titre de colorant.

Propriétés des gélatines explosibles. — La gomme se présente sous la forme d'une substance jaune d'ambre, translucide; elle est élastique : on peut la couper, la plier ou la presser sans en modifier la constitution. Sa densité est comprise entre 1,50 et 1,60.

C'est le plus puissant des explosifs connus : on peut considérer, en moyenne, que 100 grammes de dynamite-gomme produisent sensiblement le même effet utile que 130 à 140 grammes de dynamite ordinaire.

A l'air libre, elle brûle sans faire explosion, tout au moins lorsqu'elle n'a pas été échauffée préalablement et qu'elle ne se trouve pas en quantité trop considérable ; il est prudent, d'ailleurs, de ne pas considérer le fait comme démontré d'une façon formelle. Maintenue à la température de 70°, elle ne subit pas de décomposition. Chauffée progressivement, elle fait explosion à 204°.

Moins sensibles au choc que la dynamite, les gélatines exigent l'emploi de détonateurs d'un gramme et même davantage. Lorsqu'elles ont subi la congélation, elles sont d'un emploi extrêmement dangereux. Il importera, pour les dégeler, d'observer les précautions que nous avons exposées au sujet de la dynamite ordinaire. Il faut tenir compte, en outre, de ce que si, en général, les cartouches durcissent, il peut arriver aussi qu'elles ne perdent pas leur plasticité ; cela étant, la Nobel's Explosives Co., Ltd., dans les instructions qu'elle donne à cet égard, conseille de placer les cartouches dans les appareils à dégeler, quel que soit leur aspect, du moment que la température descend à 45° F. (7° C.).

La gomme peut être conservée sous l'eau sans perdre ses propriétés explosives ; au bout d'un certain temps, toutefois, elle prend superficiellement une apparence laiteuse et le liquide se trouble.

Sa sensibilité explosive est notablement diminuée par l'addition de camphre ; le produit obtenu, la gélatine de guerre, est insensible au choc d'un projectile tiré à faible distance. Il répond à la composition suivante :

Nitroglycérine..........	86,40	(Gomme à 90)..	96
Nitrocellulose soluble...	9,60		
Camphre..			4
			100

Le camphre peut être remplacé par la benzine ou d'autres hydrocarbures.

Essai des gélatines explosibles. — De même que la dynamite, les gélatines doivent être soumises aux épreuves de résistance à la chaleur, à la liquéfaction et à l'exsudation. Elles ont à subir également aussi l'épreuve d'acidité. Quant à l'analyse, elle se pratique comme suit :

On pèse environ 10 grammes de la substance, préalablement réduite en morceaux de petites dimensions à l'aide d'une spatule en platine. On détermine l'humidité de la même manière que pour la dynamite ordinaire. Ensuite, prenant un petit entonnoir, on en obture l'ouverture supérieure par un chardon débarrassé de sa queue et l'ouverture inférieure, par un tampon en laine de verre. Autour de cet entonnoir se trouve fixé un fil de platine qui permet de le manier; le tout est soigneusement taré. On y place l'échantillon desséché, puis on le transporte dans un appareil de Soxhlet, où on l'épuise par l'éther; la perte de poids indiquera la quantité de nitroglycérine. Le résidu est traité ensuite par l'éther alcoolisé, qui dissout la nitrocellulose.

Une méthode plus simple et non moins exacte consiste à placer la gélatine, après dessiccation, dans un flacon d'Erlenmeyer, de 500 centimètres cubes. On ajoute 250 centimètres cubes d'éther alcoolisé (2 parties d'éther pour 1 partie d'alcool) et on laisse digérer jusqu'au lendemain; puis, on filtre. La filtration terminée, il est bon d'ajouter à la liqueur 100 centimètres cubes d'éther alcoolisé et de laisser reposer vingt minutes. Le dépôt se composera des sels minéraux et de la farine de bois, cellulose, etc., que renferme la gélatine.

La liqueur contient en solution la nitrocellulose et la nitroglycérine. On les sépare par l'addition d'un excès de chloroforme, 100 centimètres cubes environ, qui donne naissance à un précipité gélatineux de nitrocellulose. Ensuite, on filtre sur de la toile et on laisse égoutter. On redissout le résidu dans 20 centimètres cubes d'éther alcoolisé et l'on traite à nouveau par le chloroforme; ce second traitement est nécessaire, car il a pour effet d'éliminer la nitroglycérine qui se trouve mélangée à la nitrocellulose. Le nouveau précipité que l'on obtient est mis à égoutter, puis à sécher dans une étuve chauffée à 40°, jusqu'à ce qu'on puisse aisément le détacher du filtre à l'aide d'une spatule. On le place alors dans un verre de montre taré, puis enfin dans l'étuve à 40° jusqu'à obtention de la constance du poids; celui-ci indique exactement la quantité de nitrocellulose.

Le résidu obtenu lors de la première filtration est insignifiant dans le cas de la dynamite-gomme; il peut renfermer du carbonate de soude. Il suffira de le sécher à 100° et de le peser ensuite. S'il s'agit de dynamite-gélatine ou de gélignite, ce résidu est bouilli avec de l'eau distillée, que l'on renouvelle une dizaine de fois. On filtre ensuite sur un filtre taré qu'on lave à l'eau chaude. Le dépôt obtenu se compose de farine de bois, tan, etc. ; il reste à le sécher, à 100°, jusqu'à constance du poids. La liqueur et les eaux de lavage contiennent les sels minéraux : nitrate alcalin et, éventuellement, carbonate de soude, dont on effectuera le dosage.

Quant à la nitroglycérine, on peut la doser par différence. On peut également reprendre la liqueur obtenue après la séparation de la nitrocellulose, la faire évaporer au bain-marie chauffé (30 à 40°) et dessécher au moyen du chlorure de calcium, jusqu'à ce qu'on ne perçoive plus l'odeur de l'éther ou du chloroforme; peser enfin la nitroglycérine qui reste. Il est à remarquer que des pertes étant inévitables, on obtiendra fatalement un chiffre trop bas.

Le dosage des substances d'origine organique s'effectuera, le cas échéant, de la même manière que pour les dynamites; quant aux nitrocelluloses, elles font l'objet d'une rubrique spéciale.

Gelbite. — Voir *Emmens*.

Geldern-Egmont (von). — Voir *Von Geldern-Egmont.*

Gélignite. — On désigne sous ce nom certaines variétés de dynamites-gélatines dont l'emploi a pris une extension des plus considérables. Voici la composition des gélignites autorisées en Angleterre :

	British	Kynoch	Nahusen	National	Nobel	Rhenish	Stow-markel	Sun
Nitroglycérine.	58-62	54-63	54-63	56-64	54-63	57-59	61-63	57-59
Nitrocellulose..	3-5	3-5	3-5	4-6	3-5	2-3	4-5	2-3
Salpêtre.......	26-31	26-34	26-34	24-32	26-34	28-31	24-27	25-31
Farine de bois.	6-9	6-9	6-10	5-9	6-9	9-10,5	5-8	8-10

Ces diverses variétés de gélignites se fabriquent ou s'importent depuis 1897 ou 1898. Toutes, elles figurent sur la liste des explosifs dont l'emploi est autorisé dans les charbonnages grisouteux ou poussiéreux ; l'autorisation est subordonnée à l'emploi d'un détonateur d'un gramme. Citons encore l'*oxalate gélignite*, fabriquée, depuis 1899, par la Nobel's Explosives Co., Ltd. (Voir la note, p. 326.)

On trouvera, sous la rubrique *Gélatines explosibles*, l'indication des variétés de gélignites fabriquées en France, ainsi que les conventions proposées en vue de leur désignation abréviative.

Gélignite à l'ammoniaque. — Voir *Ammoniaque (Gélignite à l')*.

Gélosine. — Matière chargée de 98 0/0 d'eau et provenant d'algues marines, dont MM. Chalon et Guérin ont préconisé l'application comme bourrage, en vue de diminuer le danger résultant de l'emploi des explosifs lorsque l'atmosphère ambiante est inflammable (grisou ou poussières de houille). La vaporisation du liquide a comme effet de diminuer la température développée par l'explosion.

Gemperlé. — Voir *Amidogène*.

George (W.) a fait breveter un système perfectionné de tarière destinée à la perforation des trous de mine. La partie coupante est évidée en forme de fourche.

[Brevet anglais n° 8.376 (1900), accepté le 6 octobre 1900.]

Gerlach. — Voir *Nitrate d'ammoniaque*.

Germain a proposé l'emploi de la cellulose extraite de l'enveloppe de la noix de coco.

(Brevet français n° 192.181, du 31 juillet 1888.)

Geromont. — Voir *Chemische Fabrik.*

Gerrersdorfer et **Bals** proposent d'employer le chlorate de sodium, malgré son hygroscopicité, en le mélangeant avec une solution de résine additionnée d'un siccatif au préalable (bioxyde de manganèse, terre d'ombre, minium, etc.).

La formule qu'ils présentent est très complexe : elle renferme des chlorates de sodium et de potassium, du chromate de potassium, de la résine, du bioxyde de manganèse, de l'alcool, du soufre, du phosphore, de la gomme, du verre pulvérisé, du charbon de bois et de l'eau.

(Brevet français n° 225.961, 28 novembre 1892—10 février 1893.)

Geschütz-Blättchenpulver. — Poudre sans fumée employée par l'armée allemande dans les canons de campagne, ainsi que le 12 centimètres lourd. Les lamelles sont plus grandes que celles de la poudre à fusil.

Geserick, à Rotterdam, a fait breveter l'explosif de sécurité suivant :

Azotate d'ammoniaque	88,65
Dinitrobenzine	7,50
Nitronaphtaline	0,50
Chloronaphtaline	2,35
Nitrocellulose	1,00
	100,00

(Brevet allemand G. n° 9.942, 30 juillet 1895 — 11 mai 1896.)

Gewehr-Blättchenpulver. — Poudre à fusil sans fumée employée par l'armée allemande. Elle se présente sous la forme de lamelles rectangulaires de couleur jaune grisâtre.

Ghinijonet. — Voir *Densite*, *Pudrolithe* et *Tritorite.*

Giant Powder. — Voir *Géante (Poudre)*.

Giffard a fait breveter un système général de balistique réalisé par la combinaison d'une arme de tir quelconque avec une cartouche à gaz liquéfié.

(Brevet français n° 199.087, du 20 juin 1889.)

Gilles. — Voir *Nitromélasse*.

Girard (Aimé). — Voir *Hydronitrocellulose*.

Girard (Charles) a fait breveter la fabrication et l'emploi de mélanges renfermant une certaine proportion de picrate alcalin, celui-ci étant préparé au sein d'une huile végétale et au moment même de son addition aux autres ingrédients.

Voici les formules proposées :

Perchlorate de potasse .	75	80	80	75	45	»	»	»	»
Chlorate de potasse	»	»	»	»	»	80	80	»	»
Azotate de potasse	»	»	»	»	35	»	»	79	78
Picrate de potasse	4	3	4	5	5	2	4	4	5
Huile de ricin..........	7	6	10	9	6	6	10	6	9
Nitronaphtaline	14	11	»	»	9	12	»	11	»
Charbon de bois	»	»	6	11	»	»	6	»	8

La préparation de ces poudres s'effectue comme suit : On pèse 70 kilogrammes d'huile (supposons qu'il s'agisse de la première formule ci-dessus indiquée), que l'on additionne à 32 kilogrammes d'acide picrique. Puis, après malaxage, on ajoute 8 kilogrammes d'hydrate de potassium, sous forme de lessive à 45° B. On agite la masse et on chauffe, afin de favoriser la formation du picrate. La réaction pourra être considérée comme terminée lorsque l'acide sera complètement neutralisé. On introduira alors la nitronaphtaline, en ayant soin de chauffer à la température de 80-90°. On terminera par l'incorporation du perchlorate, pulvérisé au préalable.

(Brevet français n° 295.671, 27 décembre 1899 — 12 avril 1900.)

Girard (Charles) a fait breveter l'addition, à certaines compositions explosibles, d'un produit composé d'huile solidifiée et que l'on prépare de la manière suivante : on prend du savon, que l'on soumet à une température de 120 à 130°, afin d'en effectuer la complète dessiccation. On ajoute 10 à 15 0/0 d'huile et on chauffe le mélange, deux à trois heures durant, à 150-170°. On filtre ensuite, si besoin est : on obtient un produit semi-fluide, que l'on coule dans des pots, à la température de 40° environ. Quant à l'incorporation ultérieure, elle s'effectue à 80°.

Voici quelques formules indiquées :

Perchlorate de potasse	80	»	»	»
Chlorate de potasse	»	80	80	80
Huile solidifiée	20	20	14	16
Nitronaphtaline	»	»	1	»
Azobenzol	»	»	»	4
Picrate de potasse	»	»	»	2

[Brevet français n° 295.754, 30 décembre 1899 — 18 avril 1900 ; brevet anglais n° 214 (1900), accepté le 3 janvier 1901 ; brevet allemand n° 119.593, du 7 janvier 1900.]

Girard, Millot et Vogt ont fait, en 1870, pendant le siège de Paris, une étude complète sur la fabrication de la dynamite au moyen de divers absorbants. Leurs expériences portèrent sur les mélanges de nitroglycérine avec l'alumine, le kaolin, le tripoli, la glaise, la brique pilée et surtout le sucre.

La dynamite à 40 0/0 de nitroglycérine et 60 0/0 de sucre en morceaux ne détone pas par le choc d'un mouton de $4^{kg},700$ tombant d'une hauteur de $1^{m},65$. L'addition d'eau dissout le sucre et provoque l'exsudation de la nitroglycérine.

Glace (Rupture de) sur les cours d'eau. — Les explosifs peuvent s'employer pour désagréger les couches de glace qui, au cours des hivers rigoureux, entravent la navigation ; au moment du dégel, ces glaces provoquent des inondations, par suite de l'obstruction à l'écoulement des eaux, ou endommagent par le choc les piles des ponts.

M. Gobin, en vue de dégager le Rhône à Lyon, a employé le procédé suivant : dans l'épaisseur de la glace, il faisait forer des trous verticaux de 8 à 10 centimètres de diamètre, à travers lesquels on introduisait une cartouche explosible munie d'une amorce à joint étanche et plongeant de $0^m,60$ à $0^m,80$ au-dessus du niveau inférieur de la glace. Avec une équipe de quatre ouvriers et une dépense de 40 francs, on brisait ainsi, chaque jour, 5 hectares de glace, dont l'épaisseur variait de 18 à 20 centimètres.

L'opération nécessite le concours d'explosifs puissants. Les substances à base de nitroglycérine présentent le désavantage de se congeler aisément et de pouvoir donner lieu, dès lors, à de graves accidents. Nous décrivons ci-après, sous la rubrique *Mélinite*, le sautage effectué sur la Seine au moyen de cet explosif.

Glaser, à Berlin, a proposé, en 1883, de traiter le coton-poudre granulé par une substance : l'éther alcoolisé de préférence, dans laquelle il est soluble à raison de 30 0/0 environ. L'effet de ce dissolvant était de rendre plus compacte, plus dure, la surface extérieure des grains, sans exercer une action gélatinisante.

Glaser a fait breveter une poudre sans fumée que l'on prépare en soumettant d'abord à la nitrification les fibres végétales, que l'on traite à l'état naturel, grillées, pulvérisées ou sous forme de papier. Ensuite, on fait agir un dissolvant : éther acétique, acide acétique cristallisable (vinaigre radical) ou acétone.

Cette poudre peut être employée telle quelle, ou additionnée d'un nitrate, chlorate, picrate, de naphtaline, paraffine, etc.

(Brevet français n° 185.051, du 28 juillet 1887; brevet anglais n° 17.167, du 13 décembre 1887.)

Glaser préconise également l'addition du salpêtre aux poudres sans fumée à base de nitrocellulose, qu'il arrive ainsi à rendre légères et faciles à enflammer. Ayant mélangé 10 parties de nitrocellulose avec la même quantité d'un dissolvant, il ajoute à la masse, avant de la mettre en forme, 4 parties de salpêtre, qu'il élimine ensuite par des lavages.

(Brevet allemand G. n° 7.870, 13 décembre 1892 — 13 juillet 1893.)

Glaser a fait breveter des explosifs à base de nitrate d'ammoniaque additionné d'un corps gras ou d'une huile (lin, colza, etc.) servant de protection contre l'humidité ; les proportions recommandées sont respectivement 20 et 1. Il est facultatif d'ajouter 1 partie de soufre.

[Brevet anglais n° 18.921 (1894), accepté le 21 septembre 1895.]

Glonoïne. — Synonyme de nitroglycérine.

Glucoheptose (α-) **nitré.** — Voir *Nitro-α-glucoheptose.*

Glucosane nitrée. — Voir *Nitroglucosane.*

Glucose nitrée. — Voir *Nitroglucose.*

Glukodine. — Liquide blanchâtre obtenu en nitrifiant une solution saturée de sucre de canne dans la glycérine. La glukodine dissout le sucre pur ; elle est soluble dans l'éther. La facilité avec laquelle on peut séparer, par évaporation, les deux éléments dont elle se compose, permet de la considérer comme un simple mélange.

M. C.-G. Bjorkmann a fait breveter un explosif à base de glukodine ; nous le décrivons ci-avant. Ce liquide entre également dans la composition de deux mélanges proposés par M. Dittmar et qui répondent aux formules suivantes :

Glukodine..	Nitroglycérine.........	33,19	30,23
	Nitrosaccharose........	3,21	4,03
Sucre		8,40	8,76
Nitrate et autres sels de sodium		31,20	37,84
Nitrocellulose		23,36	19,31
Charbon			

Glycérine ($C^3H^8O^3$). — La glycérine ordinaire ou propylglycérine joue un rôle important dans l'industrie explosive. Elle se présente sous la forme d'un liquide visqueux, incolore et inodore, de saveur franchement sucrée. Elle est déliquescente et peut absorber jusque 50 0/0 d'humidité, si elle est exposée à l'air. Concentrée, elle attire l'humidité et mise en contact avec l'épiderme, produit, d'après certains auteurs, une sensation prononcée de brûlure (¹). M. Guttmann cite, à ce propos, le cas d'un ouvrier qui en absorbait clandestinement plus d'un quart de litre par jour : l'impression qu'il éprouvait lui donnait l'illusion de l'alcool. Ce cas ne doit certes pas être commun, eu égard aux troubles que la glycérine fait subir à la digestion, ainsi qu'à la diarrhée qui en résulte.

La glycérine se dissout aisément dans l'eau, l'alcool et l'éther-alcool ; elle est insoluble dans l'éther, le bisulfure de carbone, la benzine et le chloroforme.

Sous l'influence du froid, elle se congèle aisément ; il suffit de la présence d'un cristal dans la masse liquide pour en provoquer la congélation totale. Cette propriété a été utilisée par MM. Sarg, de Vienne, pour concentrer ce produit et le purifier. En ce qui concerne l'industrie explosive, elle oblige à dégeler le liquide ; à cet effet, on le place dans des magasins spécialement chauffés, quelques jours avant de l'employer. Il est à remarquer qu'en plein air, même à la température de 20°, il est très difficile de le dégeler complètement.

La glycérine, malgré sa viscosité, a une tendance toute spéciale à suinter des enveloppes qui la renferment. Même avec des fûts hermétiques en bois, on a vu la perte atteindre 50 0/0, surtout en été ; la mobilité du liquide croît avec la température. Afin d'obvier à cet inconvénient, il convient de le transporter dans des fûts métalliques, fermés au moyen d'un bouchon à vis. Si on ne prend pas les précautions voulues, ces fûts peuvent se couvrir de rouille

(1) A notre connaissance, toutefois, la glycérine n'irrite ni la peau, ni les muqueuses ; la sensation de cuisson ne se produit que si l'épiderme n'est pas intact.

par endroits et cette substance vient se mélanger à la glycérine. Parfois même, le liquide peut se modifier sans aucune cause apparente, lorsque l'emmagasinage est prolongé.

La glycérine a été obtenue, pendant de longues années, en évaporant les eaux provenant des savonneries. On a traité, ensuite, les eaux laissées comme résidu lors de la saponification du suif par la chaux dans les stéarineries. Ces eaux, concentrées dans le vide, jusqu'à ce que leur densité atteigne 1,240, après avoir subi un traitement destiné à éliminer certaines des impuretés, prennent une teinte brun foncé et constituent une sorte de glycérine brute. Il reste à les distiller; l'opération se pratique dans des appareils en cuivre. L'appareil de Liedbeck, en fer, est très employé également.

Depuis une quinzaine d'années, on s'est préoccupé de revenir à l'utilisation des eaux provenant de savonneries. Un grand nombre de brevets ont été pris à ce sujet. Celui de MM. O.-C. Hagemann et Albert Domeier est pratiqué sur une grande échelle. La description de ce procédé n'entre pas dans le cadre de notre sujet. Elle est reproduite par M. Guttmann (*The Manufacture of Explosives*, t. I, p. 97), d'après les indications du brevet anglais. On trouvera, dans le même ouvrage, la description de l'appareil distillatoire employé par MM. E. Scott et fils, de Londres.

La qualité d'une nitroglycérine est subordonnée à la pureté de la glycérine dont elle provient. Il convient donc d'examiner celle-ci avec grand soin. Cet examen s'impose d'autant plus impérieusement que l'emploi de glycérine défectueuse peut donner lieu à des accidents graves.

La glycérine, tout d'abord, doit être incolore et inodore (1) à la température de 15°. A cette même température, sa densité ne peut être inférieure à 1,260. Pour la déterminer, on peut employer la balance densimètre de Sartorius ou de Westphal, ou bien l'appareil de Sprengel; on peut se servir également d'un

(1) Frottée sur la paume de la main, la glycérine doit rester inodore. Toutefois, l'odeur du sucre brûlé est sans importance, car elle provient de glycérine ayant été consumée au cours de la distillation.

flacon à densité dont le volume soit compris, de préférence, entre 10 et 25 centimètres cubes. Il faut avoir soin de faire subir au résultat obtenu les corrections relatives à la température.

Versée dans l'eau, la glycérine ne peut devenir laiteuse, ce qui indique la présence d'une proportion trop élevée d'acide oléique.

Il faut aussi qu'elle soit chimiquement neutre. D'après M. Barton, elle peut être considérée comme convenable, à cet égard, lorsque 50 centimètres cubes, préalablement additionnés de 100 centimètres cubes d'eau distillée et de quelques gouttes d'une solution alcoolique de phénol-phtaléine, n'exigent pas plus de 3 centimètres cubes d'acide chlorhydrique normal, ou la même quantité de soude normale, pour que le changement de couleur se produise.

La quantité totale d'impuretés que renferme la glycérine ne peut dépasser 0,25 0/0, sur lesquels 0,10 0/0 au maximum peuvent être d'origine inorganique. Ces impuretés peuvent être d'origines diverses, et les avis sont partagés quant aux influences respectives qu'elles sont susceptibles d'exercer : alors que certains auteurs exigent, par exemple, que la glycérine soit rigoureusement exempte de chlorures et de fer, nous avons vu fréquemment employer avec succès des glycérines qui renfermaient des quantités, minimes, à la vérité, de ces deux substances.

Aussi pensons-nous qu'il y a lieu d'attacher la plus grande importance à l'épreuve de nitrification ; cette épreuve consiste, tout simplement, à fabriquer une petite quantité de nitroglycérine. Pour l'effectuer, on mélange, dans un vase réfrigéré extérieurement, 3 parties d'acide nitrique et 5 parties d'acide sulfurique concentrés, le volume total étant de 400 centimètres cubes. Lorsqu'on s'est assuré que le mélange est refroidi, on y ajoute lentement 50 grammes de glycérine. Cet essai nécessite des précautions minutieuses : il faut avoir soin de se servir d'un vase qui ne soit pas trop petit, et d'agiter sans cesse le contenu pendant qu'on verse la glycérine.

Lorsque l'opération est terminée, on laisse reposer le liquide, afin d'effectuer la séparation ; celle-ci doit être terminée au bout d'une demi-heure. Si la glycérine est de bonne qualité, la ligne de démarcation entre le mélange acide et la nitroglycérine sera nettement indiquée, et il n'y aura pas de flocons en suspension dans le liquide. Après avoir fait évacuer les acides, on agite une ou deux fois la nitroglycérine avec une solution chaude de carbonate de soude. Si, au moment de la neutralisation, il se forme un précipité floconneux, ce précipité indique la présence d'acides gras ; il se reproduira au cours de la fabrication et, dès lors, la nitroglycérine ne pourra être amenée qu'au prix des plus grands efforts à subir l'épreuve de résistance à la chaleur. Il convient donc, dans ce cas, de rejeter sans hésitation la glycérine expérimentée.

La neutralisation de la nitroglycérine terminée, on la lave à l'eau ; puis, on la verse dans un récipient taré, préalablement desséché au moyen de papier à filtrer. On pèse le tout ; le rendement ne doit pas être inférieur à 230 0/0. On peut également déterminer le rendement en évaluant le volume de la nitroglycérine produite, à condition de connaître la densité de la glycérine employée. Il suffira de prélever 10 centimètres cubes de glycérine, au moyen d'une burette graduée, et de les nitrifier, ainsi que nous venons de l'indiquer. Tenant compte des densités respectives, il sera très simple d'obtenir le rapport en poids.

Analyse qualitative de la glycérine. — Parmi les impuretés que la glycérine est susceptible de renfermer, on peut citer les substances suivantes :

Chaux. — La glycérine, mélangée avec une solution d'oxalate d'ammoniaque, ne peut engendrer aucun précipité, ni même se troubler.

Chlorures. — Essai au nitrate d'argent.

Acide sulfurique. — Essai au chlorure de baryum.

Sels de fer. — Essai au ferrocyanure de potassium.

Sels de plomb. — L'acide sulfhydrique donne une teinte ou un précipité noir.

Matières organiques étrangères. — Une solution aqueuse d'acétate basique de plomb donne un précipité.

Dextrine. — On a employé cette substance, de même que le sucre ou la glucose, en vue de falsifier la glycérine. Elle est décelée par l'alcool, qui produit un précipité. Si on traite par la teinture d'iode, on obtient une teinte violette. Un troisième moyen consiste à faire bouillir deux minutes, dans un tube à réactif, 5 gouttes de glycérine diluées dans 120 gouttes d'eau distillée, avec 3 à 4 centigrammes de molybdate d'ammonium en solution aqueuse, additionnés d'une goutte d'acide nitrique ; le mélange prend une coloration bleue s'il contient de la dextrine ou du sucre (Hager).

Sucre ou glucose. — En agitant 100 grammes de glycérine avec 50 grammes de chloroforme, il ne doit se former aucun précipité.

Acide oxalique. — Mélangée à volume égal avec l'acide sulfurique concentré, la glycérine doit rester limpide et incolore et ne donner lieu à aucun dégagement d'acide carbonique, ni d'oxyde de carbone provenant de la décomposition de l'acide oxalique; ces dégagements se manifestent par la production de bulles (Hager). Pour éviter la présence de bulles d'air, on doit avoir soin de chauffer la glycérine au bain-marie, dans le tube à réactif où elle a été versée; quant à l'acide sulfurique, on le verse au moyen d'une pipette dont le bec plonge dans la glycérine.

Acide formique ou acide butyrique. — Le mélange qui vient d'être indiqué, additionné d'alcool et chauffé, donne naissance à des éthers composés : formiates ou butyrates, faciles à reconnaître grâce à leur parfum qui rappelle celui de la pêche ou de l'ananas.

Acroléine, acide formique et acide butyrique. — On additionne à la glycérine la moitié de son poids d'une solution de nitrate d'argent fraîchement préparée. Ayant agité le flacon renfermant le mélange, on le laisse reposer un quart d'heure dans une armoire sombre. Au bout de ce temps, la liqueur ne peut avoir pris une teinte noire ou brun foncé.

Acide oléique, acides gras supérieurs. — Si l'acide oléique existe en proportion élevée, il suffira d'ajouter de l'eau à la glycérine pour le précipiter. Pour déceler les quantités minimes, on fera passer dans la glycérine, étendue de deux fois son volume d'eau distillée, un courant de peroxyde d'azote obtenu en chauffant du nitrate de plomb ; il se formera un précipité floconneux. Si, ayant chauffé au bain-marie pendant deux heures, il ne se forme aucun précipité après avoir ajouté de l'eau et attendu un certain temps, c'est que la glycérine ne contient pas d'acides gras supérieurs. Cet essai est important.

Analyse quantitative de la glycérine. — *Détermination du résidu total.* — On pèse 25 grammes de glycérine dans une capsule en platine et on les fait évaporer lentement au bain-marie ou au bain de sable ; pour favoriser l'opération, on souffle sur le liquide au moyen d'un tube de verre pointu. L'évaporation peut se faire également en chauffant le creuset sur une petite flamme ; dans ce cas, il faut agir avec prudence, car, à partir de 160°, le liquide peut s'enflammer spontanément en engendrant des vapeurs d'acroléine. Lorsque le résidu s'épaissit, on en termine l'évaporation dans le vide, à la température de 160°. Puis, ayant évaporé à siccité, on laisse refroidir le creuset dans un dessiccateur et on le pèse. On obtient ainsi le poids total des impuretés organiques et inorganiques.

Les expériences de M. Otto Hehner ont montré que les résultats obtenus varient, pour une même glycérine, avec la quantité sur laquelle l'essai a porté. D'après M. Schalkwijk, on peut prévenir cet inconvénient en ajoutant de l'eau, à plusieurs reprises, lorsque la matière est sur le point d'épaissir.

Pour isoler les impuretés d'origine inorganique, il suffit de calciner le résidu que l'on vient d'obtenir, laisser refroidir au dessiccateur et peser.

Chlorure de sodium. — On verse 100 centimètres cubes de glycérine dans une capsule en porcelaine. Après avoir ajouté 200 centimètres cubes d'eau distillée, on neutralise, au moyen de carbonate de soude, toute trace d'acide libre ; on ajoute alors une solution normale de chromate de potasse, jusqu'à ce que la liqueur prenne une coloration nettement jaune. On titre ensuite au moyen d'une solution décinormale de nitrate d'argent. Après avoir retranché 2 centimètres cubes, quantité nécessaire pour obtenir une coloration nette, on calcule le reste en chlorure de sodium. Le poids de la glycérine est calculé d'après le volume sur lequel on a opéré ainsi que la densité, laquelle est ramenée à la température du laboratoire.

Equivalent acide total. — On verse 100 centimètres cubes de glycérine dans un récipient et on ajoute un volume double d'eau, ainsi que quelques gouttes de phénolphtaléine en solution alcoolique à 1 0/0 et 10 centimètres cubes de soude caustique normale. Après quelques instants d'ébullition, on titre l'excès de soude à l'acide chlorhydrique normal; les résultats sont exprimés en grammes de soude caustique par 100 centimètres cubes de glycérine (Barton).

Dosage direct de la glycérine. — La méthode de Benedikt et Canton consiste à transformer la glycérine en triacétine, à saponifier celle-ci et à la doser par l'acide : on prend 1gr,5 de la glycérine à analyser, que l'on fait bouillir avec 7 grammes d'anhydride acétique et 3 à 4 grammes d'acétate de sodium anhydre; si ce sel n'était pas absolument anhydre, la conversion de la glycérine en triacétine serait fatalement imparfaite. L'ébullition dure une heure et demie; il est nécessaire de se servir d'un condenseur, à cause de la volatilité de la triacétine. On laisse refroidir; puis, on ajoute 50 centimètres cubes d'eau, et on chauffe afin de dissoudre la triacétine; on filtre ensuite sur un flacon de grande capacité. L'opération doit être conduite rapidement, car l'eau décompose peu à peu la triacétine. La filtration terminée, on lave soigneusement le résidu à l'eau; puis, après refroidissement de tout le liquide, on ajoute du phénolphtaléine et on neutralise exactement avec une solution alcaline à 2 ou 3 0/0. Cette neutralisation doit être faite avec soin et en agitant rapidement, de manière qu'il ne puisse y avoir en aucun endroit d'alcali en excès. Cela fait, on verse, au moyen d'une pipette, 25 centimètres cubes d'une solution à 10 0/0 de soude caustique, que l'on a titrée exactement au moyen d'acide normal. On chauffe à l'ébullition pendant dix minutes pour saponifier la triacétine, et on dose l'excès d'alcali au moyen d'acide normal. Chaque centimètre cube de celui-ci correspond à 0gr,03067 de glycérine.

On peut également doser la glycérine par le protoxyde de plomb : on prend 2 grammes de l'échantillon et on les mélange avec 40 grammes de litharge; ensuite, on chauffe à l'étuve, à 130°, jusqu'à obtention de la constance du poids. Il est nécessaire que la litharge soit absolument exempte de tout autre sel de plomb ou impuretés quelconques, car les résultats se trouveraient sensiblement faussés; il importe également que l'atmosphère de l'étuve ne contienne pas d'acide carbonique. On obtiendra le poids de la glycérine contenue dans les 2 grammes prélevés en multipliant par 1,243 l'augmentation du poids de la litharge, déduction faite des substances non susceptibles de se volatiliser. Cet essai, pour donner des résultats précis, nécessite une glycérine relativement pure, exempte de résine et d'acide sulfurique.

Le dosage de la glycérine peut s'effectuer aussi en l'oxydant par le bichromate de potasse, en présence d'un excès d'acide sulfurique :

$$3\,C^3H^8O^3 + 7Cr^2O^7K^2 + 28\,So^4H^2 = 7\,SO^4K^2 + 7\,Cr^2(SO^4)^3 + 4\,H^2O + 9\,CO^2.$$

Le calcul peut être basé sur la perte d'acide carbonique (Legler). Mais il y a des quantités de gaz qui s'échappent sans qu'on puisse en tenir compte.

On peut aussi déterminer la perte de bichromate par titrage au moyen d'une solution de sulfate ferroso-ammoniacal. Ce procédé, dû à M. Otto Hehner, a été perfectionné par MM. W. Richardson et A. Jaffé; il est appliqué particulièrement à la glycérine brute, laquelle renferme en général une proportion inférieure à 80 0/0 de glycérine pure, ainsi qu'aux lessives résiduelles (*The Journal of the Society of Chemical Industry*, 1898, p. 330).

Les mêmes auteurs indiquent une formule empirique qui permet de calculer, avec une certaine approximation, la quantité de glycérine que renferme un échantillon de glycérine brute dont on a déterminé, à 15°, la densité δ, ainsi que la proportion centésimale d'impuretés inorganiques.

Si l'on représente cette proportion par p, la réduction de densité correspondante est évaluée à $0,0073p$. Quant aux impuretés organiques, leur total est représenté par une constante c, dont la valeur diminue lorsque augmente la quantité de glycérine en présence. Elle est évaluée à :

0,023,	si la glycérine brute	renferme	50 à 64 0/0	de glycérine,
0,015	»	»	65 à 77	»
0,012	»	»	78 à 83	»

La densité d proprement dite de la glycérine à analyser, additionnée de l'eau qu'elle renferme, est donc représentée par ($\delta - 0,0073p - c$). Cela étant, il reste à rechercher, dans une table, la richesse de la solution aqueuse de glycérine correspondante à cette densité d.

Si, par exemple, $\delta = 1,3048$ et $p = 10,96$ 0/0, il en résulte que c vaudra 0,012. Donc :

$$d = 1,3048 - 0,012 - 0,0073 \times 10,96 = 1,2128.$$

D'après les tables, la densité de 1,2128 correspond à une richesse de 79,39 0/0 de glycérine.

Les auteurs affirment que l'erreur possible ne dépasse pas, en fait, 2 0/0. Certes, leur procédé ne semble pas mauvais en principe, et si les valeurs des deux constantes qui interviennent sont basées sur le résultat d'un grand nombre d'analyses, on peut compter, sur une approximation suffisante dans certains cas ; mais dans d'autres, il y aura lieu de se demander quelle est celle des trois constantes qu'il faudra choisir pour représenter l'excès de densité provenant des impuretés d'origine organique. C'est ainsi que, dans une de nos déterminations, nous avons trouvé $\delta = 1,2822$ et $p = 12,80$; donc ($\delta - 0,0073p$) valait 1, 1888. Si nous prenions $c = 0,015$, nous obtenions $d = 1,1735$, tandis que si nous prenions $c = 0,023$, d se réduisait à 1,1658. Or, d'après les tables, ces densités correspondent respectivement à environ 66 0/0 et

63 0/0 de glycérine. Nous voyons donc une erreur possible de 4,5 0/0.

Glycéronitre. — Voir *Fortis*.

Glycéro-pyroxyline. — Explosif obtenu par Clark en nitrifiant des fibres textiles ou autres fibres végétales imprégnées de glycérine. Le produit serait plus homogène que le mélange de nitroglycérine et de pyroxyline.

(Brevet anglais n° 3.408, du 10 novembre 1868.)

Glycocolle nitré. — Voir *Nitroglycocolle*.

Glycol nitré. — Voir *Nitroglycol*.

Glyoxyline. — Voir *Abel*.

Sous la même dénomination, un explosif de composition analogue fut présenté par M. Brodersen ; mais il n'a pas été introduit dans la pratique.

(Brevet anglais n° 3.652, du 24 décembre 1867.)

Gnom. — Voir *Electricité (Application de l') au tirage des mines*.

Goetz (Poudre). — Composition :

Chlorate de potasse	34,49
Glucose	34,49
Picrate de plomb	10,34
Charbon de bois en poudre	10,34
Soufre	6,89
Phosphore amorphe	3,45
	100,00

La présence de la glucose tend à augmenter la sécurité du maniement; on peut la remplacer par du sirop.

Goldenberg. — Voir *Chemische Fabrik.*

Gomant est l'inventeur d'un appareil de sautage dynamo-électrique comportant un dispositif destiné au contrôle de l'intensité du courant.

[Brevet anglais n° 12.003 (1900), accepté le 29 septembre 1900.]

Gomant. — Voir *Allumeurs de sûreté.*

Gomez (Poudres). — Mélanges de chlorate et de nitrate de potasse avec un sel de plomb : nitrate, acétate, etc.

Gomez et Mills. — Voir *Cordeaux détonants.*

Gomme (Dynamite). — Voir *Gélatines explosibles.*

Gomme nitrée. — Voir *Nitrogomme.*

Goodyear a proposé l'addition, à la poudre noire, de caoutchouc ou de gutta-percha en proportion restreinte.

(Brevet anglais n° 1.703, du 26 juin 1855.)

Gotham (Explosif). — Composition :

Nitroglycérine	66
Chlorate de potasse	20
Salpêtre	4
Ecorce de chêne en poudre	10
	100

Gottheil. — Voir *Rheinisch Dynamit Gesellschaft.*

Goudron nitré. — Voir *Nitrogoudron.*

Graham (Poudre). — Composition :

Chlorate de potasse	51,78
Sucre blanc	25,89
Prussiate jaune de potasse	20,71
Plomb rouge	1,62
	100,00

Ce dernier ingrédient a comme rôle d'accroître la sécurité du maniement. La poudre Graham s'emploie sous forme de pâte, à l'état humide.

Grakrut. — Voir *Apyrite*.

Granatina. — Voir *Grenadine*.

Granulée (Poudre). — Voir *Grenée (Poudre)*.

Granulite. — Poudre sans fumée admise en Angleterre. Elle se présente sous la forme de grains larges et irréguliers, recouverts d'une couche épaisse de paraffine, et d'un aspect analogue à celui de la cire jaune.

L'analyse d'un échantillon de granulite a donné les résultats suivants (Cundill-Thomson) :

Nitrocellulose	46,28
Nitrate de baryum	45,48
Paraffine	7,84
Humidité	0,40
	100,00

Outre ces éléments, la granulite peut contenir d'autres nitrates minéraux, ainsi que du charbon de bois.

Graydon plonge du tissu de laine ou de coton dans la nitroglycérine, jusqu'à saturation. Le tout est recouvert de papier paraffiné fixé au tissu, de laque ou de tout autre enduit propre à empêcher l'exsudation de la nitroglycérine. On prépare les charges en enroulant le tissu en cylindres (*Notes on the Literature of Explosives*, par le professeur Munroe, nº XXI, p. 491).

Greaves et **Hann** préconisent l'addition d'oxalate d'ammoniaque ou d'autre oxalate alcalin à la poudre noire (Voir *Oxalate blasting powder*), ou bien aux explosifs à base de nitroglycérine, le sel employé pouvant être hydraté ou non. Cette substitution a comme effet de rendre l'explosif moins violent, moins dangereux à manier et plus sûr en présence du grisou ou de poussière de houille. En outre, les produits engendrés sont beaucoup moins délétères.

Pour la dynamite n° 1, la proportion indiquée est de 25 0/0 du total, le sel étant mélangé à la kieselguhr (dont la proportion est donc réduite à 18 0/0) avant l'incorporation des 57 0/0 de nitroglycérine. Il est essentiel que l'oxalate soit très finement pulvérisé et mélangé avec grand soin. Pour la carbonite, la proportion à ajouter est de 7,5 0/0 du total; s'il s'agit d'une gélatine, elle atteint 20 à 30 0/0.

Les inventeurs préfèrent l'oxalate d'ammoniaque à tout autre, par suite de la température peu élevée à laquelle il commence à se décomposer et à absorber, de ce chef, des quantités considérables de chaleur ; d'autre part, le volume des gaz dégagés est très considérable, et ils ne sont pas combustibles. Enfin, il n'y a pas de particules solides engendrées par la décomposition.

[Brevet anglais n° 24.847 (1895), accepté le 28 novembre 1896.]

Il n'est pas sans intérêt de remarquer que le chimiste allemand Schöneweg a préconisé, dès 1886, l'addition d'acide oxalique ou d'oxalates au coton-poudre gélatiné ou à d'autres substances explosives.

En dehors de l'oxalate d'ammoniaque, MM. Greaves et Hann ont fait breveter l'emploi de l'acide oxalique, des oxalates de soude ou de potasse et d'oxalates doubles, hydratés ou non ; des aluns : potasse, soude, ammoniaque, chrome, fer ; du borax ou de l'acide borique. Ces composés peuvent être employés seuls ou en mélange.

[Brevet anglais n° 6.937 (1896), accepté le 30 janvier 1897.]

Les mêmes inventeurs préconisent également l'addition d'oxalates aux ingrédients qui composent la cordite, en vue de neutraliser les produits acides résultant de l'explosion.

[Brevet anglais n° 651 (1897), accepté le 11 décembre 1897.]

Green additionne de charbon ou d'amidon carbonisé la kieselguhr destiné à absorber la nitroglycérine.

Greene a proposé certaines modifications au procédé de fabrication de la poudre noire, analogues à celles qui caractérisent la méthode de Drayson.

Greener (Poudre). — Poudre à base de nitrocellulose, seule ou additionnée de nitrobenzine, ainsi que de graphite ou noir de fumée comme colorant. Cette poudre s'importe en Angleterre.

Greening a fait breveter un procédé spécial de fabrication relatif à la nitrocellulose destinée à être transformée en celluloïd.

[Brevet anglais n° 22.019 (1894), accepté le 9 novembre 1895.]

Greffite. — Poudre chloratée, autorisée en Angleterre depuis 1899.

Gregory. — Voir *Ward*.

Grêle. — Une des applications les plus curieuses des substances explosibles réside dans leur emploi en vue de prévenir la chute de la grêle, que les agriculteurs considèrent à si juste titre comme un fléau redoutable. Une fusée chargée d'une certaine quantité de poudre est lancée à l'aide d'un cylindre en tôle ou canon, dès qu'en un point du ciel on aperçoit des indices inquiétants. L'ébranlement communiqué à la portion visée de l'atmosphère aurait comme résultat de transformer en pluie la masse d'eau qu'elle renferme. Il convient de remarquer que le bureau météorologique des États-Unis d'Amérique a émis, tout récemment, un avis défavorable quant au principe sur lequel repose cette application.

Quoi qu'il en soit, elle a subi une extension considérable dans plusieurs pays, notamment en Autriche-Hongrie, et en Italie. Elle a fait l'objet de deux congrès ; le dernier, tenu à

Padoue en novembre 1900, a réuni un grand nombre d'adhérents. En France, une somme de 4.000 francs a été allouée par le Ministre de l'Agriculture, ainsi que par les autorités départementales et autres, pour l'érection d'une installation en Savoie.

Nous reproduisons ci-contre (*fig.* 35), d'après une étude intitulée : *Das Wetterschietzen* et publiée par M. F.-X. Sávoly, directeur de la station météorologique de Versecz (Hongrie), le dessin d'une station du système Neukomm.

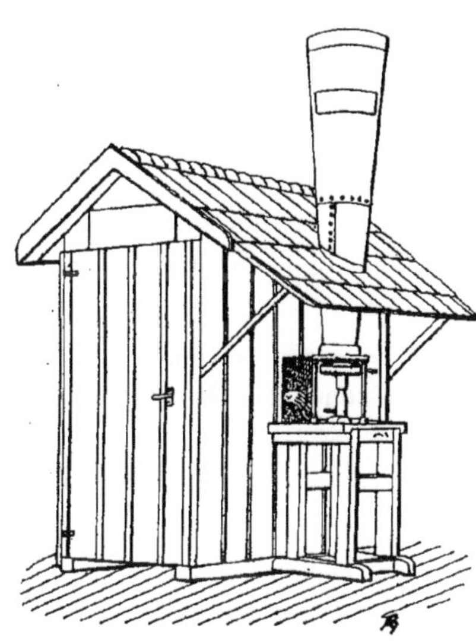

Fig. 35.

Fig. 36.

M. Adolphe Emmerling, de Budapest, effectue l'allumage en introduisant par le haut de la bouche une cartouche de *pyrolythe*, cartouche que nous reproduisons en demi-grandeur (*fig.* 36). Cette substance, que nous avons été admis à examiner sommairement dans le laboratoire de M. Emmerling, nous a semblé être un explosif nitré additionné de matières organiques inertes ; sa composition est tenue secrète.

Grenades à hérisson soufrées. — Voir *Compositions incendiaires.*

Grenadine ou Granatina. — Poudre de mine brevetée par

M. Sala et composée de salpêtre, soufre, benzine, glycérine, sable et cendre.

(Brevet français n° 147.111, du 30 janvier 1882.)

Grenadine. — Poudre de mine brevetée par M. Gacon et composée de 69 parties de nitrate de potasse ou de soude et de 19 parties de soufre; on additionne de cendre et de tanin en solution aqueuse.

(Brevet français n° 158.724, du 22 novembre 1883.)

Un certificat d'addition à ce brevet, daté du 19 mars 1886, prévoit le mélange à la grenadine d'une dynamite à base de ramie pulvérisée.

Grenée (Poudre). — Poudre pyroxylée, fabriquée en France à la poudrerie du Mont-Blanc, et répondant à la composition suivante :

Nitrocellulose	60
Nitrate de baryte	30
Salpêtre	6
Agar-agar	3
Paraffine	1
	100

L'agar-agar est une sorte de gomme gélatineuse qui s'extrait de certaines plantes cryptogames exotiques appartenant à la famille des mousses; elle existe aussi dans un grand nombre de plantes marines, ainsi que dans les carottes et les betteraves. 1 partie en poids de cette substance, dissoute dans 500 parties d'eau bouillante, rend le liquide gélatineux en se refroidissant.

La poudre grenée, que l'on désigne également sous le nom de poudre granulée, présente une certaine analogie avec la granulite anglaise.

Griess et **Caro** ont préparé, les premiers, les sels du diazobenzol : nitrate, chromate, etc.

Griffith et **Wadsworth** préconisent le traitement des poudres sans fumée par une substance provenant de l'huile de coco, afin de durcir les grains en les agglomérant et de modérer la violence de l'explosion (1892).

Griffith, Wadsworth et **Durnford** obtiennent une poudre sans fumée en soumettant la nitrocellulose au traitement suivant : après l'avoir réduite en une poudre impalpable, en présence d'eau, on élimine le liquide par turbinage ou tout autrement; la masse, de consistance pâteuse, peut être moulée à volonté.

(Brevet anglais n° 13.171, accepté le 5 mai 1900.)

Grises (Dynamites) de Paulilles. — Ces explosifs renferment de 20 à 25 0/0 de nitroglycérine, mélangée à du nitrate de soude et de la résine, avec ou sans addition de charbon.

Grisou (Dynamite-). — Traduction de *Wetterdynamite* et de *Firedamp dynamite.*

Grisounite. — Voir *Favier.*

Grisoutine. — Dénomination générique sous laquelle M. Louis Roux désigne tout explosif de sûreté destiné à être employé en présence du grisou et des poussières de houille.

En France, où ce terme s'applique spécialement aux explosifs de sûreté à base d'azotate d'ammoniaque additionné de dynamite-gomme, les variétés suivantes sont autorisées :

	TABLEAU arrêté le 8 mars 1893			TABLEAU arrêté le 15 décembre 1897	
	Gomme	F	B	Gomme Type II	Couche Type I
Nitroglycérine.....	29,1	19,6	11,76	30	12
Nitrate d'ammoniaque..........	70,0	80,0	88,00	67	87
Coton nitré........	0,9	0,4	0,24	3	1
	Paulilles et Saint-Sauveur (1)			Arles	

(1) Les grisoutines fabriquées à Cugny, ainsi qu'à Baelen-sur-Nèthe (Belgique), présentent de très légères différences de composition; ces dernières sont désignées respectivement sous les noms de grisoutines à 30 0/0, à 20 0/0 et à 12 0/0.

La grisoutine-gomme est analogue à l'explosif désigné en Belgique sous le nom de gélignite à l'ammoniaque ; quant à la gomme type H, elle est identique à la gélatine à l'ammoniaque A ou n° 2.

Si nous représentons la décomposition explosive de cette dernière par la formule :

$$23\,C^6H^{10}Az^6O^{18} + 294\,AzO^3AzH^4 + C^{24}H^{34}Az^9O^{38} =$$
$$168\,CO^2 + 718,5\,H^2O + 145,75\,O^2 + 367,5\,Az^2,$$

le calcul donnera 1.939° comme température de détonation et 283.850 kilogrammètres comme énergie potentielle.

Dans le tableau arrêté le 2 juillet 1896, nous trouvons la *dynamite-grisoutine*, explosif fabriqué à Matagne-la-Grande (Belgique) et répondant à la composition suivante :

	Type E	Type D
Nitroglycérine	42	42
Sulfate de magnésie	46	46
Cellulose	12	»
Guhr	»	12
	100	100

Cet explosif n'est autre que la *grisoutite* belge.

Grisoutine comprimée. — M. Bender a fait breveter, sous ce nom, l'explosif obtenu par la compression d'une des grisoutines ci-dessus décrites. Le procédé peut s'appliquer à toute autre dynamite à base de sels minéraux.

(Brevet français n° 208.200, du 12 septembre 1890.)

Grisoutite. — Cet explosif, que l'on désigne également sous la dénomination allemande de *Wetterdynamite*, est destiné au minage dans les milieux inflammables (grisou et poussières de houille). Il a été breveté par MM. Müller et Aufschläger. La sécurité est basée sur l'emploi du sulfate de magnésie ou d'autre sel analogue : la mise en liberté de l'eau de cristallisation absorbe une quantité de chaleur propre à diminuer la température des produits de l'explosion.

(Brevet anglais n° 12.424, 13 septembre 1887.)

Voici les formules relatives à la composition de la grisoutite :

Nitroglycérine..................	42 à 46	52,9	42 à 45 p. 100
Sulfate de magnésie (SO^4Mg+7H^2O)	44 à 46	32,7	43 à 47 »
Cellulose......................	12 à 9	»	» »
Kieselguhr.....................	»	14,4	12 à 11 »

La grisoutite est fabriquée, en Belgique, par la Société anonyme de Dynamite de Matagne-la-Grande. A Baelen-sur-Nèthe, on la désigne sous le nom de *forcite antigrisouteuse n° 2* et, en France, elle s'appelle la *dynamite-grisoutine D*.

De nombreux explosifs ont été basés sur le principe de *Wetter-dynamites* (dynamite ammonique, poudres d'Ardeer Nobel, Kubin et Sierch, Kuhnt et Deissler, Turpin, etc.).

Grobes Blättchenpulver. — Grosse poudre en lamelles, sans fumée, employée par l'armée allemande pour les canons de 15, 21 et 25 centimètres de long.

Grobkörnige Pulver. — Poudre noire à gros grains, de forme irrégulière, et dont les dimensions varient entre 4 et 10 millimètres ; elle fut employée pour les canons de campagne.

Grobkörnige Sprengladungspulver. — Poudre noire à grains irréguliers mesurant de 6 à 10 millimètres, employée pour les charges d'éclatement des obus.

Gröndahl. — Voir *Nitrate d'ammoniaque*.

Grouselle. — Voir *Pyroxylite*.

Grüne a proposé, en vue d'obtenir des dynamites insensibles à l'action de l'eau, l'emploi de charbon végétal ou animal mélangé avec la kieselguhr, ou bien de kieselguhr préalablement chauffée à incandescence, à l'abri de l'air.

(Brevet français n° 187.345, du 1er décembre 1887.)

Grüson. — Voir *Hellhoffite.*

Guérin. — Voir *Gélosine.*

Guhr. — Voir *Dynamite.*

Guinard fabrique une poudre sans fumée se présentant sous la forme de tablettes irrégulières, semi-transparentes, de couleur grise.

Gunn, à New-York, a fait breveter la poudre de mine suivante :

Nitrate de soude	63
Houille	22
Soufre	15
	100

Il faut employer une houille riche en produits volatils, dont l'explosion provoquera le dégagement.

(Brevet anglais n° 2.149, 31 janvier — 2 juin 1899 ; brevet français n° 285.558, 3 février — 9 mai 1899.)

Gutensohn. — Voir *Picrique* (*Acide*).

Güttler a fait breveter, en 1878, la préparation d'une poudre noire obtenue en cimentant les grains avec de la dextrine. Le charbon employé est brun roux ; on l'obtient, à une température de 290° environ, au moyen de bois exempt de résine.

Güttler. — Voir *Charbon* et *Plastoménite.*

Guttmann. — Voir *Nitrique* (*Acide*), *Nitrocelluloses*, *Résistance* (*Essai de*) *à la chaleur des explosifs nitrés*, etc.

Guyot. — Voir *Compositions incendiaires.*

H

H/57 (Poudre). — Poudre Hotchkiss, à gros grains, employée par la Marine italienne pour les canons de 57 millimètres ; cette poudre ne contenait que 3 0/0 de soufre.

Hafenegger (Poudres). — Mélanges à base de chlorate de potasse additionné de soufre, charbon de bois et prussiate jaune de potasse.

(Brevet anglais n° 2.865, du 17 septembre 1868.)

Hahn a proposé deux poudres chloratées contenant du trisulfure d'antimoine additionné de charbon et de blanc de baleine, d'une part et d'autre part, d'acide picrique et de phosphore amorphe. Ce sont des poudres d'amorces.

(Brevets anglais n°s 960 et 961, du 30 mars 1867.)

Hake. — Voir *Nitrate d'ammoniaque.*

Hall (John) & Son employèrent le coton-poudre, il y a plus d'un demi-siècle, au sautage d'argile ou de grès, et constatèrent sa puissance explosive. Ils introduisirent la poudre comprimée en 1875 et, en 1892, la cannonite. Vers la fin de 1898, la Société John Hall & Son, Ltd., fusionna avec d'autres entreprises pour constituer la raison sociale Curtis's & Harvey, Ltd.

Hall's Powder ou Will's Powder. — Poudre chloratée contenant du ferrocyanure de potassium, du soufre et du caoutchouc.

(Brevet anglais n° 1.062, du 28 avril 1863.)

Haloclastite. — Synonyme de *pétroclastite.*

Haloxyline. — On désigne, sous cette dénomination, des variétés de poudre noire exemptes de soufre. L'une d'elles, brevetée par MM. Anders et Fehleisen, renferme 1,65 0/0 de prussiate rouge de potasse ; elle est fabriquée en Autriche. Cette poudre peut également avoir comme base le nitrate de soude au lieu du salpêtre (Fehleisen frères).

MM. Bleckmann et Fehleisen ont fait breveter, sous le même nom, un mélange analogue, mais avec addition éventuelle de ferrocyanure de potassium au lieu de prussiate.

(Brevet anglais n° 1.341, du 10 mai 1866.)

Halsey et **Savage**, à Saint-Rafael (Californie), ont proposé les poudres sans fumée suivantes :

	N° 1	N° 2	N° 3	N° 4
Picrate d'ammoniaque	68	73	50	47
Bichromate de potasse	25	20	20	23
Permanganate de potasse ou de soude	7	7	7	»
Azotate de baryum ou de strontium	»	»	23	30

Le permanganate alcalin peut être remplacé par du pertungstate ou du titanate de potassium.

La variété n° 1 est destinée au tir des canons ; le n° 2 et le n° 3 sont respectivement des poudres de chasse et de guerre. La fabrication s'effectue comme suit : on dissout séparément, dans l'eau bouillante, le permanganate et le bichromate alcalins. On ajoute à celui-ci le picrate finement pulvérisé, de manière à obtenir la consistance pâteuse. Ensuite, on verse lentement la solution de permanganate, afin de prévenir toute effervescence.

[Brevet américain n° 568.902, du 6 octobre 1896 ; brevet anglais n° 22.120 (1896), accepté le 7 septembre 1896 ;]

[Brevet anglais n° 26.529, 15 décembre 1898 — 11 février 1899 ; brevet français n° 284.114, 16 décembre 1898 — 21 mars 1899.]

Hamilton préconise l'addition, aux poudres ou dynamites, d'environ 15 0/0 d'oxalate d'urée, à l'effet d'abaisser la température des produits de l'explosion.

[Brevet anglais n° 22.162 (1896), accepté le 7 août 1897.]

Hamilton Powder Company. — Voir *Vigorite.*

Handy. — Voir *Dynamite.*

Hann. — Voir *Greaves.*

Hannau a proposé un mélange de nitrate, de chlorate et de prussiate de potasse avec du charbon animal ou végétal ; on ajoute de la paraffine, de la gomme ou une autre substance analogue.

(Brevets anglais n° 4.846, du 12 octobre 1882, et n° 5.323, du 8 novembre 1882.)

L'inventeur a proposé ultérieurement l'addition d'oxyde de fer.

(Brevet anglais n° 5.986, du 15 décembre 1882 ; brevet français n° 152.640, du 5 décembre 1882.)

Hardingham a fait breveter l'emploi, dans les cartouches de mine, d'un liquide non inflammable (tel que le gaz ammoniac ou l'acide carbonique liquéfié) ou bien inflammable (alcool, éther, benzine), associé avec de la poudre, de la dynamite, etc.

(Brevet français n° 164.996, du 25 octobre 1884.)

Hardy (Poudres). — Composition centésimale :

	000	00	0
Nitrate de soude	40,00	78,58	76,66
Nitrate de potasse	21,00	18,20	19,83
Soufre	35,00	10,50	13,00
Charbon	15,00	15,00	17,00
Sucre	2,65	6,30	2,80
Eau	0,35	1,60	0,71

Hargreaves (A.-F.). — Voir *Curtis* et *Rosslyn* (*Poudre sans fumée de*).

Hargreaves (A.-F.) a fait breveter l'emploi d'une mèche de sûreté en cellulose, que l'on immerge dans un bain d'eau chaude contenant en solution un ou plusieurs nitrates métalliques, ainsi que de la gomme ou de l'amidon destiné à servir de liant.

[Brevets anglais n° 24.233 (1894) et n° 15.351 (1896).]

Hargreaves (**James**). — Voir *Chlorate de potassium.*

Harrison (**Poudres**). — Mélanges plus ou moins complexes, brevetés en 1860, 1861 et 1862, par MM. Buckley, Garside et Yates. Ce sont des poudres nitratées ou chloratées, contenant du sucre, du lycopode, de l'amidon, du charbon, du soufre, du ferrocyanure de potassium, etc.

Hart a proposé une poudre formée de chlorate de potasse granulé et imprégné d'une solution de sucre ou d'un liquide hydrocarburé.

(Brevet anglais n° 9.164, du 23 juin 1888.)

Harvey. — Voir *Curtis.*

Harvey a fait breveter la composition détonante que voici :

Chlorate de potasse................	74,32
Sucre de canne....................	19,16
Noix de galle......................	6,52
	100,00

L'explosion est déterminée au moyen d'acide sulfurique, dont on détermine le contact avec le mélange.

Hauff. — Voir *Nitrorésorcine.*

Hawkins a proposé l'emploi d'un moteur dont l'énergie est fournie par la déflagration d'un explosif. L'appareil proprement dit ne présente aucun caractère particulier : on emploie un type quelconque de moteur à gaz ou à pétrole. Quant à la chambre d'explosion, elle peut faire corps avec le cylindre ou bien en être distincte; dans ce cas, les produits engendrés sont admis sous pression dans le cylindre.

La composition explosible proposée par l'inventeur est liquide est renferme les éléments suivants :

Nitrate de soude	50,00
Sirop de sucre	33,34
Chlorate de potasse	8,33
Bichromate de potasse	8,33
	100,00

On ajoute 300 parties d'eau. Cette addition est essentielle, au point de vue de la sécurité; on peut augmenter la proportion du liquide, mais non la diminuer. Pour la facilité de la préparation, il est bon de n'ajouter le sirop de sucre qu'en dernier.

Ce mélange n'est pas combustible. On en provoque la déflagration en le projetant sur la paroi de la chambre d'explosion, préalablement portée à une température suffisante. Il est nécessaire que la projection se fasse sous forme de pluie fine ; à cet effet, M. Hawkins a imaginé un injecteur à air ou à gaz comprimé dont on trouvera la description dans le brevet anglais n° 24.898 (1894), accepté le 26 octobre 1895.

Hawkins frères ont fait breveter la poudre suivante :

Chlorate de potasse	32	parties
Sucre	16	»
Farine de bois ou noir de fumée	1 à 2	»
Bichromate de potassium	1 à 4	»

Cette poudre est fabriquée par la Donnithorne Gun Patents and Ammunition Co., Ltd., à Londres.

[Brevet anglais n° 6.271 (1895), accepté le 25 avril 1896.]

Hay, Merricks & Cᵒ. — Voir *Rosslyn* (*Poudre sans fumée de*). — En novembre 1898, cette société a fusionné avec plusieurs autres pour constituer la raison sociale Curtis's & Harvey, Ltd.

Heath et **Frost** ont fait breveter, en 1877, une composition destinée à retenir de l'eau ; celle-ci est introduite dans le trou de mine en même temps que l'explosif, et sa vaporisation absorbe une quantité de chaleur susceptible de diminuer la température développée. Par suite, elle diminue le danger qui existe lorsque l'atmosphère est inflammable (grisou ou poussières de houille).

Le mélange de MM. Heath et Frost renferme 5 0/0 de savon, que l'on additionne de 0,5 0/0 de colle et d'une quantité égale d'amidon; il retient donc 94 0/0 d'eau. Au fond du forage, on en introduit sur une longueur d'un pouce, et on en met à nouveau 3 pouces après la cartouche. Puis, on bourre à la manière habituelle.

Heath et Frost. — Voir (*Allumeurs de sûreté*).

Hebler (Poudre) ou **Wellite.** — Mélange présenté comme poudre sans fumée et répondant à la composition suivante (Cundill Thomson) :

Salpêtre	64,41
Nitrate d'ammoniaque	16,35
Charbon de bois	11,84
Soufre	9,80
Humidité	0,92
	100,00

Cette poudre, fabriquée en Suisse, ne semble guère plus hygroscopique que la poudre noire.

Hécla (Poudre). — Variété américaine de dynamite lignine renfermant de 20 à 75 0/0 de nitroglycérine, ainsi que du nitrate de soude.

Hehner. — Voir *Glycérine.*

Heick. — Voir *Thunder Powder.*

Helbig. — Voir *Blumenstegel.*

Héliophanite. — Voir *Panclastites.*

Hellhoffite. — Cet explosif, breveté par MM. Hellhoff et Grüson, se compose de nitrobenzine additionnée d'acide nitrique ; au premier de ces ingrédients, on peut substituer le pétrole ou le goudron nitré.

Pour le chargement des projectiles creux, on a proposé l'emploi de métadinitrobenzine et d'acide nitrique concentré, les proportions respectives étant de 1 à 1,5. On introduit les deux composants dans le projectile, où ils sont placés dans deux réceptacles séparés ; leur mélange s'effectue automatiquement pendant le trajet du projectile ou bien au moment où celui-ci rencontre l'obstacle. La hellhoffite nécessite l'emploi d'une forte capsule au fulminate.

Pour les applications industrielles, on peut employer la mononitrobenzine additionnée de 2,5 fois son poids d'acide nitrique ou bien la binitrobenzine additionnée de 1,5 fois son poids. Les deux liquides, expédiés séparément dans des cruches en grès, ne doivent être mélangés qu'au moment de l'emploi. Le mélange fait, on le verse dans des tubes-cartouches en verre ou en carton recouvert d'un enduit à base de verre pulvérisé ou d'une solution concentrée de silicate de soude (verre soluble), destiné à le protéger contre l'action de l'acide ; tous les joints sont fermés au silicate. Malgré ces précautions, la corrosion est telle que les cartouches en carton ne peuvent rester étanches plus de dix heures ; quant au verre, il est d'un emploi difficile à cause de sa fragilité et de sa rigidité. Au centre pénètre un tube en plomb destiné à isoler la mèche.

La hellhoffite se présente sous la forme d'un liquide rouge, épais, de densité 1,40, très corrosif et très instable, brûlant très difficilement à l'air libre en donnant une vive lumière. Peu sensible au choc, elle nécessite l'emploi de fortes capsules.

Eu égard aux difficultés de l'encartouchage, on a proposé de faire absorber le liquide par de la kieselguhr. L'imprégnation est complète au bout d'une demi-heure. On introduit la pâte obtenue dans des tubes en plomb laminé; la mèche et l'amorce sont également protégées par un petit tube en plomb.

(Brevets anglais n° 1.315, du 23 octobre 1879 ; n°s 1.285 à 1.287, du 27 mars, et 2.775, du 7 juillet 1880 ; brevet français n° 137.644, des 7 juillet 1880 et 20 août 1881.)

Hellich. — Voir *Nitrate de potassium.*

Hengst a fait breveter, sous le nom de *hengstite*, une poudre sans fumée obtenue en traitant d'abord la pulpe de paille nitrifiée par une solution de permanganate de potasse destinée à l'oxyder et, ensuite, par une solution de carbonate de potasse. En vue d'agglomérer la masse et de lui donner la consistance pâteuse, on l'additionne du produit obtenu en faisant bouillir de la graine de lin avec un peu de dextrine.

La fabrication est caractérisée également par l'emploi d'une solution destinée à imperméabiliser les grains, et préparée en dissolvant, dans l'éther sulfurique, le résidu provenant du criblage desdits grains. En dehors des éléments que nous venons d'indiquer, la hengstite contient également du salpêtre, du chlorate de potasse et du sulfate de zinc.

Elle se présente sous la forme d'une substance fibreuse ou granulée lorsqu'elle est destinée aux usages militaires; elle est comprimée lorsqu'on l'emploie dans les mines.

(Brevet allemand H. n° 13.656, du 21 septembre 1888 ; brevet français n° 194.803, du 17 décembre 1888.)

Hengst a fait breveter également l'emploi d'une poudre sans fumée à base de fibres de sparte nitrées (enveloppe de la noix de coco).

(Brevet anglais n° 18.002, 22 août 1898 — 8 juillet 1899.)

Henrite. — Explosif nitré fabriqué, en Angleterre, depuis 1900 seulement.

Hérakline. — Mélange, à poids sensiblement égaux, de nitrate de soude, de nitrate de potasse, de soufre et de sciure de bois; on ajoute 1/2 0/0 d'acide picrique.

(Brevet anglais n° 4.155, du 1er octobre 1875.)

Hercule (Poudres). — On désigne, sous ce nom, certaines dynamites à absorbant actif fabriquées en Amérique, où elles sont d'un usage assez répandu; on les importe également en Autriche. En voici deux variétés :

	N° 1	N° 2
Nitroglycérine	75,00	40,00
Nitrate de potasse	2,10	31,00
Carbonate de magnésie	20,85	10,00
Chlorate de potasse	1,05	3,34
Sucre blanc	1,00	15,66

Il existe une dizaine d'autres variétés; outre les composants ci-dessus, elles renferment du nitrate et du chlorure de sodium, de l'amidon, etc. La poudre Hercule extra n° 1, identique à la nitromagnite, est un mélange comprenant 80 parties de nitroglycérine et 20 de carbonate de magnésie.

Cet explosif, analogue à la fulgurite, est de la même famille que la poudre d'Ardeer; l'inventeur est M. Willard.

Herculite. — Poudre de mine jaune grisâtre, à base de salpêtre additionné de sciure de bois, de camphre et d'autres ingrédients.

Hess. — Voir *Cordeaux détonants*, *Foudre*, *etc.*

Hett. — Voir *Nitrate de sodium.*

Heusschen. — Voir *Fortis.*

Hexagonale (Poudre). — Voir *Du Pont de Nemours.*

Hildebrand a proposé, en 1898, un explosif à base de nitrates et d'hydrocarbures.

Hill a fait breveter une dynamite dont l'absorbant est obtenu en précipitant une solution de silicates.

Hill (Poudre picrique de). — Poudre de guerre répondant à la composition suivante :

Picrate de potassium	53,79
Picrate d'ammonium	43,18
Charbon de bois (aulne)	3,85
	100,00

Himley mélange 45 parties de chlorate de potasse avec 35 parties de salpêtre et 20 parties de goudron de houille ; le goudron est dissous dans de l'éther de pétrole, qui s'évapore.

Himly a proposé de substituer, au charbon et au soufre qui entrent dans la composition de la poudre ordinaire, des hydrocarbures précipités dans du naphte. La poudre ainsi obtenue serait insensible à l'humidité.

(Brevet français n° 149.391, du 5 juin 1882.)

Himly et **Von Trützschler-Falkenstein** ont fait breveter la composition suivante :

Chlorate de potasse	45
Salpêtre	35
Goudron de houille	20
	100

D'abord, on dissout le goudron dans la benzine ; puis, après avoir ajouté le mélange des deux sels, on évapore le dissolvant.

Hinde a proposé le mélange suivant :

Nitroglycérine	64,00
Houille	23,00
Citrate d'ammoniaque ($C^{12}H^{7}.AzH^{4}.O^{14}$)	12,00
Palmitate éthylique	0,25
Carbonate de chaux	0,25
Sodium	0,50
	100,00

Hochstätter (Poudre). — Mélange de chlorate de potasse ou de plomb avec du nitrate de potasse ou de soude, du charbon, du soufre ou un sulfure métallique. On malaxe le tout avec de l'eau et on en imprègne du papier ou des matières végétales.

(Brevet anglais n° 2.869, du 17 décembre 1869.)

Hodge a proposé d'injecter de la vapeur d'eau dans les composants de la poudre noire, en vue d'en faciliter le mélange intime.

(Brevet anglais n° 2.227, du 22 août 1857.)

Hohendahl. — Voir *Allumeurs de sûreté.*

Hoitsema. — Voir *Résistance (Essai de) à la chaleur, etc.*

Hollings a fait breveter un procédé spécial de compression de la nitrocellulose : l'ayant additionnée d'eau, il la place dans un moule percé de trous. Un axe, sur lequel se trouve montée une tige filetée à ses deux extrémités, effectue la compression. L'eau sort par les ouvertures; l'air est expulsé en même temps. On passe ensuite à la presse hydraulique, laquelle transforme la matière en disques ou en blocs.

(Brevet anglais n° 19.806, 19 septembre 1898 — 19 septembre 1899.)

Les perfectionnements apportés par M. Hollings à son procédé font l'objet du brevet anglais n° 23.449 (1899), accepté le 3 novembre 1900.

Le même inventeur a proposé un système de nitrification continue de la cellulose, analogue à celui qui a été breveté par M. Swan et que nous décrivons ci-après.

[Brevet anglais n° 13.278 (1899), accepté le 23 juin 1900.]

Hood. — Voir *De Mosenthal.*

Ho-pao. — Sorte de feu grégeois employé par les Mongols au XIIIe siècle.

Hope a fait breveter des poudres noires dont une partie de charbon est remplacée par de l'amidon, de la farine, du sucre ou d'autres substances organiques. Il ajoute également du bitume ou un autre hydrocarbure solide, à l'effet d'obtenir une combustion plus complète.

(Brevet anglais n° 14.914, du 12 novembre 1884.)

Horn. — Voir *Azote (Dosage de l')*.

Hornite. — Poudre sans fumée anglaise composée de nitrocellulose dissoute dans l'acétone ou l'éther acétique, avec ou sans l'addition d'autres ingrédients. On la transforme en feuillets, tablettes ou grains.

Horsley (Dynamites). — Ces explosifs ne renferment que 27 0/0 de nitroglycérine. Comme absorbant, on emploie un mélange d'alun et de sulfate de magnésie, ou bien la poudre gallique de Horsley, décrite ci-avant.

Horsley. — Voir *Séranine*.

Hosie a fait breveter des bourrages de sûreté destinés à abaisser la température des produits engendrés par l'explosion et à permettre le minage, par suite, dans les régions grisouteuses ou poussiéreuses. Il préconise, à cet effet, l'emploi du carbonate de soude, de l'alun, du borax, des hydrates, sulfates, tungstates ou bioxalates d'ammonium et de magnésium. Ces composés peuvent être comprimés ou non.

(Brevet anglais n° 3.863, 16 février — 15 octobre 1898.)

Hotchkiss. — Voir *H/57 (Poudre)*.

Houille nitrée. — Voir *Charbon nitré*.

Howard (Poudre). — Synonyme de fulminate de mercure; ce composé fut découvert par Howard en 1800.

Howittite. — Mélange d'acide picrique, de chlorate de potasse et de nitrate de soude. Cet explosif, d'une sensibilité trop considérable, n'a pu être admis en Angleterre.

Hubner a fait breveter une poudre sans fumée obtenue en gélatinisant la nitrocellulose au moyen d'une solution à 2 ou 3 0/0 de xanthogénate de potassium dans l'éther alcoolisé, avec addition de nitronaphtol, nitromélasse ou nitrosucre. Les proportions sont variables: pour les armes ordinaires, on introduit 2 à 3 0/0 de nitronaphtol; pour les armes de guerre, 4 à 5 0/0.

Il faut avoir soin d'employer une solution récemment préparée, à laquelle on ajoute successivement le nitronaphtol et la nitrocellulose. On obtient une masse facile à sécher, d'aspect corné.

(Brevet allemand H. n° 15.323, 27 octobre 1894 — 27 décembre 1895.)

Hudson (Explosif). — Sorte de gélatine détonante employée en Amérique (1889) comme charge d'éclatement pour obus, et obtenue en mélangeant intimement la nitroglycérine avec du coton-poudre préalablement dissous dans l'acétone, l'éther acétique, ou l'éther additionné d'alcool.

Huetter (Poudre). — Mélange identique à la tonite.

Huile détonante, explosive, fulminante. — Synonyme de nitroglycérine.

Humate d'ammoniaque. — Voir *Knaffl*.

Humble (Stephen). — Voir *Emploi des substances explosibles*.

Hunt a proposé de mélanger les ingrédients de la poudre avec une quantité d'eau suffisante pour former une pâte très mince, l'opération s'effectuant dans un tambour spécialement disposé à cet effet.

(Brevet anglais n° 3.775, du 12 décembre 1872.)

Hunter a proposé des fusées de mine ressemblant beaucoup aux mèches allemandes ; elles sont imperméabilisées ou vernies à l'extérieur ; une des extrémités est amorcée avec du salpêtre ou du soufre, seul ou en mélange. Ces fusées furent fabriquées en Angleterre de 1882 à 1885.

Hurst (États-Unis) a fait breveter l'emploi de la nitroglycérine, sous forme congelée, pour le chargement des projectiles creux. — Voir *Bakewell.*

[Brevet anglais n° 7.100 (1898), accepté le 23 avril 1898.]

Hyatt. — Voir *Celluloïd.*

Hydrate de phényle. — Voir *Phénol.*

Hydrates de carbone nitrés. — MM. Will et Lenze, en vue d'étudier certaines explosions de fulmicoton dont il avait été impossible de déterminer exactement les causes, ont examiné spécialement les produits obtenus par la nitrification d'hydrates de carbone tels que la rhamnose, l'arabinose, la glucose, la mannose, la saccharose, la lactose, etc. (*Berichte*, 1898, p. 68). On sait, en effet, que les acides sulfurique et chlorhydrique étendus transforment la cellulose en glucose, par une ébullition prolongée.

En général, ces dérivés nitrés furent préparés en dissolvant l'hydrate de carbone finement divisé dans l'acide nitrique de densité = 1,52, refroidi à 0° [1], et en ajoutant goutte à goutte, au

(1) Pour la lévulose seule, l'opération fut effectuée à la température de 15°.

mélange, de l'acide sulfurique de densité $= 1,84$. Dans la presque totalité des cas, la liqueur se troublait, immédiatement ou bien après quelques minutes ; puis, il se formait des gouttes huileuses. Les produits de la nitrification étaient lavés avec soin à l'eau glacée.

Les dérivés nitrés ainsi préparés sont, en général, solubles dans l'acétone, l'acide acétique glacial et l'alcool ; insolubles dans l'eau et l'éther de pétrole. Ils se dissolvent facilement dans l'acide nitrique concentré et peuvent être précipités à nouveau par l'acide sulfurique concentré. L'acide chlorhydrique ne les dissout pas, à froid ; à chaud, il les décompose avec dégagement de chlore. Leurs éthers sont facilement décomposés par les alcalis, avec formation de produits contenant peu ou pas d'azote. Ils réduisent la liqueur de Fehling à chaud et font dévier la lumière polarisée. Chauffés lentement, ils se décomposent entre 120 et 140° et détonent, si la température est élevée brusquement au-dessus de ce point. Exposés à la température de 50°, ils se décomposent plus ou moins lentement ; le même phénomène se produit à la température ordinaire, si l'exposition est faite à la lumière solaire.

Le point pratique important à signaler, c'est que l'élimination des moins stables de ces composés exige une ébullition prolongée avec l'eau et que, d'autre part, elle est aisée à réaliser si on emploie l'alcool ; celui-ci, en effet, les dissout facilement.

Hydrocellulose. — Sous l'influence des acides, concentrés ou étendus suivant les cas, dans des conditions variables de température et de durée, la cellulose $(C^{12}H^{20}O^{10})^n$ se transforme en un composé distinct que M. Aimé Girard a appelé l'hydrocellulose $(C^{12}H^{20}O^{10} + H^2O)^n$. Ses propriétés sont identiques, pour la plupart, à celles de la cellulose ou n'en diffèrent que par une sensibilité plus grande à l'action des réactifs. Il s'oxyde facilement. Sa coloration est blanche ; elle peut être rose ou rougeâtre, suivant le mode de préparation que l'on a employé.

La caractéristique de l'hydrocellulose, c'est son extrême friabilité : la cellulose a perdu sa souplesse, son élasticité naturelles. On constate parfois une modification analogue des tissus de toile ou de coton qui ont été blanchis un grand nombre de fois.

La transformation de la cellulose en hydrocellulose s'opère de diverses manières :

a) *Par les acides concentrés.* — On peut employer l'acide sulfurique à 45° B. ($d = 1{,}453$), à la température de 15° ; l'opération est terminée au bout de deux heures. Si on se sert d'acide chlorhydrique à 21° B., elle dure vingt-quatre heures.

b) *Par les acides gazeux et hydratés.* — L'acide chlorhydrique gazeux agit promptement : à froid, il suffit d'une heure ; à chaud et hydraté, tel qu'il provient du chauffage de l'acide du commerce, l'opération est terminée en quelques minutes. Avec l'acide chlorhydrique non hydraté, l'action n'a pas lieu.

c) *Par les acides étendus ou les acides faibles.* — La cellulose est d'abord plongée dans le bain acide; tous les acides minéraux conviennent. Comme degré de dilution, on prend 3 0/0. Retirée du bain après quelques minutes d'immersion et lorsqu'elle est bien imprégnée de liquide, elle est tout d'abord débarrassée de celui-ci de manière à ne plus retenir que 35 à 45 0/0. Après dessiccation à l'air libre, on l'introduit dans une étuve. La durée du séjour varie avec la température : trois heures, si celle-ci atteint 70° et huit à dix heures, si elle ne dépasse pas 35 à 40°. Il reste à éliminer l'acide au moyen de lavages à l'eau.

Citons encore le procédé de Quinau, décrit ci-après, et celui de Luck et Durnford.

Hydrocellulose nitrée ou hydro-nitrocellulose. — Voir *Nitro-hydrocellulose*.

Hypoazotite d'éthyle [$(C^2H^5)^2 Az^2O^2$]. — Pour obtenir ce composé, on traite l'iodure d'éthyle additionné d'éther par l'hypoazotite d'argent mêlé de sable. C'est une substance qui détone avec la plus grande facilité; sa sensibilité égale celle du chlorure d'azote.

I

Ievler, à Saint-Pétersbourg, a fait breveter sous le nom de *Prométhée*, une poudre chloratée contenant de l'oxyde de fer et du bioxyde de manganèse en proportion inférieure à la moitié. Après pulvérisation du mélange, on le sature de térébenthine ou de pétrole, au moment même de s'en servir. Cette poudre peut être rangée parmi les explosifs Sprengel.

[Brevet anglais n° 9.533 (1897), accepté le 19 février 1898; brevet belge n° 126.277, du 9 février 1897.]

Le même inventeur a proposé d'autres mélanges analogues, dans lesquels le chlorate est associé à de la chaux, du ciment Portland ou bien de l'oxyde de cuivre. Quant au liquide additionné, il peut se composer d'alcool méthylique ou de mononitrobenzine.

(Brevet belge n° 149.845, du 12 mai 1900.)

Ignis volatilis (*feu volant*). — Feu grégeois confectionné sous forme de fusée incendiaire adaptée à l'usage de la guerre. Marco Greco, dans son *Liber ignium ad comburendos hostes*, donne la recette suivante :

Soufre	1
Charbon de tilleul ou de saule	2
Salpêtre	6

A cette époque, le salpêtre s'employait à l'état brut, car on ignorait encore la manière de le purifier. L'ouvrage de Marco Greco date du IXe ou du Xe siècle.

Imperial Powder. — Voir *Schultze*.

Indurite. — Cette poudre sans fumée, composée de coton-poudre et de nitrobenzine, est due au professeur G.-E. Munroe, de Newport (États-Unis d'Amérique). Afin d'éliminer la nitrocellulose soluble le plus complètement possible, l'inventeur fait subir au coton-poudre une série de lavages à l'alcool méthylique; il emploie, à cet effet, un appareil ingénieux dans lequel le liquide, distillé dès qu'il a servi, peut être employé à nouveau.

Le coton-poudre est dissous dans une quantité de nitrobenzine qui varie entre 90 et 180 0/0 de son poids ; on peut ajouter des sels oxydants. Le produit obtenu est laminé à chaud, entre des cylindres, et granulé ou bien transformé en cubes ; il acquiert une dureté considérable, due probablement à l'élimination de la nitroglycérine.

(Brevet anglais nº 580, du 11 janvier 1893.)

Inexplosible Cahuc. — Voir *Safety blasting powder*.

Inflammation (Point d') des explosifs. — Voir *Point d'inflammation des explosifs*.

Influence (Explosions par). — Voir *Explosions sympathiques*.

Inosite nitrée. — Voir *Nitrinosite*.

Instantané (Cordeau). — Synonyme de cordeau détonant.

International Powder Co. (The), à New-York, a fait breveter les poudres sans fumée suivante :

Nitroglycérine	66,75	51,02
Trinitrocellulose	22,25	34,01
Azotate de baryum	10,00	13,61
Urée	1,00	1,36
	100,00	100.00

On ajoute une petite proportion de vaseline ou de gomme fossilisée de Kauri.

[Brevet anglais n° 1.276 (1895), accepté le 3 août 1895.]

International Powder Co. (The) a proposé l'emploi d'une poudre sans fumée composée de nitrocellulose sous forme colloïdale. La caractéristique de cette nitrocellulose est de renfermer 13,10 0/0 d'azote au minimum et d'être soluble, néanmoins, dans l'éther alcoolisé, à raison de 95 0/0 au moins (1); un tel composé, évidemment, est susceptible de donner d'excellents résultats.

[Brevet anglais n° 23.252 (1901), accepté le 9 février 1901.]

Intoxication par les explosifs. — Voir *Emploi des substances explosibles*, p. 362.

Iodamide ou iodure d'azote (AzI^3). — Poudre d'un brun noir, très instable quand elle est sèche, et détonant avec violence sous l'influence du moindre contact, fût-ce celui d'une barbe de plume; la projection de quelques grains de sable suffit pour produire une violente détonation. Ce corps est dangereux, même à l'état humide.

La décomposition explosive met en liberté les deux corps simples qui constituent l'iodure d'azote; c'est ce qui explique la brusquerie de ses effets. Cette brusquerie est telle qu'on n'a pu faire de cet explosif l'objet d'aucune application industrielle.

La préparation de l'iodure d'azote s'effectue en triturant avec précaution, dans un mortier, de l'iode avec un grand excès d'ammoniaque liquide concentrée. Si, d'autre part, on fait passer du gaz ammoniac sec sur de l'iode, on obtient un liquide bleu répondant à la formule $n\ (AzH^3I^2)$; la valeur de n augmente à mesure que la température diminue.

(1) Pour ce qui concerne la solubilité des nitrocelluloses, voir la rubrique spéciale consacrée à celles-ci.

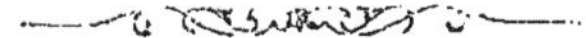

J

J (Poudre de chasse sans fumée, dite du type). — Cette poudre pyroxylée, inventée par M. Bruneau et fabriquée en France, est postérieure à la poudre pyroxylée type S. Elle renferme 83 0/0 de nitrocellulose et 17 0/0 de bichromate d'ammoniaque. On emploie ce second ingrédient dans le but d'obtenir une combustion aussi complète que possible et de prévenir ainsi les inconvénients dus aux particules très dures que laissent, dans les armes, les poudres pyroxylées contenant une certaine proportion de nitrate.

La poudre J se présente sous la forme de grains irréguliers, anguleux, de couleur brune, et plus durs que la poudre noire. Il en existe quatre variétés : n° 0 pour armes de guerre, n° 1 et n° 2 pour armes de chasse et n° 3 pour pistolets et revolvers. Les essais auxquels on les soumet avant leur mise en vente, s'effectuent, pour les trois premières, avec un fusil de calibre 16 et des cartouches de 65 millimètres de longueur. Voici les indications relatives à la poudre J, ainsi qu'aux conditions imposées lors des essais :

TYPE de poudre J	Nombre de grains par gramme	Densité réelle	Densité gravimétrique	Poids de la charge, en grammes	Vitesse, en mètres	Pression max. en kilogr. par centim. carré
N° 0	300	1,620	0,740	2,80	220 à 230	350
N° 1	600	1,590	0,710	2,80	240 à 250	500
N° 2	1250	1,560	0,680	2,60	245 à 255	500
N° 3	2000	1,435	0,530	—	—	—

La poudre J donne une fumée foncée moins désagréable que celle de la poudre S, et qui se dissipe rapidement. Le résidu consiste en une poussière de couleur vert sombre qui n'adhère pas au canon de l'arme. Sous la forme pulvérulente, elle absorbe l'humidité plus facilement que la poudre S, mais, en cartouches, il n'y a pas de différence; on la vend avec une dose d'humidité moyenne de 3 0/0 environ.

Lors d'expériences faites avec la poudre J soumise préalablement à un séchage prolongé, la charge ayant été augmentée de $0^{gr},2$, la pression ne fut pas supérieure à 600 kilogrammes, ce qui est au-dessous de la limite admise pour les armes de calibre 16.

Jaffé. — Voir *Glycérine.*

Jahn, Jahnite, Jaline. — Voir *Johnite.*

Janite. — Poudre de mine ordinaire, à gros grains, imbibée de nitroglycérine. Cette poudre a été employée pendant quelques temps aux travaux d'excavation de l'isthme de Corinthe.

Jarolimek. — Voir *Allumeurs de sûreté.*

Jaune (Poudre). — Poudre à base de nitrolignine, destinée au tir, et brevetée par M. Darapsky.

Jaune de chrome. — Synonyme de chromate de plomb.

J. B. (Poudres). — Poudres sans fumée brevetées par MM. Johnson et Borland et fabriquées à Greenhite (Kent), depuis 1888, par la "E.C." Powder Co., Ltd. En voici la composition :

	Poudre de guerre	Poudre de chasse
Nitrocellulose	50	50
Nitrate de potasse	40	22
Nitrate de baryte	»	25
Amidon torréfié ou noir de fumée.	10	3
	100	100

La masse ayant été transformée en grains ou en blocs, on l'imprègne d'une solution de camphre dans la benzine ou tout autre dissolvant ; les proportions sont de 1 partie de camphre (seul ou additionné de phénol) et de 5 dissolvant pour 10 parties du mélange. On fait évaporer d'abord le dissolvant, à une chaleur douce; puis le camphre, en chauffant à une température n'excédant pas 100°.

D'après le brevet anglais n° 8.951, accepté le 24 juillet 1885, le traitement que nous venons de décrire donne à la poudre le degré voulu de dureté et de densité ; il permet, en outre, de régler l'énergie de l'explosif. Ce résultat est attribué à une sorte d'action gélatinisante que le camphre exerce sur la nitrocellulose, lorsque ces deux substances sont chauffées ensemble au-dessous de 100°. Il n'est pas sans intérêt de remarquer que ce principe est distinct du principe général de gélatinisation de la nitrocellulose au moyen d'un dissolvant.

La *E. C. Powder Company's Sporting Powder*, *J.B. Patent* (poudre de chasse), additionnée d'outremer comme colorant, a cessé d'être fabriquée depuis 1889. La poudre de guerre : *E. C. Powder Compagny's Rifle Powder*, *J. B. Patent*, est la seule qui subsiste. L'outremer est remplacé par du noir de fumée ou du charbon de bois.

Voir *Borland*.

J. C. P. (Poudre). — Voir *Plastoménite*.

Jeffers. — Voir *Waffle powder*.

Jewel. — Voir *Munroe*.

Jodlbauer. — Voir *Azote* (*Dosage de l'*).

Johnite. — Composition :

Nitrate de potasse..........	75	70,00
Soufre....................	10	12,00
Lignite....................	10	17,00
Chlorate de potasse.........	2	0,40
Picrate de soude...........	3	»
Acide picrique.............	»	0,30
Carbonate de soude........	»	0,30
	100,00	100,00

Cette poudre de mine, brevetée par M. A. Jahn, se fabrique en Autriche. Les proportions des divers ingrédients peuvent être modifiées.

Johnson a fait breveter une composition pour amorces, identique à celle que nous décrivons sous la rubrique *Alexander*, (Brevet anglais n° 2.377, du 10 octobre 1856.)

Johnson et **Borland.** — Voir *J. B.* (*Poudre*).

Johnson et **Reid.** — Voir *E. C.* (*Poudre*).

Jones a fait breveter un procédé ayant pour but de retarder et de régler la combustion des poudres en recouvrant les grains d'une couche mince de substances telles que la résine, un hydrocarbure, un acide gras, la cire de carnauba; on en emploie 1/2 partie pour 100 parties de poudre. De cette manière, la combustion s'effectue progressivement et l'augmentation de la charge permet d'obtenir un accroissement de vitesse sans augmenter la pression.

[Brevet autrichien n° 1.154 (1897), accepté le 20 mars 1897; brevet anglais n° 15.553, 15 juillet 1898 — 15 juillet 1899; brevet français n° 284.491, 29 novembre 1898 — 7 avril 1899; brevet allemand n° 120.201, du 1er décembre 1898.]

Jones (Dynamite). — Cet explosif, autorisé dans la colonie de Victoria, renferme 30 à 35 0/0 de nitroglycérine; l'absorbant est un mélange de kieselguhr et de sulfate de chaux.

Jones et Willcon. — Voir *Détonateurs.*

Judson (Dynamites ou poudres). — Explosifs brevetés en 1876 et fabriqués à Drakesville (New-Jersey). — Composition :

	CM ou RRP	3F
Nitrate de soude...........	64	20,00
Nitroglycérine..............	5	53,90
Soufre......................	16	14,50
Charbon bitumineux........	15	12,60
	100	100,00

Les poudres Judson sont puissantes, eu égard à leur faible teneur en nitroglycérine. Ce résultat proviendrait de ce que la nitroglycérine, non absorbée par les composants solides de la même manière que dans les dynamites, en recouvre simplement les particules (qu'il faut avoir soin de ne pas réduire en poudre impalpable).

L'addition de la nitroglycérine s'effectue après le mélange des ingrédients solides et leur transformation en grains fins et homogènes. La fabrication des poudres Judson est dangereuse ; leur maniement l'est moins.

Effet explosif sous l'eau : 44 et 62 (essais du général Abbot), la dynamite n° 1 valant 100.

Jupiter (Dynamite). — Nom donné à une sorte de dynamite n° 2, analogue à la poudre Vulcaine ou Neptune.

Justice a proposé (1888) le mélange d'un nitrate avec du chlorate de potasse, pétri avec de la paraffine ou de la naphtaline.

Jute nitré. — Voir *Nitrojute.*

K

K. Pulver. — Poudre noire autrichienne, pour canons de 180 et de 230 millimètres.

Kadmite. — Dynamite répondant à la composition suivante :

Nitroglycérine	26
Nitrate de soude	56
Soufre	10
Charbon	4
Matières ligneuses	4
	100

Kalk. — Voir *Atlas* (*Dynamite*).

Kallénite. — Dynamite fabriquée en Australie et brevetée par MM. Callaghan et Fraser. L'absorbant se compose de feuilles d'eucalyptus et d'écorces d'arbres. Certaines variétés renferment du salpêtre et de la nitrocellulose.

Les essais de kallénite effectués, en 1899, aux carrières de *Glebe Island*, ont donné d'excellents résultats. Pour les travaux souterrains, cet explosif se recommande spécialement par l'innocuité des produits qu'engendre l'explosion.

Kalliwoda von Falkenstein. — Voir *Cibalite*.

Kandler. — Voir *Everling*.

Karstairs. — Voir *Dawson*.

Keil (Explosif). — Mélange de nitroglucose (dextroglucose, préparée au moyen d'amidon) avec du nitrate et du chlorate de potasse, ainsi que des fibres végétales.

Kelbetz (Autriche) propose de mélanger, avec l'azotate d'ammoniaque, les oxalates d'amines aromatiques : aniline ou toluidine, avec addition facultative d'une petite quantité de charbon.

[Brevet anglais n° 13.269 (1896), accepté le 18 juillet 1896.]

Kelbetz a fait breveter les explosifs à base d'azotate d'ammoniaque additionné d'un acide gras ou d'un savon : stéarate, palmitate, oléate, avec ou sans addition de charbon.

Voici deux des compositions indiquées :

Nitrate d'ammoniaque	94
Savon à base de calcium	6

Nitrate d'ammoniaque	100
Acide gras ou savon	1 à 20
Charbon	5

[Brevet anglais n° 13.270 (1896), accepté le 18 juillet 1896 ; brevet français n° 257.309, 17 juin — 30 septembre 1896.]

Kelbetz. — Voir *Nitrate de potassium.*

Kellow et **Short** ont proposé des mélanges à base de nitrate de potasse, nitrate de soude, chlorate de potasse, soufre et tan ou sciure de bois.

(Brevet anglais n° 1796, du 17 juin 1862.)

Kelly, Bell et **Kirk**, à Sydney (Australie), ont fait breveter un explosif à base de nitroglycérine additionnée de salpêtre, liège pulvérisé et feuilles d'eucalyptus calcinées.

(Brevet anglais, n° 8.679, 25 avril — 5 août 1899.)

La nitrification de ces dernières a été préconisée par les mêmes inventeurs.

(Brevet anglais n° 8.680, 25 avril — 21 octobre 1899.)

Kieselguhr. — Voir *Dynamite*.

Kinétite. — Cet explosif, breveté par MM. Pétry et Fallenstein, se présente sous la forme d'une masse plastique de couleur orangée, exhalant l'odeur caractéristique de la nitrobenzine. On la prépare, à Düren (Allemagne), en gélatinisant la nitrobenzine par l'addition d'une petite quantité de nitrocellulose soluble. On incorpore ensuite, en pétrissant à la main, du chlorate de potasse finement pulvérisé et du sulfure d'antimoine précipité.

Voici les proportions du mélange :

Nitrobenzine	16,00	à	21,00	p. 100
Chlorate de potasse ...	75,00	à	82,50	»
Nitrocellulose	0,75	à	1,00	»
Sulfure d'antimoine ..	1,00	à	3,00	»

Le rôle du sulfure d'antimoine est de régulariser l'explosion et de la rendre plus complète; il peut être remplacé totalement ou partiellement par du salpêtre.

L'explosion de la kinétite demande une température très élevée; à l'air libre, on ne peut l'obtenir, en général, par la chaleur seule. La kinétite n'est pas très sensible à l'action de l'eau; toutefois, si cette action est prolongée, le chlorate se dissout, laissant un résidu inexplosible. Si on expose alternativement la kinétite à l'action de l'air humide et de l'air sec, le chlorate de potasse cristallise, ce qui rend l'explosif excessivement sensible.

La kinétite est très sensible à la friction et la percussion combinées. En outre, son instabilité est tellement considérable qu'elle peut faire explosion sans cause apparente.

(Brevet anglais n° 10.396, du 6 juillet 1884; brevet français n° 163.256, des 11 juillet 1884 et 23 octobre 1886.

King Powder Company (The), à Cincinnati (Ohio), fabrique plusieurs variétés de poudres de mines, ainsi que les *King's Smokeless* et *Semi-Smokeless Powders;* comme explosif puissant, la *Rex Powder*.

Kirk. — Voir *Kelly*.

Kitchen. — Voir *Cycène*.

Kjeldahl. — Voir *Azote* (*Dosage de l'*).

K. M. P. (Poudre). — Voir *Plastoménite*.

Knab a proposé le malaxage du nitrate de soude avec 4 0/0 d'huile, à l'effet d'en atténuer les propriétés hygroscopiques. Le rapport établi à ce sujet par la Commission des substances explosives n'a pas été favorable.

Knaffl (Poudre). — Composition :

Chlorate de potasse	46
Nitrate de potasse	26
Soufre	18
Ulmate d'ammoniaque	10
	100

L'ulmate ou humate d'ammoniaque est un composé de couleur brune, que l'on obtient en soumettant à l'action de la vapeur surchauffée un tissu de coton et de laine ; le coton reste intact et la laine se transforme en ulmate d'ammoniaque, que l'on enlève facilement à l'aide d'un battoir.

La poudre Knaffl présente l'inconvénient d'être trop sensible.

Kohlencarbonit. — Voir *Carbonite*.

Köhler (Poudre). — Poudre chloratée contenant du soufre et du charbon de bois.

Kolbe a fait breveter un explosif de sûreté composé de nitroglycérine additionnée de carbonate, d'oxalate ou de chlorate d'ammoniaque ; la proportion de sel ne peut dépasser 20 0/0.

Kolf (Poudre) ou **Kolfite.** — Poudre sans fumée brevetée par M. Hubert Kolf, de Bonn, et obtenue par la nitrification de substances diverses telles que les farines de céréales, drêches, mousse des bois ou d'Islande, aiguilles de conifères, tourteaux, résidus d'amidonnerie, de brasserie, de distillerie, de sucrerie, etc.

Ces substances sont traitées d'abord par l'hydrogène sulfuré, les polysulfures ou les sulfates alcalins, sous une pression de cinq atmosphères. On ajoute ensuite du salpêtre, et on imbibe le mélange d'une solution de nitrobenzine.

(Brevet français n° 206.198, du 7 juin 1890; brevet allemand K n° 7.838, 3 mai — 4 décembre 1890.)

La *Kolf's Powder*, telle qu'elle est admise en Angleterre, se compose de nitrocellulose à laquelle on additionne, à poids égal, un mélange de nitrolignine et de nitramidon. Ayant gélatinisé la masse au moyen d'un dissolvant approprié, on ajoute du salpêtre, en proportion ne pouvant excéder 2 0/0, ainsi que 0,5 0/0 de soufre. La poudre se présente sous la forme de petites feuilles minces, à peu près carrées, et de couleur brun verdâtre.

M. Kolf a proposé également, sous le nom de *Kolf's Blasting Powder* (poudre de mine), le mélange des substances nitrifiées ci-dessus indiquées avec de la nitroglycérine, de la nitromélasse ou du nitrosucre, ainsi que d'autres ingrédients. La masse est chauffée et réduite par pression aux dimensions voulues. Voici les proportions indiquées :

Substances nitrifiées	50
Nitrosucre	38
Nitroglycérine	8
Salpêtre	2
Aniline	2
	100

(Brevet anglais n° 22.739, du 10 décembre 1892.)

Kölner Dynamit Fabrik (Die) a fait breveter :

1° L'emploi de nitrate d'ammoniaque en solution dans

l'ammoniaque liquide, en vue du remplacement total ou partiel de la nitroglycérine.

2° La production du nitrate d'ammoniaque au moyen des vapeurs d'acide azotique qui se dégagent lors de la fabrication de la nitroglycérine, ces vapeurs étant introduites par le bas dans une tour à coke, où l'on fait couler de l'ammoniaque en sens inverse; ces solutions sont concentrées jusqu'à la cristallisation.

3° L'imprégnation de cartouches explosibles au moyen d'oléate ou de manganate d'alumine, afin d'en diminuer la rigidité.

(Brevet français n° 169.406, du 6 juin 1885.)

Köln-Rottweiler-Sicherheits-Sprengpulver (*Poudre de sûreté de Cologne-Rottweil*). — Cet explosif, fabriqué par la Société *Vereinigte Köln-Rottweiler Pulvererfabriken*, a donné des résultats favorables lors des essais officiels allemands de 1897, en présence du grisou et des poussières de houille. En voici la composition :

Nitrate d'ammoniaque..............	93,00
Huile végétale	4,90
Soufre..............................	1,20
Nitrate de baryum	0,90
	100,00

König (**Le Dr J.-B.**), de Berlin, a proposé de nitrifier les hydrocarbures divalents, à point d'ébullition élevé, provenant de la distillation de la houille ou des schistes bitumineux, ou bien des résidus des raffineries de pétrole. On fond avec du nitrate d'ammoniaque et un peu de naphtaline le produit ainsi obtenu ; après refroidissement, on obtient une poudre cristalline rouge brun, assez homogène. On emploie les termes les plus élevés de la série C^nH^{2n} : paraffine, ozokérite, etc.

(Brevet allemand K n° 7.743, 1er avril — 4 décembre 1890.)

König a fait breveter les mélanges composés de nitrate d'ammoniaque additionné de résine, de paraffine ou de cire. Ces mélanges diffèrent peu de la westphalite.

(Brevet anglais n° 3.024, du 12 février 1894.)

Königs a fait breveter un mélange destiné à maintenir secs les explosifs empaquetés et à servir ensuite comme bourrage. En voici la composition :

Gravier, sable, etc	28,57
Chlorure de calcium	71,43
	100,00

(Brevet français n° 229.416, 17 avril — 18 juillet 1893.)

Köppel. — Voir *Vulcanite*.

Kosmann a fait breveter, comme succédané des substances explosibles, une cartouche dont le principe consiste à produire un volume considérable d'hydrogène par l'action de l'acide sulfurique dilué sur des poussières de zinc. Ce procédé, qui n'est pas entré dans le domaine de la pratique, présente le grave inconvénient d'engendrer un gaz très inflammable.

Kraft (Poudre). — Dynamite présentée par C.-G. Bjorkman, et répondant à la composition suivante :

Nitroglycérine	55,36
Chlorate de potasse.................	16,96
Nitrate de potasse	15,18
Liège concassé......................	12,50
	100,00

Kratites. — Sous cette dénomination, M. Alvisi a fait breveter une série de mélanges à base de perchlorate d'ammoniaque. Certains d'entre eux sont employés comme détonateurs.

Les *nitrokratites*, explosifs destinés aux applications industrielles ou militaires, comprennent plusieurs variétés :

a) Mélanges contenant de la nitroglycérine, sans autre ingrédient;

b) Mélanges contenant de la nitrocellulose, avec ou sans addition de substances inertes ou actives ;

c) Mélanges renfermant une dynamite ou bien une gélatine explosible.

L'inventeur désigne sous le nom de *polykratites* les mélanges explosifs quelconques à base d'une substance oxydante : nitrate, chlorate, etc., substance à laquelle est substitué le perchlorate d'ammoniaque.

(Brevet anglais n° 25.828, 7 décembre 1898 — 7 décembre 1899.)

Kratosite. — Explosif nitré dont la fabrication a été récemment autorisée en Angleterre.

Krebs. — Voir *Lithofracteur*.

Krümmel (Dynamites de). — Brevetées par M. Zanky, ces dynamites renferment de 30 à 50 0/0 de nitroglycérine. L'absorbant est un mélange, en proportions variables, de kieselguhr et de sciure de bois séchée et nitrifiée. Elles sont de couleur brune.

L'usine de Krümmel, près Hambourg, fut construite par Nobel avant l'invention de la dynamite.

Kubin, à Prague, a fait breveter un explosif de sûreté répondant à la composition suivante :

Azotate d'ammoniaque............	75 à 95 pour 100
Nitrate d'aniline	25 à 5 »

Il est facultatif d'ajouter à ce mélange 20 0/0 d'oxalate, de chlorate ou de sulfate d'ammonium.

Le brevet de M. Kubin revendique le mélange des nitrates de potasse, soude ou ammoniaque, avec les nitro-amido dérivés (nitrate des amido-dérivés) du benzène, toluène, xylène, naphtalène.

(Brevet allemand K n° 10.844, 8 juin — 20 décembre 1893 ; brevet anglais n° 11.502, du 7 avril 1894.)

Kubin et Sierch ont fait breveter un explosif de sûreté formé de dynamite, que l'on additionne de 20 à 50 0/0 de chlorure ou de sulfate d'ammoniaque, ou bien du mélange de ces deux sels. Cet explosif est basé sur le principe des *wetterdynamites*.

(Brevet anglais n° 3.759, du 10 mars 1884.)

Kubin et Sierch. — Voir *Écrasite*.

Kuhlmann. — Voir *Nitrocellulose*.

Kuhn. — Voir *Emploi des substances explosibles*.

Kuhnt. — Voir *Deissler*.

Küp (Poudre). — Mélange de 80 0/0 de nitrate de baryte avec du soufre et du charbon.

Kynite. — Composition :

Nitroglycérine..................	25 à 27 pour 100
Azotate de baryum	30 à 36 »
Farine de bois..................	40 à 43 »
Carbonate de sodium............	0,5 au plus.

Le brevet relatif à la kynite prévoit, en outre, l'addition d'une quantité d'oxalate neutre d'ammoniaque comprise entre 0,5 et 10 0/0.

Cet explosif, inventé par M. A.-T. Cocking, directeur à la société Kynoch, Ltd., figure sur la liste de ceux dont l'usage est permis dans les charbonnages grisouteux ou poussiéreux. L'autorisation est subordonnée à l'emploi d'une cartouche non imperméabilisée en parchemin végétal, et d'un détonateur contenant au minimum 1 gramme de composition à 80 0/0 de fulminate de mercure et 20 0/0 de chlorate de potasse.

[Brevet anglais n° 28.889 (1896), accepté le 16 octobre 1897.]

Kynoch Gelignite. — Voir *Gélignite*.

Kynoch, Limited. — Cette puissante Société, dans ses usines de Kynochtown (Essex) et de Ferrybank Arklow (Irlande), produit la dynamite, la gélignite, le coton-poudre, la kynite, la cordite, la poudre sans fumée de Kynoch, ainsi que les munitions de guerre et de chasse.

La guerre Sud-Africaine n'aura guère causé de préjudice aux intérêts des actionnaires de la société Kynoch, Ltd. : au cours de l'assemblée du 12 juin 1901, M. Arthur Chamberlain, président du Conseil des directeurs, a annoncé un bénéfice de £ 100.275 (plus de deux millions et demi) pour l'exercice écoulé, bénéfice suffisant pour permettre de payer sept fois la part d'intérêt due aux actions privilégiées.

Kynoch (Poudre de chasse sans fumée de). — Poudre de composition complexe, se présentant sous la forme de grains de petites dimensions et d'une belle teinte jaune rouge. Cette poudre renferme de la nitrocellulose sous forme de coton-poudre et de coton-collodion, des nitrates de potasse et de baryte, un alcali, des hydrocarbures et de la terre de Sienne brûlée.

La fabrication date de 1898.

L

L_3 (Poudre). — Poudre sans fumée, composée uniquement de nitrocellulose. Avec des charges de $2^{gr},30$ à $2^{gr},45$, on obtient :

a) Dans le Mauser belge ($7^{mm},65$), $V_0 = 600$, avec une pression moyenne de 1.800 atmosphères ;

b) Dans le Mauser espagnol ou brésilien (7 millimètres), $V_{25} = 685$, avec une pression moyenne de 2.100 atmosphères.

Voici d'autres essais effectués avec ces poudres :

CANONS DE :	Charges	V_{25}	Pressions
87 millim.	850 gr.	555	1400atm
120 »	2,200 »	518	1400
150 long (6 pouces)	9,000 »	620	1700
210 (8 pouces)	15,000 »	576	1620
57 (Hotchkiss)	450 »	607	1967

La poudre L_3, ainsi que la poudre L_3 graphitée et la poudre L_5, est fabriquée à Wetteren (Belgique) par la Société Cooppal et Co. Elle porte également la dénomination de poudre Libbrecht, du nom de l'ingénieur qui dirige cet important établissement.

Lackovic. — Voir *Fulöph.*

Lactose nitrée. — Voir *Nitrolactose.*

Lafaye a fait breveter l'application de la pâte de bois chimiquement pure à la fabrication des explosifs à base de nitrocellulose, dans le but d'abaisser le prix de revient de ces substances.

(Brevet français n° 192.369, 13 août — 29 octobre 1888.)

Laflin and Rand Powder Co. — Cette société, dont le premier établissement fut érigé à Orange (N.-J., États-Unis d'Amérique), en 1808, a pris une extension très considérable. La poudre sans fumée qu'elle fabrique à Pompton, destinée aux armes de guerre ou de chasse, se recommande par sa grande résistance aux écarts de température, ainsi qu'aux influences atmosphériques.

L'*Orange Powder* est une poudre noire avantageusement connue aux États-Unis. Elle comprend les variétés dites *Orange Extra Sporting*, *Orange Special*, *Orange Ducking* et *Orange lighting*. Les poudres de mine, A et B, existent en grains qui passent du CC (*coarsest*, les plus gros) au FFFFFF (*finest*, les plus fins).

Ce sont des poudres noires, respectivement au nitrate de potasse et au nitrate de soude.

Voir *Atlas Powder* et *Électricité (Application de l') au tirage des mines*).

Lagot. — Voir *Allumeurs de sûreté* et *Emploi des substances explosibles*.

Lake, à Londres, a fait breveter les poudres de mine suivantes :

	N° 1	N° 2	N° 3
Nitrate de soude	76	58	74
Nitronaphtaline	8	8	»
Nitrophénol	16	34	10
Soufre	»	»	8
Charbon de bois	»	»	4
Résine	»	»	4
	100	100	100

(Brevet anglais n° 23.007, du 25 novembre 1894.)

Laligant. — Voir *Sanlaville*.

Lambotte a fait breveter un explosif de composition assez complexe, obtenu en nitrifiant des glucoses ou des sucres additionnés d'une quantité fort restreinte de sulfure de carbone et d'oxyde de plomb. On ajoute un mélange de sciure de bois avec du sulfate de baryte, ainsi que d'autres matières encore.

(Brevet français n° 152.285, du 24 novembre 1882.)

Lamm. — Voir *Bellite*, *Mèches de sûreté* et *Nitrolite*.

Lamm a proposé les mélanges suivants, analogues à la bellite :

	A	B	C	D
Binitrobenzine	1,00	1,00	1,00	1,00
Nitrate d'ammoniaque ..	1,90	»	»	»
» de potasse	»	0,96	»	»
» de baryte	»	»	1,24	»
» de soude	»	»	0,81	»

Lamm a fait breveter l'emploi de cire de carnauba ou de palmier (soit seule, soit mélangée avec d'autres substances), comme enduit protecteur pour explosifs. L'inventeur a surtout en vue ceux qui renferment des sels hygroscopiques ou simplement solubles dans l'eau : chaque particule se trouve recouverte de cire, par suite de la contraction sensible que celle-ci subit en se solidifiant.

(Brevet français n° 192.974, du 14 septembre 1888.)

Lamy. — Voir *Soufre*.

Lancashire Explosives Co., Ltd. — Voir *Bellite*.

Lances à feu. — On désigne, sous ce nom, des cartouches ou fourreaux de papier roulés et collés, remplis d'une composition renfermant du pulvérin, du salpêtre et du soufre et qui possède la propriété de ne pas s'éteindre à la pluie ; ces cartouches peuvent ainsi, en cas de mauvais temps, servir à enflammer les charges des canons ou toute espèce d'artifice, et remplacer les cordes à feu que nous décrivons ci-avant. Leur longueur est de 40 centimètres environ et leur diamètre, de 15 millimètres ; la durée de la combustion varie de dix à douze minutes. La charge est comprimée, sauf à l'une des extrémités, destinée à l'allumage.

Les *tubes à feu* servent au même usage que les lances à feu. Ce sont des cylindres en papier au fond desquels se trouve une couche de composition légère comprimée, mesurant 2 centimètres de hauteur.

Landauer a fait breveter le traitement des chlorates ou des perchlorates, par enrobement à l'aide de corps gras, hydrocarbonés et nitrés. Voici les formules proposées :

	Nº 1	Nº 2	Nº 3	Nº 4	Nº 5
Chlorate de potassium...........	10	5 à 10	5 à 10		
Perchlorate de potassium........	»	»		2 à 4	2 à 6
Goudron.........................	5	10	25	1	40 à 50
Soufre..........................	0,5	»	»	»	»
Binitronaphtaline...............	5	»	»	10	10
Nitrocellulose..................	»	20	»	6	»
Huile de coco...................	»	10	»	»	»
Nitroglycérine..................	»	»	10	75	»
Sciure de bois..................	»	»	»	3 à 6	»
Salpêtre........................	»	»	»	»	105
Azotate d'ammoniaque............	»	»	»	»	80

(Brevets français nº 216.053, des 11 septembre 1891, 1er octobre 1891 et 6 février 1892 ; brevet anglais nº 19.267, du 7 septembre 1891.)

Landin. — Voir *Nitrate d'ammoniaque.*

Landsdorf a fait breveter une dynamite à 75 0/0 de nitroglycérine, dont l'absorbant contient 5 parties d'urate d'ammoniaque et 20 de kieselguhr.

Il a proposé également une poudre noire comprenant 73 parties de salpêtre, 9 parties d'urate d'ammoniaque, autant de soufre et autant de charbon.

Landskrona (Poudre de). — Voir *Normale (Poudre).*

Lanfrey. — Voir *Paléine.*

Lange. — Voir *Schwig.*

Lauer. — Voir *Allumeurs de sûreté.*

Launoy (Poudre.) — Poudre blanche à base de salpêtre du Chili additionné de sciure de bois ou de son nitraté, ainsi que de soufre.

Laurence. — Voir *Pigou.*

Lautemann. — Voir d'*Aguiar.*

Le Bricquir (Poudre). — Composition analogue à la poudre Espir.

Lédérite. — Poudre brevetée par M. Waffen et fabriquée en Autriche. Elle répond à la composition suivante :

Salpêtre	45
Plomb rouge	20
Rognures de cuir	18
Soufre	15
Acide picrique	2
	100

Legler. — Voir *Glycérine.*

Lemaître. — Voir *Signaux, etc.*

Le Maréchal a fait breveter la fabrication d'une poudre obtenue par le mélange à chaud de l'acide stéarique ou palmitique avec le chlorate de potasse, de soude ou d'ammoniaque finement pulvérisé, et le broyage du produit refroidi. On comprime ensuite la masse pour former un tout homogène, qu'on granule avec ou sans addition de charbon de bois finement pulvérisé; cet ingrédient est destiné à augmenter l'inflammabilité du produit.

Voici une des formules proposées :

Chlorate de potasse	84
Acide stéarique	16
	100

(Brevet français n° 167.943, 25 mars — 11 mai 1885.)

Lénite. — Mélange d'acide picrique et de collodion.

Léonard a fait breveter les poudres sans fumée suivantes :

Nitroglycérine	31,59	70,08
Nitrocellulose	52,63	23,36
Lycopode	10,52	4,67
Cristaux d'urée dissous dans l'acétone	5,26	1,89
	100,00	100,00

Pour l'artillerie, on ajoute 3,5 0/0 d'huile de coton, en vue d'augmenter la résistance à l'action de l'humidité.

Cette poudre est fabriquée par la *Leonard Smokeless Powder Company*, de Manchester (New-Jersey, U. S. A.).

(Brevet américain n° 507.279, du 24 octobre 1893 ; brevet anglais n° 20.066, accepté le 25 septembre 1893.)

Leroux. — Voir *Flammivore.*

Leroy-Higgius. — Voir *Américaine* (*Dynamite*).

Lesage et Cie. — Voir *Nitrate d'ammoniaque.*

Leuschel a fait breveter les explosifs obtenus en imprégnant des muscinées (mousses) avec des solutions d'hydrate de carbone : glucose, sucre, etc. ; d'amidon ou bien de glycérine, seule ou mélangée avec un hydrate de carbone. Le produit est séché, nitrifié et soumis à la série des traitements habituels.

(Brevet allemand n° 105.877, du 23 octobre 1898 ; brevet anglais n° 8.409, 21 avril — 15 juillet 1899.)

Lévulose nitrée. — Voir *Nitrolévulose.*

Lewin. — Voir *Forcite.*

Lewin a fait breveter l'emploi, comme explosif, de la canne à sucre nitrée (ou résidus de canne à sucre nitrés), soit seule, soit en mélange avec d'autres substances. L'addition de nitroglycérine, nitrocellulose, nitrate de soude, farine de seigle, paraffine, goudron, etc., donne l'explosif dénommé sandholite.

(Brevet français n° 185.956, du 20 septembre 1887.)

L G Powder. — Poudre noire anglaise (*large grain*), employée dans les anciens canons et dont les grains étaient plus petits que ceux de la poudre RLG_2. Cette poudre est une des variétés des *blank powders*.

Liardet a proposé un explosif obtenu en dissolvant l'acide picrique dans la moitié de son poids de glycérine bouillante et ajoutant une certaine proportion de bois réduit en poudre, ainsi que de salpêtre. Le produit obtenu a été autorisé, dans la colonie de Victoria, sous le nom de *Nico Powder*.

(Brevet anglais n° 12.427, du 6 août 1889.)

Liardet a fait breveter, sous le nom de poudre Acmé, un mélange dont la préparation s'effectue comme suit : on introduit dans un malaxeur, chauffé extérieurement à l'eau bouillante, de la sciure de bois ou des aiguilles de pin pulvérisées. On y ajoute un poids double d'acide picrique, en solution dans le tiers de son poids de goudron ; puis, après avoir malaxé, une certaine quantité de chlorate de potasse additionné de salpêtre, et chauffé au préalable.

(Brevet anglais n° 19.931, du 23 octobre 1893 ; brevet français n° 233.681, 27 octobre 1893 — 18 janvier 1894.)

La poudre Acmé nous offre un exemple du danger des poudres chloratées. Elle fut présentée, dans la colonie de Victoria, en vue d'obtenir la licence d'admission ; mais la demande fut rejetée par M. Napier Hake, Inspecteur général des explosifs, comme suite aux expériences auxquelles il avait procédé ; cette décision ne put ébranler la confiance que l'inventeur avait placée dans son produit. Les événements, toutefois, se chargèrent de lui donner une sanction éclatante : une explosion terrible qui survint à Melbourne, le 24 octobre 1893, coûta la vie à M. Liardet. Le

23 mars suivant, l'usine de l'*Acme Powder Manufacturing Company*, à Pittsburg (États-Unis d'Amérique), était le théâtre d'un second accident, dans lequel cinq personnes trouvèrent la mort. Pendant l'espace de cinq années, cinq explosions se produisirent dans la même usine, et le nombre des personnes tuées ne fut pas inférieur à neuf.

Libbrecht proposa, en 1875, la fabrication d'une poudre noire prismatique, de densité décroissante de l'intérieur vers l'extérieur. La poudre ainsi obtenue est progressive.

Libbrecht (Poudre). — Voir L_3 (*Poudre*).

Librasite. — Explosif à base de perchlorate d'ammoniaque soumis en 1900 à des essais préliminaires de la part du service de l'Inspection anglaise des explosifs.

Liebert, pour préparer la nitroglycérine, ajoute au mélange d'acides nitrique et sulfurique, du sulfate de fer ou du nitrate d'ammoniaque.

(Brevet français n° 198.726, du 4 juin 1889.)

Le même inventeur ajoute à la nitroglycérine 3 à 5 0/0 de nitrate iso-amylique, ou soumet à la nitrification la glycérine additionnée de ce composé ou d'alcool iso-amylique. Le produit ainsi obtenu présenterait l'avantage de ne point se congeler aux températures les plus basses que l'on peut rencontrer. En outre, il serait moins sensible et plus puissant que la nitroglycérine pure.

(Brevet français n° 199.148, du 24 juin 1889 ; brevet anglais n° 5.503, du 30 mars 1889.)

Liedbeck, à Stockholm, a fait breveter un procédé d'élimination fractionnée du dissolvant employé dans la fabrication de la poudre sans fumée : ayant étendu une couche mince, on fait passer un courant d'air chaud ; le dissolvant évaporé, on étend une seconde couche, dont on élimine de même le dissolvant. On continue ainsi jusqu'à obtention d'une feuille d'épaisseur convenable, que l'on transforme en grains.

(Brevet anglais n° 27.397, 28 octobre 1898 — 28 janvier 1899 ; brevet allemand n° 118.289, du 25 décembre 1898.)

Liesch (Poudre). — Synonyme de Pétralite.

Lignine (Dynamite). — Nom générique donné à une série de mélanges formés de nitroglycérine et de sciure ou de pulpe de bois, nitrée ou non, avec ou sans addition de nitrates minéraux.

Liljequist. — Voir *Nobel.*

Limparicht a fait connaître, en 1888, les explosifs suivants, qui paraissent présenter surtout un intérêt théorique :

1° Le méta-triazobenzine-sulfate de baryte, qui détone à 130° ;

2° Le triazonitrobenzine-sulfate de potasse, très instable et détonant à 130° ;

3° L'acide sulfodiazotriazobenzol, très sensible au choc et à la chaleur ;

4° L'acide sulfodiazodibromobenzine, plus sensible encore ;

5° Le triazodibromobenzine sulfate de baryte ;

6° L'acide hydrazinobenzine-disulfurique ;

7° Le triazobenzine-disulfate de baryte.

Lin nitré. — Voir *Nitrolin.*

Linde (Dr). — Voir *Oxyliquit.*

Lindeman, à Utrecht, a proposé un explosif à base de nitroglycérine, chlorate de potasse, nitro- ou dinitrobenzine, avec ou sans addition de benzine.

(Brevet anglais n° 12.392, 14 juin — 23 septembre 1899 ; brevet français n° 250.596, 6 juillet — 26 octobre 1899.)

Lindner, à Bruxelles, a fait breveter la composition suivante :

Azotate d'ammoniaque.............	93,20
Naphtaline.........................	5,50
Chlorate de potasse.................	1,30
	100,00

(Brevet français n° 245.171, du 16 février — 25 mai 1895.)

Linke propose, pour les amorces à basse tension, d'envelopper d'un flocon de fulmicoton le fil de platine.
[Brevet anglais n° 2.592 (1897), accepté le 20 mars 1897.]

Linoléine nitrée. — Voir *Reid et Earle.*

Liquéfaction (Essai à la). — Cet essai, imposé par la législation anglaise, s'applique aux explosifs de la nature des gélatines. Il a pour but de s'assurer que la substance peut supporter une température élevée, telle qu'il en existe dans la cale des navires, par exemple, sans subir la liquéfaction.

On pratique cet essai comme suit : un cylindre, dont la longueur est égale au diamètre, est découpé avec netteté dans une cartouche de gélatine ; au moyen d'une épingle, on le fixe sur une surface unie, un morceau de papier, par exemple. On l'expose ensuite à une température de 30 à 33°, cent quarante-six heures durant. L'exposition terminée, il faut que la diminution de hauteur n'excède pas 6 millimètres, et que les deux extrémités soient toujours nettes ; aucune trace de nitroglycérine ne doit être visible sur le papier.

Lithoclastites. — Voir *Roca.*

Lithofracteur. — Explosif fabriqué en Angleterre, depuis 1882 jusqu'en 1899, et contenant 55 0/0 de nitroglycérine, ainsi que 45 0/0 d'un mélange de 3,5 parties de kieselguhr, 2,5 d'azotate de baryte et bicarbonate de soude (ou d'une de ces substances), 1 de charbon, son ou sciure de bois (séparément ou ensemble) et 0,5 de soufre et de manganèse (ou d'un de ces corps) ; ce n'est autre chose qu'un mélange de dynamite ordinaire avec une sorte de poudre de mine noire. La puissance de cet explosif est inférieure à celle de la dynamite.

Le lithofracteur n° 2, explosif autorisé dans la colonie de Victoria, renferme 64 0/0 de nitroglycérine absorbée par un mélange de nitrates de potasse et de baryte, ainsi que plusieurs des autres ingrédients ci-dessus désignés.

Le *lithofracteur Krebs*, de fabrication allemande, renferme 4 0/0 d'azotate de soude remplaçant l'azotate de baryte.

Une variété de lithofracteur, fabriquée par M. Anciaux à Hévillers (Belgique), était une poudre à base d'azotates minéraux et exempte de nitroglycérine.

On donne enfin le nom de *lithofracteur Rendrock* à une variété des explosifs Rendrock, d'origine américaine.

Lithotrite. — Poudre de mine :

Nitrate de potasse	50,00
Nitrate de soude	16,00
Soufre sublimé	16,00
Sciure de bois nitrifiée	8,00
Picrate d'ammoniaque	3,50
Ferrocyanure de potassium	3,00
Charbon de bois	3,50
	100,00

Cette poudre, fabriquée par M. Cornet, à Verviers (Belgique), a été inventée par M. Antheunis. Elle est autorisée en Angleterre. (Brevet français n° 166.874, du 7 février 1885.)

Liverpool (Coton-poudre de). — Voir *Potentite*.

Lloyd. — Voir *Gallaher* (*Poudre*).

Lobbe a fait breveter une poudre à base de nitrate de soude additionné de sciure de bois et de chaux.

(Brevet anglais n° 1.861, du 25 octobre 1861.)

Lobry de Bruyn. — Voir *Résistance (Essai de) à la chaleur.*

Lom de Berg (de). — Voir *Magnier.*

Longs feux. — Voir *Emploi des substances explosibles.*

Loups. — Voir *Métalliques (Masses).*

Lovelace (Composition détonante de). — Mélange de chlorate de potasse, acide picrique et fulminate de mercure.

Lovelace (Poudre de). — Mélange de chlorate de potasse, acide picrique et charbon de bois.

LP (Poudre). — Poudre noire allemande pour carabine, fabriquée à la poudrerie de Hamm au moyen de charbon de bourdaine.

LP (Poudre). — Poudre sans fumée de fabrication belge présentée en Angleterre, mais rejetée pour cause d'instabilité chimique. C'était une poudre à petits grains cubiques, noirs, exhalant l'odeur de l'éther butyrique ($C^4H^5.C^8H^7O^4$).

En voici la composition :

Nitrocellulose	60,20
Nitroglycérine	32,40
Charbon de bois	7,40
	100,00

Luck et **Durnford** ont proposé l'emploi de l'hydrocellulose nitrée. Comme agents de désagrégation de la cellulose, ils indiquent l'acide sulfurique dilué, le chlorure de zinc en solution aqueuse, avec ou sans l'addition d'acide chlorhydrique, le mélange de soude ou de potasse caustique et de bisulfure de carbone additionné d'eau. Avec les deux premiers, il convient de soumettre la masse à l'ébullition ; elle doit être agitée pendant la séparation de l'hydrocellulose, laquelle prend naissance sous forme gélatineuse. Il est bon d'ajouter une quantité d'eau assez considérable, afin de la diviser. Après filtration du liquide, la matière est lavée à l'eau pure ou acidulée. Ensuite, on sèche les granules obtenus, en ayant soin de remuer constamment. Après tamisage, on passe à la nitrification (Voir *Hydronitrocellulose*).

Eu égard à la densité du produit final, MM. Luck et Dartford considèrent qu'il peut être employé tel quel comme poudre sans fumée ; la gélatinisation n'est pas nécessaire. On peut l'additionner d'une substance agglutinante, telle que l'amidon, et lui donner à volonté la forme de feuilles, blocs, grain, etc.

[Brevet anglais n° 4.769 (1895), accepté le **18** janvier **1896.**]

Luck et **Nichols** ont fait breveter une poudre sans fumée, obtenue en mélangeant à la nitrocellulose une solution de nitrate de soude. Après séchage et grenage, on durcit les grains par l'action d'un dissolvant, et on élimine le nitrate de soude par l'eau. Ce procédé permet d'obtenir des grains de dimensions et de poids déterminés.

(Brevet anglais n° 24.136, **19** octobre **1897** — **24** septembre **1898.**)

Luck et **Cross** ont pris un brevet analogue (n° 18.235, 24 août 1898 — 1er juillet 1899).

Par leur brevet n° 18.868 (3 septembre 1898), accepté à la même date, les mêmes inventeurs préconisent l'addition, à la nitrocellulose, d'acétate de plomb ou de zinc, en solution aqueuse à 1 0/0. De cette manière, on élimine certains acides, dont la présence affecte la stabilité du coton nitré ; il se forme des composés qui ne présentent pas le même inconvénient. La solution saline peut être additionnée, ou non, de 30 à 50 0/0 d'acétone.

(Brevet allemand n° **120.562**, du **18** avril **1899.**)

Luck propose de substituer à la nitrocellulose, dans les explosifs à base de nitroglycérine, les composés obtenus en traitant la cellulose par d'autres acides que l'acide nitrique, tels que les acides acétique, butyrique ou benzoïque, par exemple. Ces divers composés tendent à accroître la stabilité de l'explosif; d'autre part, l'emploi de l'acétate dans les poudres de chasse diminue la rapidité de la combustion.

[Brevet n° 24.662 (1898), accepté le 22 février 1900.]

Lundholm et **Sayers** ont fait breveter :

1° Le procédé de mélange ou d'incorporation des dérivés nitrés de la cellulose avec des matières organiques, procédé consistant à suspendre ou à répandre les deux classes d'ingrédients dans de l'eau ou un autre liquide convenable; ayant agité la masse, il reste à séparer le liquide (Voir *Ballistite* et *Poudre du Pont*) ;

2° La fabrication d'*explosifs sous-sensibles*, obtenus en mélangeant des dérivés nitrés de la cellulose avec des matières nitroaromatiques ;

3° La fabrication d'explosifs obtenus en ajoutant une ou plusieurs matières organiques à de l'oxynitrocellulose ou de l'hydronitrocellulose, ou bien les deux, avec ou sans addition de nitrocellulose ;

4° Le chargement des projectiles creux au moyen de deux ou plusieurs couches ou épaisseurs d'explosifs.

(Brevet anglais n° 10.376, du 26 juin 1889 ; brevet français n° 206.917, du 8 février 1890.)

Lunge (Nitromètre de). — Voir *Azote* (*Dosage de l'*).

Lux, à Vienne, a fait breveter l'emploi du papier d'asbeste, de préférence au papier paraffiné, pour confectionner les cartouches à employer dans les exploitations grisouteuses.

(Brevet anglais n° 13.161, accepté le 10 août 1895.)

Lyddite. — Cet explosif, que l'Angleterre a adopté depuis 1888, pour le chargement des obus-torpilles, est analogue à la mélinite ; il tire son nom de la ville de Lydd, aux environs de laquelle eurent lieu les premières expériences. La charge, qui a l'apparence d'un bloc de pierre introduit dans le projectile, porte un détonateur au picrate d'ammoniaque (Voir *Mélinite*).

Au cours de la guerre sud-africaine, la lyddite aurait donné des résultats fort peu brillants. Elle constitua un des désappointements les plus caractérisés de cette guerre. Si les obus à la lyddite ont parfois des effets meurtriers, c'est surtout en raison des produits toxiques qu'engendre la décomposition explosive de l'acide picrique ; à l'air libre, évidemment, ces effets sont notablement réduits. Leur action peut être efficace, également, lorsqu'ils atteignent les plaques de revêtement des cuirassés.

M

M/71 Normal-Pulver. — Ancienne poudre noire de l'infanterie allemande (plus de 4.000 grains au gramme).

M 88/91, M 91/93, M 91/94 Pulver. — Poudres sans fumée fabriquées par la société *Vereinigte Köln-Rottweiler Pulverfabriken*, de Rottweil (Wurtemberg), et admises à l'importation en Belgique.

Mac Evoy préconise l'emploi d'amorces s'allumant, au contact de l'eau, par l'oxydation du sodium.

Mac Gavin a proposé de saturer la sciure de bois au moyen d'une solution de picrate de potasse. Après dessiccation, on ajoute des nitrates de potasse et de soude, ainsi que du soufre.

(Brevet anglais n° 9.433, du 7 juin 1889.)

Machines-outils actionnées par des explosifs. — Voir *Hawkins* et *Bender*.

Mackie. — Voir *Trench*.

Mackintosh a proposé de mélanger la poudre noire ou d'autres explosifs avec du caoutchouc ou de la gutta-percha, sous forme de solution, et d'étendre sur une étoffe le produit ainsi obtenu. Cette étoffe devient susceptible de combustion rapide si on l'additionne de chlorate de potasse, et lente lorsqu'on ajoute de la tournure d'acier ou du son.

(Brevet anglais n° 404, du 11 février 1857.)

Macnab (James), à Londres, a proposé l'emploi de cartouches entourées d'une certaine masse d'eau et destinées à diminuer la température des produits de l'explosion, par suite de la vaporisation, de la pulvérisation et de l'échauffement subis par le liquide. Le but de cette invention est de diminuer les dangers du minage au sein des travaux grisouteux ou poussiéreux; l'eau, en outre, absorbe partiellement les fumées par dissolution.

L'invention de M. Macnab date de 1876. D'après M. Stapenhorst (*Œsterr. Zeitsch. für Berg-and Hüttenwesen*, 1886, n° 12), c'est au professeur belge Guibal que seraient dus les premiers essais tentés dans cette voie.

A l'origine, la cartouche était placée dans un étui en fer-blanc et entourée d'eau de toutes parts; mais ce dispositif présentait l'inconvénient d'exiger des forages de diamètre trop considérable. Aussi, l'inventeur s'empressa de la remplacer par une cartouche en carton renfermant de l'eau en quantité double ou triple de la charge et introduite à la suite de celle-ci.

M. Macnab a fait breveter certains systèmes de bourrage imaginés dans le même but que sa cartouche à l'eau. Citons les brevets anglais n° 9.688, de 1893, et n° 16.777, de 1897 (accepté le 18 juin 1898). Ce dernier préconise l'emploi de chlorure de sodium ou d'oxalate d'ammoniaque, la charge étant composée de fulmicoton ou de poudre noire finement moulue. L'inventeur prévoit également l'application de tubes en verre scellés renfermant de l'ammoniaque liquide. La poudre de mine dite *Éléphant n° 1*, dont l'emploi est subordonné à l'oxalate d'ammoniaque, a fait l'objet d'un brevet postérieur de six mois à celui de M. Macnab ; celui-ci en conteste la validité.

Plus récemment, M. Macnab a proposé l'emploi de cartouches renfermant une charge de coton-poudre réduit en fine poudre et mélangé avec du charbon sous forme convenable ; on l'associe, dans une même enveloppe, avec une substance refroidissante telle que le nitrate d'ammoniaque par exemple, ladite substance étant placée dans un tube fermé, noyé dans la substance explosible. Un autre tube renferme également noyé dans la charge, du chlorate de potasse. Au fond du forage on place une charge de coton-poudre comprimé ; puis, ayant introduit la cartouche spéciale, on fait un premier bourrage à l'argile humide comprimé, suivi de bourrage ordinaire.

(Brevet anglais n° 2.926, accepté le 9 février 1900.)

Macnab. — Voir *Allumeurs de sûreté.*

Magnésie (Poudre à la). — Voir *Hercule* (*Poudres*).

Magnier, de Lom de Berg et **Vieillard** ont fait breveter : 1° la nitrification des phénols et homophénols, ainsi que des produits nitrés : quinone ou phénols-alcools ; 2° le traitement des produits ainsi obtenus par l'ammoniaque, la soude ou les carbonates de ces bases, à l'effet de les transformer en sels ; puis, le mélange de ceux-ci avec un nitrate métallique.

(Brevet français n° 213.976, du 8 juin 1891.)

Pour préparer la manuelite, ces inventeurs indiquent la méthode suivante : on traite 100 parties d'acide picrique par 20 par-

Mairet propose l'addition du ferrocyanure de potassium aux poudres à base de nitrate d'ammoniaque, afin d'augmenter leur aptitude à l'explosion. Voici une des formules qu'il indique :

Salpêtre........................	90 à 96 pour 100
Ferrocyanure de potassium......	1 à 4 »
Sucre de canne.................	2 à 8 »

On peut ajouter à cette composition 10 à 50 0/0 de nitroglycérine ou de fulmicoton, ainsi qu'une certaine quantité d'hydrocarbure.

(Brevet français n° 234.727, 12 décembre 1893 — 5 mars 1894.)

Maissin a fait breveter l'application du coton-poudre en grains à la confection d'un cordeau détonant, la vitesse de transmission étant de plusieurs kilomètres par seconde. L'âme est préparée isolément, ce qui permet de la vérifier à volonté et de supprimer les parties défectueuses. La réunion des tronçons permet d'obtenir un cordeau dont la longueur est aussi considérable qu'on le désire.

(Brevet français n° 190.073, du 22 avril 1888.)

Maïzite. — Explosif de rupture proposé en 1886 par le professeur Léon Pesci et le capitaine de frégate E. Zini, et répondant à la composition suivante :

	N° 1	N° 2
Picrate d'ammoniaque....	60,59	27,76
Nitrate d'ammoniaque....	39,41	72,24
	100,00	100,00

Le nom de cette substance provient de ce que sa couleur est analogue à celle du maïs.

Le mode de fabrication est très simple : ayant préparé une solution concentrée de nitrate d'ammoniaque, on y ajoute le picrate finement pulvérisé. L'opération se fait à chaud. On obtient un liquide jaune, mobile, que l'on peut verser directement dans les obus auxquels il est destiné ou bien dans des moules.

La maïzite n° 2 présenterait une grande sécurité, tant au point de vue du choc que de l'action de la flamme.

Majert', à Berlin, a fait breveter un explosif contenant du bichromate d'ammoniaque.

[Brevet anglais n° 13.552 (1897), 3 juillet 1897.]

Maltose nitré. — Voir *Nitromaltose.*

Mammoth Powders. — Poudres à gros grains cubiques, proposées par le général américain Rodman.

Mannitane, Mannite et Mannose nitrées. — Voir *Nitromannitane*, *Nitromannite* et *Nitromannose.*

Manuelite. — Voir *Magnier.*

Maréchal. — Voir *Le Maréchal.*

Marga. — Voir *Cellulodine.*

Marin, à Bruxelles, a fait breveter des explosifs à base de perchlorate d'ammoniaque additionné d'autres sels ammoniacaux et de naphtaline; on ajoute aussi un sel de métal alcalin ou alcalino-terreux.

(Brevet belge n° 140.233, du 18 janvier 1899.)

Marsden Company (The) (États-Unis d'Amérique) préconise un traitement spécial de la moelle végétale, à l'effet de l'utiliser comme absorbant de la nitroglycérine.

(Brevet anglais n° 6.656, 28 mars — 1er juillet 1899.)

Marteaux-pilons mus par des explosifs. — Voir *Battage de pieux.*

Maschinenbau-Actiengesellschaft Golzern-Grimma. — Voir *Nitrocelluloses.*

Mastodon Powder. — Voir *Mammoth Powder.*

Matagnite. — Cet explosif, présenté en 1888 à l'examen des autorités anglaises, fut rejeté à deux reprises pour exsudation ; il se composait de nitroglycérine, salpêtre et nitrocellulose. Depuis lors, les deux substances suivantes ont été admises à l'importation :

1° *Blasting Matagnite* (matagnite détonante), composée de nitrocellulose additionnée de nitroglycérine et de nitrobenzine ou de l'une des deux seulement, les proportions étant telles que le produit ne soit pas sujet à l'exsudation ni à la liquéfaction ;

2° *Matagnite Gelatine*, composée de nitroglycérine et de nitrobenzine ou de l'une de ces substances additionnée de nitrocellulose, de sciure de bois et de salpêtre, ou de tout autre nitrate à autoriser.

Ces explosifs tirent leur nom du village de Matagne-la-Grande (Belgique) où ils sont fabriqués.

Mataziette. — Dynamite à 40 0/0 environ de nitroglycérine, additionnée de sable, d'ocre, de charbon pilé et d'une substance résineuse. Cet explosif se fabriquait à Fabry, près Genève ; le 18 janvier 1877, douze barils qui contenaient environ trois tonnes de mataziette furent saisis par la douane française à Pontarlier, où l'on avait cherché à faire passer cette substance comme engrais ; l'explosif fut consigné au fort de Larmont. Les barils s'étant brisés, on décida d'emballer le contenu dans des boîtes garnies de sciure de bois. Le travail était déjà à moitié terminé, lorsque survint une explosion qui tua six personnes, en blessa quatre et causa des dommages matériels considérables. Cet accident fut attribué à l'inexpérience des hommes chargés d'effectuer le travail.

Matière grise.— Ce mélange, employé à la confection des fusées et artifices à l'effet d'augmenter le volume des gaz produits, se compose de soufre-salpêtre additionné d'une certaine quantité de charbon ou de pulvérin. Voici une des formules proposées :

Soufre-salpêtre	93,46
Pulvérin	6,54
	100,00

Matteen. — Voir *Pyrolithe.*

Maurette a proposé la poudre suivante :

Salpêtre	82,37
Chlorate de potasse	0,65
Soufre	3,23
Cendres de bois	7,40
Charbon de bois	6,45
	100,00

Maxim a fait breveter la composition que voici :

Salpêtre	74,18
Soufre	14,40
Paraffine	11,42
	100,00

En mélangeant 1 partie de cette composition avec 3 parties de poudre noire, on obtient une cartouche plastique.

[Brevet anglais n° 6.926, du 8 juin 1885.]

Maxim (Hiram Stevens) a fait breveter le traitement de la nitrocellulose par l'acétone (seule ou mélangée avec de l'éther, de l'alcool ou avec ces deux ingrédients) ou par l'acétate d'éthyle. L'opération, ainsi que les traitements subséquents, s'effectuent dans une chambre d'où l'air est aspiré, ce qui permet d'obtenir un produit très dur ; on ajoute ensuite du salpêtre ou un sel analogue.

Il préconise également le traitement de la nitrocellulose inférieure par l'éther, et le mélange du produit obtenu à du fulmicoton, avec ou sans addition de chlorate de potasse ou d'un autre sel oxydant.

(Brevet anglais n° 16.213, du 8 décembre 1888 ; brevet français n° 194.792, du 15 décembre 1888.)

Maxim (Hiram Stevens) a proposé l'addition d'huile (huile de castor, de préférence) à des mélanges de coton-poudre dissous, de nitroglycérine, etc., pour obtenir un explosif à combustion lente destiné aux armes de petit calibre. Les proportions sont indiquées comme suit :

Coton-poudre dissous............	79 à 88 pour 100
Nitroglycérine....................	10 à 16 »
Huile de castor...................	2 à 5 »

(Brevet anglais n° 4.477, du 14 avril 1889.)

Voir, sous la rubrique *Cordite*, le procès qui fut intenté par l'inventeur au gouvernement anglais

Maxim (Hudson). — Voir *Hudson* (*Explosif*) et *Maximite.*

Maxime (Hudson) a proposé une composition fulminante destinée à faire détoner de grandes masses d'explosifs puissants. Pour la confectionner, on commence par préparer une pâte contenant 75 à 85 0/0 de nitroglycérine et 25 à 15 0/0 de nitrocellulose préalablement dissoute ; cette pâte a la consistance de la gomme. On l'additionne de trois à six fois son poids de fulminate, ensuite, on évapore.

Cette composition s'emploie spécialement pour les torpilles, ainsi que pour tout projectile nécessitant l'emploi de composition fulminante en quantité notable.

[Brevet anglais n° 18.682, du 2 octobre 1894.]

Maxim (Hiram Stevens) a fait breveter l'emploi des poudres sans fumée, sous forme de tubes creux ou de cylindres creusés extérieurement de canaux régnant sur toute leur longueur. De cette manière, la charge est mieux répartie et sa combustion s'effectue d'une manière plus rationnelle ; en outre, on a le grand avantage de pouvoir en régler la rapidité.

[Brevet anglais n° 17.994 (1894), accepté le 27 juillet 1895.]

Par son brevet n° 3.529, accepté le 15 septembre 1900, M. Maxim préconise la perforation de ces ouvertures au moyen de poinçons coniques, lesquels facilitent notablement le travail.

Maxim (Hudson) avait proposé antérieurement l'emploi de

charges composées de cylindres percés d'un certain nombre de canaux internes longitudinaux.

Par un brevet subséquent, il préconise la confection de charges portant des ouvertures transversales, charges obtenues par la superposition de couches de même section, disposées de manière à alterner les ouvertures. La longueur restreinte des perforations prévient la rupture trop rapide de la substance explosible. La charge peut être de section carrée, hexagonale, triangulaire; on peut la disposer en croix. En principe, ces perfectionnements rendent la combustion plus régulière. La surface en ignition reste invariable.

[Brevet anglais n° 16.861 (1895), accepté le 9 novembre 1895.]

Les appareils et poinçons destinés à opérer ces perforations font l'objet du brevet n° 16.862 (1895), accepté le 9 décembre 1895.

Au lieu de forer des ouvertures la section circulaire, on peut leur donner une section polygonale; de cette manière, on prolonge d'autant plus la période de combustion progressive que le nombre de faces est moindre.

[Brevet anglais n° 7.178 (1897), accepté le 12 février 1898.]

En vue d'assurer l'intégralité de la combustion interne, l'inventeur propose d'enduire les parties exposées d'une substance telle que le vernis, la colle ou la cellulose.

[Brevet anglais n° 15.499 (1897), accepté le 31 juillet 1897.]

Maxim (Hudson) a fait breveter la fabrication d'un explosif destiné aux applications de l'artillerie, et dans la fabrication duquel on emploie la quantité de dissolvant la plus petite possible. L'inventeur a remarqué que les explosifs composés de nitrocellulose additionnée de nitroglycérine, présentent une tendance à se déformer et à se fendiller lorsqu'ils sont sous la forme de gros grains; c'est à la présence de dissolvant qu'il attribue cet inconvénient.

Pour fabriquer l'explosif en question, on prend 80 parties de nitrocellulose au plus haut degré de nitrification, auxquelles on ajoute 8 à 10 parties de dinitrocellulose (pyroxyline soluble dans la nitroglycérine à la température de 38° C.). D'autre part, on mélange 8 parties de nitroglycérine avec une quantité d'acétone valant de 25 à 30 0/0 du poids total de l'explosif à fabriquer ; puis, on procède au malaxage sous pression et à haute température. On passe le produit obtenu sous des cylindres chauffés, qui réduisent la proportion d'acétone à 15 ou 20 0/0 ; ensuite, on procède au pressage à chaud. La présence de la pyroxyline rend la matière plastique, de même que le camphre s'il s'agit du celluloïd.

[Brevet anglais nº 16.311 (1895), accepté le 30 novembre 1896.]

Un autre explosif, proposé par le même inventeur, se compose également de nitrocellulose insoluble et de nitrocellulose soluble, que l'on mélange après les avoir finement divisées. Le produit est tamisé et soumis à l'action d'un dissolvant ; la présence des particules de nitrocellulose insoluble, qui restent intactes, permet d'obtenir ultérieurement une parfaite élimination du liquide dans tous les points de la masse. Les feuilles sont comprimées et transformées en blocs, auxquels on donne ensuite la forme que l'on désire ; il reste à évaporer le dissolvant.

[Brevet anglais nº 16.858 (1896), accepté le 3 juillet 1897.]

Maxim (Hiram Stevens) a fait breveter une poudre sans fumée composée de nitrocellulose, que l'on malaxe soigneusement avec 2 à 15 0/0 de substances résineuses. Il reste à presser le produit obtenu.

Les substances résineuses, par suite de leur richesse en carbone, sont destinées à diminuer l'érosion du canon de l'arme employée. C'est l'anhydride carbonique en effet, qui cause la détérioration ; avec l'oxyde de carbone, on n'a pas à redouter cet inconvénient.

[Brevet anglais nº 10.071, accepté le 3 mars 1900.]

M. Hudson Maxim, dans deux conférences faites respectivement, le 6 mai 1896, à la *Society of Arts* de Londres et le 24 juin 1897, à la *Royal United Service Institution* (1), a décrit

(1) Ces conférences ont été développées ultérieurement, par l'auteur, dans une note intitulée : *The Maxim Aerial Torpedo* (Eyre Spottiswoode, éditeurs à Londres). Voir aussi, pour la seconde, la brochure intitulée : *A new System of throwing High Explosives from Ordnance* (J.-J. Keliher Cº à Londres).

les inventions si importantes qui lui sont dues : la torpille aérienne, ainsi que les types nouveaux de canons imaginés en vue de la lancer, furent proposés en remplacement des canons pneumatiques, type Zalinsky (1). Le but à atteindre est d'envoyer les charges les plus considérables possibles, d'explosifs puissants, sans courir les risques d'une explosion prématurée. Les canons pneumatiques présentent plusieurs inconvénients : ils ne peuvent communiquer au projectile qu'une vitesse initiale insuffisante. D'autre part, ils sont de construction compliquée et délicate ; leur entretien est coûteux, et ils peuvent aisément être mis hors de service. Dans sa torpille aérienne, l'inventeur s'est proposé d'utiliser la quantité maximum d'explosif, en employant le poids minimum du métal. D'après ses évaluations, l'efficacité de son système serait cinquante fois supérieure à celle de la Whitehead.

Le rayon dangereux est évalué comme suit :

38 pieds	pour une charge de	500	livres de coton-poudre ;	
47	»	»	500	» de maximite ou d'acide picrique ;
85	»	»	1/2	tonne de coton-poudre ;
168	»	»	1	» »

[Brevet anglais n° 6.296 (1897), accepté le 26 février 1898.]

Dans la conférence qu'il a faite, le 11 décembre 1896, à la *Royal United Service Institution*, M. H. S. Maxim a passé en revue les canons et autres armes automatiques de son invention : le pistolet automatique Maxim fait l'objet du brevet anglais n° 29.836 (1896), accepté le 30 octobre 1897. A la même date fut accepté également le brevet n° 207 (1897), relatif au tirage d'une succession de coups pendant une seule dépression de la détente (canon automatique). Ces armes sont fabriquées par l'importante société Vickers, Sons & Maxim, Ltd.

MM. Maxim frères, auxquels sont dues de si nombreuses et si brillantes inventions, ont cru devoir récemment se séparer

(1) La *Maxim Powder and Torpedo Company* fut fondée en continuation directe de la *Zalinsky Dynamite Gun Company*.

avec éclat et engager des discussions bruyantes, relativement à la part respective qui revenait à chacun d'eux dans leurs découvertes.

Maximite. — Explosif proposé par M. Hudson Maxim pour le changement de sa torpille aérienne. La fabrication s'effectue comme suit : on commence par confectionner une gélatine contenant 70 à 80 0/0 de nitroglycérine et 30 à 20 0/0 de pyroxyline très soluble. Après l'avoir durci, on la pulvérise. On mélange ensuite 75 à 80 0/0 de la poudre obtenue avec 25 à 20 0/0 de trinitrocellulose finement pulpée. La masse est alors saturée d'eau. L'inventeur affirme que les projectiles chargés de maximite peuvent être lancés avec la vitesse initiale voulue, sans présenter le moindre danger.

Maxim-Schüpphaus (Poudre). — C'est une poudre sans fumée qui ne renferme pas plus de 10 à 12 0/0 de nitroglycérine. Cet élément augmente la puissance ; mais il présente l'inconvénient de corroder les armes. En outre, étant volatil, il est susceptible de disparaître dans une mesure plus ou moins restreinte, ce qui nuit à la constance des effets balistiques. Il y a donc avantage à ne l'employer qu'en faible proportion.

La fabrication s'effectue, dans un malaxeur, à la température de 50° environ. On prend 40 kilogrammes de nitrocellulose à 13,3 0/0 d'azote, 4 kilogrammes de dinitrocellulose contenant 12 0/0 d'azote (soluble de la nitroglycérine au-dessous de 38°), 6 kilogrammes de nitroglycérine, 17kg,5 d'acétone et 1/2 kilogramme d'urée dissoute dans l'alcool méthylique ; le malaxage terminé, on élimine le dissolvant et on passe entre des cylindres à chaud. L'urée est avantageux au point de vue de la stabilité, car il se combine avec les acides et forme des sels (sulfate, nitrate, nitrite) anhydres et très stables.

(Brevet anglais n° 22.384, du 22 novembre 1893, accordé à M. Schüpphaus.)

La poudre Maxim Schüpphaus est une matière dure, présentant à peu près la consistance de la corne. On la façonne en cylindres allongés, percés d'un certain nombre d'ouvertures parallèles à l'axe, destinées à favoriser et à régler la combustion.

(Voir H.-S. Maxim, brevet anglais n° 17.994, de 1895.)

Les expériences suivantes, effectuées à Sandy-Hook, de juin à août 1895, par les soins du gouvernement américain, ont montré que cette poudre joint à des effets balistiques élevés une pression relativement peu considérable :

	CHARGE kilog.	TYPE de poudre	POIDS du projectile kilog.	VITESSE initiale m.-sec	PRESSIONS atm.
Canon de siège de 5 pouces (127 millim.), se chargeant par la culasse....	2,724 4,086 4,426	M. P. 4 (ouvertures de diamètre = 33 1/3 mm)	20,430	470,81 676,79 732,81	959 1.860 2.068
Vitesse et pression max. règlementaires........				588,44	2.133
Canon de 8 pouces (203 mm), se chargeant par la culasse..................	24,970 25,880	M. P., 8	136,200 135,745	602,77 614,80	2 028 2.187
Vitesse et pression max. réglementaires.........				609,59	2.286
Canon de campagne de 3,2 pouces (81,3 millim.) se chargeant par la culasse..................	0,659	M. P., 3	7,490	492,09 491,48 492,09 492,09 490,26	2.014 2.000 2.006 1.975 1.977
Vitesse et pression max. réglementaires.........				442,14	2.041
Canon de 10 pouces (254 millimètres)...........	45,539 38,140	M. P., 10	256,510 238,780	528,67 673,20	1.327 2.347

D'autres essais, effectués au moyen des canons de 12 et de 13 pouces, ainsi que de l'Howitzer de 7 pouces, ont donné de bons résultats.

Il existe une variété de poudre Maxim-Schupphaüs ne contenant pas de nitroglycérine. Elle renferme 80 0/0 de nitrocellulose insoluble, 19,5 0/0 de nitrocellulose soluble et 0,5 0/0 d'urée. Cette poudre est fabriquée par la Société E.-J. Du Pont de Nemours Co, à Wilmington, Delaware (U.-S., A.).

Maxwell a modifié la poudre noire en diminuant de 4 0/0 environ la quantité de salpêtre et en employant de l'alcool pur ou étendu, au lieu d'eau pure, pour l'humectation.

[Brevet anglais n° 1.066, du 27 avril 1860.]

Mayer. — Voir *Emploi des substances explosibles.*

Mayländer a fait breveter un appareil utilisant les radiations hertziennes pour l'allumage des mines sous-marines. L'opération ne peut s'effectuer que par un certain signal donné spécialement pour cet appareil. Le dispositif de contact et les accessoires sont placés dans une bouée, d'où les fils d'allumage conduisent directement à la mine.

[Brevet anglais n° 2.742, accepté le 14 avril 1900.]

M C n° 3 (Explosif autrichien). — Explosif de sûreté proposé par la Commission autrichienne et répondant à la composition suivante :

Nitrate d'ammoniaque	91,60
Coton-collodion	8,40
	100,00

D'autres explosifs à base d'azotate d'ammoniaque ont été préconisés par la même commission ; c'est le dernier de la série, MC n° 7, qui présente le plus de sécurité, d'après les essais de 1898. Ces explosifs sont analogues aux mélanges recommandés par la Commission française du grisou.

M C (Poudre). — Ancienne poudre noire réglementaire en France, employée pour le tir des canons se chargeant par la bouche, pour le chargement des projectiles creux et pour la confection des rondelles comprimées.

Mèche à canon. — Voir *Corde à feu.*

Mèche allemande. — Tube de papier contenant une petite

quantité de poudre fine en grains, et amorcé à l'une des extrémités avec du papier imprégné de salpêtre et de soufre. On l'employait comme succédané des fétus de paille, pour mettre le feu aux charges de poudre dans les trous de mine.

Mèche à temps. — Voir *Fusée à temps.*

Mèches de sûreté. — William Bickford, de Tuckingmill, (Cornouailles), fit breveter, le 6 septembre 1831, sous le nom de *Miners'Safety Fuse*, un dispositif destiné à communiquer aux charges de poudre employées pour le minage l'inflammation propre à en déterminer l'explosion. Antérieurement, la mise en feu s'effectuait par l'intermédiaire de brins de paille cylindriques remplis de poudre fine ou d'autres procédés rudimentaires, fort défectueux au point de vue de la sécurité.

Les mèches de Bickford présentent l'apparence de cordes comprenant une âme en poudre fine renfermée dans un tissu simple, double ou triple, constitué de fils de jute enroulés en hélice et recouvert d'une peinture ou autre substance protectrice. La couleur peut être noire, blanche, rouge, brune, etc. S'il s'agit de miner en terrains humides les mèches sont goudronnées ; pour les sautages sur l'eau, on emploie des mèches en gutta-percha, simples, doubles, triples, enveloppées ou non d'un ruban goudronné. Il existe également des mèches métalliques, simples, doubles et triples, avec ou sans enveloppe de gutta-percha.

Les mèches de sûreté présentent un nombre de variétés qui n'est pas inférieur à trente, pour la seule société Bickford, Smith & Co., Ltd. Elles sont livrées par rouleaux de 7 mètres environ; l'échelle des prix varie entre 0 fr. 30 et 3 francs le rouleau.

Lorsque le minage s'effectue dans une atmosphère inflammable (grisou ou poussières de houille), on emploie des mèches spéciales très solides, à enveloppes multiples, rendues imperméables et incombustibles par l'emploi de certaines substances telles que l'asbeste, l'argile, etc. Ces mèches, dénommées *Patent Fireproof-*

Colliery Fuse, sont garanties brûler sans aucune projection d'étincelles. A la suite d'une explosion de mine survenue en Angleterre, le 14 mai 1900, la commission chargée de l'enquête expérimenta, à Woolwich, diverses qualités de mèches de sûreté. Sur quarante-neuf essais, le gaz fut enflammé douze fois. La commission émit la conclusion suivante : « La plupart des mèches en usage sont incontestablement dangereuses. Il est désirable que l'on fasse subir des essais préalables aux mèches de sûreté, ainsi qu'aux autres dispositifs destinés à l'allumage des mines souterraines. » En tout état de cause, il suffit d'une altération pour mettre à nu l'âme du pulvérin et faire cracher la mèche, provoquer ainsi des étincelles plus ou moins nombreuses. Le Comité permanent du grisou de Segengottes (Autriche) considère l'emploi de la mèche de sûreté comme devant être interdit dans toute mine à grisou.

La fabrication des mèches de Bickford se pratique au moyen de machines ingénieuses, dans lesquelles les fils passent sur une succession de bobines et prennent corps autour de l'âme. On en trouvera la description dans l'ouvrage de M. Guttmann intitulé : *The Manufacture of Explosives.* Cette fabrication n'est pas exempte de danger : lors d'un incendie survenu, le 30 mars 1872, dans la manufacture de la société Bickford, Smith & Co., Ltd., huit personnes moururent asphyxiées ; trois ans plus tard, une explosion coûtait la vie à cinq ouvrières de l'Unity Safety Fuze Co., Ltd., blessant deux de leurs camarades.

Certaines mesures de précaution doivent être observées à ce sujet : eu égard aux risques d'incendie et au nombre relativement élevé d'ouvrières travaillant en commun, il est essentiel de ménager, dans les ateliers, des issues nombreuses et facilement accessibles, s'ouvrant vers l'extérieur. La poudre fine dont les mèches sont constituées a une grande tendance à s'accumuler ; aussi convient-il de n'employer que des matériaux propres à ne pas favoriser cette accumulation, tant par leur nature que par la manière dont on les dispose. Le balayage régulier est nécessaire ; mais il ne peut être fait sans précaution, car les particules ténues et inflammables qui se trouvent, simultanément, en suspension dans le voisinage du sol, constituent un élément de danger.

En vue de restreindre les dégâts matériels, il convient de pouvoir combattre, dès l'origine, tout incendie qui vient à se déclarer. A cet effet, on installera une canalisation, par exemple un tuyau perforé régnant d'une extrémité à l'autre du plafond permettant de faire arriver très rapidement de l'eau en quantité considérable ; le robinet de commande doit se trouver à l'extérieur et à une distance convenable.

Parmi les mesures à prendre, il en est une sur laquelle il importe d'appeler tout spécialement l'attention : elle consiste dans l'établissement d'une cloison en planches destinée à séparer du restant de l'atelier les trémies d'alimentation placés à la partie supérieure des machines servant à la fabrication. Dès que la poudre est sortie de ces trémies, elle reste très divisée pendant le cours de la fabrication. On conçoit combien ces cloisons peuvent atténuer les conséquences des accidents possibles. C'est à l'établissement de telles séparations, de 31 millimètres d'épaisseur, ainsi qu'à l'excellence des dispositions propres à assurer la sortie du personnel, que les autorités anglaises chargées de l'enquête ont attribué le sauvetage presque miraculeux des trente-six ouvrières travaillant dans les ateliers de MM. William Bennett, Son & Co., à Camborne (Angleterre), ateliers qui furent dévastés par un incendie survenu le 2 juillet 1899. La sécurité sera plus grande, encore, si les trémies sont de capacité restreinte, solidement construites et surmontées d'une toiture légère.

Une cause possible d'explosion consiste dans l'introduction de matières étrangères au sein de la poudre qui sert à la fabrication ; ces matières, telles que clous, allumettes, graviers, etc., sont susceptibles de donner lieu, par la friction, à de dangereuses élévations de température. Il faut, tout d'abord, que l'atelier soit bâti et entretenu de telle manière qu'aucun fragment des matériaux de construction : pierre, métal, etc., ne puisse se détacher et se mêler accidentellement à la poudre ; celle-ci, au surplus, est tamisée avec soin. L'étanchéité doit être assurée aux divers joints de telle manière qu'aucune impureté ne puisse passer avec elle. Dans le même ordre d'idées, des fenêtres, disposées vers le haut de l'atelier, éclaireront les trémies de façon qu'il soit possible de constater aisément la présence des impuretés dont la poudre peut être souillée ; ces fenêtres sont préférables aux toitures vitrées, en tout ou en partie, lesquelles présentent l'inconvénient de ne pouvoir être suffisamment étanches.

Les machines servant à la fabrication sont susceptibles de donner lieu à des accidents de natures diverses : si certaines parties viennent à se déplacer, le choc pourra déterminer un incendie ; la projection, contre une machine, d'une pièce appartenant à une autre, peut également engendrer un choc dangereux. Dans chaque atelier, en effet, se trouvent plusieurs machines, et chacune d'elles porte un nombre de bobines qui n'est pas inférieur à dix-sept, pour les types courants. Ces bobines, en fer, sont horizontales ou verticales ; elles servent à enrouler le fil de jute qui est destiné à protéger l'âme de la mèche, et tournent à la vitesse de 90 tours par minute. Il faut donc veiller avec soin à ce que toutes les pièces soient en parfait état. D'autre part, si le fonctionnement est défectueux, des accidents peuvent se produire aussi, par suite d'échauffement aux coussinets ou en d'autres endroits ; à ce point de vue, il y aura avantage à substituer au cuivre certains alliages, tels que le bronze phosphoreux, par exemple.

Comme dernier point touchant la fabrication, signalons l'habillement du personnel. Il faut que les vêtements de travail soient confectionnés au moyen de tissus spéciaux, de serge par exemple, et qu'ils n'aient pas de poche. Malgré cela, il n'est pas impossible que les ouvrières portent sur elles des objets dangereux, allumettes, etc. ; aussi est-il prudent de procéder, journellement, à une visite d'inspection. Les semelles des bottines ne pourront porter de clous saillants.

Passons à l'examen de la manière dont s'effectue la combustion des mèches de sûreté. Cette combustion, en principe, se produit exclusivement à l'intérieur ; il faut qu'elle s'opère de telle façon que le mineur ait le temps de gagner un abri avant qu'elle ait atteint la charge. On considère qu'en moyenne, la mèche Bickford brûle à raison d'un centimètre par minute. Si la combustion marche trop vite, par suite de la qualité défectueuse ou avariée de la mèche, l'explosion de la charge survient prématurément; de tels accidents ne sont pas rares. Inversement, il arrive que le feu couve à l'intérieur de la mèche et n'atteigne la charge qu'avec un retard plus ou moins notable; c'est ce qu'on appelle un *long feu*. Cette éventualité n'est pas moins redoutable que la première; il suffit, en effet, pour qu'un accident se produise, que l'explosion ait lieu au moment où l'ouvrier, croyant à un raté, revient vers la mine. Un étranglement, une interposition de matières étrangères, une solution de continuité de l'âme suffit pour provoquer un long feu. En vue de prévenir ces divers accidents, il convient de soumettre les mèches à des épreuves rigoureuses.

Un graissage léger de la mèche, immédiatement avant l'emploi, est conseillé si, par suite du froid, de la durée de l'emmagasinement, etc., l'enduit au goudron ou à la gutta-percha, qui la protège extérieurement, se trouve crevé par places; dans ce cas, la moindre humidité suffit pour provoquer un raté. Si, inversement, la mèche devient molle et gluante par suite de la chaleur, il convient de la frotter avec du blanc d'Espagne ou tout autre produit analogue. En vue de prévenir ces inconvénients, MM. Reid et Earle proposent de substituer, à la gutta-percha, un enduit composé de nitrocellulose et d'huile de ricin.

(Brevet anglais n° 26.893, 20 décembre 1898 — 21 octobre 1899.)

M. Émile Müller préconise l'emploi d'un tissu formé de fils de fer tressés. Ce perfectionnement concerne la sécurité du minage en présence du grisou : par leur passage à travers le treillis, les gaz engendrés subissent un refroidissement notable.

Dans le même ordre d'idées, M. Wagner, de Berlin, propose d'enduire les mèches d'une composition à base d'huile additionnée d'un sel renfermant une proportion élevée d'eau de cristallisation, le sulfate de magnésie, par exemple. La quantité de chaleur nécessitée par la vaporisation de cette eau est empruntée à celle des produits engendrés par la combustion de la mèche.

[Brevet anglais n° 7.711 (1896), accepté le 16 mai 1896.]

M. Eales a fait breveter la fabrication d'une mèche de sûreté dont l'âme se compose de poudre noire et de fulmicoton, ce dernier étant employé tel quel ou bien traité au préalable par une dissolution de nitrate ou de chromate de potasse.

(Brevet français n° 184.326, du 20 juin 1887.)

M. Lamm a proposé l'emploi de mèches constituées de cellulose et de nitrocellulose associées. Ces substances sont imprégnées de salpêtre, chlorate de potasse, etc., destiné à régulariser la combustion. On les traite ensuite par un dissolvant qui gélatinise la nitrocellulose.

[Brevet anglais n° 14.320 (1896), accepté le 29 mai 1897.]

Voir *Davey*, *Hargreaves* et *Westphalite*.

Mèche incendiaire. — Voir *Compositions incendiaires.*

Mèche lente. — On la prépare en plongeant des feuilles de papier dans une solution chaude de salpêtre, au quinzième; on enroule ensuite chaque feuille sur elle-même, de manière à former un cylindre bien serré, dont on colle le rebord extérieur. La combustion peut durer trois heures.

Mèche ordinaire. — Voir *Mèche à canon.*

Mèche rapide, mèche Sébert. — Voir *Cordeaux détonants.*

Mèche sans poudre. — Dans ces mèches, brevetées par M. Roca, l'âme est formée de fils d'origine végétale, naturels ou préparés, rendus combustibles par une immersion dans une solution de nitrate, chlorate, etc.; il est facultatif d'additionner d'autres substances, inertes ou combustibles.

(Brevet français n° 181.019, du 20 janvier 1887.)

Medail. — Voir *Bengaline.*

Medfaa. — Sorte de feu grégeois employé, par les Arabes, jusqu'au XIIIe siècle.

Méganite. — Cet explosif, breveté par MM. Schückher and C°, de Vienne, et fabriqué à Zurndorf (Hongrie), présente les trois variétés suivantes :

Nitroglycérine	60,00	38,00	7,00
Nitrolignine	10,00	6,00	9,00
Ivoire végétal nitrifié (nitrocellulose de corozo)	10,00	6,00	9,00
Nitrate de soude	26,00	37,50	56,25
Carbonate de soude	»	0,50	0,75
Sciure de bois	»	12,00	»
Farine de seigle	»	»	18,00
	100,00	100,00	100,00

Meinhard. — Voir *Allumeurs de sûreté.*

Mélanite. — Explosif proposé par M. Faille et contenant 83 à 87 0/0 de nitroglycérine, additionné de 17 à 13 0/0 de nitrocellulose.

Mélasse nitrée. — Voir *Nitromélasse.*

Mélénite. — Sorte de gélatine explosive employée en Belgique.

Mélinite. — Explosif employé en France pour le chargement des obus-torpilles, ainsi que pour la confection des cartouches de rupture destinées au génie et à la cavalerie ; en général, on l'emploie concurremment avec la crésylite. A l'origine, la mélinite se composait de 70 0/0 d'acide picrique additionné de 30 0/0 de fulmicoton, dissous dans 45 parties d'acétone ou d'éther alcoolisé.

C'est une substance de couleur jaune, constituée exclusivement d'acide picrique ($d = 1,6$) ; on en opère la fusion, à 122°,5, dans une marmite émaillée plongée dans un bain d'huile dont on vérifie la température au moyen d'un thermomètre. L'acide fondu est versé, au moyen de louches, dans l'obus chauffé et préalablement enduit d'une couche de vernis (shellac ou autre). L'introduction s'opère au moyen d'un entonnoir dont la partie inférieure constitue un mandrin réservant l'emplacement à occuper par l'obturateur porte-amorce. En principe, celui-ci se compose d'une capsule percutante qui, à l'arrivée du projectile dans l'obstacle à détruire, allume un canal fusant. Ce canal met le feu à une capsule au fulminate de mercure, laquelle détone au sein d'une certaine quantité d'acide picrique en poudre ; celui-ci provoque, enfin, la détonation de la mélinite. C'est donc une fusée ralentie, qui donne à l'obus le temps de pénétrer dans l'obstacle, puis d'y éclater.

La mélinite a été soumise au Bouchet, en 1892, à des expériences destinées à apprécier le degré de sécurité qu'elle présente en cas de choc, d'incendie ou de rupture accidentelle du récipient qui la renferme ; les résultats furent favorables. Le transport par chemin de fer de cet explosif est astreint simplement aux mesures de précaution qui régissent celui de l'acide picrique. Malgré ces expériences, malgré celles qui furent faites à Lydd (Angleterre) avec la lyddite, de composition analogue, la mélinite a donné lieu à plus d'un accident grave : lors d'éclatements prématurés, des fragments de métal ont été projetés jusqu'à 1.200 mètres de distance. Ces éclatements furent attribués à la formation accidentelle de picrates dans la charge des obus employés, formation due à la préexistence de quelque corps étranger dans la chambre de l'obus, ou même à une simple goutte de graisse, employée pour nettoyer le filetage du bouchon, et tombée sur la charge.

Les gaz produits par l'explosion de la mélinite possèdent une force vive très considérable : toutefois les essais dont elle a fait l'objet ont montré que, dans certaines circonstances, les effets d'éclatement sont incomplets. Ces gaz renferment une proportion élevée d'oxyde de carbone, gaz éminemment toxique.

La mélinite fut employée, le 26 janvier 1891, à l'effet de rompre la couche de glace qui s'était formée sur la Seine. Deux cent cinquante cartouches en zinc furent disposées, sur une longueur de 500 mètres, en aval du pont d'Asnières ; elles étaient placées en échiquier, sur un sillon longitudinal ainsi que sur plusieurs traverses, à une distance de 2m,50 environ l'une de l'autre. Dans les endroits où la glace présentait une épaisseur inférieure à 30 centimètres, le pétard était posé à la surface ; pour les épaisseurs plus grandes, on forait des mines et on bourrait au moyen de glace bien tassée. Les charges, comprises entre 100 à 135 grammes, étaient reliées par des cordeaux de Sébert, brûlant à la vitesse d'environ 1.500 mètres par seconde. L'inflammation initiale fut transmise au moyen d'une mèche Bickford. L'explosion atteignit le résultat désiré, et les dégâts causés aux alentours se bornèrent à quelques vitres brisées. Pour cette application, la mélinite convenait infiniment mieux que la dynamite : cette dernière, en effet, se congèle avec facilité et peut donner lieu à des accidents graves.

Melland (Papier-poudre). — Cet explosif breveté par M. Reichen, se compose de papier non collé, que l'on plonge dans une solution bouillante des substances suivantes : chlorate de potasse, salpêtre, ferrocyanure de potassium, charbon de bois, chromate de potasse et amidon. Le papier, enroulé ensuite, est desséché à 100°. Pour préserver les cartouches de l'humidité, on les revêt d'un enduit formé d'une dissolution d'amidon nitré dans 3 parties d'acide acétique.

(Brevet anglais n° 2.266, du 2 septembre 1865.)

Melsens. — Voir *Chaux* et *Progressive* (*Poudres*).

Melville (Poudres). — Mélanges à base de chlorate de potasse additionné d'orpiment rouge et de prussiate de potasse, présentés par M. Callow.

(Brevet anglais n° 13.215, du 6 octobre 1850.)

Memphis Star. — Voir *Celluloïd*.

Mendeleieff. — Voir *Pyrocollodion*.

Mendoça-Corteso (Poudre). — Poudre sans fumée portugaise, analogue à la cordite.

Mérino a proposé de revêtir les nitrates ou les chlorates d'une couche protectrice d'hydrocarbures fondus. Voici l'une des formules indiquées :

Salpêtre	73
Nitroglycérine	10
Soufre	7
Caoutchouc ou goudron dur	3
Résine ou goudron mou	1
Anthracite	6
	100

(Brevet français n° 151.960, du 7 novembre 1882.)

Merricks. — Voir *Hay*.

Mertz. — Voir *Rosenboom*.

Metalline Nitroleum (*Nitroglycérine-métal*). — Dynamite dont l'absorbant se compose de plomb rouge en poudre, avec ou sans addition de plâtre de Paris.

Métalliques (Rupture des masses) ou *loups* qui se forment dans les hauts fourneaux. — On sait que ces masses, extrêmement résistantes, constituent un obstacle réel à la marche des travaux. Leur rupture nécessite l'emploi des explosifs les plus puissants : il importe surtout que les cartouches puissent être réduites à un volume aussi petit que possible, de manière à restreindre dans la même mesure les dimensions des trous de mine ; la main-d'œuvre que nécessite leur perforation coûte beaucoup plus cher, en effet, que l'explosif dont on les charge. Par extension, on a appliqué le même procédé à la destruction de toute masse solidifiée dont l'existence cause une obstruction analogue, dans d'autres industries.

Metcalfe. — Voir *Curtis*.

Meteor Dynamite. — Voir *Oliver Powder Company (The)*.

Méthane nitré, méthazonique (acide). — Voir *Nitrométhane*.

Méthyl-*d*-mannosite (α-) et **Méthylglucoside** (α) **nitrées.** — Voir *Nitro-d-méthyl-α-mannosite* et *Nitro-α-Méthylglucoside*.

Meurling. — Voir *Nordenfelt*.

Meyer et **Moritz** ont proposé un mélange composé de poudre à canon fine, antimoine, salpêtre, fulminate de mercure, ciment romain, gomme et graisse.

(Brevet anglais n° 515, du 23 février 1865.)

M. G. Powder (Machine Guns Powder). — Poudre noire introduite en 1882 pour l'usage des mitrailleuses, et dont les grains, de forme anguleuse, pouvaient être comprimés sans avoir été écrasés au préalable ; densité = 1,75. Employée postérieurement dans le canon Nordenfelt de 25.

Miami Powder Co. (The), de Xenia (Ohio, U. S. A.), fabrique la poudre de chasse dite « Alarm », la dynamite Etna, ainsi que diverses gélatines.

Mica Powder. — C'est une dynamite inventée par Mowbray, et dont l'absorbant se compose de mica. Antérieurement, on avait proposé l'emploi de minces fragments de verre. Ces substances, à proprement parler, ne peuvent être considérées comme des absorbants : elles s'intercalent plutôt entre les molécules de nitroglycérine. La masse, plus rigide que la dynamite ordinaire, transmet l'explosion plus facilement.

Ce phénomène a été caractérisé par M. Berthelot de la manière suivante : « La nitroglycérine pure, liquide visqueux, transmet le choc qui détermine la détonation bien plus irrégulièrement que la silice imbibée d'une manière uniforme avec le même liquide. La dynamite au mica produit des effets encore plus considérables, d'après les observations, ce qui pouvait être également prévu en raison de la structure cristalline du mica, substance moins déformable que la silice amorphe (1). »

Faut-il en conclure à la supériorité de la dynamite au mica sur la dynamite ordinaire? M. Judson estime que, dans cette dernière, une partie de la nitroglycérine est perdue. Nous ne sachons pas que le fait ait été démontré expérimentalement et, en somme cette manière de voir ne semble guère justifiée. Il est à remarquer, au surplus, que la mica ne peut retenir une quantité de nitroglycérine supérieure à 52 0/0, alors que la dynamite ordinaire en renferme 75.

D'après les expériences du général Abbott, l'effet explosif sous l'eau de la dynamite au mica à 52 0/0 est de 0,83, la dynamite n° 1 correspondant à l'unité.

Michalowski (Poudre des mineurs de). — Composition :

Chlorate de potasse..................	50
Bioxyde de manganèse..............	5
Sciure de bois, tan moulu, son, etc...	45
	100

C'est une poudre très légère, à grains irréguliers de couleur gris-ardoise ; elle rappelle assez exactement l'aspect du thé.

Miel nitré. — Voir *Thunder Powder*.

Millbank a proposé les compositions détonantes que voici :

Chlorate de potasse...............	66,96	64,30
Prussiate de potasse..............	»	32,20
Phosphore amorphe...............	3,75	»
Charbon..........................	29,29	3,50
	100,00	100,00

(1) *Mémorial des Poudres et Salpêtres*, 1891, p. 18.

Miller (États-Unis d'Amérique) a proposé l'emploi de tubes minces en caoutchouc destinés à protéger, contre l'humidité, les cartouches explosibles, ainsi que les capsules. Ces tubes, avant l'emploi, sont enroulés sur des baguettes en bois.

[Brevet anglais n° 13,247 (1899), accepté le 24 mars 1900.]

Miller (Poudre). — Formée de deux compositions inertes, qui deviennent explosibles quand on les mélange :

Composition n° 1	Nitrate de soude...........	35
	Nitrate de potasse..........	35
	Amidon..................	2
Composition n° 2	Bichromate de potasse......	3
	Soufre.....................	13
	Charbon..................	12
		100

Millot. — Voir *Girard.*

Mills. — Voir *Gomez.*

Mindeleff. — Voir *Terrorite.*

Mine (Poudres de). — Les poudres de mine noires fabriquées en France, comprennent trois catégories :

1° Poudres rondes ou à grains anguleux destinées aux travaux de sautage et de pétardement, se divisant en poudres fortes, ordinaires ou lentes (72,62 et 40 0/0 de salpêtre). Des poudres de mine lentes spéciales, grenées ou non, contenant 65 0/0 de salpêtre, 15 de soufre, 10 de charbon et 10 de sciure de bois, ont été mises en vente, en 1900 ;

2° Poudres anguleuses fortes, ordinaires ou lentes, destinées à la confection de cartouches comprimées ;

3° Poudres fin grain fortes, ordinaires ou lentes, destinées à la fabrication des mèches de sûreté.

Miner's Friend Powder (*Poudre amie du mineur*). — C'est une dynamite-lignine contenant du nitrate de soude.

Miner's Powder Company Dynamite. — Sorte de dynamite n° 2, semblable à la poudre Vulcain.

Miners' Safety Explosive (*Explosif de sûreté pour mineurs*). — Dénomination sous laquelle, à l'origine, était désignée l'ammonite

Miners' Safety Fuse. — Voir *Mèches de sûreté*.

Miners' Safety Fuse Matches. — Voir *Allumeurs de sûreté*.

Miners' Squibs. — Voir *Pétards de mines*.

Mineurs (Poudre des). — Voir *Michalowski*.

Minite. — Mélange de dynamite et de sulfate d'ammoniaque soumis, en 1898, à l'examen de l'Inspection anglaise des explosifs.

Minolite. — Composition :

	Type ancien		Type modifié
Nitrate d'ammoniaque	65 à 73	pour 100	87
Nitrate de soude	20 à 10	»	3
Binitronaphtaline	»	»	3
Trinitronaphtaline	12	»	5
Sciure de bois (québracho) ...	1,5 à 4	»	2
Résine dissoute dans l'alcool ..	1,5 à 2	»	
			100

Le mélange s'opère à froid.

Pour la variété à 65 0/0 d'azotate d'ammoniaque, la température de détonation calculée est 2.140° et l'énergie potentielle, de 327.020 kilogrammètres par kilogramme, si on représente la réaction explosive par l'équation suivante :

$$820\,AzO^3.AzH^4 + 238\,AzO^3Na + 46\,C^{10}H^5Az^3O^6 + 5\,C^{20}H^{30}O^2$$
$$+ 10\,C^6H^{10}O^5 = 119\,CO^3Na^2 + 501\,CO^2 + 1880\,H^2O + 1008\,Az^2 + 135{,}5\,O^2.$$

La température de détonation est 1.916° et l'énergie potentielle par kilogramme, 293.120 kilogrammètres, si on considère le type modifié ; ces chiffres correspondent à l'équation :

$$328\,AzO^3.AzH^4 + 10\,AzO^3Na + 4\,C^{10}H^6Az^2O^4 + 6\,C^{10}H^5Az^3O^6 + 2\,C^6H^{10}O^5$$
$$+ C^{20}H^{30}O^2 = 5\,CO^3Na^2 + 127\,CO^2 + 708\,H^2O + 50{,}5\,O^2 + 346\,Az^2.$$

Cet explosif est fabriqué par M. Cornet, à Verviers (Belgique). (Brevets belge n° 130.805 du 22 septembre 1897 et n° 135.529, du 10 mars 1898 ; brevet anglais n° 6.228, 14 mars 1898, 21 janvier 1899).

Mirbane (Essence de). — Voir *Nitrobenzine.*

Mixtes comburants. — Voir *Compositions incendiaires.*

MN Smokeless Powder. — Poudre sans fumée américaine (Maxim-Nordenfelt), composée de coton-poudre gélatinisé dissous dans l'éther acétique. Elle est désignée, en Italie, sous le nom de poudre N/57. — Voir *Maxim.*

Monakay (Explosif). — Dynamite dont l'absorbant se compose d'un mélange, à poids égaux, de nitrate de soude, de cendre, de noir de fumée, de terre et de borax ; on ajoute 12,5 0/0 d'huile de kérosine.

Monnier a proposé une poudre chloratée contenant du sucre, du charbon de bois et du goudron de houille.

Mononitrobenzène ou **mononitrobenzine.** — Voir *Nitrobenzine.*

Mononitronaphtalène ou **monitronaphtaline.** — Voir *Nitronaphtaline.*

Mononitrotoluène ou **mononitrotoluol.** — Voir *Nitroluène.*

Montravel (Le comte de) a proposé l'addition de nitrobenzine aux ingrédients qui composent la poudre noire. Le mélange est chauffé à 140°, température à laquelle l'hydrocarbure fond et forme un enduit protecteur imperméable autour des grains. — Voir *Fortisine*.

(Brevet anglais n° 5.031, du 22 avril 1889.)

Morane, à Paris, a fait breveter un appareil destiné à simplifier la fabrication de la nitrocellulose, et dans lequel s'effectuent toutes les opérations constituant les premières phases de la fabrication. Un ventilateur entraîne les vapeurs acides vers un condenseur.

[Brevet anglais n° 24.561 (1889), accepté le 27 janvier 1900.]

Moritz. — Voir *Meyer* et *Vulcanite*.

Morse (Explosif). — Se compose de nitroglycérine et de résine traitées par un dissolvant commun. On fait évaporer celui-ci et l'explosif prend la forme d'une masse dure, que l'on broie ou granule à volonté.

Mortier. — Voir *Allumeurs de sûreté*.

Mortier et **Sandon,** à Bilbao, ont fait breveter la poudre à canon de composition suivante :

Salpêtre	65
Trinitrocrésol	25
Charbon de bois	9
Acide stéarique	1
	100

Les proportions peuvent être modifiées. Pour fabriquer cette poudre, on mélange d'abord le salpêtre et le charbon de bois dans un tambour rotatif; puis on ajoute le trinitrocrésol, en continuant le malaxage ; la masse passe alors à la presse et au grenage. L'acide stéarique est ajouté lors du lissage.

[Brevet anglais n° 25.711 (1896), accepté le 30 janvier 1897.]

Moschek. — Voir *Dynamoïte.*

Mosenthal. — Voir *De Mosenthal.*

Moteurs à explosifs. — Dans ces machines, on utilise dynamiquement l'expansion énorme développée par la détonation d'un explosif. L'idée première en fut émise par Huyghens en 1678 et Hautefeuille en 1680. Papin les fit fonctionner peu de temps après.

Il suffit de comparer la chaleur de combustion de la poudre avec celle de la houille, ainsi que les prix respectifs de deux substances, pour se rendre compte de l'infériorité considérable que présentent ces machines relativement aux machines à vapeur, si on se place au point de vue de l'économie. A poids égaux, l'énergie est développée par la poudre avec une rapidité incomparablement plus grande, ce qui ne constitue aucunement un avantage si l'on n'a en vue que le nombre de chevaux-heure susceptibles d'être engendrés. Il n'en est pas de même si, au contraire, on vise à certains résultats particuliers, que la diminution du poids de l'appareil générateur, par exemple. C'est pour cette raison que des appareils de ce genre ont été préconisés pour l'aérostation ; dans cet ordre d'idées, citons la machine-revolver construite par M. Gros en 1865, la machine à nitroglycérine de M. Renoir et celle de MM. Hureau de Villeneuve et Pénaud. Citons encore le moteur à nitroglycérine de MM. Wolf et Pietzcker, ainsi que ceux de MM. Hawkins, von Ruckterschell, etc. Les seuls moteurs de cette catégorie que l'on ait utilisés industriellement sont les moteurs à gaz.

Mourotto, à Toulouse. Voir *Vulcaïno.*

Mowbray. — Voir *Celluloïd, Mica Powder* et *Nitrotoluène.*

Mowbray est l'inventeur d'un procédé de fabrication de la nitroglycérine, aujourd'hui abandonné. Ce procédé, qui permettait l'obtention d'un produit très pur, présentait l'inconvénient d'être coûteux et peu rapide.

Chargé de la fabrication de la nitroglycérine nécessaire au percement du tunnel de Hoosie (États-Unis), Mowbray la transportait au moyen de bidons placés dans des caisses en bois portant une doublure intérieure d'éponges, de deux pouces d'épaisseur, et entourées extérieurement de bandes en caoutchouc destinées à amortir les chocs éventuels. En outre, il soumettait le liquide à la congélation (Voir *Bakewell*).

M P Powder. — Voir *Maxim-Schüppaus* (*Poudre*).

Mülhaüsen (Dr). — Voir *Nitramidon* et *Nitrojute*.

Müller (Emile). — Voir *Allumeurs de sûreté* et *Mèches de sûreté*.

Müller (Émile) et **Aufschläger** ont fait breveter l'addition, aux explosifs à base de nitroglycérine ou de nitrobenzine, de sels contenant au moins 5 molécules d'eau de cristallisation : sulfate de magnésie, carbonate de soude, alun, borate ou phosphate de soude (Voir *Grisoutite*).

(Brevet français n° 185.809, du 13 septembre 1887, et brevet anglais n° 12.424, même date.)

Müller (H.) et Co, à Liège. — Cette société fabrique la dynamite, la fractorite, la grisoutite et la müllerite, ainsi que les mèches de sûreté.

Müller (L.), à Berlin, conseille de soumettre à l'action de la presse hydraulique les explosifs à base de nitrate d'ammoniaque, afin d'en agglomérer les particules. Cette opération doit suivre le malaxage et précéder la granulation. Elle a pour but de rendre lesdits explosifs peu sensibles aux influences atmosphériques.

(Brevet anglais n° 8.044 (1898), accepté le 7 mai 1898.)

Müller, Oberländer, Fuchs et Gompertz, à Vienne, ont fait breveter la poudre de mine suivante :

Soufre, finement pulvérisé	10
Phénol (95°)	12
Salpêtre finement pulvérisé	40
Acide azotique (40° B.)	18
Farine de bois	7
Soude calcinée	3
	100

Ayant formé une pâte au moyen des deux premières de ces substances, on ajoute peu à peu le mélange des deux suivantes, en ayant soin de réfrigérer ; puis les deux dernières, lorsque la réaction est terminée.

(Brevet allemand n° 97.581, du 14 mars 1897 ; brevet belge n° 127.024, du 17 mars 1897.)

Müllerite. — Poudre sans fumée fabriquée par la Société anonyme des explosifs de Clermont (Müller et C°, à Liège, Belgique). Cette poudre, de couleur verte, est constituée de nitrocellulose. La variété n° 1 se compose de fragments foliacés ; la variété n° 2, de grains petits, très uniformes et durs. Cette poudre est plus dense que la poudre noire.

Les essais auxquels procéda la revue *Arms and Explosives* (juin 1899) donnèrent, en moyenne, pour la variété n° 1, une vitesse V_{0} = 1.212 pieds (307^{m},85) ; recul : 29,68 ft.-lb. (4,10 kilogrammètres). Pour la variété n° 2, ces chiffres étaient respectivement de 1.152 pieds (297^{m},18) et 25,68 ft.-lb. (3,45 kilogrammètres). Charges : 33,5 à 34 grains (2^{gr},17 à 2^{gr},20). La pression moyenne atteignit 3 tonnes, environ, par pouce carré. Remarquons que des essais antérieurs, auxquels procéda le journal *the Field*, ne donnèrent, comme pression, que 1,6 tonne environ. Charges : 33 grains (2^{gr},14). D'après les premiers expérimentateurs, la quantité d'humidité absorbée au bout de cent vingt heures fut de 2,65 0/0 pour la mullerite n° 1 et de 2,50 0/0 pour la variété n° 2.

La müllerite a été présentée, en 1899, à l'examen de l'Inspection anglaise des explosifs. Un premier échantillon ne fut pas admis, à cause des doutes qu'inspirait, quant à la stabilité, la matière colorante qu'il renfermait. L'inventeur remédia à cet inconvénient.

Mundell (Poudre). — Même composition que la poudre Pertuiset.

Munroe. — Voir *Indurite*.

Munroe-Jewell (Poudre). — Poudre sans fumée américaine, analogue à la balistite.

Muriatique (Poudre) pour étoupilles. — Voir *Chlorate de potassium*.

Muriatiques (Poudres). — Synonymes de poudres chloratées.

Murtineddu (Poudres). — Mélanges de salpêtre ou de nitrate de soude avec du soufre, de la sciure de bois, du crottin de cheval, du sel marin et de la mélasse.

(Brevet anglais n° 2.403, du 14 octobre 1856.)

Muschamp et **Reeves** ont fait breveter un procédé relatif au traitement des chiffons par le chlorure de chaux, ainsi que de la pâte de bois.

(Brevets anglais n° 3.293, du 15 décembre 1866, et n° 1.326, du 16 mai 1871.)

N

N (Explosifs de mines, type). — Compositions fixées par lettre collective du ministre de la guerre (France), datée du 2 septembre 1895 :

	N° 1				N° 2
	a	*b*	*c*	*d*	
Nitrate d'ammoniaque....	95,50	91,50	87,40	82,40	»
Nitrate de soude.........	»	»	»	»	80
Nitrate de baryte.........	»	»	»	5	»
Mononitronaphtaline.......	»	»	»	»	20
Dinitronaphtaline.........	»	»	12,60	12,60	»
Trinitronaphtaline........	4,50	8,50	»	»	»

Les variétés *a* et *b* sont désignées respectivement sous les noms de *grisounite-couche* et de *grisounite-roche*. Quant à la variété *c*, elle est identique à l'explosif Favier-type, ainsi qu'à l'ammonite. L'explosif n° 2 représente une des variétés de l'explosif Favier existant à l'origine, et que l'on a abandonnée depuis plusieurs années.

N 57 (Poudre). — Poudre employée par la marine italienne, dans les canons de 57 millimètres N. C'est la poudre sans fumée Maxim Nordenfelt, que nous décrivons sous la rubrique *MN Smokeless Powder*.

Nahnsen. — Voir *Gélignite*.

Nahnsen (Le Dr) a fait breveter l'addition, aux explosifs à base de nitroglycérine, de la créosote ou autres matières dérivées de la benzine ou du phénol. Cette addition entraînerait plusieurs avantages : abaissement du point de congélation et diminution de la sensibilité aux variations de la température, tant au point de vue de la fabrication que de l'emploi. L'aptitude explosive augmenterait également.

Voici la composition proposée :

Créosote	41,50
Nitroglycérine	25,00
Salpêtre	18,00
Farine de seigle	9,00
Bicarbonate de soude	5,50
Coton-collodion	1
	100,00

(Brevet français n° 252.074, 29 novembre 1895 — 14 mars 1896.)

L'addition de la créosote a fait l'objet d'un autre brevet obtenu, vers la même époque, par le Dr Weyel, compatriote du Dr Nahnsen. L'explosif qu'il préconise ne s'écarte pas sensiblement, comme composition qualitative, de celui que nous venons d'indiquer. Les proportions, toutefois, sont différentes.

Nahnsen (Le Dr), a proposé, sous le nom de phénix, un explosif de sûreté analogue à la carbonite (type ancien) et présentant les variétés suivantes :

Nitroglycérine	25	25	30	30
Azotate de potasse	34	»	»	»
Azotate de soude	1	35	32	30
Sciure de bois	40	»	38	»
Farine de seigle	»	40	»	40

Une autre variété ressemble à la carbonite n° 2. Voici, d'après le Dr Nahnsen, les données comparatives concernant ces deux explosifs.

	Carbonite n° 2	Phénix
Composition.		
Nitroglycérine	30	30
Nitrate de soude	24,50	32
Farine	40,10	38
Bichromate de potasse	5	»
Propriétés explosives.		
Température	1871°	2125°
Puissance (kilogrammètres)	232.000	292.000
Force brisante	284	215
Travail, par unité de force brisante	817	1358
Chaleur développée, par kg d'explosif	633 cal.	780 cal.

Ces divers explosifs sont fabriqués, à Anzhausen, par la *Sprengstoffwerke Dr Nahnsen & Co Commandit Gesellschaft*, de Hambourg.

(Brevet français n° 284.949, 14 janvier 1899—22 avril 1899; brevet belge n° 140.184, du 16 janvier 1899; brevet anglais n° 1.338, 19 janvier 1899 — 23 mai 1899.)

Naphtalène ou **naphtaline.** — Cet hydrocarbure a pour formule $C^{10}H^8$; on le considère comme formé par la soudure de deux noyaux de benzine, ayant en commun deux atomes de carbone à double soudure. C'est un corps blanc, d'une odeur goudronneuse, persistante, peu agréable. Il se présente sous la forme de lamelles brillantes, qui fondent à 79° ; l'ébullition se produit à 220°. Insoluble dans l'eau froide, il est très soluble dans l'alcool et dans l'éther. Il brûle avec une flamme fuligineuse.

On obtient la naphtaline, lors de la distillation du goudron, en recueillant les produits qui passent entre 180 et 220°. L'industrie la prépare en quantités considérables : elle sert, comme matière première, à la fabrication de nombreuses couleurs employées en teinture. Ses dérivés nitrés ou nitronaphtalines, que nous décrivons ci-après, entrent dans la composition d'un certain nombre d'explosifs.

National Explosives Co., Ltd. (**The**), dans son usine de Hayle (Cornouailles), fabrique les explosifs à base de nitroglycérine et de nitrocellulose : dynamites, gélatines explosibles, balliste, cordite.

National Gelignite. — Voir *Gélignite.*

Néoclastite. — Poudre de mine fabriquée par M. Yonck, à Yambes (Belgique).

Neptune (**Dynamite**). — Dynamite américaine du type n° 2, analogue à la poudre Vulcain, à la vigorite, etc.

Neuman (**Von**). — Voir *Signaux de brouillard pour chemins de fer.*

Neumeyer a proposé certaines modifications relatives à la poudre noire.

(Brevets anglais n° 1.636, du 17 juin 1865 et n° 1.408, du 13 mai 1867.)

New Explosives Co., Ltd. (**The**), dans son usine de Stowmarket, fabrique les explosifs à base de nitroglycérine et de nitrocellulose : dynamite, gélignite, cordite, carbonite, etc. C'est là que furent fabriqués, dès l'origine, les fulmicotons comprimés d'Abel. La même société applique, depuis peu, un nouveau procédé de compression du fulmicoton destiné à la confection des charges d'éclatement pour projectiles. Le moulage se fait en un seul bloc; par suite, on peut obtenir avec précision le degré d'humidité, la densité que l'on désire. D'autre part, l'enveloppe métallique peut être plus légère.

Newton. — Voir *Sous-Marines (Explosions).*

Newton (**Poudre**). — Voir *Saxifragine.*

Nichols. — Voir *Luck.*

Nico (Poudre). — Voir *Liardet.*

Niepce. — Voir *Compositions incendiaires.*

Nightingale et **Pearson** (Londres) ont fait breveter la poudre de mine suivante :

Chlorate de potasse...................	55 à 60	pour 100
Carbonate de sodium.................	25 à 29	—
Sucre....................................	6 à 10	—
Paraffine...............................	5 à 20	—

On peut remplacer le sucre par de la pomme de terre crue ou bouillie, du papier, etc. L'addition de paraffine rend la poudre plus résistante au choc.

(Brevet anglais n° 28.807, 6 décembre 1897, — 6 janvier 1899 ; — français n° 283.946, — 12 octobre 1898. 17 mars 1899.)

Niklès. — Voir *Compositions incendiaires.*

Nisser a fait breveter des poudres composées de nitrate de potasse ou de soude, chlorate ou perchlorate de potasse, bichromate de potasse, prussiate jaune de potasse, charbon minéral et végétal, soufre et matières végétales.

(Brevets anglais n° 1.939, du 26 juillet 1865, et n° 1.375, du 27 avril 1868.)

Le même inventeur a proposé une poudre chloratée contenant du bitartrate et du ferrocyanure de potassium, ainsi que du charbon.

(Brevet anglais n° 119, du 14 janvier 1870.)

Nitedals Krudtværk (Poudre). — Poudre sans fumée fabriquée à Christiana et qui a fait l'objet, en 1895, d'essais effectués par l'artillerie norvégienne.

Nitragave. — Voir *Trench.*

Nitraloès. — Voir *Trench.*

Nitramide ou **nitramite.** — Dénomination sous laquelle on désigne les explosifs Favier en Espagne ainsi qu'en Russie.

Nitramidine. — Composé obtenu par Dumas en 1845, antérieurement à la préparation du coton-poudre par Schœnbein, en nitrifiant le papier ou le carton. L'inventeur en proposa l'emploi pour la confection des gargousses.

Nitramidon. — L'amidon nitré est connu depuis 1832 : Braconnot préparait, sous le nom de xyloïdine, une poudre blanche, hygroscopique et très explosible, en traitant l'amidon par l'acide nitrique concentré. C'est Uchatius qui, le premier, a opéré la nitrification en se servant du mélange des acides nitrique et sulfurique. Il appela pyroxylam la poudre blanche ainsi obtenue.

Si nous donnons à l'amidon une formule en C^{24}, par analogie avec la cellulose, la xyloïdine sera représentée par

$$C^{24}H^{22}O^{20}(AzO^{2})^{8},$$

soit l'amidon octonitrique, renfermant 11,11 0/0 d'azote. Le Dr Mülhäusen a obtenu les amidons déca- et dodécanitriques, contenant respectivement 12,75 et 14,14 0/0 d'azote (*Dingler's Poytechnischer Journal*, vol. 284, p. 137). De même que les nitrocelluloses, les nitramidons sont des éthers nitriques : l'acide sulfurique concentré met l'acide nitrique en liberté. Le protochlorure de fer régénère l'amidon. Si on les agite avec de l'acide sulfurique sur du mercure, l'azote est éliminé totalement, sous forme de deutoxyde d'azote.

La préparation industrielle de l'amidon nitré se réalise au moyen de la fécule de pomme de terre, préalablement desséchée dans un appareil chauffé à 100°. Elle est finement moulue, puis traitée par l'acide nitrique ($d = 1,501$). La dissolution s'opère dans un bassin en plomb, à circulation d'eau extérieure. La fécule est introduite, par une ouverture que porte le couvercle, dans les proportions de 10 kilogrammes pour 100 d'acide. La température ne peut dépasser 20 à 25°. Un agitateur à hélice maintient sans cesse la masse en mouvement.

Lorsque la dissolution est terminée, le liquide passe dans une cuve à précipitation, également à circulation d'eau extérieure. Cette cuve est remplie d'acide nitro-sulfurique ayant servi à la fabrication de la nitroglycérine. La solution y est introduite par un injecteur à air comprimé, et l'amidon nitré se précipite sous la forme d'une poudre fine. 100 kilogrammes de solution nécessitent 500 kilogrammes d'acide.

L'amidon nitré est recueilli sur un filtre placé dans un double fond ménagé à la partie inférieure de la cuve ; le liquide est évacué à l'aide d'un robinet placé au-dessous. On soumet le nitramidon à des lavages réitérés sous pression, à l'effet d'éliminer complètement les acides. La neutralité ayant été vérifiée, on le traite par une solution de soude à 5 0/0, en présence de laquelle il reste pendant vingt-quatre heures au moins. Après avoir été soumis au broyage, on l'additionne d'une petite quantité d'aniline; finalement, il passe à la presse, d'où il sort renfermant un tiers d'eau environ et 1 0/0 d'aniline.

Les produits que le Dr Mülhäusen a obtenus, en appliquant au laboratoire ce procédé de fabrication, renfermaient 10,96 et 11,09 0/0 d'azote. A l'état pulvérulent, ils étaient d'un blanc de neige; très stables, solubles à froid dans la nitroglycérine, ils possédaient la propriété de s'électriser par le frottement. Certains d'entre eux ne contenaient que 10,50 et 10,58 0/0 d'azote; ils avaient été préparés en additionnant d'eau une solution d'amidon dans l'acide nitrique qui avait reposé pendant plusieurs jours. Leurs propriétés étaient les mêmes que celles des autres amidons nitrés.

Pour préparer l'amidon décanitrique, il introduit 20 grammes d'amidon de riz, préalablement séché à 100°, dans un mélange renfermant 100 grammes d'acide nitrique ($d = 1,501$) et 300 grammes d'acide sulfurique ($d = 1,8$). Au bout d'une heure, la matière passe dans un récipient où se trouve une grande quantité d'eau. Elle est lavée, d'abord à l'eau pure, puis à la soude en solution étendue. La quantité d'amidon nitré obtenue fut de 147gr,5, il contenait une petite proportion d'amidon octanitrique.

Si on le chauffe en présence d'éther alcoolisé, celui-ci distille et l'amidon décanitrique se précipite ; l'amidon octonitrique prend naissance et reste en solution alcoolique. Au moyen de ce traitement, on a pu préparer des produits renfermant 12,70 et 12,98 0/0 d'azote, alors que l'amidon octonitrique soluble n'en contient que 10,45 0/0.

Pour obtenir une proportion élevée d'amidon dodécanitrique, on traite 40 grammes d'amidon désséché par 400 grammes d'acide nitrique ($d = 1,501$). On laisse la réaction se prolonger pendant vingt-quatre heures, puis on verse 200 grammes du produit obtenu dans 600 centimètres cubes d'acide sulfurique à 66° B. Il se forme un précipité blanc, mélange des produits les plus élevés. L'emploi de ce procédé a permis l'obtention de teneurs en azote atteignant 13,22 et 13,53 0/0.

On a proposé, en Amérique, un procédé spécial de nitrification de l'amidon, la température étant inférieure à 4° (Voir *Azote Powder Company*).

Il résulte des expériences auxquelles on a soumis les nitramidons que les composés obtenus par la précipitation à l'aide de l'acide sulfurique concentré sont moins stables que les produits précipités par l'eau ou par l'acide faible. D'après le Dr Mülhäusen, il est probable que la cause réside dans la formation de composés sulfurés.

Le tableau suivant indique certaines propriétés de nitramidons préparés de diverses manières :

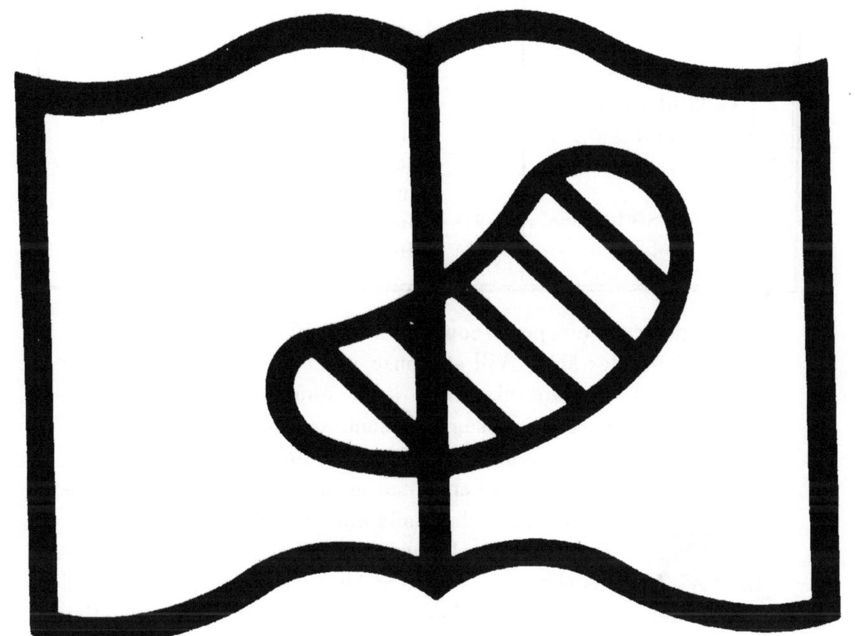

Original illisible

NF Z 43-120-10

PRÉPARATION		POINT d'inflammation	STABILITÉ	TENEUR en azote p. cent	SOLUBILITÉ Alcool 96°	Ether	Ether alcoolisé	Ether acétique
1 partie AzO^3H +	2 p. SO^4H^2 (renfermant 70 0/0 d'eau)......	175°	Stab.	11,02	Sol.	Insolubles.	Solubles.	Solubles.
	Eau................	170°	Stab.	10,54	Sol.			
	3 p. SO^4H^2 conc..	152°	Inst.	12,87	Ins.			
	3,5 p. SO^4H^2 conc..	121°	Inst.	12,59	Ins.			
	3 p. SO^4H^2 conc..	155°	Inst.	13,59	Ins.			

En général, on peut considérer l'amidon nitré, comme un composé stable : MM. Will et Lenze ont constaté qu'après avoir été exposés pendant six mois à la température de 50°, des échantillons de ce composé ne présentaient aucun signe d'altéra-[illegible] Les pyroxyles à base d'amidon, toutefois, sont hygrosco-p[illegible]es. Ils sont insolubles dans l'eau et dans l'alcool. Très explo-si[illegible]rsqu'ils sont secs, ils s'enflamment vers 173°.

[illegible]s M. Berthelot, la chaleur de formation de l'amidon azo-tique[illegible]uis ses éléments, est de 812 calories pour 1 gramme, si l'on admet avec M. Rechenberg que la chaleur de combustion totale de l'amidon est égale à + 726 calories. La chaleur de combustion totale est de 3.413 calories pour 1 gramme. Quant à sa chaleur de décomposition, elle ne pourrait être calculée que si les produits de la décomposition étaient donnés ; or, ils n'ont pas été étudiés jusqu'ici, et la dose d'oxygène est loin de suffire pour une combustion totale.

MM. Berthelot et Vieille ont trouvé, lors d'expériences relatives à la vitesse de détonation de l'amidon nitré, les chiffres de 5.222 et de 5.674 mètres, sous une densité de chargement = 1,2, dans des tubes en étain de 4 millimètres de diamètre extérieur ; la vitesse s'élevait à 5.816 mètres, lorsque le diamètre atteignait 5 millimètres ; elle se réduisait à 5.006 mètres dans un tube en plomb.

Le nitramidon peut être employé à la confection d'une poudre sans fumée, dont la préparation s'effectue comme suit : On mélange 6 grammes de jute nitré avec 2 grammes de nitramidon, et on additionne d'éther acétique; après avoir formé du tout une pâte bien homogène, on dessèche à la température de 50° à 60°. Le produit obtenu par le Dr Mülhäusen était très stable et renfermait 11,54 0/0 d'azote.

Le traitement de la dextrine et de l'amidon nitrés fait l'objet d'un brevet pris par Alfred Nobel. Ces matières, qu'il additionne de nitrocellulose, sont dissoutes dans l'acétone; celle-ci est éliminée ensuite par distillation. Finalement, le produit est travaillé de manière à acquérir une parfaite homogénéité.

(Brevet anglais, n° 6.560 du 2 mai 1887.)

Le même inventeur a fait breveter une poudre sans fumée à base de nitramidon ou de nitrodextrine (Voir *Actiengesellschaft Dynamit Nobel*).

Nitraniline. — L'emploi de la trinitraniline comme bas[illegible] substances explosibles, avec ou sans addition d'agents oxy[illegible] a été breveté par la *Chemische Fabrik Griesheim*, ainsi [illegible]par MM. Pierre et Pottgiesser. Il sert, également, à prép[illegible]niline fulminante.

Comparé à la trinitrobenzine, ce composé présente [illegible]antage de renfermer plus d'azote. Fondue ou agglomérée par compression, la trinitraniline peut être substituée à l'acide picrique ; à la différence de celui-ci, elle n'est pas soluble dans l'eau, n'est pas colorante et ne présente pas le caractère acide. Sa stabilité chimique est considérable.

Nitrarabinose. — MM. Will et Lenze ont préparé le tétranitrate d'arabinose [$C^5H^6O^5(AzO^2)^4$] (Voir *Hydrates de carbone nitrés*). Il se présente sous la forme de cristaux incolores qui fondent à 85° et se décomposent à 120. $[\alpha]_D = -108°,3$, en solution fraîchement préparée, à 4 0/0, dans l'alcool. Après vingt-quatre heures de conservation, ce composé perd 1,4 0/0 de son poids ; après quatre jours, 40 0/0.

Nitraté (Coton-poudre). — Nom générique sous lequel on désigne le coton-poudre additionné de nitrate.

Nitrate d'ammoniaque ou **d'ammonium** ($AzO^3.AzH^4$). — L'application du nitrate d'ammoniaque à l'industrie explosive remonte à 1867 (Voir *Ammoniahkrut*). L'extension considérable qu'elle a subie date de son emploi comme base des explosifs de sûreté; ceux-ci font l'objet d'une rubrique spéciale.

Il cristallise en prismes à six faces, isomorphes avec le nitrate de potasse, de saveur piquante. Densité : 1,71 ; poids moléculaire : 80 ; chaleur dégagée par sa formation depuis les éléments gazeux : 87^{cal},9 ; chaleur spécifique : 0,455.

L'azotate d'ammoniaque est déliquescent ; à froid, il est soluble dans 50 0/0 d'eau, avec abaissement considérable de température. Cette propriété est utilisée pour la préparation d'un mélange réfrigérent bien connu, que l'on obtient en ajoutant, à 5 parties de nitrate d'ammonium, autant de sel marin et 12 parties de neige. La température descend jusqu'à 18° au-dessous de 0.

Chauffé à 200 ou 210°, il commence à se décomposer. La décomposition, ainsi que l'a montré M. Berthelot, peut s'effectuer de huit façons différentes. On considère généralement ce sel comme n'étant pas explosible. Il convient, à cet égard, de rappeler un accident survenu à Kensington, le 20 mars 1896, dans l'établissement de M. Orchard, dentiste ; sur un fourneau, on avait placé un récipient ouvert, en fer émaillé, renfermant 18 livres d'azotate d'ammoniaque (8^{kg},160), destiné à fabriquer du protoxyde d'azote. La décomposition prit soudain la forme explosive ; le récipient fut brisé, ainsi que la tablette en fer du fourneau ; des briques, même, furent projetées.

Fabrication du nitrate d'ammoniaque. — De nombreux procédés ont été préconisés à cet égard : Hake a proposé de mélanger l'acide nitrique gazeux avec le gaz ammoniac (*Journ. Soc. Chem. Ind.*, 1889, p. 706). On obtient un produit très pur, mais trop coûteux.

D'autres inventeurs ont essayé d'appliquer le procédé Solvay, remplaçant le chlorure de sodium par du nitrate de sodium : Gerlach a fait breveter, en Angleterre, une méthode de fabrication basée sur la réaction suivante :

$$AzH^3.H^2O.CO^2 + AzO^3Na = CO^3NaH + AzO^3.AzH^4$$

(Brevet anglais n° 2.174, 1875.)

Le même procédé a été breveté en Allemagne, avec référence spéciale au traitement des eaux d'épuration du gaz d'éclairage. Lesage et C°, en 1887, et Chance, en 1885, se sont également inspirés du procédé Solvay (*Journ. Soc. Chem. Ind.*, t. XXXII, p. 236 ; 1886, p. 325). Ces divers systèmes n'ont pu être mis en pratique, la réaction s'effectuant d'une façon incomplète.

On en a proposé d'autres, basés sur la solubilité du nitrate d'ammoniaque dans l'alcool : les sels ammoniacaux — de préférence le sulfate — sont traités par le nitrate de soude ; ensuite, on extrait le nitrate d'ammoniaque au moyen de l'alcool. Parmi ces procédés, on peut citer ceux de Roth (brevet anglais n° 1.885 et brevet allemand n° 48.705, 1889) ; de Wahlenberg (brevet anglais n° 12.451, 1889), et de Grœndahl et Landin (brevet anglais n° 1.868, 1892). Les expériences auxquelles M. Fairley a soumis ces diverses méthodes n'ont pas donné de résultats satisfaisants (*Journ. Soc. Ind.*, 1897, p. 211).

Le procédé de fabrication employé à la raffinerie nationale de Lille comporte plusieurs phases (*Mémorial des Poudres et Salpêtres*, t. VII, p. 76) : la première consiste dans la neutralisation de l'acide nitrique par une dissolution ammoniacale ; celle-ci titre 22° Baumé et est obtenue par la concentration d'eaux ammoniacales faibles, recueillies au cours de la distillation de la houille. Quant à l'acide nitrique employé, c'est de l'acide jaune marquant 36° (acheté au commerce), ou 39 à 40°, et obtenu comme produit accessoire, dans les établissements où se fabrique l'acide nitrique à 48°.

Le mélange s'effectue dans des vases en grès d'environ 200 litres, où l'on siphonne d'abord l'acide. Afin de modérer l'élévation de la température, on les entoure d'un bac rempli d'eau, et on règle le débit de l'alcali. Les liqueurs que l'on obtient sont décantées dans des tonneaux de bois où, après refroidissement, on achève la neutralisation par une addition plus ou moins importante d'alcali. Si l'acide nitrique renferme un peu d'acide sulfurique, on ajoute également un peu d'hydrate de baryte, pour l'éliminer.

Après quelques heures de repos, on opère la concentration dans des chaudières en fonte émaillée. Une période de chauffage d'environ vingt heures amène la dissolution à marquer 35 à 36° B. On la décante, encore chaude, dans des bacs où, par suite du refroidissement, le nitrate d'ammoniaque, bien moins soluble qu'à chaud, se dépose en abondance. Avant le commencement de la cristallisation, on ajoute une petite quantité d'alcali (environ 0,5 0/0 en volume), afin que les cristaux formés ne puissent présenter aucune trace d'acidité. On agite de temps à autre, afin de prévenir la formation de gros cristaux. Pour terminer, on soumet le sel à l'action de turbines qui abaissent le taux d'humidité à 2 0/0 environ.

On fabrique également le nitrate d'ammoniaque en traitant le sulfate d'ammoniaque par de la chaux renfermant 50 0/0 d'oxyde de calcium environ. La réaction s'opère en présence d'une certaine quantité d'eau, dans un appareil muni d'un agitateur mécanique. L'ammoniaque qui prend naissance passe dans une série de récipients renfermant de l'acide nitrique ($d = 1,220$). Quant au nitrate d'ammoniaque, il est reçu dans une cuve où il est concentré, puis dans une autre où s'opère la cristallisation. Il reste à le turbiner, puis à terminer la dessiccation dans un séchoir chauffé à la vapeur.

Citons encore le procédé breveté par la Kölner Dynamit Fabrik, décrit ci-avant, ainsi que celui de Benker; ce dernier met en présence, à la température de — 15°, obtenue au moyen d'une machine réfrigérente, des solutions de sulfate d'ammoniaque et de nitrate de soude. La réaction s'opère et le nitrate d'ammoniaque se sépare, laissant dans la liqueur le sulfate de soude. Ce procédé permettrait d'obtenir un produit très pur.

Au point de vue pratique, une des principales difficultés que présente la fabrication du nitrate d'ammoniaque provient de ce que, en solution et à chaud, il attaque tous les métaux usuels ; aussi ne peut-on employer que des récipients émaillés.

L'examen de ce sel n'est guère compliqué : la présence de fer se manifeste par une coloration rouge ; lorsqu'on suspecte cette impureté, il sera aisé de la rechercher. Quant à l'azote, on le dose au nitromètre de Lunge, ou de toute autre manière. L'acide libre se détermine au moyen de la solution sodique.

Nitrate d'ammoniaque (Poudre au).— Voir *Ammonia nitrate Powder*.

Nitrate d'aniline. — Voir *Nitraniline*.

Nitrate de baryum [$(AzO^3)^2$ Ba]. — Ce sel cristallisé en octaèdres réguliers anhydres, de couleur blanche, inaltérables à l'air ; c'est cette qualité qui a motivé son emploi dans la confection de certaines poudres. En outre, il présente l'avantage de rendre plus lente et plus régulière la décomposition des substances explosibles.

Sa saveur est amère et salée. La solubilité dans l'eau augmente avec la température : tandis qu'à 0°, 100 parties d'eau dissolvent 5 parties de nitrate, elles peuvent en dissoudre 36 lorsque la température atteint 100°. La densité du nitrate de baryte atteint 3,238. Chauffé au rouge, il se décompose en oxygène, azote, acide hypoazotique et baryte. Mélangé avec un corps combustible, il déflagre. Sa chaleur de formation, depuis l'anhydride gazeux et la base solide, est de 47,8 cal. ; chaleur spécifique : 0,150.

On le prépare en traitant le carbonate de baryum par l'acide nitrique dilué. Le carbonate de baryum, minerai connu sous le nom de *withérite*, contient généralement du fer ; on l'élimine en laissant séjourner, dans de l'acide nitrique dilué, des morceaux de la grosseur d'une noisette. Après précipitation du fer, on soutire le liquide, devenu neutre ; on filtre, concentre et laisse cristalliser, de même que pour le nitrate d'ammoniaque.

On peut également fabriquer le nitrate de baryum en se basant sur la double décomposition qui se produit entre le chlorure de baryum et le nitrate de sodium, lorsqu'on met en présence des solutions aqueuses concentrées de ces deux sels, portées à l'ébullition. Il se forme du nitrate de baryum et du chlorure de sodium, de beaucoup plus soluble dans l'eau que le nitrate. Si donc, on n'a employé que la quantité de liquide suffisante pour maintenir le chlorure en solution, le nitrate de baryum se déposera presque au total, après refroidissement. (Raffinerie nationale de Lille. — Voir *Mémorial des Poudres et Salpêtres*, 1895-1896, 2e fasc., p. 100.)

L'azotate de baryum entre pour moitié environ dans la composition de la tonite, explosif très apprécié en Angleterre et dans d'autres pays; la tonite n° 3 en contient même 70 0/0. La dynamite Nobel à la baryte, ainsi que bien d'autres explosifs, en renferment une proportion notable. Il entre également dans la composition de certaines poudres sans fumée.

Nitrate de cuivre ammoniacal [$4AzH^3Cu(AzO^3)^2$]. — Nobel a fait breveter l'application de ce sel, seul ou mélangé avec des éléments combustibles, à la confection d'explosifs de sûreté. Sa température d'explosion n'est pas supérieure à 1.750°.

(Brevet français n° 184.128, du 9 juin 1887; brevet anglais n° 16.920, du 8 décembre 1887.)

Nitrate de diazobenzol. — Ce composé prend naissance lorsqu'on traite le nitrate d'aniline par l'acide nitreux, suivant le procédé de MM. Griess et Caro :

$$C^6H^5.AzH^2.AzO^3H + AzO^2H = C^6H^4Az^2.AzO^3H + 2H^2O.$$

L'acide nitreux est produit par l'action de l'acide nitrique sur l'anhydride arsénieux.

Le nitrate de diazobenzol, que l'on désigne également sous le nom d'aniline fulminante, se présente sous la forme de longues aiguilles blanches, solubles dans l'eau. Il se conserve dans l'air sec et à l'abri de la lumière. L'humidité la détruit rapidement ; exposé à la lumière, il se colore en rose et se décompose lentement.

Il détone facilement par le choc et par la friction ; si on le chauffe vers 90 à 93°, la détonation se produit violemment. On l'avait proposé comme succédané du fulminate de mercure ; mais la difficulté que présente sa conservation en a rendu l'emploi impraticable. Il sert à fabriquer certaines matières colorantes.

Nitrate de méthyle. — Synonyme d'éther méthylazotique.

Nitrate de plomb. — On obtient cette substance en traitant, par l'acide nitrique dilué, de la litharge finement pulvérisée ou du plomb métallique ; elle n'est que très légèrement hygroscopique, mais présente l'inconvénient de se décomposer trop facilement sous l'influence de la chaleur. L'explosion, en outre, engendrerait des produits nuisibles à l'organisme. Son emploi est interdit, en Angleterre.

Nitrate de potassium. — Ce sel, que l'on désigne également sous le nom de salpêtre ou nitre, occupe une des premières places parmi les substances auxquelles recourt l'industrie explosive. Il fut employé, dès le VIIe siècle, comme ingrédient des compositions incendiaires. C'est vers le siècle suivant que Geber le mentionne, pour la première fois, sous le nom de *sal petræ* ou *sal petrosum* (sel de pierre). Pendant de longues années, il forma le principal ingrédient des artifices employés en Orient : le feu grégeois des Byzantins, le to-hi-tsiang des Chinois, le ho-pao des Mongols et le medfaa des Arabes.

Le salpêtre existe tout formé dans quelques plantes, dans la plupart des terres cultivées et surtout, dans les sols riches en matières organiques azotées, ou nitrières naturelles. Ce sel, ainsi que les autres nitrates alcalins ou alcalino-terreux, prend naissance dans un acte chimique appelé nitrification. C'est ainsi que, dans différentes parties de l'Inde, il vient faire efflorescence à la surface du sol et que, dans les étables, les écuries, etc., on voit souvent les nitrates de calcium, de potassium ou autres former des croûtes cristallines à la surface des murs. On peut produire des quantités considérables de nitrates au moyen des nitrières artificielles ; ce sont des amas de terreau mélangés de cendres de bois, de chaux, d'urine, de fumier, de débris animaux, etc., que l'on expose au contact de l'air, en ayant soin de les remuer de temps à autre. Elles furent employées en Suède, en Hongrie, en Suisse, mais ne sont plus en usage de nos jours. En France, elles rendirent de précieux services à certaines époques, notamment sous la première République.

Sous l'influence de l'oxygène de l'air, de l'humidité et d'une température suffisamment élevée, il se forme des nitrates chaque fois que l'ammoniaque ou des matières organiques azotées en voie de décomposition se trouvent en présence de carbonates alcalins ou alcalino-terreux. La nitrification est due principalement à l'action d'un microbe aérobie, qui existe abondamment dans la terre arable, ainsi que dans les eaux d'égout ; c'est donc, en somme, une véritable fermentation.

L'acide nitrique peut être engendré également par l'union directe de l'azote et de l'oxygène, sous l'influence de l'électricité. Les orages éclatent dans nos contrées avec trop peu de fréquence pour pouvoir produire la quantité d'acide nitrique qui se forme dans l'air ; les eaux de pluie ordinaires renferment presque toujours des traces de nitrates. L'électricité à faible tension, telle que l'électricité atmosphérique habituelle, est suffisante pour provoquer la combinaison lente des éléments mélangés dans l'air ; d'après la théorie de M. Berthelot sur la fixation de l'azote dans l'acte de la végétation, le peu d'intensité des effets est compensé par leur durée et par l'étendue énorme des surfaces influencées. La nitrification, enfin, peut être due aussi à l'oxydation de l'ammoniaque, phénomène qui se produit dans certaines circonstances.

Le salpêtre se rencontre principalement dans le Bengale (province de Tirhût), où une caste spéciale, les Sorawallahs, s'occupe de son extraction ; on le trouve également en Perse, en Egypte, en Hongrie, etc., ainsi que dans certaines grottes de l'île de

Ceylan. Les terres imprégnées de salpêtre sont introduites dans des chaudières remplies d'eau chaude, où se déposent les matières insolubles. Ordinairement, on ajoute des cendres de bois, lesquelles renferment des doses notables de carbonate de potassium ; ce sel transforme en nitrate de potassium les nitrates de sodium, de calcium ou d'ammonium. Le liquide obtenu, décanté et évaporé, laisse comme résidu le salpêtre brut, lequel doit être raffiné ultérieurement.

Si l'on excepte l'Angleterre, le salpètre employé à la fabrication de la poudre ne provient pas, en général, des gisements du Bengale. On l'obtient en transformant le salpêtre du Chili, ou azotate de sodium, en azotate de potassium. Le produit obtenu est désigné sous le nom de salpêtre de conversion, salpêtre artificiel ou salpêtre allemand. La conversion se pratique à l'aide du chlorure de potassium, sel que nous avons décrit sommairement et dont nous avons indiqué les modes de production. Elle est basée sur l'équation suivante :

$$AzO^3Na + KCl = AzO^3K + NaCl$$

L'opération s'effectue dans une chaudière, chauffée extérieurement à la vapeur d'eau et pourvue d'un dispositif destiné à mélanger les substances traitées. On introduit 10 parties d'azotate de soude, et 5 parties d'eaux-mères provenant d'opérations précédentes. Cela fait, on commence à chauffer, en ajoutant progressivement 9 parties de chlorure de potassium. Si celui-ci contient des sulfates (kiésérite, sel gemme impur, etc.), on l'additionne de chlorure de calcium ; on obtient ainsi du sulfate de calcium, qui se dépose, ainsi que du chlorure de potassium.

La solution est maintenue en ébullition pendant une heure et demie environ, tout en étant soumise au malaxage. La réaction s'effectue ; le chlorure de sodium, soluble dans l'eau bouillante à raison de 39 0/0 seulement, tandis que le nitrate de potassium s'y dissout à raison de 247 0/0, ne tarde pas à se précipiter. Ayant enlevé le dépôt, on fait passer la solution bouillante dans des bacs métalliques plats appelés cristallisoirs, où on la laisse refroidir. La solubilité du chlorure de sodium est à peu près la même dans l'eau froide que dans l'eau bouillante, tandis que celle du salpêtre se réduit à 20 0/0 environ, les cristaux obtenus seront donc composés de ce dernier, accompagné d'une quantité minime de sel marin. L'opération terminée, on décante les eaux-mères, et il reste le salpêtre brut. Outre le chlorure de sodium, il renferme une petite quantité d'azotate de soude et de chlorure de potassium.

On peut également, au lieu d'employer le chlorure de potassium, effectuer la conversion au moyen du carbonate neutre de potassium. La réaction s'écrit comme suit :

$$2AzO^3Na + CO^3K^2 = 2AzO^3K + CO^3Na^2.$$

Le carbonate de potassium s'obtient en lessivant les cendres ou salins provenant de l'incinération des résidus que laisse la distillation des betteraves, résidus que l'on désigne sous le nom de vinasses. On peut l'obtenir aussi en traitant les eaux ayant servi au désuintage des laines : le suint de 1.000 kilogrammes de laine donne environ 75 kilogrammes de carbonate de potassium. Le carbonate est plus coûteux que le chlorure ; il importe de remarquer, en compensation, que le sel de soude, laissé comme résidu, a plus de valeur que le sel marin.

Comme moyen de production du salpêtre, signalons, enfin le traitement du suc sucré de betteraves. Par osmose (appareil de Dubrunfaut), on extrait des eaux contenant environ 50 0/0 d'azotate de potassium ; ces eaux n'étaient guère utilisées autrefois. M. Faucher, ingénieur en chef des Poudres et Salpêtres, auteur de cette méthode d'extraction du salpêtre, a indiqué un traitement qui élève la teneur à 90 et même 95 0/0. Il estime qu'en France, l'emploi de ce procédé permettrait d'obtenir annuellement 7.500 tonnes de salpètre [1].

Examen du salpêtre brut. — La valeur de ce produit dépend de sa teneur nette en salpêtre, ainsi que des matières étrangères qu'il renferme. La première de ces déterminations peut être

(1) *Mémorial des Poudres et Salpêtres*, t. I, p. 262.

effectuée par le procédé de Pelouze ou de Schlœsing. Quant à la seconde, elle comporte successivement le dosage de l'eau, des matières insolubles dans l'eau, du chlore, de la chaux, de la magnésie et du nitrate de sodium ; on trouve, dans les traités d'analyse quantitative, les indications qui concernent ces diverses opérations.

A Spandau, après avoir soumis le salpêtre brut à un examen préliminaire destiné à constater que la majeure partie se compose d'azotate de potassium, on passe à l'analyse qualitative : ayant préparé une solution concentrée, on en prélève une première partie, à laquelle on ajoute un peu d'acide chlorhydrique. S'il se forme de l'écume, c'est que l'échantillon renferme des carbonates; dans ce cas, on additionne encore un peu d'acide chlorhydrique, et on élimine par l'ébullition la totalité de l'acide carbonique. Puis, on ajoute du chlorure de baryum : la production d'un précipité blanc indiquera la présence de sulfates.

Une seconde portion de la solution est additionnée d'acide nitrique exempt de chlore; on y verse ensuite, goutte à goutte, du nitrate d'argent. Selon qu'il se forme un précipité floconneux de couleur blanche ou un simple trouble, on en conclut à la présence de chlorure en proportion plus ou moins considérable.

Pour rechercher les bases, on ajoute de l'ammoniaque à une troisième portion de la solution de salpêtre brut : la magnésie donnera un trouble ou un précipité; si des sels d'alumine ou de fer sont en présence, ils seront précipités également. L'addition d'oxalate de potassium à une quatrième partie de la solution précipitera, au bout de peu de temps, la chaux qu'elle pourrait renfermer.

Pour voir si l'échantillon renferme du sodium, on l'introduit dans un petit vase en porcelaine, dont il occupe les deux tiers; on le recouvre d'alcool et on y met le feu. La présence du métal, même en petite quantité, donnera à la flamme une teinte jaune caractéristique. Le résultat de l'expérience est plus net encore si, au même moment, on effectue la combustion d'une petite quantité de salpêtre pur, qui sert de témoin.

L'analyse quantitative porte sur une prise d'échantillon de 320 grammes. On l'additionne d'une quantité double d'eau; on chauffe ensuite, prolongeant l'ébullition pendant un certain temps. Ayant filtré à chaud sur un filtre taré, préalablement desséché à 100°, il restera, comme résidu, les matières organiques et insolubles. Pour prévenir la cristallisation du salpêtre sur le filtre, l'entonnoir sur lequel il passe est chauffé extérieurement, au moyen d'un courant d'eau dont on assure le passage par l'adjonction d'un second entonnoir en zinc. Le résidu laissé sur le filtre est lavé, à l'eau chaude d'abord et à l'eau froide ensuite, jusqu'à ce que les eaux de lavage, dont on évapore une goutte sur une feuille de platine, ne laissent aucun résidu. Il reste à dessécher le filtre à 100° et à le peser. On procède ensuite au dosage du salpêtre, lequel est passé en solution.

Raffinage du salpêtre. — Cette opération consiste, en principe, à traiter le produit brut par de l'eau chaude, additionnée d'une petite quantité de colle forte destinée à éliminer les matières albuminoïdes, colorantes, etc. La solubilité des nitrates alcalins dans l'eau chaude étant notablement supérieure à celle des chlorures, ceux-ci se précipitent. Ayant enlevé successivement les diverses impuretés qui prennent naissance, on décante le liquide et on le laisse cristalliser. Il doit être remué fréquemment et avec énergie, afin de favoriser la formation des cristaux de petites dimensions. Les cristaux sont lavés à l'eau froide; celle-ci se charge de préférence d'azotate de soude, soluble à raison de 78 0/0, alors que le salpêtre ne dépasse pas 22 0/0. Quant aux chlorures alcalins, dont la solubilité à froid est d'ailleurs supérieure à celle du salpêtre, il en subsiste qu'une quantité très faible; le lavage la réduit notablement. Cette opération terminée, il reste à faire passer les cristaux au séchoir et à les tamiser.

Propriétés. — Le nitrate de potasse cristallise en prismes orthorhombiques à six pans, terminés par des sommets dièdres, incolores et semi-transparents, anhydres et inaltérables à l'air. Densité : 2,1. Il fond à 350°, et se décompose si la température s'élève davantage. Sa saveur est fraîche, légèrement piquante et amère. Il est très soluble dans l'eau à froid, et sa solubilité augmente rapidement par la chaleur. Le diagramme ci-contre indique, par 100 parties d'eau, la solubilité du salpêtre et des sels qui l'accompagnent, lorsque la température croît de 0 à 100°.

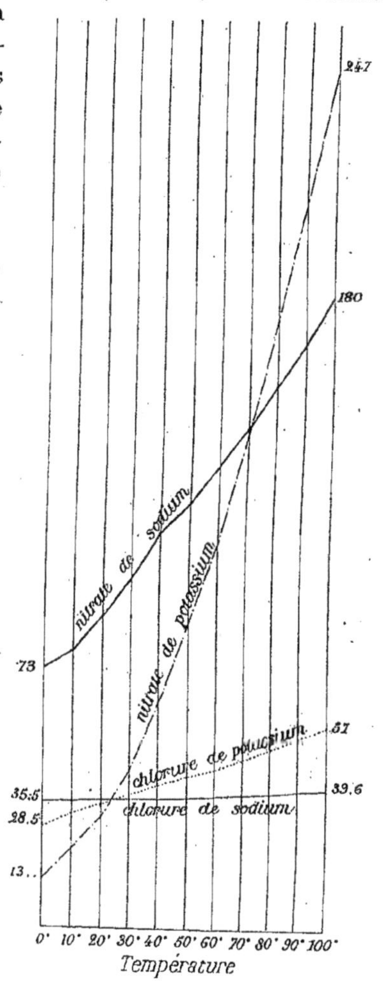

Fig. 37.

Examen du salpêtre raffiné. — Les cristaux dont il est formé doivent être très petits et de couleur blanche; leur solubilité dans l'eau, aux diverses températures, doit répondre aux données qui figurent dans le diagramme ci-contre. L'analyse qualitative, ainsi que la détermination du résidu insoluble, se pratique de la même manière que pour le salpêtre brut. Pour isoler les éléments d'origine minérale, il suffit de calciner ce résidu.

Le dosage de l'eau s'effectue comme suit : dans une capsule en platine, on pèse 10 grammes de salpêtre; on les chauffe, modérément, au début, puis plus fort, jusqu'à commencement de fusion. La perte de poids, après refroidissement sous le dessiccateur, indique l'humidité. S'il y avait en présence des matières organiques, leur volatilisation fausserait le résultat; dans ce cas, il faudrait chauffer à 110°, dans une étuve, jusqu'à ce que deux pesées consécutives fussent identiques. En tout état de cause, la proportion d'humidité ne peut dépasser 2 0/0. On dose le chlore, sur 20 centimètres cubes, au moyen de la solution décinormale de nitrate d'argent, et on calcule en chlorure de sodium. Les sulfates sont dosés par pesée, sur 20 ou 25 centimètres cubes, et calculés en sulfate de sodium. La somme des quatre éléments que nous venons de passer en revue, à laquelle on ajoute 0,5 0/0 pour les autres impuretés, est considérée comme représentant le degré de réfaction du nitrate; le reste étant compté comme salpêtre pur.

Le degré de raffinage exigé par les règlements militaires varie d'un pays à un autre : en France, la dose maxima de chlorure de sodium atteint 0,033 0/0; elle se réduit à 0,010 0/0 en Allemagne, 0,0083 en Belgique et 0,005 en Angleterre. L'essai se pratique en préparant une solution de nitrate d'argent, dont le titre corresponde exactement à la neutralisation de la quantité de chlorure admise dans 1 gramme de salpêtre: sachant que 58gr,4 de chlorure de sodium sont neutralisés par 169gr,7 de nitrate d'argent, il suffira de multiplier $\frac{169,7}{58,4}$ gr. par la fraction qui représente la tolérance admise. En Angleterre, par exemple, la solution qui correspond à la neutralisation de 100 grammes de salpêtre contiendra $\frac{169,7}{58,4}$ grammes $\times$ 0,005 $=$ 0,014529 grammes de nitrate d'argent. Pour faire un essai, dissolvons 1gr,4529 de réactif chimiquement pur et fondu dans un peu d'eau distillée; puis, ayant ajouté quelques centimètres cubes d'acide azotique destiné à contracter le chlorure d'argent qui doit prendre naissance, complétons jusqu'à 1 litre : chaque centimètre cube de la solution sera susceptible de neutraliser 10 grammes de salpêtre. D'autre part, introduisons 20 grammes de salpêtre dans un flacon de 150 centimètres cubes, bouché à l'émeri, et faisons-les dissoudre dans la plus petite quantité d'eau possible. Versons-y exactement 2 centimètres cubes de la solution d'azotate d'argent.

Chauffons ensuite le flacon à 70°, au bain-marie, en ayant soin de le secouer énergiquement de temps à autre, afin de rassembler le précipité qui s'est formé ; puis, filtrons sur un papier exempt de chlore. Ajoutant encore un peu de nitrate à la liqueur qui passe, si elle se trouble à nouveau, nous en conclurons à la présence d'une quantité de chlorure dépassant la limite imposée.

L'essai peut être pratiqué au moyen de deux échantillons de salpêtre ; lorsque la neutralisation est terminée et la liqueur reposée, on ajoute à l'un d'eux du nitrate d'argent et à l'autre, du chlorure de sodium en solution aqueuse. Si ce dernier trouble la liqueur, cela indiquera qu'une partie du nitrate primitivement introduit a été inutilisée et que, par conséquent, la proportion de chlorure de sodium est inférieure à la limite.

L'examen microscopique du salpêtre peut être des plus utiles. Pour le pratiquer, il convient d'appliquer la méthode de Nœllner, laquelle consiste à exposer l'échantillon à l'air humide, sous une cloche, pendant quelques heures. De cette façon, on concentre, dans le plus petit volume de liquide possible, l'azotate de sodium qui s'y trouve renfermé ; ce sel entre en déliquescence et peut être déplacé alors sur un entonnoir, au moyen d'un peu d'eau. Ayant évaporé la lessive, on laisse cristalliser et on expose de nouveau la masse saline à l'air humide, de manière à provoquer une seconde fois la déliquescence du nitrate de soude ; on lessive et on continue le même traitement, jusqu'à obtention d'une solution très riche de ce sel, qu'on laisse cristalliser. Les cristaux, en forme de rhomboèdres se rapprochant du cube, se reconnaîtront aisément des cristaux de salpêtre, de forme orthorhombiques à six faces et terminés par des sommets dièdres. Quant aux chlorures de potassium et de sodium, qui entrent en déliquescence, leurs cristaux respectifs se distinguent nettement.

Parmi les substances étrangères que renferme le salpêtre, il en est une sur laquelle il importe d'appeler spécialement l'attention ; c'est le perchlorate de potassium. Dans une note publiée par le *Chemiker Zeitung* du 4 avril 1894, le major Hellich relate certaines expériences auxquelles il soumit divers échantillons de salpêtre, dont l'essai au nitrate d'argent n'avait décelé que des traces de chlore seulement : ayant introduit, dans une capsule en platine, 10 grammes de salpêtre additionnés de $0^{gr},5$ de bioxyde de manganèse pulvérisé, il fit chauffer le mélange sur une flamme assez forte ; la masse fusa et prit une teinte franchement verte (manganate de potassium). Il ajouta ensuite 50 centimètres cubes d'eau distillée ; puis, après refroidissement, 20 centimètres cubes d'acide sulfurique dilué. Ayant laissé reposer quelques minutes le mélange, il le fit passer sur un filtre préalablement lavé avec soin, au moyen d'acide sulfurique dilué. La liqueur, additionnée d'une solution de nitrate d'argent, se troubla invariablement et prit même une apparence laiteuse. M. Hellich attribue ce phénomène à la présence de perchlorate de potassium dans le salpêtre examiné ; ce sel, sur lequel le nitrate d'argent est sans action, avait été transformé en chlorure. L'analyse montra que certains échantillons en renfermaient jusqu'à 0,25 0/0.

A la suite de ces expériences, le professeur Häussermann entreprit l'examen d'un grand nombre d'échantillons de salpêtre destinés à la fabrication de la poudre noire, et dont on considérait la pureté comme suffisante ; dans tous, sans exception, il put constater la présence de perchlorates. D'après son opinion, le perchlorate de sodium préexisterait dans le nitrate de sodium à convertir, et se transformerait en perchlorate de potassium (*Chemiker Zeitung*, 1894, n° 63).

Le Dr Panaotovich fut chargé d'examiner, par la méthode de Hellich, le salpêtre emmagasiné dans les établissements de Stragare et d'Obiličevo (Serbie). La dose de perchlorate atteignit 2,5 0/0 pour certains échantillons et se réduisit à 0,1 0/0 pour d'autres. Comme preuve du danger que ce sel est susceptible de présenter, M. Panaotovitch cite le cas de certains artifices, fabriqués par la Pyrotechnie royale de Serbie et contenant du perchlorate de potassium, lesquels s'enflammèrent spontanément après onze heures d'emmagasinage (*Chemiker Zeitung*, 1894, n° 81). Il ajoute qu'antérieurement, le salpêtre était recristallisé à Stragare, quelle que fût sa pureté, et qu'aucun accident ne survint au cours d'une période de trente années; cette mesure de précaution ayant été abandonnée ultérieurement, plusieurs explosions se produisirent. L'auteur estime que, même en proportion inférieure à 0,1 0/0, le perchlorate de potassium est susceptible de provoquer la décomposition graduelle des substances explosibles. Pour éliminer ce sel, il propose de soumettre le salpêtre à un raffinage supplémentaire. L'expérience a montré que l'opération laissait, comme résidu, des cristaux de perchlorate de potassium.

Un certain nombre d'explosions survenues dans les fabriques de poudre ayant été attribuées à la présence du perchlorate de potassium dans le salpêtre employé à la fabrication, des expériences furent effectuées à ce sujet par M. Kelbetz. Voici les résultats obtenus : le perchlorate de potassium, absolument exempt de chlorate, détone violemment lorsqu'on le broie avec du soufre, dans un mortier en porcelaine. Les mélanges renfermant 80 0/0 de perchlorate et 20 0/0 de charbon de bois, détonent avec une intensité qui varie selon la nature du charbon employé. Les poudres noires, contenant de 1 à 5 0/0 de perchlorate, perdent toute stabilité, lorsqu'elles sont chauffées; par suite, la présence de ce sel peut rendre dangereux le broyage, eu égard à la chaleur dégagée au cours de l'opération (*Chemiker Zeitung*, 1897, p. 587).

Les diverses considérations que nous venons d'exposer montrent que l'essai du salpêtre doit comporter le dosage du perchlorate. L'opération consiste, en principe, à transformer ce sel en chlorure. On sait que l'azotate d'argent est sans action sur les perchlorates; si donc, au moyen de ce réactif, on dose le chlore avant et après la transformation, l'excès du second de ces résultats sur le premier indiquera exactement la quantité de chlore provenant du perchlorate (1). La méthode de Hellich, avons-nous vu, décompose le perchlorate additionné préalablement d'une petite quantité de bioxyde de manganèse. Un autre chimiste,

(1) Il est à remarquer que le principe de ce procédé d'analyse n'établit aucune espèce de distinction entre le perchlorate et le chlorate; en d'autres termes, s'il y avait du chlorate présent, il passerait comme perchlorate.

M. Spollema, se borne à faire fondre le salpêtre tel quel; seulement, l'opération dure deux heures et, d'autre part, il est difficile de savoir à quel moment la totalité du perchlorate est transformée en chlorure (*Chemiker Zeitung*, t. XX, p. 1002).

Afin d'accélérer la décomposition, M. R. Selckmann conseille (*Zeistchrift für angewandte Chemie*, 1898, p. 101) de faire fondre le perchlorate en présence d'un corps susceptible d'absorber l'oxygène qui se dégage; il considère qu'à cet effet, la substance la plus avantageuse paraît être le plomb métallique. L'opération se pratique comme suit :dans un creuset en porcelaine de 40 à 50 centimètres cubes de capacité, on introduit 5 à 10 grammes de salpêtre, auquel on ajoute de la tournure de plomb en quantité dépassant quelque peu le triple. Ayant chauffé doucement, on voit fondre le sel et le métal successivement, puis les deux substances entrer en réaction : un dégagement de gaz se produit et une couche d'oxyde de plomb prend naissance à la surface du liquide. On agite celui-ci avec un fil de cuivre, de manière à renouveler les surfaces de contact; d'autre part, on règle la flamme de telle sorte que le dégagement gazeux soit aussi faible que possible, sans toutefois cesser complètement. Au bout d'une dizaine de minutes, la masse s'épaissit, les bulles deviennent rares. A ce moment, on peut activer la chauffe jusqu'à ce que le fond du creuset soit porté au rouge sombre; il est nécessaire d'agir avec prudence, car une chauffe immodérée porterait la masse à l'incandescence, avec dégagement de fumées blanchâtres; elle prendrait une consistance très dure et deviendrait inapte, dès lors, à subir les traitements ultérieurs. Par contre, si on chauffe insuffisamment, la décomposition du perchlorate est incomplète. En somme, l'opération exige une grande délicatesse et présente un écueil sur lequel il est utile d'appeler l'attention.

Quoi qu'il en soit, la substance qui se trouve dans le creuset renferme la totalité du chlorure de plomb; à moins que la fusion n'ait été opérée à très basse température, ce chlorure est combiné avec l'oxyde. On pourrait les séparer au moyen d'acide nitrique dilué, mais il en résulterait des pertes de chlore. Il vaut mieux les traiter par de l'eau chaude contenant 2 à 3 grammes de bicarbonate de soude, ou 10 centimètres cubes de soude caustique à 20 0/0 et exempte de chlore; après avoir chauffé un moment, on fait passer sur un filtre, exempt de chlore également. La liqueur obtenue est additionnée d'acide nitrique, puis précipitée par le nitrate d'argent. Il est nécessaire de doser le chlore gravimétriquement, car le titrage volumétrique fournirait des résultats trop peu précis, eu égard à la présence de l'acide nitrique. Le poids moléculaire du permanganate de potassium (ClO^4K) étant 138,40 et le poids moléculaire du chlore 35,37, il faudra multiplier par 3,913 le poids du chlore déterminé par l'analyse; toute erreur commise se trouvera donc amplifiée. S'il s'agit du perchlorate de sodium, le multiplicateur est 3,46.

La recherche du perchlorate peut également s'effectuer à l'aide du microscope. M. Van Breukeleveen (*Chem. Zeit.*, 1898, p. 145) indique à cet égard l'emploi du chlorure de rubidium : d'après Behrens, lorsqu'on traite par ce réactif la solution d'un perchlorate, il se précipite du perchlorate de rubidium, peu soluble, sous forme de cristaux rhomboédriques. Pour mettre le principe en application, on dissout 10 grammes de salpêtre dans une égale quantité d'eau bouillante; puis, ayant ajouté 50 centimètres cubes d'alcool à 95°, on porte à l'ébullition, et on laisse refroidir pendant une ou deux heures. On décante alors le liquide clair, on l'évapore, et on reprend le résidu par une quantité d'eau aussi faible que possible. Ajoutant à ce moment le chlorure de rubidium, on colore très légèrement au moyen d'un peu de permanganate de potasse et on porte une goutte du liquide sous l'objectif du microscope, pour y rechercher les cristaux caractéristiques du perchlorate de rubidium. Il est essentiel que la coloration soit très pâle, sans quoi l'on pourrait les confondre avec les cristaux de permanganate de rubidium, lesquels sont rouge foncé. Ce procédé permettrait de décolor 0,6 0/0 de perchlorate de potassium dans le salpêtre.

Un autre procédé de dosage a été proposé par MM. Ahrens

et Hett. Il est applicable au salpêtre du Chili et se trouve décrit ci-dessous.

Nitrate de sodium. — Ce sel, que l'on désigne également sous le nom de salpêtre du Chili, existe sous forme de gisements énormes, susceptibles de produire des milliers de tonnes [1] chaque année, et situés dans les provinces d'Acatama et de Tarapaca (Chili). Les couches ont une épaisseur qui varie de 0^m,65 à 3 mètres et se trouvent à une profondeur de 0^m,90 à 4^m,50. La terre qui les compose, appelée *caliche*, renferme une proportion de nitrate qui varie de 15 à 80 0/0 ; il s'y trouve, en outre, du chlorure de sodium, ainsi que d'autres sels : sulfates, chlorates, chromates, iodates, etc.

Cette terre est extraite au pic et à la poudre, puis dissoute dans l'eau bouillante. Laissant ensuite cristalliser le sel, les eaux-mères retiennent la majeure partie des chlorures. Les cristaux de nitrate, après lavage, renferment environ 1 à 1,5 0/0 d'impuretés (chlorure et sulfate de sodium, principalement), ainsi que 2 à 3 0/0 d'eau.

L'azotate de sodium cristallise en prismes à peu près droits, d'où le nom de salpêtre cubique qu'on lui donne parfois. Densité des cristaux : 2,4. Poids moléculaire : 85 ; chaleur spécifique : 0,278 ; chaleur de formation : 60,9 Cal. C'est un sel de saveur salée, déliquescent, soluble dans l'eau presque à poids égaux, à la température ordinaire ; la solubilité augmente notablement avec la température (Voir le diagramme ci-dessus).

Ses propriétés chimiques, analogues à celles du salpêtre, le rendent propre à la confection de mélanges explosibles. Il entre dans la composition d'un certain nombre de poudres à bon marché, mais la conservation difficile, par suite de leur tendance

(1) D'après les rapports semestriels que publient MM. Montgomery et Cots, la quantité de salpêtre du Chili consommée dans le monde, du 1er janvier 1831 au 31 décembre 1903, représente un total de 1.234.000 tonnes. Quant au prix qui fut de 23 sh. (35 francs) à l'origine, il est descendu jusqu'à 9 fr. 50, en 1890 ; à la date du 31 décembre 1900, le cours s'était relevé à 8/6 (10 fr. 60).

à absorber l'humidité ; on en a employé des quantités notables dans les travaux de l'isthme de Suez.

Le nitrate de soude sert à fabriquer le salpêtre, ainsi que l'acide nitrique. C'est ce qui explique la valeur si considérable que présentent les importations de ce sel en Europe. On l'emballe dans des sacs de 100, 110, 120 kilogrammes, etc. Ces sacs s'imprègnent de sel, ce qui les rend très inflammables. Aussi convient-il de les laver très soigneusement ; on retire ainsi, en moyenne, 750 grammes par sac. Des cas d'inflammations spontanées de ces sacs se sont produits dans le port de Brest, en mai 1896, ainsi qu'en avril 1898. Peut-être convient-il d'en attribuer la cause à la présence de perchlorate dans le nitrate ?

Examen du nitrate de soude. — Les prises d'échantillons destinés à effectuer la réception des cargaisons se pratiquent en prélevant, dans chaque sac, des cristaux de grandes et de petites dimensions, en proportions correspondant aux quantités respectives des dits cristaux. Il faut tenir compte, en effet, de ce que les cristaux de petite taille doivent être plus impurs que les grands ; la cause réside dans la quantité plus grande d'eau-mère qui est adhérente, par suite de la surface relativement plus étendue. L'échantillon-type ayant été obtenu par le mélange des prises d'essai finement pulvérisées, l'analyse portera sur les éléments que voici :

a) *Humidité.* — On pèse, dans un verre de montre, 10 grammes de la substance ; les ayant chauffés à 120°, afin de détruire toute matière organique, on les place dans un dessiccateur à l'acide sulfurique. L'humidité sera dosée par perte de poids. On peut également chauffer l'échantillon, sur une petite flamme, dans un creuset en porcelaine, jusqu'au moment précis où la fusion commence ; de même, la perte de poids indiquera la quantité d'humidité.

b) *Chlorure de sodium.* — Ayant pesé 10 grammes environ de la matière à analyser, on les dissout dans l'eau distillée ; le dosage du chlorure de sodium s'effectue au moyen de la solution décinormale de nitrate d'argent, à laquelle on ajoute un peu de chromate de potassium. L'opération est terminée dès qu'apparaît le précipité rouge de chromate d'argent. Chaque centimètre cube de la solution décinormale correspond à 0gr,00585 de chlorure de sodium.

c) *Matières insolubles.* — On dissout 100 grammes de l'échantillon dans l'eau distillée, et on passe le tout sur un filtre taré, desséché au préalable. Il suffit de dessécher et de peser ensuite le résidu.

d) *Sulfates.* — La liqueur qui a passé au filtre est soumise à l'ébullition, après avoir été concentrée. On ajoute un excès de chlorure de baryum. Le sulfate de baryum qui se précipite est fitré, desséché et pesé.

e) *Nitrate de sodium.* — Le dosage se pratique, indirectement, par détermination de l'azote. L'opération peut s'effectuer aisément au nitromètre de Lunge. Elle porte sur 0gr,45, auxquels on ajoute 5 centimètres cubes d'acide sulfurique concentré ; la quantité d'acide sulfurique dilué à additionner subséquemment est de 10 centimètres cubes. [Voir *Azote* (*Dosage de l'*).]

Lorsque le nitrate de soude est destiné à la fabrication de l'acide nitrique, la proportion totale de matières étrangères ne peut atteindre 6 0/0. A la poudrerie du Moulin-Blanc, il faut que l'analyse donne au moins 60 0/0 de Az^2O^5, soit 94,40 0/0 de nitrate pur. En général, on tolère 0,75 0/0 de chlorure de sodium ; la proportion de ce sel, toutefois, dépasse rarement 0,3 0/0. La dose d'humidité ne peut dépasser 3 0/0.

Voici, d'après M. Guttmann, le résultat moyen d'analyses de nitrates de bonne qualité, destinés à la fabrication d'acide nitrique concentré :

Nitrate de sodium	96,4000
Chlorure de sodium	0,6084
Sulfate de sodium	0,2870
Matières insolubles	0,1060
Eau	2,7050
	100,1064

Le dosage du perchlorate de soude intéresse surtout l'industrie agricole, car le nitrate de soude est d'un emploi fréquent comme matière fertilisante; or, le perchlorate exerce sur la végétation une influence désastreuse. MM. C. Ahrens et P. Hett préconisent un procédé (*Zeitsch. für öffentl. Chem.*, IV, p. 445) qui est l'application de la méthode de Hellich, décrite ci-dessus : dans une capsule en platine, on introduit 20 grammes de l'échantillon bien pulvérisé, que l'on humecte avec 2 à 3 centimètres cubes d'une solution froide et saturée de carbonate de soude. On ajoute 1 gramme de bioxyde de manganèse exempt de chlore. Ce sel est destiné à faciliter la décomposition du perchlorate; quant au carbonate de soude, il sert à prévenir la volatilisation partielle de l'acide chlorhydrique, au cours de l'opération.

La capsule est chauffée, de manière à obtenir la fusion de la masse, puis maintenue au rouge pendant un quart d'heure; il est nécessaire qu'elle soit couverte avec soin. Après refroidissement, le produit obtenu est dissous dans 100 centimètres cubes d'eau bouillante. La solution ayant été refroidie, filtrée et complétée à 250 centimètres cubes, on en prélève 50 et on les additionne de 10 à 15 centimètres cubes d'acide nitrique ($d = 1{,}2$). On ajoute ensuite une solution de permanganate de potasse à 1 0/0, jusqu'à persistance, pendant une minute, de la coloration rouge; cette dernière addition a pour but d'éliminer l'acide nitreux et de transformer en iodate la petite quantité d'iode qui peut se trouver dans l'échantillon à l'état d'iodure. On ajoute enfin du sulfate ferreux, et on titre la liqueur au moyen du nitrate d'argent, par la méthode de Volhard. De même que dans les autres procédés exposés ci-dessus, c'est la différence entre les quantités de chlore dosées avant et après la décomposition du perchlorate qui sert à déterminer celui-ci.

Le procédé de Selckmann peut être appliqué également; il est même plus exact que pour le perchlorate de potasse, car la décomposition intégrale du sel est plus facile à réaliser.

Nitrate d'étain (Le) est une poudre cristalline blanche, très explosible sous l'action de la chaleur, du choc ou du frottement. Pour le préparer, on répand de l'acide nitrique ($d = 1,20$) en mince filet, sur une surface d'étain ou de soudure; on peut aussi soumettre le métal à l'action d'une solution d'azotate de cuivre.

Ce sel mérite une mention spéciale en raison de certaines explosions, difficiles à expliquer, qui se produisirent dans les poudreries et lui furent attribuées. A Spandau, par exemple, on a constaté de fréquentes inflammations de la poudre pendant certaines phases de la fabrication. En examinant les appareils, on trouva que, dans les endroits où les pièces en bronze soudées étaient en contact permanent avec la poudre humide, la soudure était fortement corrodée et même complètement détruite par places. Dans les joints s'était accumulée une substance qui faisait explosion avec projections d'étincelles, lorsqu'on l'enlevait au ciseau. Des expériences faites à cet égard montrèrent que, dans des circonstances analogues à celles qui s'étaient produites, le nitrate d'étain pouvait prendre naissance.

Nitrate Explosives Co., Ltd. (The), dans son usine de Gatebeck (Westmoreland), fabrique l'aphosite, la fumelessite, la poudre ordinaire, la virite et la wesphalite.

Nitre. — Synonyme de salpêtre.

Nitré (Amidon, cellulose, etc.). — Voir *Nitramidon*, *Nitrocellulose*, *etc.*

Nitrérythrite. — L'érythrite ou phycite, $C^4H^6(OH)^4$, est une substance que l'on extrait du lichen connu sous le nom de *rocella montagnei*, et dont l'éther tétranitrique se présente sous la forme de petits cristaux insolubles dans l'eau, solubles dans l'alcool. Chauffé rapidement, cet éther détone avec violence; il est très sensible, également, à l'action du choc.

La nitrérythrite, ou tétranitrate d'érythrol, est préconisée comme remède contre l'angine de poitrine. Aussi importe-t-il d'appeler l'attention sur le danger que présente son maniement : le 15 décembre 1897, à Dartford (Angleterre), une explosion de ce composé causa la mort d'un pharmacien qui le triturait dans un mortier, avec de la lactose finement pulvérisée. Un an plus tard, un second accident fut causé par l'explosion d'une petite quantité de la même substance, que l'on avait jetée au feu par inadvertance.

Nitrésine. — Dénomination impropre sous laquelle on désigne parfois la nitrorésine.

Nitrinosite. — L'inosite est un sucre cristallisable, isomérique avec la glucose. Le traitement à froid, par le mélange des acides habituels, donne un produit pulvérulent qu'on laisse cristalliser dans l'alcool. La nitrinosite détone par le choc.

Nitrique (L'Acide) joue un rôle très important dans l'industrie explosive : il sert à la préparation des produits nitrés tels que la nitroglycérine, la nitrocellulose, etc.

De même que dans les laboratoires, on le prépare en décomposant le nitrate de soude par l'acide sulfurique :

$$AzO^3Na + SO^4H^2 + = SO^4HNa + AzO^3H.$$

La réaction s'opère à chaud, dans une cornue au sortir de laquelle les vapeurs d'acide azotique sont condensées.

Si le principe de la fabrication est invariable, les solutions auxquelles a donné lieu son application sont nombreuses. C'est qu'en effet, l'acide azotique attaque la plupart des substances avec lesquelles il vient en contact. L'idéal, à cet égard, serait d'employer la poterie. Mais elle se prête difficilement à la confection d'appareils de dimensions vastes et présente l'inconvénient d'être trop fragile. Les cornues ou cylindres en fonte sont plus convenables ; la composition et la qualité du métal doivent faire l'objet de soins tout particuliers. Malgré toutes les précautions prises, on voit certains appareils être mis hors d'usage au bout d'une année, alors que d'autres résistent vingt ans et même davantage.

En vue de réaliser des économies, on a été amené à perfectionner les appareils de fabrication, et surtout ceux qui se rapportent à la condensation des vapeurs acides. On s'est appliqué aussi à augmenter le rendement, en même temps qu'on cherchait à diminuer les frais d'entretien du matériel, ainsi que la consommation du combustible. On s'est efforcé, également, de diminuer la formation de l'anhydride hypoazotique (Az^2O^4), composé dont la production s'effectue au détriment de l'acide nitrique.

Eu égard aux quantités considérables d'acide nitrique qu'emploie l'industrie explosive, on conçoit que les fabriques de dynamite, de coton-poudre, etc., aient tout avantage à produire elles-mêmes l'acide nitrique nécessaire à leur consommation. On trouvera, dans l'ouvrage de M. Guttmann intitulé *The Manufacture of Explosives*, la description de plusieurs procédés de fabrication ainsi que des dispositifs destinés à la condensation de l'acide nitrique. L'un de ces procédés, breveté par le Dr Valentiner, de Leipzig, utilise le vide pour effectuer la distillation de l'acide. Il a été expérimenté à la poudrerie d'Angoulême. D'après le rapport de M. Bruley (*Mémorial des Poudres et Salpêtres*, t. IX, p. 80), le rendement effectif est augmenté de 4 à 5 0/0 seulement, et la diminution du prix de revient est faible. L'appareil, en outre, est d'un maniement délicat et exige des ouvriers soigneux et attentifs; enfin, il est assez coûteux. Par contre, il assure la salubrité et la sécurité des opérations. Il facilite la séparation exacte des acides forts et des acides faibles, dans une fabrication courante utilisant des vieux acides, et permet la concentration des acides faibles.

Signalons aussi les dispositifs imaginés par M. Guttmann et par M. Prentice. Dans une note récente publiée par M. Guttmann (*Moniteur scientifique du Dr Quesneville*, 1901, p. 238), l'auteur fait ressortir les avantages que présente son système, comparativement à celui du Dr Valentiner.

En fait, quel que soit le procédé employé, des pertes sont inévitables. Les produits qui s'échappent dans l'atmosphère constituent une *nuisance* pour le voisinage. Pour obvier à cet inconvénient, on les fait passer sur de la chaux éteinte, qu'ils transforment en nitrate. Ce procédé, toutefois, n'est pas d'un emploi général, et on préfère se servir de tours, où les gaz circulent de bas en haut, tandis qu'on laisse couler lentement de l'eau en sens inverse. Des substances à grande surface : coke, fragments de pierre ponce, etc., favorisent le contact. Mais ces matières sont attaquées par les acides. Aussi a-t-on imaginé des tours à plaques, disposées de manière à ménager des chicanes qui les remplacent avec avantage ; signalons, à ce titre, la tour de Lunge-Rohrmann.

Le maniement de l'acide nitrique peut présenter certains dangers ; témoin, l'incendie qui se déclara, le 13 juillet 1892, à la poudrerie nationale d'Angoulême et fut provoqué par la rupture accidentelle d'une tonne pleine d'acide à 48° (94,07 0/0 AzO^3H). Il est prudent de limiter l'approvisionnement d'acide conservé sous des abris, à la quantité qui correspond à la consommation d'une semaine ; les touries seront placées dans des fosses étanches pleines d'eau. Si les bâtiments qui composent l'usine sont vastes, ils doivent être divisés en sections, par des murs bâtis de manière à pouvoir servir de protection efficace, en cas de besoin.

L'acide nitrique est un produit très corrosif, d'une odeur caractéristique, fumant à l'air. Outre l'acide concentré, on trouve dans le commerce un acide étendu d'eau, marquant 36° (52,80 0/0 AzO^3H), et vulgairement connu sous le nom d'eau-forte. A l'état de pureté, il se présente sous la forme d'un liquide incolore. La présence d'anhydride (acide) hypoazotique ou pyroxyde d'azote lui donne une coloration jaune ; celle-ci, en général, n'est pas admise dans l'acide commercial. S'il s'agit de l'acide produit par les dynamiteries pour leur propre consommation, les proportions tolérées varient dans une large mesure : alors que certains fabricants admettent jusqu'à 7 0/0 d'anhydride hypoazotique, d'autres limitent la teneur à 0,5 0/0. D'après M. Guttmann, il n'est pas désirable de dépasser 2 0/0.

Le point d'ébullition de l'acide nitrique varie avec son degré de dilution :

DENSITÉ DE L'ACIDE	POINT D'ÉBULLITION
1,52	86°
1,50	99°
1,48	115°
1,47	123°
1,40	119°
1,35	117°
1,30	113°
1,20	108°
1,15	104°

La détermination de ce point d'ébullition demande une certaine habileté. Il faut que le thermomètre soit placé aussi près que possible de la surface du liquide, au sein même des vapeurs qu'il dégage. La lecture doit en être faite au moment précis où apparaît la première bulle, car la température s'élève jusqu'à 123°, sous l'influence de la décomposition de l'acide nitrique.

L'analyse qualitative de l'acide nitrique concerne le chlore, les sulfates et le fer, que l'on recherche par les procédés habituels.

Pour doser l'acide, on procède de la manière suivante : ayant pesé un flacon de 100 centimètres cubes, où se trouve un peu d'eau distillée, on y verse 1 centimètre cube de l'acide à examiner, à l'aide d'une pipette, et on pèse à nouveau, ce qui détermine le poids de l'acide. Ensuite, on ajoute de l'eau, de manière à obtenir un volume total de 100 centimètres cubes, à 15°, et on agite soigneusement ; ayant prélevé 10 centimètres cubes de la liqueur, à l'aide d'une burette, on les verse dans un petit flacon d'Erlenmeyer. Le dosage s'effectue au moyen de la solution décinormale de soude caustique, le phénolphtaléine, ou mieux le méthyle-orange étant employé comme indicateur. Chaque centimètre cube de la solution décinormale correspond à $0^{gr},0063$ de AzO^3H. Le résultat trouvé indiquera l'acidité totale, calculée en acide nitrique; il faut déduire la proportion d'anhydride hypoazotique.

Celle-ci sera déterminée par le procédé de Feldhaus, lequel est basé sur l'emploi du permanganate de potassium en solution titrée : on prend un petit flacon conique, dans lequel on introduit environ 10 centimètres cubes d'eau. Au moyen d'une burette graduée, on ajoute quelques centimètres cubes de la solution, ainsi que 2 centimètres cubes de l'acide à analyser; ce dernier doit être versé goutte à goutte, la burette étant placée le plus bas possible. Le réactif se décolore. On agite le mélange avec précaution, en même temps qu'on ajoute du permanganate, jusqu'au moment où la décoloration cessant, apparaît la teinte rose caractéristique du réactif. Connaissant exactement le poids des 2 centimètres cubes d'acide nitrique, que l'on aura déterminé au préalable, on calculera aisément la quantité d'anhydride hypoazotique neutralisée. Supposons, par exemple, que nous ayons préparé la solution de permanganate à raison de $3^{gr},16$ par litre ; chaque centimètre cube correspond à $0^{gr},0046$ de Az^2O^4. Supposons également que le poids des 2 centimètres cubes d'acide nitrique vaille $3^{gr},04$ et que la neutralisation ait exigé, au total, l'emploi de 20 centimètres cubes de réactif; ceux-ci correspondront à $0^{gr},0046 \times 20 = 0^{gr},092$ de peroxyde d'azote, soit $\frac{0,092 \times 100}{3,04} = 3,02$ 0/0.

MM. Lunge et Rey ont dressé une table (Voir Guttmann, *loc. cit.*, t. I, p. 162) indiquant, pour les diverses densités de l'acide nitrique, les degrés de concentration correspondants. La densité ayant été déterminée à l'hydromètre, il faut déduire les excédents dus à la présence de l'anhydride hypoazotique, ainsi que des autres impuretés qui peuvent se rencontrer éventuellement; il faut aussi effectuer les corrections relatives à la température. Moyennant ces précautions, l'approximation obtenue pourra suffire, dans bien des cas. Cette table indique aussi le nombre de degrés Baumé ou Twaddell qui correspondent aux diverses densités de l'acide :

36° B. ou 66,5 T. ($d = 1,3325$) correspondent à 52,80 0/0 AzO^3H ;
48° B. ou 100° T. ($d = 1,500$) » à 94,09 AzO^3H.

Eu égard aux diverses substances étrangères que l'acide peut renfermer, il est clair que le degré, ainsi que la densité, est loin de correspondre avec exactitude à la proportion de AzO^3H réellement existante. Logiquement, c'est par l'indication de cette proportion qu'il conviendrait de caractériser l'acide.

En ce qui concerne l'analyse de l'acide nitrique, on consultera avec intérêt une note publiée par M. van Gelder (*Journal of the Society of Chemical Industry*, 1900, p. 508).

Nitro-α-glucoheptose. — MM. Will et Lenze ont soumis à la nitrification l'α-glucoheptose de Fischer (Voir *Hydrate de carbone nitrés*). Ils ont obtenu un hexanitrate, $C^7H^8O^7(AzO^2)^6$, qui fond à 100°. $[\alpha]_D = +104°,8$, en solution à 3,4 0/0.

Nitro-α-méthyl-*d*-mannosite. — Composé analogue à celui qui fait l'objet de la rubrique suivante.

Nitro-α-méthylglucoside. — MM. Will et Lenze ont préparé un tétranitrate, $C^7H^{10}O^6(AzO^2)^4$. Ce produit fond à 49°-50° et se décompose à 155°. Il perd environ 0,7 0/0 de son poids, après cinq jours d'exposition à 50°.

Nitrobellite. — Voir *Bellite*.

Nitrobenzène ou nitrobenzine. — La mononitrobenzine (essence de mirbane) fut découverte par Mitscherlich en 1837. C'est un liquide jaunâtre, très réfringent, d'une densité de 1,2 à 0°, cristallisable en grosses aiguilles à + 3°, et doué d'une odeur agréable d'amandes amères. Il bout à 205-206°.

L'acide nitrique fumant, par une ébullition prolongée, le transforme en dinitrobenzine, composé dont les trois modifications isomériques prennent naissance dans cette réaction. Par cristallisation dans l'alcool, on obtient pure la variété *méta*, sous forme de longues aiguilles; c'est d'ailleurs celle qui se produit principalement dans la réaction que nous venons d'indiquer. La variété *ortho* cristallise en minces tables rhombiques; *para*, en aiguilles. Elles sont incolores toutes trois.

La préparation des dérivés nitrés de la benzine est très simple. Il suffit de mettre celle-ci en contact avec l'acide nitrique concentré :

$$\underset{\text{Benzine}}{C^6H^6} + AzO^3H = \underset{\text{Mononitrobenzine}}{C^6H^5(AzO^2)} + H^2O.$$

L'action de l'acide nitrique sur le composé obtenu donne la dinitrobenzine :

$$C^6H^5(AzO^2)^2 + AzO^3H = C^6H^4(AzO^2)^2 + H^2O.$$

Ces dérivés nitrés ne sont pas des éthers azotiques, de même que la nitroglycérine ou les pyroxyles.

Au laboratoire, la préparation de la mononitrobenzine s'effectue comme suit : on mélange 75 centimètres cubes d'acide nitrique et 150 centimètres cubes d'acide sulfurique. Ce dernier ne prend aucune part directe à la réaction; il sert simplement à absorber l'eau formée, de manière à empêcher l'acide nitrique de s'affaiblir. Ayant entouré d'eau froide le vase dans lequel se trouve le mélange, on y verse 15 à 20 centimètres cubes de benzine; il faut avoir soin de l'ajouter goutte à goutte, de manière à laisser la nitrification s'effectuer progressivement. En outre, la masse doit être agitée sans cesse pendant la durée de l'opération. Lorsqu'elle est terminée, on verse le produit obtenu dans un récipient où se trouve 1 litre d'eau froide; la mononitrobenzine se dépose au fond. Ayant décanté le liquide, on la lave deux ou trois fois à l'eau; ensuite, on sèche au moyen d'un peu de chlorure de calcium granulé. Après un peu de repos, le produit est soumis à la distillation.

Pour préparer la dinitrobenzine, on emploie un mélange contenant 50 centimètres cubes d'acide nitrique et autant d'acide sulfurique. On y verse lentement 10 centimètres cubes de benzine, au moyen d'une pipette, sans qu'il soit nécessaire de réfrigérer. Lorsque la réaction est terminée, on fait bouillir la masse pendant quelques instants ; puis, on la verse dans un vase contenant un demi-litre d'eau, on filtre et on passe les cristaux recueillis entre des feuilles de papier à filtrer. Pour terminer, on fait recristalliser dans l'alcool.

En Angleterre, la fabrication de la mononitrobenzine était réalisée, à l'origine, de la manière suivante : on rangeait, sur une table, des récipients d'une capacité de 5 litres environ et contenant chacun 1 à 2 livres de benzine (450 grammes à 900 grammes). Les acides étaient versés successivement dans chacun d'eux, par petites portions, jusqu'à ce que la nitrification fût terminée. Ce procédé, qui fut appliqué pour la première fois en 1856, par MM. Simpson, Maule et Nicholson, de Kensington, dut être abandonné par suite du danger qu'il présentait.

Actuellement, la nitrification s'opère dans des cylindres verticaux en fonte, d'un diamètre de $1^{m},20$ environ et de hauteur égale. Chacun d'eux porte un couvercle percé de plusieurs ouvertures, dont l'une livre passage à la tige d'un agitateur et les autres, aux tuyaux d'amenée de la benzine et du mélange acide. La périphérie du couvercle, de même que chacune des ouvertures, porte un rebord ; celui-ci sert à maintenir, jusqu'à une certaine hauteur, de l'eau dont on règle l'écoulement de manière à assurer la constante réfrigération de l'appareil. Le rebord extérieur est percé de plusieurs ouvertures ; lorsque l'eau en atteint le niveau, elle s'écoule sur les parois des cylindres ; elle en baigne également la partie inférieure, entourée d'une sorte de rigole en fonte. Un système d'arbres et de roues dentées permet d'embrayer ou de débrayer à volonté les agitateurs dont les cylindres sont munis. Au-dessus de ceux-ci sont disposés des réservoirs, en fonte ou en grès, qui contiennent le mélange acide.

L'atelier où se pratique l'opération ne possède pas d'étages. La toiture est légère ; les murs, en brique dure. Le plancher a une épaisseur de 20 à 30 centimètres ; une couche de brai le préserve du contact des acides. Une pente légère permet de recueillir, dans une rigole *ad hoc*, la nitrobenzine qui pourrait s'épandre. Des bouches à incendies doivent être placées en plusieurs points de cet atelier. En cas de nécessité, il faut que l'on puisse immédiatement le remplir de vapeur ; à cet effet, on dispose un tuyau de 5 centimètres de diamètre, dont on a soin de placer le robinet de commande à l'extérieur. Il faut, enfin, que cet atelier soit éloigné le plus possible, de tout autre bâtiment.

Les acides sont mélangés et réfrigérés préalablement à la fabrication. Les proportions employées sont : 100 parties d'acide nitrique ($d = 1,388$), 140 d'acide sulfurique ($d = 845$) et 78 de benzine. En général, chaque opération porte sur 500 à 900 litres de benzine. Ayant introduit celle-ci dans le cylindre, on ouvre le robinet qui commande la réfrigération, on embraye l'agitateur et on laisse écouler le mélange acide, sous la forme d'un mince filet. Lorsque l'écoulement est terminé, on arrête la réfrigération et on laisse la température s'élever jusqu'à 100° environ ; puis on la rétablit.

Si l'on se trouve obligé d'arrêter la marche de l'agitateur, même momentanément, il faudra d'abord fermer le robinet donnant accès au mélange acide, puis laisser fonctionner l'agitateur pendant un certain temps encore ; la réaction est d'une violence telle que, si l'écoulement des acides se continuait au sein de la masse en repos, il en résulterait une élévation de température suffisante pour provoquer l'inflammation du liquide. De tels accidents, d'ailleurs, ne sont pas rares.

La durée de la nitrification est de huit à dix heures, pendant lesquelles ni l'agitation, ni la réfrigération du mélange ne peuvent être interrompues. L'opération est terminée lorsque la température cesse de monter. On désembraye alors l'agitateur, on laisse la masse refroidir, et les liquides se superposer par ordre de densités. Ayant fait écouler la couche d'acides, placée à la partie inférieure, on lave soigneusement la nitrobenzine à l'eau ; parfois, on la distille au moyen de vapeur humide, afin d'éliminer la benzine et les traces de paraffine (0,5 0/0 environ) qu'elle peut contenir encore. Quant aux acides non utilisés, ils ont une densité de 1,6 à 1,7 et renferment un peu de nitrobenzine et d'acide oxalique. On les concentre dans des cuves en fonte et les utilise à nouveau.

La dinitrobenzine est plus employée dans l'industrie explosive que la mononitrobenzine ; celle-ci sert plutôt à la fabrication des parfumeries bon marché (essence de mirbane) et de l'aniline. Pour la fabriquer, il faut employer une quantité double d'acide. L'opération se fait en deux phases, ce qui revient à nitrifier la mononitrobenzine obtenue dans la première des deux. A cet effet, la réfrigération ayant été suspendue après l'écoulement de la quantité d'acide propre à l'obtention de la nitrobenzine, on introduit une seconde quantité d'acide égale à la première. Les vapeurs de mononitrobenzine, de dinitrobenzine et d'acide qui résultent de l'élévation de la température sont reçues dans un appareil condenseur en grès, séparées et lavées successivement à l'eau froide et à l'eau chaude. La dinitrobenzine étant légèrement soluble, il convient de conserver les eaux de lavage, afin de les traiter à nouveau.

Le lavage terminé, la substance se dépose ; on la fait écouler, encore chaude, dans des bacs en fer où elle se solidifie, sous forme de blocs de 5 à 10 centimètres d'épaisseur. Ainsi que nous l'avons vu, le produit obtenu renferme les trois modifications isomériques de la dinitrobenzine, et c'est la variété *méta* qui se forme en plus grande quantité : la température de fusion de la dinitrobenzine du commerce, très voisine de celle de la méta-dinitrobenzine, est de 85 à 87°, tandis que celles des deux autres modifications isomériques sont de 118 et 172°.

Il est nécessaire d'emmagasiner la dinitrobenzine dans un endroit affecté exclusivement à cet usage, et aussi éloigné que possible de toute autre construction. En dehors de ces précautions, relatives aux risques d'incendie et d'explosion, il convient d'observer des mesures très strictes, en vue de prévenir l'intoxication du personnel :

L'absorption de la dinitrobenzine peut s'opérer par simple contact avec l'épiderme. Il importe donc de faire en sorte que ce contact ne puisse se produire ; s'il est inévitable, on aura soin de se laver les mains au plus tôt. En cas de céphalalgie violente et persistante, on recourra aux soins du médecin ; il convient, en attendant son arrivée, de mettre le malade au repos et de lui faire prendre du café très fort ; des applications de glace, des compresses d'eau froide seront également de nature à le soulager. Il est nécessaire que les ouvriers obligés de manier journellement les hydrocarbures nitrés ne soient pas astreints à un nombre d'heures de travail trop considérable. La distribution régulière de café ou de lait pur produira des résultats salutaires.

La dinitrobenzine peut également être absorbée par l'intermédiaire des voies respiratoires ; à cet égard, il faut veiller avec un soin tout particulier à ce que la ventilation fonctionne d'une manière irréprochable dans les ateliers où se pratique le malaxage, ainsi que l'encartouchage. Ces ateliers étant éloignés de la machine motrice, il pourra y avoir avantage à commander la ventilation par une transmission électrique. Toute négligence peut entraîner des suites très fâcheuses : la dinitrobenzine est un poison violent qui agit d'une manière directe sur l'hémoglobine et provoque rapidement l'asphyxie. A la différence de la nitroglycérine, son action sur l'organisme s'exerce toujours avec la même intensité, sans s'annihiler ou même s'atténuer en rien (1). Dans les cas d'empoisonnement aigu, il faudra

(1) L'action de la dinitrobenzine est d'une intensité telle qu'il est très difficile de la combattre, en dépit des mesures de précaution les mieux conçues. Un de nos collègues, chargé de la direction d'un établissement où ce composé était employé, donne à cet égard les renseignements suivants : « Je ressentais des douleurs lombaires, des douleurs musculaires dans les jambes, principalement dans les mollets, une lassitude extrême, un malaise général compa-

administrer de l'oxygène — et ce, plusieurs heures durant.

Appelé à diriger, en 1890, la fabrication d'un explosif renfermant 25 0/0 de dinitrobenzine, nous eûmes à nous préoccuper des désordres que la manipulation de ce composé est susceptible de causer dans l'organisme. Notre opinion put être fixée à la suite d'études que nous fîmes sur place, dans plusieurs établissements industriels de l'Allemagne. A plusieurs reprises, depuis lors, nous avons insisté sur cette question. Depuis l'année dernière, la Cotton Powder Co., Ltd., a remplacé par le trinitrotoluène la dinitrobenzine qui entrait dans plusieurs explosifs de sa fabrication. En France, récemment, la fabrication d'un mélange renfermant 10 0/0 de dinitrobenzine n'a pas été autorisée par la Commission des substances explosives ; les effets exercés par ce composé avaient été constatés, dès 1891, à Sevran-Livry.

La trinitrobenzine, $C^6H^3(AzO^2)^3$, se présente sous la forme de lamelles blanches ou d'aiguilles fusibles à 121-122°. Elle est peu soluble dans l'eau, ainsi que dans l'alcool à froid, et facilement soluble dans l'éther ou dans l'alcool à chaud. Une trace de trinitrobenzine dissoute dans l'ammoniaque ou la potasse donne une coloration rouge sang intense. Pour la préparer, on nitrifie de la méta-dinitrobenzine. La Chemische Fabrik Griesheim, à Francfort, préconise un procédé spécial de fabrication permettant d'obtenir la trinitrobenzine sous la forme d'une poudre blanche impalpable, qu'elle propose d'employer telle quelle comme substance explosible.

(Brevet allemand C., n° 5.008, 6 novembre 1893 — 4 octobre 1894).

rable à l'état d'un homme qui eût été roué de coups, des maux de tête variant entre une simple pesanteur et une migraine assez forte.

« Même symptômes au début chez les ouvriers, mais avec aggravation rapide : on constatait des désordres du côté du foie ; les hommes prenaient un teint jaune ictéricque, contractaient des affections gastriques et, s'il persistaient dans leurs travail, la congestion et l'asphyxie ne tardaient pas à survenir. Plusieurs de nos ouvrières sont devenues littéralement bleues ; le nez et les oreilles étaient d'une teinte violette. A maintes reprises, on dut les transporter à l'air libre, dans un état voisin de la perte de connaissance. »

Elle préconise également l'emploi de l'acide trinitrobenzoïque ou de ses sels (ammonium, sodium, baryum, plomb) ; il est facultatif d'ajouter une substance oxydante, le nitrate d'ammoniaque, par exemple.

(Brevet allemand T. n° 5.228, 6 novembre 1893 — 17 septembre 1894.)

Nitrobenzine (Dynamite à la). — Cet explosif, fabriqué à Arles et à Matagne-la-Grande (Belgique), répond à la composition suivante :

Nitroglycérine	86
Coton azotique	10
Nitrobenzine	4
	100

Nitrobenzoïque (Dynamite). — Voir *Vending*.

Nitrocaillebotte (La) s'obtient par la nitrification de la caillebotte. M. Sjöberg a proposé les formules suivantes :

Caillebotte nitrée	30	3
Chlorate de potasse	»	27
Nitrate ou oxalate d'ammoniaque	55	55
Huile	10	10
Naphtaline	5	5
	100	100

Nitrocellulose. — La cellulose constitue l'enveloppe des organes élémentaires des végétaux. Sa formule est $n(C^6H^{10}O^5)$. On peut l'extraire, à l'état de pureté, de la moelle de sureau, du papier de riz, des fibres textiles. L'élimination des substances étrangères se réalise en faisant agir successivement des dissolutions chaudes de potasse ou de soude caustique, de l'acide chlorhydrique étendu et de l'ammoniaque liquide, puis de l'alcool et de l'éther.

C'est une substance incolore, diaphane, inodore, insipide, insoluble dans l'eau, l'alcool, l'éther, et les huiles grasses ou volatiles. Elle est soluble dans la liqueur cupro-ammoniacale de Schweitzer [1], d'où elle est précipitée par l'acide chlorhydrique, les sels alcalins, l'alcool, etc., sous forme d'une masse gélatineuse. Le poids spécifique de la cellulose varie de 1,25 à 1,45. Sa composition élémentaire répond, d'après Schultze, aux chiffres suivants :

Carbone	44 à 44,2	pour 100
Hydrogène	6,3 à 6,4	»
Oxygène	49,7 à 49,4	»

Ces chiffres laissent de côté les matières inorganiques, dont la cellulose n'est exempte que tout à fait exceptionnellement.

L'acide sulfurique concentré et froid gonfle la cellulose et la transforme en une masse visqueuse. L'action de l'acide chlorhydrique n'est guère sensible. Si on traite la cellulose par le mélange des acides nitrique et sulfurique, on obtient les nitrocelluloses. Ces composés répondent à la formule générale :

$$C^{24}H^{40} \quad Az^{n}O^{20+2n}.$$

Le maximum théorique de la nitrification correspond à la cellulose dodécanitrique ($C^{24}H^{28}Az^{12}O^{32}$), contenant 14,14 0/0 d'azote. Ce composé, toutefois, n'a jamais pu être obtenu : d'après M. Vieille, (*Comptes rendus Acad. Sciences*, 1882, p. 133), le produit de nitrification maximum renferme 13,40 0/0 d'azote ; il correspond sensiblement à la cellulose endécanitrique ($n = 11$). Eder est arrivé à 13,80 0/0 (*Berl. Ber.*, t. XIII, p. 176). Sir Henry Roscoe, appelé comme expert au cours du procès en contrefaçon de brevet intenté au gouvernement anglais relativement à la cordite, déclara avoir pu obtenir 13,70 0/0. Le professeur Hoitsema, de Breda, a atteint des teneurs s'élevant à 13,80, 13,90 et même

1. Pour préparer la liqueur de Schweitzer, on dissout du carbonate de cuivre fraîchement précipité dans l'ammoniaque ($d = 0,945$). Parmi les quatre modifications isométriques que présente la cellulose, il en est trois qui sont insolubles dans la liqueur de Schweitzer ; ce sont la vasculose, la fibrose et la paracellulose. La cellulose véritable se distingue par sa solubilité dans cette liqueur.

14 0/0 (*Zeitschrist für angewandte Chemie*, 1898, p. 173). MM. Lunge et Weintraub sont arrivés à 13,87 0/0 (*Zeitschr.*, 1899, p. 441). Ces expérimentateurs avaient remplacé l'acide sulfurique par l'anhydride phosphorique, comme agent de déshydratation. Les résultats obtenus par eux au moyen du mélange sulfo-nitrique (1 : 4) sont analogues à ceux qui avaient été signalés par M. Vieille. Mentionnons les recherches de M. Warren, qui affirme avoir préparé un composé dont le degré de nitrification fût supérieur au maximum théorique ci-dessus indiqué (Voir *Tétranitrocellulose*).

En somme, la nitrification de la cellulose est un phénomène que l'on ne peut considérer comme parfaitement connu : plusieurs facteurs sont susceptibles de faire varier les produits obtenus, tant au point de vue de la composition que des propriétés chimiques. Citons, à ce titre, les proportions respectives et le degré de concentration des acides employés, la température et la durée de l'opération, le mode de nitrification. On trouvera dans le mémoire ci-dessus indiqué, de MM. Lunge et Weintraub, le résumé d'expériences faites à l'effet de déterminer l'influence de ces divers facteurs, ainsi que les conclusions qui en ont résulté. En tout état de cause, il n'est pas possible, industriellement, d'obtenir un de ces composés d'une façon précise et certaine, à l'exclusion de tout autre.

Le tableau suivant indique la quantité d'azote pour cent que renferme chacun des produits de la nitrification, ainsi que les nombres de centimètres cubes de bioxyde d'azote que M. Vieille a obtenus, par l'application du procédé de Schlœsing :

NOMS	FORMULES	AZOTE	
		Quantité théorique	Dosage (AzO, en c. c.)
Cellulose dodécanitrique......	$C^{24}H^{28}Az^{12}O^{44}$	14,14	
Cellulose endécanitrique.....	$C^{24}H^{29}Az^{11}O^{42}$	13,47	214
Cellulose décanitrique........	$C^{24}H^{30}Az^{10}O^{40}$	12,75	203
Cellulose ennéanitrique.......	$C^{24}H^{31}Az^{9}O^{38}$	11,97	190
Cellulose octonitrique........	$C^{24}H^{32}Az^{8}O^{36}$	11,11	178
Cellulose heptanitrique.......	$C^{24}H^{33}Az^{7}O^{34}$	10,18	162
Cellulose hexanitrique........	$C^{24}H^{34}Az^{6}O^{32}$	9,13	146
Cellulose pentanitrique.......	$C^{24}H^{35}Az^{5}O^{30}$	8,32	128
Cellulose tétranitrique........	$C^{24}H^{36}Az^{4}O^{28}$	7,65	108

Le fulmicoton ou coton-poudre est un mélange des composés les plus nitrés. Il fut découvert par le chimiste Schönbein, de Bâle, en 1845. Déjà Braconnot, en 1832, et Pelouze, en 1838, avaient fait connaître des composés nitriques analogues; Dumas fabriquait, avec du papier et de l'acide nitrique, une substance qu'il appelait nitramidine et qu'il préconisait pour la confection des gargousses. C'est Schönbein, toutefois, qui fut, le premier, à employer le mélange d'acides nitrique et sulfurique concentrés.

La découverte du coton-poudre eut un grand retentissement, et partout, les savants se préoccupèrent de l'étude du nouvel explosif. C'est en Autriche, sous la direction du baron von Lenk, que furent réalisés les progrès les plus notables. Le procédé de Lenk peut être résumé comme suit: les écheveaux de coton, d'abord purifiés au moyen d'une dissolution bouillante de potasse caustique, étaient ensuite lavés à l'eau; puis, après séchage, on les trempait dans le mélange acide. Celui-ci, composé de 3 parties en poids d'acide sulfurique et 1 d'acide nitrique, se préparait quelque temps avant l'emploi. Les écheveaux étaient trempés un à un, remués pendant quelques minutes, pressés, plongés à nouveau, lavés successivement à l'eau et à la potasse diluée, et soumis à un rinçage final; de cette manière, on neutralisait le produit. Ce procédé, que l'on avait appliqué à la fabrique de MM. Hall, à Faversham, dut être rapidement abandonné, à cause d'un accident grave.

En Autriche même, on fut obligé d'en faire autant, à la suite d'explosions mémorables survenues en 1862 et en 1865. Aussi se voyait-on sur le point de devoir renoncer à l'emploi des pyroxyles, lorsque survinrent les perfectionnements apportés à leur fabrication par Sir Frederick Abel, en 1865. Il constata que l'instabilité de la nitrocellulose était due à l'existence de produits accessoires, provenant de la nitrification de substances résineuses ou grasses pré-existant dans les fibres de coton ; il fit ressortir aussi la nécessité de ne procéder à la nitrification qu'après avoir divisé la cellulose en fragments réduits. La méthode de fabrication qu'il a proposée n'a pas été modifiée, quant au principe ; les appareils employés ont, seuls, subi des perfectionnements plus ou moins notables. Nous allons en suivre les phases successives :

Fabrication du fulmicoton — Le coton dont on se sert consiste en déchets de filatures ou de tissage. Ces déchets, outre leur prix relativement bas, offrent l'avantage de se présenter sous une forme qui facilite la nitrification : en raison de leur compacité, la quantité d'air qui s'introduit dans le bain est beaucoup moins élevée que si on employait du coton non manufacturé.

Essai du coton. — Cette opération est importante. Il n'est pas possible, en effet, d'obtenir un produit nitrique convenable si la cellulose est de qualité défectueuse. Tout d'abord, il convient de l'examiner avec soin, afin d'en déterminer la teinte et le degré de propreté, de se rendre compte du nombre plus ou moins considérable de nœuds, de tresses, de corps étrangers qu'elle renferme, d'apprécier la longueur et la résistance de la fibre. L'odeur qu'elle dégage accusera la présence d'une quantité d'huile plus ou moins considérable.

On détermine l'humidité par la dessiccation d'une quantité déterminée de coton à 100°, jusqu'à obtention de la constance du poids. Le dosage des matières grasses s'effectue au moyen d'éther de pétrole. On se sert de l'appareil de Soxhlet ; l'échantillon ayant été placé dans un petit panier en verre filé, on l'introduit dans l'extracteur. Après les dix premiers épuisements, le panier est retiré, séché et pesé; on le replace alors dans l'appareil, où l'on effectue une deuxième série d'épuisements. L'opération est continuée, de même, jusqu'à poids constant. Le poids de la prise d'essai varie de 1 gramme à 1gr,5. Quant à la capacité de l'extracteur, elle est de 40 centimètres cubes pour chaque épuisement. Le maximum des matières solubles dans l'éther qu'admettent les autorités militaires allemandes est de 0,9 0/0.

On passe ensuite au dosage des éléments solubles dans la soude caustique en solution, telle qu'on l'emploie pour le nettoyage du coton; cette solution est à 1,73 0/0. Ayant laissé l'échantillon en contact avec le liquide pendant huit heures, on décante celui-ci, et on lave ensuite à l'eau bouillante jusqu'à la neutralisation. Il reste à sécher et à peser.

Les cendres se déterminent en effectuant la combustion de 1 gramme à 1gr,5 de coton, dans un creuset en platine taré; à cet effet, on recouvre l'échantillon d'une couche de paraffine fondue, que l'on enflamme. Comme matières étrangères, on n'admet, en Allemagne, que des traces seulement de chlore, chaux, magnésie, fer, acide sulfurique et acide phosphorique.

Un des essais les plus importants concerne le pouvoir absorbant du coton. S'il est trop faible, la nitrification ne peut s'effectuer convenablement et le produit obtenu ne possède pas une stabilité suffisante. Pour pratiquer cet essai, on verse, dans un vase, de l'eau distillée, à la surface à laquelle on place l'échantillon à examiner. Il faut que le temps nécessaire pour que celui-ci soit immergé, c'est-à-dire complètement imbibé, ne dépasse pas deux minutes; il ne s'agit pas du moment où le coton touche le fond du vase, mais du moment où il commence à descendre. Certains cotons sont réfractaires et n'absorbent pas le liquide, même au bout d'un jour entier; si une partie de l'échantillon présente ce défaut, on constate facilement qu'elle reste opaque, tandis que le reste devient transparent.

Après avoir subi les épreuves que nous venons de passer en

revue, le coton est soumis au triage, à l'effet d'éliminer les déchets de couleur, débris de cordes, clous, etc. [1]. Puis, il passe à la machine à carder, pour être découpé en morceaux de dimensions réduites.

On l'introduit alors dans des séchoirs, où il séjourne jusqu'à ce que la dose d'humidité qu'il renferme soit réduite à 0,5 0/0. Avant la dessiccation, elle atteint 10 0/0 environ ; si on ne la diminuait pas, elle contrarierait la marche de la nitrification et favoriserait la formation de produits instables. La température des séchoirs est de 100°. Sous leur forme la plus simple, ce sont des armoires portant des toiles métalliques, sur lesquelles on dépose le coton. Le chauffage s'effectue au moyen de vapeur, les tuyaux étant placés vers le bas.

Dans certains établissements, on se sert de cylindres en fer à double enveloppe, avec circulation extérieure de vapeur. Un tuyau les relie à une pompe aspirante ; l'opération se termine plus vite, mais est un peu plus dispendieuse. En moyenne, elle dure cinq heures ; ce délai écoulé, on prélève un échantillon à la partie supérieure du cylindre, et on le place dans une étuve chauffée à 100°, où il séjourne pendant une heure à une heure et demie. La perte de poids indiquera la dose d'humidité.

La vérification du degré de séchage peut être pratiquée aisément, au moyen d'une étuve en cuivre de grandes dimensions, où se trouvent ménagés des compartiments propres à contenir, chacun, une poignée de coton. La paroi horizontale de ces compartiments est constituée d'une plaque de cuivre mobile portant un numéro, de telle manière que chacun d'eux corresponde à l'un des cylindres de dessiccation.

A Waltham-Abbey, le séchoir consiste en une chambre en fer d'une certaine hauteur. Le coton est placé sur des bandes sans fin

(1) S'il n'est pas de propreté suffisante, on le nettoie d'abord au moyen de la solution alcaline ci-dessus indiquée. M. de Chardonnet estime que la purification du coton se pratique d'une manière plus efficace en le maintenant, pendant plusieurs heures, à une température comprise entre 150 et 170°. De cette manière, on effectue à la fois et l'épuration et la dessiccation.

qui se meuvent à la vitesse de 6 pieds ($1^m,82$) par minute; elles sont disposées les unes au-dessus des autres et en retrait, de telle manière que le coton, arrivé au bout de sa course sur l'une d'elles, tombe tout naturellement sur la suivante. Elles sont séparées par des doubles cloisons à circulation de vapeur; un appareil de ventilation est installé à la partie inférieure. Sur le devant, se trouve une chambre destinée à recevoir les poussières qui prennent naissance, pour qu'elles ne soient pas chassées au dehors. Le trajet total que le coton accomplit est de $38^m,30$; l'opération dure vingt et une minutes. Le coton passe ensuite dans une chambre de réfrigération, où il séjourne jusqu'au lendemain; on le place alors dans des boîtes en fer-blanc, étanches, contenant 1 1/4 livre chacune (562 grammes), et il y demeure jusqu'au moment de la nitrification.

Mélange et transport des acides. — On se sert encore, en général, du mélange qui fut employé par von Lenk : 3 parties d'acide sulfurique pour 1 d'acide nitrique, chacun d'eux étant aussi concentré que possible; 93 0/0 de monohydrate, au moins, pour l'acide nitrique ($d = 1,498$) et 95 à 97 0/0, pour l'acide sulfurique ($d = 1,84$). Souvent, on emploie des mélanges contenant, à la fois, des acides frais et des acides provenant d'opérations précédentes. Ceux-ci, au sortir du turbinage, répondent à la composition moyenne que voici :

	FABRICATION du coton-poudre	FABRICATION du coton-collodion
Acide nitrique, monohydrate ..	10	30
Acide sulfurique.............	80	50
Eau........................	10	20

Pour une production journalière s'élevant à 4.000 kilogrammes de coton-poudre, il faut employer, d'après M. l'ingénieur Dalsace (*Mémorial des Poudres et Salpêtres*, t. VIII, p. 87), une quantité d'acide qui n'est pas inférieure à 50.000 kilogrammes. Ces acides doivent être successivement mélangés, envoyés dans des réfrigérants, et distribués dans des réservoirs placés à côté des auges de trempage où s'effectue la nitrification. L'opération terminée, les vieux acides, avant d'être utilisés à nouveau, ont à parcourir parfois des distances horizontales ou verticales très considérables. On voit donc combien le transport de ces quantités élevées de liquide constitue une question importante.

Il est clair qu'on aura recours à la pesanteur chaque fois que la chose sera possible. On peut aussi se servir d'un monte-jus, solide réservoir en fonte, de forme ovale ou cylindrique. Dans une ouverture ménagée à la partie supérieure passent deux tuyaux : l'un pour le liquide et l'autre, pour l'air comprimé qui sert de force motrice; la pression nécessaire dépend de la hauteur à atteindre et de la distance à parcourir.

On trouvera, dans l'ouvrage de M. Guttmann intitulé : *The Manufacture of Explosives* (t. II, ch. I), la description de plusieurs appareils élévatoires, ainsi que celle des autres appareils dont il est question au cours de la présente rubrique. Signalons aussi l'émulseur Kuhlmann, décrit par M. Dalsace (*loc. cit.*) ; de construction très simple et de marche facile, cet appareil est recommandable, malgré son rendement peu élevé. Rappelons aussi le dispositif ingénieux imaginé par M. Cocking, à l'effet d'assurer le mélange ainsi que le transport des acides, et dont la description se trouve ci-avant.

Le mélange acide doit être réfrigéré avec soin et conservé dans des récipients parfaitement clos; la pluie, l'introduction de matières organiques, en effet, sont de nature à en provoquer la décomposition. Il est prudent, à cet égard, de considérer comme dangereux toute élévation de température.

Nitrification. — A Stowmarket, l'opération s'effectue dans des réservoirs carrés en fonte (1), disposés par rangées et réfrigérés

(1) Dans certaines usines, les récipients sont en plomb au lieu d'être en fer ; dans ce cas, ils sont plus facilement attaqués, mais peuvent être réparés de même; d'autre part, quand ils sont hors d'usage, ils ont une valeur plus considérable.

extérieurement par de l'eau. La quantité d'acide que l'on emploie est notablement plus élevée que la quantité théorique. Cela tient à la difficulté de pénétration du coton par le liquide, dans l'état où se trouvent les fibres après l'opération du cardage; on y trouve avantage, d'autre part, au point de vue du réemploi des acides non utilisés. Fréquemment, la capacité des auges de trempage ne dépasse pas 50 à 55 litres; cela est favorable au point de vue de la sécurité. On immerge le coton dans le liquide, par portions d'un demi-kilogramme; l'ayant remué avec soin, pendant quelques minutes, à l'aide d'une fourche en fer, on le dépose ensuite sur une grille placée vers le haut du récipient, et qui en occupe un des coins; il est pressé doucement au moyen de la fourche, de manière à perdre une partie du liquide dont il est imprégné.

On l'introduit alors dans des vases en grès, rangés par séries dans un grand bassin en bois, d'un pied environ de profondeur, et dans lequel circule constamment un courant d'eau destinée à maintenir la température au-dessous de 18 à 19°. Toute élévation est dangereuse et, en outre, favorise la formation de produits inférieurs de nitrification. Il est nécessaire de protéger chaque pot à l'aide d'un couvercle, afin de prévenir l'absorption de l'humidité atmosphérique, ainsi que l'introduction accidentelle de l'eau; le contact de celle-ci avec les acides concentrés qui accompagnent le coton, engendrerait, en effet, une chaleur considérable.

Le coton est laissé, pendant quarante-huit heures, en présence de l'excès d'acide dont il est imprégné; au bout de ce temps, la nitrification est terminée. Le rendement théorique est de 1,8 de coton-poudre pour 1 partie de coton employé; pratiquement, on estime que 1,6 constitue un excellent résultat.

Essorage. — Lorsque la nitrification est terminée, il est nécessaire d'enlever l'excès d'acide. On emploie, à cet effet, une turbine qui effectue de 1.000 à 1.500 tours par minute; le liquide est projeté dans la double enveloppe que porte l'appareil et s'écoule par un tuyau de décharge. L'opération doit être conduite avec prudence :

chaque année on voit de nombreux exemples d'inflammations spontanées, surtout lorsque la température est élevée. Afin de prévenir les accidents de cette espèce, il faut faire en sorte que l'atmosphère de l'atelier où s'effectue le turbinage soit aussi froide et aussi sèche que possible. D'autre part, il convient de n'employer que des lubrifiants minéraux. C'est le contact de substances telles que de la graisse, un nœud oublié, etc., qui, le plus souvent, cause des accidents ; une goutte d'eau peut suffire La charge doit rester dans l'appareil le moins longtemps possible. Lorsqu'il s'agit de la retirer, il convient de procéder avec prudence : on a vu, par des temps chauds, l'explosion du coton-poudre se produire par le seul fait de son contact avec l'épiderme de l'ouvrier, celui-ci se trouvant en état de transpiration. Signalons, aussi, le cas d'une décomposition provoquée par une petite quantité de neige qui provenait du toit.

La nitrification, ainsi que l'essorage, comporte des appareils variés. Signalons celui qui est employé par la Rheinisch-Westphalische-Sprengstoff Actiengesellschaft, de Cologne (Guttmann, *loc. cit.*). M. Swan et M. Hollings ont fait breveter la nitrification continue du coton. MM. Selwig et Lange, de Brunswick, construisent un appareil dans lequel s'effectuent à la fois les deux opérations. Ils ont également fait breveter un mode de transport ingénieux du coton-poudre au sortir du turbinage (Voir *Selwig* et *Lange*). Signalons le nitrificateur centrifuge de la Sudenberger Maschinenfabrik, ainsi que celui de la Maschinenbau-Actiengesellschaft-Golzern-Grimma (Saxe). Cette dernière société construit tous les appareils que nécessite la fabrication des pyroxyles. L'Actiengesellschaft Dynamit Nobel, de Vienne, opère la nitrification dans le vide ou plutôt, sous une pression très faible.

Lavage. — Au sortir de l'essorage, le coton-poudre passe au lavage. Cette opération se pratique dans un bassin revêtu de bois, auquel une cascade fournit une distribution d'eau incessante. On fait en sorte que le coton s'y introduise en suivant l'eau déversée par la cascade ; celle-ci étant d'une certaine hauteur, il en résulte que le liquide, tombant dans le bassin, descend à un niveau inférieur à celui de la surface. Cette prompte immersion de la nitrocellulose est nécessaire, car elle contient encore un grand excès d'acides concentrés ; or, le contact de ceux-ci avec l'eau donne lieu à une production de chaleur considérable, surtout s'il se produit lentement. Il est avantageux, à cet égard, de pouvoir se servir d'une rivière ou d'un canal ; on y dispose une série de réservoirs dont le fond et les parois sont percés de trous, de manière à assurer la libre circulation de l'eau. Ces réservoirs, maintenus au moyen d'une plate-forme flottante, sont constamment sous l'eau. Pendant la durée de l'immersion, le fulmicoton est remué sans cesse au moyen de tiges en bois. L'opération terminée, on réitère le turbinage, ainsi que le lavage.

Ebullition. — Le coton nitré est introduit ensuite dans des chaudières en fer, en présence d'une grande quantité d'eau, et soumis à l'ébullition pendant un certain temps ; on peut se servir, également, de cuves doublées de plomb et chauffées à la vapeur. Le but de cette opération est d'éliminer les impuretés provenant des matières grasses et résineuses que renferment les fibres du coton. L'ébullition est recommencée à plusieurs reprises, en ayant soin de renouveler chaque fois l'eau. On cesse lorsque la nitrocellulose, soumise au papier de tournesol, ne présente plus aucune trace d'acidité.

Pulpation, lavage et neutralisation. — Le déchiquetage s'effectue au moyen d'une machine analogue à celles qu'on emploie dans les papeteries et que l'on appelle *hollander*, du nom de son inventeur. C'est une cuve dans laquelle tourne une roue verticale armée de couteaux en acier fin, dont la partie inférieure est à proximité du fond, lequel en porte également. Le fulmicoton, introduit en même temps qu'une quantité d'eau suffisante, est animé d'un mouvement constant de révolution.

La durée de l'opération est variable ; à Stowmarket, elle est d'environ quatre heures et porte sur 100 kilogrammes de fulmicoton. Lorsqu'elle est terminée, la masse est dirigée vers un appareil laveur appelé *poacher*, analogue au précédent. Dans cet appareil tourne une roue à palettes, destinée à entretenir l'agitation du contenu. L'eau de lavage est renouvelée à plusieurs reprises; une toile métallique, placée à la partie inférieure, permet l'évacuation sans entraînement de la pulpe. Chaque *poacher* contient environ 500 kilogrammes de coton, ce qui permet de rendre homogènes les produits d'un grand nombre de nitrifications.

Lorsqu'on juge le lavage suffisant, on prélève un échantillon de coton nitré destiné à subir l'épreuve de résistance à la chaleur. La substance étant en suspension dans l'eau sous la forme d'une bouillie très fluide, on emploie, à cet effet, un tamis de grande dimension, où elle ne tarde pas à se déposer. Ayant exprimé le liquide, on la dessèche en la plaçant entre deux feuilles de papier à filtrer, sous une presse à main où elle demeure quelques minutes; on la frotte ensuite entre les doigts, de manière à la réduire en particules très ténues.

Si le résultat de l'épreuve est favorable, le moment est venu de cesser le lavage : on arrête la machine et on fait écouler l'eau. Puis, ayant laissé égoutter le liquide pendant un moment, on l'exprime à l'aide d'une pelle en bois. Parfois, on ajoute alors une petite proportion de carbonate alcalin, à l'effet d'assurer la stabilité du coton-poudre. M. Guttmann (*Dingler's Polytechnisches Journal*, 1897, p. 37) se déclare adversaire de cette pratique, susceptible d'engendrer la décomposition du produit, eu égard à l'action saponifiante qui est exercée ; au surplus, il considère que, si la fabrication a été conduite avec tout le soin désirable, la stabilité de la nitrocellulose ne peut laisser à désirer. M. Simon Thomas, du laboratoire de la marine, à Amsterdam (*Zeitschrift für angwandte Chemie*, 1898, p. 1003, et 1899, p. 55) estime que la stabilité des explosifs nitrés n'est jamais absolue ; qu'une décomposition, faible peut-être, est inévitable. Cela étant, il recommande l'addition de craie : l'avantage qui résulte de son action neutralisante, action facilitée par la solubilité de l'acide libre dans l'eau que contient le coton-poudre, compense les inconvénients qui résultent de la saponification; celle-ci est très faible, d'ailleurs, à la température ordinaire. Il n'en serait pas de même si on additionnait d'autres carbonates alcalins : soude, ammoniaque, etc. M. Thomas est d'accord avec M. Guttmann pour en déconseiller l'emploi.

Le Dr Weber a proposé la neutralisation par l'ammoniaque en solution diluée ; lors des essais auxquels il procéda, la matière, après addition de liquide, fut placée entre des feuilles de papier à filtrer, puis soumise à la dessiccation, dans une étuve à 70°. Mais au bout de trois heures, il se produisit une explosion d'une violence telle que les 30 grammes de nitrocellulose expérimentés suffirent pour détruire de fond en comble l'étuve en cuivre, solidement construite, qui les renfermait. Le Dr Weber détermina le point d'inflammation de ce coton nitré et le trouva compris entre 194 et 198° (1).

M. Flemming (*Zeitschrift für angewandte Chemie*, 1898, p. 1053) préconise l'addition d'une certaine quantité de nitroguanidine, $CH^4AzO^4.O^2$; celui-ci se combine avec l'acide nitrique résultant de la décomposition du fulmicoton et se transforme en nitrate. Il n'exerce aucune action saponifiante sur la nitrocellulose et, en outre, présente l'avantage de brûler sans laisser de cendres. D'autre part, il détone sous l'action de la chaleur et ne peut donc altérer la puissance de l'explosif.

Fulmicoton comprimé. — La réduction du fulmicoton en blocs, plaques ou disques d'une certaine compacité, le rend plus maniable ; elle permet, en outre, d'obtenir un même effet utile avec une charge plus condensée et enfin, régularise la décomposition explosive. En général, la compression est précédée d'un moulage ou pressage préliminaire, lequel se fait à la main ou à la machine. Quant à l'opération proprement dite, elle nécessite l'emploi de la presse hydraulique. Avant de l'effectuer, il est nécessaire de passer au crible le coton-poudre, afin de faire disparaître les menus objets,

(1) Le coton-poudre, maintenu vers 80 à 100°, se décompose lentement et peut même s'enflammer (Berthelot). Ce fait, probablement, aura été perdu de vue, lors de l'expérience ci-dessus rapportée.

tels que clous, bouts d'allumettes, etc., qu'il peut renfermer. D'autre part, le fonctionnement du piston, quelque parfait qu'il puisse être à l'origine, finit fatalement par laisser du jeu ; dès lors, la friction qui en résulte est susceptible de causer des accidents graves.

M. Guttmann conseille, à cet égard, de construire une cloison de $0^{m},30$, composée de deux séries de planches de 5 centimètres, séparées par des cendres ; le passage est assuré par une porte et la surveillance de l'opération, par un regard ménagé dans la cloison. Un des versants du toit de l'atelier de pressage doit être en verre, afin d'offrir une moindre résistance en cas d'explosion, et de guider les projections éventuelles.

A Waltham Abbey, les hommes sont protégés par un rideau confectionné au moyen de cordages. La presse, placée dans un atelier éloigné des autres, développe un effort de 5 à 6 tonnes par pouce carré (790 à 950 kilogrammes par centimètre carré), lequel réduit le fulmicoton au tiers de son volume initial. L'opération dure une minute et demie,

La sensibilité explosive du coton-poudre est très considérable, lorsqu'il est sec. Aussi, ne doit-on l'emmagasiner, le manier ou le le transporter qu'à l'état humide ; il convient donc de l'imprégner d'eau, préalablement à l'emballage. Il vaut mieux encore employer une solution de soude ou d'acide phénique, à l'effet de prévenir la formation de fongus, lesquels sont susceptibles d'engendrer la décomposition spontanée de la nitrocellulose. La dose d'humidité ne doit pas être inférieure à 15 0/0 ; elle atteint parfois 30 0/0 et même davantage. Il faut la vérifier régulièrement et la ramener au taux voulu si elle a diminué.

Remarques relatives à la fabrication du coton-poudre. — La fabrication du coton-poudre, si elle offre moins de risques d'explosion que celle de la nitroglycérine, eu égard aux grandes quantités d'eau que l'on emploie au cours de chaque opération, est loin de ne présenter aucun danger.

Parmi les précautions les plus utiles, citons tout d'abord l'élimination complète des impuretés diverses que renferme le coton, élimination qui constitue le principe même de la méthode d'Abel. Le danger ne réside pas dans la nitrification même, mais plutôt dans le turbinage et le lavage subséquents. Il faudra veiller, avec grande attention, à ce que le coton turbiné soit mis immédiatement en contact avec une quantité d'eau considérable. Dans le cas contraire, on courrait le risque d'en voir survenir la décomposition spontanée, décomposition très difficile à entraver. L'élévation de température la favorise notablement; il faut donc redoubler de prudence lorsque le temps est chaud et humide. Au turbinage comme au lavage, le danger est indiqué par la formation de fumées rouges ; dès qu'elles apparaissent, on doit faire transporter immédiatement le coton dans le *poacher*, où il trouvera une masse d'eau suffisante.

Lorsqu'il arrive que l'on ait à remettre du coton-poudre en fabrication, on se heurte à certaines difficultés : après la seconde pulpation, il se transforme en une espèce de fine poussière, dont le pressage se fait avec énormément de peine. Ces difficultés proviennent vraisemblablement de ce que la résistance des fibres a été compromise, par suite de la pression subie. Il est utile, dans ce cas, d'ajouter du coton-poudre frais, dans la proportion de 1 à 5.

Le retrempage de la nitrocellulose dans le mélange acide, à l'effet d'augmenter le degré de nitrification, est toujours plus ou moins dangereux; ainsi que l'a fait remarquer le Dr Dupré, une portion de la substance peut ne pas être immergée, et s'échauffer suffisamment pour faire explosion.

Coton-collodion. — Le coton-collodion ou dinitrocellulose est un mélange des produits de nitrification moins élevée que ceux dont est constitué le coton-poudre, et de propriétés explosives moins développées. MM. Ménard et Domonte ont obtenu, les premiers, une nitrocellulose soluble dans l'éther alcoolisé; c'est Béchamp qui, en poursuivant l'étude, signala ses propriétés particulières et lui assigna la formule de la cellulose octonitrique. Le degré de nitrification que l'on obtient, dans l'industrie courante, est sensiblement plus élevé : il dépasse la cellulose ennéanitrique et s'approche même parfois de la cellulose décanitrique.

Voici, à cet égard, les proportions d'azote renfermées par quelques échantillons de coton-collodion de provenances diverses :

Fabrication allemande....	11,64	11,48	11,49	pour 100
Stowmarket...............	12,57	12,60	11,22	»
Walsrode.................	11,61	12,07	11,99	»
Faversham................	12,14	11,70	11,70	»

L'analyse du premier de ces échantillons, d'excellente qualité, donna le résultat suivant :

Nitrocellulose soluble..................	99,118
Nitrocellulose insoluble................	0,642
Coton non nitrifié......................	0,240
Cendres totales.........................	0,250

La fabrication du coton-collodion a pris une extension très considérable; ce composé entre dans la composition des gélatines explosibles, dont l'usage est si répandu, ainsi que dans celle de certaines poudres sans fumée. En outre, il sert à fabriquer le collodion, qui fait l'objet de nombreuses applications en photographie et en chirurgie; on l'emploie aussi pour préparer le celluloïd.

Le collodion sec, dit M. Désortiaux [1], possède la propriété d'adhérer fortement à la peau; il est éminemment propre, par sa contractilité, à réunir les bords des blessures; en outre, la membrane adhérente réalise une fermeture qui préserve la plaie de l'accès de l'air et de l'humidité. D'après Lauras, on obtient une substance parfaitement élastique par le procédé suivant : ayant préparé une dissolution de 2 parties de térébenthine de Venise, 2 d'huile de ricin et 2 de cire blanche dans 6 parties d'éther, on la mélange avec une dissolution de 8 parties de collodion sec dans 125 parties d'éther et 8 d'alcool (collodion riciné).

On emploie également le collodion pour envelopper certaines substances corrosives : c'est ainsi que l'on prépare le *collodium corrosivum* pour le protochlorure de mercure et le *collodium can-*

(1) *Traité sur la poudre, etc.*, p. 665.

tharidale pour la teinture de cantharides éthériques. D'après Strohlberger, le collodion peut préserver les objets d'argent de l'oxydation : il suffit de les chauffer légèrement et de les enduire d'une couche mince et régulière de ce liquide. On utilise aussi les plaques de collodion pour la confection des râteliers artificiels. Avec du collodion imparfaitement séché, Kneffel a pu obtenir des reproductions de lettres imprimées, très distinctement visibles par transparence. Le collodion sert encore à la fabrication des ballons légers; à cet effet, on en humecte complètement l'intérieur d'un ballon de verre. Après évaporation de l'éther, la membrane adhérente à la paroi peut s'enlever rapidement; un ballon de 100 centimètres cubes pèse environ $0^{gr},03$. On recouvre certaines pilules d'une pellicule de collodion pour leur enlever toute saveur. Craig a proposé l'emploi d'un enduit de collodion pour protéger les graines des poudres hygroscopiques.

Alfred Nobel a fait breveter l'emploi du coton nitré comme succédané du caoutchouc. A cet effet, on le soumet à l'action d'un dissolvant non volatil ou très légèrement volatil, tel que la nitronaphtaline, la dinitrobenzine, le nitrotoluène ou ses homologues. Le produit obtenu présente une consistance qui peut varier de la dureté de l'ébonite à la plasticité de la gélatine.

Fabrication. — Certains auteurs attachent une importance spéciale à la qualité du coton et à la longueur des filaments : le coton égyptien, de l'espèce dite *Sea Island*, réalise parfaitement cette dernière condition. Nous pensons qu'il convient, en outre, d'apporter le plus grand soin à la composition du mélange acide employé; ce mélange doit être plus faible que s'il s'agissait de la fabrication du coton-poudre. D'une densité de 1,712 environ, il contient 66 0/0 d'acide sulfurique ($d = 1,84$) et 34 0/0 d'acide nitrique renfermant 59 0/0 de monohydrate ($d = 1,368$). L'emploi d'acides plus faibles, ainsi que la substitution à l'acide nitrique de nitrate de potasse ou de soude, préconisé par plusieurs auteurs, donne naissance à des produits de nitrification inférieure.

Le trempage du coton ne peut durer plus de cinq minutes, au cours desquelles la température du mélange acide ne doit pas dépasser 18 à 19°. Cette opération terminée, le coton imprégné du mélange est placé dans des pots, où la nitrification se continue; il faut s'abstenir d'exprimer préalablement une partie de l'excès d'acide, ainsi qu'on le fait lorsqu'il s'agit de la fabrication du coton-poudre. Au bout de quarante-huit heures, la réaction peut être considérée comme complètement terminée. D'aucuns prétendent que vingt-quatre heures suffisent; nous ne partageons pas cette manière de voir. Le traitement subséquent du coton-collodion ne diffère pas de celui auquel on soumet le fulmicoton.

D'après M. T. R. France, les procédés que l'on emploie habituellement pour fabriquer le coton-collodion ne peuvent fournir un produit parfaitement homogène : la fibre du coton est protégée par une sorte de vernis et dont la composition varie avec la nature du sol où il s'est développé; en outre, l'absorption des acides est contrariée par la forme même des tubes qui constituent les fibres. Cela étant, M. France conseille de réduire préalablement le coton en une poudre impalpable. Il le traite par un mélange contenant 8 parties d'acide nitrique à 42° B. et 12 parties d'acide sulfurique à 66° B. L'auteur considère qu'il est inutile de procéder à un lavage alcalin avant d'effectuer la nitrification. Celle-ci dure quinze minutes, la masse étant agitée constamment; la température est comprise entre 10 et 38°, voisine de 36° si possible.

On trouvera, sous la rubrique *Celluloïd*, d'autres renseignements relatifs à la fabrication des nitrocelluloses solubles.

Nitrocelluloses inférieures. — Ces produits, à partir de la cellulose heptanitrique (voir le tableau, p. 97), sont également désignés sous le nom de mononitrocelluloses. Ils s'obtiennent en faisant agir l'acide nitrique étendu sur la cellulose, pendant vingt minutes au plus. Leur séparation n'est guère possible, car tous, ils sont solubles dans l'éther alcoolisé, l'éther acétique, l'acide acétique, l'alcool méthylique, l'acétone, etc.

Propriétés des nitrocelluloses. — On doit considérer ces composés comme des éthers nitriques de la cellulose. En effet, l'acide sulfurique concentré, même à froid, en provoque lentement la décomposition et met l'acide nitrique en liberté. D'autre part, les solutions alcalines de concentration moyenne déterminent une formation de nitrates alcalins, avec régénération du coton; la réaction, lente à la température ordinaire, est rapide à 60 ou 80°. D'autres phénomènes encore motivent cette manière de voir.

Parmi les propriétés des nitrocelluloses, une de celles qui présentent le plus d'intérêt pratique, c'est leur solubilité dans l'éther alcoolisé. Si on envisage, en effet, la fabrication des poudres sans fumée et des autres explosifs, il est désirable de pouvoir disposer d'une nitrocellulose soluble qui renferme, en même temps, la proportion d'azote la plus élevée possible. Or, jusque dans ces dernières années, la solubilité a été considérée, comme une fonction de la composition chimique des nitrocelluloses : celles-ci étaient divisées en produits solubles et en produits insolubles : trinitrocelluloses et dinitrocelluloses, ces dernières correspondant aux termes les plus élevés de la série. On peut affirmer aujourd'hui que la solubilité est subordonnée, non pas à la composition des nitrocelluloses, mais aux conditions dans lesquelles s'effectue la nitrification.

A cet égard, il convient de rappeler les expériences auxquelles se livra Sir Henry Roscoe, au cours du procès en contrefaçon de brevet qui fut intenté par Nobel au gouvernement anglais, au sujet de la cordite : ayant préparé 90 livres d'un mélange contenant 25,1 0/0 d'acide nitrique (Az^3H), 60,9 0/0 d'acide sulfurique (SO^4H^2) et 14 0/0 d'eau, il y plongea 2 livres de cellulose. Le contact fut maintenu deux heures durant; la température, de 20° au début, atteignit 25° à la fin de l'opération. Le produit obtenu renfermait 12,73 0/0 d'azote et était soluble dans l'éther alcoolisé. D'autre part, la préparation d'une nitrocellulose insoluble, dont la teneur en azote s'élevait à 12,83 0/0, fut effectuée au moyen d'un mélange dont les proportions respectives étaient 17,55, 77,05 et 5,40 0/0. Dans 100 livres de liquide furent trempées 2 livres de cellulose; quant à la durée de l'immersion et la température, elles furent les mêmes que lors de la première expérience.

Dans une lettre récente, M. le Dr Dupré nous citait l'exemple d'un composé renfermant 13,20 0/0 d'azote et complètement soluble. On voit donc qu'il est possible d'atteindre le maximum industriel de la nitrification, tout en conservant la solubilité. Signalons, à ce propos, le brevet pris par une société américaine, l'*International Explosives Cowpany*, et relatif à l'emploi de telles nitrocelluloses; nous ignorons si le texte du brevet spécifie le mode de fabrication.

La solubilité des nitrocelluloses a fait l'objet de recherches expérimentales effectuées par M. l'Ingénieur Bruley et reprises par M. le colonel Kiesniemsky, de l'artillerie russe (*Mém. des Poudres et Salpêtres*, t. X). La composition du mélange liquide dans lequel on immerge le coton est représentée par la formule suivante :

$$Az^2O^5.H^2O + aSo^3.H^2O + bH^2O ;$$

la teneur totale en acides monohydratés vaut donc $(1 + a)$. La quantité $[(1 + a) - b]$ est désignée sous le nom de caractéristique du mélange d'acides et représentée par la lettre μ.

Si on examine les résultats obtenus, on constate qu'au-dessus du coton décanitrique, le degré de solubilité dépassa rarement 5 0/0. Voici les conclusions auxquelles ces essais donnèrent lieu :

Pour obtenir des cotons-poudres à faible solubilité et à taux d'azote élevé, il faut que μ soit positif et de valeur peu élevée; dans le cas contraire, la proportion d'azote diminue suivant l'importance de l'appauvrissement du mélange en acide azotique monohydraté. Si on désire que le coton-poudre joigne une solubilité considérable à un taux d'azote élevé, il faut que μ soit $< o$, tout en ayant une valeur absolue aussi petite que possible.

Ces conclusions sont en contradiction avec les expériences de Sir Henry Roscoe, dont nous venons de rappeler les résultats. Au surplus, la valeur de μ est fonction, uniquement, des proportions suivant lesquelles sont mélangés les liquides employés; elle est indépendante du rapport qui existe entre la quantité totale du liquide et la quantité de cellulose traitée. Or, cet élément ne peut être négligé. Il n'est pas douteux, au surplus, que le phénomène si complexe de la nitrification soit susceptible d'être modifié par d'autres facteurs encore.

Coton-poudre. — La densité absolue du coton-poudre est de 1,5. En flocons, sa densité apparente se réduit à 0,1 ; sous forme de fils, elle vaut 0,25 ; en pâte, comprimée à la presse hydraulique, elle devient égale à 1. Non comprimé, le fulmicoton conserve l'apparence de la cellulose : ouate, etc., dont il provient. Il est plus dur au toucher et légèrement hygroscopique. Il possède la propriété de s'électriser par la friction. Soluble dans l'éther acétique et dans l'acétone, il est insoluble dans l'eau, l'alcool et l'éther.

Le fulmicoton est extrêmement inflammable : mis en contact avec un corps chaud, soumis à un choc, ou porté à la température de 172°, il ne tarde pas à prendre feu. Il brûle très rapidement, avec une grande flamme rouge jaunâtre, en dégageant un grand volume de gaz, et presque sans fumée ni résidu. Chauffé à 100° et comprimé ensuite, il est susceptible de faire explosion par simple inflammation.

La combustion du coton-poudre n'en détermine pas infailliblement l'explosion. C'est ainsi qu'un incendie, survenu à la manufacture de Waltham Abbey le 2 mars 1894, détruisit près de 2.000 kilogrammes. Dans d'autres circonstances, des quantités moindres firent explosion par combustion : Easbourne, 300 kilogrammes emballés dans des caisses en bois, 1872 ; Lydd, 1 tonne dans des caisses en étain, 1884. Ces résultats provenaient de ce que le coton-poudre était placé dans des enveloppes s'opposant à l'expansion des produits engendrés.

La lumière solaire fait éprouver au coton-poudre une décomposition lente. Sa stabilité indéfinie doit être regardée comme douteuse, à cause des produits inférieurs qu'il renferme fatalement, à dose minime parfois.

Il est très sensible aux explosions par influence ; d'après les expériences faites en Angleterre, une torpille d'attaque peut provoquer l'explosion d'une ligne de torpilles chargées de fulmicoton, même si elle est située à une grande distance.

La vitesse de l'explosion du fulmicoton, renfermé dans des tubes métalliques, sous forme pulvérulente, est de 5.000 à 6.000 mètres par seconde, avec des tubes en étain; elle se réduit à 4.000 mètres s'ils sont en plomb. Le général Sébert a utilisé cette vitesse considérable pour confectionner des cordeaux détonants, que nous décrivons sous une rubrique spéciale.

A l'air libre, le fulmicoton en floches brûle huit fois plus rapidement que la poudre. Il est sujet à détoner sous le choc de la balle, à courte distance ; toutefois, l'explosion ne se produit pas, en général, s'il se présente sous la forme d'un disque mince.

Sa détonation théorique répond sensiblement, d'après M. Berthelot, à l'équation suivante (faibles densités de chargement) :

$$(1) \quad C^{24}H^{18}(AzO^{3}H)^{11}O^{9} = 15\,CO + 9\,CO^{2} + 11\,H + 9\,H^{2}O + 11\,Az.$$

En fait, les résultats analytiques obtenus diffèrent sensiblement de ces données. En voici un exemple :

Oxyde de carbone	28,55	pour 100
Acide carbonique	19,11	»
Hydrure de méthyle	11,17	»
Deutoxyde d'azote	8,83	»
Azote	8,56	»
Vapeur d'eau	21,93	»

La quantité d'oxygène qu'il renferme est trop restreinte pour correspondre à la combustion complète du carbone. L'addition de nitroglycérine est rationnelle, parce que le liquide renferme le gaz comburant en excès ; on l'a réalisée dans les gélatines explosibles. De même, la présence d'un nitrate aura comme effet de prévenir la formation de l'oxyde de carbone. Citons la tonite, mélange de fulmicoton et d'azotate de baryte à poids égaux.

La pression initiale produite par l'explosion du coton-poudre est très élevée : elle atteint 8.740 kilogrammes par centimètre carré. On l'évalue pratiquement au triple de celle qu'exerce la poudre ordinaire (Piobert). La chaleur dégagée à pression constante est, par kilogramme, de 1.076 calories (eau liquide) ou de 977^{cal},7 (eau gazeuse). Ces chiffres, dus à M. Berthelot, correspondent à l'équation (1) ci-dessus. Ils sont subordonnés au mode de décomposition explosive : si l'on suppose l'addition d'une substance susceptible de produire la combustion totale, ils s'élèveront respectivement à 2.302 et 2.177 calories. La chaleur de décomposition du coton-poudre en vase clos, sous une faible densité de chargement, a été trouvée égale à 1.071 calories par kilogramme de coton-poudre sec et ne laissant aucun résidu minéral.

Emploi du fulmicoton. — Le coton-poudre, avons-nous vu, ne peut être emmagasiné, manié ou transporté qu'à l'état humide. Sous cette forme, l'atténuation de la sensibilité est telle que l'explosion nécessite l'emploi d'une quantité très considérable de fulminate de mercure : si la proportion d'humidité est de 17 0/0, par exemple, il faut 13 grammes de fulminate pour déterminer la détonation. On ne peut songer à employer de tels détonateurs ; aussi leur a-t-on substitué l'amorce au fulmicoton sec. Celui-ci détone aisément sous l'influence du fulminate et possède la propriété de provoquer la détonation du coton-poudre humide.

Les charges de fulmicoton comprimé dont se sert le génie militaire anglais se composent de plaques carrées mesurant 155 millimètres de côté. Les plus épaisses, marquées S, ont 35 millimètres de hauteur; leur poids est de 2 livres (908 grammes). Les autres, de 29 millimètres, pèsent 1 livre et demie (681 grammes); elles portent la marque T. On les emballe, par quantités respectives de sept et neuf, dans des caisses en fer-blanc, lesquelles sont placées à leur tour dans des enveloppes en bois. La dose réglementaire d'humidité est de 15 à 20 0/0.

Chaque plaque porte deux ouvertures mesurant 38 et 50 millimètres de diamètre, destinées à l'introduction des blocs cylindres de fulmicoton sec employés comme amorces. Ces blocs, à leur tour, portent au centre une ouverture qui sert à placer le détonateur au fulminate. Leurs poids respectifs sont de 1 et 2 onces (28 et 56 grammes); leurs hauteurs, de 32 et 35 millimètres. Elles sont marquées H et F. On les emballe, par cinq, dans des boîtes cylindriques en fer-blanc, imperméables à l'air. Ils sont recouverts, au préalable, d'une couche de paraffine destinée à prévenir l'absorption de l'humidité ou toute autre cause de détérioration. L'opération s'effectue en les plongeant dans la substance en fusion, à une température qui ne peut être inférieure à 80°; on les immerge à deux reprises, ce qui rend la couche de paraffine plus unie. L'ouverture centrale destinée au fulminate est enduite d'eau gommée avant l'immersion. Lorsque la paraffine a été fondue à plusieurs reprises, elle devient brunâtre et communique sa couleur au fulmicoton. Il est recommandable de ne pas la refondre trop fréquemment, car elle se charge de coton-poudre très divisé, dont le chauffage à 80° peut déterminer la décomposition.

Les détonateurs au fulminate de mercure (type n° 8, pour mèches de sûreté) contiennent une charge de 35 grains (2^{gr},27). Celle-ci emplit un tube en bronze, légèrement conique, qui s'emboîte dans un second tube dont la longueur atteint 10 centimètres. Le fulminate est protégé par un petit cylindre en bois, et un cordeau détonant qui traverse celui-ci, établit la communication avec la mèche de sûreté. Il va sans dire que toutes les opérations relatives au chargement de la mine doivent être effectuées avec prudence, tant au point de vue du détonateur que de l'amorce.

Le fulmicoton ne peut être façonné ou découpé qu'à l'état humide; les outils employés doivent être mouillés, et il faut avoir soin d'arroser aussi les surfaces que l'on met à nu; en somme, il est nécessaire que l'on ait constamment l'eau à la portée de la main.

A poids égaux, on considère la puissance du coton-poudre comme valant de deux à deux fois et demie celle de la poudre noire, lorsque les charges sont bourrées avec soin; le rapport devient supérieur à 4, si on suppose l'absence de bourrage. Il s'ensuit que le coton-poudre doit être employé de préférence lorsque le bourrage ne peut être effectué, par exemple, si le temps fait défaut. On s'en servira également si la charge doit occuper un volume aussi restreint que possible. A l'état comprimé, il est moins plastique que d'autres explosifs, tels que les gélatines.

Si l'on se propose de produire une dislocation plutôt qu'un effet local, la poudre noire lui sera préférée. Il faut tenir compte, également, de la nature nocive des produits qu'engendre sa décomposition. Cette considération ne permet pas de l'employer industriellement dans les travaux souterrains. S'il s'agit de mines immergées, le coton-poudre est préférable à la poudre noire; dans ce cas, il faut prendre les précautions nécessaires pour préserver le détonateur du contact de l'eau.

Essai des nitrocelluloses. — Le plus important des essais concerne la résistance à la chaleur. Il fait l'objet d'une rubrique spéciale. Cet essai s'effectue à la température de 65°; sa durée est de quinze minutes en Angleterre et de onze en France (service de la marine).

Le dosage de l'humidité se pratique comme suit : on place 1 kilogramme de nitrocellulose sur une feuille de papier tarée, que l'on a préalablement desséchée dans une étuve à 100° jusqu'à obtention de la constance du poids. En soumettant cette prise d'essai au même traitement, on obtiendra, par perte de poids, la dose d'humidité initiale.

L'essai de solubilité sert à déterminer les proportions de nitrocelluloses solubles et insolubles : on prélève 5 grammes de l'échantillon qui vient de subir la dessiccation et, après les avoir exposés deux heures à l'air libre, on les place dans un flacon conique, où on ajoute 250 centimètres cubes d'éther alcoolisé; puis on bouche et on laisse digérer deux à trois heures, en ayant soin d'agiter à plusieurs reprises. On filtre sur de la toile et on lave le dépôt avec un peu d'éther. On l'enveloppe alors dans du papier à filtrer, et on le soumet à l'action d'une presse à main. Ensuite on lui fait subir à nouveau le même traitement, ne le laissant toutefois en contact avec le liquide que pendant une heure. Alors, ayant éliminé l'éther par évaporation, on l'introduit dans un verre de montre, que l'on place dans une étuve à 100°, chauffée à l'eau. Lorsque la dessiccation est terminée, on l'expose deux heures à l'air libre et on la pèse enfin.

Le poids obtenu indique la somme de la nitrocellulose insoluble et de la cellulose non nitrifiée; la nitrification, en effet, laisse généralement intacte une partie de la cellulose. On dose celle-ci à part, sur 5 grammes de la substance, que l'on fait bouillir avec une solution saturée de sulfure de sodium; puis, après un repos de quarante-huit heures, on filtre ou on décante. Ensuite, on soumet le produit à une seconde ébullition, avec la même solution, et on filtre à nouveau; on lave successivement à l'acide chlorhydrique étendu et à l'eau, on sèche et on pèse; le poids obtenu est celui de la cellulose, plus les cendres, etc. Il suffira de calciner pour obtenir, par perte de poids, la teneur en cellulose.

Dans les laboratoires du gouvernement anglais, la nitrocellulose soluble est dosée comme suit: on dissout, dans 150 centimètres cubes d'éther alcoolisé, 50 grains (3gr, 24) de la nitrocellulose à analyser, et on laisse le contact se prolonger pendant six heures, dans un flacon bouché de 200 centimètres cubes, que l'on agite fréquemment. Ayant prélevé, à l'aide d'une pipette, 75 centimètres cubes de la solution claire, on les soumet à l'évaporation, successivement au bain-marie et à l'étuve, jusqu'à obtention de la constance du poids; l'étuve est chauffée à la température de 120° F. (49°). Le poids obtenu est celui de la nitrocellulose soluble contenue dans les 75 centimètres cubes de solution.

Passons au dosage de l'alcalinité : ayant choisi l'échantillon au centre de la nitrocellulose à examiner, on en prélève 5 grammes, que l'on sèche à l'air libre et pulvérise ensuite. On les met alors à digérer avec 20 centimètres cubes d'une solution $\frac{N}{2}$ d'acide chlorhydrique, et on ajoute de l'eau de manière à obtenir un total de 250 centimètres cubes. On agite pendant un quart d'heure environ, puis on décante et on lave jusqu'à ce que les eaux qui passent ne donnent plus la réaction acide. On dose la solution ainsi que les eaux de lavage, au moyen de la solution $\frac{N}{4}$ de carbonate de sodium; le papier de tournesol est employé comme indicateur.

Pour déterminer la teneur en cendres et matières inorganiques, on prend 2 à 3 grammes de la nitrocellulose à analyser, que l'on introduit dans une capsule en platine, en présence d'un peu de paraffine raclée; on chauffe ensuite, de manière à provoquer la fusion de la paraffine et l'inflammation du mélange. Il reste à peser, après refroidissement.

Le procédé de Schjerning se pratique de la manière suivante : on prend un échantillon de 5 grammes, que l'on place dans une grande capsule en platine. On l'humecte avec une liqueur composée d'éther alcoolisé saturé de paraffine, filtré et additionné d'un quart de son volume d'eau. Puis, ayant ajouté quelques fragments de paraffine, on met le feu. Durant la combustion, la capsule est maintenue dans une position oblique, tout en subissant un mouvement de rotation, de manière que la nitrocellulose s'imprègne uniformément de paraffine. Ensuite, au moyen d'une baguette en verre, on détache la substance des bords de la capsule, laquelle est chauffée pendant quinze à vingt minutes au chalumeau ; il faut avoir soin de placer un couvercle, que l'on soulève de temps à autre. On pèse le résidu, qu'on lave ensuite à l'eau dans une capsule en porcelaine, et on le chauffe à 90° en présence d'acide chlorhydrique. De cette manière, on dissout l'oxyde de fer, l'alumine, la chaux et la magnésie ; le silice constitue un résidu insoluble. On continue ensuite l'analyse suivant la marche ordinaire. En général, d'ailleurs, il suffit de connaître la proportion totale de cendres.

Le dosage de l'azote fait l'objet d'une rubrique spéciale.

Nitrochanvre. — Voir *Trench*.

Nitrocharbon ou **nitrocoal.** — Voir *Nitro-houille*.

Nitrocolle. — Colle de poisson ou gélatine saturée d'eau, fondue à une chaleur douce et additionnée d'une quantité suffisante d'acide nitrique pour ne pouvoir se solidifier par le refroidissement. Le produit obtenu est nitrifié par les méthodes habituelles.

Nitrocrésol. — Le crésol fait l'objet d'une rubrique spéciale. Ce composé donne plusieurs dérivés nitrés, dont le principal est le trinitrocrésol ou acide trinitrocrésylique. C'est une substance solide, de couleur jaune, cristallisée en aiguilles peu solubles dans l'eau froide $\left(\frac{1}{449}\right)$, plus solubles dans l'eau bouillante $\left(\frac{1}{123}\right)$, solubles dans l'alcool et dans l'éther. Elle fond vers 100° ; chauffée, elle déflagre comme l'acide picrique. Comme ce dernier aussi, elle teint la soie et la laine.

L'acide nitrocrésylique se prépare en nitrifiant le phénol crésylique, d'une manière analogue à l'acide picrique. On l'emploie pour le chargement des obus et des torpilles, après l'avoir fondu ; c'est lui qui constitue l'explosif connu en France sous le nom de crésylite. Il entre également dans la composition d'un mélange employé comme poudre de guerre (Voir *Mortier et Sandon*).

Nitrocrésylates. — Ce sont les sels de l'acide nitrocrésylique, que nous venons de passer en revue.

Le nitrocrésylate de potassium se présente sous la forme de petites aiguilles très solubles dans l'eau, et qui détonent par la chaleur (Voir *Von Stubenrauch*).

Le nitrocrésylate d'ammonium est une substance dont le maniement offre une grande sécurité, d'après les expériences auxquelles a procédé la Commission française des substances explosives, expériences qui portaient sur un échantillon renfermant 55 0/0 de binitrocrésylate et 36 0/0 de trinitrocrésylate, la différence se composant de cendres. Ce sel entre dans la composition de plusieurs explosifs, notamment de ceux qui sont désignés, sous le nom de type C, ainsi que de l'écrasite et de la veltérine.

Nitrocrésylique (Acide). — Synonyme de nitrocrésol.

Nitrocumène ou nitrocumol. — Le cumol (C^9H^{11}) provient des produits de distillation de diverses résines. Le mononitrocumol, $C^9H^{11}.AzO^2$, se prépare en dissolvant l'hydrocarbure dans l'acide nitrique concentré; il se dépose par l'addition d'eau, sous la forme d'une huile dense et jaunâtre. Le binitrocumol, $C^9H^{10}(AzO^2)^2$, est une substance solide, floconneuse.

Nitrodextrine. — Ce composé, que l'on obtient en nitrifiant la dextrine, est analogue au nitramidon. Il a fait l'objet de plusieurs brevets pris par Nobel. Il est, d'autre part, un des éléments constitutifs des explosifs de Casteau, décrits ci-avant.

Nitroferrite. — Cet explosif, fabriqué par M. P.-J. Cornil, à Châtelet (Belgique), répond à la composition suivante :

N° 1

Azotate d'ammoniaque..........	93 à 94	pour 100
Ferrocyanure de potassium......	2	»
Sucre cristallisé................	3 à 2	»
Trinitronaphtaline..............	2	»

N° 2

Azotate d'ammoniaque....................	77,00
Azotate de potassium.....................	9,60
Ferrocyanure de potassium................	4,00
Sucre cristallisé...........................	4,80
Farine grillée.............................	1,80
Paraffine jaune............................	2,80
	100,00

La nitroferrite n° 1 est préconisée comme explosif de sûreté. (Brevet belge n° 128.084, du 5 juin 1897.)

Nitrofoin. — Voir *Trench*.

Nitroforme. — Voir *Nitrométhane*.

Nitrogalactose. — MM. Will et Lenze ont préparé deux pentanitrates de galactose (Voir *Hydrates de carbone nitrés*). Le premier fond à 115-116° et se décompose à 126°. Après dix jours d'exposition à 50°, il perdit environ 42 0/0 de son poids. $[\alpha]_D = 124°,7$, en solution alcoolique à 6 0/0. Quant au second, il fond à 72-73° et se décompose à 120°. Il perdit 11,7 0/0 de son poids, après vingt-quatre heures d'exposition à 50°. $[\alpha]_D = -57°$, en solution à 6,7 0/0.

Nitrogélatines. — Voir *Gélatines explosibles*.

Nitrogélatine ammoniacale. — Voir *Ammoniaque* (*Gélatine à l'*).

Nitrogélatine picrique. — Cet explosif, breveté en 1887 par la *Deutsche Sprengstoff Gesellschaft*, de Hambourg, se prépare en mélangeant la nitroglycérine avec 10 0/0 de son poids d'acide picrique. On gélatinise ensuite, au moyen d'un nitrocellulose soluble, le liquide ainsi obtenu. L'acide picrique permettrait d'opérer, en deux jours, la complète gélatinisation à froid. Sa présence, toutefois, semble être de nature à affecter la stabilité. La nitroglycérine picrique peut être employée telle quelle ou additionnée d'autres ingrédients.

Nitroglucosane (La), moins explosible que la nitroglucose, s'obtient par la nitrification de la glucosane, $C^6H^{10}O^5$, laquelle provient de la glucose déshydratée par une chauffe à 170°.

Nitroglucose. — Cette substance s'obtient en nitrifiant la glucose au moyen du mélange, à parties égales, d'acide sulfurique et d'acide azotique concentrés. Elle se présente sous la forme d'un corps blanc, brillant, tantôt pâteux et amorphe, tantôt cristallin, insoluble dans l'eau. Ses propriétés explosives sont faibles.

MM. Will et Lenze ont préparé le pentanitrate de glucose $C^6H^7(AzO^2)^5O^6$, (Voir *Hydrates de carbone nitrés*). C'est un produit qui se décompose à 135°. Il perdit environ 38 0/0 de son poids, au bout de vingt-quatre heures d'exposition, à la température de 50°. $[\alpha]_D = 98°,7$, en solution alcoolique à 6 0/0.

La nitroglucose entre dans la composition de plusieurs substances, notamment l'*Ammonia Nitrate Powder* et l'explosif Keil, décrits ci-avant.

Nitroglycérine. — La nitroglycérine, que l'on désigne également sous les noms de glonoïne, trinitrine, triazotine, azotate de glycérile, est un des agents explosifs les plus puissants que l'on connaisse. Elle constitue le principe actif de la dynamite et des gélatines explosibles : gommes, gélignites, etc. Elle est également employée, dans une large mesure, à la fabrication de certaines poudres sans fumée, telles que la cordite, la balistite, etc.

Ce composé fut découvert en 1846, par l'illustre chimiste Ascanio Sobrero, ancien élève de Pelouze, sous la direction duquel il avait travaillé à Paris. Ce n'est pas, toutefois, dans le laboratoire du savant français, mais à Turin, où il enseignait la chimie, que Sobrero fabriqua pour la première fois la nitroglycérine. Son premier soin fut d'informer Pelouze de sa découverte : « Si on verse de la glycérine dans un mélange d'acide sulfurique d'une densité de 1,84 et d'acide nitrique à 1,5, réfrigéré avec soin, il ne tarde pas à se former un liquide huileux. » Les proportions respectives des deux acides étaient 292 : 119.

La découverte de Sobrero resta longtemps sans recevoir d'application industrielle, quoiqu'il eût fait connaître les propriétés explosives du liquide qu'il appelait la pyroglycérine; tout au plus l'employait-on, en solution alcoolique très étendue, sous le nom de glonoïne, comme remède contre la migraine. C'est seulement en 1863, que Nobel put en réaliser la préparation industrielle; l'année suivante, il découvrait le moyen d'en déterminer la détonation, de manière à pouvoir l'utiliser dans les travaux de mine (Voir *Détonateurs*).

A l'origine, la nitroglycérine inspirait une confiance telle qu'on ne craignait pas de la préparer sur place, dans un laboratoire dépendant de la carrière où on l'utilisait! Comparativement à la poudre noire, on la représentait « comme offrant une plus grande sécurité pour les ouvriers..... Mise dans une fiole qu'on jette à terre sur des pierres, la fiole se brise sans que la nitroglycérine, qui se répand, détone » (*Annales des Mines*, 6e série, t. XIX). Nous voyons ici, par un exemple, combien il peut être dangereux de généraliser le résultat d'une expérience.

Son emploi s'étendit rapidement; mais bientôt, de terribles accidents vinrent en arrêter l'expansion. Ce fut d'abord l'usine de Stockholm, qui sauta en 1864; puis, le steamer *European*, qui fit explosion en rade de Colon. D'autres catastrophes survenues à Hambourg, à Carnavon, à Sidney, à San Francisco, à Quenast (Belgique), mirent en évidence le danger si considérable que présente la nitroglycérine. Plusieurs gouvernements en proscrivirent l'emploi, et c'en était fait du nouvel explosif, lorsque Nobel imagina de la transformer en dynamite.

Fabrication de la nitroglycérine. — En principe, la nitroglycérine s'obtient en versant la glycérine dans un mélange d'acides nitrique et sulfurique. Ce dernier ne prend aucune part à la réaction; son rôle est simplement de se combiner avec l'eau qui prend naissance. Dans les laboratoires, on la prépare suivant le procédé de Kopp :

Ayant formé un mélange composé de 1 partie en poids d'acide azotique et 2 parties d'acide sulfurique concentrés, on en verse 330 grammes, lorsqu'il est bien refroidi, dans un ballon en verre. On y ajoute, goutte à goutte et en agitant constamment avec un thermomètre, 50 grammes de glycérine marquant 30 à 31 B°. Il faut avoir soin, afin de réfrigérer le ballon, de le placer dans un récipient contenant de l'eau aussi froide que possible(1). On laisse reposer le tout de cinq à dix minutes, puis on ajoute 5 à 6 volumes d'eau froide, sans cesser d'agiter. La

(1) Dans le cas où le thermomètre atteindrait 30°, il faudrait suspendre momentanément l'introduction de la glycérine. Si, néanmoins, des vapeurs rouges venaient à apparaître, il faudrait immédiatement noyer tout le liquide dans une terrine d'eau froide, laquelle doit se trouver à portée de la main.

nitroglycérine se précipite. On décante l'eau acide et on procède à plusieurs lavages successifs, de manière à neutraliser la nitroglycérine; un lavage final est effectué au moyen d'une légère lessive alcaline. Si la nitroglycérine n'est pas d'une limpidité parfaite, on la rendra telle en la plaçant dans un dessiccateur au chlorure de calcium.

La fabrication industrielle de la nitroglycérine suit, en principe, la marche que nous venons d'indiquer. La réussite étant subordonnée à la pureté des matières premières, il est essentiel d'examiner celles-ci avec le plus grand soin; si la glycérine, notamment, n'est pas apte à subir l'épreuve de nitrification, elle ne peut fournir une nitroglycérine de qualité convenable.

Cela posé, passons à l'examen des opérations successives que comporte la fabrication :

Mélange des acides. — Les proportions admises, en général, sont respectivement de 3 : 5. Ayant pesé les touries, préalablement tarées, dans lesquelles les acides sont emmagasinés, on verse ceux-ci dans un réservoir où ils se mélangent; ensuite, on les dirige vers l'atelier de nitrification. Nous avons vu sommairement, à propos de la fabrication de la nitrocellulose, quels sont les divers dispositifs qui servent au transport des acides.

Ceux-ci doivent être réfrigérés avant de subir la nitrification. A cet effet, ils passent dans un réservoir en plomb, de capacité suffisante pour contenir le liquide nécessaire à quatre ou cinq opérations et monté sur une charpente, à un niveau dépassant de deux mètres, au moins, celui de l'atelier où s'effectue la nitrification. Dans cet atelier, un second réservoir en plomb, de dimensions inférieures au premier, porte un trait indiquant exactement la hauteur qui correspond à la quantité de liquide nécessaire à une opération. Ce second réservoir permet de faire arriver dans l'appareil nitrificateur, dès qu'une opération est terminée, la quantité d'acide nécessaire à l'opération suivante.

Nitrification. — L'appareil dans lequel s'opère la nitrification est constitué d'une cuve en plomb, revêtue de bois ou non, d'environ $1^{m},25$ de diamètre à la base et un peu moins au sommet;

la hauteur est à peu près la même. Ces dimensions dépendent évidemment de la charge que l'on désire traiter à chaque opération; il faut tenir compte, à cet égard, de ce que la cuve ne peut être pleine qu'aux deux tiers. Au point de vue de la main-d'œuvre, il serait désirable de traiter des charges qui pussent suffire aux besoins de la journée. Mais de telles charges nécessiteraient des appareils de grandes dimensions, coûteux à réparer, et susceptibles d'augmenter le danger en cas d'accident. En Amérique, les charges comportent, en général, 1.500 livres (680 kilogrammes) d'acides et 210 livres (95 kilogrammes) de glycérine. En Angleterre, ces chiffres atteignent 811 et 112 kilogrammes environ.

Généralement, l'appareil nitrificateur est monté sur une charpente portant une plate-forme, destinée à l'ouvrier qui surveille l'opération. Sa partie supérieure, bombée ou légèrement inclinée, porte des ouvertures obturées par des glaces permettant de suivre l'opération ; au centre, se trouve une cheminée d'évacuation *a* (*fig.* 38) communiquant avec l'atmosphère extérieure, et dans laquelle est ménagé un regard *f*.

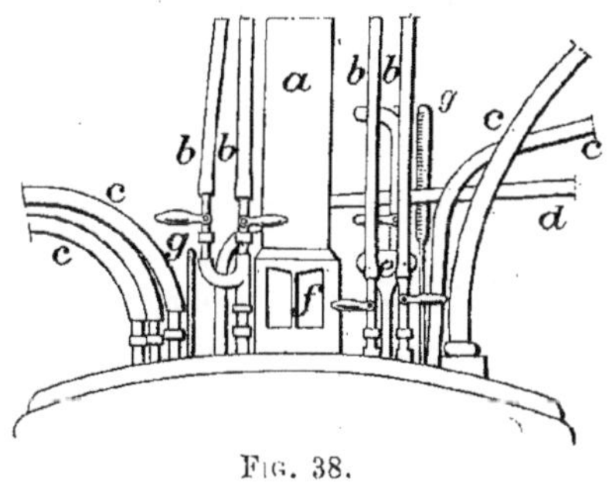

Fig. 38.

Afin de pouvoir être soumis à une réfrigération incessante, l'appareil renferme des serpentins concentriques *c* en plomb, au nombre de trois au moins, et dont le diamètre ne peut être inférieur à un pouce. L'agitation constante de la masse liquide est assurée par de l'air, que l'on introduit sous une pression de quatre atmosphères; cet air arrive par les tuyaux *b*, percés de petits trous qui traversent l'appareil dans toute sa hauteur. Deux thermomètres *g* indiquent la température de la région supérieure, ainsi que de la région inférieure du liquide.

L'introduction des acides s'effectue par le tuyau *d*, dont le diamètre interne ne peut être inférieur à 5 centimètres. Quant à la glycérine, il faut qu'elle soit amenée sous une forme aussi divisée que possible : l'extrémité de l'entonnoir *e*, de diamètre restreint, est percée de petites ouvertures qui laissent passer, en un mince filet, la glycérine qui s'écoule, sous pression, d'un réservoir fixé à l'un des murs de l'atelier et portant un tube à niveau gradué permettant d'évaluer la quantité qui passe; parfois, ce réservoir est monté sur le nitrificateur. Une ouverture, placée à la partie supérieure, sert à l'introduction de l'air comprimé.

La glycérine peut être amenée, également, au moyen d'un injecteur actionné par la même force motrice. Cet injecteur est en faïence, en porcelaine ou en métal doublé de plomb, et se trouve à la partie inférieure de la cuve. L'introduction de la glycérine en cet endroit présente le double avantage de favoriser la réaction et de prévenir la décomposition soudaine de la glycérine sous l'influence d'une élévation locale de température, élévation pouvant provenir de causes diverses. Par contre, le froid dû à l'expansion de l'air comprimé rend la glycérine visqueuse et l'empêche, en conséquence, d'être divisée comme il convient. Dans un autre ordre d'idées, les injecteurs métalliques se détériorent et perdent leur étanchéité.

La température d'introduction de la glycérine ne peut être trop basse, car le liquide s'épaissirait. Il est bon qu'elle soit comprise entre 20 et 25°. On doit donc l'emmagasiner, en hiver, dans un endroit qui soit chauffé; il faut protéger aussi, contre le froid, les tuyaux qui l'amènent à l'atelier de nitrification. La glycérine doit être filtrée avant sa sortie du magasin, afin de la débarrasser de certaines impuretés telles que débris de bois, etc., dont elle se charge presque fatalement lors de sa mise en fût ou à d'autres moments.

Pour effectuer la nitrification, on introduit d'abord le mélange acide dans l'appareil. Cela fait, on établit la circulation de l'eau froide dans les serpentins et on fait entrer, sous une pression modérée, l'air qui assure le parfait mélange des acides. L'opération ne peut être commencée tant que les thermomètres marquent une température supérieure à 16°. Lorsqu'elle s'est abaissée au degré voulu, on ouvre partiellement le robinet d'amenée de la glycérine, de manière à l'introduire très lentement. En même temps, on fait arriver à pleine pression l'air comprimé, afin d'établir une vive agitation au sein de la masse liquide. L'ordre des opérations ne peut être modifié (1).

La nitrification est terminée au bout d'une demi-heure environ ; la circulation de l'eau froide et de l'air comprimé doit être continuée, toutefois, dix minutes de plus. Pendant la durée de l'opération, il est essentiel de ne pas perdre de vue les indications que voici :

1° Les températures indiquées par les deux thermomètres ;

2° La teinte des vapeurs qui se dégagent par la cheminée d'évacuation ;

3° La pression de l'air comprimé ;

4° Le tube à niveau indiquant la quantité de glycérine introduite dans l'appareil.

A aucun moment, la température ne pourra s'élever au-dessus de 30°. Dans le cas contraire, il faudrait arrêter immédiatement l'entrée de la glycérine et ouvrir, en plein, les robinets donnant accès à l'air comprimé. Si, malgré ces mesures, la température ne descendait pas ou si l'on voyait se prolonger la production de vapeurs rutilantes, il faudrait noyer la charge dans un réservoir de sûreté.

Ce réservoir, avec lequel on établit la communication au moyen d'un robinet spécial, doit être de dimensions suffisantes pour que, contenant de l'eau jusqu'à mi-hauteur, il laisse libre une capacité égale au moins à dix fois celle de la charge ; en outre, il doit être parfaitement étanche. Au moment où l'on noie une charge, il se dégage une quantité considérable de chaleur : un

(1) A la manufacture de la Nobel Explosives Co., Ltd., à Ardeer, la nitroglycérine ayant été introduite avant les acides, il en résulta une décomposition soudaine, avec production de flammes (1er février 1897).

tuyau permet d'introduire, dans le liquide, de l'air comprimé qui le réfrigère et le maintient dans un état constant d'agitation. De temps à autre, il est utile de renouveler l'eau que contient le réservoir, eu égard à la végétation qui s'y développe. Anciennement, on le creusait exactement au-dessous du nitrificateur. On préfère, actuellement, le placer extérieurement à l'atelier ; la charge, obligée de parcourir la conduite qui relie l'appareil au réservoir, y arrive graduellement, et non en bloc; le danger se trouve donc considérablement réduit. D'autre part, les vapeurs rutilantes qui sont engendrées en quantité ne peuvent endommager l'atelier de nitrification.

En tout état de cause, l'efficacité des réservoirs de sûreté n'est guère absolue : plus d'une fois, on a vu la décomposition totale de la charge s'opérer si rapidement qu'il fut impossible de la noyer. Il ne faut les mettre à contribution, d'ailleurs, qu'en cas de nécessité absolue, car la nitroglycérine se porte vers le bas et nécessite un nettoyage pénible ; pour faciliter celui-ci, on construit le fond en pente.

Quelques remarques relatives à la nitrification peuvent être présentées utilement : la construction des appareils employés doit faire l'objet de soins tout particuliers, soins qui doivent être appliqués, d'ailleurs, aux autres appareils dont on se sert au cours de la fabrication. Il faut d'abord que les tuyaux et pièces quelconques qui y sont adaptés puissent être démontés aisément, car tout appareil ou ustensile pouvant retenir de la nitroglycérine doit être lessivé chaque jour.

Il est essentiel, également, qu'aucune matière étrangère ne puisse s'y introduire. La présence de telles matières, surtout s'il s'agit de substances organiques, de graisse, par exemple, peut déterminer la décomposition immédiate de toute la masse liquide Dans cet ordre d'idées, la cheminée d'évacuation qui surmonte l'appareil doit être munie d'un dispositif protecteur : capuchon, mitre, etc., destiné à prévenir l'introduction de matières étrangères ou d'étincelles. L'eau n'est pas moins dangereuse. Aussi convient-il de vérifier journellement, et avec le plus grand soin, l'étanchéité des serpentins qui servent à la réfrigération ; à cet effet, on se sert de l'air comprimé. Ces serpentins sont en plomb, de même que les autres parties du nitrificateur. Le sulfate de plomb, engendré par l'action de l'acide sur le métal, présente l'avantage de ne pas nuire à la marche de la nitrification, il protège les surfaces qu'il recouvre. Toutefois, il finit par se détacher, laissant à nu le plomb attaqué ; aussi il est prudent de remplacer les serpentins à intervalles fixes, et sans se préoccuper de l'aspect qu'ils présentent. Il en résultera un accroissement de sécurité, propre à compenser la dépense occasionnée de ce chef.

Les produits qui s'échappent par la cheminée d'évacuation dont est pourvu l'appareil nitrificateur se composent, en majeure partie, de vapeurs rutilantes. Celles-ci, plus denses que l'air, exercent une influence néfaste sur la végétation. A l'effet de les recueillir, M. Guttmann préconise l'emploi de la tour à disques de Lunge-Rohrmann, qu'il décrit dans son ouvrage intitulé : *The Manufacture of Explosives* (t. I, p. 154).

La pression de l'air introduit dans le nitrificateur est égale à quatre atmosphères, avons-nous vu. Certains auteurs conseillent, au point de vue du rendement, de la réduire de moitié. M. J.-E. Blomen (*The Journal of the American Chemical Society*, avril 1895) considère l'emploi de l'air comprimé comme donnant lieu à plusieurs inconvénients : tout d'abord, l'arrivée du fluide peut être interrompue par plusieurs circonstances : obstruction de la conduite reliant le compresseur au nitrificateur, rupture d'un joint, accident au compresseur, etc. Si l'humidité de l'air se condense dans la conduite, comme cela arrive fréquemment pendant les arrêts, elle s'introduit dans le nitrificateur dès les premiers coups de pompe. Il en résulte des désavantages, tant au point de vue de la sécurité que du rendement. Dans les systèmes anciens, l'agitation de la masse liquide s'obtenait au moyen d'une roue à palettes. M. Blomen propose de revenir à ce système ou à l'emploi d'une simple hélice, actionnée par un petit moteur susceptible de pouvoir être commandé aisément par l'ouvrier chargé de conduire l'opération. La réfrigération serait pratiquée par une double enveloppe à circulation d'eau froide.

La vidange de l'appareil s'effectue au moyen d'un gros robinet en grès poli, qu'il porte latéralement et à la partie inférieure. Il importe d'enduire soigneusement ce robinet de vaseline, afin de prévenir toute friction susceptible de provoquer une explosion ; la même recommandation s'applique à tout robinet destiné à la nitroglycérine. Une explosion survenue à la dynamiterie d'Ablon 25 juillet 1893, a été attribuée à un accident de ce genre.

Passons à l'examen du rendement. Si on se base sur la réaction

$$C^3H^8O^3 + 3AzO^3H = C^3H^5(O.AzO^2)^3 + 3H^2O,$$

la quantité de nitroglycérine théoriquement produite est de 227 pour 92 parties de glycérine, soit un rendement de 246,74 0/0. En fait, il n'en est pas ainsi : au fur et à mesure que la nitrification se poursuit, la glycérine se trouve en présence d'une quantité d'acide nitrique qui va en diminuant. Vers la fin, cette quantité est tellement réduite qu'une partie de la glycérine n'est plus nitrifiée et se dissout dans l'acide sulfurique. Si on introduisait moins de glycérine, on diminuerait évidemment le taux de la perte ; mais on augmenterait la quantité d'acide nitrique non utilisée. L'expérience a montré qu'au point de vue économique, les proportions des composants devaient être telles qu'après séparation de la nitroglycérine, le liquide contînt encore 10 0/0 d'acide nitrique ; ce chiffre peut varier avec les cours de la glycérine et de l'acide. En moyenne, le rendement n'est pas inférieur à 200 0/0 ; en hiver, il s'élève à 205, et même 210 0/0. On a constaté, en effet, que parmi les facteurs susceptibles de le modifier, la température de l'eau destinée à la réfrigération exerçait l'influence la plus considérable.

Lorsqu'on fabrique un explosif qui renferme une proportion restreinte de nitroglycérine, on peut se borner à nitrifier des charges ne dépassant pas 25 à 50 kilogrammes de glycérine. L'appareil, de dimensions restreintes, est analogue, en principe, à celui que nous venons de décrire. Les opérations successives que comporte la fabrication de la nitroglycérine s'effectuent parfois, alors, dans un même atelier.

Boutmy et Faucher ont proposé, en 1872, une méthode basée sur le principe de l'équivalence calorifique des transformations chimiques, principe établi par M. Berthelot et énoncé comme suit : « Si un système de corps simples ou composés, pris dans des conditions déterminées, éprouve des changements physiques ou chimiques capables de l'amener à un nouvel état, sans donner lieu à aucun effet mécanique extérieur au système, la quantité de chaleur dégagée ou absorbée par l'effet de ces changements dépend uniquement de l'état initial et de l'état final du système. Elle est la même, quels que soient la nature et la suite des états intermédiaires. » (*Sur la force des matières explosives d'après la thermochimie*, 3e édition, t. I, p. 176.)

En principe, cette méthode consiste à faire agir, sur 3 parties en poids d'un mélange contenant 23,81 0/0 de glycérine et 76,19 0/0 d'acide sulfurique, 4 parties d'un autre mélange, à poids égaux, d'acides sulfurique et nitrique. De cette manière, on augmente la sécurité en fractionnant la chaleur développée au cours de la fabrication : la température ne dépasse pas, en effet, 21°,9. Par contre, la nitrification n'est terminée qu'au bout de vingt-quatre heures. Un contact si prolongé est susceptible, évidemment, d'affecter la sécurité : à Pembrey, où l'*Explosives Company, Ltd.*, avait installé un appareil permettant de produire 1.500 livres (680 kilogrammes) de nitroglycérine par opération, deux explosions survinrent, les 11 et 17 novembre 1882 ; dès lors, la fermeture de l'usine fut décidée.

Des appareils nitrificateurs à marche continue ont été brevetés en Amérique. Nous ignorons si leur fonctionnement a été satisfaisant.

Séparation. — Cette opération peut se pratiquer dans le même atelier que la nitrification, ou dans un atelier distinct. Le séparateur consiste en une cuve analogue au nitrificateur ; dans certaines usines, où la production est restreinte, on laisse la séparation s'opérer dans ce dernier.

Les feuilles de plomb qui constituent le séparateur sont épaisses de $4^{mm},5$ environ. Cet appareil, en général, est de section carrée; le fond affecte la forme d'une pyramide. D'aucuns préfèrent la section circulaire, afin de supprimer les angles et de réduire les soudures. Le séparateur conique est rationnel; mais il occupe trop de place et fonctionne mal, en raison de la grande profondeur que l'on est obligé de lui donner. On adopte parfois la forme tronconique, la différence des diamètres étant peu accentuée.

Le séparateur est surmonté d'un couvercle portant des ouvertures dans lesquelles sont fixées des glaces qui permettent de suivre la marche de l'opération. A la partie centrale se trouve une cheminée d'évacuation communiquant avec l'extérieur et protégée par un capuchon, comme celle du nitrificateur. Comme celle-ci également, elle porte un regard. La séparation consiste simplement à laisser reposer la charge, de telle manière que les liquides qui la composent se séparent selon leurs densités respectives : celle du résidu acide s'élève à 1,7 en moyenne, tandis que la densité de la nitroglycérine vaut 1,6; cette dernière ne tarde donc pas à surnager. Si la température ne dépasse pas 20°, au début de l'opération, elle peut difficilement devenir dangereuse. Il est prudent, toutefois, de suivre soigneusement les indications d'un thermomètre disposé de manière à marquer les variations qu'elle subit. Un tube perforé, adapté à l'appareil, permet d'introduire de l'air comprimé en cas de besoin. Placé latéralement, il traverse l'appareil de haut en bas et débouche vers le centre du fond, après avoir été coudé une ou deux fois.

Si on a employé une glycérine pure et si la nitrification a été bien conduite, la séparation est terminée au bout d'une demi-heure : il se forme une ligne de démarcation nette entre le résidu acide, qui constitue une masse laiteuse, et la couche de nitroglycérine, plus limpide, qui se dépose à la partie supérieure. Certaines impuretés, plus légères que le liquide, s'assemblent à la surface ; on les enlève au moyen d'une pelle spéciale, en gutta-percha ou en porcelaine.

Parfois, des particules filiformes prennent naissance et subsistent au sein du liquide; dans ce cas, la séparation s'effectue difficilement. Ce phénomène est dû à la présence de sulfate de plomb, de matières grasses, etc. Si on constate que l'opération n'est pas terminée au bout d'une heure et demie, il vaut mieux l'abandonner et noyer la charge.

La séparation étant supposée normale, il s'agit d'enlever la couche de nitroglycérine qui surnage. Les charges traitées sont invariables; par suite, il en est de même quant au niveau occupé par cette couche dans le séparateur. Il suffira donc d'adapter, à hauteur voulue, un robinet de petites dimensions. Ce système, toutefois, peut présenter certains inconvénients, les niveaux n'étant pas rigoureusement constants. Si la ligne de démarcation se trouve trop bas, une partie de la couche reste dans le séparateur et doit être recueillie ultérieurement. Dans le cas contraire, la nitroglycérine est accompagnée d'acides susceptibles d'élever, au point de la rendre dangereuse, la température de l'eau employée au lavage subséquent. On reproche également aux robinets de pouvoir donner lieu à des accidents, par suite de fonctionnement défectueux ou bien de rupture. Aussi les supprime-t-on dans certaines fabriques, où la décantation se fait à la main. En tout état de cause, la séparation est une opération délicate; si elle n'est pas conduite par un ouvrier habile, des pertes sont inévitables.

La nitroglycérine enlevée, la vidange du séparateur se pratique au moyen d'un tuyau placé à la partie inférieure et portant un regard permettant d'examiner les produits qui s'écoulent. La sortie est commandée par un robinet à trois voies, ou mieux, par trois robinets. Le premier permet aux acides d'être dirigés vers l'atelier où ils subissent une seconde séparation. Lorsque les acides ont passé, le liquide devient plus trouble, sale même; on ferme alors le premier robinet, et on ouvre le second. Celui-ci laisse écouler dans des seaux le résidu composé des produits inférieurs de nitrification, des impuretés, etc. Dans certains établissements, on joint ce résidu à la nitroglycérine prête à subir le premier lavage; dans d'autres, on préfère le noyer, eu égard au danger que la présence des acides peut entraîner. Le troisième robinet que porte le séparateur sert à établir la communication avec un réservoir de sûreté, auquel on a recours si l'élévation de température devient trop considérable.

Premier lavage. — La nitroglycérine, au sortir du séparateur, passe dans un récipient cylindrique en plomb, à fond incliné, où elle subit un premier lavage. L'eau que l'on emploie à cet effet ne peut être d'une température inférieure à 15°, car elle provoquerait la congélation de la nitroglycérine sur les bords et vers le fond du récipient; des explosions pourraient en résulter, eu égard à l'acide qui se trouve en présence. Si, accidentellement, la congélation venait à se produire, il faudrait immédiatement la combattre au moyen d'un peu d'eau tiède. Inversement, la température ne peut dépasser 30°. Un tuyau perforé, analogue à celui du séparateur, amène dans l'appareil l'air comprimé qui produit l'agitation et la réfrigération du liquide.

Le but du lavage est de séparer la nitroglycérine des acides qui l'accompagnent inévitablement. Il faut avoir soin d'ajouter l'eau graduellement. Vers la fin, on l'additionne de carbonate de soude, à l'effet d'assurer la neutralisation; par surcroît de précaution, on en ajoute encore une petite quantité à la nitroglycérine. La superposition des couches liquides s'effectue aisément, eu égard aux différences de densités. L'opération terminée, les eaux de lavage s'écoulent par un robinet placé à hauteur voulue, tandis qu'un second robinet, fixé au point le plus bas, commande la sortie de la nitroglycérine.

Second lavage. — Au sortir du premier lavage, la nitroglycérine n'a pas encore le degré de pureté voulue : elle renferme des traces d'acides, des matières grasses, ainsi que des résidus de soude. Or, il est essentiel qu'elle soit parfaitement pure, sous peine de ne pas présenter une stabilité suffisante. Le second lavage s'effectue dans une cuve en plomb de forme cylindrique, surmontée d'un couvercle. En Amérique, on emploie également des appareils en bois et parfois, ils sont coniques; de cette manière, on a des surfaces de contact plus considérables, et la nitroglycérine qui s'écoule vers la partie inférieure entraîne de l'eau en quantité moindre. De même que les appareils précédents, le laveur est muni d'un tuyau perforé destiné à l'introduction de l'air comprimé.

Le lavage se pratique plus facilement au moyen d'eau tiède. Dans certaines fabriques, la température atteint 50°; de cette manière, on élimine aisément, par volatilisation, les traces d'acides qui accompagnent la nitroglycérine. Mais, d'autre part, à cette température, la quantité de nitroglycérine qui se volatilise n'est pas négligeable; les vapeurs dégagées sont très incommodantes et constituent une perte.

Quoi qu'il en soit, ayant rempli la cuve d'eau, jusqu'à une certaine hauteur, on introduit la charge. Puis, ayant fait passer l'air comprimé pendant quinze à trente minutes, on fait écouler les eaux de lavage, au moyen d'un robinet placé à hauteur voulue, et on les remplace par de l'eau fraîche. On procède, de même, à deux ou trois lavages successifs, et parfois davantage. Lorsqu'on estime l'opération terminée, il faut vérifier si toute trace d'acidité a été éliminée ; l'essai se pratique aisément au moyen de deux bandes de papier au tournesol, dont on trempe la première dans l'échantillon de nitroglycérine, et la seconde, dans une petite quantité d'eau distillée. Le papier de tournesol bien préparé est un réactif suffisamment sensible et se conserve facilement, dans un flacon bien bouché.

Il faut aussi que la nitroglycérine soit à même de subir l'essai de résistance à la chaleur, essai qui fait l'objet d'une rubrique spéciale. Au préalable, il est nécessaire d'éliminer en totalité la soude qu'elle peut contenir, car celle-ci fausserait les résultats. A cet effet, on procède par lavages successifs, arrêtant l'opération lorsque les eaux qui passent ne sont plus alcalines : il faut que l'addition d'une ou deux gouttes d'acide chlorhydrique suffise pour produire la réaction acide.

Le lavage est une opération très importante ; il convient que la nitroglycérine y soit soumise le jour même de sa fabrication. C'est aussi une opération délicate et qui réserve parfois des surprises désagréables, même aux personnes les plus expérimentées. Si, lorsqu'elle est terminée, on constate que la nitroglycérine est encore acide, il y a peu d'avantage à la traiter par une solution de soude, car la stabilité risquerait de se trouver compromise. Le passage continu de l'air comprimé, légèrement chauffé si possible, pourra être utile. Ce qui vaudra le mieux, en général, sera de continuer à laver la nitroglycérine au moyen de quantités d'eau restreintes, en effectuant des opérations de courte durée. Au surplus, il n'y a pas de règles absolues à cet égard.

Dans certaines usines, le lavage de la glycérine est commencé à l'eau pure et continué au moyen de soude en solution. La marche à suivre dépend évidemment de la manière dont a été effectué le lavage préliminaire. A Waltham Abbey, l'opération se pratique comme suit : on verse d'abord une solution de soude, de manière à atteindre 4 pouces de hauteur dans la cuve (10 centimètres environ) ; puis, on ajoute 750 livres de nitroglycérine (340 kilogrammes), 10 centimètres de solution, et on termine en faisant le plein avec de l'eau pure. Tenant compte des quantités de soude et d'eau introduites, la teneur du liquide est de 2,68 0/0. Après un quart d'heure, on fait écouler les eaux de lavage, et on introduit 5 centimètres d'une solution à 1,91 0/0. Puis, au bout d'un quart d'heure, on renouvelle la solution, et on laisse séjourner trois quarts d'heure le liquide dans la cuve. On termine par un lavage d'un quart d'heure, au moyen d'une solution à 0,38 0/0. L'écoulement des eaux de lavage se pratique au moyen d'un dispositif spécial permettant de traiter des charges variées, ce qui n'est pas possible lorsqu'on l'effectue au moyen d'un robinet. Ce dispositif consiste en un entonnoir immergé et mobile dans le sens vertical ; à son extrémité inférieure, se trouve adapté un tuyau en caoutchouc qui aboutit à un orifice situé vers le bas de la cuve et portant un robinet. Il suffit, pour évacuer, de faire glisser l'entonnoir de manière que son extrémité supérieure vienne se mettre au niveau de la ligne de séparation des deux liquides, et d'ouvrir ensuite le robinet qui commande la sortie. Primitivement l'entonnoir était en plomb et se manœuvrait au moyen de cordes. A la suite d'une explosion, on l'a confectionné en tôle de fer, et équilibré par un contrepoids placé à l'extérieur de l'atelier.

Le résidu qui reste dans les cuves de lavage, se compose d'une sorte de boue grisâtre et renferme une certaine proportion de nitroglycérine ; on récupère celle-ci.

Filtration. — Cette opération se pratique au moyen de bacs en plomb, rectangulaires ou ovales, revêtus ou non de bois, et portant vers le haut un châssis garni de flanelle ou de feutre. Elle a pour but d'éliminer les dernières traces de matières étrangères : corps gras, soude, eau, etc., qui accompagnent encore la nitroglycérine. Il peut être avantageux d'employer des filtres doubles, composés de deux châssis entre lesquels on place une couche de gros sel, desséché au préalable ; ce sel absorbe l'eau et rend la filtration plus parfaite. Lorsqu'on juge qu'il a servi suffisamment, on le retire et on le dépose dans l'eau ; la nitroglycérine qu'il a absorbée est recueillie. Une bonne précaution à signaler également, consiste dans l'emploi de verre pilé, que l'on place au-dessus des filtres à l'effet d'en prévenir l'obstruction par les matières grasses ; en tout état de cause, les filtres doivent être nettoyés de temps à autre. Dans l'appareil Hagron, employé à Vonges, la filtration s'opère au moyen d'éponges. Cet appareil s'applique à une production restreinte ; on peut y faire passer la nitroglycérine à une ou plusieurs reprises. De même, d'une manière générale, la filtration peut se pratiquer au moyen d'un seul bac ou bien de plusieurs bacs successifs.

La figure 39, reproduction d'une photographie prise sur place dans la manufacture de la New Explosives Co., Ltd., à Stowmarket, montre l'aspect de l'atelier où se pratique le second lavage et la filtration de la nitroglycérine [1]. Le filtre, à double châssis avec couche de sel intermédiaire, est placé à la partie inférieure d'un cylindre en plomb qui descend à l'intérieur de la cuve, reproduite au premier plan, jusqu'à mi-hauteur environ. Ce

(1) La présente figure ainsi que les deux suivantes sont empruntées à la revue intitulée *Arms and Explosives*.

cylindre, qui porte deux poignées visibles sur la photographie, passe par une ouverture circulaire ménagée dans le couvercle ; il n'occupe, en plan, qu'une partie de la surface. Le fond de la cuve est incliné et porte, à la partie la plus élevée, un robinet de

Fig. 39.

vidange. Des appareils du même modèle sont employés à Ardeer, ainsi qu'à Waltham Abbey. Le danger qu'est susceptible de présenter la manœuvre du lourd cylindre sur lequel est monté le filtre ne semble guère compensé par des avantages spéciaux. Comme on le voit, l'atelier renferme plusieurs cuves. C'est là une précaution utile : si le lavage et la filtration ne portaient que sur une seule charge, il suffirait que celle-ci fût réfractaire pour entraver la marche de l'usine tout entière.

La filtration terminée, la nitroglycérine est mise à reposer, pendant un jour au moins, dans des réservoirs coniques de 1 mètre à 1^{m},25 de hauteur; de cette manière, l'eau qu'elle peut renfermer encore vient s'assembler en une couche superficielle. Il est nécessaire que ces réservoirs soient placés dans des magasins chauffés, car l'élévation de température favorise la séparation. Lorsqu'elle est terminée, la nitroglycérine, dont la teinte est jaune pâle, doit être parfaitement limpide. On la soutire dans des seaux en plomb revêtu de bois ou en gutta-percha ; les métaux tels que le fer, la fonte ou l'acier ne peuvent entrer dans la confection de ces récipients. La fabrication est terminée, et le liquide est prêt à subir les transformations auxquelles il est destiné.

Dans certaines usines, on s'abstient de filtrer la nitroglycérine : le lavage terminé, on la laisse reposer simplement.

Post-séparation. — Le résidu acide qui s'écoule au sortir de l'appareil de séparation, a une densité un peu supérieure à 1,70. En moyenne, il contient 2/3 au moins d'acide sulfurique, 1/5 d'eau, 1/10 d'acide nitrique, d'autres composés encore ainsi que de la glycérine et de la nitroglycérine. Il est indispensable de pouvoir éliminer celle-ci d'une manière complète, sous peine de courir le risque d'accidents graves. D'ailleurs, on ne peut songer à récupérer les acides par distillation, tant qu'ils ne sont pas séparés du liquide explosible.

Pour effectuer cette opération, on introduit le liquide dans des récipients de grande capacité, doublés de plomb et fermés par un couvercle conique, au sommet duquel on adapte un tube en verre de 10 centimètres de diamètre et de 30 centimètres de longueur, surmonté d'une cheminée d'évacuation protégée extérieurement. Un tuyau perforé amène l'air comprimé qui entretient l'agitation de la masse. Deux thermomètres sont disposés de manière à indiquer les températures des zones extrêmes du liquide. La réfrigération s'effectue au moyen d'un serpentin ou d'une circulation d'eau extérieure.

Ayant rempli l'appareil de manière que le liquide atteigne, environ, le milieu du tube en verre, ce qui nécessite environ deux tonnes, on laisse la séparation s'effectuer ; au bout de quelques heures, la nitroglycérine et les autres impuretés, de couleur sombre, viennent se déposer dans le tube en verre. Au bas de celui-ci, se trouve un petit robinet d'évacuation ; ce robinet peut être également placé vers le haut de la cuve. Les impuretés extraites, on fait le plein au moyen d'une petite quantité de résidu acide. L'opération est répétée plusieurs fois par jour; au bout d'une semaine, la totalité des impuretés se trouve éliminée. On les recueille dans un seau, on sépare la nitroglycérine par lavage, et on la filtre ensuite.

La post séparation n'est pas exempte de danger. Aussi convient-il de ne pas enlever la nitroglycérine à intervalles trop éloignés, afin qu'elle ne s'accumule pas. La législation anglaise prescrit l'obligation de mettre un homme de garde, jour et nuit, afin de surveiller l'opération d'une manière permanente. Les risques d'explosion proviennent de ce que la nitroglycérine, mélangée en quantité minime avec une proportion élevée d'acide et d'eau, s'échauffe très facilement ; la décomposition se produit dans les gouttelettes isolées de nitroglycérine et donne naissance à des vapeurs nitreuses. Si elle prend la forme explosive, elle peut entraîner la déflagration de masse liquide tout entière. La seule manière de prévenir cette éventualité, c'est de vérifier fréquemment la température, ainsi que la teinte des vapeurs qui s'échappent. Si celles-ci deviennent rouges ou si la température s'élève trop, il faut ouvrir immédiatement le robinet qui commande l'entrée de l'air comprimé, de manière à provoquer une vive agitation de la masse.

En dehors de l'inattention, une des causes les plus fréquentes d'explosion est la rupture des serpentins amenant l'eau destinée à la réfrigération ; on sait, en effet, que la combinaison de l'eau avec l'acide sulfurique ou nitrique est accompagnée d'un violent dégagement de chaleur. Lorsque cette éventualité survient, il faut fermer immédiatement le robinet d'accès de l'eau et ouvrir, en plein, celui qui amène l'air comprimé. Si, néanmoins, le danger ne semble pas conjuré, on fait passer le liquide dans un réservoir de sûreté voisin de l'atelier.

M. Prentice, de Stowmarket, est l'auteur d'un procédé ingénieux de post-séparation, lequel consiste à verser avec précaution le résidu acide dans une cornue renfermant du nitrate de soude préalablement chauffé; ce sel décompose la nitroglycérine.

Traitement des acides. — La post-séparation terminée, on peut admettre qu'en moyenne, le liquide laissé dans la cuve répond à la composition suivante :

Acide nitrique	10
Acide sulfurique	70
Eau	20
	100

Ces acides sont utilisés de diverses manières : ils peuvent servir à la fabrication des superphosphates, au moyen des phosphates naturels. Dans nombre de manufactures, on les emploie pour fabriquer l'acide nitrique ou, plus exactement, on les sépare et on utilise l'acide sulfurique, concentré au préalable, en vue de ladite fabrication. La séparation ou *dénitration*, comme on l'appelle en Angleterre, s'opère dans des tours ou cylindres (dénitrateurs) en planches ou en pierres réfractaires à l'action chimique des acides. Ceux-ci sont introduits en un mince filet à la partie supérieure, munie d'un joint hydraulique, après avoir séjourné dans un petit bac de séparation destiné à éliminer les dernières traces de nitroglycérine. L'appareil est rempli de substances présentant une grande surface, telles que quartz, fragments de porcelaine, faïence, etc., que les acides traversent lentement de haut en bas. Dans le sens inverse, circule un courant de vapeur ; celle-ci ne tarde pas à opérer la séparation, laquelle est facilitée par la présence des matières organiques que renferme le liquide.

L'acide nitrique, transformé en vapeurs rutilantes sous l'influence de la chaleur, doit être ramené à son état primitif. L'opération se pratique, dans nombre d'usines anglaises, au moyen de la batterie de Guttmann-Rohrmann, composée d'un certain nombre de tuyaux verticaux que les gaz ont à parcourir et qui sont en communication avec le dénitrateur, d'une part, et avec une tour de Lunge, d'autre part. Un injecteur de Rohrmann, fixé sur la première des deux connections, aspire les vapeurs rutilantes et fournit, en outre, la vapeur et l'air comprimé sous l'influence desquels s'opère la transformation désirée. Le contact, toutefois, ne s'établit que peu à peu ; aussi est-il nécessaire de ne pas procéder trop rapidement et, en outre, d'employer des appareils dans lesquels le parcours à effectuer soit suffisamment long. D'après M. Guttmann, une double batterie de quarante tuyaux est nécessaire pour traiter deux tonnes à deux tonnes et demie d'acides par vingt-quatre heures. Cette batterie transforme la moitié des gaz en acide nitrique ; l'autre moitié arrive à la tour de Lunge, où elle est transformée à son tour. On obtient, au total, un produit dont la densité moyenne est comprise entre 1,357 et 1,383. Il contient environ 0,5 0/0 de peroxyde d'azote et présente une teinte verdâtre.

L'acide sulfurique, débarrassé de l'acide nitrique qu'il renfermait, s'écoule à la partie inférieure du dénitrateur et passe dans un récipient où il est réfrigéré. Sa teinte est plus ou moins foncée, d'après la quantité de matières organiques qu'il renferme et qu'il a carbonisées. On le concentre au moyen d'appareils comprenant une série de récipients disposés en gradins, et qu'il parcourt successivement ; des gaz chauds, émis par un foyer, circulent en sens inverse. L'appareil de Wibb permet d'obtenir aisément 97,5 0/0 de monohydrate. Avec les modèles de Kessler et de Négrier, plus anciens, on ne peut dépasser 95 0/0.

La figure 40 reproduit, d'après une photographie prise sur place, dans la manufacture de la New Explosives Co., Ltd., à

Stowmarket, la disposition de l'atelier où se pratique le traitement des acides. Au premier plan, nous voyons l'appareil Dyson,

Fig. 40.

destiné à la concentration de l'acide sulfurique ; au second plan, le dénitrateur et la batterie Guttmann.

Traitement des eaux de lavage et des résidus. — Il convient de détruire, chaque jour, tout résidu solide ou pâteux renfermant de la nitroglycérine ; à cet effet, on en opère la combustion dans un endroit écarté et en prenant les précautions voulues. Quant aux eaux de lavage, qui existent en quantité notable, il va sans dire qu'à moins de pouvoir les rejeter à la mer, on ne peut songer à les écouler au dehors sans en avoir éliminé jusqu'aux dernières traces de nitroglycérine.

L'opération se pratique dans un bac oblong monté sur une charpente en bois et portant un couvercle. Ce bac, en plomb, mesure de quatre à cinq mètres de long. Il est divisé, au moyen de cloisons transversales, en un grand nombre de compartiments qui communiquent par des ouvertures pratiquées alternativement à la partie inférieure et à la partie supérieure des cloisons. Le fond est en pente, de manière que le liquide parcoure la route en zig-zag qui lui est tracée et abandonne petit à petit la nitroglycérine. Afin de faciliter l'enlèvement de celle-ci, il est bon de donner au fond une seconde inclinaison dans le sens transversal. La nitroglycérine recueillie est lavée et filtrée.

Les eaux de lavage sont acides ; aussi, elles corrodent rapidement le plomb dont est constitué l'appareil. Il est essentiel d'en vérifier l'étanchéité, faute de quoi on s'expose à des accidents. C'est ainsi que, le 21 mai 1895, une explosion s'est produite dans une dynamiterie, située en Californie : 68 kilogrammes environ de nitroglycérine impure, qui s'étaient accumulés sous le réservoir en plomb, s'enflammèrent spontanément. L'explosion se communiqua à l'atelier de nitrification, distant de 36 mètres et renfermant près de 3.500 kilogrammes de nitroglycérine, ainsi qu'à un autre atelier distant de 70 mètres et protégé par un petit bois.

Les eaux de lavage ne doivent pas seulement être débarrassées de la nitroglycérine, elles doivent encore être neutralisées : si on les déversait telles quelles, elles empoisonneraient les cours d'eau et détruiraient la végétation. En général, d'ailleurs, les règlements n'autorisent que l'écoulement d'eaux neutres ou faiblement alcalines.

Remarques générales relatives à l'érection des fabriques de nitroglycérine. — Nous avons vu, à propos de la nitrification, quelles sont les mesures de précaution à observer au sujet de la construction des appareils employés. Quant aux ateliers, leur nombre est très variable : les diverses opérations peuvent se pratiquer chacune dans des ateliers distincts, comme en Angleterre, ou bien être groupées. En tout état de cause, toutes les constructions doivent être séparées par des distances telles qu'une explosion survenant à l'une d'elles ne puisse se transmettre à une autre. En outre, afin d'arrêter les projections éventuelles dans les limites du possible, il convient d'entourer chacun des ateliers dangereux de monticules en terre gazonnée. D'autre part, en n'employant pour la construction que des matériaux légers : planches, etc., on réduira la gravité des accidents susceptibles de se produire.

Le plancher qui recouvre le sol de ces ateliers doit être revêtu d'une feuille de plomb épaisse ou d'un tapis imperméable. Il faut l'entretenir avec le plus grand soin, balayer sans retard le sable, les petits cailloux, etc., qui s'y déposent. Dès qu'une goutte de liquide vient à s'épandre, on doit l'enlever immédiatement avec une éponge, que l'on place dans un sceau en bois, en plomb ou en gutta-percha, rempli d'eau. Les lavages du plancher et des appareils doivent être faits, de préférence, au moyen d'eau chaude additionnée d'une petite quantité de soude caustique; celle-ci décompose la nitroglycérine. Il convient de consigner, dans un registre *ad hoc*, les heures auxquelles commence et finit chaque opération, ainsi que les températures, les charges traitées, etc.

En vue de faciliter le transport des liquides qui passent par les ateliers successifs, au cours de la fabrication, il convient, pour autant que la chose soit possible, de disposer ceux-ci à des niveaux tels que la pesanteur puisse servir d'auxiliaire. La nitroglycérine ne peut circuler dans des tuyaux ordinaires : elle gèlerait en hiver, tandis qu'en été, rendue instable par les acides qui l'accompagnent, elle se décomposerait sous l'influence des rayons solaires. Un inconvénient très grave résulte également de ce que les tuyaux peuvent perdre leur rigidité : ils forment des creux, où la nitroglycérine se dépose; son état d'impureté la rend d'autant plus dangereuse. Dans certaines manufactures, on les place dans des galeries en bois de dimensions telles qu'un homme peut y circuler, et que l'on chauffe à la vapeur en cas de besoin. Ces galeries sont coûteuses et, en général, on préfère se servir de conduites protégées, sur toute leur longueur, par une charpente creuse, à l'intérieur de laquelle on place des escarbilles ou autres matières mauvaises conductrices de la chaleur. Cette charpente est soutenue par des supports, en nombre suffisant pour assurer la parfaite rigidité du système. Une couverture en bois, ou en plomb s'il s'agit des acides, badigeonnée en blanc, règne sur toute leur longueur. Il est prudent d'adjoindre un tuyau destiné au chauffage.

La figure 41 reproduit, d'après une photographie prise sur place, la distribution des conduites appartenant à chacun des deux types que nous venons d'indiquer, telle qu'elle est établie dans la

Fig. 41.

manufacture que possède à Ardeer (Ayrshire) la Nobel Explosives Co., Ltd.

De même que tous les récipients et appareils appelés à être en contact avec la nitroglycérine, les conduites sont en plomb très pur. L'épaisseur des feuilles employées atteint 10 millimètres lorsqu'il s'agit du transport des acides; pour la nitroglycérine, elle est réduite de moitié. Elles doivent être entretenues dans un parfait état de propreté. Le sulfate de plomb que l'on enlève au cours du nettoyage renferme de la nitroglycérine; il importe d'en opérer la combustion en un endroit éloigné de tout atelier ou magasin, car elle peut être accompagnée de vives explosions.

L'étanchéité des conduites doit être vérifiée fréquemment et avec le plus grand soin. En cas de réparation, l'enlèvement de la partie endommagée sera précédé d'un lavage du métal, lavage qui porte sur une distance d'un à deux mètres, de part et d'autre de la portion à enlever. On l'effectue au moyen d'une solution de soude ou de potasse caustique dans l'alcool méthylique étendu d'eau, solution qui décompose la nitroglycérine ; on rince ensuite à l'eau pure. Si le plomb n'est pas nettoyé soigneusement, on s'expose à provoquer l'explosion de la nitroglycérine demeurée adhérente. Un accident de ce genre, survenu à Ardeer, le 27 mai 1896, causa la mort d'un ouvrier, blessant en outre un de ses camarades.

Comme mesure de précaution, signalons enfin le placement de couvercles ou bouchons aux deux extrémités de chaque conduite, afin qu'en cas d'accident, la transmission de l'explosion ne puisse s'effectuer par cette voie. Plusieurs exemples ont montré que l'application de cette mesure pouvait être très utile.

Le plomb est attaqué par les acides. Pour obvier à cet inconvénient, on a proposé l'emploi de tuyaux en gutta-percha ; ceux-ci, toutefois, sont difficiles à visiter en cas d'obstruction ou de congélation de la nitroglycérine. Avec les conduites ordinaires, il suffit d'enlever les couvercles.

Constitution et propriétés de la nitroglycérine. — On pourrait être tenté, à première vue, de considérer la nitroglycérine comme un composé nitrosubstitué de la glycérine, analogue aux dérivés nitrés de la benzine ou du phénol, et dont la préparation répondrait à la formule :

$$C^3H^8O^3 + 3AzO^3H = C^3H^5(AzO^2)^3O^5 + 3H^2O.$$

Si cette manière de voir était exacte, les actions réductrices énergiques, telles que l'hydrogène naissant ou le sulfate d'ammoniaque, donneraient naissance à un amide. Or, ces actions réduisent la nitroglycérine à l'état de glycérine ; en outre, les alcalis la transforment en azotate alcalin et glycérine. Par suite, on en conclut que la nitroglycérine est un véritable éther nitrique. Sa formule s'écrit donc :

$$C^3H^5 \begin{cases} OAzO^2 \\ OAzO^2, \\ OAzO^2 \end{cases}$$

celle de la glycérine étant $C^3H^5(OH)^3$.

Sa composition répond aux chiffres suivants :

Oxygène	63,44
Azote	18,50
Carbone	15,86
Hydrogène	2,20
	100,00

La nitroglycérine est un liquide huileux, d'une densité de 1,6 à 15°, et incolore à l'état de pureté. Dans le commerce, sa teinte varie du jaune clair au brun, d'après la pureté des matières premières qui ont servi à la fabriquer; froide, elle est inodore. Lorsqu'on la chauffe, elle dégage des vapeurs d'acroléine, d'une odeur vive et piquante, et qui affectent d'une manière sensible les yeux et la membrane pituitaire. Sa saveur est piquante et sucrée.

La nitroglycérine est toxique : un ouvrier anglais, qui en avait avalé 30 grammes par mégarde, mourut au bout de quatre heures, le corps couvert de taches ecchymosiques. Il suffit d'une goutte, déposée sur la langue, pour provoquer de violents maux de tête; le contact avec l'épiderme produit le même effet. Même à froid, elle semble subir une légère volatilisation : la céphalalgie résulte de sa simple manipulation peu prolongée, sans aucun contact avec la peau ; de même, un séjour de quelques minutes dans un atelier où on la manipule occasionne de vives douleurs, que l'on ressent surtout vers la partie postérieure de la tête. Pour les dissiper, il est nécessaire de se promener au grand air, souvent pendant une heure et davantage ; l'action du café noir est favorable. On conseille également l'acétate de morphine; ce médicament ne peut être administré, toutefois, sans l'avis du médecin. Chez la majorité des sujets, l'accoutumance se produit rapidement, et ces troubles ne se manifestent plus après un jour ou deux de travail.

La nitroglycérine se congèle à — 20° lorsqu'elle est chimiquement pure ; telle qu'on la rencontre dans l'industrie, elle se transforme en longs cristaux blancs, à partir de 8°. Ces cristaux ne fondent qu'à 11°, et seulement après un certain temps d'exposition à cette température. La densité, sous forme solide, est de 1,735 à 10° ; la contraction est donc égale à 1/12 du volume.

Eu égard aux accidents nombreux que la congélation de la dynamite a indirectement causés (voir *Dynamite*), on s'est préoccupé de rechercher des substances susceptibles d'abaisser le point de congélation de la nitroglycérine. La nitrobenzine a été préconisée à ce sujet (Nobel, Guttmann) ; mais l'aptitude et la puissance explosives se trouvent compromises. On a proposé également l'addition du même composé à la glycérine, préalablement à la nitrification (Liebert, von Dahmen). Citons également la créosote (Nahnsen, Weyel), la naphtaline (Reinische Dynamit Gesellschaft, Roca), l'acide sulfurique concentré (Wohl), etc. En tout état de cause, la nitroglycérine se congèle moins facilement lorsqu'elle a été déshydratée avec soin.

La nitroglycérine est fort peu soluble dans l'eau : 1 gramme est soluble dans 800 centimètres cubes environ. La même quantité se dissout, avec difficulté, dans 3 centimètres cubes d'alcool absolu, et avec facilité, dans 4 centimètres cubes; dans $10^{cm},5$ d'esprit rectifié (de densité = 0,83); dans 18 centimètres cubes d'alcool amylique; dans moins de 1 centimètre cube de benzine; dans 120 centimètres cubes de sulfure de carbone. Elle est soluble dans l'éther, le chloroforme, le phénol, le toluène, l'huile d'olive, l'éther acétique, l'acétone, l'acide sulfurique et l'acide acétique concentrés, la nitrobenzine, ainsi que 1,75 partie d'alcool méthylique; insoluble ou fort peu soluble dans la glycérine, la thérébentine, la soude caustique en solution au 1/10, l'acide chlorhydrique ($d = 1,2$), le sulfhydrate d'ammonium et le borax à 5 0/0; légèrement soluble, à chaud, dans l'eau, l'alcool à 50 0/0 et l'acide chlorhydrique ($d = 1,2$) ; à froid, dans l'alcool à 80 0/0 et l'acide nitrique ($d = 1,4$). Ces deux véhicules la dissolvent à chaud.

Les alcalis réduisent la nitroglycérine, avec formation de glycérine. La réaction s'opère mieux si on les emploie en solution alcoolique; dans ce cas, il y a formation de nitrates alcalins.

L'acide iodhydrique ($d = 1,5$) décompose la nitroglycérine en glycérine et peroxyde d'azote. La nitroglycérine, enfin, décompose lentement l'acide chlorhydrique ($d = 1,52$) et le sulfhydrate d'ammoniaque, à froid ; pour ce dernier, la réaction est favorisée par la chaleur. L'action des métaux qui ont une grande affinité pour l'oxygène, tels que l'étain, le fer, le plomb, produit la décomposition lente de la nitroglycérine, avec dégagement de vapeurs nitreuses. De même que les composés nitriques, en général, elle est sensible à l'action de la lumière solaire.

La stabilité de la nitroglycérine est subordonnée à sa pureté. Si celle-ci est absolue, le produit pourra subsister indéfiniment. C'est ainsi que l'on conserve religieusement, à la manufacture d'Avigliana (Italie), 20 grammes de la nitroglycérine qui fut fabriquée par Sobrero, en 1847. La société anonyme *Dinamite Nobel*, de Turin, propriétaire de ladite manufacture, dans une lettre qu'elle nous adresse à ce sujet, en date du 28 février 1901, affirme que cette nitroglycérine est dans un état parfait de conservation et de stabilité. Le respect de la vérité nous oblige à ajouter que le professeur Giovanni Spica, chimiste en chef de la marine royale, déclare avoir constaté que l'eau sous laquelle on conservait la nitroglycérine en question présentait une légère réaction acide (*Atti del Reale Instituto di Scienze*, 1899, p. 289). Le fait a été déjà remarqué antérieurement, ajoute M. Spica ; pour cette raison, on change l'eau tous les cinq ou six ans.

Quoi qu'il en soit, une trace d'acide libre suffit pour provoquer la décomposition de la nitroglycérine. Une fois commencée, elle peut s'accélérer jusqu'à l'inflammation et même l'explosion de la matière. Il s'ensuit que tout commencement de décomposition peut devenir dangereux, et qu'il est essentiel de vérifier la neutralité. La décomposition se manifeste par une coloration verdâtre, due au mélange de la teinte bleu foncé de l'anhydride azoteux avec la teinte jaune-brun du peroxyde d'azote. Aussi convient-il d'enterrer toute nitroglycérine qui prend cette coloration ; il faut choisir, à cet effet, un terrain humide et tel que les propriétés toxiques du produit ne puissent causer de dommages.

Quel que soit le degré de pureté que présente la nitroglycérine, elle est décomposée à la température de 70°, au bout d'un délai qui varie de dix à cinquante minutes; l'expérience deviendrait dangereuse si elle portait sur de fortes quantités de liquide. Vers 45 à 50°, il semble exister une sorte de point critique : alors qu'au-dessous de 45°, la nitroglycérine peut être conservée pendant des mois sans perdre en rien de stabilité, il suffit de quelques semaines pour réduire considérablement son aptitude à subir l'essai de résistance à la chaleur, si la température vient à s'élever un peu.

Les expériences de MM. Leygues et Champion ont fixé 185° comme point d'ébullition de la nitroglycérine; quant à la détonation, elle se produirait à 217°. Dans un mémoire publié par M. C.-A. Lobry de Bruyn (*Recueil des travaux chimiques des Pays-Bas*, t. XIV), l'exactitude de ces chiffres est contestée : eu égard aux conditions dans lesquelles les expériences ont été effectuées, l'auteur fait remarquer qu'il n'est pas possible, que la nitroglycérine ait pu prendre la température des bains liquides dans lesquels on la plongeait; les résultats obtenus sont donc trop élevés.

L'inflammation de la nitroglycérine, que l'on détermine plus ou moins facilement par le contact d'un corps en ignition, donne naissance à une réaction complexe, avec production d'une flamme jaune sans explosion proprement dite, tant qu'on opère sur de petites quantités de matière; dans le cas contraire, le liquide détone. L'explosion peut être provoquée également par l'action de fortes étincelles électriques.

La nitroglycérine est sensible au choc : la chute d'un flacon ou d'une tourie est susceptible d'en provoquer l'explosion; elle est très sensible aussi à la percussion et détone par le choc de fer sur fer ou sur pierre siliceuse. Le choc de cuivre sur cuivre, et surtout de bois sur bois, est réputé moins dangereux ; cependant, il y a des exemples d'explosions provoquées par ce dernier. La sensibilité au choc est particulièrement développée lorsque le liquide se présente sous une faible épaisseur.

Si on répand sur une enclume une traînée de nitroglycérine que l'on frappe en un point avec un marteau, la partie choquée seule détone, à l'exclusion du restant de la traînée. Si, ensuite, on la recouvre d'une simple feuille de papier, l'explosion sera complète sous l'action d'un choc n'ayant affecté qu'une partie seulement. Ces faits semblent pouvoir s'expliquer par la diminution de mobilité des particules liquides, diminution qui favorise la propagation de l'onde explosive, de même que la dynamite transmet l'explosion avec une vitesse et une régularité beaucoup plus considérables que la nitroglycérine proprement dite.

La détonation de la nitroglycérine répond à une formule très simple :

$$2C^3H^2(AzO^3H)^3 = 6CO^2 + 5H^2O + 6Az + O.$$

On voit donc qu'elle renferme plus d'oxygène qu'il n'en faut pour opérer la combustion complète de ses éléments ; d'autre part, si l'explosion est complète, les produits ne sont nullement délétères. Tout au contraire, en cas de combustion (mines ratées), il se forme des composés nuisibles.

Les pressions initiales que développe la détonation de la nitroglycérine sont très considérables. Bien qu'exerçant une action plutôt brisante, elle participe des poudres lentes dans une certaine mesure. Les phénomènes de la dissociation permettent d'en expliquer la raison : lorsque l'explosion vient de se produire, l'eau et l'anhydride carbonique se trouvent dissociés, ce qui produit un écart entre la pression initiale effective et la pression théorique. Au cours de la détente, leurs éléments se combinent, restituant ainsi graduellement de nouvelles quantités de chaleur qui tempèrent la chute des pressions. Il est donc tout naturel que la nitroglycérine agisse, à ce moment, d'une façon analogue à la poudre ordinaire. Cependant, la dissociation est bien moindre, les produits de l'explosion étant beaucoup moins complexes et les pressions initiales, incomparablement plus fortes.

La nitroglycérine fait l'objet de certaines applications thérapeutiques : sous le nom de *trinitrine* ou de *glonoïne*, on l'emploie comme remède contre l'angine de poitrine, ainsi que la néphrite interstitielle avec atrophie rénale ; elle paraît être indiquée, également, dans les névralgies et la migraine liées à l'anémie. On l'a proposée enfin, contre l'asthme nerveux. L'usage de la trinitrine doit toujours être commencé à faible dose : la solution alcoolique au 1/100, dont on additionne 30 gouttes de 300 grammes d'eau, est administrée à raison d'une cuillerée à bouche le matin et le soir (Huchard). Cette quantité peut être augmentée, de manière à atteindre quatre cuillerées. En injections hypodermiques, on prend de 3 à 5 gouttes de la solution. En Angleterre, en Suisse, ainsi qu'en Allemagne, on la prescrit sous forme de pilules. Certains médecins américains l'ont employée dans les cas d'intoxication par l'oxyde de carbone ou le gaz d'éclairage ; ils l'injectent, dans le sang, à la dose de 0,5 à 1 milligramme.

Examen de la nitroglycérine. — La neutralité et la résistance à la chaleur font l'objet d'essais pratiqués au cours de la fabrication. Le dosage de l'azote est traité dans une rubrique spéciale. Quant à l'eau, on la dose par différence, en plaçant une quantité pesée de l'échantillon sous un dessiccateur au chlorure de calcium, jusqu'à obtention de la constance du poids.

Nitroglycocolle (le), sucre de gélatine ou acide glycolamique ($C^2H^5.AzO^2$), se prépare en chauffant 1 partie d'acide monochloracétique avec 3 parties de carbonate d'ammonium. On peut également l'obtenir en décomposant l'acide hippurique au moyen de l'acide chlorhydrique bouillant ; on obtient du chlorhydrate de glycocolle, qui est décomposé à son tour par l'oxyde de plomb. Il reste à éliminer le plomb par un courant d'hydrogène sulfuré.

La nitrification du glycocolle produit un explosif puissant, mais qui dégage de l'oxyde de carbone en quantité trop considérable ; en outre, il est toxique.

Nitroglycol (Le) s'obtient en introduisant, avec précaution, du glycol éthylénique [$C^2H^4(OH)^2$] dans un mélange refroidi d'acide nitrique monohydraté et d'acide sulfurique concentré (1 : 3).

Le binitroglycol ou éther glycol diazotique [$C^2H^4O^2(AzO^2)^2$] est une huile incolore, épaisse, de densité égale à 1,48, présentant une grande ressemblance avec le nitrate de méthyle. De saveur douceâtre et désagréable, le binitroglycol est très vénéneux. Insoluble dans l'eau, il est très soluble dans l'alcool et dans l'éther. Il détone par le choc et s'enflamme avant d'entrer en ébullition. C'est un explosif très énergique.

Nitrogomme. — Composé obtenu par la nitrification de la gomme arabique.

Nitrogoudron (Le) a été obtenu par la nitrification des huiles brutes de goudron. Les essais pratiqués au moyen d'acides énergiques, sur le goudron de houille, firent ressortir le danger que présentait l'opération; avec des acides plus faibles les résultats furent meilleurs.

Ce composé s'additionne d'une certaine proportion de nitrates ou de chlorate de potasse ainsi que d'autres oxydants. Si on lui substitue le produit obtenu par la nitrification de la poix, il en faut une proportion considérable.

Voir *Emilite*, *Roth* et *Schultze* (brevet de 1886).

Nitroguanidine. — Voir *Nitrocellulose*.

Nitro-houille. — La nitrification du charbon a été effectuée au moyen d'acide nitrique de densité comprise entre 1,40 à 1,48. Les résultats obtenus ne furent pas encourageants, à cause de la consommation trop élevée d'acide.

Nitro-hydrocellulose (La) se prépare au moyen du mélange contenant 9 parties d'acide sulfurique et 3 d'acide azotique, pour 1 partie d'hydrocellulose; ces proportions, peuvent être modifiées (Voir *Fulgor*). On introduit graduellement, dans le bain acide, l'hydrocellulose préalablement desséchée, en ayant soin d'agiter avec une spatule. Après douze heures de contact, on lave successivement, à l'eau et au carbonate de soude, le produit obtenu. Industriellement, le lavage est précédé d'un turbinage destiné à le débarrasser de l'acide dont il est chargé. MM. Cross, Bevan et Beadle ont fait breveter un procédé de fabrication que nous décrivons sous la rubrique *Oxycellulose*.

Les propriétés des pyroxyles obtenus par la nitrification de l'hydrocellulose sont analogues à celles des nitrocelluloses; ils sont un peu plus sensibles au choc, toutefois. Leur stabilité n'est pas moindre. L'application de l'hydronitrocellulose à la fabrication des substances explosibles a été préconisée par MM. Luck et Durnford, ainsi que par M. Ungania. On l'emploie avec avantage à la confection des cordeaux détonants. Tranzl s'en est servi, en mélange avec la nitroglycérine, pour fabriquer une puissante composition détonante (Voir *Détonateurs*).

(Voir aussi *Mémorial des Poudres et Salpêtres*, t. II, p. 21.)

Nitrojutes. — Les propriétés de ces composés, analogues également aux nitrocelluloses, ont été étudiées par MM. Cross et Bevan (*Journal of the Chemical Society*, 1889, p. 189). D'après eux, le produit de nitrification maximum correspondrait au jute tétranitrique (analogue à la cellulose octonitrique), et à une augmentation en poids de 58 0/0.

Trois expériences, effectuées chacune sur 105 grammes de jute, donnèrent respectivement 144gr,4, 153gr,3 et 154gr,4 de nitrojute, les mélanges étant composés comme suit :

1° AzO^3H ($d = 1,43$) et SO^4H^2 ($d = 1,84$) ; volumes égaux.
2° AzO^3H ($d = 1,50$) et SO^4H^2 ($d = 1,84$); volumes égaux.
3° AzO^3H ($d = 1,50$) et SO^4H^2 ($d = 1,84$); 4 et 3.

Durée de l'opération : trente minutes; température : 18°. Les produits obtenus renfermaient 10,5 0/0 d'azote. Théoriquement, le jute trinitrique correspond à 9,5 0/0, et le produit tétranitrique, à 11,5 0/0.

Le Dr Mülhäusen, dans une note relative au nitrojute, indique le mode de préparation suivant (*Chemiker Zeitung*, t. XXI, p. 163) : les fibres sont d'abord épurées par l'ébullition, en présence d'une solution de carbonate de soude au centième, puis lavées à l'eau. Ensuite, on les trempe dans le mélange acide, les proportions étant de 1 partie de jute pour 15 de liquide. Trois expériences, faites avec des mélanges renfermant respectivement 1, 2, et 3 parties d'acide sulfurique pour 1 partie d'acide nitrique, et une quatrième faite au moyen de jute finement cardé et du mélange 2 : 1, donnèrent les résultats suivants :

Rendement	Point d'inflammation	Azote	
129,5	170°	11,96	pour 100
132,2	167°	12,15	»
135,8	169°	11,91	»
145,4	162°	12,00	»

Le nitrojute ne se fabrique pas sur une grande échelle. Ainsi que l'ont fait observer MM. Cross et Bevan, il n'offre pas d'avantages spéciaux : le prix de la matière première dépasse celui de la cellulose et, d'autre part, le rendement est inférieur, de même que la qualité du produit obtenu. Associé à trois fois son poids d'azotate d'ammoniaque, il constitue un mélange préconisé par le Dr Mülhausen.

Nitrokratites. — Voir *Kratites*.

Nitrolactine ou nitrolactose. — On prépare ce composé par l'action du mélange sulfo-nitrique sur le sucre de lait ou lactose. Le produit obtenu est précipité par l'eau dans l'alcool, où il se dépose sous forme de petites feuilles cristallines nacrées. Il est très explosible.

MM. Will et Lenze ont obtenu l'octonitrate de lactose (Voir *Hydrates de carbone nitrés*). C'est un composé qui fond à 135°.

Au bout de huit jours d'exposition à la température de 50°, il perdit 0,7 0/0 de son poids; 40 0/0, au bout de quarante jours. Les expérimentateurs ont cherché à modifier la méthode de nitrification, en vue d'obtenir le trinitrate décrit par certains auteurs, mais ils n'ont pu réussir.

M. Sjöberg a préconisé l'emploi de la nitrolactose additionnée de nitromélasse et de nitrate de soude.

(Brevet français du 192.683, du 30 août 1888.)

On a également proposé de l'additionner au mélange suivant, en proportion variant de 39 à 67 0/0 :

Nitrate d'ammoniaque...........	45 parties
Naphtaline......................	10 »
Paraffine......................	10 »

L'explosif obtenu ne put subir l'épreuve de résistance à la chaleur.

Nitroleum. — Ancienne appellation anglaise donnée à la nitroglycérine (métalline nitroleum, porifera nitroleum).

Nitrolévulose. — MM. Will et Lenze ont préparé deux trinitrates de lévulose, $C^6H^7O^5(AzO^2)^3$ (Voir *Hydrates de carbone nitrés*). Le premier fond à 137-139° et se décompose à 145°. Il ne changea pas sensiblement de poids, après six mois d'exposition à la température de 50°. $[\alpha]_D = +62°$, en solution à 1 0/0.

Le second des nitrates se décompose à 135°. Il perdit 1 à 3 0/0 de son poids, après huit jours d'exposition à 50°. $[\alpha]_D = +20°$, en solution à 5 0/0.

Nitrolignine. — Terme générique employé pour désigner les pyroxyles fabriqués avec des fibres ligneuses.

Nitrolin. — Lin nitré (Voir *Bickford*, *Celluloïd* et *Trench*).

Nitroline. — Voir *Bjorkmann*.

Nitrolite. — Cet explosif, breveté par Carl Lamm, répond à la composition suivante :

Nitroglycérine................................	94 à 99 parties
Nitrocellulose (coton, amidon ou paille nitrée).	1 à 6 »
Nitrate de potasse, de soude ou d'ammoniaque, additionné de charbon végétal léger........	50 à 150 »

Il est facultatif d'ajouter de la nitrobenzine.

Nitrolkrut. — Explosif breveté, en Suède, par M. Berg (1876). Composition :

Nitroglycérine..........................	5 à 40 pour 100
Nitrate de potasse ou de soude...........	25 à 75 »
Chlorate de potasse.....................	5 à 50 »

La nitroglycérine peut être remplacée par un hydrocarbure nitré.

Nitromagnite ou **dynamagnite.** — Dynamite à 80 0/0 de nitroglycérine, dont l'absorbant se compose essentiellement de *magnésie alba* (mélange d'hydrocarbonates de magnésie). La fabrication de cet explosif fut autorisée, en 1879, dans le Royaume-Uni. Mais, comme une décision de la Chambre des Lords avait déclaré étendre les brevets de Nobel à tous les explosifs de la classe des dynamites, l'établissement d'une usine ne put être réalisé. La nitromagnite, inventée par M. E. Jones, est analogue à la fulgurite (Hongrie) et à la poudre Hercule (Amérique).

[Brevet anglais, n° 3954, 8 octobre 1878.]

Nitromaltose. — MM. Will et Lenze ont préparé l'octonitrate de maltose, $[C^{12}H^{14}O^{11}(AzO^2)^8]$. (Voir *Hydrates de carbone nitrés*). C'est un produit qui fond à 163-164°, en se décomposant. Il perdit 1,3 0/0 de son poids, après exposition pendant onze jours à 50°, et 23 0/0 après quarante-trois jours. $[\alpha]_D = +128°,6$, en solution à 3,5 0/0.

Nitromannitane. — La mannitane, $C^6H^4O^6.H^2O$, est un anhydride de la mannite. On peut la préparer de diverses manières. La plus simple consiste à chauffer la mannite à 295°, pendant une heure et demie, avec le quart de son poids d'eau.

La nitromannitane, $[C^6O^8(AzO^2)^4O^5]$, est une substance soluble dans l'alcool et dans l'éther, détonant avec violence sous le choc. On l'obtient en dissolvant, avec précaution, 1 partie de mannitane dans un mélange de 10 parties d'acide sulfurique et 5 parties d'acide nitrique concentrés. Ayant laissé refroidir, on verse le tout dans une grande quantité d'eau; il se dépose une matière jaune brunâtre, qu'on lave à l'eau.

Nitromannite. — La mannite, $C^6H^8(OH)^6$, existe toute formée dans les oignons, les asperges, les céleris, les champignons et surtout, dans la sève de certains frênes. Cette sève se concrète à l'air et produit la manne du commerce, laquelle sert à préparer la mannite. C'est un corps cristallisé en prismes rhomboïdaux droits, d'un éclat soyeux. Sa saveur est faiblement sucrée. Il est soluble dans l'eau et l'alcool aqueux.

La nitromannite cristallise en fines aiguilles blanches. Elle est insoluble dans l'eau, soluble dans l'éther et dans l'alcool. Elle fond à 112-113° et se solidifie à 93°. Son point d'inflammation est à 190°; chauffée rapidement, elle fait explosion à 315°. Chaleur de formation depuis ses éléments : 346 calories (Rechemberg) ou 365 calories (Sarrau et Vielle), pour un gramme.

Pour préparer la nitromannite, on triture, dans un mortier, 1 partie de mannite en poudre fine avec un peu d'acide nitrique concentré ($d = 1,5$). Lorsque la dissolution est complète, on ajoute de l'acide sulfurique; puis, alternativement, de l'acide azotique et de l'acide sulfurique, jusqu'à concurrence de 4,5 parties du premier et 10,5 parties du second. On laisse égoutter, sur un entonnoir en verre, la masse pâteuse ainsi obtenue; on l'exprime et, pour terminer, on la purifie par addition d'alcool chauffé. La nitrification de la mannite peut s'exprimer comme suit :

$$C^6H^8(OH)^6 + 6AzO^3H = C^6H^8(AzO^3)^6 + 6H^2O.$$

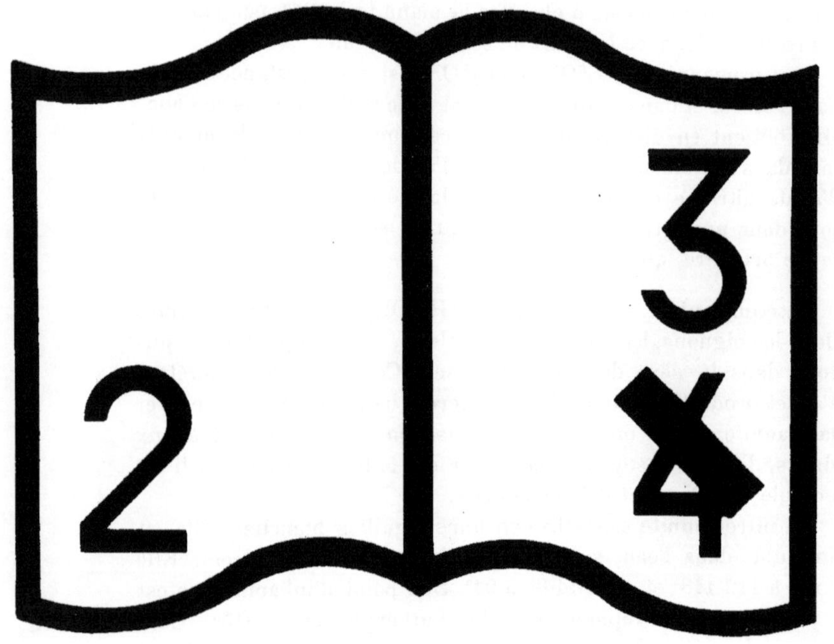

Pagination incorrecte — date incorrecte

NF Z 43-120-12

La nitromannite, que l'on considère comme un éther nitrique de la mannite, présente la composition que voici :

Carbone	15,90
Hydrogène	1,80
Azote	18,60
Oxygène	63,70
	100,00

Préparée avec soin et purifiée par recristallisation dans l'alcool, à l'effet d'éliminer les produits inférieurs, elle possède une stabilité extraordinaire : plusieurs échantillons furent conservés, pendant onze années, sans subir d'altérations. Si la pureté n'est pas parfaite, la décomposition spontanée est à redouter.

L'explosion de la nitromannite correspond à l'équation suivante :

$$C^6H^8(OH)^6 = 6CO^2 + 4H^2O + 3Az^2 + O^2.$$

Sa puissance explosive est énorme; mais sa sensibilité, trop considérable : elle fait explosion, en effet, par le choc de cuivre sur fer ou sur cuivre, et même de porcelaine sur porcelaine. Cela étant, on ne l'a appliquée à l'industrie explosive que d'une façon restreinte; son prix, d'ailleurs, est très élevé. — Voir *Fulgor* et *Nobel*.

Nitromannose. — MM. Will et Lenze ont préparé le pentanitrate de mannose (Voir *Hydrates de carbone nitrés*). C'est un produit qui fond à 81-82° et se décompose à 124°. Il perd 46 0/0 de son poids, après vingt-quatre heures d'exposition à 50°. $[\alpha]_D = +93°,3$, en solution à 5 0/0.

Nitromélasse. — On prépare cet explosif en nitrifiant 19 parties de mélasse par un mélange de 50 parties d'acide nitrique fumant et de 100 parties d'acide sulfurique concentré. Après lavage, le produit obtenu est un précipité gris-jaune ou blanchâtre. L'inventeur, M. Gilles, préconise également le traitement des résidus de mélasse, préalablement épurés par du peroxyde de plomb ou du sulfure de carbone.

[Brevet anglais, n° 1883, 13 avril 1883.]

La nitromélasse peut s'employer seule. On en a également proposé de la mélanger avec le nitrate d'ammoniaque, la naphtaline et la paraffine. (Voir *Hubner*, *Pétragite*, etc.)

Nitrométhane. — Le méthane, CH^6, appelé aussi formène ou méthyle, donne naissance aux dérivés nitrés suivants :

Mononitrométhane......................	$CH^3.AzO^2$
Dinitrométhane........................	$CH^2(AzO^2)^2$
Trinitrométhane.......................	$CH\ (AzO^2)^3$
Tétranitrométhane.....................	$C\ \ (AzO^2)^4$

Ce sont des liquides denses, qui se solidifient à la température de 13° à 15°. Ils sont tous plus ou moins explosibles. Leur fabrication est coûteuse et compliquée.

Le mononitrométhane, traité par un excès de brome et additionné graduellement de potasse étendue, se transforme en bromopicrine, substance liquide qui détone lorsqu'on la chauffe brusquement à 100°. En solution éthérée, successivement traité par la soude alcoolique, l'acide sulfurique étendu et l'éther, à chaud, il se transforme en acide méthazonique, explosif très puissant.

Le trinitrométhane, connu également sous le nom de nitroforme ou hydrure de méthyle trinitré, se prépare en faisant bouillir la trinitracétonitrile avec de l'eau. Après évaporation il se dépose des cristaux, que l'on traite par l'acide sulfurique concentré. Le nitroforme vient surnager. On le purifie en le faisant cristalliser plusieurs fois par refroidissement, et en décantant le partie restée liquide. C'est un corps qui se présente sous la forme de cubes fusibles à 15°, dont l'odeur est très désagréable et la saveur amère. Il est soluble dans l'eau et la colore en jaune foncé. Très inflammable, il détone violemment lorsqu'on le chauffe brusquement. Ses sels, $C(AzO^2)^3M$, sont d'un beau jaune; ils détonent et se décomposent parfois spontanément. L'action du brome sur le nitriforme donne naissance au formène bromonitré, $C(AzO^2)^3Br$.

Le tétranitrométhane, plus stable que le nitroforme, est faiblement explosible ; toutefois, la chute d'un poids suffit pour l'enflammer. Il dissout la paraffine et d'autres hydrocarbures, formant une masse pâteuse. Eu égard à cette propriété, le Dr Bertoni en recommande l'application à l'industrie explosive. Toutefois, il ne faut pas perdre de vue qu'il est très volatil, malgré son point d'ébullition élevé.

Nitromiel. — Voir *Thunder Powder*.

Nitromonochlorhydrine. — Nous avons exposé sous la rubrique *Chlorhydrine* (*Mono et di*), le mode de préparation de ces composés. La monochlorhydrine binitrée, préparée d'une manière analogue à la nitroglycérine, a été proposée, par M. Volney. On peut l'additionner de chlorate de potasse.

Nitronaphtalènes ou **nitronaphtalines.** — L'application de ces composés à l'industrie explosive a acquis une certaine importance. C'est Nobel qui, le premier, a fait ressortir combien leur addition aux explosifs à base de nitroglycérine était avantageuse au point de vue de la sécurité. Si la substance contient, également de la nitrocellulose, la présence de la nitronaphtaline augmente notablement le pouvoir dissolvant de la nitroglycérine. C'est là un point important, eu égard aux pertes de nitrocellulose qui se produisent au cours de la fabrication, par suite de la solubilité trop restreinte de ce composé. Pour certains explosifs, on préfère la nitrophtaline à la nitrobenzine, à cause de son prix moins élevé.

La mononitronaphtaline, $C^{10}H^7.AzO^2$, se présente sous la forme d'une substance solide, cristallisant en prismes à six faces terminés par des pyramides aiguës, de couleur jaune soufre. Neutre, insoluble dans l'eau, elle est soluble dans l'alcool et dans l'éther. A 58°, elle fond sans se décomposer. Si on la chauffe rapidement, elle se décompose brusquement.

Sa fabrication s'effectue en versant graduellement la naphtaline dans un récipient en grès qui renferme quatre fois son poids d'acide nitrique [1], à 36° B. Les vapeurs nitreuses sont recueillies dans des bonbonnes. L'opération se fait à froid, et il faut veiller à ce que la température ne s'élève pas au delà de 60°. Après douze heures de contact, on décante les acides et on lave soigneusement la mononitronaphtaline à l'eau chaude.

La binitronaphtaline répond à la formule $C^{10}H^{6}(AzO^{2})^{2}$. C'est un substance solide, fusible à 185°, très peu soluble dans l'éther et dans l'alcool ammoniacal, qu'elle colore en rouge. Elle présente trois variétés isomères. On la prépare en versant la naphtaline dans quatre fois son poids d'acides sulfo-nitrique (2 : 1). L'opération s'effectue à la température de 65°; elle est terminée au bout d'une heure. Le produit est lavé à l'eau, séché et broyé. On peut également nitrifier la mononitronaphtaline en l'introduisant à froid, dans quatre fois son poids d'acide nitrique à 50° B. Le produit obtenu est lavé à l'eau.

Dans certaines usines, la nitrification s'effectue comme suit : on prend 18 kilogrammes de mononitronaphtaline, à laquelle on mélange 39 kilogrammes d'acide sulfurique à 66° B. On ajoute, graduellement, 15 kilogrammes d'acide nitrique ; des vapeurs rutilantes prennent naissance. La réaction s'étant prolongée pendant quarante-huit heures, on laisse reposer encore huit heures, en ayant soin de remuer de temps en temps. On recueille alors la binitronaphtaline, au moyen de passoires en grès qui laissent égoutter l'acide. On lave successivement à l'eau chaude, à l'eau chaude alcaline et à l'eau froide; puis, on sèche et on emballe.

La trinitronaphtaline, $C^{10}H^{5}(AzO^{2})^{3}$, est une substance solide, fusible à 214°, très peu soluble dans l'alcool et dans l'éther. Elle présente plusieurs variétés isomères. Pour la préparer, on nitrifie la binitronaphtaline, dont on mélange 6 kilogrammes avec 18 ki-

(1) Habituellement, au lieu d'acide nitrique pur, on emploie le mélange laissé, comme résidu, au cours de la fabrication de la binitronaphtaline.

logrammes de salpêtre du Chili; l'opération se fait au malaxeur. Le produit obtenu est introduit dans un pot en grès où l'on a versé, au préalable, 40 kilogrammes d'acide sulfurique. Ayant remué la masse, on recouvre le pot et on laisse la réaction s'accomplir. Il se dégage d'abondantes vapeurs rouges, que l'on condense dans des bonbonnes. Au bout de deux heures, on soulève le couvercle, on ajoute de l'eau en quantité suffisante pour réfrigérer, et la trinitronaphtaline vient surnager. On l'enlève avec un poêlon en plomb, et on laisse égoutter. Le lavage est analogue à celui de la binitronaphtaline.

La tétranitronaphtaline, $C^{10}H^4(AzO^2)^4$, cristallise en aiguilles très longues, minces, flexibles, fusibles à 220°. On en connaît deux variétés isomères. Pour la préparer, on fait bouillir, pendant plusieurs heures, 1 partie de binitronaphtaline avec un mélange de 10 parties d'acide azotique et d'une égale quantité d'acide sulfurique fumant. On précipite par l'eau, et on fait cristalliser dans de l'acide acétique glacial.

On a préconisé la préparation de la nitronaphtaline en partant de l'acide α-naphtolsulfonique. Mais les expériences effectuées par MM. Krug et Blomen (*Journal of the American Society*, 1897, p. 532) ne concluent pas à l'application de ce procédé.

Nitronaphtol. — L'action de l'acide nitrique sur le naphtol le transforme en dinitronaphtol, $C^{10}H^5(AzO^2)^2OH$. L'emploi de cette substance a été proposé par M. Hubner.

Nitroxycellulose. — L'oxycellulose, substance analogue à l'hydrocellulose, s'obtient en désagrégeant la cellulose pour l'ébullition, en présence d'acide nitrique. Elle se gélatinise, après élimination des acides par le lavage. Dans cet état, elle est soluble dans les alcalins dilués et peut être reprécipitée par l'alcool, les acides ou les solutions salines. MM. Cross et Bevan lui assignent la formule $C^{18}H^{26}O^{16}$ (*Journal of the Chemical Society*, 1883, p. 22). Elle est soluble dans l'acide sulfurique concentré.

La nitrification de l'oxycellulose donne naissance à la nitroxycellulose, produit répondant à la formule $C^{18}H^{23}O^{16}$ $(AzO^2)^3$, et que l'on prépare comme suit : l'oxycellulose gélatineuse est d'abord lavée, à l'acide nitrique concentré, jusqu'à omplète élimination de l'eau; on la traite ensuite par un mélange, à volumes égaux, d'acides sulfurique et nitrique concentrés, qui la dissout rapidement. Après un repos d'une heure environ, la solution est versée, en mince filet, dans une grande quantité d'eau, où l'on voit l'oxycellulose nitrée se précipiter sous forme de flocons. Le produit, après dessiccation à 110°, renferme environ 6,48 0/0 d'azote. Ce procédé est dû à MM. Cross, Bevan et Beadle, qui l'appliquent également à l'hydrocellulose.

[Brevet anglais n° 9.284, 1er avril 1893.]

Nitropaille. — Voir *Paléine*, *Springthorpe*, *Trench*.

Nitropapier. — Voir *Pyropapier*.

Nitropentérythrite. — La *Rheinische-Westfälische Sprengstoff Actiengesellschaft* prépare la pentérythrite en mélangeant 20 parties d'aldéhyde formique, 6 parties d'aldéhyde ordinaire, 16 parties de chaux et 900 parties d'eau. On laisse la réaction se prolonger pendant un certain temps. La chaux sert à fixer l'acide formique qui prend naissance. On traite le produit obtenu par l'acide oxalique; ensuite, on filtre et on évapore. La pentérythrite se présente sous la forme de cristaux qui fondent à 253°.

Soumise à la nitrification, elle donne naissance à un éther tétranitrique qui peut être employé seul, sous forme comprimée ou granulée, ou additionné de nitrocellulose. Dans ce cas, on obtient une poudre sans fumée en appliquant le procédé habituel de fabrication. La poudre ainsi formée est stable et brûle avec une régularité remarquable. On en a proposé l'emploi pour la grosse artillerie.

(Brevet français n° 242.347, 24 octobre 1894 — 30 janvier 1895.)

Nitropétrole. — Voir *Nitroxylène*.

Nitrophénol. — Le phénol benzénique ou ordinaire ($C^6H^5.OH$) donne naissance aux dérivés nitrés suivants :

1° Trois mononitrophénols isomères ; ceux-ci ont des allures d'acides et fournissent un grand nombre de sels métalliques non explosibles ;

2° Trois dinitrophénols isomères; certaines dinitrophénates sont explosibles ;

3° Trois trinitrophénols isomères ; l'acide picrique, ou trinitronéphol, est un explosif très important. Nous le décrivons ci-après.

Nitropoix. — Voir *Nitrogoudron.*

Nitropylène. — Voir *Volkman* (*Poudres*).

Nitroraffinose. — MM. Will et Lenge ont obtenu une endécanitroraffinose, $C^{18}H^{21}O^{16}(AzO^2)^{11}$. (Voir *Hydrates de carbone nitrés*). Ce corps fond vers 55 à 65° et se décompose à 136°. Il perdit 9 0/0 de son poids après trois jours d'exposition, à la température de 50°. $[\alpha]_D = +94°,9$, en solution à 3,6 0/0.

Nitrorhamnose. — Les mêmes expérimentateurs ont préparé la tétranitrorhamnose. C'est un produit qui fond a 155°. Maintenu à la température de 50°, il perdit 1,2 0/0 de son poids en un mois. $[\alpha]_D = -68°,4$, en solution à 2,3 0/0 dans l'alcool méthylique et à la température de 20°.

Nitroramie (La) a été préparée par MM. Dietz et Wayne. Ce composé, de composition homogène, serait susceptible d'être appliquée avantageusement à la fabrication du celluloïd. Il faut veiller à ce que la fibre employée soit exempte de chlore, car la neutralisation serait très difficile, dans ce cas.

Nitrorésine. — Substance obtenue par la nitrification de la résine (Voir *Schultze*, brevet de 1886).

Nitrorésorcine.— La trinitrorésorcine, $C^6H(AzO^2)^3(OH^2)$ que l'on désigne également sous le nom d'acide oxypicrique ou styphnique, est le seul dérivé nitré de la résorcine qui présente un intérêt spécial au point de vue explosif. Pour l'obtenir, on dissout 1 partie de résorcine dans 1 partie d'eau bouillante; on laisse refroidir à 50°, et on ajoute 5 parties d'acide azotique ($d = 1,45$). Ayant versé le tout dans 20 parties d'acide sulfurique et laissé reposer vingt minutes, on précipite au moyen d'eau glacée. On purifie par cristallisation dans l'eau bouillante. La nitrification peut être opérée également à froid, au moyen du mélange sulfonitrique.

La trinitrorésorcine est un corps jaune, qui cristallise en prismes hexagonaux solubles dans l'eau, l'alcool et l'éther. Par cristallisation dans l'alcool, on obtient des grains susceptibles de compression; on peut également amener le produit à un état gélatineux approprié à la forme colloïdale. Pour ralentir la combustion et réduire les effets brisants, M. Hauff propose de recouvrir les grains d'une couche mince de paraffine, graphite, etc. Suivant leurs dimensions, on obtient une poudre sans fumée ou un explosif pour projectiles à éclatement.

(Brevet allemand H. n° 13.699, 17 juillet 1893 — 2 avril 1894; brevet anglais n° 9798, du 19 mai 1894.)

La Société chimique des usines du Rhône a proposé l'emploi de la trinitrorésorcine, à l'effet de remplacer les alcools ou les phénols éthérifiés dans la préparation des poudres sans fumée. L'avantage principal qu'elle attribue à ce produit est sa stabilité toute particulière. Les expériences auxquelles il fut soumis par la Commission des substances explosives montrèrent, toutefois, que cette stabilité ne dépassait pas celle de l'acide picrique. En vase clos, d'autre part, la pression exercée par celui-ci est de 2.350 kilogrammes par centimètre carré, tandis qu'elle se réduit à 2.260 pour l'acide oxypicrique. Ce dernier présente l'inconvénient d'être plus coûteux et d'une fabrication plus compliquée. En somme, la Commission ne considère pas qu'il y ait lieu d'en recommander l'emploi.

Nitrosaccharose [$C^{12}H^{18}(AzO^2)^4O^{11}$]. — Ce composé, de couleur blanche et d'aspect analogue au sable, est soluble dans l'alcool et dans l'éther. Pour le préparer, on laisse en contact, pendant cinq minutes, 1 partie de sucre blanc en poudre avec un mélange renfermant 1 partie d'acide sulfurique et 2 parties d'acide azotique, concentrés et refroidis. On obtient une masse visqueuse qui est successivement lavée, dissoute dans l'alcool, et précipitée par l'eau; on recommence l'opération à plusieurs reprises.

La nitrosaccharose est très explosible : elle détone sous l'influence de la chaleur et même, d'un choc faible; elle peut se décomposer spontanément.

A la différence de la nitrolactose, elle ne cristallise pas lorsqu'elle provient de sucre de canne. MM. Will et Lenze, en nitrifiant ce dernier, ont obtenu un octonitrate, $C^{12}H^{14}(AzO^2)^8O^{11}$. (Voir *Hydrates de carbone nitrés*). C'est un produit qui fond à 28-29°, et se décompose à 135°. Il perdit 11 0/0 de son poids, après trois jours d'exposition à 50°. $[\alpha]_D = +32°,2$, en solution alcoolique à 3,4 0/0.

Voir *Glukodine* et *Nitroline*.

Nitrosainfoin. — Voir *Trench*.

Nitroson. — Voir *Fulmison*.

Nitrosorbinose. — MM. Will et Lenze ont préparé un trinitrosorbinose, dont la composition correspond à l'anhydride du sorbinose trinitré [$C^6H^7O^5(AzO^2)^3$]. Ce trinitrate fond à 40-45°.

Nitrosparte. — Voir *Hengst* et *Trench*.

Nitrosucre. — Synonyme de nitrosaccharose.

Nitrotérébenthine. — Voir *Schultze* (brevet de 1886).

Nitrotoluènes ou **nitrotoluols.** — Il existe trois variétés isomères de mononitrotoluènes; elles prennent naissance, simultanément, par l'action de l'acide azotique ($d = 1,5$), à froid, sur le toluène.

L'industrie explosive emploie le bi- et surtout le trinitrotoluène. Le premier, $C^7H^6(AzO^2)^2$, se présente sous la forme d'un corps solide, cristallisé en aiguilles fusibles à 71° environ, entrant en ébullition à 300° et se décomposant en partie. Insoluble dans l'eau à froid, ce composé est soluble dans l'eau bouillante et dans l'alcool. Il entre dans la composition de la plastoménite et de la picronitrotoluène.

Le trinitrotoluène, $C^7A^3(AzO^2)^3$, est une substance solide, incolore, fusible à 82°, soluble dans l'alcool et dans l'éther. Comme moyen pratique de l'obtenir, Haüssermann conseille de nitrifier l'orthopara-dinitrotoluène, dont la préparation s'effectue comme suit : un mélange comprenant 75 parties d'acide nitrique (91 à 92 0/0) et 150 d'acide sulfurique (95 à 96 0/0) est versé, sous forme de mince filet, dans 100 parties de para-mononitrotoluène, la masse étant soumise à une agitation constante et maintenue à une température comprise entre 60 et 65°. Lorsque l'écoulement du liquide est terminé, on porte la température à 80°, et on la maintient constante pendant une demi-heure. Puis, ayant laissé refroidir, on enlève l'excès d'acides. Il reste une masse homogène, cristalline, d'ortho-paradinitrotoluène.

Pour nitrifier ce composé, on le dissout dans 4 fois son poids d'acide sulfurique (95 à 96 0/0) l'opération étant facilitée par l'échauffement modéré du mélange. On ajoute, à froid, 1,5 fois son poids d'acide nitrique (90 à 92 0/0), et on laisse ensuite la nitrification s'opérer, portant la température de 90 à 95° et remuant de temps à autre, jusqu'à ce que cesse la formation de produits gazeux ; l'opération dure de quatre à cinq heures. On laisse refroidir la masse, et les produits se séparer par ordre de densités. Ayant enlevé l'excès d'acides, la partie restante est lavée à l'eau chaude d'abord, et à la soude en solution très diluée ensuite. Le trinitrotoluène se dépose, sous la forme de cristaux blancs. Par recristallisation dans l'alcool, on obtient de beaux cristaux brillants, dont le point de fusion est à 81°,5. Le rendement est de 150 0/0.

Le même chimiste a obtenu ce composé en traitant le dinitrotoluène commercial, lequel fond vers 60 à 64°; dans ce cas, l'opération doit être conduite avec prudence, car la réaction est très violente. Il faut employer 10 0/0 en plus d'acide nitrique, et le rendement est moindre.

Il est à remarquer, en ce qui concerne les lavages auxquels on soumet le trinitrotoluène, que ce corps est presque insoluble dans l'eau chaude et se décompose au contact des alcalis ou des carbonates alcalins, en solution diluée. Sa fabrication n'est ni difficile, ni dangereuse. C'est un composé stable : des échantillons, exposés à l'air pendant plusieurs mois, à des températures variant entre 10 et 50°, ne se modifièrent en rien.

L'explosion du trinitrotoluène ne peut être provoquée ni par l'action de la flamme, ni par l'échauffement à l'air libre. Soumis à un choc violent, sur une enclume, il ne subit qu'une décomposition légère. L'explosion se produit sous l'action d'un détonateur au fulminate de mercure. Son emploi a été préconisé par Mowbray, en mélange avec la nitroglycérine dans les proportions $\frac{1}{3}$ et $\frac{3}{7}$. Il entre également dans la composition des plastoménites, que nous décrivons ci-après. Mélangé avec le nitrate d'ammoniaque, il est préférable à la dinitrobenzine, au point de vue de la puissance explosive. La manipulation de cette dernière est susceptible, d'ailleurs, de causer à l'organisme de graves désordres. Aussi, la Cotton Powder Co. Ltd. lui a-t-elle substitué le trinitrotoluène dans la composition de la *Faversham Powder*, de l'*Oare Powder* et de la tonite n° 2 (antérieurement type n° 3).

Le Dr Wohler a proposé le trinitrotoluène en remplacement partiel du fulminate de mercure.

Nitrotourbe. — Si on soumet la tourbe à la nitrification, la partie humide se transforme en un liquide brun foncé, analogue à celui que l'on obtient en traitant les huiles lourdes de goudron, tandis que les fibres végétales, finement divisées, prennent une forme différente. La tourbe de formation récente produit une réaction violente lorsqu'on la traite par un acide énergique; aussi lui préfère-t-on les variétés qui sont de formation relativement ancienne.

Nitrotréhalose. — MM. Will et Lenze ont préparé un octonitrate de tréhalose qui fond à 124° et se décompose à 136° (Voir *Hydrates de carbone nitrés*).

Nitroxylène ou **nitroxylol.** — Le xylol (C^8H^{10}), hydrocarbure provenant du goudron de houille, est un produit analogue au pétrole. Il donne naissance au mononitroxylol, $C^8H^9.AzO^2$, qui se présente sous la forme d'un liquide dense, ainsi qu'au binitroxylol, et au trinitroxylol, substances solides cristallines.

Nitroxylose. — MM. Will et Lenze ont préparé un mélange formé, probablement, de binitroxylose anhydre, $C^6H^6O^4(AzO^2)^2$, et de trinitroxylose; ce mélange fond vers 75 à 80°.

Nitro-yucca. — Voir *Trench*.

Nobel (Alfred) naquit à Stockholm, en 1833. Peu de temps après sa naissance, son père vint habiter Saint-Pétersbourg, où il s'occupa de la fabrication de poudres pour le gouvernement russe, ainsi que de construction mécanique. C'est lui qui fut l'auteur d'un des premiers modèles de torpilles que l'on ait employés.

Les études que fit Nobel, tant dans son pays natal qu'en Russie et en Angleterre, furent celles de l'ingénieur. La chimie l'intéressa tout particulièrement, et les connaissances linguistiques extraordinaires qu'il possédait lui facilitèrent l'étude de cette science.

En 1862, il établit en Suède une fabrique de nitroglycérine, où il vit périr son frère cadet, victime d'une explosion. Cet accident ne put le décourager en rien et, peu de temps après, il érigeait une fabrique à Krümmel, près Hambourg. Là, il créa des appareils nouveaux et, d'une manière générale, apporta des perfectionnements notables à la fabrication de la nitroglycérine. On peut même dire que Nobel est le premier qui ait su en réaliser la préparation industrielle [1].

(1) Brevet français du 18 septembre 1863.

En même temps, Nobel étudiait les divers modes de décomposition du liquide explosible et, en 1863, à la suite de recherches laborieuses, il découvrait le moyen d'en provoquer l'explosion, au moyen d'une petite charge de poudre noire. Il associait les deux substances dans une même cartouche (Voir *Dynamite*).

L'année suivante fut marquée par une découverte de la plus haute importance : Nobel trouva le moyen de développer considérablement la puissance du liquide explosible en se servant d'une capsule pour en provoquer la détonation (Voir *Détonateurs*). La nitroglycérine, à cette époque, s'employait sous forme liquide; on la transportait dans des récipients en verre et la versait dans le trou de mine. L'allumage s'effectuait par l'intermédiaire d'une mèche.

On ne tarda pas à se rendre compte des avantages nombreux que la puissance considérable de la nitroglycérine permettait de réaliser. Mais les terribles accidents qu'elle causa, coup sur coup, en firent proscrire l'emploi dans tous les pays. Aussi, c'en était fait d'un des plus précieux auxiliaires dont ait jamais pu disposer l'industrie si Nobel n'avait trouvé le moyen de dompter, d'asservir l'énergie qui s'y trouve contenue en la pétrissant avec un absorbant inerte, formant ainsi une pâte à laquelle il donna le nom de dynamite (1866-1867); l'absorbant employé était la kieselguhr terre d'infusoires trouvée près de Brunswick.

L'application de la dynamite à l'exploitation des mines modifia notablement les conditions du travail souterrain et lui donna un essor nouveau. Dans un autre domaine, elle a permis d'exécuter des travaux gigantesques, tels que le percement des Alpes, par exemple, travaux qui eussent été impossibles sans son aide. L'invention de la dynamite doit être considérée comme un événement industriel d'une portée considérable.

Lors de son apparition, le nouvel explosif ne fut point accueilli avec faveur; on le débitait à l'once, dans les pharmacies. C'est l'application qu'en fit l'armée allemande au sautage des ponts, des voies ferrées, des tunnels, etc., qui le mit en évidence, dès le début de la guerre franco-allemande. En France, les savants éminents qui composaient le *Comité scientifique de la défense de Paris*, aux heures douloureuses du siège, surent en improviser la fabrication. Celle-ci, cependant, y était à peu près inconnue à cette époque, et les conditions étaient loin de se présenter sous un jour favorable !

L'introduction de la dynamite en Autriche date de la même époque : Nobel fonda une usine à Zamky, près de Prague. Les importants établissements de Presbourg furent créés plus tard. C'est en 1871 qu'il constitua, en Angleterre, la British Dynamite Co., Ltd., société qui prit plus tard le nom de Nobel's Explosives, Co., Ltd., et acquit une importance considérable (1). Peu de temps après, des usines furent construites en Italie, en Espagne, en Amérique, et dans tous les pays civilisés.

En 1875, Alfred Nobel inventa les gélatines explosibles, constituées de nitroglycérine gélatinisée par une addition de nitrocellulose. Presque toutes les opérations de sautage nécessitant des explosifs brisants sont effectuées à l'aide de ces substances, dont la fabrication atteint plusieurs milliers de tonnes chaque année. Les tendances actuelles les favorisent dans une large mesure, au détriment de la dynamite ordinaire.

En 1882, Nobel inventa la ballistite, la première des poudres sans fumée contenant de la nitroglycérine. Il prit également de nombreux brevets relatifs au chargement des projectiles. La fabrication des armes, le perfectionnement de la qualité de l'acier, le préoccupèrent à tel point qu'il acheta l'importante manufacture de canons sise à Bofoers, près Stockholm, afin de poursuivre ses études sur une grande échelle.

(1) Le bilan dressé par la Nobel Dynamite Trust Co. Ltd. accuse, comme bénéfice net à répartir, pour l'exercice se terminant au 30 avril 1899, une somme de 266.612 livres sterling (soit 6.700.000 francs). Cette société comprend notamment la *Nobel's Explosives Co. Ltd.*, de Glascow et la *Dynamit Actiengesellschaft*, de Hambourg. Par décision de l'assemblée générale des actionnaires, en date du 26 mai 1898, le capital social a été porté à 3 millions de livres sterling, soit plus de 75 millions de francs. Une seconde *Nobel's Explosives Co. Ltd.*, au capital d'un million de livres, a été constituée à Edimbourg, le 10 décembre 1900

L'activité d'Alfred Nobel fut prodigieuse, et nous ne pourrions énumérer les innombrables brevets dont il fut le titulaire. Vers la fin de sa vie, il s'occupa de recherches relatives au caoutchouc et au cuir artificiels, ces produits étant obtenus en partant de la nitrocellulose. Admirateur passionné des œuvres littéraires et philosophiques, il les lisait dans leur langue originale. Après avoir habité successivement la Suède et l'Allemagne, Nobel vint se fixer à Paris. Mais il eut la malencontreuse idée d'installer son laboratoire à Sevran-Livry, dans le voisinage de l'établissement où se poursuivaient les recherches relatives à l'élaboration des premiers types de poudres sans fumée. Cette coïncidence devait nécessairement donner lieu à des commentaires peu favorables. Dans ces conditions, Nobel préféra quitter la France et alla s'établir à San Remo; il y fit bâtir la villa où il mourut, le 10 décembre 1886, d'une affection cardiaque. Nobel, intéressé avec ses frères dans l'exploitation si importante des gisements pétrolifères de Bakou, laissa une fortune très considérable. Par testament, il affecta une somme importante à l'encouragement des recherches effectuées par les inventeurs peu favorisés de la fortune; en outre, il institua des prix annuels à décerner dans les divers domaines de l'activité intellectuelle.

Passons sommairement en revue les principales de ses inventions :

Nobel proposa de mélanger la nitroglycérine, le nitrate d'éthyle ou le nitrate de méthyle avec la poudre noire, le coton-poudre ou d'autres substances explosibles.

[Brevet anglais n° 2.359, 24 février 1863.]

Nobel associa, dans une même cartouche, la nitroglycérine et la poudre noire (Voir *Dynamite*). Ce mélange, ainsi que la poudre noire employée seule, fut préconisé comme amorce pour la nitroglycérine.

Nobel proposa, dans le même but, l'emploi des détonateurs au fulminate de mercure (1864).

Nobel est l'inventeur de la dynamite et des gélatines explosibles, que nous décrivons ci-avant. Voir aussi *Charbon (Dynamite au)*, *Extra-dynamite*, etc.

Nobel a proposé, pour les usages balistiques, une poudre composée de 80 0/0 de salpêtre, 6 0/0 ou moins de soufre et 14 0/0 parties de charbon. Afin de rendre son action plus rapide, il fallait ajouter, à cette composition, de la poudre noire ordinaire, du coton-poudre comprimé ou bien un mélange mi-parties salpêtre et picrate d'ammoniaque, avec un peu de gomme. Pour les travaux de mine, il y avait des mélanges analogues.

(Brevet anglais n° 226, 20 janvier 1879.)

Nobel a recommandé l'emploi d'un mélange de sels alcalins ou alcalino-terreux, riches en oxygène : nitrates, chlorates ou perchlorates, avec les dérivés nitrés de la glycérine, de la cellulose, du sucre. Pour les travaux de mine, les proportions respectives étaient 75 à 80 et 25 à 20 0/0. Pour les armes à feu, on ajoutait 5 à 10 0/0 de nitroglycérine, pure ou gélatinisée.

Nobel a fait breveter l'emploi de liquides combustibles, contenant en dissolution des nitrates ou autres sels oxygénés, avec ou sans addition de substances explosibles.

(Brevet français n° 161.269, 29 mars 1884.)

Nobel a proposé de dissoudre la nitroglycérine dans la moitié de son poids d'huile de goudron. Au moment de l'emploi, on agite 3 parties de ce mélange avec 2 parties d'acide oléique, qui dissout l'huile et met en liberté la nitroglycérine.

(Brevet anglais n° 5.252, 28 avril 1883.)

Nobel a fait breveter l'addition à la nitroglycérine, de substances propres à en abaisser le point de congélation, ainsi que de nitrates, chlorates, etc.

(Brevet français n° 170.290, 24 juillet 1885.)

Nobel a proposé d'employer le nitrate d'ammoniaque, additionné non de matières capables d'augmenter sa puissance, mais d'une substance non explosible ; le nitrate peut être fondu et coulé suivant la forme que l'on désire.

(Brevet français n° 170.291, 24 et 27 juillet 1885.)

Les brevets n° 170.292 (du 24 juillet 1885) et n° 170.340 (du 27) concernent les conditions d'emploi, comme poudre de tir, des nitrates, nirites, chlorates ou perchlorates à base métallique ou ammoniacale.

Nobel a fait breveter l'emploi, pour le chargement d'obus ou de torpilles, d'un explosif gazeux ou comprimé, seul ou additionné de substances combustibles ou explosibles.

(Brevet français n° 179.289, 27 octobre 1886, et 14 juin 1887.)

Nobel a préconisé l'emploi du nitrate de cuivre ammoniacal ; celui-ci fait l'objet d'une rubrique antérieure.

Nobel a pris, en 1887 et en 1888, des brevets relatifs aux détonateurs, brevets que nous résumons ci-avant.

Nobel a fait breveter des mélanges formés de nitrates de baryte, charbon et picrate d'ammoniaque ou phosphore amorphe.

(Brevet français n° 185.180, 4 août 1887 ; brevet anglais n° 1.469, 31 janvier 1888.)

Le brevet n° 1.470, même date, concerne un modèle de cordeau détonant que nous décrivons ci-avant; un autre type de cordeau, breveté en 1894, est décrit également. Le brevet n° 1.471, même date encore, est relatif à la ballistite, laquelle fait l'objet d'une rubrique spéciale.

(Brevets français n° 185.179, 4 août 1887, et n° 199.091, 20 juin 1889 et 22 avril 1890.)

La poudre-dynamite Nobel, analogue à la ballistite, est décrite ci-dessous.

Nobel a fait breveter les poudres obtenues en dissolvant diverses celluloses nitrées (corozzo, écorce de la noix de coco, bois très durs et denses comme l'ébène, le thuya, le gayac ou le teck), ainsi que l'amidon ou la dextrine nitrée, en les agglomérant par laminage ou par pression, évaporant, extrayant le dissolvant, et granulant enfin le produit obtenu.

(Brevet français n° 186.801, 5 novembre 1887.)

Le traitement de la dextrine a fait l'objet du brevet anglais n° 6.560, 2 mai 1888. (Voir *Nitramidon*).

Nobel a proposé une poudre composée de 3 parties de nitrate de baryte et de 1 partie de picrate d'ammoniaque, la masse étant durcie au moyen de 0,5 0/0 de gomme ou de dextrine.

(Brevet anglais n° 10.722, 26 juillet 1888.)

Nobel a proposé une composition pour amorces, que nous décrivons sous la rubrique *Détonateurs*.

(Brevet anglais n° 16.919, 12 octobre 1888.)

Nobel a fait breveter une cartouche dont l'explosif se compose d'une plaque ou feuille lisse, gaufrée, cannelée, ou à surface très rugueuse, percée ou non de trous, pour augmenter la surface de combustion explosive ; ladite plaque ou feuille est contournée ou enroulée, de manière à pouvoir être facilement introduite dans la douille de la cartouche ou dans la chambre à poudre de l'arme.

(Brevet français n° 200.045, 6 août 1889.)

La poudre Nobel à l'amidon nitré, décrite sur le rubrique *Actiengesellschaft Dynamit Nobel* (*Die*), fait l'objet des brevets français n° 212.650 et anglais n° 6.219, 9 avril 1891.

Nobel a proposé, comme poudres propulsives, des mélanges à base de nitromannite et de nitrocellulose, additionnées ou non de dinitrobenzine ou d'un autre hydrocarbure nitré. Le produit obtenu, d'aspect analogue au celluloïd, présente l'avantage de ne pas exsuder.

Voici les formules indiquées :

Nitromannite	40	20	30
Nitrocellulose	60	60	50
Dinitrobenzine	»	20	20
	140	100	100

(Brevet allemand n° 3.158, 10 avril — 1er octobre 1894 ; brevet français n° 238.077, 26 avril — 16 juillet 1894 ; brevet anglais n° 11.645, 2 juin 1894.)

Nobel a fait breveter la poudre suivante :

Chlorate de potasse	60
Bicarbonate de soude	50
Dextrine	40

L'emploi de ce mélange est préconisé comme explosif de sûreté.

[Brevet anglais n° 6.431 (1896), accepté le 27 février 1897.]

Nobel a fait breveter, peu de temps avant sa mort, des poudres progressives composées d'un noyau à combustion rapide, recouvert d'une couche à combustion plus lente. Dans le type spécifié, le noyau est constitué de balistite, poudre sans fumée contenant 60 0/0 de nitroglycérine et 40 0/0 de nitrocellulose. Quant à l'enveloppe, elle répond à la composition suivante :

Nitroglycérine	37,50
Nitrocellulose	50,50
Succinate d'amyle	12,50
	100,00

Ce dernier ingrédient peut être remplacé par un éther nitrique ou autre, l'huile de ricin ou l'oxalate d'ammoniaque.

[Brevet anglais n° 27.197 (1896), accepté le 30 novembre 1897 ; ce brevet a pour titulaires MM. R. Sohlman et R. Liljequist, exécuteurs testamentaires de Nobel.]

Nobel Carbonite. — Voir *Carbonite*.

Nobel Dynamite Trust Co., Ltd. — Voir *Nobel* (p. 576).

Nobel Gelignite. — Voir *Gélignite*.

Nobel (La poudre-dynamite) est analogue à la ballistite. Elle se fabrique comme suit : ayant dissous 4 à 5 parties de nitrocellulose dans 20 parties de nitroglycérine, additionnées de 4 parties de camphre, on ajoute 20 parties d'amidon nitré (à 12,5 0/0 d'azote) et 40 parties de nitrodextrine (même teneur). La masse est pétrie à la température de 60°, passée entre des rouleaux chauffés, et transformée en feuilles minces, que l'on découpe en morceaux de dimensions convenables.

On peut également dissoudre 1 partie de camphre dans 20 parties de nitroglycérine, ajouter autant de benzine, puis 5 parties de nitrocellulose. On élimine la benzine par évaporation, à basse température, et la masse obtenue est laminée alors, à la température de 60°, en feuilles qu'il reste à réduire en grains.

Il est loisible, aussi, de réduire la proportion de nitroglycérine et d'en dissoudre 20 parties, additionnées de 2 à 5 parties de camphre, dans 40 à 80 parties d'acétate d'amyle ; on ajoute ensuite 40 parties de nitrocellulose. On peut ajouter aussi des nitrates des chlorates, des picrates, etc.

La poudre-dynamite Nobel est désignée en Allemagne sous le nom de *R G P* 89 *Pulver*. Une des variétés de cette poudre renferme une égale proportion de nitroglycérine et de nitrocellulose ; elle a été soumise à des essais, effectués à l'usine Krupp (Essen), et qui ont donné les résultats suivants :

BOUCHES A FEU	POIDS du projectile	NATURE ou dimensions des grains	POIDS de la charge	VITESSE initiale	Pression max.
	kilogr.		kilogr.	mètres	atmosph.
Canon de 8c,7 de campagne.	6,800	Gros grains	1,500	460	2.000
			0,500	463	1.475
Canon de 10c,5, de siège et de place, 35 calibres de long.	18,000	Prismatique	4,000	461	2.120
			1,600	473	1.340
Canon de 21c, de 35 calibres	140,000	Prismatique	56,000	577	2.330
			20,000	583	1.950
Canon à tir rapide de 8c,4; 40 calibres de longueur. Poids: 1.050 kilogrammes.	7,060	4mm	1,500	706	1.685
	7,070		1,600	739	2.100
					2.010
	8,110		1,500	680 (V_{34})	2.080
					2.010
		3mm			2.220
			1,300	661	2.140
Canon de 7c, 5, de 28 calibre's	6,800	3mm	0,300	331	875
			0,350	362	1.075
			0,400	391	1.305
			0,450	428	1.555
			0,500	461 (V_{40})	1.865
			0,530	484	2.060
			0,450*	434	1.585
			0,450*	434	1.895
			0,500	464	1.885
			0.530	486	1.870

* Ces charges ont été immergées dans de l'eau à 17° pendant une demi-heure, puis séchées à 30°.

Nobel's Explosives Co., Ltd., à Glascow. — Cette Société fabrique la poudre d'Ardeer, la poudre d'Ardeer Nobel, la ballitite, la dynamite et les gélatines explosibles, la gélatine camphrée, la carbonite, la carbonite Nobel, la gélignite Nobel et l'oxalate gélignite.

Voir *Ammoniaque* (*Dynamite à l'*), *Potasse* (*Dynamite à la*) et *Soude* (*Dynamite à la*).

Noble (Poudres). — Poudres chloratées contenant du sucre, ainsi que les ingrédients suivants : prussiate de potasse, amidon, camphre, soufre, benzine, salpêtre ou charbon. Ces mélanges, présentés en 1880 à l'examen de la Commission des substances explosives, furent reconnus trop sensibles. Ce défaut subsistait dans les échantillons contenant du camphre.

Noire (Dynamite). — Mélange de coke pulvérisé, de sable et d'environ 45 0/0 de nitroglycérine.

Noires (Poudres). — Voir *Chasse*, *Commerce extérieur*, *Mines (Poudres de)*; *Poudre noire*, etc.

Norbin. — Voir *Ammoniakkrut.*

Nordenfelt a fait breveter :

1° Une poudre moulée en blocs, avec des entailles sur deux faces opposées ;

2° Une poudre moulée en blocs prismatiques, avec les extrémités convexes et des entailles sur deux faces opposées.

(Brevet français n° 160.940, 14 mars 1884.)

Nordenfelt. — Voir *M. N. Smokeless Powder*.

Nordenfelt et Meurling ont proposé une poudre à canon dans la composition de laquelle entre une substance friable, obtenue en traitant du coton ou d'autres fibres ligneuses par de l'acide chlorhydrique. Cette substance, analogue à l'hydrocellulose, est mélangée avec une certaine quantité de soufre en solution dans du sulfure de carbone; l'opération s'effectue dans un récipient fermé muni d'un agitateur. Le mélange, desséché, est additionné d'une solution de salpêtre, et le produit obtenu est soumis ensuite aux procédés habituels de fabrication.

(Brevets anglais n°s 6.514 et 6.515, 18 avril 1884.)

Normale (Poudre). — Poudre sans fumée, inventée par M. E. Schenker et fabriquée par l'*Aktiebolaget Svenska Krutfak-*

torierna, à Landskrona (Suède), ainsi qu'à Annestof. Employée depuis une dizaine d'années par l'armée suisse, ainsi que par l'armée danoise, cette poudre se fabrique également à Worblaufen, près de Berne, ainsi qu'en Angleterre. Elle est importée en Belgique, en Australie, etc.

Elle se compose de nitrocellulose pure, gélatinisée au moyen d'acétate d'amyle. L'analyse d'un échantillon de poudre destinée au fusil 0,303 M. nous a donné le résultat suivant :

Nitrocellulose insoluble	96,21
Nitrocellulose soluble	1,80
Résines et divers	1,99
Coton non nitré	traces
	100,00

Pour les armes de chasse, on l'utilise sous forme de bâtonnets jaunes ou verts, pas plus gros qu'une forte épingle, et dont la longueur mesure 59 $^m/_m$. Densité : 0,790. Pour les armes de guerre, on se sert de cubes gris, de densité = 0,750.

La poudre normale corrode peu le canon des armes : une série de 100 coups, tirés en dix-huit minutes, porta la température du métal à 140°, tandis qu'avec une poudre sans fumée à base de nitroglycérine, on eût obtenu 240°. D'autres essais permirent de tirer 30.000 coups de fusils sans détériorer l'arme, et 800 coups de canon de campagne sans écouvillonner. Avec une poudre contenant de la nitroglycérine, 1.000 coups de fusil mettent l'arme hors de service, et il n'est pas possible de dépasser 100 coups de canons.

La poudre normale est très stable : un échantillon, employé après trois ans et demi de conservation, donna d'excellents résultats. D'autres, conservés pendant onze mois dans une cave humide, ne contenaient que 1,6 0/0 d'eau ; au bout de vingt-trois mois, la teneur n'avait pas dépassé 2 0/0.

Le tableau ci-dessous résume le résultat d'essais auxquels cette poudre a été soumise :

ARMES EMPLOYÉES	Charge grammes	Poids du projectile grammes	Vitesse initiale m.-sec.	Pression atm.	OBSERVATIONS
Fusil réglementaire anglais 0,303 (7mm,70)	2,009		612.03	2.241	
» » »	2,041	13,400	655,00	2.523	
» »	2,074		626,45	2.349	
Fusil de 8 millimètres....	2,200		586,00	»	
» »	2,250		605,00	2.458	
» »	2,300	14,500	647,00	»	
» »	2,400		650 00	»	
» »	2,600		694,00	»	
Fusil de 7,5 millimètres. .	2,000	13,800	620,26	2.200	Après 23 mois de séjour dans l'humidité..
Canon de campagne 23 calibres (cal. 8 c. 84)	560	6,700	473,00	1.454	
» »	600		500,00	1.750	
Fusil de 7mm,65. — Poudre normale.....		13,800	620,00	2.200	
Fusil de 7mm,70. — Cordite		13,900	606,00	2.286	
Fusil de 8mm. — Poudre Troisdorf.......		14,500	604,00	2.550	

Norres. — Voir *Allumeurs de sûreté.*

Norris, Etats-Unis d'Amérique, a fait breveter un explosif répondant à la composition suivante :

Nitroglycérine...........................	70
Mononitrobenzine.........................	15
Huile empyromatique......................	14
	100

Comme huile empyromatique, on emploie, de préférence, les produits les moins denses obtenus par la distillation du bois. La fabrication s'effectue en mélangeant d'abord les deux derniers composants, ajoutant ensuite la nitroglycérine, et malaxant le tout avec soin. Si on désire donner au produit obtenu la forme granulée, on l'additionne d'une substance telle que la magnésie, le charbon de bois, la pulpe de bois, etc. Au contraire, pour obtenir une gélatine explosible, il suffit d'ajouter une proportion restreinte de résine ou de gomme.

L'explosif obtenu présenterait des qualités spéciales de sécurité, au point de vue du maniement. En outre, il serait très stable insensible à l'action de l'eau ou à celle de l'air, et pratiquement incongélable.

[Brevet anglais n° 8.365 (1901), accepté le 14 septembre 1901.]

Nysébastine. — Dynamite proposée par M. Fahnejelm et répondant à la composition suivante :

Nitroglycérine	45 à 48	pour 100
Charbon de bois	15 à 35	»
Nitrate de soude ou de potasse, ou chlorate de potasse	5 à 25	»
Carbonate de soude (au max.)	5	»

Le charbon doit être aussi poreux et aussi inflammable que possible.

(Brevet anglais n° 4.075, 21 octobre 1876.)

O

O (Poudre). — Poudre ordinaire, à dosage anglais, fabriquée à Fossano et employée par la marine italienne pour les canons de 75 millimètres n° 2 en bronze, se chargeant par la culasse.

O 7/11 (Poudre). — La marine italienne emploie cette poudre pour les canons de 120 millimètres A n° 2 et de 75 millimètres, n° 1, bronze-culasse.

O Pulver. — Poudre noire à canon, employée en Autriche (grains de $1^{mm},2$ à $1^{mm},5$).

Oare Powder. — Mélange à base de salpêtre du Chili et de dinitrobenzine, avec ou sans addition d'autres produits nitrés. Cette poudre est fabriquée, depuis 1898, par la Cotton Powder Co., Ltd., dans son usine de Faversham (Kent). Il résulte d'une lettre que cette société nous a adressée, en date du 15 novembre 1900, que le trinitrotoluène remplace actuellement la dinitrobenzine dans la composition de l'*Oare Powder*.

Oarite. — Cet explosif, fabriqué depuis 1891 par la même société et inventé par le directeur, M. Trench, répond à la composition suivante :

Nitroglycérine	20
Nitrocellulose	10
Dinitrobenzine	10
Nitrates de potasse et de baryte	60
	100

Oberländer. — Voir *Müller*.

Obus incendiaires. — Voir *Compositions incendiaires*.

Ochsé (**Le D**r), à Cologne, a fait breveter l'emploi de cartouches en acier, dans lesquelles il opère la décomposition électrolytique de l'eau; ces cartouches, de 3 centimètres de diamètre, mesurent 18 centimètres de longueur. Leur épaisseur est de 2mm,5, et elles sont susceptibles de résister à 1.200 atmosphères de pression. On y introduit 22gr,5 d'eau distillée, que l'on additionne de 2gr,5 de soude en solution, afin d'augmenter la conductibilité; puis, ayant obturé avec soin, on fait passer un courant de 0,85 à 1 ampère, dont la tension est comprise entre 8 et 10 volts. La décomposition de l'eau s'effectue lentement, tandis que la compression des gaz engendrés produit un léger échauffement. Le chargement de la cartouche est terminé lorsque la transformation du liquide en gaz est complète.

Lors des expériences effectuées au charbonnage du Mont-Cenis, en Westphalie, l'opération dura quarante heures; la pression développée atteignit 450 atmosphères. L'explosion du mélange détonant était provoquée par l'étincelle électrique. Les cartouches furent jugées équivalentes, comme puissance, à 150 grammes d'explosif de sûreté à base de nitrate d'ammoniaque : westphalite, dahménite, etc.

Le sécurité en présence du grisou fit l'objet d'expériences effectuées à la station d'essai de l'Association minière (Branbauerschaft); les résultats ne furent pas des plus favorables. Le procédé, d'autre part, n'est pas économique, eu égard au coût des cartouches en acier. Il n'est pas démontré, enfin, que le maniement des cartouches chargées soit exempt de danger.

(Brevet français n° 234.437, 30 novembre 1893 — 22 février 1894.)

Ocre. — Cette substance sert de colorant pour certaines espèces de dynamites. La raison d'être de son emploi provient de ce que parfois la guhr, après la calcination, est souillée de particules de suie ou prend une teinte jaune sale ; l'addition d'ocre permet d'obtenir une couleur uniforme. Lors de l'introduction des gélatines explosibles, certains fabricants y ajoutèrent de l'ocre comme à la dynamite, craignant qu'une modification de la teinte fût de nature à leur causer du préjudice.

La matière colorante que renferme l'ocre se compose d'hydrate ou d'oxyde de fer. Elle est jaune dans le premier cas et rouge dans le second ; par calcination, elle devient rouge.

Ohlsson. — Voir *Ammoniakkrut*.

Okell a fait breveter la préparation de poudres sans fumée, obtenues par le traitement du bois en bloc, l'aune écorcé de préférence. Après l'avoir soumis à l'épuration, on procède à la nitrification ; le mélange employé renferme 1 partie d'acide nitrique ($d = 1,49$ à $1,50$) et 3 parties d'acide sulfurique ($d = 1,84$). On traite 1 partie de lignine par 11 parties de liquide. L'opération terminée, on procède au lavage et à la neutralisation ; puis on dessèche, à la température d'environ 40 ou 50°, de manière à ramener le taux d'humidité à 7 ou 8 0/0. On confectionne ainsi une galette, que l'on soumet à des traitements qui varient d'après le genre de poudre que l'on désire obtenir :

Poudre de guerre. — On gélatinise, au moyen d'un mélange renfermant 78 parties d'éther, 15 parties d'acétone et 12 parties d'alcool absolu pour 100 parties de nitrocellulose traitées. Après dix minutes de macération, on soumet la substance au laminage et on la transforme en plaques mesurant de 1^{mm},5 à 2 millimètres d'épaisseur. Après une série d'autres traitements, on fait bouillir le produit avec un tiers, en poids, d'un mélange renfermant 5 parties d'azotate de baryte et 1 partie d'azotate de potasse ou d'ammoniaque, en solution dans 60 parties d'eau. Après séchage, on enduit les grains de collodion, puis de paraffine.

Pour la poudre à canon, les proportions sont les suivantes :

Nitrocellulose....................	80 à 88 pour 100
Azotate de potasse ou d'ammoniaque.............. 1 partie. Azotate de baryte...... 3 parties.	20 à 12 »

Poudre de chasse. — Composition :

Nitrocellulose..............................	94
Salpêtre..................................	5
Bichromate de potasse......................	1
	100

Après gélatinisation, on comprime et on lisse ; ensuite, on enduit de paraffine.

La poudre de chasse pour le tir au plomb renferme 18 0/0 d'azotate de baryte et 3 0/0 de salpêtre ; on ajoute une solution de gomme adragante à 20 0/0. L'addition de 2 0/0 de vaseline diminue la pression initiale.

(Brevet français n° 291.328, 1er août — 16 novembre 1899 ; brevet belge n° 150.316, du 5 juin 1900, pris en collaboration avec M. Van Olegar.)

Oliver a proposé de remplacer le charbon par la tourbe, dans la poudre noire, et le soufre par du chlorate de potasse mélangé avec de la cire d'abeilles, du suif ou de la résine.

(Brevet anglais n° 1.800, 10 juin 1869.)

Oliver Powder Company (The) fabrique l'*Oliver Powder*, poudre de mine employée aux États-Unis, ainsi que *Oliver's Flameless Dynamite*, explosif de sûreté. La même société fabrique la *Meteor Dynamite*, explosif puissant destiné aux roches dures.

Onde explosive. — Voir *Explosion*.

O. P. T. Du Pont's Rifle Powder. — Voir *Du Pont de Nemours.*

Or fulminant. — Voir *Fulminant* (*Or*).

Orange Powders.. — Voir *Laflin and Rand Powder Company.*

Ordinaire (Dynamite). — Dynamite à 75 0/0 de nitroglycérine et 25 0/0 de kieselguhr.

Ordinaire (Poudre). — Voir *Poudre noire.*

Oriasite. — Explosif analogue à la méganite, mais ne renfermant que de la lignine seulement, sans nitrocellulose de corozo.

Orientale (Poudre). — Mélange à base de poudre noire, nitrate ou chlorate de potasse, additionné de tan, d'écorce, de sciure de bois ou d'autres matières ligneuses.

Orientaux (Feux d'artifice). — Ces articles, dont l'importation est autorisée en Angleterre, se composent d'un mélange de salpêtre, soufre et charbon de bois, placé dans une enveloppe en papier ou en bambou. Il est facultatif d'ajouter à l'une des extrémités une charge comprenant, au maximum, 2 grains ($0^{gr},13$) d'une composition chloratée contenant du réalgar.

Orioli a présenté, en 1881, à la Commission des substances explosives, un mélange préconisé comme poudre sans fumée, mais non reconnu tel.

Ormite. — Poudre à base de nitrates, autorisée en Angleterre depuis 1898.

Orsman, à Gathurst (Angleterre), a fait breveter un explosif composé de cellulose finement pulvérisée et légèrement nitrée ou non, additionnée à chaud d'un poids égal de chlorodinitrobenzine. Le mélange est broyé avec environ dix fois son poids de nitrate d'ammoniaque (Voir *Amvis*).

[Brevet anglais n° 29.598 (1896), accepté le 27 novembre 1897.]

Orsman a proposé un explosif de sûreté composé de binitrobenzine et de noir de fumée, auxquels on ajoute dix à douze fois leur poids de nitrate d'ammoniaque.

[Brevet anglais n° 5.760 (1899), accepté le 13 janvier 1900.]

Oxalate Blasting Powder. — Poudre de mine brevetée par MM. Greaves et Hann, et dont la composition diffère de la poudre noire en ce que le soufre est remplacé partiellement ou totalement par un ou plusieurs des composés suivants : acide oxalique, oxalate alcalin simple ou double, borax ou acide borique, ces composés pouvant être hydratés ou non.

Le but de cette substitution est d'obtenir une poudre de sûreté (1) : les essais officiels auxquels l'*Oxalate Blasting Powder* a été soumise à Woolwich ont permis d'autoriser son emploi dans les charbonnages grisouteux. Les inventeurs affirment, en outre, que cette poudre est plus économique que la poudre noire, en même temps que moins dangereuse à manier.

Le procédé de fabrication ne présente aucun caractère particulier. Quant à la mise en feu, s'il s'agit de charges élevées, on l'effectue au moyen d'une amorce à base de nitroglycérine, portant un détonateur *ad hoc*. Les cartouches sont confectionnées de manière à posséder, dans la partie centrale, un logement destiné à l'amorce,

(1) L'emploi de l'oxalate d'ammoniaque dans le but de refroidir les produits de l'explosion, breveté d'une manière générale par le chimiste allemand Schöneweg, en 1886, a été spécifié, pour ce qui concerne la poudre noire, par M. Lohmann, de Neunkirchen, dans ses rapports de 1891, relatifs aux expériences officielles effectuées sur les explosifs de sûreté (*Preussische Zeitschrift für Berg-Hütten und Salinenwesen*, t. XXVII, p. 94 et t. XXXIX, p. 186).

laquelle est de même longueur que la charge ; ce procédé permet d'en obtenir l'allumage instantané.

L'*Oxalate Blasting Powder* est fabriquée depuis 1898. Elle présente les variétés suivantes :

Salpêtre...........	67	68,50	71	75	69,00 à 73,00
Charbon de bois....	13	13,50	14	15	12,00 à 15,58
Oxalate alcalin.....	15	15,00	15	10	13,50 à 16,50
Soufre.............	5	33,00	»	»	»

C'est la dernière de ces formules qui est spécifiée dans l'ordonnance ministérielle du 23 décembre 1898, relative aux explosifs de sûreté. Le sel indiqué est l'oxalate d'ammoniaque. Aucune prescription ne concerne la mise en feu. Quant à la cartouche, elle doit être composée d'un alliage de plomb et d'étain, ou bien de papier d'asbeste.

[Brevets anglais n° 4.509 (1896), accepté le 30 janvier 1897, et n° 9.111 (1897), accepté le 18 février 1898.]

La société dite *Oxalate Blasting Powder Co., Ltd.*, fondée à Londres, le 16 août 1898, a le siège de ses travaux à Gatebeck (Westmoreland). Elle s'est transformée en *Nitrates Explosives Co., Ltd.*

Oxalate Carbonite et Oxalate Gélignite. — Explosifs fabriqués, depuis 1899, par la Nobel's Explosives Co., Ltd.

Oxland (Poudre). — Sorte de poudre noire à base de salpêtre du Chili.

(Brevet anglais n° 1.740, 18 juillet 1860.)

Oxonite. — Explosif Sprengel à base d'acide picrique. Celui-ci, additionné ou non d'un nitrate, est introduit dans une gargousse en calicot, laquelle contient également un tube en verre hermétiquement fermé renfermant une quantité à peu près équivalente d'acide nitrique. Le mode d'emploi, analogue à celui de la hellhoffite, consiste à briser ce tube au moment d'introduire la cartouche dans le trou de mine. L'oxonite a été brevetée par MM. Punshon et Vizer.

Cet explosif a causé, en août 1884, un accident survenu dans les circonstances suivantes : on était en train de faire des expériences au moyen de forages pratiqués, fort heureusement, dans de l'argile molle. Une cartouche fit explosion pendant qu'on la bourrait, et plusieurs spectateurs furent blessés. La cause de cet accident a été attribuée au contact intempestif de l'acide nitrique avec la charge du détonateur destiné à provoquer l'explosion.

(Brevet anglais n° 2.428, 12 mai 1883 ; brevet français n° 158.502, 12 novembre 1883.)

Oxycellulose. — Voir *Nitroxycellulose.*

Oxydine. — Explosif de sûreté breveté par M. Turpin et basé sur le principe des wetterdynamites. Il se compose d'un mélange, à poids égaux, de dynamite n° 1 avec de l'oxyde ou du sulfure de zinc.

(Brevet français n° 189.428, 17 mars 1888.)

Oxyliquit. — Explosif constitué d'un mélange d'oxygène liquide avec des substances combustibles telles que le charbon de bois, la pâte de bois, le soufre, le pétrole, etc. Cet explosif a été breveté par la *Gesellschaft für Linde's Eismaschinen*, à Munich. D'une lettre que le Dr Linde nous a adressée le 9 octobre 1899, il résulte qu'à cette date les essais relatifs à l'oxyliquit n'avaient pas encore donné de résultats définitifs.

La description des appareils brevetés par le Dr Linde n'entre pas, à proprement parler, dans le cadre de notre sujet. On la trouvera dans le *Dictionnaire de Chimie pure et appliquée* de Ad. Wurtz (2e supplément), sous la rubrique : « Gaz comprimés et liquéfiés. »

[Brevet anglais n° 18.929 (1897) ; brevet français n° 269.740, 10 décembre 1897.]

Oxypicrique (Acide). — Synonyme de trinitrorésorcine. De même que l'acide, les oxypicrates sont des composés explosibles.

P

P (Explosifs de mines type) (*France*). — Composition fixée par lettre collective du ministre de la Guerre, datée du 2 septembre 1895 :

	N° 1	N° 2
Nitrate d'ammoniaque	80	90,50
Coton-poudre	20	9,50
	100	100,00

Ces mélanges sont livrés en cartouches comprimées, emballées dans des caisses doublées de zinc et fermées par un couvercle soudé à l'alliage de Darcet.

P. Powder (*Pebble*). — Cette poudre fut adoptée par l'armée anglaise en 1871. Les grains se rapprochent de la forme cubique; on en compte, en moyenne, 80 par livre (175 par kilogramme). Densité = 1,75.

P. Powder. — Employée depuis 1876, cette poudre, se présente également sous la forme de grains cubiques. On lui a substitué la poudre E. X. E.

P. A. (Poudre). — Poudre prismatique noire, réglementaire dans la marine française. On l'employait, comme appoint, au centre du culot des gargousses de poudre brune, pour supprimer les retards d'inflammations dans le tir (*Mémorial des Poudres et Salpêtres*, t. IV, p. 32).

Paille (Dynamite). — Voir *Paléine*.

Paille nitrée. — Voir *Paléine*, *Springthorpe* et *Trench*.

Pain. — Voir *Signaux de brouillard pour chemins de fer.*

Pain (Amorces de). — Amorces électriques à basse tension, dont le fil est noyé dans de la poudre noire.

Paléina ou **paléine**. — Dynamite inventée par M. Lanfrey, et dont l'absorbant est à base de paille nitrée.

Voici une des formules indiquées :

Nitroglycérine	35,000
Fulminpaille	18,572
Salpêtre	32,500
Soufre en fleur	4,643
Fécule	9,285
	100,000

C'est un explosif stable, peu sensible au choc. On peut le rendre moins sensible encore en l'additionnant d'un hydrocarbure ; il peut ainsi servir aux usages militaires.

Il résiste assez bien au froid, mais doit être conservé à l'abri de l'humidité. La sensibilité explosive diminue peu à peu au cours de l'emmagasinage : alors qu'un détonateur de 1 gramme suffit pour les cartouches fraîches, il faut 2 grammes, après dix-huit mois de conservation. L'explosif subit probablement une sorte de gélatinisation.

L'absorbant ci-dessus indiqué, employé seul, constitue la poudre Lanfrey ; les deux derniers ingrédients peuvent être remplacés par du charbon, du bois dur et de la dextrine.

(Brevet anglais n° 3.119, 7 août 1878.)

Panaches. — Voir *Compositions incendiaires.*

Panaotovich. — Voir *Nitrate de potassium.*

Pancera. — Voir *Diorrexine.*

Panclastites. — On désigne, sous ce nom, un certain nombre de mélanges proposés par M. Turpin et comprenant, suivant un principe analogue à celui des explosifs Sprengel, une substance comburante et une substance combustible dont le contact n'est déterminé qu'au moment même de l'explosion. Les panclastites ont, comme comburant commun, le peroxyde d'azote. Ce composé s'obtient en décomposant, par la chaleur, le nitrate de plomb sec. M. Turpin a fait breveter un procédé spécial de rectification, au moyen de l'acide sulfurique.

(Brevet français n° 146.637, 27 décembre 1881.)

A la température ordinaire le peroxyde d'azote se présente sous la forme d'un liquide qui se solidifie à — 9° et bout à 22°. La couleur varie avec la température : à 0°, il est jaune et, à mesure qu'on approche de son point d'ébullition, il fonce peu à peu, devenant brun verdâtre. Les vapeurs qu'il émet ensuite sont rouges. Ces vapeurs exercent une influence désastreuse sur l'organisme. Aussi, a-t-on dû renoncer, d'emblée, à employer les panclastites dans les travaux souterrains ; il en a été de même, au point de vue de leur application à l'art militaire.

Le peroxyde d'azote jouit de propriétés oxydantes très énergiques. Le choix des substances combustibles à employer est limité par la condition qu'elles ne soient pas attaquées par lui. Les panclastites, de même que les mélanges de Sprengel, nécessitent l'emploi d'un détonateur au fulminate de mercure.

Comme substance combustible, M. Turpin recommande le bisulfure de carbone :

$$CS^2 + 3AzO^2 = CO^2 + 2SO^2 + 3Az.$$

Les proportions théoriques du mélange sont 1 : 1,81. On a proposé également les proportions 1 : 1,2 : 1 et 3 : 5, en volumes. Les propriétés brisantes des panclastites au sulfure de carbone, bien plus marquées que celles de la dynamite n° 1, sont comparables à celles de la nitroglycérine. L'odeur si désagréable que dégage le sulfure de carbone en rend l'emploi peu pratique ; ce composé est dangereux, d'ailleurs, en raison de la facilité avec laquelle il s'enflamme.

Les panclastites au pétrole offrent une certaine résistance au choc. On a proposé le mélange, à volumes égaux, d'essence de pétrole et de peroxyde d'azote, ainsi que le mélange 2 : 1. La détonation n'est certaine qu'à condition d'ajouter un peu de sulfure de carbone (3 à 5 0/0). On a proposé également les panclastites à base d'hydrocarbures : benzine, toluène, xylène, aniline, naphtols, goudrons, etc., nitrifiés ou non, ainsi que de dérivés du pétrole et d'huiles végétales ou animales.

Au lieu d'employer les panclastites sous forme liquide, on peut les mélanger avec des absorbants solides ; dans ce cas, on les désigne sous le nom de panclastites-guhr. La puissance se trouve diminuée.

(Brevets français, n° 146.497, 22 décembre 1881, et 147.676, 2 mars 1882.)

Les expériences dont les panclastites furent l'objet ont montré qu'elles pouvaient être rangées parmi les explosifs les plus énergiques. L'artillerie allemande a étudié leur application au chargement des obus-torpilles : on introduit dans le projectile deux vases de verre épais, séparés des parois par des cubes en caoutchouc ; le culot peut se dévisser, afin de faciliter la mise en place. Un des vases renferme le peroxyde d'azote et l'autre, le sulfure de carbone ; ils sont scellés à la lampe. Par le choc au départ, le verre se casse ; le mouvement de rotation imprimé à l'obus effectue le mélange des deux ingrédients.

(Brevet français n° 146.565, 27 décembre 1881.)

Malgré les résultats favorables des essais allemands, malgré ceux qui furent effectués avec le même succès par le génie belge, on se vit obligé de renoncer à l'usage de la panclastite, en raison des inconvénients que présente le peroxyde d'azote.

M. Turpin a fait breveter également l'application, à l'aide de mélanges et d'appareils spéciaux, de la propriété comburante du peroxyde d'azote, sous forme liquide ou gazeuse, à la production de lumière, de chaleur ou de force : héliophanite et sélénophanite.

(Brevet français n° 146.543, 26 décembre 1881.)

Pantopollite. — Dynamite fabriquée à Opladen, près de Cologne, et répondant à la composition suivante :

Nitroglycérine et naphtaline	15 à 70	pour 100
Kieselguhr	20 à 23	»
Sulfate de baryum	7	»
Craie	2 à 3	»

L'addition de naphtaline à la nitroglycérine est faite en vue d'améliorer les produits de l'explosion ; quoi qu'il en soit, ceux-ci sont très abondants.

Papier d'artifice. — C'est plutôt un article de feux d'artifice qu'un explosif. Il consiste en feuilles fines de papier nitrifié. Pour obtenir des flammes colorées, on l'imprègne de sels métalo liques divers.

Papier explosible. — Voir *Dynamogène*, *Emmens*, *Hochstätter*, *Mèche lente*, *Peley*, *Prentice*, *Pyropapier*, *Reichen*, *Spiralite* et *Unionite*.

Une autre variété de papier explosible, analogue au dynamigène, est imprégné de la composition suivante :

Salpêtre	41,66
Chlorate de potasse	41,66
Charbon de bois ou poussière de charbon...	8,34
Sciure de bois	8,34
	180,00

On ajoute un peu de gomme pour donner de la cohésion, ainsi qu'une quantité d'eau suffisante pour former une pâte.

Papier fulminant, papier nitré. — Voir *Pyropapier*.

Papier-poudre. — Voir *Melland*.

Papillotes. — Voir *Fulminates*.

Paraffines. — On désigne, sous le nom de paraffines, les derniers termes de la série des hydrocarbures divalents qui répondent à la formule générale C^nH^{2n}. Ce sont des corps solides, qui prennent naissance dans la distillation sèche du bois, des lignites et, surtout, du schiste bitumineux (*boghead*), lequel est employé pour fabriquer le gaz d'éclairage. Souvent, la paraffine renferme des hydrocarbures appartenant à la série C^nH^{n2+2n} ; tels sont par exemple, ceux qui proviennent de la distillation du pétrole. La cire des montagnes produit un minéral que l'on désigne sous le nom d'ozokérite, scheererite, fichtelite, etc., et qui est essentiellement formé de paraffine.

Les paraffines sont insolubles dans l'eau, solubles dans l'alcool et dans l'éther; c'est leur faible affinité chimique qui leur a valu le nom qu'elles portent. La paraffine de bonne qualité est de teinte franchement blanche et possède une translucidité uniforme. La structure est semi-cristalline. Frappée avec un corps dur, elle donne un son net. Son point de fusion varie entre 40 et 70°. Parfois, elle est légèrement acide, ce qui provient du traitement à l'acide sulfurique auquel on la soumet pendant sa fabrication. Pour remédier à cet inconvénient, il convient de la laver lorsqu'elle est fondue.

La paraffine sert à la fabrication de bougies translucides. Dans l'industrie explosive, on l'emploie pour modérer la sensibilité des substances auxquelles on l'incorpore. (*Mémorial des Poudres et Salpêtres*, t. I, p. 483; t. II, p. 586; t. V, p. 73.) La paraffine est employée, également, comme substance imperméabilisante.

Paraffiné (Coton-poudre). — Voir *Paraffine*.

Paraffinée (Poudre A $\frac{8}{11}$). — Voir A $\frac{8}{11}$ *paraffinée (Poudre)*.

Parkes a fait breveter, en 1855, le traitement de la nitrocellulose par un dissolvant susceptible de la transformer en une masse visqueuse, à laquelle on donnait ensuite la forme de feuilles cornées. Ce brevet concerne plutôt la fabrication du celluloïd que l'industrie explosive proprement dite.

Parone (L'explosif) se compose de 2 parties de chlorate de potasse pour 1 partie de sulfure de carbone. Essayé en Italie dans un mortier de 24 centimètres, il en provoqua l'éclatement dès le premier coup. C'est, en réalité, une variété de rack-à-rock.

Parozzani. — Voir *Pyrocoton.*

Pâte explosible (*Spring Paste*). — Composition :

Nitroglycérine	72
Carbonate de magnésie	20
Craie	6
Sciure de bois	2
	100

Patent Blasting Powder (*Poudre de mine brevetée*). — Mélange de poudre noire avec un sel destiné à prévenir la production de flammes. Cette poudre, quoique admise en Angleterre, n'y a jamais été fabriquée.

Patent Gunpowder (*Poudre à canon brevetée*). — Poudre à base de nitrolignine, fabriquée autrefois à Clyn-Ceiriog, Galles. L'explosion du *Great Queensland*, en 1876, a été attribuée à la présence d'une certaine quantité de cette poudre, dont certaines impuretés déterminèrent l'inflammation spontanée.

Pattison ajoute de la farine ou du son à des mélanges chloratés, afin d'en diminuer la sensibilité.

[Brevet anglais n° 810, 24 février 1880.]

Paulilles (Dynamiterie de). — Voir *Nobel.*

Paulilles (Dynamites de). — Voir *Blanches, Grises (Dynamites).*

PB_1, PB_2 et PB_3 (Poudres). — Poudres prismatiques brunes, réglementaires dans la marine française pour le tir respectif des canons de 37 à 42, 24 à 34 et 14 à 16 centimètres (*Mémorial des Poudres et Salpêtres*, t. IV, p. 21 et t. V, p. 3).

PB Pulver. — Poudre prismatique brune, autrichienne, modèle 1885.

PC/88 et PC/89 (Poudres). — Voir *Schenker*.

Pearcy. — Voir *Curtis* (*C. H.*).

Pearsons. — Voir *Nightingale.*

Pebble Powder (*Poudre-caillou*). — Poudre noire anglaise fabriquée, dès 1865, pour les canons de divers calibres. Voir P_1, P_2 et *RLG* (*Poudres*).

Pêche à la dynamite. — L'explosion d'une cartouche de dynamite ou d'un autre explosif, sous l'eau, produit dans le liquide un mouvement vibratoire, une commotion qui se fait sentir à une certaine distance. Les poissons sont entraînés vers la surface, le ventre en l'air, et présentant toutes les apparences de la mort. D'après certains auteurs, ils subiraient une simple commotion nerveuse, sans aucune lésion physique, et dont ils se remettraient aisément.

Quoi qu'il en soit, l'emploi de la dynamite est un mode de pêche répréhensible : il bouleverse les fonds de pêche, tue indistinctement les poissons de tout âge, effraie et écarte les espèces qui fréquentent les côtes. En France, le décret du 18 août 1875 l'interdit sur tous les cours d'eau, étangs et lacs ; des décrets ultérieurs concernent la pêche côtière maritime. En Angleterre, la pêche à la dynamite est passible d'une amende de 20 livres et peut entraîner jusqu'à deux mois de prison.

Peley (Papier explosible). — C'est un papier buvard ordinaire, imprégné du mélange suivant :

Chlorate de potasse	47,50
Prussiate jaune de potasse	12,42
Sel raffiné	24,82
Charbon de bois	8,17
Amidon	7,09
	100,00

Ce mélange est additionné de 10 fois son poids d'eau. Le papier est desséché, coupé en bandes et enroulé sous forme de cartouches.

Pellet. — Voir *Champion.*

Pellet Powder (*Poudre balle*). — Poudre cylindrique moulée, employée en Angleterre pour les canons de gros calibre, antérieurement à la poudre *pebble*, et fabriquée à l'aide des presses Anderson.

Pellier a soumis en 1884, à l'examen de la Commission des substances explosives, une poudre composée des ingrédients suivants :

Chlorate de potasse	67,11
Salpêtre	8,39
Soufre	8,39
Sciure de bois fine	6,04
Extrait de bois de campêche	10,07
	100,00

Elle est analogue à la poudre Kellow et Short.

L'inventeur avait présenté en 1882, à la même Commission, deux mélanges chloratés renfermant les ingrédients que voici : prussiate jaune de potasse, salpêtre, soufre, sucre et charbon. Ils furent reconnus trop sensibles.

Pellier a fait breveter, sous le nom de résine explosible, un produit obtenu par la nitrification du sucre raffiné (canne, betterave, etc.) préalablement pulvérisé ; on emploie un mélange d'acide azotique à 52° et d'acide sulfurique à 66°. L'opération terminée, on lave à l'eau et on traite successivement par la chaux et par l'acide chlorhydrique, pur ou étendu.

Le produit obtenu se présente sous la forme d'une résine brune, flexible à 70°. Soumis à la dessiccation, il peut être réduit en une poudre jaunâtre.

(Brevet français n° 180.555, 29 décembre 1886.)

Pelotes. — Voir *Compositions incendiaires.*

Pelouze. — Voir *Nitrate de potassium.*

Pembrite. — Composition :

Nitrate d'ammoniaque...........	93 à 96 pour 100
Huile végétale....................	3 à 6 »
Soufre........................	1 à 2 »
Azotate de baryum...............	1 »

Cet explosif, admis à l'importation en Angleterre, figure sur la liste de ceux dont l'emploi est autorisé dans les charbonnages grisouteux ou poussiéreux. L'autorisation est subordonnée à l'emploi de cartouches non imperméables, en papier métallisé, et d'un détonateur contenant au moins 2 grammes de composition à 80 0/0 de fulminate de mercure et 20 0/0 de chlorate de potasse.

Penniman a proposé l'emploi du pétrole ou de produits qui en dérivent, à l'effet de protéger le nitrate d'ammoniaque contre l'humidité.

(Brevet français n° 166.946, du 10 février 1885.)

Pentérythrite nitrée. — Voir *Nitropentérythrite.*

Péralite. — Poudre à gros grains, composée des ingrédients suivants :

Salpêtre....................................	63
Charbon....................................	30
Sulfure d'antimoine.........................	7
	100

Percarbonates. — Voir *Turpin.*

Perchlorate d'ammoniaque (Le) se présente sous la forme de beaux prismes transparents, rectangulaires, terminés en biseaux. Il est soluble dans l'eau froide, peu soluble dans l'alcool. C'est un sel neutre ; en solution aqueuse, il s'acidifie et perd de l'ammoniaque.

On le prépare, dans les laboratoires, en saturant l'acide perchlorique par l'ammoniaque. On peut l'obtenir aussi par double décomposition, en partant du perchlorate de potasse et de l'hydrofluosilicate d'ammoniaque (Berzélius). La production industrielle de ce composé a été brevetée par MM. Alvisi et Pulifici. Elle consiste, en principe, à transformer le chlorate de sodium en perchlorate, par l'action de la chaleur. Le sel obtenu est traité, en solution concentrée, par l'azotate d'ammoniaque. Le perchlorate d'ammoniaque ne tarde pas à se précipiter sous forme de cristaux ; il reste à soumettre ceux-ci au turbinage.

L'application du perchlorate d'ammoniaque à l'industrie explosive est relativement récente et semble appelée à prendre une certaine importance. Des mélanges dont il constitue l'élément oxydant ont été brevetés, notamment, par MM. Alvisi (crémonites, kratites, poudres au cannel), Carlson, Marin, Street, Turpin (pyrodialytes) et Yonck ; ils sont décrits sous leurs rubriques respectives.

Perchlorate de potasse (Le), de même que le perchlorate d'ammoniaque, a été proposé en remplacement du chlorate. Il est plus oxygéné que celui-ci et plus stable. Les expériences dont il a fait l'objet ont montré, toutefois, que la stabilité est toute relative.

Il se présente sous la forme de cristaux orthorhombiques transparents, ordinairement très petits, dont la saveur est analogue à celle du chlorure de potassium, quoique moins prononcée. Il est peu soluble dans l'eau à froid, beaucoup plus soluble à chaud.

Dans les laboratoires, on l'obtient en traitant un sel de potasse par une solution d'acide perchlorique. On peut aussi décomposer le chlorate par l'acide sulfurique ou azotique, par la chaleur ou par l'électrolyse.

Perchlorate de soude (Le) se présente sous la forme de lamelles transparentes, très solubles dans l'eau et dans l'alcool, déliquescentes. Sa préparation est analogue à celle du perchlorate de potasse.

Perchlorocellulose, — glycérine, — nitrocellulose et — nitroglycérine. — M. Alvisi désigne, sous ces dénominations, les produits obtenus par substitution du radical ClO^4, de l'acide perchlorique, ou simultanément, des radicaux AzO^3 (de l'acide nitrique) et ClO^4 (de l'acide perchlorique), aux radicaux OH que renferment ces composés.

(Brevet belge n° 141.582, du 14 mars 1899.)

Père a proposé la paille de lin carbonisée, comme succédanée du charbon de bois.

(Brevet français n° 179.380, 5 novembre 1886.)

Perforation des trous de mine. — Dans les travaux souterrains ordinaires, la profondeur des trous de mine varie de $0^m,50$ à $1^m,50$; leur diamètre, de 22 à 50 millimètres. Ces chiffres n'ont évidemment rien d'absolu. Le volume de roche dégagé croît très rapidement avec la profondeur des forages ; il en résulte qu'il y aura économie à leur donner une certaine profondeur. Si d'autre part, le diamètre est considérable, la charge se concentre vers le fond et développe toute sa puissance au point où la résistance vaincue est maximum. L'expérience, l'examen des circonstances spéciales dans lesquelles il se trouve, guideront le mineur dans le choix des dimensions à donner au trou de mine. En général, les roches à courtes fissures et très plissées exigeront des trous peu profonds ; les forages seront de profondeur moyenne pour les roches grossièrement fissurées, et de grande profondeur pour les roches courantes et massives. Leur section est circulaire ; certains procédés spéciaux, toutefois, font exception à cette règle [1]. Signalons aussi les chambres de mine, qui font l'objet d'une rubrique spéciale.

(1) Voir notre *Note sur quelques procédés de forage des trous de mine dans les carrières* (*Annales des mines de Belgique*, t. I, p. 311).

Tous les dispositifs employés en vue d'effectuer les perforations peuvent être rangés dans deux catégories principales, selon que l'outil dont on se sert pour attaquer la roche est animé d'un mouvement de rotation et en détermine l'usure d'une manière continue, ou la désagrège par l'effet d'une série de chocs nombreux et très rapprochés.

Cet outil peut être actionné par la force de l'homme, ou au moyen de moteurs mécaniques. Le principal des agents utilisés est l'air comprimé. On a également employé la force hydraulique et, dans ces dernières années surtout, l'énergie électrique. Les dispositifs par l'intermédiaire desquels la force motrice agit sur l'outil ont reçu le nom de *perforatrices*.

L'attaque de la roche par percussion se fait au moyen d'instruments tranchants : la barre à mine et le fleuret. Le premier est un trépan, que le mineur soulève et laisse retomber par son poids. Si les circonstances le permettent, on manœuvre des barres à deux hommes, plus longues et plus lourdes. Aux carrières du Pouzin (Ardèche), on en a employé d'une longueur de 7 mètres.

Le fleuret ou burin est d'un usage plus fréquent. C'est une sorte de long ciseau que le mineur tient d'une main, tandis qu'il frappe de l'autre avec une *massette*, ou maillet à tête métallique. C'est un outil en fer ou en acier fondu, de forme ronde ou carrée. Le tranchant n'est pas rectiligne, mais légèrement courbe. On tourne l'instrument d'un certain angle à chaque coup, pour éviter qu'il ne se coïnce dans la fente et pour assurer la forme circulaire du trou. S'il s'agit de forages d'une certaine profondeur, on emploie successivement trois ou quatre fleurets différents, de longueurs croissantes et de diamètres légèrement décroissants. Le dernier, présente exactement le diamètre voulu et peut ainsi manœuvrer à l'aise dans le vide pratiqué par les précédents, même s'il existe de légers défauts de rectilignité.

Ce procédé est moins rationnel que l'emploi de la barre à mine : comme le fait remarquer M. Haton de la Goupillière [1], au choc

(1) *Cours d'exploitation des mines*, 1re édition, t. 1, p. 178.

unique de cette dernière contre le rocher, il substitue le système de deux chocs dont l'un, celui de la massette contre le fleuret, est inutile en principe, et, par cela seul, nuisible ; pour diminuer la perte due à ce choc, il convient d'employer des massettes lourdes et des fleurets légers. Fréquemment, le travail se fait au moyen de deux ouvriers qui, à tour de rôle, manœuvrent chacun, à deux mains, le fleuret et la massette.

Au fur et à mesure que le trou de mine s'approfondit, on retire les matières solides avec la *curette*. C'est une barre de fer au bout de laquelle se trouve une boucle dans laquelle on passe de l'étoupe ou des chiffons destinés à sécher le trou de mine, au moment de procéder au chargement. Le trou, en effet, est, ordinairement rempli d'eau durant le forage. Loin de constituer un inconvénient, cette eau est d'une utilité telle que, si elle ne s'y trouve pas, il convient de l'introduire ; tel est le cas, par exemple, des forages inclinés vers le haut. Le rôle du liquide est de rafraîchir les outils et de fixer les poussières engendrées par le forage ; celles-ci, fort nuisibles en général, sont vénéneuses dans les mines de mercure ou d'arsenic.

Si la roche est fissurée et permet à l'eau de suinter à travers les parois, il faut glaiser le trou. A cet effet, on le remplit d'argile molle. En y enfonçant de force la tige du bourroir, la forme régulière se trouve rétablie et l'intérieur, tapissé d'argile ; si les eaux tendent à s'introduire par l'orifice, on l'entoure d'un petit batardeau en terre glaise.

La perforation à l'aide de tarières peut s'effectuer par l'intermédiaire d'une sorte de vilebrequin ou *criquet*, lorsqu'il s'agit de roches tendres. L'effet utile est notablement augmenté par l'emploi de châssis portatifs ou perforatrices rotatives à main. Ces appareils sont d'un usage très répandu. Comme types classiques, citons la Lisbet, l'Elliott, l'Ingersoll, etc., dont la description se trouve dans les traités d'exploitation des mines.

Perforation mécanique. — La substitution du travail mécanique à l'effort de l'homme s'est imposée à l'attention depuis les applications si brillantes qui en furent faites au percement du Mont-Cenis.

C'est vers 1855 que furent proposés l'emploi de l'air comprimé, par le professeur Colladon, de Genève, et, simultanément, le creusement mécanique des trous de mine, par l'ingénieur anglais Bartlett. La réalisation pratique de ces perfectionnements fut obtenue par M. Sommeiller, au moyen d'appareils construits à Seraing (Belgique).

La demande de brevet pour les nouveaux procédés basés sur l'air comprimé et destinés à faciliter le percement des tunnels, déposée par M. Colladon à Turin, date de janvier 1853. On consultera, avec intérêt, la note de l'éminent professeur sur l'*Emploi de l'air comprimé pour le percement des longs tunnels* (*Ann. des Mines*, 2e série, t. XII, p. 469).

La priorité de l'invention est contestée par M. Dufresne-Sommeiller dans son *Étude historique sur l'emploi de l'air comprimé* Cette étude a donné lieu à une *Réfutation péremptoire*, publiée par onze anciens élèves de l'École centrale (Picard, Genève), brochure que l'on pourra trouver à la Bibliothèque de la Société des ingénieurs civils de Paris.

La perforation mécanique, comparée au travail à la main, présente l'avantage d'accroître considérablement la vitesse d'avancement des travaux. Ce mode de travail permet, en effet, d'augmenter considérablement le diamètre des trous de mine, ainsi que leur profondeur et d'en forer plusieurs, simultanément dans des conditions très favorables. A ces avantages, on oppose le prix élevé de l'installation des appareils et, en somme, du travail obtenu.

La description des appareils de perforation mécanique, ainsi que des installations relatives à la force motrice, sortent des limites de notre cadre.

Perkins a proposé d'employer, pour les poudres fulminantes, du phosphore amorphe additionné de sulfures métalliques (sulfure d'antimoine, de préférence) et de chlorate ou de nitrate potassique.

(Brevet anglais n° 898, 28 mars 1870.)

Permanganates. — Plusieurs de ces sels entrent dans la composition de substances explosibles (Voir *Bichromate de potassium*). D'après Muthman, le permanganate d'ammoniaque serait explosible par percussion (*Arms and Explosives*, t. II, p. 6).

Peroxyde d'azote. — Voir *Panclastites*.

Peroxyde de sodium. — Voir *Bioxyde de sodium*.

Pertuiset (La poudre), brevetée par M. de Fléron, répond à la composition suivante :

Chlorate de potasse	63,49
Soufre	31,74
Poudre de chasse	4,14
Charbon animal	0,63
	100,00

(Brevets anglais n° 2.837, 9 octobre 1867, et n° 2.066, 21 juillet 1870.)

Pesci. — Voir *Maïzite*.

Pétards. — On désigne, sous ce nom, des pièces d'artifice destinées à des travaux de démolition. Suivant le P. Guglialmotti (Salvati, *Vocabulaire des Poudres et Explosifs*), on appelait autrefois pétards de petits canons, en forme de mortiers, que l'on chargeait de poudre et attachait aux constructions, murs ou portes que l'on se proposait de détruire, la bouche tournée vers l'intérieur. Les premiers modèles datent du XVIe siècle.

On leur donna ensuite la forme de caisses en bois, mesurant 25 centimètres environ de côté et contenant une charge de 9 kilogrammes ; au centre d'une des parois se trouvait une ouverture, destinée à recevoir une étoupille en bois. La caisse était imperméabilisée au moyen d'une enveloppe goudronnée.

En Allemagne, les pétards sont des récipients rectangulaires en fer-blanc, mesurant 200 × 73 × 53 millimètres et pouvant contenir 800 grammes de fulmicoton comprimé. Celui-ci est façonné en prismes droits, paraffinés, et percés d'une ouverture centrale; ces prismes sont au nombre de cinq. Le couvercle est soudé au moyen de l'alliage Wood, fusible à 70°, et renfermant 7 à 8 parties de bismuth, 2 parties de plomb, 2 parties d'étain et 1 à 2 parties de cadmium. Il est muni d'une douille à fond fermé, qui s'adapte dans une ouverture que porte le prisme supérieur de fulmicoton et sert à loger l'amorce. La forme quadrangulaire des pétards permet de les mettre facilement en contact avec l'objet à détruire, et de le placer au pied des portes, piles, colonnes, etc.

En Autriche, on emploie l'écrasite; les charges varient de 100 à 1.500 grammes. Les plus faibles sont placées dans une double enveloppe, paraffinée extérieurement; les autres sont introduites dans une boîte en fer-blanc dont le couvercle est soudé au moyen de l'alliage Rosé, fusible à 95°, et renfermant 2 parties de plomb, 2 parties d'étain et 1 partie de bismuth.

La dynamite, en France, a été remplacée par la mélinite. La charge moyenne des pétards est de 135 grammes. L'enveloppe, en fer étamé ou en fer-blanc, est de forme rectangulaire; elle mesure 147 × 35 × 22^{mm},5. Sur chacune de ses deux bases se trouve soudé un petit tube à fond fermé faisant saillie à l'intérieur, et destiné à recevoir le détonateur; celui-ci contient 1^{gr},5 de fulminate de mercure. L'amorçage s'effectue à la manière ordinaire, au moyen de la mèche Bickford. Comme pétards, on emploie aussi des faisceaux de tubes ou cordeaux détonants chargés de fulmicoton, de mélinite ou de crésylite.

On désigne également, sous le nom de pétards, les trous de mine de petites dimensions.

Pétards de mineurs. — Ces pétards, analogues aux fusées de mine de Hunter, ont été proposés par M. Daddow. On en a fait un grand usage dans les mines de fer du district de Cleveland, où ils sont désignés sous le nom de *miners' squibs*.

Pétragite. — Explosif proposé par MM. Doutrelepont et Schreiber, et contenant les éléments que voici :

Mélasse nitrée	38,60
Sciure de bois nitrée	5,00
Salpêtre	56,40
	100,00

Pétralite. — Cette poudre, d'origine hongroise, est désignée également sous le nom de poudre Liesch ; elle est due à M. A. Prohaska. En voici la composition :

Nitrate de potasse ou de soude	64
Bois ou charbon nitré	30
Carbonate d'ammoniaque	6
	100

Elle peut également renfermer du soufre, de la pulpe de bois et du coke. La fabrication est analogue à celle de la poudre noire.

Pétralite. — Explosif présenté à la Commission française des substances explosives (*Mémorial des Poudres et Salpêtres*, t. I, p. 459), et qui renferme les éléments suivants :

Nitroglycérine	60
Nitrate de potasse, de soude ou d'ammoniaque	16
Spermaceti	1
Carbonate de chaux	1
Lignine	6
Charbon spécial	16
	100

Cette composition fut quelque peu modifiée ultérieurement. [Brevets anglais n° 2.149, 25 mai 1880, et n° 2.302, 25 mai 1881].

Pétroclastite. — Cette poudre, que l'on désigne également sous le nom d'haloclastite, répond à la composition que voici :

Nitrate de soude	69
Nitrate de potasse	5
Soufre	10
Goudron de houille	15
Bichromate de potasse	1
	100

Elle s'emploie dans les terrains tendres, les exploitations de sel gemme, par exemple.

La pétroclastite absorberait moins facilement l'humidité que la poudre noire et, à dose égale, serait moins affectée que celle-ci. L'inflammation se produit à la température de 350° et la combustion s'effectue tranquillement, sans projection d'étincelles.

Pétrofracteur. — Composition :

Chlorate de potasse	67
Nitrate de potasse	20
Nitrobenzine	10
Sulfure d'antimoine	3
	100

Cet explosif est analogue à la kinétite, mais ne renferme pas de coton nitré. Il a été l'objet d'un rapport favorable, de la part d'une Commission militaire autrichienne.

Pétrole nitré. — Voir *Nitropétrole*.

Pétry. — Voir *Dynamogène* et *Kinétite*.

Pettingell (Colombie anglaise) a fait breveter la poudre suivante :

Salpêtre brut	63
Poussière de houille	20
Soufre brut	15
Farine de bois	2
	100

On fait dissoudre le salpêtre dans un vase contenant de l'eau chauffée par une circulation externe de vapeur. Au moment de l'ébullition, on ajoute la houille pulvérisée, et l'on continue à chauffer jusqu'à totale évaporation de l'eau. On ajoute le soufre à la masse ainsi séchée, et on mélange avec soin ; enfin, on incorpore la farine de bois. La poudre obtenue peut être employée sous forme pulvérulente, comprimée ou granulée.

[Brevet anglais n° 16.790 (1895), accepté le 26 octobre 1895.]

Pettinger, à Manchester, a fait subir aux amorces de tension des perfectionnements de détail destinés à assurer la fixité des fils. Comme composition, il a proposé un mélange de chlorate de potasse, sulfure d'antimoine, sous-sulfure de cuivre, argent précipité, plombagine, charbon de bois et bismuth.

[Brevet anglais n° 11.320 (1897), accepté le 12 mars 1898.]

Peyton (Poudre). — Poudre sans fumée employée en Amérique et fabriquée par la *California Powder Company ;* elle contient 38 0/0 de nitroglycérine gélatinisée par 40 0/0 de nitrocellulose, avec addition d'autres substances ; le dissolvant employé est l'acétone.

L'inventeur a fait breveter un procédé spécial de granulation, applicable aux explosifs qui se présentent sous forme plastique.

[Brevet anglais n° 17.935 (1895), accepté le 25 juin 1896.]

Phénix. — Voir *Nahnsen.*

Phénol. — Le phénol ordinaire ou benzénique, $C^6H^5.OH$, que l'on désigne également sous le nom d'alcool ou d'acide phénique, d'acide carbolique, d'hydrate de phényle ou de benzénol, sert à préparer le trinitrophénol ou acide picrique.

C'est un corps solide, cristallisé en aiguilles incolores, peu solubles dans l'eau. La moindre trace d'humidité, toutefois, le liquéfie. Exposé à l'air, il prend une coloration rouge, due à la formation du phénoquinone. Il est soluble dans l'alcool et dans l'éther. On l'emploie comme désinfectant. Pour le préparer, on distille le goudron du gaz, recueillant à part et traitant les produits qui passent entre 160 et 190°, produits qui constituent la créosote.

Phénol nitré. — Voir *Nitrophénol.*

Phénol toluidique. — Synonyme de crésol.

Phénol trinitré. — Synonyme d'acide picrique.

Phycite. — Synonyme d'érythrite.

Phylloxera. — Voir *Sûreté* (*Poudre de mine de*).

Picramique (Acide) ou dinitramidophénol [$C^6H^2(AzO^2)^2AzH^2.OH$]. — L'emploi de ce composé a été breveté par M. Turpin, qui l'obtient en faisant bouillir du dinitrophénol ou du dinitrocrésol avec de la tournure de fer ou de zinc. Il se forme de l'hydrogène à l'état naissant, lequel réduit la substance traitée; poussant la réduction plus loin, au moyen de l'acide acétique, par exemple, on obtient l'acide picramique.

La préparation peut également être effectuée de la manière suivante : ayant dissous l'acide picrique dans de l'alcool à froid, on ajoute un excès de sulfhydrate d'ammoniaque, et on évapore au bain-marie. On reprend ensuite par l'eau bouillante, et on décompose, au moyen d'acide nitrique, le picrate d'ammonium obtenu. L'acide picramique se dépose, au bout de quelque temps, sous la forme de tables ou d'aiguilles d'un rouge grenat très brillant.

Cet acide, employé tel quel ou sous forme de sel métallique, peut être mélangé ou non à d'autres ingrédients. Voici les formules indiquées :

Acide picramique	30 à 50	pour 100
Salpêtre	70 à 50	»
Picramate de soude	25 à 53	»
Salpêtre	75 à 47	»

(Brevet français n° 185.034, 27 juillet 1887.)

Picramate de soude	20
Nitrate de baryte	60
Nitrobenzine	10
Nitrophénol	10
	100

(Brevet français n° 189.426, 17 mars 1888.)

Picrates. — L'industrie explosive emploie les picrates alcalins. Pour les obtenir, on sature l'acide picrique, en solution aqueuse, par un sel soluble alcalin, un carbonate, par exemple. Il reste à évaporer la masse et à laver les cristaux à l'eau claire.

C'est vers l'année 1869 que Designolle, Brugère et Abel firent breveter les poudres picratées qui sont décrites ci-avant.

Vers la même époque, M. Fontaine fabriquait une poudre destinée au chargement des obus, et composée de picrate de potasse additionné de chlorate. Le 16 mars 1869, une explosion terrible détruisit son magasin, situé au coin de la place et de la rue de la Sorbonne, à Paris : les employés procédaient à l'emballage de 23 kilogrammes de picrate, lorsque tout à coup, sans qu'il fût possible d'en définir la cause, survint une explosion telle qu'à un kilomètre de distance, les vitres volèrent en éclat; ses effets se manifestèrent sur une étendue de 6.600 mètres. Cet accident causa la mort de cinq personnes, dont trois avaient été mutilées si effroyablement que Tardieu, chargé de l'examen médico-légal, déclara ne jamais avoir procédé à une opération plus saisissante. Dans une chambre située de l'autre côté de la place, on trouva un fragment, long de 20 centimètres, appartenant à la colonne vertébrale d'un des ouvriers qui maniaient le picrate; ce fragment avait passé à travers les carreaux de la fenêtre.

Le picrate de potassium, $C^6H^2(AzO^2)^3OK$, cristallise en longues aiguilles ou prismes jaunes orthorhombiques, à reflet métallique. De même que l'acide picrique, il est très peu soluble dans l'eau, à laquelle il communique cependant une coloration prononcée. Chaleur de formation depuis les éléments : $117^{Cal},5$ (Sarrau et Vieille). Poids moléculaire : 267.

A l'air libre, il détone à l'approche d'un corps en ignition. Ce qui le rend particulièrement dangereux, c'est que, s'il est sec et réduit en poussière fine, des parcelles pulvérulentes s'enflamment aisément à distance et font détoner toute la masse dont elles émanent. En Belgique, il est exclu de tout transport.

Les produits de sa décomposition explosive varient suivant les circonstances. En tout état de cause, il y a mise en liberté de carbone, avec formation d'un résidu noir. Eu égard à la quantité d'oxygène qu'il renferme, trop faible pour produire la combustion complète, il était rationnel de songer à l'additionner d'un nitrate (Désignolle) ou d'un chlorate (Fontaine). Comme explosifs nouveaux à base de picrate de potasse, signalons les mélanges brevetés par M. Ch. Girard, qui font l'objet d'une rubrique spéciale.

Le picrate de sodium, $C^6H^2(AzO^2)^3ONa$, s'obtient en saturant 100 parties d'acide picrique par 23,1 parties de carbonate de sodium. Il se présente sous la forme d'aiguilles jaunes, plus solubles dans l'eau que le picrate de potasse. Au point de vue des propriétés explosives, il est analogue à ce dernier, quoique moins dangereux. L'adjonction de certains picrates doubles aux explosifs à base de picrate de soude a été préconisée, en vue d'augmenter la sécurité (Voir *Bronolithe*).

Le picrate d'ammonium, $C^6H^2(AzO^2)^3O.AzH^4$, se prépare en saturant une solution chaude d'acide picrique par un courant d'ammoniaque gazeuse. La saturation est achevée lorsque la solution laisse dégager les vapeurs ammoniacales. Dès lors, on laisse refroidir : le picrate se dépose sous forme d'aiguilles ou de prismes orthorhombiques jaune orange assez solubles dans l'eau, peu solubles dans l'alcool.

A l'air libre et en présence d'un corps en ignition, le picrate d'ammoniaque se comporte tout autrement que les deux précédants : il brûle lentement, comme la résine, en dégageant d'abondantes fumées noires formées de carbone. Il ne détone pas sous le choc d'un violent coup de marteau.

La poudre Brugère, mélange de picrate d'ammoniaque avec du nitrate de potasse, donna de bons résultats avec le fusil Chassepot (1869). Vers la même époque, Abel fit breveter la poudre picrique, contenant 60 0/0 de salpêtre; il proposa, en 1886, le mélange du picrate avec le coton nitré (Voir aussi *Nobel*).

Depuis quelques années, l'emploi du picrate d'ammoniaque a subi une extension considérable : en Amérique, il entre dans la composition de plusieurs poudres sans fumée fort répandues. En

France, on fabrique une poudre renfermant 43,20 0/0 de picrate d'ammoniaqne et 58 0/0 de salpêtre (*Mémorial des Poudres et Salpêtres*, t. II, p. 16). Cette poudre ne détone que partiellement sous l'influence d'un choc violent ou d'un frottement très vif; elle fuse à l'air libre et, en vase clos, fait explosion avec violence. On la confectionne comme suit : le picrate, après avoir été séché, est pulvérisé et mélangé avec le salpètre à l'état sec, au moyen de tamisages répétés un grand nombre de fois. Ayant ajouté 6 0/0 d'eau, on abandonne le produit à lui-même, pendant plusieurs jours. Cela fait, on le comprime, on le concasse au maillet, et on le soumet à la granulation. Il peut servir au chargement des obus.

Pour ce qui concerne le tir, les expériences qui ont été effectuées semblent démontrer qu'avec les poudres au picrate d'ammoniaque, il est possible de réaliser des vitesses égales ou supérieures aux vitesses réglementaires, dans les canons de 90 et de 150 millimètres, les charges employées étant inférieures à celles de poudre noire. Ces poudres doivent contenir une certaine dose d'humidité, afin d'empêcher le développement de pressions trop élevées dans les bouches à feu. On doit faire en sorte que cette dose se maintienne au cours de leur conservation en magasin. L'addition de nitrate d'ammoniaque au picrate donne une poudre sans fumée, susceptible de transformation totale en gaz, mais hygroscopique. Avec le chlorate de potasse, on obtient une poudre dangereuse à manier, qui détone par le choc et par la friction.

A la suite de l'explosion survenue à Huddersfield, en 1900 (Voir p. 623), le Dr Dupré a fait des expériences relatives à l'explosibilité des picrates, ainsi qu'à leur formation. Les premières consistèrent en deux séries d'essais, au cours desquels 25 centigrammes de chacun des sels examinés furent soumis successivement à une petite flamme et à une flamme intense, dans un creuset en fer; le picrate de plomb avait été excepté, l'extrême violence de ses effets ayant été mise en évidence lors des expériences relatives à l'explosion de Cornbrook, en 1887. Vinrent ensuite, rangés par ordre de sensibilité, les picrates de potassium, de baryum, de calcium, de sodium, de cuivre, de zinc, de fer et d'aluminium.

Quant à la formation des picrates, elle fut étudiée en noyant, dans des solutions concentrées et froides d'acide picrique, des feuilles de métal nettoyées avec soin. Voici les conclusions qui furent émises : l'étain ne donne aucune réaction, même après six semaines. Pour l'aluminium et le cuivre, l'action est faible. Elle est un peu plus marquée avec le bronze ; le cuivre, ainsi que le zinc, engendre des sels. Quant au fer, il donne naissance au picrate ferreux, lequel prend feu aisément sous l'action du choc, avec tendance marquée à projeter les étincelles. Légèrement hygroscopique, il se transforme en picrate ferrique, après avoir séjourné un certain temps dans l'air humide. Ce dernier sel est très instable et dégage des vapeurs nitreuses, même à la température ordinaire.

Picrique (Acide). — Le trinitrophénol, ou acide picrique, est également désigné sous les dénominations d'acide carbazotique et d'amer de Welter ; ce chimiste le préparait, il y a plus d'un siècle, en traitant la soie par l'acide nitrique. Dès 1771, Woulff en signalait le pouvoir tinctorial et Haussmann l'obtenait, en 1788, par la nitrification de l'indigo. C'est Laurent qui, en 1843, démontra l'identité de ce composé avec le trinitrophénol et le prépara en partant du phénol et du dinitrophénol.

La formule de l'acide picrique est $C^6H^2(AzO^2)^3OH$ [2 : 4 : 6]. Il est intéressant de remarquer, en ce qui concerne sa constitution, qu'on peut l'obtenir par la nitrification de l'ortho-mononitrophénol et du para-mononitrophénol, ainsi que des dinitrophénols 2 : 4 et 1 : 6, mais non en traitant les dérivés *méta*.

La composition centésimale de l'acide picrique correspond aux chiffres suivants :

Azote	18,34
Oxygène	49,22
Hydrogène	1,00
Carbone	31,44

Il ne renferme guère que la moitié de l'oxygène nécessaire pour brûler complètement. L'équation qui représente sa décomposition explosive n'a pas été étudiée. D'après M. Berthelot, on peut admettre 130^{Cal},6, comme quantité de chaleur dégagée, soit 370 Cal. par kilogramme. Les produits de l'explosion consistent en acide carbonique, oxyde de carbone, hydrogène, azote et carbone libres.

L'acide picrique prend naissance par l'action de l'acide azotique sur un grand nombre de corps : phénol, indigo, soie, laine, aloès, myrrhe, résines, etc. Il cristallise en paillettes d'un beau jaune, possédant une saveur amère très prononcée (πικρος, amer). Il rougit le tournesol. C'est un composé peu soluble dans l'eau froide. Sa solubilité croît avec la température ; d'après Marchand, 1 partie d'acide picrique se dissout :

à la température de	5°	dans	100	parties d'eau
—	15°	—	86	»
—	20°	—	81	»
—	26°	—	73	»
—	77°	—	26	»
—	100°	—	20	»

Il est soluble dans l'éther, le chloroforme, la glycérine, l'esprit de bois, l'alcool, le sulfure de carbone, le pétrole et la benzine. Son pouvoir colorant est très prononcé : sans mordant, il teint les tissus d'origine animale, tels que la soie et la laine. Son contact donne à l'épiderme une coloration jaune intense, très difficile à faire disparaître (1). Les propriétés toxiques de l'acide picrique ne semblent pas très développées ; on s'en est servi fréquemment pour falsifier la bière et d'autres denrées alimentaires.

La médecine l'emploie, en solution à 12/1000, pour le pansement des brûlures ; le premier résultat des applications picriquées est de supprimer totalement la douleur, dans l'heure qui les suit. Elles produisent une cicatrisation rapide et sans complication.

(1) Des taches d'acide picrique, que nous nous étions faites sur les ongles, n'ont disparu qu'avec la croissance, sans s'atténuer en rien durant leur long séjour.

Il est recommandé, également, pour le traitement de toutes les érosions superficielles non infectées. En solution à 0,50 0/00, on l'administre dans le traitement de la blennorragie, des cystites, de l'ozène, des fissures, etc. Il a été employé par Calvelli contre l'érysipèle, à raison de 0gr,60 pour 100 gr. d'eau, et badigeonnage cinq à dix fois par jour. Le Dr Manquat l'a prescrit, avec succès, contre les transpirations localisées. On l'avait préconisé aussi contre la chlorose et la fièvre intermittente; mais ces applications semblent abandonnées. L'inconvénient réel qui peut lui être reproché, c'est de marquer la peau et le linge de taches très difficiles à enlever.

L'action de la chaleur sur l'acide picrique varie avec la manière dont elle s'exerce : si on en échauffe graduellement une petite quantité, dans un creuset ou dans un tube à réactif ouvert, elle fondra d'abord (vers 120°, s'il s'agit du produit commercial), puis émettra des vapeurs qui brûleront au contact de l'air avec une flamme fuligineuse, mais sans faire explosion. Si, à ce moment, on verse le liquide sur une surface froide, une dalle par exemple, la flamme s'éteindra immédiatement. En produisant très lentement l'échauffement du tube, on pourra obtenir la complète volatisation de l'acide picrique, sans décomposition apparente. Ces expériences montrent qu'il est moins explosible que les éthers nitriques : nitroglycérine et nitrocellulose, ainsi que les dérivés nitrés.

La décomposition, toutefois, peut se produire sous une forme toute différente, ainsi que l'a démontré M. Berthelot : si, dans un tube à réactif préalablement chauffé au rouge, on introduit une minime quantité d'acide picrique, celle-ci détonera bruyamment. L'introduction d'une quantité de cristaux plus élevée causera une absorption de chaleur plus considérable et l'explosion, bien moins violente, sera précédée de la volatisation de l'acide. Si, enfin, l'expérience porte sur une quantité d'explosif plus grande encore, celle-ci se décomposera partiellement, se volatisera sans qu'aucune explosion ne survienne. Les dérivés nitrés de la benzine et de la naphtaline donnent les mêmes résultats.

On voit donc que le mode de décomposition varie avec la quantité de chaleur immédiatement disponible.

L'acide picrique a fait l'objet, également, d'expériences effectuées à Londres par le Dr Dupré, ainsi qu'à Woolwich, par MM. Abel et Deering, comme suite à un incendie suivi d'explosion qui était survenu, le 22 juin 1887, dans l'usine de MM. Roberts, Dale et Cie, à Cornbrook, près Manchester. Ces expériences ont établi que des mélanges, mêmes grossiers, d'acide picrique avec les oxydes de plomb, de calcium ou de strontium, détonaient sous l'action de la chaleur; la détonation se communique aux masses d'acide picrique non mélangé qui se trouvent à proximité, la chaleur contribuant à former des picrates d'abord, et à les faire détoner ensuite. Le simple contact de la litharge avec l'acide picrique enflammé suffit pour déterminer immédiatement une violente explosion. Il en résulte que la fabrication et l'emmagasinage ne peuvent s'effectuer que dans des locaux affectés exclusivement à cette destination, car l'acide picrique ne doit pouvoir se trouver en contact, accidentellement, avec aucune substance susceptible de former un mélange ou un composé explosible. Les mêmes principes ont à être observés lorsqu'il s'agit de transport.

Les expérimentateurs anglais provoquèrent l'explosion de l'acide picrique, fortement confiné, sous l'action de la chaleur. Mais, à l'air libre, ils ne purent le faire détoner, ni en le chauffant, ni en l'enflammant; l'essai portait sur 1.500 livres. Cet essai inspira une confiance telle que les fabriques d'acide picrique purent s'établir sans être astreintes aux mesures de précautions qui concernent les autres substances explosibles. La seule restriction qui fût spécifiée était relative au contact du produit avec les oxydes métalliques. Une explosion violente, survenue le 30 mai 1900, dans l'usine de MM. Read, Holliday et fils, Ltd., à Huddersfield, a montré, une fois de plus, combien doivent être accueillis avec circonspection les résultats d'expériences relatives aux explosifs.

Voici les circonstances dans lesquelles cet accident se produisit : un ouvrier était chargé de la réparation du tuyau amenant la vapeur dans l'atelier de séchage, tuyau qui ne présentait plus l'étanchéité voulue. Le séchoir, ainsi que deux ateliers contigus, destinés respectivement au turbinage et à l'emballage de l'acide picrique, en renfermaient une quantité dont le total dépassait 4.600 kilogrammes. Installé sur une échelle posée contre le mur du séchoir, l'ouvrier s'apprêtait à soulever le tuyau et se servait, à cet effet, d'un ciseau à froid, qu'il chassait à coups de marteau. Soudain, on vit apparaître, dans le séchoir, une étincelle qui avait pénétré par une ouverture pratiquée dans le mur, en vue de faciliter le travail. L'acide picrique s'enflamma immédiatement. L'incendie ne put être maîtrisé et, au bout de huit minutes, la toiture s'effondra. A ce moment, un ouvrier, placé sur un toit voisin, put constater que l'atelier d'emballage brûlait comme une fournaise. Une demi-minute après, une violente explosion détruisait l'usine, dont elle projetait les débris dans toutes les directions; aucun accident de personne ne fut à déplorer. Cette explosion produisit un véritable nuage de fumée noire, tandis que la combustion en avait été exempte.

L'examen des lieux montra que l'explosion s'était produite dans l'atelier d'emballage et dans l'atelier de turbinage exclusivement; quant au séchoir, il était manifeste que l'incendie en avait seul amené la destruction. D'après le capitaine Thomson, Inspecteur général des explosifs, la cause première de l'incendie a résidé dans l'inflammation d'une certaine quantité de picrate de fer; celui-ci devait préexister, au point même où l'ouvrier introduisait son ciseau à froid. La percussion produite par le choc du marteau avait engendré une température suffisante pour enflammer le sel.

Quant à l'explosion même, quelle en fut la cause? Il n'est pas impossible, d'après le capitaine Thomson, qu'une réaction se soit produite entre l'acide picrique en ignition et la chaux présente, sous forme de mortier, dans les murailles des ateliers : il se serait formé du picrate de calcium, dont l'explosion aurait engendré celle de la masse. Les expériences entreprises par le Dr Dupré, en vue d'élucider la question, ont donné des résultats négatifs.

Rappelons aussit l'explosion qui détruisit une fabrique située près de Mannheim : le 27 juin 1890, un incendie, qui s'était déclaré dans un atelier renfermant 2.500 kilogrammes d'acide picrique, durait depuis vingt-cinq minutes déjà, lorsque successivement, à quelques minutes d'intervalle, survinrent trois explosions d'intensités croissantes, portant sur des quantités variant de 600 à 800 kilogrammes. D'aucuns en attribuèrent la cause à la détonation du mélange, avec l'air, des vapeurs d'acide picrique ; d'autres, à la présence de picrate de calcium.

Quoi qu'il en soit, ces faits démontrent que, dans certaines circonstances, la décomposition de l'acide picrique, commencée sous forme de combustion, peut soudain devenir explosive. Cela étant, aucune raison ne dispense d'astreindre la fabrication, ainsi que la manipulation de cette substance, aux mesures de précaution qui sont imposées lorsqu'il s'agit de tout autre produit analogue, mesures relatives notamment à l'isolement de divers ateliers, à la limitation des quantités pouvant être traitées au cours de chaque opération ou réunies dans une même construction, etc.

Fabrication de l'acide picrique. — A l'origine, on le préparait en nitrifiant une gomme originaire de Botany Bay (*Xanthorrhæa hastilis*). Casthelaz et Désignolle, les premiers, ont employé le phénol, mélangé avec l'acide nitrique concentré.

Eu égard à la violence avec laquelle s'opère la réaction, il est désirable qu'elle comporte deux phases : formation de l'acide sulfo-conjugué du phénol, d'abord, et nitrification, ensuite :

$$C^6H^4(SO^3H)OH + 3AzO^3H = C^6H^2(AzO^2)^3OH + SO^4H^2 + 2H^2O,$$

et

$$C^6H^5.OH + SO^4H^2 = C^6H^4(SO^3H)OH + H^2O\,;$$

Partant de ce principe, la fabrication de l'acide picrique s'effectue comme suit : des poids égaux d'acide phénique cristallisé et d'acide sulfurique concentré sont introduits dans de vastes récipients en fer chauffés à une température comprise entre 100 et 120°, au moyen de vapeur, et où ils sont mélangés mécaniquement. De temps à autre, on prélève une goutte de liquide et on la verse dans un vase renfermant de l'eau froide, afin d'en vérifier la solubilité. Lorsque celle-ci est parfaite, on laisse refroidir la masse et on l'additionne de deux fois son poids d'eau.

On passe alors à la nitrification, laquelle s'effectue dans des récipients en terre, disposés de manière à pouvoir être chauffés au bain-marie. Après y avoir versé 3 parties d'acide nitrique(¹) ($d = 1,4000$), on y fait arriver graduellement l'acide sulfophénique. La réaction, très violente au début, engendre d'abord des quantités élevées de vapeurs nitreuses. Ensuite, elle devient plus calme; c'est alors que l'on chauffe, à l'effet d'éliminer ces vapeurs. Dans le but de récupérer l'acide nitrique qu'elles contiennent, on les fait passer dans des chambres de condensation. Le dispositif préconisé par M. Guttmann, en connection avec les tours de Lunge, a donné à cet égard d'excellents résultats (Voir *the Manufacture of Explosives*, par Oscar Guttmann, t. I, p. 145 et 154).

Quant à l'acide picrique, dont la consistance est sirupeuse au moment de sa formation, il ne tarde pas, sous l'influence du refroidissement, à se transformer en cristaux de grande dimensions, agglomérés. On les sépare de la liqueur par filtration ou mieux, par turbinage. Cela fait, ils sont lavés dans des centrifuges, dissous dans de l'eau chaude, recristallisés et turbinés une seconde fois. Pour terminer, on les sèche à la température de 35°.

Si on veut obtenir l'acide picrique absolument pur, on reprend les cristaux et, les additionnant d'un sel alcalin, on les transforme en picrate ; ensuite, ayant épuré par pressage ou par turbinage le produit obtenu, on le lave à l'eau froide et on le dissout dans l'eau chaude. Pour terminer, on le traite par un excès d'acide sulfurique, lequel le décompose en acide picrique et en bisulfate alcalin.

M. Gutensohn, de Londres, préconise un procédé de fabrication qui permet d'opérer la nitrification à froid et en une seule phase : ayant dissous le phénol dans la paraffine chauffée, on ajoute le

(¹) On peut réemployer l'acide ayant déjà servi de la nitrification de la glycérine ou de la cellulose; la teinte vert clair qu'il presente, due à une proportion restreinte d'acide hyponitrique, ne présente aucun inconvénient.

mélange sulfo-nitrique préalablement recouvert de paraffine, afin de prévenir les pertes par évaporation. L'acide picrique qui prend naissance n'est séparé qu'après avoir reposé un certain temps. Ensuite, on le fait recristalliser dans l'eau bouillante, additionnée d'un peu d'acide sulfurique.

[Brevets anglais n° 6.628 (1900), accepté le 3 novembre 1900, et n° 9.398 (1901), accepté le 29 juin 1901.]

Dans un autre ordre d'idée, M. Wenghöffer, de Berlin, eu égard aux fluctuations de prix que subit le phénol et aux cours élevés qu'il atteint parfois, propose de fabriquer l'acide picrique en partant de l'aniline. On la traite d'abord par l'acide sulfurique, de manière à obtenir l'acide sulfanilique. Celui-ci est transformé, à son tour, en acide diazobenzènesulfonique, qu'il reste à nitrifier par l'acide azotique pour engendrer l'acide picrique.

[Brevet anglais n° 1.671 (1901), accepté le 13 juillet 1901 ; le brevet américain n° 666.627, 28 septembre — 22 janvier 1901, a comme titulaire la Westfälische-Anhaltische Sprengstoff Actiengesellschaft, de Wittenberg (Westphalie).]

On a employé l'acide picrique pour teindre la soie et la laine, pendant de longues années, sans soupçonner ses propriétés explosives. Son adaptation à l'industrie explosive rencontra, au début, des difficultés graves : ce composé, avons-nous vu, ne renferme que la moitié de l'oxygène nécessaire à la combustion totale. On songea donc, tout naturellement, à l'additionner de nitrates ou de chlorates, substances oxydantes. Mais dès qu'on ajoutait de l'eau à de tels mélanges, en vue de prévenir le danger inhérent à la trituration, l'acide picrique déplaçait l'acide nitrique ou chlorique et tendait à former des picrates. Dès lors, des accidents survenaient aisément, surtout en présence de chlorates.

La première poudre à base d'acide picrique date de 1867. Borlinetto fit breveter un mélange répondant à la composition suivante :

Acide picrique	35,09
Nitrate de soude	35,09
Chromate de potasse	29,82
	100,00

Le Dr Sprengel, dans une communication présentée à la *Chemical Society*, en 1873, avait fait remarquer que l'acide picrique renfermait suffisamment d'oxygène pour constituer un explosif par lui-même, sans l'addition d'une substance oxydante. Cette observation n'avait qu'une portée purement théorique, et ce fut seulement en décembre 1885 que M. Eugène Turpin fit breveter l'emploi de l'acide picrique, sans addition d'aucun ingrédient, au chargement des obus. Peu de temps après, la mélinite voyait le jour en France, tandis qu'en Angleterre, à la suite des démarches faites par l'inventeur et des expériences effectuées sous sa direction, la lyddite était adoptée, en 1888.

M. Turpin constata la possibilité de déterminer, au moyen d'un détonateur, l'explosion de l'acide picrique préalablement comprimé ($d = 1,6$), aggloméré par fusion, ou moulé avec une solution aqueuse de gomme arabique ou d'autres substances.

(Brevet français n° 167.512, 7 février 1885.)

Deux certificats d'addition au brevet d'origine, datés des 17 octobre 1885 et 1er septembre 1892, concernent :

1° La découverte de la loi de la puissance et surtout de la sensibilité des explosifs ; 2° l'invention du chargement rationnel, méthodique et pratique des projectiles creux par des explosifs brisants et, notamment, à l'aide des composés nitrés de la série aromatique, non additionnés d'agents oxydants ; 3° l'invention du détonateur, lequel se compose d'une gaine en acier contenant de l'acide picrique en poudre, amorcé par du fulminate de mercure ou une poudre vive — avec retard d'explosion, l'amorce au fulminate étant attachée à la suite de la fusée ; 4° le principe de ne laisser éclater le projectile qu'après sa pénétration ; 5° le principe des obus à parois minces.

L'acide picrique, présente, de précieuses qualités : non susceptible de congélation, d'exsudation, de liquéfaction ou d'évaporation il est insensible à l'action de l'humidité ainsi qu'aux plus extrêmes variations de la température atmosphérique. Il ne peut faire explosion sous l'influence d'un choc. D'autre part, sa détonation exerce une action des plus violentes et des plus brisantes sur le métal dont est constitué le projectile. Il est très stable. Au contact de certains métaux, toutefois, il est susceptible de se transformer en picrate. Afin de prévenir cette éventualité, il faut enduire les projectiles d'une couche isolante de vernis, au moment de verser l'acide en fusion. Dans le même ordre d'idées, on émaille avec soin les récipients dans lesquels s'effectue la fusion. Eu égard à la nocuité des produits qu'engendre l'explosion de l'acide picrique, on n'a pu adapter ce composé aux applications de l'industrie. Dans cet ordre d'idées, l'action meurtrière qu'ils exercent a été constatée à plusieurs reprises, au cours de la guerre sud-africaine.

La Chemische Fabrik Griesheim (Allemagne), à l'effet de rendre l'acide picrique plus fusible et plus dense, le chauffe après l'avoir additionné de nitrotoluène ou de dérivés analogues, dont la température de fusion est inférieure à la sienne. Ayant placé dans le projectile à charger un mélange d'acide picrique avec 5 à 10 0/0 de dinitrotoluène, on le chauffe à une température supérieure à 82°, point de fusion de celui-ci. Nous proposons de désigner ce mélange sous le nom de *picronitrotoluène*, par analogie avec la *picronitronaphtaline* de M. Street.

L'acide picrique communique aux explosifs sa coloration jaune, ainsi que son pouvoir de teindre l'épiderme et d'autres substances. Bien que peu solubles dans l'eau, les poudres picriquées la colorent avec la plus grande facilité; enflammées, elles dégagent des vapeurs qui produisent dans l'arrière-gorge une sensation particulière d'amertume.

La recherche de l'acide picrique n'est guère compliquée : soumis à l'ébullition en présence d'une solution concentrée de cyanure de potassium, il donne naissance à de l'isopurpurate de potassium, reconnaissable à sa teinte rouge foncé, et qui ne tarde pas à cristalliser en lames rouge-brun, au reflet vert chatoyant. Si on ajoute du chlorure d'ammonium, ce sel se transforme en isopurpurate d'ammonium ($C^8H^4.Az^5O^6.AzH^4$) ou murex artificiel; ce produit sert à teindre la soie et la laine, auxquelles il donne une belle nuance rouge pourpre. L'addition de chlorure de baryum à l'un de ces sels produit un précipité rouge-vermillon d'isopurpurate de baryum. Avec le sulfate de cuprammonium, l'acide picrique donne un précipité vert clair.

L'essai de l'acide picrique est très important, car c'est un produit qui peut être dangereux, s'il n'est pas pur. Il faut qu'il ne contienne pas d'eau et que, d'autre part, il présente une réaction nettement acide ; dans le cas contraire, on en conclurait à la présence de picrates.

La recherche générale des substances étrangères qu'il renferme ou des adultérations qu'il peut avoir subies, se pratique de la manière suivante : on prend 1 gramme de l'échantillon à examiner et on l'agite, dans un tube gradué, avec 25 centimètres cubes d'éther (1). L'acide se dissout, tandis que les nitrates, les picrates, l'acide oxalique, l'acide borique, l'alun, le sucre, etc., restent insolubles. On séparera le sucre en traitant le résidu par de l'alcool rectifié : seuls, le sucre et l'acide borique se dissoudront. Pour déceler ce dernier, il suffira d'enflammer la dissolution alcoolique, laquelle donnera une flamme verte.

L'analyse qualitative porte sur plusieurs points : les impuretés résineuses ou goudronneuses se rencontrent fréquemment ; il suffit, pour les séparer, de dissoudre la matière dans l'eau bouillante. La séparation sera parfaite si on neutralise la solution chaude, au moyen de soude caustique.

Les acides sulfurique, chlorhydrique, oxalique ou leurs sels se reconnaissent par l'addition respective de picrate de baryum, d'argent ou de calcium, à la solution aqueuse, préalablement filtrée, de l'échantillon à analyser ; ces picrates se préparent en faisant bouillir de l'acide picrique avec le carbonate métallique correspondant et filtrant ensuite. On peut substituer aux picrates d'autres sels solubles des mêmes métaux ; mais les résultats sont moins nets. L'acide nitrique est décelé par les fumées rouges qu'il dégage lorsqu'on chauffe la substance avec de la tournure de cuivre.

Quant aux impuretés inorganiques, ainsi que les picrates de

(1) Pour rechercher l'eau ou l'acide oxalique, il sera préférable de substituer à l'éther 50 centimètres cubes de benzine, et de traiter à chaud.

potassium ou de sodium, ils laissent un résidu à la calcination; ce résidu ne peut dépasser 0,5 0/0.

Le mono-dinitrophénol et le dinitrophénol se reconnaissent par leur point de fusion inférieur à celui du trinitro (122°). Leurs sels de calcium sont moins solubles que le picrate : on les sépare presque totalement par cristallisation fractionnée, ou précipitation de la solution chaude et saturée de l'échantillon à examiner par un excès d'eau de chaux.

On peut doser l'acide picrique sous forme de picrate de potassium : si une solution concentrée de l'échantillon à analyser est neutralisée au moyen de carbonate de potassium, le picrate cristallise en aiguilles jaunes, dont la dissolution nécessite 260 parties d'eau froide ou 16 d'eau chaude.

L'acide picrique forme, avec la plupart des alcaloïdes, des sels insolubles. On utilise cette propriété comme suit : à la solution de l'acide picrique ou du picrate à examiner, on ajoute une solution de sulfate de cinchonine acidulée par SO^4H^2. Il se forme un précipité de picrate de cinchonine, $C^{20}H^{24}Az^2O(C^6H^2Az^3O^7)^2$, qu'on lave à l'eau froide. On filtre, lave et évapore au bain-marie. Il reste à peser le résidu; le poids obtenu, multiplié par 0,6123, indiquera la quantité d'acide picrique contenue dans l'échantillon analysé.

Au point de vue de la résistance à la chaleur, l'acide picrique doit satisfaire à l'essai suivant : exposé pendant trois heures dans une étuve à 100°, il ne doit subir aucune altération de couleur ni devenir pâteux.

Picrique (Nitrogélatine). — Voir *Nitrogélatine picrique.*

Picrique (Poudre). — Voir *Picrates.*

Picrocrésylate. — Synonyme de trinitrocrésylate.

Picronitronaphtaline. — Voir *Street (Explosifs).*

Picronitrotoluène. — Voir *Picrique (Acide).*

Pieper. — Voir *Thorn*.

Pieper a proposé d'effectuer le mélange d'hydrocarbures nitrés avec le nitrate d'ammoniaque (explosifs de sûreté), en se servant d'un dissolvant commun. Il a fait breveter, sous le nom de ronsalite, la composition suivante :

Nitrate d'ammoniaque	91
Nitronaptaline	9
	100

(Brevet anglais n° 23.773, 9 décembre 1893.)

En ajoutant de l'alcool, on augmente notablement la force de cet explosif. Avec d'autres, la roburite notamment, l'inventeur a constaté un résultat analogue.

(Brevet français n° 240.772, 16 août — 15 décembre 1894.)

Pierre et Pottgiesser (Allemagne) ont fait breveter l'explosif de sûreté que voici :

Nitrate d'ammoniaque	93
Nitrate d'aniline	5
Bioxyde de manganèse, peroxyde de plomb ou chrome en poudre	2
	100

[Brevet anglais n° 6.555 (1896), accepté le 4 juillet 1896 ; brevet français n° 255.296, 3 avril — 15 juillet 1896.]

Pietrowicz. — Voir *Silésite*.

Pieux (Battage de) au moyen d'explosifs. — Certaines poudres chloratées ont été employées, en Amérique, comme agent moteur de moutons à battre des pieux : la cartouche étant placée sur la tête du pieu, l'explosion enfonce celui-ci et fait remonter le mouton, qui retombe ensuite sous son propre poids. Le même procédé a été employé pour la commande de marteaux-pilons.

Pieux (Epreuve de). — Voir *Pilotis* (*Epreuve de*).

Pieux (Recépage de) à la dynamite. — Si l'on se propose de recouper, au-dessous du lit d'une rivière, des pieux dont la tête émerge de l'eau, on perce leur centre d'un trou qui pénètre jusqu'au point où doit être opérée la section. Une charge de 500 grammes de dynamite n° 1 suffit pour un pieu mesurant 30 à 35 centimètres de diamètre; cette charge est placée dans une petite boîte de fer-blanc parfaitement étanche; on opère le sautage à l'électricité. Si on emploie une gomme, capable de résister à l'eau, et si le tirage est suffisamment proche, on se contente de mettre l'explosif dans un petit sac de caoutchouc ou de toile goudronnée. Lorsqu'il s'agit simplement de recouper les pieux au niveau du fond, il suffit d'appliquer la charge en cet endroit.

Pigou (Poudres sans fumée de). — Ces poudres, fabriqués en Angleterre, sont destinées aux armes de guerre ou de chasse; elles se composent de nitrocellulose gélatinisée. La cellulose est transformée en hydrocellulose avant d'être nitrifiée; à cet effet, on la dissout dans l'acide sulfurique ou le chlorure de zinc, et on ajoute de l'eau pour obtenir la précipitation. On peut se servir des alcalis et du sulfure de carbone; dans ce cas, on opère à chaud. La poudre de chasse contient, en outre, du nitrate de baryte et de l'amidon.

MM. Pigou, Wilkes et Lawrence, qui fabriquaient ces poudres depuis 1895, ont fusionné avec d'autres sociétés, en novembre 1898, pour constituer la raison sociale Curtis' & Harvey, Ltd.

(Brevet français n° 251.895, 21 novembre 1895 — 6 mars 1896.)

Pike et **Thew,** à Londres, ont proposé des mélanges à base de pomme de terre ou de déchets de pomme de terre, que l'on soumet à la nitrification par les traitements habituels.

[Brevet anglais n° 25.704 (1896), accepté le 14 novembre 1897.]

Pilons (Poudres des). — Ancienne poudre de guerre pour mousquets et pour canons.

Pilotis (Epreuve à la dynamite de). — Un travail de cette nature fut exécuté à Budapest, en 1881, par le lieutenant-colonel

Prodonovic. Chaque pilot était surmonté d'une plaque en fer forgé mesurant 38 centimètres de diamètre et 11 d'épaisseur, sur lequel on plaça la charge; celle-ci fut recouverte de sable ou de terre glaise.

Afin de comparer cette épreuve à celle que l'on fait subir habituellement, il est nécessaire d'évaluer *a priori*, en kilogrammètres, le travail développé par l'explosion. Ce système est d'autant plus avantageux qu'il y a plus de pilotis à essayer et que la charge d'épreuve est plus considérable. Le battage des pieux fait l'objet d'une rubrique spéciale.

Pipitz (Autriche) a fait breveter une poudre sans fumée dont les grains sont constitués d'un noyau de nitrocellulose préparée d'une manière spéciale et la périphérie, de collodion. Après avoir éliminé l'excès de dissolvant, on entoure les grains d'une couche de paraffine.

(Brevet anglais n° 18.935, 5 septembre 1898 — 26 août 1899.)

Piquet. — Voir *Pochez*.

Pirsch a proposé, en 1897, une poudre sans fumée composée de nitrocellulose additionnée de 10 à 15 0/0 de dinitrobenzine, en solution dans l'acétone. La cellulose est nitrifiée après avoir été en contact, pendant vingt-quatre heures, avec l'acide sulfurique concentré; ensuite, on la dissout dans l'acétone.

Pistol Powder. — Voir *Adam*.

Pistolet-allumeur de Bickford. — Voir *Allumeurs de sûreté*.

Pit-ite. — Dénomination donnée à la carbonite de Stowmarket. Cet explosif répond à la composition suivante :

Nitroglycérine	25 à 27	pour 100
Nitrate de potasse	30 à 35	»
Nitrate de baryte	30 à 35	»
Farine de bois	40 à 43	»
Benzine sulfurée	0,5	»
Carbonate de sodium (proport.)	0,5	»
Carbonate de calcium	0,5	»

La farine de bois doit contenir 5 0/0 d'humidité au minimum et 15 0/0 au maximum.

En Angleterre, l'emploi de la pit-ite est autorisé dans les exploitations houillères dangereuses, les conditions étant identiques à celles qui concernent la carbonite. Elle est fabriquée, depuis 1898, par la New Explosives Co., Ltd.

Plastoménite. — On désigne, sous ce nom, les mélanges de dérivés nitrés de la cellulose, du sucre, de la gomme ou de l'amidon, avec les dérivés provenant d'hydrocarbures aromatiques : benzine, toluène, phénol, naphtaline, etc. Le produit obtenu peut être employé tel quel ou additionné de nitrates, chlorates, picrates, chromates, etc.

En Angleterre, la plastoménite est définie comme étant une poudre sans fumée composée de nitrocellulose additionnée de dinitrotoluène et d'azotate de baryte. On fabrique trois variétés : J C P, B P et K M P, destinées respectivement aux armes de chasse, aux carabines et aux armes de guerre.

Le mélange de nitrocellulose avec cinq fois son poids de dinitrotoluène se présente sous la forme de grains bruns. C'est une poudre très appréciée, en Allemagne, pour les armes de chasse. Le dinitrotoluène, préalablement fondu au bain-marie, est graduellement additionné à la nitrocellulose.

La plastoménite est due à M. Güttler, de Reichenstein (Allemagne). Cet explosif résiste remarquablement à la chaleur. Lors des expériences officielles dont il fut l'objet à Bucharest, en 1893, il donna d'excellents résultats.

(Brevet allemand G. n° 3.789, 16 décembre 1889 — 18 décembre 1890).

M. Güttler a proposé de modifier la composition de la plastoménite en l'additionnant de 0,5 à 10 0/0 de résine (colophane), au cours du malaxage. La masse est finement granulée ensuite. On lui donne, à volonté, une teinte variant du brun clair au brun foncé.

(Brevet allemand G. n° 11.310, 8 mars — 3 juin 1897.)

Platine fulminant. — Voir *Fulminant (Platine)*.

Plera Powder. — Poudre à base de fulmicoton, employée pour les armes portatives.

Plodex Company, Ltd. (The) a fait breveter la nitrification des déchets de pommes de terre ou de betteraves.
(Brevet français n° 270.463, du 5 janvier 1898.)

Plympton. — Voir *Acétylure de mercure.*

Pn (Poudre). — Poudre noire prismatique, employée dans la marine italienne pour servir d'amorce à la poudre prismatique brune.

Poacher. — Voir *Nitrocellulose.*

Poch. — Voir *Pudrolithe.*

Pochez et **Piquet** ont fait breveter un procédé de nitrification des fumiers.

Pohl. — Voir *Blanche (Poudre).*

Polis (Explosif). — Mélange à base de nitrotoluène et de nitrate de plomb, se présentant sous la forme d'une poudre blanche explosible sous l'action de la chaleur.

Pollard a proposé un explosif composé de soufre mélangé de paraffine fondue, et additionné d'un chlorate ou d'un nitrate.

Polykratites. — Voir *Kratites.*

Polynitrocellulose. — Voir *Fortis.*

Pope. — Voir *Allumeurs de sûreté.*

Porifera nitroleum. — Mélange de nitroglycérine et d'éponge ou de substance végétale, avec ou sans addition de plâtre de Paris.

Potasse (Dynamites à la). — La British Dynamite Co., Ltd. (actuellement Nobel's Explosives Co., Ltd) a présenté en 1873, à l'examen des autorités militaires anglaises, un explosif ne renfermant que 15 0/0 de nitroglycérine environ, 70 à 75 0/0 de salpêtre, et 7 à 17 0/0 de paraffine de poussier de charbon. Cet explosif fut l'objet d'un rapport favorable.

La dynamite n° 2, telle qu'elle est admise par les autorités anglaises, contient 18 0/0 de nitroglycérine, 72 0/0 de salpêtre et 10 0/0 de charbon de bois ; 1 partie de salpêtre peut être remplacée par de la paraffine.

Trois variétés de dynamites à la potasse sont fabriquées en France. En voici la composition :

	Cugny Dynamite n° 2	Arles	Arles et Cugny Dynamite n° 3
Nitroglycérine	48	25	22
Salpêtre	39	63	66
Charbon	»	12	12
Cellulose	12	»	»

Les dynamites n° 2 et n° 3 de Nobel (Voir *Dynamite*) sont des dynamites à la potasse.

Potentia. — Variété de dynamite américaine du type n° 2.

Potentite. — Sorte de coton-poudre nitraté analogue à la tonite, avec cette différence que le nitrate de baryte est remplacé par du salpêtre ; les proportions des deux composants sont respectivement de 59,50 et 41,50 0/0.

Cet explosif, connu à l'origine sous le nom de coton-poudre de Liverpool, est fabriqué, depuis 1880, par la Cotton Powder Co., Ltd.

Pottgiesser. — Voir *Pierre*.

Poudre noire. — Aucune invention, peut-être, n'a pu apporter à l'humanité, une transformation aussi complète que celle de la poudre à canon. Malgré les recherches nombreuses auxquelles les savants se sont livrés, il n'a guère été possible, jusqu'à ce jour, de déterminer le nom de l'homme auquel il convient d'en attribuer la paternité ; il est probable, même, que la question reste toujours ouverte. Si l'on songe aux guerres terribles que son intervention a rendues possible, n'est-on pas tenté de trouver que Sébastien Münster était dans le vrai quand il disait, à ce propos : « Le vilain qui apporta sur la terre une chose aussi affreuse, n'est certes pas digne d'avoir son nom inscrit dans les mémoires des hommes » (1554).

Les premières fabriques de poudre fondées en Europe datent du XIVe siècle. Les compositions incendiaires, telles que les feux grégeois, le medfa des Arabes, etc., étaient connues depuis bien longtemps, et il est probable que la poudre en dériva par des perfectionnements successifs. L'utilisation de sa puissance balistique date de l'invention des engins propres à la mettre en action. D'après certains auteurs, ces derniers seraient dus au moine Berthold Schwarz, de Fribourg, et dateraient de 1313.

M. Salvati cite des actes officiels, relatifs à la poudre, et respectivement dressés à Gênes, en 1316, et à Florence, en 1326.

Le premier document français où l'usage s'en trouve mentionné est une quittance du 2 juillet 1338, délivrée au début de la lutte engagée entre Édouard III et Philippe de Valois : « Sachent tous que je, Guillaume de Moulin de Bouloigne, ai eu et reçu de Thomas Foucques, garde du clos des galées du Roy nostre sire à Rouen, un pot de fer à traire garros [1] à feu, quarante-huit garros ferrés et empanés en deux cassez, une livre de salpêtre et demie livre de soufre vif pour faire poudre pour traire lesdits garros ; desquelles choses je me tien à bien paié et les promets à rendre au Roy nostre sire ou à son commandement toute fois que mestier sera. Donné à Lure, sous mon scel, le

(1) Les *garros* étaient des projectiles renfermant des substances incendiaires et destinés à mettre le feu aux constructions en bois.

IIe jour de juillet l'an mil CCC trente et huit. » (Acte original déposé au cabinet des titres de la Bibliothèque nationale.)

La poudrière d'Augsbourg fut fondée en 1340 et celle de Spandau, en 1344. Ce sont les Anglais qui, à Crécy, le 26 août 1346, ont employé, les premiers, les canons en rase campagne et en bataille rangée.

Il peut être intéressant de rappeler ici la manière dont un auteur du XVIIe siècle, Miethen, expliquait la déflagration de la poudre, sous l'influence de la mise en feu : « Les deux principes opposés, le chaud et le froid, le soufre et le salpêtre, le feu et l'eau, se séparent quand le charbon s'enflamme et, cherchant à se surpasser l'un l'autre, ils croissent en force : plus leur puissance augmente, plus les corps qui leur sont opposés sont chassés avec violence. Le feu tend vers l'air, sa région naturelle, tandis que l'eau, restant adhérente aux parois du canon, repousse le feu ; enfin le feu l'emporte. »

Le règne de la poudre noire dura près de cinq siècles et demi ; c'est depuis 1886, seulement, qu'elle a été remplacée par la poudre sans fumée. La poudre de guerre, dont la composition variait légèrement d'un pays à l'autre, répondait aux données suivantes :

Salpêtre	71 à 77 pour 100
Charbon de bois	12,5 à 15 »
Soufre	9 à 12,5 »

Ces mêmes éléments, mélangés en proportions différentes, constituent la poudre de mine ou poudre ordinaire. La dose de salpêtre est plus faible, ce qui produit une économie, en même temps qu'un accroissement de volume des gaz engendrés. D'autre part, ayant augmenté la quantité de soufre, il en résulte une inflammabilité plus considérable ; en outre, la poudre est plus lente et moins sujette à s'avarier sous l'action de l'eau.

Voici les formules répondant à la composition de la poudre de mine :

Salpêtre	62 à 73,50 pour 100
Charbon de bois	12 à 19,40 »
Soufre	14 à 20,00 »

Ces proportions peuvent être modifiées, d'ailleurs, dans une mesure très large.

L'industrie des mines et des carrières emploie des quantités très considérables de poudre ordinaire, sous forme granulée ou comprimée. En général, on a recours aux poudres lentes lorsqu'on vise à des effets de dislocation, en même temps qu'on désire ne pas fragmenter les substances extraites; tel est le cas, par exemple, pour l'extraction du marbre, de la pierre, de l'ardoise, de la houille, etc.

Au début des recherches relatives à la sécurité en présence du grisou et des poussières de houille, les poudres lentes étaient unanimement proscrites, en vue du minage dans de tels milieux. Les vues se sont modifiées depuis lors : en Angleterre, plusieurs de ces poudres figurent au nombre de celles dont l'emploi est autorisé dans les milieux dangereux.

Les poudres de chasse, plus vives que les poudres de guerre, renferment une proportion plus élevée de salpêtre. En outre, le charbon est roux et le grain, excessivement fin. Leur composition répond aux données suivants :

Salpêtre	74 à 80 pour 100
Charbon de bois	12 à 17 »
Soufre	8 à 10 »

La fabrication de la poudre noire comprend les opérations que voici :

1° Le dosage ou pesée des éléments qui la constituent;

2° La trituration;

3° Le mélange;

4° La compression, destinée à donner au mélange la densité voulue;

5° Le grenage, qui transforme en grains de dimensions requises la galette obtenue par la compression; la vitesse de combustion de la poudre varie, en effet, avec la grosseur des grains. Leur forme a également une grande importance : elle permet de régler la durée de la combustion, d'après celle du trajet effectué par le projectile dans l'arme ;

6° Le lissage, lequel polit le grain, augmente sa densité, en général, et en diminue l'hygroscopicité ; il tend à restreindre aussi le poussier qui prend naissance pendant le transport ;

7° Le séchage, destiné à enlever l'eau dont les grains de poudre sont imprégnés et que l'on ajoute à dessein, en vue de diminuer le danger au cours de la fabrication ;

8° L'égalisage, lequel classe les grains suivant leur grosseur ;

9° L'époussetage, qui élimine le poussier.

On a proposé un nombre très considérable de compositions plus moins complexes, analogues à la poudre de mine. Les poudres à base de salpêtre du Chili, moins coûteuses, présentent l'inconvénient grave d'être hygroscopiques. D'autres poudres, bon marché et destinées aux carrières, sont plus faibles.

Poudres sans fumée. — L'emploi des explosifs organiques azotés à grande puissance, pour le chargement des armes de tous calibres, date de 1884. La fabrication de la nitrocellulose avait été l'objet de plusieurs perfectionnements antérieurs. Toutefois, elle ne répondait pas aux exigences de l'artillerie moderne, l'intensité de la pression correspondant aux vitesses initiales à communiquer aux projectiles n'étant pas compatible avec la résistance des armes employées.

Si, à partir de cette époque, son adaptation a été possible, la cause réside dans les recherches de balistique interne, effectuées en France surtout, à l'effet d'apprécier exactement l'influence réciproque des divers éléments du tir et de calculer avec précision l'avantage résultant de la substitution projetée, à condition de régler convenablement la combustion. La mesure des pressions développées dans les armes avait mis en évidence le rôle fondamental de la loi de combustion des poudres dans la production de leurs effets. Ce sont les données obtenues sur les modes variables de combustion des matières explosives, suivant les conditions de leur agglomération, qui ont conduit aux conditions de fabrication des poudres nouvelles de l'armement.

Les bouches à feu modernes présentent, par rapport aux pièces du même calibre de l'artillerie ancienne, une supériorité de puissance considérable ; celle-ci est due à l'emploi de poudres dont la combustion s'effectue progressivement pendant le déplacement du projectile, de telle sorte que l'arme n'est soumise qu'à des pressions modérées.

C'est aux recherches de M. Vieille que l'on doit la découverte de la poudre sans fumée. Dès l'origine, cette poudre permit d'obtenir les mêmes effets balistiques qu'avec la poudre noire, la charge étant réduite au tiers et la pression restant invariable. Avec une réduction moindre, ces effets furent augmentés, tout en conservant la même pression; c'est ainsi que le type de la poudre du fusil modèle 1886, établi dès les premiers mois de 1885, permit d'accroître de 100 mètres les vitesses qui pouvaient être pratiquement réalisées, dans cette arme, avec la poudre noire. Cette substitution entraîna des avantages balistiques de même ordre dans tous les types de bouches à feu.

Quant à la suppression de la fumée, on la considère généralement comme la propriété prépondérante des nouvelles poudres de guerre. Quoique son importance soit incontestable au point de vue stratégique, le progrès réalisé n'en est pas moins essentiellement balistique. Ce progrès est d'une importance telle, dit une note officielle publiée en France, « que l'adaptation au tir des bouches à feu de quelque autre explosif actuellement connu ne pourrait apporter à l'armement qu'un perfectionnement de détail, et qu'un nouveau progrès comparable à celui qui a été réalisé récemment, ne saurait être obtenu que par la découverte d'explosifs d'un type entièrement différent de ceux que la chimie met aujourd'hui à notre disposition [1] ».

L'absence de fumée est une conséquence prévue de l'adaptation des pyroxyles aux besoins de l'artillerie ; la détonation du fulmi-

(1) *Mémorial des Poudres et Salpêtres*, 1890, t. III, p. 9.

coton, en effet, donne naissance à des produits qui se composent exclusivement de gaz et d'eau, sous forme de vapeur surchauffée. La poudre noire, au contraire, engendre des composés solides, même à des températures extrêmement élevées. Une partie de ces particules se dépose, sous forme de résidu, à l'intérieur des armes; une autre partie reste en suspension au sein des gaz et des vapeurs dégagées, dans un état de division extrême, constituant ainsi la fumée.

Plusieurs poudres, antérieures à la poudre sans fumée, peuvent être considérées, à certains points de vue, comme étant des précurseurs. Citons, à cet égard, la poudre Prentice (1866), la poudre Schultze (1867) et la poudre E. C. (1882); la poudre J. B. en fut contemporaine. Ces diverses poudres sont décrites sous leurs rubriques respectives.

Les poudres sans fumée à base de nitrocellulose, nitroli-gnine, nitramidon, etc., sont divisées en trois catégories, suivant que cet élément principal n'est accompagné d'aucun autre composé organique, additionné de nitroglycérine, ou associé à un hydrocarbure nitré.

A la première catégorie appartiennent les poudres employées en France: poudres B, J et S. En Angleterre, nous y rencontrons l'*amberite sporting powder*, la cannonite, la poudre E. C., la poudre J. B., la poudre Kynoch, la rifléite, la poudre Rosslyn, la poudre rubis et la poudre Schultze ; en Allemagne, les poudres Kolf, Troisdorf et Walsrode; en Russie, le pyrocollodion; la poudre Cooppal, ainsi que la müllerite, en Belgique.

Comme poudres sans fumée renfermant de la nitroglycérine, citons la ballistite (filite et tubéite) et la cordite (Angleterre); la maximite, la poudre Maxim-Schüpphaus et la poudre W.A. (Amérique). Ces poudres présentent l'avantage d'être plus fortes et plus économiques que les premières. Mais, par contre, les inconvénients qu'elles présentent (Voir *Maxim-Schüpphaus*) ont été jugés tels que la plupart des puissances européennes, ainsi que les Etats-Unis d'Amérique, leur préfèrent les poudres exemptes de nitroglycérine.

A la dernière catégorie, enfin, appartiennent la poudre Du Pont et l'indurite en Amérique, la plastoménite en Allemagne, la poudre Nobel à l'amidon nitré, en Autriche, etc.

Signalons, enfin, certaines poudres sans fumée exemptes de nitrocellulose ou de composés analogues : *Robin Hood Powder*, etc.

Fabrication des poudres sans fumée. — La première opération à effectuer est la dessiccation de la nitrocellulose, dont l'emmagasinage n'est permis qu'à l'état humide. Cette opération est dangereuse. Il est essentiel que les tuyaux ou les poêles servant au chauffage de l'atelier où elle est pratiquée ne soient pas découverts, car il s'y déposerait des fines poussières de coton nitré, susceptibles de compromettre gravement la sécurité. D'autre part, le plancher doit être recouvert de linoleum ou de caoutchouc. Il faudra faire en sorte, également, qu'aucune étincelle ne puisse pénétrer de l'extérieur.

Le coton-poudre possède la propriété de s'électriser sous l'influence d'air chaud ; afin d'assurer l'écoulement du fluide, M. Reid a préconisé l'emploi exclusif de métal pour la confection de la charpente, des supports et des toiles sur lesquelles est déposé le coton nitré ; celui-ci est protégé, en outre, au moyen d'une toile.

Signalons aussi le mode de construction préconisé par M. Siedentoff, et décrit ci-dessous.

A la suite d'une explosion survenue à la dynamiterie de Paulilles, le 4 décembre 1891, la Commission des substances explosives a prescrit la réglementation suivante :

1° En aucun point de l'atelier, la température ne pourra être supérieure à 65°. Il sera utile, à cet égard, de déposer des thermomètres avec avertisseurs à sonnerie ;

2° Le coton-poudre ne pourra être porté à une température supérieure à 55° ;

3° Toute opération de transvasement, telle que mise en sacs, pesage, etc., sera interdite à l'intérieur du séchoir. Les récipients contenant le coton-poudre humide arriveront tout chargés, de manière qu'on n'ait qu'à les déposer à l'arrivée et les enlever avec leur contenu, sans toucher à ce dernier, quand le séchage est terminé ;

4° Le poids de chacun de ces récipients, charge comprise, ne pourra dépasser 8 kilogrammes ;

5° Les séchoirs seront disposés de telle manière que toutes les parties accessibles soient faciles à visiter et à nettoyer, et que les opérations de chargement et de déchargement puissent être opérées sans chocs ni frottements dangereux ;

6° La quantité totale de coton-poudre que peut renfermer chaque séchoir est limitée à 150 kilogrammes, sauf dans les cas exceptionnels d'isolement;

7° Les séchoirs seront construits comme les autres bâtiments de la fabrication renfermant des matières susceptibles de faire explosion, c'est-à-dire avec des parois et une toiture légères, autant que possible en matériaux incombustibles, et ne présentant aucun vide où la poussière de coton puisse se loger et rester.

Eu égard au danger que présente le séchage, M. Durnford a fait breveter une méthode d'élimination de l'eau basée sur l'emploi de l'acool ; on consultera avec intérêt, à ce sujet, deux notes parues dans le *Mémorial des Poudres et Salpêtres* (t. VI, p. 181 et t. VIII, p. 152). En collaboration avec M. Curtis, il a proposé, un procédé de fabrication qui permet le traitement de nitrocelluloses renfermant de 12 à 20 0/0 d'eau. Ces procédés font l'objet de rubriques antérieures.

Si on suppose terminée la dessiccation de la nitrocellulose, la fabrication de la poudre sans fumée comprend quatre opérations : la gélatinisation du coton-poudre, le laminage, le découpage et le séchage. Nous allons les examiner successivement :

Comme dissolvant, on emploie l'acétone, l'éther à 56°, additionné d'alcool, ou bien l'éther acétique. L'appareil dont on se sert le plus communément pour effectuer la gélatinisation est le malaxeur de Werner et Pfleiderer. Il se compose d'une auge en tôle d'acier, en fonte ou en bronze, suivant les matières qu'on se propose de traiter, formée de deux parties de cylindres juxtaposées, ayant une génératrice commune. Cette auge porte une double enveloppe dans laquelle circule de la vapeur ou de l'eau, chaude ou froide, selon la nécessité de chauffer ou de refroidir la masse à malaxer. Les palettes, ou organes pétrisseurs, sont fixées sur des axes tournant à des vitesses différentes et pouvant être actionnés dans les deux sens, grâce à un appareil à réversion. Dans certains types, les axes sont creux ainsi que les palettes, ce qui permet de les chauffer ou de les refroidir par circulation d'eau. Lorsque les opérations de malaxage sont terminées, on fait basculer l'auge afin d'en déverser le contenu; à cet effet, elle est montée sur deux tourillons. Eu égard à la volatilité des dissolvants employés, on la recouvre d'un couvercle étanche en bois, à joints de caoutchouc, portant un regard destiné à pouvoir suivre l'opération ; sur ce couvercle se trouve un réservoir métallique destiné au dissolvant.

Pour opérer la gélatinisation, on introduit d'abord le coton-poudre, seul ou additionné d'autres ingrédients; ayant ensuite fixé le couvercle, on laisse écouler la quantité voulue de dissolvant, puis on met les palettes en marche. La durée de l'opération atteint généralement de six à huit heures. Elle varie en raison inverse de la proportion de dissolvant employée; celle-ci est réglée d'après les circonstances.

Le malaxage ne peut être considéré comme dangereux, à moins qu'il y ait de la nitroglycérine en présence. Dans ce cas, il est essentiel de prévenir toute friction intempestive, car des accidents graves pourraient en résulter. A cet effet, on laisse un demi-millimètre de jeu, à l'endroit où l'axe des palettes traverse la double paroi de l'auge ; un dispositif spécial, sorte de grattoir, est monté en ce point, de manière à empêcher les parcelles qui viennent à être projetées d'atteindre les tourillons, placés à l'extérieur. Ces parcelles sont reçues dans des cuvettes, évidements ménagés dans les pieds des paliers.

S'il s'agit de gélatines ou d'autres explosifs de fabrication dangereuse, la commande peut être disposée de manière que l'ouvrier, après avoir introduit la charge, puisse sortir de l'atelier et mettre l'appareil en marche de l'extérieur. Il arrête de même, et rentre ensuite pour opérer le déchargement. Ce système présente l'inconvénient d'empêcher toute surveillance relative à la marche de l'opération, la température, etc. Peut-être est-il possible d'y obvier par le placement de thermomètres avertisseurs ?

Signalons, à ce propos, un dispositif destiné à assurer automatiquement la sécurité et dont nous devons la description à l'obligeance de M. Bôtonnier, ingénieur attaché aux établissements Werner et Pfleiderer. Ce dispositif comprend un thermomètre qui plonge dans la masse et se trouve réglé de manière à actionner un marteau, lorsque la température atteint un certain degré. Ce marteau brise le regard que porte le couvercle du malaxeur, en même temps qu'il ouvre un robinet; une grande quantité d'eau pénètre dans l'appareil et abaisse la température anormale qui s'y est développée. Ce dispositif, très ingénieux en principe, pèche peut-être par excès de complication.

Le malaxeur de Werner et Pfleiderer est très répandu dans la plupart des pays de l'Europe, ainsi qu'aux États-Unis et même au Japon. En France, on emploie le malaxeur de M. Chaudel-Page, lequel est une modification du pétrin à pâte de pain [1].

D'autres procédés de gélatinisation ont été proposés : M. H. S. Maxim fait agir le dissolvant à l'état de vapeur ; sous cette forme, il est introduit dans un cylindre renfermant le coton-poudre et dans lequel on a fait le vide au préalable.

M. W. D. Borland constitue une émulsion, au moyen de substances dont il additionne la nitrocellulose. Nous décrivons ci-avant son procédé de fabrication. En collaboration avec M. Johnson, le même inventeur a proposé l'emploi du camphre comme agent de gélatinisation (Voir *J. B. Powder*).

La société dite *Vereinigte Köln-Rottweiller Pulverfabriken* a fait breveter aussi un procédé spécial de gélatinisation, que nous résumons ci-après.

1. Ce malaxeur, ainsi que les autres appareils relatifs à la fabrication de la poudre sans fumée, se trouvent décrits dans le *Deuxième supplément du Dictionnaire de chimie pure et appliquée* de Wurtz, sous la rubrique *Explosifs*. Voir aussi *The Manufacture of Explosives*, par Guttmann, t. II, ch. XIX.

La gélatinisation terminée, le produit obtenu est soumis au laminage. Cette opération a pour but d'augmenter sa densité et de lui donner une texture homogène, en même temps qu'elle élimine une certaine quantité d'eau. On peut l'effectuer à l'aide du laminoir proprement dit; dans ce cas, la matière passe successivement par un appareil dégrossisseur et par un appareil finisseur. On peut se servir également de la presse hydraulique; cette dernière est employée, de préférence, dans les poudreries françaises.

Lorsque le laminage est effectué, les lames obtenues doivent être découpées, en rubans, d'abord, et en lamelles, ensuite. Plusieurs variétés de machines ont été imaginées à cet effet; citons celles de Bolle et Jordan, à Berlin, de Schiess, à Dusseldorf-Oberbilk, et de Morane, à Paris.

Au sortir du découpage, il subsiste encore, dans la poudre, une partie de dissolvant qui a été employé à sa préparation. Or, il est nécessaire de l'éliminer aussi complètement que possible, car il se volatiliserait graduellement au cours de l'emmagasinage. Les étuves dans lesquelles se pratique le séchage sont chauffées à la température de 35 à 40°; elles sont énergiquement ventilées. Certains systèmes présentent des avantages spéciaux : récupération du dissolvant, accroissement de la sécurité, etc. Citons, à cet égard, l'appareil de M. Cocking, ainsi que les procédés de M. Borland et de M. Liedbeck, décrits sous leurs rubriques respectives.

D'autres appareils pratiquent l'opération dans le vide. Avantageux au point de vue de la sécurité, ils permettent, en outre, d'opérer plus rapidement; aussi ont-ils rencontré une certaine faveur, malgré leur prix élevé. Parmi ces appareils, il convient de signaler l'étuve à vide construite par M. Passburg, de Berlin.

Propriétés des poudres sans fumée. — Les poudres sans fumée se présentent sous des formes diverses : lamelles de faible épaisseur et d'apparence cornée, de 1 à 2 millimètres de côté; grains plats, carrés ou cylindriques; cordes ou fils de diamètres divers. Elles résistent à l'action de l'eau et attirent peu l'humidité; comparativement à la poudre noire, c'est un avantage considérable.

Elles s'électrisent facilement par le frottement ; un lissage au graphite atténue cette propriété. Durant l'opération, si l'air est sec, on constate un abondant dégagement de fluide ; aussi, il est prudent de relier tous les appareils à la terre.

Certains auteurs considèrent les poudres sans fumée comme étant d'une parfaite stabilité. Nous pensons que cette opinion peut donner lieu à certaines réserves : après un séjour prolongé en magasin, il se produit une décomposition qui peut être excessivement faible, à l'origine, mais qui n'en est pas moins inévitable. Rappelons, à ce sujet, l'explosion terrible survenue près de Toulon, le 5 mars 1899, causant la mort de nombreuses victimes. Dans le magasin qui fut détruit se trouvaient, entre autres produits, 104 tonnes de poudre B, dont une partie datait de 1895. Comme conclusion, nous estimons qu'il est nécessaire d'organiser et de surveiller avec un soin tout spécial la ventilation des magasins dans lesquels se trouvent des poudres sans fumée.

La sensibilité explosive des poudres sans fumée n'est pas trop élevée : elles ne peuvent détoner au moyen des amorces ordinaires et résistent parfaitement au choc de la balle. On les considère comme ne pouvant faire explosion sous l'action de la flamme.

Les poudres colloïdales brûlent par surfaces parallèles ; la vitesse de combustion varie d'après la composition. Elle augmente très rapidement avec la pression.

Dans le tableau ci-dessous, nous indiquons les éléments caractéristiques relatifs à l'explosion de quelques poudres sans fumée. Les résultats obtenus accusent nettement la supériorité de puissance que possèdent les compositions à base de nitroglycérine.

Essai des poudres sans fumée — Le premier des essais auxquels ces poudres doivent être soumises, concerne la résistance à la chaleur. Il fait l'objet d'une rubrique ultérieure. On procède, ensuite, à l'essai suivant : ayant placé un poids déterminé de poudre sur un tamis fin, on l'introduit dans une étuve chauffée à 60° environ, où elle séjourne pendant vingt-quatre heures. On détermine la perte de poids.

NOM DES POUDRES	CALORIES	VOLUMES DES PRODUITS ENGENDRÉS PAR GRAMME DE POUDRE, réduits à 0° et 760mm			COMPOSITION CENTÉSIMALE DES GAZ PERMANENTS					ÉNERGIE POTENTIELLE
		GAZ PERMANENTS	VAPEUR D'EAU	TOTAL	CO^2	CO	CH^4	H	Az	
		cc	cc	cc						
Poudre S. S.	799	584	150	734	18,2	45,4	0,7	20,0	15,7	586
Poudre E. C.	800	420	154	574	22,9	40,6	0,5	15,5	20,5	439
Poudre B. N.	833	738	168	906	13,2	53,1	0,7	19,4	13,6	755
Rifléite	864	766	159	925	14,2	50,1	0,3	20,5	14,9	799
Poudre Troisdorf	943	700	195	895	18,7	47,9	0,8	17,4	15,2	844
Cordite	1253	647	235	882	24,9	40,3	0,7	14,8	19,3	1105
Ballistite (allemande)	1291	591	231	822	33,1	35,4	0,5	10,1	20,9	1061
Ballistite (italienne et espagnole)	1317	581	245	826	35,1	32,6	0,3	9,0	22,2	1088

De même, on expose la poudre, pendant la même durée, à l'action de la vapeur d'eau. On note la température de celle-ci, ainsi que l'augmentation de poids. Cela fait, on place l'échantillon sur une lame de verre, que l'on dispose de manière à subir l'action d'un courant d'air ; on voit quelle est la quantité d'humidité ainsi éliminée. Il convient également d'apprécier l'influence du froid, la température d'essai étant de 0° ou même moins, et la durée d'exposition variant entre dix et douze heures.

Vient ensuite la détermination de la densité. Cette question est traitée en détail par M. Guttmann dans son ouvrage intitulé : *The Manufacture of Explosives* (t. I, p. 285). On examine encore la poudre au point de vue de la pression et de la vitesse initiale qu'elle communique aux projectiles. Les mêmes déterminations sont faites, après avoir exposé les échantillons aux divers agents atmosphériques.

En ce qui concerne l'analyse chimique, le résidu organique se déterminera en enflammant, dans un verre de montre, une quantité pesée de poudre. Le dosage de l'azote fait l'objet d'une rubrique spéciale. Quant aux autres éléments, nous avons examiné sommairement, à propos de la cordite, la manière dont en effectue la détermination.

On trouvera des renseignements utiles sur l'essai des poudres sans fumée, dans une note que M. W.-J. Williams a publiée dans le *Journal of the Franklin Institute*, 1899, p. 197.

Pr. 4-5 et Pr. 20/24 (Polveri). — Poudres noires progressives italiennes (20/24 grains au kilogramme), destinées respectivement aux canons de 450 millimètres et de 120 millimètres ou au-dessus. Ces poudres sont dues au colonel de Maria.

Prado a fait breveter l'emploi des laines de scories, mélangées ou non à d'autres matières, pour le transport et la conservation des matières inflammables ou explosibles.

(Brevet français n° 181.307, 2 février 1887.)

Preisenhammer a proposé, comme explosif de mine, un mélange des gaz hydrogène et oxygène.

[Brevet anglais n° 3.377, du 23 septembre 1861.]

Prentice a proposé de régler la rapidité de combustion du coton-poudre en entrelaçant ses fils avec des fils de coton non nitré, ou bien en les réduisant ensemble en pâte : pour la chasse, il fabriquait un papier explosible préparé avec 15 0/0 de fibres non converties et 85 0/0 de fibres converties ; 30 grains environ de ce papier constituaient une charge suffisante pour une balle pesant 28 grammes.

[Brevet anglais n° 953, 3 avril 1866.]

Prieur (Poudre). — Mélange dont l'élément principal est un composé de phénol et d'ammoniaque.

Prismatiques (Poudres). — En Allemagne, les anciens types de poudres prismatiques noires étaient désignés comme suit : 1° poudre C/68 (construction 1868), à 7 canaux et à faible densité ; 2° poudre R/77 (russe 1877), à 7 canaux et à forte densité ; 3° poudre C/75, à 1 canal et à forte densité (*Mémorial des poudres et salpêtres*, t. I, p. 310 et 232).

Prismatique noire (Poudre). — Voir *P. A.* (*Poudre*).

Prismatique brune (Poudre). — Voir *Brune* (*Poudre prismatique*).

Prodhomme. — Voir *Pyronitrine.*

Progressite. — Poudre brevetée par M. Turpin et répondant à la composition suivante :

Nitrate de baryte	65
Picrate d'ammoniaque	15
Binitrobenzine	10
Coaltar	6
Charbon roux	4
	100

La mise en feu peut s'effectuer sans le concours d'un détonateur. (Brevet français n° 189.426, 17 mars 1888.)

Progressite. — Explosif de sûreté renfermant les ingrédients que voici :

Azotate d'ammoniaque......	89,1	92,2	94 à 95 p. 100
Sulfate d'ammoniaque......	6,1	2,3	—
Chlorhydrate d'aniline......	4,8	5,5	6 à 5 »
Soufre.....................	1,2	—	—
	100,0	100,0	

On ajoute une certaine quantité d'eau, afin de faciliter le malaxage des composants.

Le progressite a donné des résultats favorables, au cours des essais officiels allemands dont elle a fait l'objet.

Progressiva (Polveri). — Voir *Pr.* 4-5 *et Pr.* 20/24 (*Poudres*).

Progressives (Poudres). — Pour une bouche à feu donnée, une espèce de poudre se rapproche d'autant plus du type théorique qu'elle produit un effet balistique plus considérable avec une fatigue moindre. Ce desideratum serait réalisé si la quantité d'énergie développée à chaque instant par la combustion, quantité limitée au début par celle qui est nécessaire pour vaincre l'inertie de projectile, augmentait ensuite progressivement, à mesure qu'augmente l'espace parcouru dans l'âme par le projectile.

Si on examine ce qui se passe lorsqu'un gros grain de poudre brûle à l'air libre, on constate que la quantité de gaz émise est la plus élevée au début et diminue ensuite graduellement. Cela provient de ce que l'inflammation est instantanée et la combustion, moins rapide ; d'autre part, la quantité de poudre brûlée pendant des temps égaux est loin d'être la même, le volume des zones diminuant sans cesse. C'est donc le contraire de ce qu'il faudrait obtenir. Pour arriver à ce résultat, on a songé à allumer le grain par la partie centrale. De là, les poudres prismatiques à canal central parallèle aux arêtes.

Dans un autre ordre d'idées, Melsens proposa une poudre ronde obtenue par agglomération est formée de couches concentriques, de vitesses décroissantes. La poudre Trotten à compensation avait un noyau central en coton-poudre.

On a reconnu, du reste, qu'un grain de poudre à grande densité brûlait d'une façon progressive quand il était soumis à des pressions croissantes : dans une bouche à feu, une charge composée de gros grains massifs émettra une quantité de gaz de plus en plus considérable, malgré la diminution de la surface enflammée. D'après le général Sébert et le capitaine Hugoniot, la vitesse de combustion est proportionnelle à la pression, dans le canon de 10 centimètres.

Dans les grains plats proposés par M. le capitaine Castan, la surface de combustion reste sensiblement la même.

Des poudres sans fumée à action progressive ont été brevetées par Maxim, Nobel, Volney, etc.

Prohaska. — Voir *Pétralite.*

Prométhée. — Voir *Ievler.*

Prométhée (Fusée de).— Voir *Allumeurs de sûreté.*

Prussien (Feu). — Voir *Wigfall* (*Poudre*).

Pudrolithe (*Rockpowder*). — Composition :

	Angleterre	Belgique
Salpêtre	68	68
Soufre	12	14
Charbon de bois	6	9
Nitrate de baryte	3	»
Nitrate de soude	3	»
Sciure de bois	5	9
Tan épuisé	3	»
	100	100

C'est une sorte de poudre noire, qui fut fabriquée près de Llangollen (Angleterre). En Belgique, elle est mise en vente par M. Ghinijonet, à Ougrée (Liège).

(Brevet anglais n° 656, 2 mars 1872.)

Puissance des explosifs. — Si l'on considère l'effet utile d'un explosif, il faut distinguer, avec M. Haton de la Goupillière [1], deux points de vue essentiels : d'abord son intensité statique, d'après laquelle chaque unité de surface de contact finira par supporter un effort donné, quelles que soient les conditions qui auront présidé au développement de la pression. Ensuite, la rapidité de cette production, laquelle permettra de concentrer l'effort de déchirement sur le foyer même de la production, avant que les forces mises en action aient eu le temps de se transmettre au loin. Suivant que la première ou la seconde de ces deux qualités se trouvera particulièrement caractérisée dans une poudre de mine, elle sera dite plus ou moins *forte*, ou plus ou moins *brisante* ; en fait, on ne saurait tracer une ligne de démarcation rigoureuse.

L'effet utile d'un explosif dépend, en général, de la nature, du volume et de la température des gaz formés, ainsi que de la vitesse de la réaction explosive.

On désigne sous le nom de *force* d'une matière explosible la pression par unité de surface qu'exerceraient les gaz produits par l'unité de poids de la substance si, à la température de combustion, ils occupaient l'unité de volume et obéissaient à la loi de Mariotte.

L'*énergie potentielle* d'une substance est le travail maximum que l'unité de poids de cette substance est capable d'effectuer, dans le cas idéal d'une gazéification totale et d'une détente adiabatique indéfinie. On démontre aisément que l'expression de ce travail s'obtient en multipliant la chaleur absolue de combustion de la substance considérée par l'équivalent mécanique de la chaleur. En général, cette quantité de chaleur théorique n'est pas celle qui règle la pression développée au moment de l'explosion. Cette dernière, en effet, correspond à la formation des composés

(1) *Cours d'exploitation des mines*, 1re édition, t. I, p. 202.

qui existent effectivement, à la température et dans les conditions de l'explosion; elle est subordonnée à la dissociation.

La notion de potentiel est purement conventionnelle. La quantité de travail qu'elle définit représente une limite qui n'est jamais atteinte, en pratique. Toutefois, elle offre l'avantage de pouvoir servir comme terme absolu de comparaison entre les divers explosifs.

La puissance effective des explosifs est un facteur de la plus haute importance, tant au point de vue de l'économie que de la sécurité en présence du grisou. De nombreux dispositifs ont été proposés à l'effet de la déterminer expérimentalement, mais ils présentent tous l'inconvénient de mesurer chacun une qualité particulière de l'explosif, sans pouvoir être aptes à déterminer le coefficient d'utilisation pratique. C'est ainsi que l'épreuve calorimétrique, par exemple, indique la quantité totale de chaleur dégagée, laquelle mesure le travail maximum correspondant à une détente indéfinie, condition très éloignée de la manière dont la détente se produit effectivement dans les applications industrielles.

Le procédé de Trauzl consiste dans l'emploi d'un bloc de plomb de forme et de dimensions variables, au sein duquel on fore une chambre dans laquelle on fait détoner l'explosif et dont on mesure l'accroissement de volume; on bourre avec soin. Le résultat obtenu est une fonction compliquée de la force et des propriétés brisantes; il ne peut être appliqué équitablement qu'aux explosifs détonants, et non à ceux qui déflagrent. Nous avons décrit antérieurement (*Les Explosifs industriels*, p. 31), les divers appareils d'essai basés sur les déformations subies par les blocs de plomb. Nous indiquons d'autre part, sous la rubrique consacrée à l'écrasite, la manière dont est déterminée la puissance de cet explosif.

Dans le *crusher* ou écraseur, on mesure l'aplatissement que subissent de petits cylindres en cuivre ou en plomb (1). D'autres dispositifs sont basés sur le même principe. Les essais effectués

(1) Berthelot, *Sur la force des matières explosives d'après la thermochimie*, 3e édition, t. I, p. 48.

NOMS DES EXPLOSIFS	COMPRESSIONS subies par les cylindres (en pouces)	COMPARAISON des résultats obtenus *	OBSERVATIONS
Dynamite-gomme..	0,585	106,17	
Hellhoffite.........	0,585	106,17	
Nitroglycérine.....	0,551	100,00	
Poudre sans fumée de Nobel........	0,509	92,38	
Coton-poudre......	0,458	83,12	Employé pour le service des torpilles aux États-Unis
Coton-poudre......	0,458	83,12	Stowmarket.
Nitroglycérine.....	0,451	81,85	Vonges.
Coton-poudre......	0,448	81,31	
Dynamite n° 1.....	0,448	81,31	
Dynamite de Trauzl.	0,437	79,31	
Emmensite........	0,429	77,86	
Poudre amide.....	0,385	69,87	
Oxonite..........	0,383	69,51	
Tonite...........	0,376	68,24	52,5 0/0 nitroglycérine. 47,5 0/0 nitrate de baryum.
Bellite...........	0,362	65,70	
Rack-à-rock.......	0,340	61,71	
Poudre Atlas......	0,333	60,43	
Ammonia-dynamite (amidogène).....	0,332	60,25	
Poudre Volney n° 1.	0,322	58,44	à base de nitronaphtaline.
Poudre Volney n° 2.	0,294	53,18	
Mélinite	0,280	50,82	70 0/0 acide picrique. 30 0/0 nitrocellulose soluble.
Fulminate d'argent.	0,277	50,27	
Mercure..........	0,275	49,91	
Poudre à mortier..	0,155	28,63	

* La substance choisie comme terme de comparaisan est la nitroglycérine, préparée en traitant 1 partie de glycérine pure par un mélange, préalablement refroidi, de 2 parties d'acide nitrique ($d = 1,5$) avec 4 parties d'acide sulfurique ($d = 1,84$). Le produit obtenu, après avoir été lavé, est conservé sous l'eau. On ne peut l'utiliser avant six semaines; il est alors tout à fait limpide. Tant qu'il est trouble, il conduit à des résultats discordants.

par le lieutenant Willoughby Walke, au moyen de l'appareil de Quinau, ont donné les résultats énoncés au tableau de la page précédente.

Dans le mortier-éprouvette, l'évaluation est basée sur la distance à laquelle se trouve projeté un projectile de poids constant. Nous avons décrit cet appareil et fait ressortir les causes d'inexactitude inhérentes à son emploi. Dans le tableau de la page 657, nous résumons, le résultat des essais auxquels a procédé M. T. Johnson au moyen d'un projectile de 13 kilogrammes, la charge employée étant uniformément de 5 grammes.

C'est par l'expérience seule qu'il est possible de pouvoir comparer entre eux des explosifs donnés. Et au surplus, les coefficients d'utilisation ainsi obtenus varieront avec les applications que l'on a en vue. C'est ainsi que, s'il s'agit de travaux militaires : fourneaux et mines, les effets de déblai et de soulèvement des terres conduiront à attribuer aux explosifs puissants, tels que la dynamite ou le fulmicoton, des coefficients d'utilisation très faibles, compris entre 1,5 et 3, la poudre noire étant prise comme unité. Au contraire, dans les roches dures ou les pièces métalliques, le coefficient sera bien plus élevé.

NOMS	PORTÉE (Mètres)
Gomme à 90	110,50
Ammonite	94,50
Gélignite F	93,25
Roburite n° 3	89,50
Dynamite n° 1	80,[illegible]
Stonite	77,50
Coton-poudre	71,25
Tonite	68,00
Carbonite (type anglais)	60,25
Sécurite n° 1	55,75
Poudre à canon	43,50

La Commission française des substances explosives a recherché, parmi les éléments théoriques, quels étaient ceux dont la comparaison pût suppléer à celle des rendements industriels. Dans le tableau ci après, la première colonne indique les valeurs de ces rendements, d'après les moyennes d'expériences pratiques faites sur la houille et sur le rocher, aux charbonnages d'Anzin, de Firminy et de Blanzy.

Les rendements, on le voit, ne sont pas dans les mêmes rapports que les quantités de chaleur dégagées par kilogramme. La Commission estime que la force théorique des explosifs, telle que nous la définissons ci-dessus, peut être considérée comme une mesure suffisamment approchée, eu égard aux difficultés que présentent de telles évaluations. Cette force théorique peut être obtenue par des expériences simples de laboratoire, consistant dans la mesure des pressions produites en vase clos, à diverses densités de chargement. Si on suppose connu le mode de décomposition, on peut également la calculer, avec plus ou moins d'approximation, au moyen des données thermochimiques (Voir la rubrique *Calcul*, etc.).

NOMS DES EXPLOSIFS	Rendement industriel	Force déduite des essais manométriques et des évaluations théoriques		QUANTITÉ de chaleur dégagée par kg	
			coefficient		coefficient
Dynamite-gomme de Cugny...... / » J. »	100	10.597 / 10.406	100	1545	100
Dynamite n° 1..................	67	7.797 (calculée)	74	1109	75
Grisoutine-gomme (70 0/0 nitrate d'ammoniaque)...............	69	7.563	72	600	41
Grisoutine B, d'Ablon (88 0/0 nitrate d'ammoniaque)........ ...	53	6.285	60	530	37
Explosif N n° 1 c : 87,4 0/0 nitrate d'ammoniaque et 12,6 0/0 binitronaphtaline................	65	9.016	86	968	65
Explosif P n° 1 : 80 0/0 nitrate d'ammoniaque et 20 0/0 coton-poudre.......................	61	7.825	74	810	55
Poudre noire....................	31	2.919	28	637	43

Pulifici. — Voir *Alvisi*.

Pullwitz, à Berlin, a fait breveter l'explosif de sûreté suivant :

Nitrate d'ammoniaque	92,00
Phénantrène fondu.......................	5,50
Pyrochromate de potassium	2,50
	100,00

(Brevet français n° 250.754, 5 octobre 1895 — 23 janvier 1896.)

Un explosif de composition analogue a été breveté par M. von Dahmen.

Pulvérin. — Poudre spéciale non grénée, fabriquée en France à l'usage des artificiers. Elle renferme 75 0/0 de salpêtre, 12,5 0/0 de soufre et 12,5 0/0 de charbon.

(*Mémorial des Poudres et Salpêtres*, t. III, p. 29.)

Pulvis fulminans. — Ancienne poudre répondant à la composition suivante :

Salpêtre	50,00
Soufre....................................	16,70
Carbonate de potasse	33,30
	100,00

Punshon a fait breveter un explosif à base de coton-poudre, qu'il trempe pendant douze heures dans une solution de sucre et additionne ensuite d'un nitrate.

(Brevet anglais n° 2.867, 31 octobre 1870.)

Punshon a proposé une dynamite à 70 0/0, dont l'absorbant se compose de tourbe ou de poix torréfiée, additionné ou non de coton-poudre finement pulvérisé.

(Brevet anglais n° 4268, 9 décembre 1875.)

Punshon a fait breveter un explosif composé d'acide nitrique, qu'il fait absorber par de l'asbeste ou d'autres substances poreuses, et qu'il additionne ensuite d'acide picrique. Ces divers ingrédients sont ceux qui composent l'oxonite, laquelle fait l'objet d'un brevet ultérieur. Afin de protéger contre l'action de l'acide la cartouche renfermant l'explosif, on la recouvre d'un enduit à base de verre pulvérisé ou d'une solution concentrée de silicate de soude.

(Brevet anglais n° 2.242, 1er juin 1880.)

Punshon. — Voir *Victorite.*

Punshon et Vizer. — Voir *Oxonite.*

P W (Poudres). — Poudres de Wetteren, employées par la marine française et remplacées par les poudres A.

Pyrocollodion. — Poudre sans fumée employée en Russie et dont l'invention est due au professeur Mendeléyeff. C'est en 1890 qui furent commencées les recherches relatives au pyrocollodion. Les expériences en grand, pratiquées de 1895 à 1896, en déterminèrent définitivement l'adoption.

Cette poudre est à base de nitrocellulose. Le degré de nitrification est inférieur à celui de la cellulose décanitrique, $C^{24}H^{30}Az^{10}O^{40}$, dont la teneur théorique en azote est de 12,75 0/0 ; ici, la proportion ne dépasse pas 12,44 0/0.

Le pyrocollodion donne d'excellents résultats, en ce qui concerne l'essai de résistance à la chaleur ; en outre, il présente le double avantage de brûler régulièrement et avec une vitesse relativement faible.

Lors des essais effectués à Okhta (1895), la vitesse initiale moyenne a été de 785m,70 par seconde (moyenne de six coups), avec un canon de 15 centimètres lançant un projectile de 39,500 à 40 kilogrammes. En novembre 1896, de nouveaux tirs furent faits sur des plaques de blindage de 25 centimètres d'épaisseur, en acier Krupp. Le projectile, lancé par une pièce de 20 centimètres (longueur = 45 calibres), traversa la plaque de part en part. La vitesse d'entrée était de 868m,13 par seconde ; à la sortie, elle atteignait encore 213m,35. Dans un autre essai, un projectile de 225 kilogrammes, lancé par une pièce de 25 centimètres, traversa une plaque Krupp de 368 millimètres.

Pyrocoton ou coton pyrique. — Poudre proposée par M. Parozzani, en 1883, pour le chargement des projectiles creux. C'est un mélange de coton-poudre avec des picrates et d'autres ingrédients.

Pyrodialytes. — Sous cette dénomination, M. Turpin a fait breveter une série de poudres chloratées dont l'élément combustible est composé principalement de goudron. Les goudrons industriels peuvent contenir des acides susceptibles de nuire à la bonne conservation de l'explosif; aussi, l'inventeur les soumet à un traitement préalable destiné à les purifier. En outre, pour prévenir toute acidité ultérieure, il ajoute 2 à 10 0/0 d'un carbonate ou bicarbonate alcalin.

La préparation de ces explosifs s'effectue comme suit : on malaxe d'abord le goudron avec une lessive alcaline. Cette opération s'effectue dans une tonne en bois ou en métal, montée sur un axe horizontal et mue mécaniquement. Les acides phénique, crésylique, etc., que renferme le goudron, sont précipités sous forme de sels alcalins. Lorsque la neutralisation est obtenue, on lave à l'eau, et on élimine ensuite celle-ci par évaporation ou tout autrement.

D'autre part, on introduit, dans une tonne à mélanger en cuir ou en bois doublé de cuir, les matières comburantes : chlorate seul ou additionné d'azotate, que l'on mélange pendant un quart d'heure à l'aide de gobilles en bois dur, à une vitesse d'environ vingt tours à la minute. Alors, on ajoute la moitié du goudron à introduire et l'on procède à un second malaxage, qui dure un quart d'heure. Cela fait, on additionne les autres ingrédients et on continue la rotation pendant une heure ou deux, suivant le degré de finesse du mélange que l'on désire obtenir. On obtient la poudre toute grenée; elle peut être encartouchée à la température de 50° environ, à l'état pulvérulent ou comprimé, en cylindres avec canal central ou latéral destiné à la mèche. Le concours d'un détonateur n'est pas indispensable pour la mise en feu.

Les pyrodialytes présentent, sur les autres mélanges chloratés, l'avantage de ne pas contenir de soufre. Ce composant est susceptible de donner naissance à l'acide sulfurique, lequel provoque la décomposition spontanée, suivie de l'explosion du mélange. De même, les dérivés nitrés de la série grasse ou de la série aromatique peuvent toujours retenir des traces d'acide sulfurique.

Voici les compositions préconisées par l'inventeur :

	PYRODIALYTES			
	Extra forte n° 0	Forte n° 1	Lente n° 2	Lente n° 3
Chlorate de potassium	88	80	40	40
Azotate de sodium	»	»	48	»
Azotate de potassium	»	»	»	40
Goudron	10	10	20	20
Charbon végétal	5	6	5	»
Bicarbonate de soude ou d'ammoniaque	2-3	3-4	4-5	4-5

M. Turpin a également proposé des pyrodialytes sans flammes, destinées aux mines grisouteuses. Pour les obtenir, il élève la proportion de carbonate ou de bicarbonate alcalin jusqu'à 50 0/0. L'abaissement de la température est dû à la mise en liberté de l'eau de cristallisation (*Wetterdynamites*). Plusieurs autres sels peuvent être employés dans le même but : les chlorures alcalins, la baryte contenant 10 molécules d'eau, les fluorures, acétates, oxalates, chromates, hyposulfites et oxydes métalliques, l'acide stannique, l'acide borique et les borates, etc. M. Turpin a remarqué que certains de ces composés peuvent former, avec les azotates, les chlorates ou les perchlorates, des sels doubles qui constituent de véritables explosifs dégageant peu de chaleur.

Voici trois des formules proposées :

Chlorate de potassium	45	15	65
Acéto-chlorate double de calcium et de potassium	35	»	»
Chloro-bichromate double de potassium et d'ammonium	»	35	»
Aotate alcalin	»	10	»
Goudron	18	18	12
Charbon végétal	5	5	3
Bicarbonate ou oxalate alcalin	15	15	25

Le principe des poudres chloratées à base de goudron de houille date de 1881 (Poudres Turpin, dites à double effet). Quant à l'emploi de sels destinés à abaisser la température de l'explosion, M. Turpin l'a fait breveter en 1888 (Voir *Boritine*, *Fluorine*, *Oxydine*).

Les explosifs que nous venons de décrire forment l'objet du brevet français n° 278.789 (12 juin — 30 septembre 1898).

M. Turpin a fait breveter ultérieurement une autre série de pyrodialytes, à base de perchlorate de potasse ou d'ammoniaque :

Perchlorate de potassium	80	60	»	»	»	»	»	»
Perchlorate d'ammonium	»	»	85	75	60*	50	40	30
Chlorate de potassium	»	»	»	»	15	»	40	20
Goudron	10	10	15	10	10	10	10	10
Trinitrocrésylate d'ammonium	10	»	»	»	»	»	»	10
Trinitrophénate d'ammonium	»	30	»	»	10	»	10	»
Trinitrobenzoate d'ammonium	»	»	»	15	»	»	»	»
Nitrate de guanadine	»	»	»	»	»	40	»	»
Permanganate d'ammonium	»	»	»	»	5	»	»	»

* Le perchlorate d'ammonium est additionné de nitrate.

Certaines des variétés, à base de perchlorate d'ammoniaque, ont une composition analogue à celle des carlsonites.

De même que la première série de pyrodialytes, on rend ces explosifs alcalins par l'addition de 2 à 3 0/0 de bicarbonate de soude ou d'ammoniaque ; de même, aussi, on obtiendra des pyrodialytes sans flamme en ajoutant 15 à 50 0/0 de bicarbonate ou d'oxalate alcalin.

(Brevet français n° 223.269, 22 novembre 1898 — 24 février 1899.)

Pyroglycérine. — Synonyme de nitroglycérine.

Pyrolithe. — Poudre noire bon marché, à base d'azotates de potasse et de soude, brevetée par M. Matteen. La pyrolithe contient de la sciure de bois et peut renfermer, en outre, du carbonate ou du sulfate de soude, à la dose de 6 0/0.

Pyrolithe. — Voir *Grêle*.

Pyronitrine. — Poudre noire, faible et peu coûteuse, présentée par M. Prodhomme, en 1884, à la Commission des substances explosives. Outre les nitrates de potasse et de soude et les composants de la poudre noire, la pyronitrine renferme du tan, du sulfate de soude, de la résine et du goudron. Cette poudre a été fabriquée en Belgique.

(Brevet anglais n° 4.200, 15 octobre 1880 ; brevet français n° 144.968, 22 septembre 1881.)

Pyronome ou **pyronone.** — Poudre de mine à base de salpêtre du Chili, soufre et tan. Cette poudre, brevetée par M. De Tret, est économique, mais de faible puissance.

(Brevet anglais n° 1.226, 17 mai 1859.)

Pyronome. — Poudre de mine complexe, contenant du salpêtre (69 0/0), du soufre, du charbon, de l'antimoine métallique, du chlorate de potasse (15 0/0), de la farine de seigle et du chromate de potasse en petite quantité. Cette poudre a été inventée par MM. Sallé et Sandoy.

(Brevet anglais n° 3.923, 9 septembre 1881 ; brevet français n° 143.304, 9 juin 1881.)

Pyropapier ou papier fulminant. — Ce papier s'obtient en plongeant, pendant deux minutes, du papier non collé dans un mélange, à parties égales, d'acides azotique et sulfurique. On le soumet ensuite aux traitements habituels.

Le papier fulminant a été employé comme amorce pour le fusil à aiguille. Il a servi également de base à des poudres brevetées par M. Emmens et M. Prentice, ainsi qu'à la spiralite et à l'unionite.

Pyroxylam. — Voir *Nitramidon*.

Pyroxyle. — Terme générique désignant toutes les substances nitrées dérivées des différentes variétés de celluloses : coton, bois, papier, etc.

Pyroxylées (Poudre de chasse). — Voir *J* (*Poudre de chasse sans fumée dite du type*) et *S* (*Poudres de chasse sans fumée dites du type*).

Pyroxyline. — Synonyme de coton-collodion.

Pyroxylite. — Poudre proposée par MM. Anthoine et Grunselle, en 1887, et composée d'acide picrique, d'oxyde de plomb et de bichromate de potasse ou d'acide chromique.

(*Mémorial des Poudres et Salpêtres*, t. II, p. 648.)

Pyroxylol. — Synonyme de *Pyroxyline*.

Q

Quentin. — Voir *Cordeau combustible.*

QF$_1$ Powder. — Poudre noire anglaise, destinée aux canons Hotchkiss et Nordenfelt à tir rapide; elle est analogue à la poudre C_2.

Quick's Powder. — Poudre moulée sous forme de galettes ou de disques perforés, en vue d'assurer la constance de la surface de combustion.

Quinan propose de préparer l'hydrocellulose en traitant d'abord la fibre par l'acide nitrique concentré à chaud, de manière à dissoudre toutes les impuretés minérales. Elle est soumise ensuite à l'action du même bain, dilué, également à chaud. Il reste à sécher, pulvériser et nitrifier le produit obtenu par les procédés ordinaires (1898).

Qurin. — Voir *Schulhof.*

R

R (Poudre). — Poudre noire réglementaire, dans la marine française, pour le tir du canon-revolver de 37 millimètres (750 à 800 grains au kilogramme). (*Mémorial des Poudres et Salpêtres*, t. IV, p. 8.)

R/77 (Poudres). — Voir *Prismatiques (Poudres)*.

Rack-à-rock. — C'est un explosif Sprengel à base de chlorate de potasse [1], que l'on additionne de certains liquides inexplosibles par eux-mêmes. On peut employer, à ce titre, la mononitrobenzine, seule ou mélangée d'acide picrique, ainsi que les huiles lourdes dérivées du goudron de houille, additionnées ou non de bisulfure de carbone. L'élément combustible peut se composer, en résumé, de tout hydrocarbure liquide dont le point d'ébullition est inférieur à 120°.

Les deux éléments ne sont mélangés qu'au moment de l'emploi : on plonge, dans le liquide, le chlorate préalablement enveloppé dans des sachets en coton ; la durée de l'immersion varie de cinq à six secondes. On peut se contenter de verser simplement le liquide sur le chlorate. Dans certains cas, ce dernier est placé dans un panier en fil de fer, que l'on suspend à une balance à ressort et que l'on plonge ensuite dans un seau contenant le liquide; la balance indique la quantité absorbée. Les proportions recommandées sont de 3 à 4 parties d'élément comburant pour 1 partie de liquide. La variété la plus usuelle répond au rapport 79 : 21.

Le rack-à-rock exige des amorces puissantes. Sous l'action de l'eau, il perd ses propriétés explosives. Par la conservation, il

[1] Dans certaines variétés, le chlorate de potasse est additionné de permanganate.

semble devenir plus sensible au choc, ainsi qu'au frottement. La puissance de cet explosif est supérieure à celle de la dynamite n° 1. Cet avantage, joint à la sécurité que présentent le maniement et le transport, le firent préférer à cette dernière, pour l'exécution des travaux de destruction des récifs de Flood-Rock, qui furent effectués sous la direction du général Newton et constituent le plus grandiose des sautages effectués jusqu'à ce jour. Voir *Sous-marines (Explosions)*.

Cet explosif fut breveté par le chimiste Divine. Le Dr Sprengel, dans une lettre adressée aux *Chemical News*, le 26 décembre 1885, revendique la priorité de l'invention, en vertu de brevets remontant aux 6 avril et 5 octobre 1871. Par sa réponse du 13 novembre 1885, M. Divine oppose à cette prétention le *caveat* qu'il déposa, le 7 janvier 1871, au Bureau des brevets des États-Unis.

(Brevets anglais nos 5.584 et 5.596, 21 décembre 1881 ; n° 1.461, 27 mars 1882, et nos 5.624, 5.625, 4 décembre 1883.)

Radoubées (Poudres). — On appelle poudres radoubées ou refaites celles qui, ayant subi des altérations par l'action de l'humidité, sont ramenées au dosage normal.

Raffinose nitrée. — Voir *Nitroraffinose*.

Ramie nitrée. — Voir *Nitroramie*.

Ramsay. — Voir *Fergusonite*.

Rand. — Voir *Laflin*.

Rand a proposé, sous le nom de randites, les compositions suivantes :

Chlorate de potasse............	80	42,50	51
Nitrobenzine..................	20	15,00	15
Bioxyde de manganèse.........	»	42,50	»
Substance inerte	»	»	34
	100	100,00	100

(Brevet anglais n° 12.744, 12 juillet 1892.)

Randale, à New Bedford (Mass.), Etats-Unis d'Amérique, a fait breveter la poudre de mine suivante :

Salpêtre du Chili	58 à 76	pour 100
Nitrophénol	34 à 16	»
Nitronaphtaline	8	»

Ce dernier ingrédient peut être remplacé par de la résine, du charbon ou du soufre.

(Brevet français n° 243.152, 27 novembre 1894 — 12 mars 1895.)

Randanite. — Absorbant analogue à la kieselguhr, qu'on trouve à Randan (Auvergne). La randanite entre dans la composition de certaines dynamites de Vonges.

Randite. — Voir *Rand.*

Raquette. — Voir *Emploi de substances explosibles.*

Ratés de mine. — Voir *Emploi des substances explosibles.*

Ranchloses Geschützpulver 1889. — Voir *R. G. P.* 89 *Pulver.*

Rave a proposé de faire passer un courant de chlore dans un mélange contenant 20 parties de carbonate de potasse, 30 parties de paille hachée et 15 parties d'anthracite, transformé en pâte avec de l'eau. Le produit obtenu est, en somme, une poudre chloratée obtenue d'une manière indirecte.

(Brevet anglais n° 2.469, 23 novembre 1859.)

Le brevet n° 2.651, même date, concerne une poudre chloratée proprement dite, de composition analogue.

Reeves. — Voir *Muschamp.*

Reeves indique la préparation d'une série de substances explosibles, obtenues en plongeant la cellulose dans un bain contenant 1 volume d'acide nitrique et 2 volumes d'acide sulfurique. Cette charge ayant macéré pendant vingt-deux à vingt-six heures, on en immerge une seconde, après addition d'environ 5 0/0 du volume primitif de l'acide nitrique. On laisse la réaction se continuer pendant trente-deux à soixante heures. On passe ensuite à une troisième charge, après addition de 15 à 20 0/0 d'acide; durée du bain : deux à quatre jours. L'opération peut se continuer de même, au moyen d'une quatrième et d'une cinquième charge. Les diverses nitrocelluloses ainsi obtenues sont mélangées dans des proportions déterminées.

(Brevet anglais n° 989, du 2 avril 1867.)

Refaites (Poudres). — Synonyme de poudres radoubées.

Regensburger (Le Dr) a fait breveter le traitement des mélasses par le procédé suivant : on élimine d'abord les impuretés facilement oxydables, par l'action de l'eau oxygénée ou d'un peroxyde (soude ou baryte); cette opération s'effectue à chaud, avec addition d'eau. Lorsque la masse a reposé quelques heures et que le dégagement de gaz a cessé, on concentre la mélasse, et on ajoute 20 à 25 0/0 d'huile minérale ou animale. On procède alors au chauffage du mélange, tout en malaxant, afin d'expulser la totalité de l'eau. Quand la densité atteint 40 à 42° B., on laisse refroidir, sans cesser le malaxage. Vers la fin, on projette dans l'émulsion quelques gouttes d'éther ordinaire, pour maintenir la fluidité du mélange. Celui-ci est prêt à être nitrifié.

(Brevet allemand R. n° 11.323, 16 juillet — 20 décembre 1897; brevet anglais n° 4.192, 19 février — 23 décembre 1898.)

Reichen a fait breveter des rouleaux ou des cartouches de papier imprégné d'un mélange analogue à celui qui sert à préparer le papier-poudre Melland.

(Brevet anglais n° 2.266, 2 septembre 1865.)

Reid et Earle ont fait breveter la nitification de la linoléine et de la ricinoléine. On mélange 1 partie du produit obtenu avec 9 parties de nitrocellulose.

(Brevet français n° 251.985, 26 novembre 1895 — 10 mars 1896.)

Reid et Earle. — Voir *Mèches de sûreté*.

Reid et Johnson. — Voir *E. C.* (*Poudre*).

Render, à Manchester, est l'inventeur d'un appareil destiné au remplissage automatique des cartouches d'explosifs pulvérulents, tels que la roburite ou la bellite, dont le contact direct avec l'épiderme est préjudiciable à l'organisme.

[Brevet anglais n° 23.576 (1895), accepté le 27 juin 1896].

Render a proposé d'attacher, à la partie antérieure des cartouches, un morceau de ficelle destiné à assujettir l'amorce et la mèche.

[Brevet anglais n° 12.701 (1897), accepté le 5 mars 1898.]

Ce procédé, d'emploi courant dans la pratique ordinaire du minage, ne semble guère présenter d'élément susceptible d'être breveté.

Le même inventeur a proposé l'emploi d'un joint imperméable destiné aux mines sous-marines, joint protégé par une feuille de caoutchouc placée à la partie antérieure de la cartouche explosible.

[Brevet anglais n° 25.686 (1899), accepté le 20 octobre 1900.]

Rendite. — Explosif fabriqué en Australie et composé de salpêtre, soufre, acide picrique et farine de bois, avec ou sans addition de graphite. La proportion d'acide picrique ne peut excéder 2 0/0; il en est de même quant au graphite.

Rendrock. — Explosif fabriqué, aux Etats-Unis, par la *Rendrock Powder Manufacturing Company* et renfermant 20 à 60 0/0 de nitroglycérine et 60 à 30 0/0 de salpêtre, avec addition de soufre, collodion, paraffine, résine, charbon, etc. La variété à 40 0/0 est désignée sous le nom de *lithofracteur Rendrock*.

Près de quatre tonnes de rendrock furent employées, lors du sautage mémorable de *Hell Gate* (Voir *Vulcan Powder*).

Repauno Chemical Company. — Voir *Atlas* (*Poudre*).

Résine explosible. — Voir *Pellier*.

Résine nitrée. — Voir *Nitrorésine*.

Résistance (Essai de) à la chaleur ou de stabilité des explosifs nitrés. — Cet essai, tel qu'il est imposé en Angleterre par le règlement du 5 août 1875, est basé sur la méthode d'Abel, méthode qui consiste à maintenir l'échantillon que l'on se propose d'examiner à une température déterminée, et à noter le temps qui s'écoule jusqu'au moment où la décomposition commence. Celle-ci se manifeste par la production du peroxyde d'azote, lequel est décelé colorimétriquement, au moyen d'un papier réactif dont nous indiquons ci-dessous la préparation.

L'appareil employé se compose d'un vase rond, en cuivre ou en verre, d'environ 20 centimètres de diamètre, que l'on remplit d'eau jusqu'à 6 millimètres du bord. Ce vase, dont la partie supérieure a 13 centimètres de diamètre, porte un couvercle *a* en cuivre (*fig.* 42), percé de quatre ouvertures : deux d'entre elles laissent passer les tubes destinés à renfermer les échantillons que l'on se propose d'examiner. Ces tubes ont une longueur de 133 à 139 millimètres et un diamètre de 18 millimètres. Ils sont en verre solide et portent un bouchon en caoutchouc, dans lequel passe une mince tige en verre dont la partie inférieure est munie d'un fil de platine, destiné à recevoir le papier réactif; il est loisible de supprimer ce fil et d'étirer simplement l'extrémité de la tige de verre. Afin de maintenir les tubes dans une position stable et de pouvoir les introduire et les enlever facilement, les ouvertures qui leur

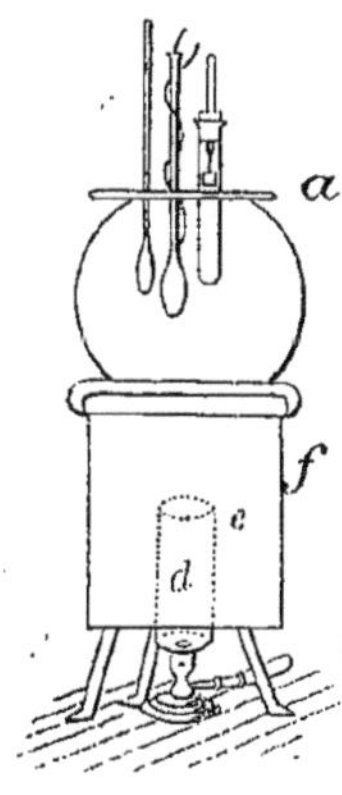

Fig. 42.

livrent passage portent trois fils de bronze, agissant à la manière de ressorts (*fig.* 43).

Dans la troisième ouverture passe un thermomètre gradué de 0 à 100°; dans la quatrième, un régulateur de Scheibler ou de Page [1]. L'emploi de ce régulateur n'est pas absolument indispensable, car on peut maintenir la constance de la température en surveillant attentivement le chauffage.

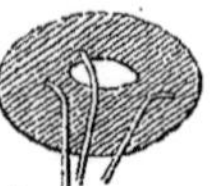

Fig. 43.

Le vase repose sur un support *f*, d'environ 35 centimètres de haut, dont il est séparé par une solide toile métallique. Au dessous se trouve placé un bec d'Argand *d*; un écran *e*, consistant en une mince feuille de cuivre, sert à prévenir les déperditions de chaleur.

Le papier réactif est préparé comme suit : on prend 2gr,9 de farine de maïs, que l'on additionne de 264gr,4 d'eau; ayant agité le mélange, on le chauffe à l'ébullition et on le maintient dix minutes, sans toutefois laisser trop s'élever la température. D'autre part, on fait dissoudre, dans la même quantité d'eau distillée, 1 gramme d'iodure de potassium [2], qu'il est nécessaire d'avoir fait recristalliser au préalable dans de l'alcool. On mélange soigneusement les deux solutions, et on laisse refroidir la liqueur. Puis, on y plonge des bandes d'un centimètre de largeur ou des feuilles de papier à filtrer [3], que l'on a eu soin de laver à l'eau et de laisser sécher ensuite; après une immersion de dix secondes au minimum, le papier est mis à égoutter et à sécher, à l'abri des fumées de laboratoire et de la poussière. Cela fait, on découpe les bandes en morceaux de 2 centimètres de longueur, que l'on ébarbe et conserve ensuite dans des flacons soigneusement bouchés, placés dans l'obscurité. Au moment de l'emploi, pour voir si le papier réactif ne s'est pas altéré, on y dépose une goutte d'acide acétique dilué,

(1) *Chem. Soc. Journ.*, 1876, p. 24.

(2) En Allemagne, on remplace ce réactif par l'iodure de zinc.

(3) M. Tallen a démontré que la qualité du papier employé exerçait une grande influence sur les résultats obtenus; ceux-ci ne peuvent être comparables que si cette qualité reste rigoureusement la même (*Journal of the Society of Chemical Industry*, t. XX, p. 8).

au moyen d'une tige en verre. L'essai est favorable si le papier reste incolore; s'il prend une teinte brunâtre, il doit être rejeté.

Indépendamment du papier réactif, l'essai de résistance à la chaleur nécessite l'emploi d'un papier étalon, que l'on obtient en préparant une solution aqueuse de caramel dont le degré de concentration soit tel que, additionnée de 100 parties d'eau, elle prenne la même teinte que le réactif de Nessler dilué à raison de 0gr,000 075 d'ammoniaque (ou 0gr,000 235 05 de chlorure d'ammonium) dans 100 centimètres cubes d'eau. Avec cette solution, on trace des traits parallèles, à l'aide d'une plume d'oie, sur des feuilles de papier à filtrer blanc, préalablement lavé à l'eau distillée et séché. Lorsque ces traits sont secs, on découpe le papier en bandes analogues à celles qui ont été confectionnées avec le papier réactif, et dont le milieu soit occupé par le trait. On rejette celles dont le trait n'a pas pas de l'épaisseur 1/2 et 1 millimètre.

Essai de la nitroglycérine. — Ayant fixé le thermomètre dans le couvercle *a* (*fig.* 42), de manière qu'il plonge de 7 centimètres environ dans l'eau qui remplit le vase, on introduit dans un des tubes à essai, au moyen d'une burette, 50 grains (3gr,29) de nitroglycérine ; si on versait simplement le liquide, on risquerait d'en laisser une petite quantité adhérente vers le haut du tube. Ensuite, ayant fixé [1] un morceau de papier réactif à l'extrémité de la tige de verre qui traverse le bouchon destiné à recouvrir ce tube, on en humecte la moitié supérieure de glycérine additionnée d'un poids égal d'eau distillée; pour étendre le liquide, on se sert d'une tige en verre ou d'un pinceau en poils de chameau. On place alors le bouchon et l'on règle la hauteur du papier et celle du tube, de manière que l'extrémité supérieure du premier corresponde sensiblement au milieu du second, en même temps qu'elle dépasse de 6 millimètres environ le niveau du couvercle *a*.

(1) Il convient de ne jamais toucher le papier réactif avec les mains, car la moindre impureté est susceptible de l'influencer. Lorsqu'on le sort du flacon où il est emmagasiné, on le dépose sur un morceau de liège; on le saisit ensuite avec une pince et, au moyen d'une autre pince, on pratique le petit trou qui permet de l'attacher.

L'eau contenue dans le vase ayant été portée préalablement à la température de 160° F. (71° C.), il ne tarde pas à se former en ligne brun clair, à la limite de la partie humide du papier à réactif. L'opération est terminée lorsque la nuance de cette ligne est identique à celle du trait que porte le papier étalon. On note le nombre de minutes écoulées entre l'immersion de la nitroglycérine et l'apparition de la teinte brune : s'il n'est pas inférieur à quinze, l'essai est considéré comme satisfaisant.

Dynamites. — Il faut d'abord séparer la nitroglycérine. On emploie, à cet effet, un entonnoir de petite dimension et une éprouvette graduée. Le bas de l'entonnoir étant obturé par un tampon lâche en asbeste fraîchement purifié par le feu, on y introduit 20 à 25 grammes de dynamite finement pulvérisée. Après en avoir égalisé la surface, au moyen d'une baguette de verre ou d'un bouchon, on verse de la kieselguhr, préalablement lavée et desséchée, de manière à former une couche de 3 millimètres d'épaisseur. On ajoute alors de l'eau, en ayant soin d'attendre que les premières portions de liquide soient absorbées avant d'ajouter les suivantes. La nitroglycérine est déplacée et s'écoule dans l'éprouvette. L'opération est continuée, de même, jusqu'à obtention d'une quantité suffisante. S'il se faisait que de l'eau accompagnât le liquide explosible, on l'enlèverait au moyen de papier buvard ; en cas de trouble, on filtrerait.

Gélatines explosibles. — On prélève 50 grains (3 gr,24), que l'on mélange intimement avec un poids double de craie, dans un mortier en bois, avec un pilon en bois. On introduit graduellement le mélange dans un des tubes à essai, en ayant soin de le tasser, au moyen de petits chocs successifs, de manière que sa hauteur totale ne dépasse pas 45 millimètres. Cela fait, on poursuit l'essai comme pour la nitroglycérine. Il faut que la substance expérimentée puisse résister, pendant dix minutes au moins, à la température de 71°,6.

Poudres à base de nitrocelluloses. — S'il s'agit de fulmicoton comprimé, on prend un échantillon susceptible de servir à deux déterminations, ou même davantage. Cet échantillon, prélevé au centre d'une cartouche, doit être soumis à la dessiccation, après avoir été pulvérisé par frottement entre deux doigts. A cet effet, ayant déposé la poussière obtenue sur un morceau de papier, de manière à constituer une couche mince, on l'introduit dans une étuve à eau dont la température soit maintenue aussi près que possible de 49° C. Après un quart d'heure de séjour, la porte de l'étuve étant restée large ouverte, on en sort le contenu et on l'expose pendant deux heures à l'air libre, en ayant soin de remuer de temps à autre la matière entre les doigts, afin de la maintenir dans un état uniforme de division.

On procède ensuite à l'essai de résistance de la chaleur, la température du bain étant de 150° F. (65°,5). Ayant prélevé 20 grains (1gr,296) de coton-poudre, on les tasse doucement dans un des tubes à essai, de manière qu'ils n'y occupent pas un espace supérieur à 33 millimètres ; les parcelles adhérentes aux parois du tube doivent être enlevées au moyen d'un morceau de toile ou de soie. Dès le début de l'opération, on place le papier réactif vers le haut du tube à essai ; au bout de cinq minutes environ, il se forme un anneau d'humidité, à un niveau dépassant un peu le couvercle de l'appareil. A ce moment, on abaisse la tige de verre, de telle sorte que la limite de la partie humide du papier réactif soit de niveau avec le bas de l'anneau. L'épreuve est déclarée satisfaisante si sa durée n'est pas inférieure à dix minutes.

L'essai du coton-collodion, de la poudre Schultze et de la poudre E. C. ne diffère pas de celui que nous venons de décrire. Pour la cordite, on prélève l'échantillon (1) en coupant des morceaux de 1/2 pouce (12mm,5), que l'on fait passer à deux ou trois reprises dans un broyeur ; on laisse de côté les premières portions obtenues, à cause des impuretés qui peuvent provenir de l'appareil. Celles qui viennent ensuite passent par deux tamisages successifs. L'essai porte sur 25 grains (1gr,62), la température

(1) D'après M. Tullen (*loc. cit.*), les résultats se modifient suivant que l'échantillon est situé vers la partie centrale ou vers la partie périphérique des cordes.

étant maintenue à 180° F. (82°); sa durée ne peut être inférieure à quinze minutes.

Remarques relatives à la méthode d'Abel. — Cette méthode ne peut être considérée comme absolument exacte : certaines substances, telles que l'huile de castor, la vaseline, l'éther acétique, l'acétone, le camphre, etc., qui entrent dans la composition de poudres sans fumée, sont susceptibles de fausser les résultats obtenus (1). Ces substances, en effet, absorbent l'iode ou se combinent avec lui ; il en résulte qu'au moment de la décomposition de l'échantillon expérimenté, décomposition accusée par la coloration qui apparaît sur le papier réactif et qui est due à la mise en liberté de l'iode, il ne se produit en réalité aucune espèce de coloration.

On conçoit donc l'intérêt que présente la recherche d'un essai susceptible de donner des résultats plus corrects. M. Guttmann, qui a appelé l'attention sur ce problème (*Dingler's Polytechnisches Journal*, 1897, p. 37), a passé en revue tous les réactifs proposés pour la recherche de petites quantités de peroxyde d'azote, susceptibles de remplacer l'iodure de potassium. En voici la liste :

Mélange d'acide sulfanilique et de naphtylamine, en solution dans l'acide acétique (Griess) ;
Mélange de nitrate mercurique et de phénol (Plugge) ;
Fuschine dissoute dans l'acide acétique glacial (Jorissen) ;
Rosaniline (Vogel) ;
Paramidobenzènazodiméthylaniline (Meldola) ;
Antipyrine (Curtman) ;
Diphénylamine (Kopp) ;
Mélange d'acide sulfanilique et de phénol (Frankland) ;
Chlorhydrate de *m*-phénylène-diamine (Griess).

M. Guttmann s'est proposé de rechercher un réactif pouvant être employé dans les mêmes conditions que l'iodure de potassium, afin de ne pas modifier la manière dont l'essai s'effectue communément dans l'industrie. Les expériences auxquelles il a procédé à ce sujet l'ont conduit à proposer l'emploi de la diphény-

(1) Le bichlorure de mercure exerce une influence analogue ; en Allemagne, on se sert de ce sel, en solution diluée, pour effectuer le lavage du coton-poudre et détruire les germes de décomposition ultérieure.

lamine, dissoute à raison de 0gr,1 dans 50 centimètres cubes d'acide sulfurique dilué (10 centimètres cubes d'acide concentré et 40 centimètres cubes d'eau) additionnée de 50 centimètres cubes de glycérine de Price, redistillée.

On humecte, de ce mélange, la partie supérieure du papier réactif. En présence de peroxyde d'azote, il se produit une coloration jaune verdâtre qui, au bout d'une minute, d'après l'auteur, doit faire place à une tache bleu foncé apparaissant avec netteté, au niveau de la ligne séparant la partie mouillée de la partie sèche.

M. Simon Thomas, d'Amsterdam (*Zeitschrift für angewandte Chemie*, 1898, p. 1027 et 1899, p. 53), ainsi que le professeur Giovanni Spica, chimiste en chef de la marine italienne (*Atti del Reale Instituto di Scienze*, 1899, p. 27 et 289), ont soumis à l'expérimentation la méthode proposée par M. Guttmann. Ils déclarent n'avoir pu obtenir de résultats suffisamment nets, quoique ayant observé toutes les précautions spécifiées par l'auteur. Au surplus, M. Spica considère l'emploi du papier réactif imprégné d'une liqueur acide comme peu recommandable : il suffit du contact accidentel d'une quantité minime d'explosif pour produire la décomposition et engendrer ainsi la coloration caractéristique.

M. Spica conseille le chlorhydrate de *m*-phénylène-diamine, de préférence à la diphénylamine. Il affirme avoir procédé à un grand nombre d'essais, à l'aide de ce réactif, et avoir constaté la netteté des résultats obtenus. En outre, le temps nécessaire pour l'obtention de la coloration jaunâtre marquant la mise en liberté du peroxyde d'azote serait de quatre à cinq fois plus court. La marche à suivre est analogue à celle que nous avons exposée, la solution de glycérine dont on humecte le papier réactif au moment de l'expérience étant remplacée par une solution de sucre.

M. Guttmann (*Zeitschrift für angewandte Chemie*, 1900, p. 592) considère cette rapidité comme un défaut capital, car elle ne laisse aucune limite aux erreurs d'observation ou d'opération. La valeur de l'essai est amoindrie, en outre, car une grande partie de sa durée est consacrée au chauffage du tube en verre, ainsi que de la substance à expérimenter qu'il renferme. Revenant à la diphénylamine, il affirme que les résultats sont parfaitement exacts si on l'emploie en solution concentrée.

L'appareil d'essai que propose le professeur Hoitsema, de Breda (*Zeitschrift für angewandte Chemie*, 1899, p. 705) se compose de deux tubes en U, bouchés et reliés l'un à l'autre. Dans le premier, on introduit 1 à 2 grammes de l'échantillon à examiner, et, dans le second, de la laine de verre imbibée du réactif, lequel est analogue à celui de Guttmann. La seule différence, c'est que le liquide dans lequel on dissout la diphénylamine contient 50 0/0 d'acide sulfurique. Ayant placé le premier tube dans un bain d'huile maintenue à la température de 110° C., où on le laisse séjourner un quart d'heure, on fait passer dans l'appareil un courant d'acide carbonique, pendant quelques minutes, et on observe la coloration que le gaz prend au contact du réactif. Si elle est bleue, on recommence l'essai de la même manière, en réduisant la température de 10°. On continue ainsi jusqu'au moment où on atteint celle qui n'engendre plus la décomposition de la substance expérimentée. Comme on le voit, cette méthode diffère de celle d'Abel en ce qu'elle substitue une indication de température à une indication de durée.

D'autres méthodes d'essai ont été proposées. La question a été discutée au cours du IIIe Congrès de chimie appliquée, qui s'est réuni à Vienne en 1898. M. Jules Zigall a décrit l'essai suivant, dont le principe est dû au général Hess, du *K. u. K. Technisches-Militär Comité* : l'échantillon est placé dans une éprouvette en verre épais, que l'on ferme au moyen d'un bouchon de liège enveloppé de papier paraffiné. On le chauffe à la température de 130 à 135° : la décomposition est marquée par l'apparition de vapeurs nitreuses ou par la décoloration d'un papier bleu de tournesol humecté de glycérine, suspendu dans l'éprouvette. Les poudres à base de nitrocellulose doivent supporter cet essai pendant cinq heures.

La méthode que M. Simon Thomas applique au laboratoire de la marine, à Amsterdam, est basée sur le même principe. L'essai dure plusieurs jours et se pratique comme suit : on introduit l'échantillon dans un tube à réactif de 16 centimètres de longueur et 15 millimètres de diamètre, fermé par un bouchon de verre ; on en immerge la partie inférieure dans un bain d'huile, dont la température constante est voisine de 100°. La durée de l'immersion est de huit heures par jour; chaque soir, on laisse refroidir le bain avant d'en sortir le tube. La décomposition de l'explosif expérimenté se manifeste par la production de vapeurs rouges. Pour rendre celles-ci plus visibles, on place derrière le tube une feuille de papier blanc. Les quantités expérimentées, pesées de manière à représenter des volumes égaux, varient de 2gr,5 à 5 grammes. M. Thomas estime qu'une poudre à base de nitroglycérine doit pouvoir être maintenue pendant quatre jours à la température de 94-96°, sans émettre de vapeurs rouges. Pour les nitrocelluloses et les poudres exemptes de nitroglycérine, la température est portée à 99-101°, la durée se réduisant à trois jours. Cet essai est analogue à celui qui fut institué par M. Lobry de Bruyn, prédécesseur de M. Thomas : des échantillons assez copieux des explosifs à examiner étaient soumis à un chauffage prolongé et ininterrompu, au moyen d'étuves maintenues très minutieusement à des températures comprises entre 30 et 50°.

M. Guttmann reproche à ces méthodes leur durée trop considérable : si, par exemple, on se trouve en présence d'un envoi provenant de l'étranger, il importe de pouvoir être fixé rapidement, sans devoir s'exposer à conserver, pendant plusieurs jours, des produits de stabilité douteuse. A cette objection, on peut répondre que les garanties de sécurité présentées par l'explosif s'affirment de plus en plus, au fur et à mesure que l'essai se poursuit; d'autre part, ainsi que le fait remarquer M. Thomas, la durée de la chauffe peut être élevée à seize heures par jour, si on s'adjoint une personne qui s'occupe d'en surveiller la marche. M. Guttmann déclare, au surplus, qu'il ne peut considérer comme exacte la méthode de M. Thomas, car les résultats obtenus varient avec l'état physique de l'explosif. M. Spica la combat également : il n'admet pas que les températures élevées puissent constituer une base acceptable, car des modifications peuvent se produire, dans la constitution des substances chauffées, avant l'apparition des vapeurs rouges. Il cite, à titre d'exemple, les déterminations relatives au point d'inflammation du fulmicoton : pour un même produit, on constate des résultats différents; parfois, l'inflammation se produit sans avoir été précédée de vapeurs rouges. Celles-ci sont émises en des températures variables.

Résorcine nitrée. — Voir *Nitrorésorcine.*

Reuland a fait breveter la fabrication d'explosifs obtenus en mélangeant la napthaline fondue avec :

a) L'azotate d'ammoniaque, lequel est préparé de préférence à l'aide de sulfate d'ammoniaque et d'azotate de strontiane ;

b) L'humate ou ulmate d'ammoniaque. (Voir *Gaens.*)

Ces mélanges peuvent être employés seuls ou additionnés d'autres substances.

Reunert et **Fitch.** — Voir *Amidon* (*Poudre à l'*).

Revanche. — Poudre à fumée intense, destinée à masquer le terrain aux lignes ennemies. D'après l'inventeur, M. Ronger, une bombe suffirait pour produire un rideau de fumée haut de 10 mètres et large de 20 mètres.

Reveley. — Voir *Blanche* (*Poudre*).

Rex Powder. — Voir *King Powder Company* (*The*).

Reynold (**La poudre**) se compose de 75 0/0 de chlorate de coton et de 25 0/0 de *sulfurea* (CAz^2H^4S), substance que l'on obtient par le traitement des résidus provenant de la fabrication de gaz d'éclairage.

C'est une poudre de couleur blanche, dont la température d'inflammation est inférieure à celle de la poudre noire et dont la fabrication est très simple.

RFG$_1$ et FRG$_2$ (Poudres) (*Rifle fine grain*). — Poudres noires à fusil, employées en Angleterre; densités respectives : 1,6 et 1,72 à 1,75. C'est la poudre RFG$_2$ qui est employée, comme étalon, pour les essais de puissance auxquels sont soumis les explosifs expérimentés à Woolwich.

R.G.P. Pulver (*Rumanisches Gewehr-Pulver*). — Poudre noire à fusil (480 à 500 grains au gramme), fabriquée à Düneberg (Allemagne) pour la Roumanie. Cette poudre a été reproduite, à la poudrerie française d'Esquerdes, au moyen d'un procédé spécial.

On désigne actuellement, sous la même dénomination, une poudre sans fumée fabriquée par la société *Vereinigte Köln-Rottweiler Pulverfabriken*, de Rottweil (Wurtemberg), et admise à l'importation en Belgique.

R.G.P. 89 Pulver (*Rauchloses Geschützpulver*, 1889). — Poudre sans fumée allemande, analogue à la ballistite. Voir *Nobel* (*Poudre-Dynamite*).

Rheinische Dynamit Gesellschaft (Die) a proposé de substituer, à la nitroglycérine, un hydrocarbure en solution dans ce liquide. La naphtaline est recommandée à cet effet. La quantité qu'on fait dissoudre est de 2 à 3 0/0. Pour faciliter l'opération, on peut chauffer les ingrédients au bain-marie; on peut, aussi, ajouter à la nitroglycérine une petite quantité de kieselguhr saturée de naphtaline fondue. La *Rheinisch Dynamite* est employée en Angleterre, notamment dans les mines des Cornouailles.

Voici les formules indiquées :

Solution de naphtaline dans la nitroglycérine	75	70
Kieselguhr lavée	23	20
Craie ou chaux	2	3
Spath lourd	»	7
	100	100

(Brevet anglais n° 566, 4 mai 1874 ; ce brevet a comme titulaire M. Robert Gottheil.)

Rheinische-Westfälische Sprengstoff Actiengesellschaft. — Voir *Hydrocellulose*, *Nitropentérythrite* et *Troisdorf* (*Poudre sans fumée de*).

Rhenish Gelignite. — Voir *Gélignite*.

Rhexite. — Mélange de nitroglycérine, de salpêtre et de matière ligneuse, analogue à la poudre Atlas. Une variété de cet explosif, fabriquée par M. Diller à Saint-Lambrecht (Autriche), répond à la composition suivante :

Nitroglycérine	64 à 67	pour 100
Nitrate de soude	18	—
Bois épuisé ou bois pourri	11	—
Pulpe de bois	7 à 4	—

Dans d'autres variétés, le nitrate de soude est remplacé par le nitrate de potasse, et la pulpe de bois, par la nitrocellulose.

La rhexite est fabriquée également par la Compagnie Borkenstein, en Styrie, ainsi que par la Société anonyme de Dynamite Nobel, à Pozsony (Hongrie). M. Guttmann la considère comme identique à l'explosif Coad.

Richardson. — Voir *Glycérine.*

Ricinoléine nitrée. — Voir *Reid et Earle.*

Ricker (Poudres). — Mélanges à base de chlorate de potasse, additionné des ingrédients suivants : nitrates de potasse, de soude ou de plomb, charbon de bois, algue marine semi-calcinée, poussier de charbon, sciure de bois, bicarbonate de soude, farine de froment, écorce pulvérisée et marc de café desséché. Ces poudres ont été brevetées par MM. Ricker et Spence.

(Brevet anglais n° 3.297, 9 décembre 1862.)

Rifle Guncotton (*Coton-poudre pour carabine*). — C'est du coton-poudre additionné d'un nitrate autre que le nitrate de plomb et mélangé avec une ou plusieurs des substances suivantes : cire d'abeilles pure, paraffine, laque, gomme ou résine en solution dans l'alcool, l'éther ou la benzine. Cet explosif est autorisé en Angleterre.

Rifléite. — Poudre sans fumée, fabriquée par la Smokeless Powder Co., Ltd., depuis 1891, dans son usine de Barwick. La composition de la rifléite n'est guère complexe : elle ne contient simplement que de la nitrolignine. Certaines analyses mentionnent d'autres substances ; elles ne sont pas exactes. Les variétés dans la nature de la poudre obtenue se réalisent en mélangeant des produits, à degrés divers, de la nitrification du bois. La nitrobenzine, employée à titre de dissolvant, est évaporée ensuite.

La rifléite est une poudre stable, détériorant peu le canon des armes, et produisant un recul faible. Elle se présente sous la forme de tablettes brun foncé ou noircies à la mine de plomb.

La poudre SR, qui fut remplacée par la rifléite .450, se présentait sous la forme de gros grains roses ; la poudre SV avait le même aspect, tandis que la poudre SS était de couleur blanche.

L'analyse d'un échantillon de poudre SR a donné le résultat suivant (Cundill-Thornson) :

Nitrolignine insoluble	54,52
» soluble	19,92
Nitrates de baryte et de potasse	21,08
Substances solubles dans l'éther	2,41
Humidité	2,07
	100,00

Des essais comparatifs entre la rifléite et la cordite, exécutés au moyen du fusil Lee-Metford, ont donné les résultats que voici :

DATES	TEMPÉRATURES	PRESSIONS barométriques, en millimètres	VITESSES INITIALES en mètres		NOMBRE de coups
			Rifléite	Cordite	
1892					
22 novembre....	+ 6°	767,1	651,08		4
5 décembre....	+ 1,6	749,3	617,82		5
8 décembre....	— 1	762	612,03	579,72	5
22 décembre....	+ 4	760	617,51		5
1893					
2 janvier......	— 4,4	757,4	609,59	580,63	5
11 janvier......	— 6,7		614,47		6
8 février.......	+ 6,7	754,9	616,91	594,35	5
23 février.......	+ 0,6	748	613,25	604,41	5
4 mai.........	+ 18,3	767,6	612,94	604,41	5
19 juin.........	+ 29,4	760	627,88	610,51	5

D'autres expériences furent effectuées, à l'effet de comparer la rifléite à la poudre noire. Les charges de poudre étaient de 40 grammes; l'arme employée, le fusil Martini-Henry. Les charges de rifléite, déterminées de manière à imprimer au projectile une vitesse supérieure de 1 0/0 au plus à celle de la poudre, correspondaient à des quantités de deux à deux fois et demie plus faibles. Voici les résultats obtenus :

DATES	TEMPÉRATURES	PRESSIONS barométriques, en millimètres	VITESSES INITIALES, EN MÈTRES	
			Rifléite	Poudre noire
1893				
2 janvier.......	— 4°,4	757,4	404,76	400,49
8 février........	+ 6°,7	754,9	410,25	403,97
6 mars..........	+ 10°,6	764,9	407,91	409,34

Ripp-lene. — Voir *Boyd*.

Sous la même dénomination, le *Dictionary* de Cundill-Thomson désigne un mélange breveté par M. G. A. Brevester, en Australie, et pouvant être rangé parmi les explosifs Sprengel.

RLG, RLG², RLG³ et RLG⁴ (Poudres) (*Rifle Large Grain*). — Poudres noires à gros grains, employées en Angleterre et aux Indes pour le chargement des canons.

Robandis (Poudre) ou *brise-rocs*. — Composition :

Nitrate de potasse	53,56
Nitrate de soude	15,67
Soufre	14,91
Tanin épuisé et sciure de bois	11,91
Charbon	3,77
Chlorure de sodium	0,98
	100,00

Robert. — Voir *Wiener*.

Robert (Poudre). — C'est de la poudre blanche humide, que l'on conserve sous forme de pâte fine et à laquelle on ajoute une certaine proportion de glycérine, afin d'en prévenir la dessiccation. On emploie, comme amorce, la même poudre à l'état sec.
(Brevet anglais n° 926, 14 mars 1873.)

Roberts et Dale ont proposé une poudre noire à base de salpêtre du Chili. Afin d'atténuer l'hygroscopicité de ce sel, ils l'additionnent de sulfate de soude déshydraté ou de sulfate de magnésie anhydre.
(Brevet anglais n° 139, 18 janvier 1862.)

Robertson a recommandé, comme enduit pour certaines cartouches, une composition préparée en traitant la nitrocellulose par une solution de chlorate de potasse ; le produit obtenu est recouvert de collodion.

Robin Hood Powder Company (The), États-Unis d'Amérique, a fait breveter une poudre sans fumée répondant à la composition suivante :

Picrate d'ammoniaque	33,50
Picrate de potasse	15,50
Nitrate de baryte	39,50
Farine de bois	9,50
Farine de froment	1,25
Ferrocyanure de potassium	0,50
Noir de fumée	0,25
	100,00

Pour obtenir le picrate d'ammoniaque, on verse graduellement 11,35 litres d'ammoniaque, sur 45^{kg},360 d'acide picrique, en ayant soin d'agiter continuellement le mélange. Quant au picrate de potasse, on le prépare en mélangeant du carbonate ou du bicarbonate de potasse, dissous dans l'eau, avec de l'acide picrique préalablement additionné du même liquide et soumis à l'ébullition. Le produit obtenu est desséché, et pulvérisé ensuite.

Les divers ingrédients dont se compose la poudre sont d'abord malaxés avec soin ; puis on les additionne de gomme arabique dissoute dans l'eau, et on les pétrit, de manière à obtenir une pâte de consistance ferme. Cette pâte est soumise à la granulation ; les grains obtenus sont durcis et arrondis par les procédés habituels. Pour terminer, on les enduit d'une composition protectrice qui est préparée de la manière suivante : ayant versé 85 grammes d'acide nitrique dans un récipient contenant 4 litres et demi de pétrole, on agite le mélange et on le laisse reposer une demi-heure. On ajoute alors 85 grammes d'acide sulfurique et, après avoir remué, on laisse reposer à nouveau. Il se forme, à la partie inférieure du récipient, un dépôt noirâtre et épais. On décante le liquide, que l'on remplace par 170 grammes d'ammoniaque. Après vingt-quatre heures de repos, on procède à une seconde décantation : c'est le produit extrait qui sert à constituer l'enveloppe protectrice des grains.

[Brevet anglais n° 14.525 (1901), accepté le 14 septembre 1901.]

Roburite. — Cet explosif, breveté en Allemagne par le Dr Roth, en 1886, se présente sous la forme d'une poudre jaune plus ou moins foncée, dégageant l'odeur caractéristique de la binitrobenzine.

La roburite n° 1, d'après l'analyse à laquelle le service anglais des explosifs la soumit lors de son introduction, en 1887, répond à la composition suivante :

Nitrate d'ammoniaque	90
Dinitrobenzine chlorée	10
	100

Ce second ingrédient, dont la formule est $C^6H^3Cl\ (AzO^2)^2$, renferme théoriquement 13,82 0/0 d'azote et 17,53 0/0 de chlore. D'après l'inventeur, la présence du chlore augmente la vitesse de l'explosion, ainsi que la puissance du produit; la décomposition explosive serait représentée par l'équation suivante :

$$9AzO^3.AzH^4 + C^6H^3Cl\ (AzO^2)^2 = 6CO^2 + 19H^2O + 20Az + HCl.$$

L'expérience a démontré, toutefois, que ce mode de décomposition théorique ne se réalisait pas invariablement et que, dans certains cas, il pouvait y avoir production d'une petite quantité d'oxyde de carbone ou mise en liberté de dinitrobenzine, sous forme de particules solides n'ayant pas subi la décomposition complète. Des essais effectués à ce sujet, en Angleterre, par les soins de deux Commissions spéciales [1], ont appelé l'attention sur la nécessité de bourrer les mines avec soin, en vue d'éviter les ratés, et de disposer l'aérage de manière à diluer l'oxyde de carbone, le cas échéant, dans une quantité d'air suffisante pour le rendre inoffensif. Ces essais, en somme, n'ont pas été défavorables et ont montré que les produits engendrés par l'explosion de la roburite ne pouvaient donner lieu à des désordres graves. Dans cet ordre d'idées, M. Trench a proposé d'augmenter l'aptitude explosive par l'addition de nitrocellulose.

(Brevet anglais n° 18.241, 13 décembre 1888.)

La roburite brûle sans faire explosion, sous l'action de la flamme ou de l'étincelle électrique ; elle est insensible à la pres-

(1) Nous avons décrit ces essais dans l'ouvrage intitulé : *les Explosifs nitrés* (Paris, 1898), p. 105.

sion, à la friction, etc. Si une cartouche ou une simple couche de cet explosif est soumise au choc d'un marteau lourd et si une explosion en résulte, elle se trouvera localisée au point même où elle surviendra, sans s'étendre aux parties voisines. Mélangée avec de la poudre noire et enflammée ensuite, la roburite est projetée intacte; le seul moyen d'en déterminer l'explosion consiste à employer une capsule chargée d'un gramme de fulminate de mercure. Elle peut être considérée, en somme, comme un explosif dont la manipulation est pratiquement exempte de danger.

Sa fabrication est des plus simples : le nitrate d'ammoniaque, préalablement desséché et broyé, est placé dans un appareil où circule extérieurement de la vapeur chauffée à 80°. On ajoute la dinitrochlorobenzine, qui fond sous l'action de la chaleur, et on remue la masse avec soin, jusqu'à l'obtention d'un mélange intime; par suite de la fusion, l'hydrocarbure enrobe chaque particule de nitrate. Après refroidissement, le produit est prêt à l'encartouchage ; eu égard à l'hygroscopicité du nitrate d'ammoniaque, la roburite doit être conservée dans des cartouches paraffinées.

La roburite n° 2 contient, outre les composants ci-dessus indiqués, du chlorure d'ammonium et du sulfate de magnésie, ou l'une de ces substances seulement.

M. Roth revendique également l'emploi de la naphtaline et du phénol chloronitrés (Voir *Berg-Roburite*).

En Allemagne, la roburite se fabrique à Witten (Westphalie). Voici deux des variétés les plus employées :

Nitrate d'ammoniaque.............	82	87,50
Dinitrobenzine.....................	18	7,00
Sulfate d'ammoniaque.............	»	5,00
Permanganate de potasse..........	»	0,50
	100	100,00

Si nous admettons, comme formule représentant la décomposition explosive de cette dernière, l'équation suivante :

$$431\,AzO^3.AzH^4 + 16\,C^6H^4Az^2O^4 + MnO^4K^2 + 15\,SO^4(AzH^4)^2$$
$$= 98\,CO^2 + 895\,H^2O + 134\,O^2 + 447\,Az^2 + MnO^4K^2 + 15\,SO^4(AzH^4)$$

la température sera de 1.616°, et le travail maximum par kilogramme d'explosif, 220.000 kilogramètres.

L'équation ci-dessus suppose que la sulfate d'ammoniaque et le permanganate de potasse ne subissent aucune décomposition ; ce point n'est pas admis sans conteste.

En Angleterre, la Roburite Explosive Co., Ltd. a fabriqué les variétés n° 1 et n° 2, depuis 1888, dans l'usine qu'elle possède à Gathurst, près de Wigan (Lancashire). A la suite d'un procès en contrefaçon de brevet, qui lui fut intenté par la Lancashire Explosives Co., Ltd. en 1894 (Voir *Bellite*), la roburite n° 3 fut substituée aux deux variétés précédentes. En voici la composition :

Azotate d'ammoniaque........	86 à 89	pour 100
Binitrobenzine................	9 à 13	»
Chloro-naphtaline.............	0 à 2	»

La teneur en chlore ne pouvant dépasser 1 0/0.

La roburite a fait l'objet de nombreuses expériences relatives à la sécurité. En Angleterre, la variété n° 3 figure sur la liste (1) des explosifs dont l'emploi est autorisé dans les exploitations grisouteuses ou poussiéreuses. L'autorisation est subordonnée à l'emploi de cartouches en papier imperméabilisé au moyen de cérésine, et de détonateurs contenant, au minimum, 1 gramme de composition à 95 0/0 de fulminate de mercure et 5 0/0 de chlorate de potasse.

La Roburite Explosives Co., Ltd. fabrique également la poudre de Gathurst ainsi que l'explosif dénommé amvis décrits ci-avant.

Roca a fait breveter, sous le nom de dynamite à base de nitroglycérine hydrocarburée ou lithoclastites, des mélanges de nitroglycérine avec des substances non explosibles pouvant lui céder de l'hydrogène et du carbone, ou du carbone seulement.

(Brevet français n° 165.487, 20 novembre 1884.)

(1) La roburite n° 3 figure sur une liste spéciale ; les explosifs qui la constituent doivent satisfaire à des épreuves plus rigoureuses que les substances dont se compose la liste ordinaire (*permitted explosives*).

Le même principe a été breveté, dix ans plus tôt, par la *Rheinische Dynamite Gesellschaft.*

Roca a proposé, sous le nom de mèches sans poudres, des mèches de sûreté dont l'âme est formée de fils d'origine végétale, naturels ou préparés, rendus combustibles par immersion dans une solution de nitrates ou de chlorates, et additionnés ou non d'autres substances.

(Brevet français n° 181.019, 20 janvier 1887.)

Roche à feu, rocket à boulets. — Voir *Compositions incendiaires.*

Rock Powder. — Voir *Pudrolite.*

Rodman. — Voir *Mammoth Powders.*

Roger a proposé une poudre contenant 45 0/0 de chlorate de potasse, additionné de substances végétales destinées à modérer la combustion : écorce de cascarilla, corundum et caoutchouc en solution.

(Brevet anglais n° 1.336, 12 mai 1870.)

Rollason. — Voir *Barnwell.*

Romite. — Poudre chloratée brevetée par M. Sjöberg.

L'analyse d'un échantillon a donné le résultat suivant :

Nitrate d'ammoniaque	48,80
Chlorate de potasse	38,30
Naphtaline et paraffine	12,26
Humidité	0,64
	100,00

D'une sensibilité admissible au choc et à la friction, cette poudre est d'une instabilité extrême : lors des essais auxquels on la soumit, en 1888, comme suite à la demande d'admission qui avait été adressée aux autorités anglaises, des cartouches se modifièrent notablement en quinze jours, dégageant une quantité de chaleur considérable. D'autres, que l'inventeur emportait avec lui, firent explosion spontanément en chemin de fer.

Romocki, à Berlin, a fait breveter une poudre sans fumée à action progressive, formée de coton-poudre comprimé que l'on soumet à l'action réductrice d'alcalis, action plus intense vers la périphérie. Il en résulte que les grains sont formés de couches concentriques de plus en plus brisantes, à mesure qu'on s'approche du centre.

(Brevet allemand R. n° 5654, 21 novembre 1889 — 31 juillet 1890.)

Romocki a proposé la fabrication de poudres obtenues par précipitation simultanée d'hydrocarbures nitrés et d'hydrates de carbone nitrés. Voici la préparation d'un des types indiqués : on dissout, dans l'éther acétique, 3 parties de nitrocellulose et 1 de dinitrobenzine. Lorsque la solution est bien homogène, on ajoute de l'eau. Le précipité obtenu est lavé jusqu'à ce que l'odeur du dissolvant ait disparu. Ensuite, on le sèche et le soumet aux traitements habituels. Le dissolvant peut être récupéré par distillation.

(Brevet allemand R. n° 10.487, 11 août 1896 — 24 mai 1897.)

Rondes (Poudres de mines). — Voir *Mines* (*Poudres de*).

Ronger. — Voir *Revanche*.

Ronsalite. — Voir *Pieper*.

Roos (Allemagne) a fait breveter des explosifs à base de nitrate de potasse ou de soude, additionné ou non autres agents oxydants, et de dérivés nitrés de la benzine, du toluène ou de la naphtaline.

(Brevet anglais n° 7.352, 7 avril — 10 juin 1899 ; brevet belge n° 141.067, du 6 avril 1899.)

Rosenboom et Mertz ont proposé l'emploi d'une cartouche contenant quatre tubes en verre, dans lesquels se trouvent placés respectivement de la glycérine, de l'iode, du chlorate de potasse, et un mélange d'acide sulfurique et d'acide nitrique.

(Brevet français n° 171.127, 11 septembre 1885.)

Rosenthal, à Londres, a fait breveter l'explosif de sûreté suivant :

Azotate d'ammoniaque	80
Trinitrotoluol	17
Bioxyde de manganèse	3
	100

On peut ajouter 2 0/0 de résine.

[Brevet anglais n° 4.062 (1897), accepté le 15 janvier 1898.]

Ross et Cairney à Glascow, ont fait breveter les poudres de mines suivantes :

Chlorate de potasse	87	75
Bioxyde de manganèse	»	6
Paraffine	»	9
Cire	7	»
Charbon de bois	3	6
Vaseline	3	4
	100	100

Le chlorate de potasse est mélangé d'abord avec le charbon de bois et le bioxyde de manganèse. On ajoute alors la cire ou la paraffine, et on chauffe. Ensuite, on verse sur la masse la vaseline, préalablement fondue, et on opère le malaxage.

[Brevet anglais n° 23.442 (1899), accepté le 22 septembre 1900 : brevet français n° 294.647, 24 novembre 1899 — 13 mars 1900.]

Rosslyn (Poudre sans fumée de). — La variété n° 1 se compose de nitrocellulose additionnée de nitrate de potasse ou de baryte, amidon et paraffine ou vaseline dissoute dans la benzine ou tout autre dissolvant, que l'on élimine au cours de la fabrication. La cellulose est traitée sous forme d'étoffe tissée ou tricotée, et cette forme subsiste intacte. On obtient donc un tissu, que l'on peut découper en morceaux ou en bandes de dimensions appropriées aux applications que l'on a en vue, ou transformer à volonté.

Le brevet n° 24.235 (1894), accepté le 28 septembre 1895, et dont est titulaire M. Hargreaves, prévoit l'addition de nitroglycérine, de nitrate de soude et de nitrate d'ammoniaque (variété n° 2). Un échantillon de cette dernière, de couleur verte, fut présenté aux autorités, en même temps que la variété n° 1 ; mais il ne put être admis.

La *blastite de Rosslyn*, explosif industriel, est un mélange de nitrocellulose, glycérine et vaseline.

Ces deux explosifs sont fabriqués en Écosse, depuis 1895, par MM. Hay, Merricks C° (Voir *Curtis's & Harvey, Ltd.*).

Roth. — Voir *Allumeurs de sûreté*, *Nitrate d'ammoniaque*, *Roburite*.

Roth a fait breveter l'emploi de l'acide picrique (ou des produits renfermant 60 0/0 au moins de ce composé), en mélange avec l'azotate d'ammoniaque et des huiles grasses siccatives. L'explosif obtenu est placé dans des cartouches constituées de tissu ou de papier imperméabilisé au moyen d'un mélange d'essence de térébenthine et d'hydrocarbures solides.

(Brevet français n° 173.550, 15 janvier 1886.)

Roth a proposé de traiter le goudron, ou ses dérivés, par des corps nitrants et chlorurants. A cet effet, on emploie successivement l'acide azotique (ou des mélanges qui en dégagent) et le chlore libre ou naissant. On peut aussi effectuer la réaction au moyen d'un mélange composé du nitrant et du chlorurant : acide azotique et acide chlorhydrique ou acide azotique et chlorure de sodium.

(Brevet français n° 177.309, 9 juillet 1886.)

Un certificat d'addition à ce brevet, pris l'année suivante, préconise l'addition de 1 à 15 0/0 de soufre, à l'effet de ralentir la vitesse de l'explosion.

Rotten a fait breveter les mélanges suivants :

Nitrate d'ammoniaque	77,17
Naphtaline	6,19
Huile de goudron	6,19
Vernis	10,45
	100,00

Picrate de potasse	38,76
Anthracène	38,76
Huile de goudron	6,93
Vernis	15,55
	100,00

(Brevet anglais n° 6.258, 3 décembre 1892.)

Rouart frères et Sencier ont fait breveter un appareil ingénieux, destiné au séchage des explosifs. Cet appareil est basé sur l'emploi de l'air sec et chaud. Pour obtenir l'air sec, on fait usage d'une machine à glace, dont les tubes réfrigérants passent dans une bâche fermée contenant une solution concentrée de chlorure de calcium ; la température est de — 7° à — 8°. L'air, amené sous pression dans des tubulures plongeant de quelques millimètres dans le liquide, y barbote et perd, par condensation, la totalité de l'eau qu'il renferme; celle-ci se dissout dans le bain. Il est dirigé ensuite vers un réchauffeur quelconque, puis va alimenter le séchoir.

Rouge (Dynamite). — La proportion de nitroglycérine varie de 66 à 68 0/0. L'absorbant se compose de tripoli, substance analogue à la guhr et qui doit son nom à la ville de Tripoli, dans les environs de laquelle on l'a exploitée à l'origine.

Roux. — Voir *Détonateurs* et *Veltérine*.

Royale (Poudre). — On appelait ainsi jadis, en France, une poudre de chasse superfine, qui se vendait à 8 francs le kilogramme.

RRP (Poudre) (*Rauchloses Rottweiler Pulver*). — Poudre sans fumée (en tuyaux) fabriquée par la société *Vereinigte Köln Rottweiler Pulverfabriken*, de Rottweil (Wurtemberg), et admise à l'importation en Belgique.

RS (Poudre). — Poudre française du type R, fabriquée à Sevran-Livry.

Rubis (Poudre). — Poudre sans fumée à base de nitrocellulose, fabriquée en Angleterre depuis 1899.

Ruckterschell (Von). — Voir *Silotvor*.

Ruggieri. — Voir *Allumeurs de sûreté*.

Russe (Poudre). — Voir *Wiener*.

Rutenberg a fait breveter une sorte de dynamite analogue aux types de Vonges, et dans laquelle la kieselguhr est remplacée par de la randanite, substance similaire.

(Brevet anglais n° 360, 30 janvier 1873.)

Ryves a proposé les poudres sans fumée suivantes :

Coton-poudre	50	50	75
Nitroglycérine	48	48	24
Cellulose de papier en pulpe	5	8	5
Huile de castor	2	2	2
Carbonate de magnésie	2	2	1

S

S (Poudres de chasse sans fumée dites du type). — Poudres pyroxylées, fabriquées en France. L'une des variétés répondant à la composition suivante :

Nitrocellulose insoluble	37
Nitrocellulose soluble	28
Nitrate de baryum	29
Nitrate de potassium	6
	100

La fabrication s'effectue comme suit : on pétrit à la main 10 kilogrammes du mélange, puis on continue le malaxage à la machine pendant trois quarts d'heure, ajoutant 40 0/0 d'eau. On fait passer de force la matière obtenue par un tamis dont les mailles mesurent un quart de millimètre ; puis, elle est transportée au séchoir et y séjourne jusqu'à ce que la dose d'humidité devienne inférieure à 1 0/0.

Après avoir ajouté 65 0/0 d'éther, on passe à un second tamisage, effectué au moyen de feuilles de zinc percées de trous mesurant $1^{mm},8$ de diamètre. On procède alors à un nouveau pétrissage, lequel s'effectue avec addition de 40 0/0 d'eau, dans un tambour en bois qui mesure 60 centimètres de largeur sur 40 de diamètre et se meut à la vitesse de 27 tours par minute.

Cette opération dure trois quarts d'heure ; elle est suivie d'un nouveau séchage. Ensuite on passe à la granulation. Les grains obtenus sont placés, par quantités de 10 kilogrammes, dans des tambours en cuivre dont la longueur est de 60 centimètres et le diamètre de 40 ; ils n'accomplissent que 10 tours par minute. Là, on les arrose de 15 0/0 d'éther, versé sous forme d'un mince filet. Ensuite, on les fait passer à travers un tamis dont les mailles mesurent 1mm,8, et l'on procède à un séchage final. Après triage, on ne retient que les grains mesurant de 1 millimètre à 1mm,6, lesquels constituent environ un tiers de total.

Le restant est porté au malaxeur; puis, après une demi-heure de travail, passe au travers d'ouvertures de 2mm,5, forées dans une plaque de zinc. La poussière et le refus, après avoir séjourné au séchoir, sont mélangés, additionnés d'éther, et soumis à la série des mêmes traitements que le mélange primitif. Le triage qui en résulte laisse un résidu, que l'on traite comme le premier; on continue, de même, jusqu'à complet épuisement.

La poudre pyroxylée dits du type S, telle qu'on la met en vente, est un mélange qui renferme 1 partie de grains obtenus à la suite du premier triage et 2 parties de grains produits par les traitements ultérieurs. Les grains, durs et de forme régulière, sont de couleur jaune claire; il en entre de 2.150 à 2.300 par gramme. La densité gravimétrique de la poudre S est comprise entre 0,480 et 0,530; sa densité réelle vaut 1,580 ou davantage. Cette poudre supporte l'essai de résistance à la chaleur pendant vingt minutes environ. Exposés pendant quatre jours dans une atmosphère saturée d'humidité, des échantillons n'en absorbèrent qu'une quanitté insignifiante (0,19 à 0,37 0/0).

S. 1 (Dynamite). — Explosif analogue à la dynamite E. C.

S. A. 152 (Polvere). — Cette poudre, anciennement employée en Italie pour les canons de 152 millimètres et remplacée par la poudre Br 152, répondait à la composition suivante :

Salpêtre	62,00
Nitrate d'ammoniaque	11,06
Charbon	24,30
Soufre	1,30
Résine	1,34
	100,00

Elle fut fournie, par la maison Armstrong, pour l'approvisionnement du croiseur *Piemonte*.

Saccharose nitrée. — Voir *Nitrosaccharose*.

Safety blasting Powder, Dynamite, Firing Tubes, Fuze, Gunpowder, Nitro-Powder. — Traduction anglaise de : poudre de mine, dynamite, amorce, mèche, poudre à canon, poudre nitrée de sûreté.

Sainfoin nitré. — Voir *Trench*.

Saint-Marc (Poudre). — Poudre sans fumée, analogue à la poudre Vieille.

La poudre Saint-Marc se présente sous la forme de petites tablettes semi-transparentes, de couleur bleu verdâtre, mesurant 10 millimètres sur 4. D'après l'inventeur, elle se conserverait parfaitement sans absorber l'humidité.

Elle a été expérimentée par MM. Armstrong et Cᵒ, à Elswick, dans un canon-revolver de calibre 47. Poids du projectile : $1^{kg},800$. Avec une charge de 12 onces ($340^{gr},2$), la vitesse initiale fut de 657 mètres ; avec une charge de 14 onces (397 grammes), 702 mètres, et avec 16 onces ($453^{gr},60$), 874 mètres.

La poudre Saint-Marc fut également expérimentée à Lyon, en 1892, et les journaux en firent un éloge immodéré. Depuis lors, on n'en a plus entendu parler.

Sainte-Barbe (Poudre). — Poudre brune prismatique pour canons de gros calibres, fabriquée à la poudrerie de Santa-Barbara (Espagne.)

Sala. — Voir *Grenadine* et *Sulfurite*.

Salite. — Explosif breveté, par M. Bergenstrom, en 1878, et composé d'environ 65 0/0 de nitroglycérine et 35 0/0 de nitrate d'urée.

Sallé. — Voir *Pyronome*.

Salomon. — Voir *De Mosenthal.*

Salpêtre. — Synonyme de nitrate de potassium.

Salpêtre cubique, du Chili, sodique. — Synonymes de nitrate de sodium.

Sandholite. — Voir *Lewin.*

Sandon. — Voir *Mortier.*

Sandoy. — Voir *Pyronome.*

Sanford. — Voir *Dynamite.*

Sanlaville et **Laligant** ont proposé le mélange suivant :

Chlorate de potasse............	50 à 55	pour 100
Nitrate de potasse ou de soude..	28,60	»
Bisulfate » » ..	36,00	»
Charbon........................	59 à 75	»
Glycérine......................	9,20	»

Sans flammes (Dynamites, Explosifs, Poudres). — Voir *Sûreté* (*Explosifs de*).

Sans flamme (Sécurite). — Voir *Sécurite.*

Sans fumée (Poudres). — Voir *Poudres sans fumée.*

Sarg. — Voir *Glycérine.*

Sargent. — Voir *Azote Powder Company* (*The*).

Saucisses, saucissons. — Cylindres de toile contenant une substance explosible.

Savage. — Voir *Halsey.*

Sawdust Gunpowder (*Poudre à canon à la sciure de bois*). — C'est une forme de litrognine.

Sawdust and Gun-Cotton Powder. — On ajoute du coton-poudre à la poudre qui précède. Ces deux poudres sont fabriquées, en Angleterre, depuis plus de vingt-cinq ans.

Saxifragine. — Poudre de mine à base de nitrate de baryte, additionné de 21 0/0 charbon de bois et 2 0/0 salpêtre. Ce mélange, breveté en 1862 par M. Wynants, capitaine de l'armée belge, porte également le nom de poudre Newton.

Saxonite. — Explosif répondant à la composition suivante :

Nitroglycérine	58 à 62 p. 100	73 à 86 p. 100
Salpêtre	25,5 à 30,5 »	
Nitrocellulose	3,5 à 5,5 »	
Farine de bois	6 à 8,5 »	
Humidité	5 à 15 »	
Chaux	0,5 (au max.)	
Oxalate d'ammoniaque		27 à 14 p. 100

En vertu d'un arrêté ministériel du 11 juin 1901, la saxonite figure sur la *special list*, composée des substances dont l'emploi est autorisé dans les exploitations houillères dangereuses, en Angleterre, et qui ont satisfait à des épreuves plus rigoureuses que d'autres explosifs de sûreté (*permitted explosives*).

L'autorisation est subordonnée à l'emploi d'une enveloppe en papier parcheminé non imperméable. Le détonateur à employer ne peut être de puissance inférieure au n° 6, lequel renferme 1 gramme de composition à 80 0/0 de fulminate de mercure et 20 0/0 de chlorate de potasse.

La saxonite est fabriquée par la Nobel's Explosives Co., Ltd., dans son usine d'Ardeer (Ayrshire).

Sayers. — Voir *Lundholm*.

Sayers a fait breveter le mélange de dérivés nitrés de la benzine ou d'autres hydrocarbures, avec une proportion variable de nitrates et 2 à 10 0/0 de coton-poudre.

[Brevet anglais n° 17.212, 27 novembre 1888.]

S.B.C. Powder (*Slow Burning Cocoa Powder*). — Poudre brune prismatique anglaise pour canons de gros calibre, peu différente de la poudre prismatique brune. Chaque cube porte une cavité centrale sur une de ses faces. Cette poudre est fabriquée par la Société Curtis's & Harvey, Ltd.

Schjerning. — Voir *Nitrocellulose.*

Schäffer (Poudres). — Mélanges à base de salpêtre, nitrate de soude, soufre, charbon et tartrate de soude et de potasse (sel de Seignette).

(Brevet anglais n° 2.555, 19 octobre 1863; un second brevet a été pris en 1866.)

Schaghticoke Cubical Powder. — Poudre noire américaine, analogue à la poudre S. P.

Schalkwijk. — Voir *Glycérine.*

Schenker a proposé une poudre sans fumée obtenue en dissolvant des produits nitrés dans l'acétate d'ethyle, puis ajoutant un corps soluble dans l'eau et sans action chimique sur les produits nitrés. On élimine ensuite l'acétate d'éthyle et le corps neutre, par un lavage à l'eau chaude.

(Brevet français n° 217.785, 2 décembre 1891.)

La poudre Schenker-Amsler, adoptée par le gouvernement suisse pour les fusils de petit calibre, est d'apparence analogue à la ballistite. Elle présente les deux variétés dites P. C. 88 et P.C.89, qui paraissent ne différer que par le grenage.

Schindler a fait breveter la poudre suivante :

Chlorate de potasse........................	60
Poussière d'anthracite........................	25
Sucre..	15
	100

(Brevet anglais n° 20.327, 27 octobre 1893.)

Schjerning. — Voir *Nitrocellulose.*

Schlesinger a proposé une poudre chloratée contenant du sulfure d'antimoine et de la fleur de soufre, pour le tir des armes de petit calibre.

Schloesing. — Voir *Nitrate de potassium.*

Schlumberger. — Voir *Bronnert.*

Schmidt. — Voir *Carbonite.*

Schmitt. — Voir *Electricité (Application de l') au tirage des mines.*

Schnebelite. — Poudre de guerre et de chasse inventée par M. Schnebelin, et dont la fabrication s'effectue comme suit : on prend 600 grammes de chlorate de potasse, que l'on dissout dans 1 litre d'eau bouillante. Lorsque la dissolution est terminée, on ajoute 18 grammes de moelle de sureau râpée. Après avoir mélangé soigneusement, on additionne de 150 grammes d'amidon ou de pâte de légume farineux, afin d'augmenter la consistance ; on obtient une pâte homogène. Après dessiccation et réduction en fragments, il reste à pulvériser le produit obtenu.

Cette poudre ne fut pas admise par les autorités anglaises, eu égard à sa trop grande sensibilité au choc et à la friction.

(Brevet français n° 217.540, 14 novembre 1891 et 25 février 1892.)

Schneider (Allemagne) a proposé un procédé spécial de perforation des trous des mines, consistant à pratiquer dans la roche des fentes partant du forage et dirigées dans le sens correspondant aux fractures que l'on se propose de déterminer. D'après l'inventeur, on augmenterait l'effet utile, en même temps qu'on obtiendrait la dislocation dans le sens voulu.

(Brevet belge n° 145.786, du 30 octobre 1899; brevet anglais n° 21.987, 3 novembre — 9 décembre 1899.)

Schöneweg. — Voir *Sécurite.*

Schöneweg a fait breveter :

1° Les mélanges d'acide oxalique ou d'oxalates avec le coton-poudre gélatiné ou d'autres substances explosibles, dans le but d'augmenter la stabilité et, surtout, de prévenir la formation de flammes, lors de l'explosion;

2° L'emploi, dans le même but, de gaines protectrices entourant complètement les cartouches d'explosifs et se composant d'oxalates, d'hydro-oxalates ou d'acide oxalique.

(Brevet français n° 183,380, 28 mai 1887.)

C'est M. Schöneweg qui, le premier, a eu l'idée de photographier les flammes produites au moment de l'explosion, afin d'en tirer un élément d'appréciation quant à la sécurité en présence du grisou.

Schratzenhaller, — Voir *Unionite.*

Schreiber. — Voir *Pétragite.*

Schückher, à Vienne. — Voir *Mèganite.*

Schückher a fait breveter :

1° Une poudre sans fumée se composant d'un mélange de xyloïdine (nitramidon) avec des sels minéraux (nitrate ou chlorate de potasse), des picrates, du charbon et des matières organiques :

résine, hydrocarbures nitrés ou non. Voici une des formules indiquées :

Xyloïdine..................................	50
Salpêtre..................................	40
Benzine..................................	10
	100

2° Un procédé de préparation consistant à mélanger la xyloïdine avec lesdites substances, à comprimer le mélange, et à imprégner les grains d'une dissolution de nitrobenzine, que l'on évapore ensuite ;

3° Une poudre formée d'un mélange de xyloïdine et de nitrobenzine, grenée et lissée avec addition de plombagine.

(Brevet français n° 199.734, 23 juillet 1889 et 24 mars 1890 ; brevet anglais n° 11.665, 22 juillet 1889 ; brevet allemand Sch. n° 6.712, 10 juillet — 16 octobre 1890.)

M. Schücker a fait breveter également un procédé de fabrication de la xyloïdine consistant à dissoudre, dans l'acide azotique, la fécule préalablement séchée et moulue, à verser cette solution dans le mélange des acides sulfo-nitrique, à sécher le produit obtenu, et à le triturer dans des meules verticales. On le rend plus stable en l'imprégnant d'aniline.

(Brevet français n° 208.258, 15 septembre 1890.)

Schuckhert C°. — Voir *Chlorate de potassium.*

Schuler, à Breslau, a proposé une poudre répondant à la composition suivante :

Chlorate de potasse..................................	60
Sucre..................................	15
Anthracite..................................	25
	100

Le sucre peut être supprimé.

(Brevet allemand Sch. n° 8.243, 19 août — 4 décembre 1893.)

Schulhof et **Qurin** ont fait breveter, pour la fabrication de la poudre à canon, de mèches ou de cartouches, l'emploi du fulmicoton comprimé recouvert de collodion, additionné ou non de sulfure de carbone.

(Brevet français n° 161.084, 19 mars 1884.)

Schultze, de Potsdam, capitaine d'artillerie de l'armée allemande, a fait breveter, en 1867, une poudre à base de nitrolignine. Il proposa, peu de temps après, d'additionner cette poudre de 10 à 60 0/0 de nitroglycérine, suivant la destination de l'explosif. Celui-ci reçut le nom de dualine.

(Brevet anglais n° 2.542, 15 août 1868.)

La Schultze Gunpowder Co., Ltd., et la Smokeless Powder Co., Ltd. fabriquent la poudre sans fumée de Schultze, ainsi que la poudre de mine : le bois est d'abord soumis à un traitement destiné à le purifier complètement, et à éliminer toute la sève qu'il peut renfermer. A cet effet, après l'avoir réduit en fragments, on le fait bouillir, à plusieurs reprises, avec de la soude diluée. Ensuite, on le lave et on le blanchit. Il arrive alors, sous une forme qui rappelle le papier buvard grossier, dans un appareil où un arbre, animé d'une vitesse de 3.000 tours à la minute, le transforme en une sorte de duvet d'apparence laineuse; celui-ci est placé sur des châssis, et l'action d'un courant d'air chaud en effectue la dessiccation. Ce point est important, car il est nécessaire d'éliminer totalement l'humidité avant de passer à la nitrification.

Cette opération s'effectue dans des réservoirs en fer réfrigérés à l'eau froide. Le mélange employé renferme 28,5 0/0 d'acide nitrique ($d = 1,48$ à $1,50$) et 71,5 0/0 d'acide sulfurique ($d = 1,84$). On y introduit 6 parties de la fibre à nitrifier ; l'opération dure de deux à trois heures. La nitrolignine, qui a pris naissance, est soumise à l'action d'un centrifuge et perd ainsi la majeure partie du liquide dont elle est imprégnée.

On la soumet alors, successivement, à un lavage à l'eau froide et à l'eau chaude. Puis, elle passe dans un appareil à déchiqueter dit *hollander*, muni de couteaux en acier fin montés sur une roue. Les fragments obtenus sont lavés à l'eau bouillante, pulvérisés à la meule et lavés à nouveau, jusqu'à élimination de toute trace d'acide.

La nitrolignine est prête à être mélangée avec les substances destinées à régulariser sa combustion subséquente. A ce titre, on emploie principalement le nitrate de baryte, qui joue le rôle d'oxydant; il est additionné parfois de salpêtre et de nitrate de soude. Le mélange s'effectue à la meule.

Le produit obtenu est transformé en grains de dimensions voulues, par son passage sur des tamis oscillants. Ces grains vont au séchoir, où un courant d'air chaud élimine l'humidité qu'ils renferment. Ensuite, on les durcit en les soumettant à l'action de certains dissolvants, dans un tambour rotatif; l'opération terminée, on les élimine par évaporation dans le vide, en ayant soin de les récupérer. Il reste à passer les grains obtenus au tamisage.

Les poudres Schultze sont notablement antérieures aux produits sans fumée; aussi, leur fabrication a-t-elle subi des modifications nombreuses.

Les résultats d'analyses de deux échantillons, faites respectivement par le colonel Cundill et le professeur Munroe, ont donné les chiffres suivants :

Nitrolignine insoluble	23,36	32,66
Nitrolignine soluble	24,83	27,71
Lignine (non transformée)	13,14	1,63
Nitrates de baryte et de potasse	32,35	27,62
Nitrate de soude	»	2,47
Paraffine	3,65	4,20
Matières solubles dans l'alcool	0,11	3,71
Eau	2,56	
	100,00	100,00

La poudre de mine présente une composition analogue, avec addition de charbon.

L'*Imperial Powder* est un type de poudre perfectionné que met en vente la Schultze Gunpowder Co., Ltd. D'après les renseignements que cette Société a bien voulu nous communiquer, la la charge d'*Imperial Powder* est de 33 grains seulement, alors qu'elle s'élevait antérieurement à 42 grains. Le volume, toutefois, n'est pas modifié, ce qui permet d'employer les mêmes cartouches et de n'apporter au chargement aucune espèce de modification. Cette poudre, de teinte brun clair, se distingue par la grande régularité et la dureté du grain, l'absence de fumée et l'uniformité des résultats balistiques.

Schultze a fait breveter, en 1886, des poudres à base de goudron, résine ou térébenthine nitrée. S'il s'agit de résines solides et friables, on les pulvérise finement et on ajoute 15 parties d'acide nitrique, de densité comprise entre 1,420 et 1,460. On chauffe au bain-marie, en ayant soin d'agiter sans interruption. Le produit prend naissance sous la forme d'une sorte d'écume.

Voici les formules indiquées :

	CHASSE	CARABINE	MINE
Goudron nitré (ou composé analogue	12	10	15
Pyroxyline	60 à 80	280 à 300	10
Nitrate de baryte	68 à 80	100 à 120	»
Nitrate de potasse	8 à 10	40 à 50	75
Soufre	»	10	10

La poudre Schultze est fabriquée, en Amérique, par l'*American E. C. and Schultze Gunpowder Company*, à Oakland (New-Jersey).

Schultze-Tieman (Appareil de). — Voir *Azote (Dosage de l')*.

Schüpphaus. — Voir *Celluloïd et Maxim-Schüpphaus (Poudre)*.

Schwab (Poudre). — Poudre à faible fumée, employée en Autriche. Elle se compose de nitrocellulose pure, grenée et lissée au graphite. Grains de $0^{mm},75$ pour les fusils ; charge : $2^{gr},75$. Vitesse initiale, 600 mètres avec la balle de $15^{gr},8$; pression : 1.300 atmosphères.

Schwarr. — Voir *Xanthine*.

Schwartz a proposé l'emploi d'une cartouche pour mine contenant deux récipients, qui renferment respectivement du gaz ammoniac et du chlore comprimés. Par un dispositif mécanique ou par l'explosion d'une petite charge de poudre, les deux gaz sont mis en présence et engendrent du chlorure d'azote.

(Brevet anglais n° 7.098, 10 avril 1894.)

Schwartz (Dynamites). — L'absorbant se compose de 30 à 42 0/0 de plâtre et de sciure de bois.

Schwartz (Poudres). — Poudres de mine contenant du salpêtre, du nitrate de soude, du soufre et du charbon.

Sciure de bois (Poudre à la). — Voir *Sawdust Gunpowder*.

Scola. — Voir *Emploi des substances explosibles*.

Sébastine. — Dynamite à 50 0/0 de nitroglycérine, brevetée par M. A. Beckman (Suède), le 26 juillet 1872. L'absorbant renferme les ingrédients suivants : charbon, nitrocellulose, peroxyde de plomb, bicarbonate de soude et dextrine ou paraffine.

Sous la même rubrique, le *Dictionary* de Cundill et d'autres ouvrages ont placé la nysébastine, que nous décrivons ci-avant.

Sécurite. — Cet explosif, breveté en 1886 par le chimiste allemand Schöneweg, se compose d'azote de potasse ou d'ammoniaque mélangé à un hydrocarbure nitré, avec ou sans addition d'oxalate d'ammoniaque.

L'analyse de deux échantillons de sécurite a donné les résultats suivants (Cundill-Thomson) :

Nitrate d'ammoniaque	84,25
Méta-dinitrobenzine	15,75
	100,00

Nitrate de potasse	74,82
Méta-dinitrobenzine	25,18
	100,00

La sécurite fut fabriquée à Denaby, près de Sheffield, par la *Flameless Explosives Co., Ltd.*, de 1889 à 1894, dans l'usine où se fabrique actuellement la westphalite. Le type dénommé sécurite n° 1 était simplement un mélange de 5 parties de salpêtre avec 1 de méta-dinitrobenzine. Pour obtenir la sécurite n° 2, on ajoutait, à 91 0/0 de sécurite n° 1, 9 0/0 d'un mélange comprenant 2 parties de salpêtre et 1 d'oxalate d'ammoniaque. Elle présentait donc la composition suivante :

Salpêtre	81,83
Méta-dinitrobenzine	15,17
Oxalate d'ammoniaque	5,00
	100,00

Les proportions que nous indiquait M. Schöneweg, dans une lettre datée du 12 juin 1890, étaient différentes.

Sécurite n° 1 :

Salpêtre	75
Dinitrobenzine	25
	100

Sécurite n° 2 :

Salpêtre	77,67
Dinitrobenzine	19,42
Oxalate d'ammoniaque	2,91
	100,00

Une autre variété, fabriquée en Allemagne par la *Vereinigte Köln-Rottweiler Pulverfabriken*, renfermait les ingrédients que voici :

Nitrate d'ammoniaque	37
Nitrate de potasse	34
Mono-et dinitrobenzine	29
	100

La *compressed securite* ou sécurite comprimée, qui fut fabriquée de 1891 à 1893, se composait de salpêtre et de nitrate de baryte, ou d'un des deux nitrates seulement, additionné d'une ou plusieurs des substances suivantes : méta-dinitrobenzine, dinitroluène, mono- ou dinitronaphtaline.

L'analyse d'un échantillon de sécurite comprimée a donné le résultat que voici (Cundill-Thomson) :

Méta-dinitrobenzine	70,45
Nitrate de potasse Nitrate de baryte	18,90
Nitrocellulose	10,65
	100,00

La *flameless securite* ou sécurite sans flamme, fabriquée en 1889, renfermait du nitrate d'ammoniaque, de la dinitrobenzine et de l'oxalate d'ammoniaque.

Une autre variété, la *Denaby Powder*, dont la fabrication se poursuivit de 1891 à 1893, était simplement de la sécurite n° 1 additionnée de charbon de bois. Voici le résultat de l'analyse d'un échantillon (Cundill Thomson) :

Nitrates de potasse et de baryte..........	73,18
Dinitrobenzine..........................	21,49
Nitrocellulose et charbon de bois..........	3,07
Humidité..............................	0,26
	100,00

La fabrication de la sécurite est analogue à celle de la roburite. De même que les explosifs analogues, elle a donné lieu à des essais nombreux concernant la sécurité en présence du grisou ou des poussières de houille.

Sédérolite. — Poudre chloratée contenant du sulfure d'antimoine et du soufre.

Seidler, à Berlin, a fait breveter la préparation de poudres de guerre ou de mines, par le mélange de nitrates avec les sels des acides naphtaline-sulfoniques. Exemple : le mélange de 77 parties de salpêtre avec 23 parties de naphtaline β-monosulfate de sodium.

L'explosif obtenu se présente sous la forme d'une poudre jaune, insoluble dans l'eau ; son emploi est recommandé en présence du grisou. Il présente l'inconvénient de dégager des fumées épaisses et fort désagréables à respirer.

(Brevets allemands S. n° 46.205, 1892 et S. n° 7556, 1893-1894.)

Selckmann. — Voir *Nitrate de potassium*.

Sélénitique (Poudre). — Mélange de nitroglycérine et de plâtre de Paris.

Séléniure d'azote ($AzSe^2$). — Substance pulvérulente rouge orange, dangereuse à manier; elle détone sous l'influence d'un faible choc, ainsi que par le contact avec l'acide sulfurique.

Sélénophanite. — Voir *Panclastites*.

Selwig et **Lange** ont fait breveter un appareil destiné à la nitrification du coton, de la paille, etc., et dans lequel on effectue à la fois cette opération et le turbinage (*Dictionnaire de Chimie pure et appliquée de Wurtz*, 2e supplément, p. 725).

(Brevet français n° 213.983, 8 juin 1891.)

Les mêmes constructeurs, afin de simplifier le transport du produit obtenu vers l'atelier du lavage, proposent l'emploi d'un tuyau dont l'orifice est en forme d'entonnoir, et dans lequel circule constamment un courant d'eau. La nitrocellulose, introduite dans ce tuyau, est entraînée par le liquide.

[Brevet anglais n° 11.929 (1899), accepté le 12 mai 1900.]

Sencier. — Voir *Rouart.*

Séranine. — Cet explosif, breveté par M. Bjœrkmann (Suède), le 9 juin 1867, vers la même époque que la dynamite, répond à la composition suivante :

Nitroglycérine	18,12
Nitrate d'ammoniaque	72,46
Sciure de bois purifiée ou charbon	8,70
Benzine ou créosote	0,72
	100,00

Séranine. — Mélange de nitroglycérine et de chlorate de potasse, proposé par Horsley. Le major Cundill a étendu cette dénomination à toute dynamite renfermant du chlorate de potasse.

Serrant. — Voir *Fulgurite.*

Settle a fait breveter une cartouche spéciale en papier imperméabilisé, que l'on remplit d'eau et dans l'axe de laquelle un dispositif *ad hoc* permet de maintenir une cartouche explosible. L'eau est destinée à diminuer la température développée par l'explosion, eu égard à la quantité de chaleur absorbée par sa vaporisation.

Sevran-Livry (Explosif de). — La composition de cet explosif répond, d'après MM. Sarrau et Vieille, aux données suivantes :

Fulmicoton................................	40
Azotate d'ammoniaque......................	60
	100

Les deux ingrédients sont triturés ensemble avec addition de 24 0/0 d'eau, puis desséchés à 60°. La présence de l'azotate d'ammoniaque rend cet explosif très hygroscopique. La conservation peut être satisfaisante dans une enveloppe paraffinée; mais la moindre détérioration de celle-ci expose à l'absorption de l'eau.

La force du mélange est un peu plus grande que celle du coton-poudre pur et le prix de revient, bien moindre. En outre, l'explosion s'effectuant sans produire d'oxyde de carbone, cet explosif est d'un emploi avantageux dans les exploitations minières.

Shaem (Explosif). — Dynamite à base active datant de 1869, et répondant à la composition suivante :

Nitroglycérine.............	9,10 à 37,50	pour 100
Poudre Schultze...........	90,90 à 62,50	»

Sharp et **Smith (Poudre).** — Mélange renfermant du salpêtre, du chlorate de potasse, du prussiate jaune de potasse, de la potasse et du soufre.

(Brevet anglais n° 2.779, 27 octobre 1866.)

Shell Powders. — Traduction de poudres à obus.

Short. — Voir *Kellow*.

Siedentoff (Allemagne) a proposé, pour les séchoirs destinés aux substances explosibles, de construire certaines parties des parois en matériaux légers et peu résistants. En cas d'explosion, ces parties sont projetées et permettent aux gaz émis de s'échapper, laissant intactes celles qui restent.

[Brevet anglais n° 5.640 (1896), accepté le 28 novembre 1896.]

Siegert. — Voir *Silésite.*

Siemens (Poudre). — Se compose de salpêtre, chlorate de potasse et d'un hydrocarbure solide : paraffine, poix, caoutchouc, etc. Le malaxage effectué, on traite la masse par un hydrocarbure volatil liquide et on obtient un produit plastique, que l'on transforme en tablettes. Celles-ci sont durcies par évaporation du dissolvant, puis granulées.

(Brevet anglais n° 1.969, 26 avril 1882.)

Siemens frères et C°, à Londres, ont fait breveter un type d'exploseur dynamo-électrique.

[Brevet anglais n° 21.830 (1895), accepté le 12 septembre 1896.]

Siersch. — Voir *Kubin.*

Le même inventeur a fait breveter une poudre sans fumée employée en Autriche, et analogue à la poudre Schwab.

Signaux de brouillard pour chemin de fer. — Ces signaux consistent ordinairement en cartouches circulaires en étain ou en fer étamé, légèrement aplaties, et contenant une petite quantité de poudre sur laquelle est disposée une capsule percutante ordinaire. On les fixe aux rails à l'aide de crampons en plomb mou ; le poids des roues de la locomotive fait partir la capsule et provoque ainsi l'inflammation de la poudre.

M. Pain, à Londres, a fait subir à la construction des signaux certains perfectionnements destinés à la protéger contre l'humidité et à assurer avec certitude leur fonctionnement.

[Brevet anglais n° 20.307 (1896), accepté le 29 août 1896.]

M. von Neuman (Autriche), pour accroître leur efficacité, ajoute un ingrédient susceptible de donner une flamme colorée.

La poudre employée est lente ; afin de prévenir toute projection intempestive, le récipient qui la renferme présente une moindre résistance à la partie inférieure. C'est donc dans cette direction seule que la puissance explosive exerce son action.

[Brevet anglais n° 19.544 (1899), accepté le 28 juillet 1900.]

M. E.-F. Lemaître, à Paris, propose d'employer un mélange contenant 50 0/0 de chlorate de potasse et 50 0/0 d'un sulfocyanure, le sulfocyanure de plomb, par exemple. On obtient ainsi une explosion très bruyante, sans endommager les roues de la locomotive, ni les rails.

[Brevet anglais n° 23.801 (1900), accepté le 9 février 1901.]

Silatvor ou **silatwor.** — Explosif à base de fulmibois, breveté par M. von Ruckterschell. Le silatvor fut essayé en Russie, en 1887, pour le chargement des obus et des torpilles ; les résultats ne furent guère favorables. On s'en est servi également pour actionner une machine motrice.

Le nom de ce explosif dérive de deux mots russes : *sila*, force, et *tvorit*, créer. Comme aspect, il rappelle une éponge sèche et floconneuse. Il n'a pu être autorisé en Angleterre, n'ayant pas satisfait à l'épreuve de résistance à la chaleur.

(Brevet anglais n° 4.349, 1886 ; brevet français n° 188.560, 4 février 1888.)

Silésite. — Poudre chloratée très sensible, brevetée par MM. Pietrowicz et Sieger, et répondant à la composition suivante :

Chlorate de potasse	60
Sucre	30
Sulfure d'antimoine	10
	100

(Brevet anglais n° 2.219, 12 février 1889.)

Silices de Launois et de Vierzon. — Absorbants employés dans la fabrication de certaines dynamites de Vonges.

Silverman. — Voir *Cordite*.

Singleton, à Richland (Iowa, U. S. A.), a fait breveter une poudre de chasse renfermant du chlorate de potasse, du sucre, de la sciure de bois et de la paraffine.

(Brevet américain n° 610.417, 6 septembre 1898.)

Sjoberg a fait breveter :

1° La fabrication d'un explosif obtenu en dissolvant le nitrate d'ammoniaque dans un hydrocarbure solide, gélatinant au moyen d'un hydrocarbure liquide, et ajoutant ensuite du chlorate de potasse également gélatiné ;

2° La gélatinisation de tout sel d'ammoniaque par dissolution dans un hydrocarbure ;

3° La substitution, au chlorate de potasse, d'un produit nitré obtenu par traitement de la caséine, de la lactose, etc. (Voir *Nitro-caillebotte* et *Nitrolactose*).

(Brevet français n° 173.482, 12 janvier 1886 et 2 septembre 1887.)

S. K. Powder. — Analogue à la rifléite.

Skoglund a proposé un explosif à base de nitrocellulose ou d'acide picrique additionné de tartrate, carbonate ou oxalate d'ammoniaque.

(Brevet anglais n° 18.362, 15 décembre 1888 ; brevet français n° 194.905, 20 décembre 1888.)

Skoglund. — Voir *Apyrite*.

Slack a fait breveter une poudre composée de chlorate de potasse, paraffine et charbon de bois.

(Brevet anglais n° 16.953, 5 août 1898 — 11 février 1899.)

Sleeper (Poudre). — Mélange de chlorate de potasse, de sucre et de charbon.

Smith. — Voir *Curtis*, *Amorces électriques*, *Sharp*.

Smith. — Voir *Bickford*.

Smith (G.) et **Corrie** ont proposé d'assurer la fixité des conducteurs, dans l'amorce électrique de tension, en pinçant à l'entrée l'enveloppe métallique.

[Brevet anglais n° 5.702 (1899), accepté le 30 décembre 1899.]

Smith et **Moore.** — Voir *Chaux*.

Smokeless Blasting Powder (*Poudre de mine sans fumée*). — Cette poudre, fabriquée depuis 1891 par la Smokeless Powder Co., Ltd., est de composition analogue à la poudre Schultze. Outre les éléments que renferme celle-ci, elle contient un ou plusieurs hydrocarbures nitrés : benzine, toluène ou naphtaline.

L'analyse d'un échantillon a donné le résultat suivant (Cundill-Thomson) :

Composés nitrés	50,30
Nitrolignine	23,84
Nitrates de potasses et de baryte	25,48
Humidité	0,38
	100,00

Smokeless Explosive. — Poudre sans fumée inventée par Abel et composée de 100 parties de nitrocellulose pulvérisée et sèche, additionnée de 10 à 50 parties d'azotate d'ammoniaque sec. Ajoutant du pétrole ou un de ses dérivés, on obtient une masse pâteuse, que l'on transforme en blocs, cylindres, prismes ou grains. Le produit obtenu est immergé dans une solution susceptible de dissoudre partiellement la nitrocellulose, ce qui produit un vernis protecteur constitué par une pellicule de collodion.

(Brevet anglais n° 14.803, 14 septembre 1886.)

Smokeless Powder. — Poudre sans fumée, analogue à la poudre Schultze et fabriquée, depuis 1889, par la Smokeless Powder Co., Ltd.

Smokeless Powder Company Ltd. (The) dans son usine de Barwick, Herts, fabrique la poudre Cooppal, le di-flamyr, la poudre de chasse EC., la rifléite (ainsi que les poudres sans fumée SK, SR, SS et SV), la *Smokeless Powder*, la poudre Schultze et la tonite.

Smolianinoff. — Voir *Américanite.*

Snyder (Explosif). — Sorte de gélatine, brevetée en Amérique pour le chargement des obus. C'est un mélange de 94 0/0 nitroglycérine et de 6 0/0 nitrocellulose soluble, avec addition d'un peu de camphre.

Expérimenté dans un canon rayé de 152 millimètres, cet explosif détruisit de fond en comble, dès le premier coup, une cible composée de douze plaques d'acier d'un pouce chacune, soudées ensemble, et sur lesquelles se trouvaient fixés des blocs en chêne de 305 et 356 millimètres d'épaisseur; cette cible, du poids de 20 tonnes, était placée à une distance de 200 mètres. Les charges étaient de 4kg,536 par obus. Ces essais eurent lieu en Turquie, où l'explosif Snyder fut adopté pour les charges d'éclatement des obus.

Sobrero. — Voir *Nitroglycérine.*

Société anonyme de Dynamite de Matagne-la-Grande (Belgique). — Voir *Fractorite*, *Grisoutite*, *Matagnite.*

Société anonyme de Dynamite Nobel, à Pozsony (Hongrie). — Voir *Rhexite.*

Société anonyme des Explosifs de Clermont (Belgique). — Voir *Müller (H.) et C°.*

Société anonyme des Poudres et Dynamites, à Arendonck (Belgique). — Voir *Flammivore.*

Société anonyme des Poudres et Dynamites (La), à Paris, a fait breveter les explosifs obtenus en ajoutant, à une quantité donnée de nitrocellulose, son propre poids de nitrotoluène titrant 20° B., de façon à la ramollir et à la dissoudre partiellement; l'addition de 15 à 20 0/0 d'amylène ou huile de pommes de terre facilitera l'opération. On peut employer le produit obtenu tel quel ou mélangé avec de la nitroglycérine, des nitrates ou des chlorates.

(Brevet français n° 183.828, 26 mai 1887.)

Société anonyme des Poudrières belges. — Voir *Fortis.*

Société anonyme de Dynamite et Produits chimiques de Galdacano (Bilbao). — Voir *Ballistite.*

Société chimique des Usines du Rhône (La) a fait breveter la poudre suivante :

Chlorate de potasse	80
Coke (de houille ou de tourbe)	19
Carbonate de magnésie	1
	100

[Brevet anglais n° 15.002 (1896), accepté le 15 mai 1897.]

Société chimique des Usines du Rhône (La). — Voir *Nitrorésorcine.*

Société des Explosifs de sûreté. — Voir *Favier* (*Explosifs*).

Société des Explosifs Industriels (La), à Paris, a fait breveter l'obtention de trois groupes nouveaux d'explosifs, par dition aux gélatines des substances suivantes :

a) Acide picrique ou picrates;

b) Chlorate de potasse additionné de goudron;

c) Même mélange, plus dinitrobenzine ou trinitronaphtaline.

[Brevet anglais n° 20.069 (1896), accepté le 5 décembre 1896.]

Société française des Explosifs (**La**) a proposé, en 1887, comme absorbant de la nitroglycérine, un mélange contenant 50,81 0/0 de papier de paille nitré et 49,19 0/0 de nitrotoluène. (*Mémorial des Poudres et Salpêtres*, t. II, p. 648.)

Société française des Explosifs (**La**) a soumis à l'examen de la Commission des substances explosives, en 1898, les mélanges suivants :

Azotate d'ammoniaque.........	95	90	90	92,9	90
Résine.........................	5	5,5	5	»	»
Salpêtre.......................	»	4,5	»	»	»
Bichromate de potasse.........	»	»	5	2,6	»
Naphtaline.....................	»	»	»	4,5	»
Binitrobenzine................	»	»	»	»	»

La fabrication d'aucune de ces substances n'a été autorisée : les quatre premières ne furent pas considérées comme des explosifs ; quant à la cinquième, la présence de la binitrobenzine la fit rejeter également (Voir *Nitrobenzine*, p, 493).

Il n'est pas sans intérêt de remarquer que le premier de ces mélanges est identique à la westphalite n° 1, et que les trois suivants répondent à des modifications apportées ultérieurement à cet explosif.

La Société française des Explosifs, dans son établissement de Cugny (Seine-et-Marne), fabrique plusieurs variétés de dynamites et de gélatines explosibles. La composition de ces explosifs est indiquée ci-avant. Voir aussi *Sûreté* (*Dynamite de*).

Société française des Munitions. — Voir *Détonateurs*.

Société générale pour la fabrication de la dynamite (La) fabrique plusieurs des dynamites et des gélatines, dans ses établissements d'Ablon et de Paulilles.

Sodalite. — Poudre chloratée autorisée en Angleterre.

Sohlman. — Voir *Nobel*.

Son (Dynamite au), son nitré. — Voir *Fulmison*.

Sondage. — La dynamite a été employée fréquemment à la destruction d'objets obstruant des trous de sonde, soit qu'ils y fussent tombés accidentellement, soit qu'il s'agît de trépans qu'on ne pouvait arriver à dégager. La charge est descendue jusqu'à l'objet à rompre et appliquée contre celui-ci. Cette utile application, que M. Haton de la Goupillière signalait en 1879 (*Annales des Mines*, 7e série, t. XVI, p. 5), a été réalisée, avec un succès complet, par M. l'ingénieur Brunet.

Dans les puits à pétrole, la nitroglycérine a pu être employée d'une façon très curieuse: lorsque la production du liquide commençait à s'épuiser, on en faisait détoner des charges, vers le fond. L'ébranlement, les fissures déterminées au sein des roches augmentent le suintement du pétrole et peuvent parfois en faire jaillir de nouvelles sources, même si le puits est complètement épuisé. Ce procédé original est dû à un américain du nom de Roberts, lequel réalisa, paraît-il, une fortune considérable par son extension en Pensylvanie; l'explosion du liquide était provoquée par la simple chute d'un poids, lancé de l'orifice du puits sur une cartouche en fer-blanc où il se trouvait renfermé.

Une autre application de la dynamite, fort curieuse également, est due à M. Lippmann : faisant détoner des cartouches au-dessus du tranchant d'une colonne de tubes destinés à faciliter, par le fendillement, l'action du trépan, il arrivait à simplifier de beaucoup la descente de cette colonne.

Dans le même ordre d'idées, M. l'ingénieur Jandin, chargé de la direction des travaux du pont de Palma del Rio, sur le Guadalquivir, a pu faciliter notablement la descente de colonnes d'évacuation employées pour creuser les fondations des piles du pont (fondations tubulaires). Ce procédé peut rendre des services considérables : les coïncements, qui se produisent fatalement dans certaines espèces de sols, rendent parfois la descente extrêmement difficile. Il faut avoir soin de ne pas placer les cartouches trop près du tubage, car l'explosion l'endommagerait.

M. Lippmann s'est également servi de la dynamite pour ménager des chambres de dissolution, à la base des sondages pratiqués dans des formations salifères.

Sophronius. — Voir *Compositions incendiaires.*

Sorbinose nitrée. — Voir *Nitrosorbinose.*

Soude (Dynamite à la).—La British Dynamite Co., Ltd. (actuellement Nobel's Explosives Co., Ltd.) a présenté, à l'examen des autorités militaires anglaises, en 1873, des échantillons renfermant 15 0/0 environ de nitroglycérine, 70 à 75 0/0 de nitrate de soude, ainsi que 7 à 17 0/0 de paraffine et de poussier de charbon. Ils ne furent point admis, à cause de la nature déliquescente du nitrate de soude. Un explosif analogue, la virite n° 2, ne fut pas mieux accueillie. Citons aussi la rhexite, explosif autrichien. En Amérique, on emploie un certain nombre de ces dynamites, notamment l'Atlas Powder B, la Judson Powder et la vigorite. Un accident grave, auquel cette dernière a donné lieu et que nous rappelons ci-après, montre combien la stabilité de tels explosifs est aléatoire.

La liste des dynamites à la soude dont la fabrication est autorisée en France comprend les variétés suivantes :

	n° 2 Arles Saint-Sauveur et Paulilles	n° 2 Cugny (exportation)	n° 3 Arles	n° 3 Paulilles et Saint-Sauveur
Nitroglycérine	35	40	22	22
Azotate de soude	52	43	66	66
Cellulose	13	17	»	»
Farine de bois séchée	»	»	12	»
Charbon	»	»	»	12

Le nitrate de soude entre dans la composition d'un grand nombre de gélatines explosibles.

Soufre. — Ce corps existe à l'état natif dans les terrains volcaniques, sous forme de cristaux ambrés translucides (soufre vierge) ou de masses jaunes citrines opaques (soufre volcanique). On trouve aussi, dans la nature, beaucoup de sulfures métalliques et de sulfates. Le soufre se rencontre également dans certaines matières organiques.

Il se présente sous plusieurs formes allotropiques différentes. Certaines d'entre elles sont solubles dans le sulfure de carbone; d'autres, insolubles.

Soufres solubles. — *a*) Le soufre octaédrique ou ordinaire existe à l'état natif. C'est un corps solide, très friable, craquant par la chaleur de la main. Sa densité = 2,05. Il est mauvais conducteur de la chaleur et de l'électricité. Frotté avec de la laine, il s'électrise négativement. La propriété que possède le soufre de pouvoir dégager de l'électricité par le frottement impose, au cours de la fabrication de la poudre, certaines précautions dont l'inobservance peut causer des accidents sérieux.

Insoluble dans l'eau, le soufre est faiblement soluble dans l'alcool et dans l'éther, très soluble dans les essences, le naphte et le sulfure de carbone. Si on emploie ce dernier, la solution, évaporée lentement, laisse déposer des cristaux volumineux, transparents, en forme d'octaèdres à base rhombe, du quatrième système.

Le soufre entre en fusion à 114°,5; à 120°, il forme un liquide jaunâtre, limpide et mobile. A mesure que la température s'élève, il devient plus visqueux et sa couleur fonce; à 250°, il ne coule plus. Vers 300°, il est plus fluide et conserve une coloration brun foncé. A 440°, enfin, il entre en ébullition et donne des vapeurs d'un orange foncé. Si, après avoir chauffé le soufre au delà, on l'abandonne à lui-même, il cristallise en prismes transparents à base rhombe, du cinquième système.

b) Le soufre prismatique, dont nous venons de voir la préparation, est moins dense que le soufre ordinaire; il ne peut exister qu'à haute température.

c) Le soufre amorphe s'obtient sous la forme d'un précipité blanc, par l'action des acides sur les polysulfures alcalins.

Soufres insolubles. — *a*) Le soufre amorphe prend naissance en décomposant, par l'eau, le chlorure de soufre.

b) Le soufre mou ou plastique s'obtient en refroidissant brusquement le soufre fondu et maintenu vers 260 à 300°. A cette température, avons-nous vu, le soufre ordinaire est visqueux. Après refroidissement, on obtient un produit mou et translucide; il redevient dur et cassant au bout de quelques heures. Le soufre mou est partiellement soluble.

Les gisements principaux du soufre existent en Sicile, où son extraction occupe plus de 30.000 ouvriers; on en rencontre également dans d'autres contrées, mais ils sont bien moins importants.

Lorsqu'on traite des minerais renfermant au moins 50 0/0 de soufre ou des blocs sans gangue (*talamoni*), l'extraction peut s'effectuer par simple fusion dans de grandes chaudières en fonte. Le résidu renferme encore à peu près la moitié du soufre; il est repris ultérieurement par un autre procédé.

Pour les minerais pauvres, les sables imprégnés de soufre, etc., on peut appliquer la méthode par distillation, au moyen des fours dits d'*oppioni;* cette méthode est surtout employée en Romagne. Dans chaque four se trouvent placés douze vases destinés à recevoir le produit à distiller. Les vapeurs se dégagent par un tube qui aboutit à un récipient placé à l'extérieur. Ces fours sont chauffés au bois, combustible coûteux. Dans les *calcaroni*, le soufre lui-même sert de combustible. Ce sont de vastes meules, d'une capacité qui peut varier de 100 à 1.000 mètres cubes. La sole est en pente, et le soufre fondu est recueilli dans un réservoir. La presque totalité du soufre employé est obtenue au moyen de calcaroni. C'est le procédé le plus économique, eu égard surtout à la difficulté de se procurer le combustible sur place.

La méthode proposée par M. de la Tour du Breuil sépare également le soufre par fusion. Dans des bacs rectangulaires, on ajoute au minerai de l'eau bouillante, dont le point d'ébullition est porté à 120° par l'addition de deux tiers de chlorure de chaux, lequel peut servir indéfiniment. Ce système présente le double avantage de donner un produit presque pur et de ne laisser à peu près rien dans la gangue. Dans le four de MM. Thomas frères, la fusion est opérée au moyen de vapeur d'eau surchauffée à 130°. Le système Condy-Bollmann épuise le minerai par l'action du sulfure de carbone, lequel est fabriqué sur place; une série de cylindres laveurs est disposée de manière que le véhicule passe toujours sur le minerai le plus épuisé lorsqu'il commence à servir. Le rendement est bon, mais le maniement du sulfure de carbone dangereux.

On a extrait aussi le soufre par la distillation, en vase clos, de la pyrite de fer. Ce procédé fut employé sous le premier Empire, durant le blocus de la Sicile; des usines de distillation étaient installées à Vonèche et à Vedrin.

La méthode de Claus et celle de Schaffer consistent à traiter les *marcs de soude*, résidus que laisse la fabrication du sel de soude par le procédé Leblanc.

On peut encore obtenir le soufre en traitant l'oxyde de fer sur lequel on a fait passer préalablement, à plusieurs reprises, du gaz d'éclairage qui aura abandonné l'hydrogène sulfuré dont il était souillé. On peut l'extraire enfin des sulfates, qui existent à l'état naturel en abondance. A cet effet, on les transforme en sulfures, par une chauffe au rouge en présence de carbone. Le produit obtenu est arrosé d'acide chlorhydrique; il se dégage de l'acide sulfhydrique, dont il reste à opérer la combustion pour obtenir le dépôt du soufre.

Le raffinage s'opère par distillation dans des cornues et la condensation des vapeurs dans des chambres froides. Elles se déposent sous la forme d'une poudre très fine, appelée *fleur de soufre*. Cette poudre, qui prend naissance dans une atmosphère renfermant de l'anhydride sulfureux en abondance, s'imprègne du gaz, dont une partie se transforme en acide sulfurique.

A Marseille, où le raffinage est pratiqué sur une grande échelle, on emploie l'appareil de Lamy, ainsi que celui de Court et Déjardin. A Spandau, le soufre est fondu ; puis, on le verse dans des récipients dont l'orifice porte un tamis en gaze destiné à retenir les impuretés. On le laisse refroidir lentement : il prend la forme du soufre ordinaire et devient extrêmement cassant. On l'emmagasine par barils de 100 kilogrammes.

Le soufre entre dans la composition de la poudre noire ; il favorise la propagation de la combustion. Dans les poudres chloratées, il augmente considérablement la sensibilité à la percussion et à la friction.

L'examen du soufre porte sur plusieurs points : pour voir s'il n'est pas acide, on le fait bouillir avec de l'eau distillée, puis on essaie le liquide avec le papier de tournesol. Si le résultat est défavorable, il faut neutraliser le produit par des lavages à l'eau.

Les matières terreuses et les oxydes sont dosés comme suit : on enflamme un poids donné de soufre dans une capsule en porcelaine tarée, puis on pèse le résidu de l'incinération. La tolérance est de 0,25 0/0 en Angleterre ; elle est nulle en France, ainsi qu'en Suisse.

Le soufre doit être rejeté également s'il contient de l'arsenic. On peut s'en rendre compte en examinant la substance, triturée et étalée en une couche mince sur une feuille de papier blanc : le bisulfure d'arsenic ou réalgar, de teinte rouge rubis, tranche sur le fond jaune du soufre ; le trisulfure ou orpiment, est jaune doré.

La recherche de l'arsenic peut être effectuée comme suit : le soufre, après avoir été finement pulvérisé, est soumis à une longue ébullition en présence d'acide nitrique. Après avoir décanté, on neutralise la liqueur au moyen de carbonate d'ammoniaque. Ajoutant ensuite du nitrate d'argent, l'arsenic sera décelé par la formation d'un précipité jaune d'arséniate d'argent. Si la proportion est élevée, on simplifie l'opération en faisant digérer le soufre avec de l'ammoniaque diluée. Le sulfure se dissout. La liqueur, filtrée, est additionnée d'acide chlorhydrique ; celui-ci précipite le sulfure d'arsenic.

On peut enfin rechercher l'arsenic au moyen de l'appareil de Marsh.

Soufre-salpêtre. — Composition contenant 1 partie de soufre pour 3 de salpêtre, et dont on se sert pour confectionner les fusées et artifices. Si les mêmes ingrédients sont employés à poids égaux, on obtient le mélange soufre-salpêtre dit *Salpeter Schwefelmengung.*

Soulages. — Voir *De Soulages.*

Sous-marines (Explosions). — C'est au général américain Abbot que l'on doit les premières études de ces intéressants phénomènes, études qu'il commença en 1869. Les expériences effectuées à Willets-Point, pendant quinze années, portèrent sur un certain nombre d'explosifs. Si on représente par 100 la puissance de la dynamite n° 1, celle des explosifs ci-dessous correspond aux chiffres suivants :

Dynamite-gomme (98 0/0 de nitroglycérine)..	142
Gélatine de guerre (89 » » ..	117
Dualine extra (80 » » ..	111
Hercules Powder..........................	106
Dynamite n° 1	100
Atlas Powder A	100
Atlas Powder B..........................	99
Lithofracteur Rendrock..........................	94
Rack-à-rock	88
Tonite..........................	86
Mica Powder..........................	83
Giant Powder..........................	83
Vulcan Powder..........................	82
Poudre Brugère..........................	80
Poudre Désignolle n° 1..........................	68
Judson Powder 3 F..........................	62
Judson Powder CM	44

Toute explosion sous-marine comporte deux phénomènes distincts : à la surface de l'eau, il se forme une gerbe, mélange d'eau, de gaz et, souvent aussi, de débris provenant du fond. En même temps, la pression exercée sur le liquide donne naissance à une onde qui se propage suivant des sphères concentriques, dont le point d'explosion est le centre. On désigne sous le nom de *rayon dangereux* la distance limite à laquelle l'onde produite est encore assez violente pour provoquer la rupture des corps voisins et de *sphère d'action*, la sphère qui y correspond. Si l'on excepte les explosifs agissant au contact, l'œuvre de destruction est produite généralement par l'onde explosive, plutôt que par le passage des gaz engendrés. Ceux-ci, en effet, s'élèvent dans une direction verticale, ce qui restreint considérablement le champ de leur action; pour les applications industrielles, on n'emploie les explosifs qu'au contact.

Les explosifs ont rendu de grands services pour le sautage de navires échoués dans les ports ou les rivières, et constituent un obstacle à la navigation. Lorsqu'il s'agit de telles applications, l'emploi de la gomme ou d'un autre explosif résistant à l'action de l'eau est de circonstance. Il est avantageux de pouvoir pénétrer dans la cale au moyen d'un scaphandre, de façon à appliquer les charges à l'intérieur. Suivant le cas, on emploiera des charges compactes ou des charges allongées, pesant 6 kilogrammes au mètre courant et d'une longueur de 2 à 3 mètres. Les charges compactes, qui pèsent 25 à 30 kilogrammes chacune, sont placées dans des récipients en tôle épaisse et résistante.

Destruction de récifs. — Les applications les plus belles, les plus grandioses des explosifs ont été réalisées aux États-Unis; elles concernaient le sautage de récifs dont la présence constituait un obstacle à la circulation des navires.

Sauf pour les travaux d'une importance exceptionnelle, les mines sous-marines ne sont pas isolées de l'eau qui les entoure; en général, il convient donc d'employer des cartouches imperméables. Pour les grandes profondeurs, les cartouches en caoutchouc seront préférées aux récipients métalliques, par suite de leur résistance aux infiltrations causées par la pression. Dans les premiers essais auxquels on procéda, les cartouches étaient simplement déposées sur la roche; l'expérience montra le désavantage de ce procédé, comparativement aux mines ordinaires.

Lorsqu'on se propose de faire sauter une roche par coups successifs, l'opération ne diffère pas, en principe, du minage ordinaire ; on amène, au-dessus de la roche, le ponton ou radeau de travail, que l'on amarre à des bouées disposées à quarante ou cinquante mètres de distance. L'appareil de perforation est généralement actionné par l'air comprimé et soutenu par un tripode dont le poids puisse assurer la stabilité; il est manœuvré par un scaphandrier. On creuse les trous de mine jusqu'à 20 centimètres, environ, au-dessous de la ligne suivant laquelle on désire provoquer la rupture. Les difficultés de l'opération augmentent avec la profondeur de l'eau et la rapidité du courant. Si le sautage présente quelque importance, on procède à la perforation simultanée des trous de mine; l'installation des appareils doit être faite avec grand soin, afin que la verticalité des forages soit assurée.

S'il s'agit de sautage plus importants encore, la perforation simultanée des trous de mine s'effectue, sans l'intervention de plongeurs, au moyen d'appareils manœuvrés au-dessus de l'eau et protégés au moyen d'une cloche métallique ouverte à ses extrémités. Ce procédé a été appliqué, par le général Newton, au sautage de divers bancs rocheux, à l'entrée du port de New-York.

Pour des récifs présentant une superficie considérable, le général Newton préconise le creusement de galeries sous-marines. La partie la plus élevée du récif étant isolée par la construction d'un batardeau, on creuse un ou deux puits, d'où partent une série de galeries radiales, recoupées par une seconde série de galeries transversales ; il reste donc de nombreux piliers, de dimensions variables, destinés à supporter la portion du récif que l'on se propose de détruire. La construction du batardeau ramène, en quelque sorte, les opérations du minage sous-marin au sautage d'une masse identique placée sur la terre ferme. On fait de nombreux trous de mine dans les piliers, ainsi que dans le toit de l'excavation. Leur explosion simultanée est déterminée par l'électricité.

Le premier des sautages de cette espèce fut celui du *Blossom Rock*, situé à l'entrée du port de San-Francisco et mesurant 150 pieds de longueur sur 100 de largeur ; il fut exécuté en 1870, par l'ingénieur von Schmidt, qui employa 43.000 livres d'une poudre au nitrate de soude, contenues dans 45 barils. Chacun d'eux était amorcé au moyen d'un détonateur Abel. Ce sautage ne fut pas absolument exécuté suivant la méthode que nous avons indiquée : au lieu de percer des galeries, on creusa une vaste chambre de mine, le toit étant soutenu seulement par quatre gros piliers, ainsi que des boisages. Comme bourrage, on laissa l'eau pénétrer dans la chambre des mines jusqu'aux deux tiers de la hauteur : peut-être eût-il été plus efficace de laisser envahir la totalité de l'espace disponible.

Le sautage de *Hallet's Point* fut d'une importance bien plus considérable. Près de New-York, en côtoyant Long Island, existait une masse de rochers constituant un grand obstacle à la navigation. Cette masse présentait un danger tel qu'on lui avait donné le nom significatif de *Hell Gate* (porte de l'enfer). Le sautage de plusieurs des récifs qui la constituaient ayant été effectué, il restait à abattre ceux de Hallet's Point, les plus importants. Ces récifs, qui présentaient l'aspect d'une demi-ellipse irrégulière, mesuraient 232 mètres sur 90 environ. Les opérations furent commencées au mois d'août 1869. Le général Newton employa la méthode que nous avons indiquée. Du puits partaient dix tunnels, recoupés par une succession de galeries transversales laissant 172 piliers pour supporter le roc ; l'épaisseur du plafond variait de $2^{m},50$ à 4 mètres. Ces travaux préparatoires furent terminés vers la fin de 1873.

Le volume total des piliers et du toit à faire sauter alors était de 48.235 mètres cubes. On y fora 4.427 trous de mine, d'une profondeur moyenne de $2^{m},55$, où furent introduites 13.596 cartouches en étain renfermant un total de $22.641^{kg},75$ d'explosifs divers, à base de nitroglycérine. Comme le puits avait été foré dans la portion du récif la plus rapprochée du rivage, les piliers les moins éloignés furent moins chargés que les autres, afin de ne pas endommager les édifices voisins ; la même précaution fut observée pour les trous de mine forés au toit. Ces mesures de prudence furent couronnées d'un plein succès : l'explosion terminée, il n'y eut pas même une vitre brisée dans le voisinage.

Le tirage fut effectué au moyen de détonateurs à fils de platine de $0^{mm},025$ d'épaisseur et 7 millimètres de longueur, avec bourrage à l'eau ; à cet effet, les galeries furent noyées la veille de l'explosion. L'électricité était produite par 960 piles au bichromate de potasse. M. Julius Striedinger, qui dirigeait les opérations électriques du sautage, imagina un commutateur susceptible de déterminer l'explosion simultanée de toutes les mines. Tous les préparatifs étant terminés, le général Newton annonça que, le 24 septembre 1876, à $2^{h},50$, la pointe d'Hell Gate n'existerait plus. A l'heure dite, sa fille, âgée de trois ans, pressa le bouton destiné à fermer le circuit, un bruit sourd se fit entendre, et l'on vit une gerbe jaunâtre s'élever à une hauteur de 30 à 40 mètres. Le récif de Hell Gate s'était effondré.

Peut-on se défendre, à la lecture de ce récit, d'un sentiment d'admiration pour le génie de l'homme, qui arrive à disposer les charges explosibles et à en combiner l'allumage de telle manière que la seule intervention d'une enfant, à la marche encore mal assurée, puisse suffire pour mettre en jeu la puissance énorme capable de déplacer, de pulvériser cette masse rocheuse d'un poids supérieur à cent millions de kilogrammes ! Ne sont-elles pas empreintes d'un caractère de grandeur indéniable, les transformations successives de la matière et de l'énergie, qui commencent par l'intervention de cet infiniment petit, de ce ferment nitrique, sous l'action duquel est engendrée la nitrification, et se terminent par l'anéantissement simultané d'un tel cube de roches ! La nitrification ou première manifestation de l'énergie, due à l'intervention du ferment nitrique sous l'influence favorable des agents atmosphériques : oxygène, humidité et température suffisamment élevée, est, en effet, le phénomène qui fournit les azotates, lesquels sont décomposés industriellement en vue d'obtenir l'acide nitrique. A son tour, l'acide est combiné à la glycérine ; l'énergie qui s'y trouvait emmagasinée à l'état latent est transmise à la nitroglycérine et devient le point de départ de ses propriétés explosives. Au moment de la fermeture du circuit, d'autre part, l'énergie électrique, se transformant en énergie calorifique, provoque l'échauffement d'un fil de platine, lequel met en jeu l'affinité chimique propre à produire la détonation du fulminate de mercure qui l'environne. Cette détonation engendre, au sein de la dynamite, les conditions susceptibles d'éveiller à nouveau l'affinité chimique et de provoquer ainsi, sous forme d'explosion, la production d'une énorme quantité de gaz à température élevée, dont l'expansion développe une énergie qui ne tarde pas à vaincre la force de cohésion des roches au sein desquelles ils ont pris naissance.

L'importance de ces opérations fut encore dépassée par la destruction des récifs de *Flood-Rock*, effectuée également sous la direction du général Newton, et qui constitue le plus considérable des sautages que l'on ait exécutés jusqu'à ce jour. L'écueil ainsi nommé présentait une superficie de quatre hectares et demi environ, soit le triple de Hallet's Point. Il fut miné sur toute son étendue : on creusa deux puits de 20 mètres de profondeur, pénétrant dans le rocher jusqu'à la ligne de dérasement projetée. Les galeries n'étaient pas rayonnantes : une série de vingt-quatre, parallèles au sens du courant, était recoupée transversalement. La plus longue des galeries atteignait 360 mètres. Leur longueur totale s'élevait à 6.500 mètres. 467 piliers mesurant 5 mètres de côté, en moyenne, soutenaient le plafond de cette vaste excavation, plafond dont l'épaisseur variait entre 4 et 6 mètres.

Dans chaque galerie, on avait établi une voie ferrée, avec traction animale, pour amener jusqu'aux puits les débris provenant des percements préliminaires, débris dont le total dépassa 40.000 mètres cubes. Des mines furent forées à la base et au sommet de chaque pilier; en moyenne elles avaient 12 centimètres de diamètre et 2m,70 de longueur, leur inclinaison étant calculée de façon à recouper, autant que possible, les stratifications du terrain. Le plafond fut miné de même. Au total, le nombre des mines atteignit 13.280. Comme explosifs, on employa 109.000 kilogrammes de rack-à-rock et 34.000 de dynamite n° 1, renfermés dans 40.000 cartouches.

On conçoit combien eût été compliquée l'opération du sautage si chaque mine avait été reliée au circuit. Pour obvier à cet inconvénient, le général Newton fit sauter les mines par influence : à l'orifice de chaque forage fut placée une cartouche de dynamite amorcée, faisant saillie de $0^m,15$ environ. Dans les galeries on disposa, entre les piliers, des madriers distants entre eux de $7^m,50$ et éloignés de 4 mètres, au plus, des cartouches de dynamite émergeant des trous de mine. C'est sur ces madriers que se trouvaient posées, dans les parties voisines des piliers, les cartouches portant les amorces reliées au circuit électrique ; le nombre de ces cartouches fut de 600 seulement. Quant à leur poids, il fut déterminé expérimentalement avant l'opération.

L'explosion eut lieu le 10 octobre 1885. L'eau s'éleva en une masse bouillonnante mesurant plus de 400 mètres de longueur et 250 de largeur, avec des hauteurs variables atteignant 60 mètres. Du sein de ce geyser s'éleva une traînée de gaz colorés de teintes diverses. Il se produisit trois secousses successives ; elles ne causèrent aucun dommage et durèrent quarante-cinq secondes en tout. Le bruit de la détonation, qui se fit entendre très loin, se prolongea pendant quarante secondes. On estime à 1.800.000 mètres cubes la totalité des déblais formés. Tout compris, le sautage de Flood-Rock représenta une dépense de 5.250.000 francs.

Sous-sensibles (Explosifs). — Voir *Lundholm et Sayers.*

SP_1, SP_2, et SP_3 (Poudres). — Poudres noires françaises, qui renfermaient respectivement 340 à 370, 100 à 110 et 20 grains au kilogramme. Les deux premières étaient destinées aux canons de siège et de place ; la troisième, aux canons de 27 centimètres.

Ces poudres, fabriquées à Saint-Chamas, se composaient de grains cubiques. Elles se distinguaient par la manière dont s'effectuait la compression. Les expériences dont elles furent l'objet, de la part de MM. Bruley et Hagron, mirent en évidence la régularité de leur action.

Spica. — Voir *Résistance (Essai de) à la chaleur.*

Spaltglühzunder. — Voir *Electricité (Application de l') au tirage des mines.*

Sparte nitrée. — Voir *Hengst* et *Trench.*

Spence, en dehors des poudres proposées en collaboration avec M. Ricker, a fait breveter des mélanges renfermant de 54 à 62 0/0 de chlorate de potasse, additionné des ingrédients suivants : sciure de bois, charbon de bois ou de terre, bicarbonate de soude, farine de froment et salpêtre.

Spill a fait breveter, en 1875, le traitement de la cellulose par des dissolvants susceptibles de la transformer en une masse visqueuse, à laquelle on donnait ensuite la forme de feuilles cornées. Ce brevet concerne plutôt la fabrication du celluloïd que l'industrie explosive proprement dite.

Spiralite (*Explosivstoff-Werke Spiralit Gesellschaft und Max Thorn, à Hambourg*). — Poudre à base de nitrocellulose, se présentant sous la forme de feuilles de papier nitré et imprégné d'une composition destinée à modérer l'effet explosif. Les charges se préparent en superposant un nombre de feuilles qui dépasse fréquemment quarante ; on les tasse ensuite. Ce mode de procéder permet d'assurer la constance des résultats, en employant une quantité constante de poudre.

Les renseignements précis qui concernent la composition et la fabrication de la spiralite n'ont pas été communiqués par l'inventeur.

(Brevet anglais n° 8.250, 6 avril — 23 décembre 1898.)

Spollema. — Voir *Nitrate de potassium.*

Spon. — Voir *Amorces électriques.*

Spooner. — Voir *Nitrolin.*

Sprengel a fait breveter des mélanges composés d'un corps combustible et d'un comburant, tout comme la poudre noire, mais avec cette différence que les composants ne sont mis en présence qu'au moment d'être employés et que l'explosion est provoquée par une capsule détonante. Les proportions sont telles que l'oxydation et la désoxydation mutuelles soient théoriquement complètes.

Les mélanges désignés sous la dénomination d'explosifs acides de Sprengel sont à base d'acide nitrique. Voici les principaux :

a) 1 équivalent chimique de nitroglycérine et 5 équivalents d'acide nitrique ;

b) 5 équivalents chimiques d'acide picrique et 13 équivalents d'acide nitrique ; comme proportions en poids, M. Berthelot indique respectivement 583 et 417 grammes ;

c) 87 équivalents chimiques de nitronaphtaline et 413 équivalents d'acide nitrique.

M. Berthelot indique encore les mélanges suivants :

281 grammes de nitrobenzine et 719 grammes d'acide nitrique
400 » de dinitrobenzine et 600 » »

Parmi les explosifs de la catégorie *b*), on peut citer l'oxonite et l'emmensite ; cette dernière, toutefois, ne se prépare pas au moment de l'emploi. L'hellhoffite est un mélange de dinitrobenzine et d'acide nitrique.

Pour préparer ces divers explosifs, il est nécessaire d'employer l'acide nitrique fumant, rouge ; ainsi que l'a constaté M. Turpin, l'acide blanc ne peut convenir. Remarquons que le choix des mélanges est fort limité. L'acide nitrique, en effet, attaque et enflamme nombre de substances organiques. Il faut éviter soigneusement le contact de cet acide avec la capsule détonante, à cause des explosions prématurées qui en résulteraient. Sous la rubrique *Oxonite*, nous décrivons un accident de ce genre, survenu en 1884. Il y a lieu de remarquer, également, combien l'emploi des explosifs à base d'acide nitrique est peu recommandable, dans tout espace où l'air ne circule pas librement.

D'autres explosifs Sprengel se composent de chlorate de potasse additionné d'une ou plusieurs des substances suivantes : bisulfure de carbone, benzine, nitrobenzine, bisulfure de carbone saturé de naphtaline ou d'acide phénique, etc. Parmi ces explosifs, on peut citer spécialement le rack-à-rock.

(Brevets anglais n° 921, 6 avril 1871, et n° 2.642, 5 octobre 1871.)

Sprengstoff Actiengesellschaft Carbonit. — Voir *Carbonite*.

Sprengstoffwerke Dr R. Nahnsen u. C° Commandit Gesellschaft. — Voir *Nahnsen*.

Spring Paste. — Voir *Pâte explosible*.

Springthorpe a proposé, comme poudre sans fumée, un produit à base de nitrolignine ou de paille d'avoine nitrée.

(Brevet français n° 207.919, 29 août 1890.)

SR et SS Powders. — Voir *Rifléite*.

SSP (Poudre) (*Sicherheitssprengpulver*). — Poudre de sûreté d'origine allemande, ainsi que son nom l'indique. Cette poudre, à base d'azotate d'ammoniaque, est fabriquée par la Société H. Müller et C°, à Liège.

ST (Dynamite). — Analogue à la dynamite E. C.

Stabilité des explosifs nitrés. — Voir *Résistance (Essai de) à la chaleur.*

Standard (Dynamite). — La variété n° 1 renferme 60 0/0 de nitroglycérine, l'absorbant étant composé de nitrocellulose. Une portion de celle-ci est remplacée par des nitrates, dans la variété n° 2. Cet explosif est autorisé en Angleterre.

Stateham (La fusée de) se compose de deux fils conducteurs en cuivre ou en fer galvanisé, distants de 2 à 3 millimètres et fixés dans un tube en caoutchouc revêtu intérieurement d'une couche de sulfure de cuivre. C'est cette couche qui sert de conducteur secondaire au courant électrique et assure l'inflammation d'une petite charge de fulminate de mercure mélangée avec de la poudre de chasse, et renfermée dans une enveloppe en caoutchouc.

Steinau (La cartouche) est un flacon en verre contenant de l'acide sulfurique et fixé à l'intérieur d'un autre flacon rempli d'eau : celui-ci est entouré de chaux vive, retenue par une enveloppe percée de trous. Ayant plongé la cartouche dans l'eau, on l'introduit dans le trou de mine, que l'on bourre comme à l'ordinaire. L'extinction de la chaux produit un dégagement de chaleur qui élève la température de l'eau, ainsi que de l'acide, et provoque la rupture des flacons qui les renferment. Le dégagement de chaleur s'accentuant, l'eau se vaporise en masse et fait sauter la roche environnante.

L'invention de la cartouche Steinau date de 1887.

Stevens préconise l'addition, aux pyroxylines, de kétone à poids moléculaire élevé : méthyléthylkétone ($CH^3.CO^2.CH^5$), seule ou mélangée avec ses homologues, afin de donner la plasticité voulue (1897).

Stibine. — Voir *Trisulfure d'antimoine.*

Stones a proposé l'emploi de la tourbe carbonisée, en vue de fabriquer la poudre noire.

Stonite. — Cet explosif, de fabrication allemande, est de la même famille que la carbonite. En voici la composition :

Nitroglycérine	68
Nitrate de potasse ou de baryte	32
Kieselguhr	
Carbonate de magnésie	
Farine de bois	
	100

On peut ajouter de l'huile sulfurée (brevets Bichel), ainsi que de la suie.

La stonite, telle qu'on l'admet à l'importation en Angleterre, doit renfermer au moins 20 0/0 de kieselguhr et 4 0/0 de farine de bois.

Storer a proposé l'emploi de bitume mélangé avec une substance oxydante.

(Brevet anglais n° 23.377, 28 janvier 1893.)

Storite. — Une poudre répondant à la formule indiquée par M. Storer fut présentée à l'examen des autorités de la colonie de Victoria, mais ne put être admise. Elle renfermait 70 0/0 de chlorate de potasse et 30 0/0 de bitume.

Stow-ite. — Composition :

Nitroglycérine	58 à 61	pour 100
Nitrocellulose	4,5 à 5	»
Salpêtre	18 à 20	»
Oxalate d'ammoniaque	11 à 13	»
Farine de bois	6 à 7	»

La dose d'humidité que renferme cette dernière est comprise entre 5 et 15 0/0.

Cet explosif figure sur la liste des substances dont l'emploi est autorisé, en Angleterre, dans les exploitations houillères dangereuses. L'autorisation est subordonnée à l'emploi d'un détonateur n° 6, renfermant 1 gramme de composition à 80 0/0 de fulminate de mercure et 20 0/0 de chlorate de potasse, ainsi que d'une cartouche en papier parcheminé non imperméabilisé.

La stow-ite est fabriquée par la New Explosives Co., Ltd., dans sa manufacture de Stowmarket.

Stowmarket (Carbonite de). — Voir *Pit-ite.*

Stowmarket (Gélignite de). — Voir *Gélignite.*

Stowmarket (Poudre de). — Explosif à base de nitroglycérine, fabriqué depuis 1898.

Street (Les explosifs), ou streetites, sont des mélanges chloratés ; chaque grain est protégé par une couche composée d'un élément combustible dissous dans l'huile.

Les dérivés nitrés d'hydrocarbures, de phénol, d'amines, peu solubles à froid dans les huiles animales ou végétales, deviennent plus solubles à mesure que la température s'élève. Cette même propriété se rencontre chez les dérivés azoïques : azobenzol, azoxybenzine, amidoazobenzol, diamidoazobenzol, etc. M. Street a constaté qu'en associant des composés appartenant à ces deux catégories ou à l'une d'elles, la solubilité du produit obtenu était comprise entre celles des deux substances mélangées, de même que la fusibilité [1].

Dans cet ordre d'idées, pour obtenir la *picronitronaphtaline*, on fait fondre 1 kilogramme de mononitronaphtaline, dans un récipient chauffé à la température de 90 à 100° ; ensuite, on ajoute graduellement $1^{kg},320$ d'acide picrique. Quand la dissolution est complète, il reste à couler le produit en plaques. A froid, l'huile de ricin dissout ce produit à raison de 5 0/0 ; à 100°, le taux s'élève à 80 0/0 et, vers 115°-118°, il atteint 100 et même 150 0/0. Or, pour l'acide picrique seul, les degrés de solubilité correspondant

(1) Ce principe a été breveté également par la *Chemische Fabrik Griesheim* (picronitrotoluène).

à ces diverses températures sont respectivement de 4, 20 et 50 0/0. Quant au point de fusion, il se trouve abaissé de 120°-125° à 74°.

L'association de deux substances ne doit pas nécessairement être opérée par fusion ; on peut les dissoudre dans un véhicule commun, à chaud, en commençant par la plus soluble. Comme dissolvant, on emploie l'huile, l'éther, l'alcool, l'acétone, le chloroforme, la benzine, etc. L'opération effectuée, on l'élimine par évaporation.

La méthode générale de fabrication préconisée par M. Street consiste à dissoudre, dans la quantité minimum de l'huile la mieux appropriée à cet usage et à chaud, le dérivé nitré ou azoïque que l'on a en vue. Si la température que l'opération nécessite est susceptible d'engendrer l'explosion ou la décomposition de ce dérivé, on l'associera avec une substance susceptible de l'abaisser. D'autre part, le degré de solubilité doit être tel qu'aux températures les plus élevées, aucune exsudation de l'explosif ne soit à redouter. Dans certains cas, la dissolution peut être remplacée par une addition d'huile, à chaud.

L'opération suivante est le malaxage ; elle s'effectue dans un appareil chauffé à 100° environ. Cette température doit être maintenue constante, afin que la masse reste dans un état de fluidité complète. Ayant introduit dans le malaxeur la solution qui vient d'être préparée, on ajoute les autres éléments combustibles que l'on mélange soigneusement. Cela fait, on introduit graduellement le chlorate ou le perchlorate alcalin finement pulvérisé, en prenant soin d'agiter constamment la masse. Lorsque le malaxage est parfait, il reste à effectuer l'encartouchage. Dans le tableau de la page suivante, nous reproduisons les formules indiquées par M. Street.

[Brevet français n° 267.407, 29 mai 1897 ; brevets anglais n° 9.970 accepté le 5 mars 1898 ; n° 13.724 (1897), accepté le 2 avril 1898, et n° 12.761 (1898), accepté le 18 février 1899.]

Les variétés *i*, *k* et *v* ont été expérimentées par la Commission française des substances explosives. Pour la pression en vase clos, l'unité choisie étant celle qu'exerce la poudre noire, le résultat

	a	b	c	d	e	f	g	h	i	j	l	m	k	n	o	p	q	r	s	t	u	v	x	y	z
Chlorate de potasse	68.66	66.66	66.66	67,27	69,36	70.00	70.60	70,60	74,6	75	78	79	75	79	79,12	79,42	79,12	79,12	8 »	80	80	80	»	»	»
Chlorate de soude	»	»	»	»	»	»	»	»	»	»	»	»	»	»	»	»	»	»	»	»	»	»	75	75 »	80
Huile de ricin	2,78	2.78	2.78	0.64	2.80	9,19	5.82	2,90	5	5	6	10	5	5	1,10	1,10	1,10	1,10	9,09	8	8	8	10	7,5	10
Mononitrobenzine	»	»	»	»	»	»	11,79	»	»	»	»	10	»	15	9,89	11 »	11 »	11 »	9.09	»	»	»	»	»	»
Binitrobenzine	13,89	»	»	»	»	11.02	»	»	»	»	»	»	»	»	8,79	»	»	»	»	»	»	»	»	»	»
Mononitronaphtaline	»	»	»	»		»	»	14,71	5,5	5	11	»	»	»	»	»	»	»	»	11	12	»	»	»	»
Binitronaphtaline	»	»	»	»	»	»	»	»		»	»	»	»	»	»	7.68	»	»	»	»		»	»	»	»
Azobenzol	»	11,47	13.80	»	14,30	»	»	»	»	»	»	»	»	»	»	»	7,68	»	»	»		»	»	17,5	»
Nitraniline	»	»	»	»	13.48	»	»	»	»	»	»	»	»	»	»	»	»	7,68	»	»	»	»	»	»	»
Picrate d'aniline	»	»	»	13,45	»	»	»	»	»	»	»	»	»	»	»	»	»	»	1 82	»		»	»	»	»
Acide picrique	»	»	»	»	»	»	»	»	»	»	»	»	»	»	»	»	»	»	»	»	»	»	»	»	»
Picronitronaphtaline	»	»	»	»	»	»	»	»	»	»	»	»	20	»	»	»	»	»	»	»	»	»	10	»	10
Picro-azobenzol	»	16,61	»	»	»	»	»	»	»	»	»	»	»	»	»	»	»	»	»	»	»	12	»	»	»
Nitroglycérine	13,89	2,78	13,89	»	»	»	11,79	11,79	»	»	5	»	»	»	»	»	»	»	»	»	»	»	»	»	»
Dinitrocellulose	2.61	»	2,78	»	»	»	»	»	»	»	»	1	»	1	1,10	1,10	1,10	1,10	»	1	»	»	»	»	»
Amidon	»	»	»	9,64	»	9,19	»	»	14,9	15	»	»	»	»	»	»	»	»	»	»	»	»	5	»	5

obtenu fut évalué à 1,7. Les propriétés brisantes sont moins accentuées que celles de la dynamite n° 1, d'après l'essai au bloc de plomb. La sensibilité au choc, moindre également.

La Commission estime que la fabrication de ces explosifs se présente dans des conditions particulières de sécurité. La diminution de prix du chlorate de potassium, due à sa production par voie d'électrolyse, permet de lutter avec la poudre et la dynamite, au moins théoriquement, réserves faites quant aux frais de fabrication et à l'effet utile.

M. Street a proposé ultérieurement l'addition du soufre aux explosifs de son invention : il l'introduit sous forme de dissolution dans l'huile de lin. La présence de cet ingrédient dans les poudres chloratées, favorable au point de vue de l'effet utile, est une source de danger. L'adjonction de l'huile permettrait d'obtenir des mélanges stables, tant au point de vue du choc que des variations de la température atmosphérique.

Vers 140°, la solubilité du soufre dans ce véhicule varie de 7 à 12 0/0. Afin de prévenir le dépôt provoqué par le refroidissement, il suffit d'effectuer la dissolution à la température de 180°. Dès lors, l'huile de lin soufrée se conserve plusieurs mois sans subir de transformation apparente, ni laisser déposer le soufre. On peut même la chauffer à 100°, sans qu'elle se modifie. Elle dissout les dérivés nitrés ou azoïques avec la même facilité et dans les mêmes conditions que si elle était pure.

Lorsqu'on opère à froid, la proportion de soufre que peut dissoudre l'huile de lin ne dépasse pas 4 à 5 0/0. Si on désire l'emmenter, il suffit d'ajouter des composés tels que les éthers sulfurés, le sulfure d'allyle, le sulfure d'amyle : outre la quantité de soufre qu'ils apportent par eux-mêmes, ils sont susceptibles d'en retenir une certaine proportion.

Le soufre peut également être dissous dans la vaseline, la paraffine, les éthers nitriques (nitrate d'amyle), la nitrobenzine et la nitronaphtaline. Pour augmenter la consistance, il est facultatif d'ajouter de l'amidon ou de la cellulose. Cette addition est nécessaire si on supprime le dérivé nitré ou azoïque, se bornant à l'huile soufrée comme élément combustible.

Comme dissolvants, l'inventeur indique encore l'acide oléique, palmitique ou margarique. Si on sature la solution d'ammoniaque, on obtient un produit à basse température de déflagration, préconisé comme explosif de sûreté; on peut aussi combiner directement le sulfhydrate d'ammoniaque avec l'acide gras. Dans certaines variétés, le soufre est supprimé : l'acide gras est saturé d'ammoniaque liquide ou gazeuse.

Voici les diverses formules indiquées :

Chlorate de potasse	80	80	80	80	80	80	80	80
Soufre en solution dans : l'huile de lin	8	6	8	10	»	»	»	»
la vaseline	»	»	»	»	10	»	»	»
la nitrobenzine	»	»	»	»	»	10	»	»
la nitronaphtaline	»	»	»	»	»	10	»	»
l'acide oléique	»	»	»	»	»	»	10	»
Sulfure d'allyle	»	»	2	»	»	»	»	»
Sulfo-oléate d'ammoniaque	»	»	»	»	»	»	»	10
Nitronaphtaline	12	12	»	»	»	»	»	10
Acide picrique	»	2	»	»	»	»	»	»
Amidon ou cellulose	»	»	10	10	10	»	10	»

(Brevet anglais n° 12.760, 7 juin 1898 — 18 février 1899; certificat d'addition au brevet français ci-dessus, en date du 24 août 1897.)

M. Street a proposé la substitution totale ou partielle de la résine aux éléments combustibles dont il est fait mention dans le brevet d'origine.

(Brevet anglais n° 24.468, 19 novembre 1898 — 23 septembre 1899; certificat d'addition au brevet français ci-dessus, en date du 24 mai 1898.)

Les explosifs Street sont fabriqués par MM. Bergès, Corbin et Cie, à Chedde (Haute-Savoie); certaines de leurs variétés sont admises en Belgique. En Angleterre, on les désigne sous le nom de cheddite.

Striedinger. — Voir *Sous-marines (Explosions)*.

Stubenrauch (Von). — Voir *Von Stubenrauch*.

Studer a fait breveter une poudre sans fumée, destinée aux armes de petit calibre.

Stürcke (Etats-Unis d'Amérique) a proposé le mélange suivant :

Nitrate de soude	59
Nitroglycérine	15
Nitrate d'ammoniaque	10
Fibre de bois	10
Vaseline	5
Soufre	1
	100

Cet explosif est admis en Angleterre.
(Brevet anglais n° 7.583, accepté le 2 juin 1900.)

Styphnique (Acide). — Voir *Nitrorésorcine*.

Sucre (Dynamite au). — Voir *Girard*.

Sucre nitré. — Voir *Nitrosaccharose*.

Sudenberger Maschinenfabrik. — Voir *Nitrocellulose*.

Sulfurea. — Voir *Reynold (Poudre)*.

Sulfure d'antimoine. — Voir *Trisulfure d'antimoine*.

Sulfure d'azote (AzS^2). — Substance cristalline jaune d'or, que l'on obtient en faisant passer de l'ammoniaque sur un mélange comprenant 1 partie de chlorure de soufre et 8 à 10 parties (en volumes) de bisulfure de carbone. On peut le préparer également par l'action du gaz ammoniacal sur le chlorure de thionyle. Il est insoluble dans l'eau, peu soluble dans l'alcool et dans l'éther, soluble dans le sulfure de carbone.

Ce composé détone avec violence sous le choc du marteau, ainsi qu'à la température de 160°. Ses effets sont moins brusques que ceux du fulminate de mercure; la densité, d'ailleurs, n'est que moitié moindre.

Sulfurique (**Acide**). — L'industrie explosive consomme des quantités d'acide sulfurique très considérables, soit qu'il s'agisse de nitrifier la glycérine, la cellulose, etc., soit qu'il s'agisse de fabriquer l'acide nitrique.

Un certain nombre de fabriques produisent elles-mêmes l'acide nécessaire à leur consommation. Ce sujet, toutefois, n'est pas compris dans les limites de notre cadre; on trouvera dans les ouvrages spéciaux, notamment celui du Dr Georges Lunge, les renseignements relatifs à cette fabrication. Pour ce qui concerne les perfectionnements récents, on consultera avec intérêt le compte rendu du Congrès international de chimie appliquée, qui s'est réuni à Paris en 1900 (séance du 25 juillet).

L'industrie explosive exige l'emploi d'un acide concentré, renfermant au minimum 94 0/0 de SO^4H^2. Au-dessus de ce taux, le rapport entre le prix de vente et le degré de concentration règle aisément la qualité à employer.

La détermination de la richesse s'effectue au moyen de la soude caustique en solution semi-normale, le phénol-phtaléine ou le méthyl-orange étant employé comme indicateur; on pèse $2^{gr},45$ d'acide, et on verse le réactif au moyen d'une burette de 100 centimètres cubes. La lecture de la burette indiquera exactement la proportion de SO^4H^2. Si la quantité pesée n'était pas exactement de $2^{gr},45$, un calcul très simple permettrait d'effectuer la détermination.

L'acide sulfurique doit renfermer aussi peu de fer que possible, et 0,1 0/0 d'arsenic au maximum; ces deux corps exercent sur les composés nitrés une action réductrice.

Sulfurite. — Poudre de mine brevetée par MM. Sala et Azémar, et répondant à la composition suivante:

Salpêtre	62
Soufre	30
Charbon de bois	4
Cendres de bois	4
	100

(Brevet français n° 201.319, 14 octobre 1889.)

Sun Gelignite. — Voir *Gélignite*.

Sûreté (Allumeurs de). — Voir *Allumeurs de sûreté*.

Sûreté (Bourrages de). — Voir *Bourrages de sûreté*.

Sûreté (Dynamite de). — Voir *Von Dahmen*.

Sous la même dénomination, la Société française des explosifs fabrique le produit suivant (dynamiterie de Cugny) :

Nitrate d'ammoniaque	78 parties	90
Crésylate d'ammoniaque	22 »	
Nitroglycérine figée par l'addition de 10 0/0 de coton azotique soluble		10
		100

Les deux premiers ingrédients constituent le mélange désigné sous le nom d'explosif de mine type C, n° 1 *b*.

Sûreté (Explosifs de). — L'exploitation des mines comporte l'emploi des substances explosibles au sein de galeries dont l'atmosphère renferme une certaine quantité de grisou, accompagnée de poussières de houille. La production soudaine d'une température et d'une pression très élevées, dans un tel milieu, est susceptible d'en provoquer l'explosion ; des accidents graves et nombreux, survenus dans tous les pays miniers, ont mis ce danger en relief d'une façon saisissante. A cet état de choses, la suppression des explosifs constituerait évidemment un remède radical. On a proposé à cet égard nombre d'outils ou d'engins : aiguille-coin, haveuse, bosseyeuse, etc. Si l'application de ces dispositifs a pu s'étendre dans certaines exploitations, il n'est pas possible, cependant, de la généraliser d'une façon absolue : la suppression totale des explosifs dans un charbonnage suppose l'emploi d'une force motrice telle que l'eau, l'air comprimé ou l'électricité. Or la canalisation et l'installation des appareils que cet emploi comporte nécessairement présentent des difficultés qui varient avec les conditions propres à chaque exploitation, et qui peuvent être insurmontables parfois. Aussi a-t-on été amené à rechercher des explosifs de sûreté, c'est-à-dire des substances pouvant être employées, sans danger, au sein d'une atmosphère susceptible de s'enflammer. Le problème date d'une vingtaine d'années et a été étudié par des commissions officielles instituées dans tous les pays miniers de l'Europe.

C'est à la Commission française du grisou que revient l'honneur d'avoir jeté les bases d'une étude réellement scientifique de la question. D'après une note de M. Chesneau (*Annales des Mines*, t. XV, 3e livr., 1899, p. 219), les principaux faits nouveaux établis par ladite Commission peuvent être résumés comme suit :

« 1° Tout explosif dont les produits atteignent, pendant la détonation, une température de 2.200° (pour un poids de 50 grammes d'explosif entouré d'une enveloppe mince de plomb), est susceptible d'allumer le grisou ; la poudre noire, même déflagrant au milieu de l'eau, la dynamite, le coton-poudre, la dynamite-gomme, la dynamite-gélatine, etc., sont dans ce cas ;

« 2° Avec un explosif détonant à l'air libre dans une capacité de 10 mètres cubes contenant un mélange à 10 0/0 de formène, si la température de détonation est inférieure à 2.200°, le grisou *peut* n'être pas allumé, par suite du refroidissement rapide des gaz pendant leur détente et du retard à l'inflammation des mélanges d'air et de formène (phénomène découvert en 1883 par MM. Mallard et Le Chatelier) ;

« 3° Si, à un explosif détonant qui, seul, allume le grisou (comme la dynamite et le coton octonitrique), on ajoute des quantités croissantes de substances ne détonant point par elles-mêmes ou produisant, comme l'azotate d'ammoniaque, des effets de détonation moindres que l'explosif lui-même et dont l'effet est d'abaisser la température de détonation, il existe une proportion pour laquelle, à charge totale constante de 50 grammes détonant à l'air libre, le grisou n'est pas allumé. »

De ces faits d'expérience, la Commission française a tiré les conclusions pratiques que voici : plus la température de détonation est basse, moins il y a de chances d'allumer le grisou ; mais, si l'on peut ainsi diminuer considérablement le danger de l'explosion, la sécurité n'est jamais absolue, « en raison de la complexité « et du peu de fixité des phénomènes qui peuvent se présenter « dans la détonation des explosifs à l'air libre; aussi sera-t-il tou- « jours prudent d'éviter le tirage des coups de mine, même chargés « avec un des explosifs considérés comme les plus sûrs, dans un « point où le mélange d'air et de grisou est inflammable.

« La sécurité est d'autant plus grande que l'explosif est mieux « et plus complètement bourré dans le trou de mine ; elle est « d'autant plus grande que la masse de l'explosif est moins con- « sidérable. Toutes choses égales, la sécurité dépend surtout de « la température de détonation de l'explosif. »

La circulaire ministérielle du 1er août 1890, sanctionnant ces conclusions, interdit l'emploi de la poudre noire dans les mines à grisou ou les mines poussiéreuses dont les poussières sont inflammables. Elle laisse aux exploitants, d'ailleurs, toute latitude dans le choix des explosifs quant à leur composition, à condition que les produits de leur détonation ne contiennent aucun élément combustible et que la température de détonation (Voir *Calcul des éléments caractéristique d'un explosif donné*) n'excède pas 1.900° pour les explosifs employés aux travaux de percement dans le rocher, et 1.500° pour les travaux dans la couche. L'écart entre ces températures et celle de 2.200°, ci-dessus indiquée, a pour but de parer, dans une limite que nous ne pouvons considérer comme bien définie, aux aléas provenant de ce que les essais de la Commission n'aient pas porté sur des charges supérieures à 200 grammes. Il vise, d'autre part, les variations qui peuvent exister dans les modes de fabrication ou de décomposition explosive des substances employées.

La même circulaire recommande l'emploi des explosifs suivants :

1° Les mélanges de dynamite n° 1 (à 75 0/0 de nitroglycérine et 25 0/0 de silice) et d'azotate d'ammoniaque, dans lesquels la proportion de dynamite ne dépasse pas 40 0/0 pour les travaux au rocher et 20 0/0 pour les travaux dans la couche ;

2° Les mélanges de dynamite-gomme (à 917 0/00 de nitroglycérine et 83 0/00 de coton ennéanitrique) et d'azotate d'ammoniaque, dans lesquels la proportion de dynamite-gomme ne dépasse pas 30 0/0 pour les travaux au rocher et 12 0/0 pour les travaux dans la couche [1] ;

3° Les mélanges de coton octonitrique et d'azotate d'ammoniaque, dans lesquels la proportion de coton ne dépasse pas 20 0/0 pour les travaux au rocher et 9,5 0/0 pour les travaux dans la couche;

4° Les mélanges de binitrobenzine et d'azotate d'ammoniaque, dans lesquels la proportion de binitrobenzine ne dépasse pas 10 0/0 pour les travaux au rocher.

Les premiers explosifs de sûreté à base d'azotate d'ammoniaque : bellite, roburite, sécurite, explosifs Favier, datent de 1885 ; ensuite, apparurent successivement la dahménite, la westphalite, la progressite, l'électronite, la fractorite, la nitroferrite, etc.

Le maniement de ces divers explosifs peut être considéré comme exempt de danger : pratiquement, ils ne peuvent faire explosion, ni sous l'influence de la flamme, ni sous l'action du choc — à condition, bien entendu, qu'ils ne soient pas amorcés.

L'application du nitrate d'ammoniaque à la confection des explosifs de sûreté est basée sur la température relativement basse à laquelle il se décompose. Le tableau suivant montre l'influence exercée, par l'addition de ce sel, sur la température de détonation des mélanges explosibles :

(1) Ces mélanges ont reçu le nom de grisoutine.

NOMS DES EXPLOSIFS	TEMPÉRATURE d'explosion	QUANTITÉS d'azotate d'ammoniaq. ajoutées (pour cent)	TEMPÉRATURES obtenues
Nitroglycérine	3200°	»	»
Dynamite-gomme (8 0/0 coton nitré)	3090°	88	1493°
Dynamite (25 0/0 silice)	2940°	80	1468°
Coton-poudre	2650° / 2060°	90,5	1450°
Nitrate d'ammoniaque	1130°	»	»

Basées sur un tout autre principe sont les wetterdynamites, grisoutites, etc. Ces explosifs renferment du sulfate de magnésie ou du carbonate de soude, dont la décomposition met en liberté une certaine quantité d'eau de cristallisation ; la production et la volatilisation de celle-ci consomment une quantité de chaleur propre à abaisser la température des produits de l'explosion. Ce principe est loin d'être admis sans conteste : d'aucuns prétendent que le sel dont on additionne la substance explosible n'est pas décomposé et peut être projeté intact. Quoi qu'il en soit, à la suite d'essais récents, la Commission autrichienne a émis un avis extrêmement favorable concernant la wetterdynamite à la soude.

Les sels que nous venons d'indiquer, ainsi que d'autres dont on n'avait pu additionner la nitroglycérine, par suite d'incompatibilité chimique, ont été employés suivant le même principe, mais placés extérieurement à la cartouche explosive. Citons le chlorure et l'oxalate d'ammoniaque, l'alun, le chlorure de sodium, etc. Ces sels entrent dans la composition des bourrages de sûreté, lesquels font l'objet d'une rubrique antérieure, ainsi que d'autres dispositifs (Cocking, etc.). En Angleterre, l'emploi de la poudre noire dite *Elephant Brand Gunpowder* est autorisé, pour autant que chaque cartouche renferme un tiers en poids d'oxalate d'ammoniaque ou de bicarbonate de soude, séparé d'elle par un diaphragme suffisamment résistant.

Additionnée d'oxalate d'ammoniaque, la poudre noire devient *l'Oxalate Blasting Powder*, laquelle figure sur une liste des explosifs autorisés dans les exploitations dangereuses. Citons également le bichromate et le permanganate de potasse ; ils entrent, en proportion peu élevée, dans la composition de certains explosifs de sûreté.

Plusieurs bourrages de sûreté recourent à l'action directe de l'eau ; celle-ci peut être introduite dans le forage et simplement renfermée dans une enveloppe, ou retenue par de la mousse, ainsi que d'autres substances. Le principe de ces divers modes de bourrage n'est évidemment pas moins aléatoire que le précédent. Lors des essais de la Commission autrichienne, le bourrage à l'eau n'a montré aucune supériorité sur le bourrage d'argile ou de mousse humide ; ce dernier, de beaucoup plus pratique, est conseillé par elle. Il faut avoir soin de mouiller la mousse au moment de l'employer : si elle est sèche, en effet elle est plus dangereuse qu'utile. Les cartouches à l'eau ont conservé une certaine faveur en Allemagne.

Certains explosifs de sûreté à base de nitrate d'ammoniaque renferment, en proportion restreinte, un sel dont la décomposition est susceptible d'abaisser la température d'explosion : l'antigrisou Favier présente des variétés qui contiennent de 7,40 à 13,07 0/0 de chlorure d'ammoniaque. L'oxalate d'ammoniaque a été préconisé par M. Schöneweg et employé, au même titre, dans la sécurite. Ces explosifs participent, en somme, des deux principes.

L'expérimentation des explosifs de sûreté peut s'effectuer dans des galeries de même section que les galeries de mine et dans lesquelle on réalise, autant que possible, les conditions réelles du minage ; on peut prendre aussi des galeries de section restreinte ou de simples chaudières. L'atmosphère de ces galeries est rendue inflammable par l'introduction d'une proportion variable de grisou ou de gaz d'éclairage, ainsi que de poussières de houille ; on peut, en outre, élever la température. Les divers dispositifs qui concernent les stations d'essais ont été fréquemment décrits.

En Allemagne, les essais officiels commencés à la mine König (Saarbrück), en 1885, furent continués, sur l'initiative de la société de prévoyance des mineurs de Westphalie, dans la galerie Schalke, de la mine Consolidation, près Gelsenkirchen. Dirigés en 1894 par M. Winkhaus et repris par M. Heise, trois ans plus tard, ils se poursuivent actuellement sous les ordres de M. Faendrich.

M. Heise a classé les explosifs de sûreté qu'il a expérimentés suivant l'importance des charges les plus élevées ayant pu être employées sans donner lieu à l'inflammation de l'atmosphère, laquelle renfermait 8 0/0 de grisou. Il a constaté que les résultats obtenus, rangés par degrés croissants de sécurité, correspondaient inversement à l'échelle des *brisances*, ou pouvoirs brisants respectifs des diverses substances examinées. Pour déterminer la brisance, M. Heise a expérimenté les explosifs au bloc de plomb. En outre, il a fait varier les charges, d'après les quantités de chaleur dégagées, de telle manière que chacune d'elles représentât un même travail, fixé à 2.500 kilogrammètres. M. Heise s'est servi de cylindres en plomb raffiné mesurant 240 millimètres de hauteur et 140 de diamètre. Les charges, tassées dans le fond d'une cavité cylindrique de 145 millimètres de profondeur et 25 de diamètre, étaient recouvertes de 50 centimètres cubes de sable sec, lequel était versé sans subir de tassement.

M. Heise constata que les charges-limites de chaque explosif n'étaient nullement en rapport avec la température de détonation, et semblaient varier en raison inverse du pouvoir brisant. Eu égard à la compression énorme qui peut être exercée sur l'atmosphère par suite de la détonation, M. Heise considère ce pouvoir brisant comme l'élément principal ; sans méconnaître l'importance de la température de détonation, il estime qu'elle ne peut constituer un facteur suffisant pour définir, à lui seul, la sécurité d'un explosif.

Il convient de remarquer que la théorie de M. Heise néglige le retard à l'inflammation, lequel constitue un élément essentiel : les mélanges dont le grisou est l'élément combustible n'entrent en combustion vive qu'après avoir été maintenus, pendant un certain nombre de secondes, à une température égale au moins à leur température d'inflammation. Le retard peut s'élever à une dizaine de secondes, aux environs de 650°, et diminue à mesure que s'accroît la température à laquelle on porte le mélange : à 1.000°, il est inférieur à 1 seconde. On conçoit que, si la détonation est très rapide, le grisou puisse ne pas être allumé, eu égard au travail de détente des gaz dans l'atmosphère.

M. Heise appelle l'attention sur l'influence qu'exerce l'état physique de l'explosif : la dahménite A, lorsqu'elle est sous forme grenée, c'est-à-dire divisée, après avoir subi une forte pression, en grains de la grosseur de la poudre de chasse, a une charge-limite décuple de celle qui correspond à la forme pulvérulente ; pour la roburite grenée, la charge-limite est deux fois plus élevée que pour la roburite en poudre. A cette remarque, on peut répondre d'abord que la température de détonation d'une même substance varie avec le mode de décomposition explosive ; qu'ensuite la détermination des charges équivalentes peut donner lieu à des erreurs comparables à celles qui concernent le calcul de la température de détonation.

La question des explosifs de sûreté a fait l'objet d'un examen nouveau, au cours du Congrès international des mines et de la métallurgie qui s'est réuni à Paris en 1900. MM. Watteyne et Denoël, ingénieurs au Corps des mines belge, ont présenté les conclusions théoriques que voici :

« La sécurité des explosifs en présence du grisou et des poussières de houille inflammables est une fonction de l'écart entre la durée du retard à l'inflammation et celle du refroidissement complet des produits de l'explosion. Le premier terme dépend à la fois des circonstances extérieures et de la nature de l'explosif ; le second dépend de la nature et du poids de l'explosif qui détone. Pour un explosif quelconque, la sécurité n'est jamais que relative et ne peut se concevoir qu'en dessous d'une certaine limite de charge.

« Les principales conditions dont dépend la valeur relative des divers explosifs, au point de vue de la sécurité, sont la température de détonation, la pression initiale et la vitesse de l'explosion. Ces éléments sont caractéristiques pour un explosif donné, supposé de composition chimique homogène et sous un état physique déterminé. De leur combinaison plus ou moins heureuse dépend la grandeur de l'écart entre la durée du retard à l'inflammation et celle de la détente d'un poids donné de l'explosif. Leur influence sur la grandeur de cet écart est encore imparfaitement définie, ce qui tient à la complexité extrême des phénomènes qui entrent en jeu.

« Il y aurait donc, au point de vue spéculatif, le plus grand intérêt à poursuivre les études expérimentales. Les points qui demandent surtout à être plus intimement connus sont l'importance de la vitesse de l'explosion et celle de la pression initiale de gaz. Les effets de ces deux éléments sont confondus dans l'essai au bloc de plomb, par lequel M. Heise détermine le pouvoir brisant, mais leur détermination, isolément, contribuerait vraisemblablement à jeter de nouvelles lumières sur cette discussion.

« Sans doute, nous entrons ici dans le domaine de recherches très délicates, mais les sciences physiques mettent chaque jour à notre disposition de nouveaux et puissants moyens d'investigation et nous font entrevoir la possibilité d'arriver à la connaissance théorique complète des explosifs de sûreté. »

Comme conclusion pratique, les auteurs estiment que l'on ne peut enserrer les conditions qui définissent un explosif de sûreté dans une formule simple basée sur un seul élément, la température de détonation ou le pouvoir brisant ; ils proposent de déterminer expérimentalement, pour chaque explosif de sûreté, la charge-limite qui peut lui être assignée.

M. Chesneau, secrétaire de la Commission française du grisou, pense qu'il n'y a pas lieu de substituer une méthode expérimentale à la formule française, laquelle permet de calculer les températures de détonation des substances dont on connaît le mode de décomposition explosive. Il fait remarquer que les essais à instituer devraient reproduire, autant que possible, les circonstances les plus dangereuses pouvant se rencontrer en pratique. Or, il est certain que, toutes choses égales d'ailleurs, eu égard à l'influence de la compression consécutive à l'explosion, les charges-limites s'abaisseront d'autant plus que la capacité des chambres d'expérience sera plus restreinte ; ces charges seront augmentées ou diminuées également, suivant que l'explosion se fera à l'air libre ou dans un mortier non bourré. Dans un autre ordre d'idées, comment reproduire le cas, par exemple, d'un minage qui vient recouper une poche grisouteuse? En somme, rien ne permet de déterminer *a priori* quel est l'appareil qui réalisera le plus fidèlement, les conditions les plus défavorables de la pratique, conditions qui doivent changer d'une mine à l'autre, d'un chantier à un autre chantier.

Signalons encore un point des plus délicats : c'est l'établissement de l'équivalence entre les charges des explosifs expérimentés. Il est clair que cette question présente une importance considérable, au point de vue de l'interprétation des résultats obtenus. Nous l'examinons sommairement sous la rubrique consacrée à la puissance des explosifs.

M. Chesneau indique deux conditions à réaliser : il faut d'abord que les essais soient comparables entre eux, c'est-à-dire qu'effectués dans les mêmes conditions et avec des explosifs identiques, ils donnent sensiblement les mêmes résultats. D'autre part, avec des explosifs de même composition, mais dissemblables quant à la constitution physique, on doit obtenir des résultats fort peu différents; sans quoi, il faudrait recommencer les essais sur chaque lot de fabrication.

On peut répondre à cette remarque que le premier de ces desiderata se trouve réalisé plus ou moins exactement, en fait; il y a lieu de considérer, à cet égard, l'influence de la température, ainsi que des variations du baromètre, de l'hygromètre et de l'anémomètre. Quant au second, si on considère une substance telle que la dahmenite, par exemple, dont le mode de décomposition explosive diffère d'après la forme granulée ou pulvérulente qu'elle affecte, il est clair qu'on se trouve effectivement en présence de deux explosifs bien distincts, quoique de même composition; il ne sera guère difficile de ranger chaque lot de fabrication dans la catégorie à laquelle il appartient.

M. Chesneau fait remarquer, enfin, que, si on a cru trouver parfois en défaut les théories de la Commission française, c'est parce qu'on leur a attribué un sens plus strict que dans la pensée de leurs auteurs mêmes, en leur faisant dire, notamment, que la sécurité d'un explosif dépendait uniquement de la température de détonation, et non de la charge.

En Angleterre, la *list of permitted explosives* mentionne les substances dont l'emploi est autorisé, lorsque le minage se pratique dans une atmosphère dangereuse. Cette liste est dressée ensuite d'essais auxquel sont soumises ces substances, dans un appareil de section restreinte, installé à Woolwich. Ces essais ne sont guère rigoureux : les charges expérimentées équivalent à 2 onces (56 grammes) de dynamite n° 1 pour les explosifs détonants ou à 6 onces (168 grammes) de poudre RFG², s'il s'agit d'une poudre lente; l'essai préalable se pratique au bloc de plomb. Les charges sont recouvertes d'un bourrage composé d'argile sèche et pulvérisée; il a une longueur uniforme de 9 pouces. L'atmosphère renferme 9 0/0 de gaz d'éclairage. Le nombre des essais auquel est soumis chaque explosif s'élève à quarante, sur lesquels deux résultats défavorables sont admis.

Eu égard à ces conditions, la liste des substances autorisées n'a pas tardé à comprendre, en dehors des explosifs de sûreté proprement dits, tels que l'ammonite, l'amvis, la bellite, etc., plusieurs sortes de poudres noires : *Bulldog Brand Gunpowder*, *Earthquake Powder*, *Elephant Brand Gunpowder*, *Oxalate Blasting Powder*, et sept variétés de gélignites. En présence d'une telle abondance, le choix ne pouvait être facile. Afin d'aider les exploitants à cet égard, le *Home Office* a institué une *special list* : les explosifs qui la composent doivent satisfaire à une série de vingt épreuves, sans pouvoir en rater aucune. Les charges sont portées à 3 onces (84 grammes) pour les dix premières et à 4 onces (112 grammes) pour les dix autres, s'il s'agit d'explosifs détonants; elles restent triples pour les poudres lentes. Les bourrages respectifs sont de 9 et 12 pouces (23 et $30^{cm},5$). Quant à la teneur de l'atmosphère en gaz d'éclairage, elle est portée à 15 0/0. Les explosifs expérimentés à Woolwich sont fournis par le fabricant;

le consommateur, toutefois, a le droit de faire subir, à ses frais, des essais de contrôle.

La réglementation anglaise a fait l'objet de critiques nombreuses, basées sur le manque de rigueur des épreuves qu'elle impose. On y a répondu, non sans raison, qu'il ne fallait attacher qu'un sens purement relatif aux listes publiées par les soins du *Home Office*. Il serait extrêmement dangereux, dit le capitaine Lloyd dans son rapport du 31 décembre 1899, de leur donner une interprétation différente : la sécurité absolue n'existe pas, et l'on ne saurait proclamer trop haut que, parmi les explosifs dont les noms figurent sur la liste, il n'en est pas un seul qui ait été expérimenté à Woolwich sans avoir engendré, une fois au moins, l'explosion de l'atmosphère grisouteuse. Par contre, les poudres les plus ordinaires, convenablement bourrées, ont pu être tirées impunément, et à maintes reprises.

Le bourrage, en effet, est un élément d'une importance considérable : par son inertie, il favorise le travail qu'accomplissent les produits de l'explosion ; s'il est projeté trop rapidement, les produits qui l'accompagnent sont susceptibles d'enflammer l'atmosphère souterraine. Pour le confectionner, il convient de proscrire l'emploi de toute substance combustible. On peut se servir d'argile humide, de brique finement pilée, ou de sable ; d'après les expériences récentes auxquelles a procédé la Commission des substances explosives (*Annales des Mines*, 19e série, t. XIX, p. 563) ce dernier est préférable à l'argile. En tout état de cause, il faut que le bourrage soit suffisamment long et consistant pour pouvoir présenter une inertie, une résistance suffisante.

Tout comme le bourrage, les autres éléments qui concernent l'emploi des explosifs de sûreté sont de nature à exercer une influence considérable sur la sécurité. Il est essentiel, à ce propos, d'éviter, avec le plus grand soin, l'emploi de charges trop élevées [1]. Tout travail consomme une quantité de chaleur corres-

(1) Au sujet de la détermination des charges, on consultera avec intérêt un mémoire publié par M. J. von Lauer dans l'*Oesterreichische Zeits. für Berg u. Hüttenwesen* (t. XLV, nos 51-52).

pondante; la température des produits engendrés sera donc d'autant plus élevée qu'ils auront eu à effectuer un travail moindre. Cette question nous amène à appeler l'attention sur l'importance que présente la puissance relative des explosifs de sûreté. Bornons-nous à remarquer que, toutes choses égales d'ailleurs, le danger augmente en raison directe de la charge.

Passons à l'examen de la manière dont s'effectue la décomposition de l'explosif : lorsqu'il brûle simplement, au lieu de détoner, les produits qu'il engendre possèdent une température élevée au moment où ils se trouvent émis dans l'atmosphère, et sont donc très dangereux; d'autre part, ils exercent une influence désastreuse sur l'organisme des ouvriers, si ceux-ci les absorbent par les voies respiratoires. On voit donc qu'il est essentiel de veiller à ce que les détonateurs employés à cet effet soient suffisants pour provoquer la parfaite décomposition de l'explosif; on sait, en effet, que la puissance du détonateur règle la manière dont celle-ci s'effectue. A cet égard, il convient de tenir compte de l'aptitude à la détonation des explosifs de sûreté. C'est pour cette raison que l'on est obligé de limiter la proportion d'azotate d'ammoniaque qui entre dans leur composition. En atteignant des taux élevés, comme dans la westphalite n° 1, par exemple, qui en renferme 96 0/0, on s'astreint à l'emploi de détonateurs contenant 2 grammes de composition à 80 0/0 de fulminate; de tels détonateurs sont incontestablement dangereux.

L'aptitude à la détonation diminue également si l'explosif est avarié. A cet égard, la déliquescence de l'azotate d'ammoniaque oblige à conserver les explosifs dans des enveloppes parfaitement imperméables; on emploie, à cet effet, des papiers enduits de paraffine, cire, suif, etc. En France, l'efficacité de l'enveloppe paraffinée n'est admise que pour trois mois de conservation au maximum, à moins que les cartouches n'aient été, immédiatement après la fabrication, emballées dans des caisses étanches dont le modèle soit approuvé. L'explosif M C n° 3, de la Commission autrichienne, est introduit successivement dans une première enveloppe en papier parcheminé, dans une seconde en papier métallisé, et dans une troisième en papier paraffiné; la cartouche est plongée, enfin, dans de la paraffine liquide destinée à assurer l'imperméabilité. L'emballage se fait, par dix pièces, dans des boîtes en carton recouvertes de papier et protégées par un enduit de paraffine.

Dans le même ordre d'idées, il convient de n'entamer un lot de cartouches qu'après avoir terminé le lot précédent; sinon, on court le risque de laisser en magasin des explosifs dont le séjour trop prolongé entraînera fatalement la détérioration.

La mise en feu des explosifs de sûreté doit être effectuée de manière qu'il n'en puisse résulter aucun danger. C'est un non-sens évident que d'employer à cet effet une mèche ordinaire, dont l'allumage ou la combustion peut être susceptible de provoquer l'explosion de l'atmosphère ambiante. Nous avons examiné, sous une rubrique antérieure, les principaux dispositifs proposés comme allumeurs de sûreté. Dans nombre d'exploitations, on pratique le tirage électrique des mines.

En résumé, si le choix de l'explosif de sûreté est un élément dont l'importance n'est pas contestable, on peut affirmer que la sécurité dépend, dans une mesure qui n'est peut-être pas moindre, de la manière dont cet explosif est employé. Elle exige, d'autre part, l'observation stricte des prescriptions réglementaires qui concernent la recherche du grisou, l'arrosage des poussières de houille, etc.

Sûreté (Fusées, Mèches de). — Voir *Mèches de sûreté*.

Sûreté (Poudre de) à l'ammoniaque. — Voir *Von Geldern*.

Sûreté (Poudre de guerre de) (*Safety Gunpowder*). — Mélange de chlorate de potasse et de glycérine, de couleur violette. Cette poudre, présentée en 1888 à l'examen des autorités anglaises, ne fut pas admise : les ingrédients se séparaient après quelques mois de conservation et la poudre devenait trop sensible.

Sûreté (Poudre de mine de) (*Safety Blasting Powder*). — Cette poudre, brevetée par M. Cahuc, est désignée également sous les noms de *carboazotine* et d'*inexplosible Cahuc*. Elle présente trois variétés destinées aux travaux suivants :

	Roches dures	Roches moins dures ou charbon	Charbon bitumineux ou gypse
Salpêtre	70	64	50
Soufre	12	13	14
Noir de fumée	5	4	3
Sciure de bois ou tan	13	14	27
Sulfate de fer	2	2	5

La carboazotine, fabriquée en Angleterre de 1882 à 1897, par la Société Pigou, Wilks et Laurence, Ltd., était admise à l'importation en Belgique.

En France, un explosif de composition analogue était fabriqué par M. de Soulages, à Toulouse. Il répondait à la composition suivante :

Nitrate de potasse Nitrate de soude Nitrate de chaux	52,9 à 54,3 pour 100
Soufre	13,2 à 14,2 »
Tan Sciure de bois Ecorce d'arbre	13,2 à 15,2 »
Noir de fumée	14,9 à 9,8 »
Sulfate de fer	5,8 à 6,5 »

Additionné de 45 fois son poids d'eau, ce mélange a été préconisé, comme remède contre le *phylloxera vastatrix*.

(Brevet anglais n° 3.934, 14 novembre 1874; brevet anglais n° 4.732, 12 décembre 1877; brevet français n° 148.650, 28 avril 1882.)

Sûreté (Poudre nitrée de) (*Safety Nitropowder*). — C'est une dynamite-lignine américaine contenant du nitrate de soude et, dans certaines variétés, un peu d'amidon. Elle est faible, très exsudante, et difficile à conserver. Employée pendant quelque temps à Panama, elle n'a pas donné de résultats bien satisfaisants.

S V Powder. — Voir *Rifléite.*

Swan, à Londres, a fait breveter un procédé de préparation de la nitrocellulose consistant à immerger la cellulose, non pas par charges séparées, mais par charges introduites d'une manière continue dans les réservoirs contenant le mélange sulfo-nitrique : on la traite sous forme de fils ou de bandes. Lorsque la nitrification est terminée, le produit obtenu passe entre des rouleaux qui expriment le liquide dont il est chargé. On procède ensuite au déchiquetage, ainsi qu'à la série des traitements ultérieurs.

[Brevet anglais n° 21.729 (1894), accepté le 12 octobre 1895.]

Sylvine. — Voir *Chlorure de potassium.*

Sympathiques (Explosions). — Voir *Explosions sympathiques.*

T

Taylor, à Manchester, a fait breveter un système spécial d'amorces électriques à haute ou à basse tension, destinées à prévenir les courts-circuits; elle se recommandent, en outre, par leur facilité de construction. A l'extrémité antérieure se trouve placé un petit tube ouvert des deux bouts; ce tube est en papier, en porcelaine, ou toute autre substance isolante. On y introduit les fils, dont les extrémités sont mises à nu et repliées extérieurement, à leur sortie, suivant deux génératrices diamétralement opposées.

(Brevet anglais 18.975, 6 septembre — 22 octobre 1898.)

Température d'inflammation des explosifs. — On détermine expérimentalement cette importante donnée au moyen d'un appareil qui se compose d'un vase plat en cuivre, d'environ 75 millimètres de profondeur et 150 ou plus de diamètre; il est surmonté d'un couvercle percé de plusieurs trous de 5 millimètres, munis de tubes descendant jusqu'au fond. Le trou central, plus large que les autres, n'en porte pas; il est destiné à livrer passage à un thermomètre. Dans le récipient, on verse de la paraffine, ou bien un alliage métallique fusible, d'après la température que l'on présume devoir atteindre. Cela étant, l'opération s'effectue comme suit : ayant fixé le thermomètre au moyen d'un peu d'asbeste, on introduit une petite quantité de l'explosif à examiner dans chacun des tubes, de manière qu'elle prenne la température du bain. Élevant ensuite progressivement celle-ci, il reste à la noter au moment où se produit l'inflammation.

Horsley a proposé l'emploi d'un appareil analogue, en principe, à celui que nous venons de décrire. Il se compose d'un vase hémisphérique en fer, fixé à un support, et dans lequel on introduit de la paraffine. L'explosif est placé dans un tube cylindrique en cuivre d'environ 15 millimètres de diamètre et 49 millimètres de long, disposé au-dessus du bain et pouvant y être immergé jusqu'à mi-hauteur. Un thermomètre est fixé au support également. Il est utile de noter, outre la température d'inflammation, celle que possède le bain au moment où commence l'échauffement de l'explosif.

Le professeur Munroe a déterminé, au moyen de cet appareil, le point d'inflammation des explosifs suivants.

NOMS DES EXPLOSIFS	TEMPÉRATURE d'inflammation (degrés centigrades)	OBSERVATIONS
Nitroglycérine	203-205	Echantillon datant de cinq ans. L'essai porta sur une goutte.
Coton-poudre comprimé	192-201	Echantillon destiné aux usages militaires. Densité = 1,5.
Coton-poudre séché à l'air libre	179-187	Emmagasiné depuis quatre ans.
	187-189	Emmagasiné depuis un an.
	186-191	Emmagasiné depuis trois ans. Filaments longs, de l'espèce dite *Red Island*.
	197-199	Emmagasiné à l'état humide, depuis trois ans.
Hydro-nitrocellulose	201-203	
Dynamite nº 1	197-200	
Gélatine explosible	203-209	
Fulminate de mercure	175-181	
Poudre noire (obus)	278-287	
Poudre picrique de Hill (obus)	273-283	Emmagasinée depuis dix ans.
Poudre picrique de Hill (fusil)	282-290	
Forcite nº 1	187-200	
Poudre Atlas	175-185	75 0/0 nitroglycérine.
Emmensite nº 1	167-184	Emmagasinée depuis plusieurs mois (caisse en bois).
Emmensite nº 2	165-177	Emmagasinée depuis plusieurs mois (caisse en fer-blanc).
Emmensite nº 3	205-217	
Poudre employée dans les fusils Chassepot	191	Déterminations effectuées par Leygue et Champion.
Poudre à canon française	295	
Poudre à fusil (picrate)	358	
Poudre à canon (picrate)	380	

Térébenthine nitrée. — Voir *Schultze* (brevet de 1886).

Terrorite. — Cet explosif, proposé par M. Mindeleff pour le chargement des projectiles, se compose de nitroglycérine et d'alcool méthylique mélangés en proportions variables. Les essais dont il a fait l'objet, de la part du Gouvernement mexicain, n'ont pas donné de résultats satisfaisants.

Tétranitrate d'érythrol ou tétranitrérythrite. — Voir *Nitrérythrite.*

Tétranitrocellulose. — Cette substance, décrite par M. Warren (*Chemical News*, LXXXV, p. 239), a été obtenue en partant de la dinitrocellulose, ou pyroxyline soluble ordinaire, que l'on nitrifie au moyen du mélange, à parties égales, d'acide nitrique ($d = 1{,}5$) et d'acide sulfurique concentré. La trinitrocellulose ainsi préparée est traitée par un mélange d'acide sulfurique concentré et d'acide phosphorique anhydre. Après lavage et dessiccation, on obtient une masse solide, cassante, susceptible d'être broyée, et à laquelle M. Warren a donné le nom de tétranitrocellulose. Elle détone par simple choc, ce qui la différencie des autres catégories de nitrocelluloses.

Si on la fait digérer dans une solution concentrée de chlorate de potasse, elle devient plus cassante et plus facile à broyer. Elle semble donc toute désignée comme agent de percussion. Soumise à la distillation, en présence de potasse caustique humide, elle dégage de l'hydrogène, ainsi que de l'alcool méthylique en quantité notable.

Tétranitronaphtalène ou tétranitronaphtaline. — Voir *Nitronaphtaline.*

Teutonite. — Voir *Blanche* (*Poudre*).

Théodorovic, à Vienne, a fait breveter des explosifs à base de nitrocellulose additionnée de nitrate et de carbone. On gélatinise au moyen d'acétate d'amyle additionné ou non d'acétone, que l'on introduit dans le malaxeur sous forme de vapeur.

[Brevet anglais n° 949 (1896), accepté le 14 mars 1896.]

Thew. — Voir *Pike.*

Thiele (Le Dr), à Halle (Allemagne), a fait breveter un procédé de préparation de l'acide azothydrique et de ses sels, avec formation concomitante de cyanamide ou de dérivés complexes de cette dernière, consistant à faire agir les alcalis ou les terres alcalines caustiques, l'ammoniaque ou des solutions ammoniacales de sels métalliques des acides minéraux dilués, sur les sels de diazoguanadine.

(Brevet allemand T. n° 3.232, 7 octobre 1891 — 19 septembre 1892.)

Thill. — Voir *Cordeaux détonants.*

Thomas. — Voir *Soufre.*

Thomas (Simon). — Voir *Nitrocellulose* et *Résistance (Essai de) à la chaleur.*

Thomas, à Londres, a fait breveter l'explosif de sûreté suivant :

Nitrate d'ammoniaque	87,50
Dinitronaphtaline	10,00
Hyposulfite de soude	2,50
	100,00

(Brevet anglais n° 29.389, 11 décembre 1897 — 1er octobre 1898.)

Thorite. — Poudre brevetée par M. Bowden et obtenue en mélangeant du chlorate de potasse avec une solution aqueuse de sucre. La thorite peut être employée comme poudre de guerre ou comme poudre de mine.

(Brevet français n° 246.309, 2 avril — 19 juillet 1895.)

Thorn (L.-T.-G.) mélange 2 parties de nitrocrésol avec 1 partie de carbonate ou de nitrate de baryte, ou de strontiane. Le produit obtenu est traité par une solution de résine molle, de cire, etc., dans l'alcool, de manière à former une masse plastique ; il reste à dessécher celle-ci pour la transformer en grains.

(Brevet anglais n° 16.189, 11 octobre 1890; brevet français 208.796, 11 octobre 1890 et 18 février 1891.)

MM. Thorn, Westendarp et Pieper ont fait breveter des poudres sans fumée à base de nitrocrésol ou de nitrocrésylates, avec ou sans l'addition des sels ci-dessus désignés.

Thorn (Max). — Voir *Spiralite*.

Thunder Powder. — Pour préparer cette poudre, on nitrifie un mélange de miel et de glycérine. On ajoute ensuite du salpêtre, du chlorate de potasse, de la sciure de bois et de la craie. Les proportions des ingrédients sont variables.

Thunderite. — Explosif répondant à la composition suivante :

Azotate d'ammoniaque	91 à 93 pour 100
Trinitrotoluène	3 à 5 »
Farine	3 à 5 »
Humidité (proportion max.)....	0,5 »

En vertu d'un arrêté ministériel du 11 juin 1901, la thunderite figure sur la *special list* composée des substances dont l'emploi est autorisé dans les exploitations houillères dangereuses, en Angleterre, et qui ont satisfait à des épreuves plus rigoureuses que d'autres explosifs de sûreté (*permitted explosives*).

L'autorisation est subordonnée à l'emploi d'une enveloppe en papier résistant et parfaitement imperméabilisé au moyen de cérésine. Le détonateur à employer ne peut être de puissance inférieure au n° 8, lequel renferme 2 grammes de composition à 80 0/0 de fulminate de mercure et 20 0/0 de chlorate de potasse.

La thunderite est fabriquée à Schlebusch (Allemagne) par le syndicat de la carbonite. A l'origine, elle fut introduite, en Angleterre, sous le nom de *coalite* (*coal*, charbon; *thunder*, tonnerre).

Thunderbolt Powder. — Variété américaine de dynamite n° 2.

Tieman. — Voir *Schultze-Tieman*.

Tir en blanc (Poudre pour le) (*Belgique*). — Cette poudre est brisante, afin de déterminer la rupture de la balle creuse qui forme la douille de la cartouche en blanc. Les grains sont ronds, de couleur blanche. Pression développée : 650 atmosphères. En voici la composition :

Coton-poudre	75
Nitrates alcalins	25
	100

Tirmann. — Voir *Allumeurs de sûreté*.

Titan (Dynamite) ou titanite. — Variété de dynamite du type n° 2, fabriquée en Amérique et renfermant 40 à 50 0/0 de nitroglycérine. L'absorbant se compose de nitrates de potasse et de soude, soufre, charbon de bois et matières ligneuses.

Titan (La poudre) se compose de fibres végétales nitrifiées. Il est loisible de traiter ces fibres telles quelles ou de les mélanger, préalablement, avec une solution de sucre, de mannite, d'amyline ou d'inuline. L'amyline ($C^{10}H^{10}$) est un liquide transparent et incolore, que l'on obtient en déshydratant l'alcool amylique; l'inuline est une substance analogue à l'amidon, que l'on extrait de diverses plantes.

Toccaceli (Italie) a fait breveter l'emploi de projectiles éclairants, qui contiennent des artifices composés de magnésium, nitrate de baryum et soufre. Ils renferment aussi une fusée à temps, laquelle met le feu à une certaine quantité de poudre placée à la base.

[Brevet anglais n° 18.569 (1899), accepté le 18 août 1900.]

Toluène ou toluol (C^7H^8). — Liquide incolore, insoluble dans l'eau, d'une odeur aromatique, et qui bout à la température de 110°. Il brûle avec une flamme éclairante très fuligineuse.

Le toluène fut découvert en 1837. A l'origine, on l'obtenait par la distillation sèche du baume de Tolu. Actuellement, on le prépare au moyen de la distillation fractionnée des huiles légères de goudron de gaz. Cet hydrocarbure peut être considéré comme de la méthylbenzine, c'est-à-dire de la benzine dont un atome d'hydrogène aurait été remplacé par le radical méthyle, CH^3, donnant $C^6H^5.CH^3$; on peut le considérer également comme du phénylméthane, c'est-à-dire du méthane dont un atome d'hydrogène serait remplacé par le radical phényle, C^6H^5, ce qui donne $CH^3.C^6H^5$.

Les dérivés nitrés du toluène entrent dans la composition d'un certain nombre d'explosifs. Nous les décrirons ci-avant.

Tonite ou fulmicoton nitraté de Faversham. — C'est un mélange de coton-poudre et d'azotate de baryte. Les proportions respectives, en poids, qui correspondent à la complète combustion sont de 51,60 et 48,40 0/0 ; la composition moyenne qui résulte des analyses de tonite n° 1 auxquelles nous avons procédé répond à 51 0/0 de coton-poudre et 49 0/0 de nitrate de baryte ; la présence de ce dernier rend l'explosif très dense.

Théoriquement, l'explosion de la tonite ne donne naissance à aucun produit délétère. Mais les expériences de sir Frederick Abel, d'une part, et de MM. Sarrau et Vieille, d'autre part, ont montré qu'en fait il n'en était pas de même.

La tonite n° 1 a fait l'objet du brevet anglais n° 3.612, du 20 octobre 1874 (Trench, Faure et Mackie).

La tonite n° 2 renferme du charbon de bois comme troisième composant ; sa coloration est grise.

La tonite n° 3, brevetée par M. Trench, de même que la précédente, contient les ingrédients suivants :

Coton-poudre	14,55 à 19 pour 100
Méta-dinitrobenzine [1].......	13,20 à 13 »
Nitrate de baryte............	72,25 à 68 »

Cet explosif est de couleur jaune, et plus lent que les deux autres. Sa fabrication date de 1889.

En Angleterre, la tonite est employée, sur une grande échelle, pour le chargement des torpilles, les sautages sous-marins, l'exploitation des carrières, etc. Des quantités considérables ont été utilisées lors de la construction du canal de Manchester. Elle est fabriquée par la Cotton Powder Co., Ltd., ainsi que par la Smokeless Explosives Co., Ltd. En Amérique, par la Tonite Powder Company, de San-Francisco.

En Belgique, où la tonite est fabriquée à Wetteren, par la Société Cooppal, le génie militaire fait usage de la variété suivante :

Coton-poudre endécanitrique	50
Azotate de baryum..........................	40
Salpêtre	10
	100

L'examen de la tonite s'effectue comme suit : on prend 100 grammes d'explosif au moins, que l'on fait bouillir avec de l'eau, en ayant soin de renouveler le liquide quatre ou cinq fois. Filtrant ensuite, le nitrate de baryum passe en solution. On lave le résidu deux ou trois fois à l'eau bouillante ; puis, on évapore à siccité, dans un creuset en platine. On sèche et on pèse ; le poids obtenu est celui du nitrate de baryum.

La tonite n° 3 renferme de la dinitrobenzine. Il faut d'abord la traiter par l'éther, qui dissout ce composé ; puis, filtrer. Après évaporation du dissolvant, on pèse le résidu, et on obtient ainsi le

(1) Il résulte d'une lettre, à nous adressée par la Cotton Powder Co., Ltd., en date du 15 novembre 1900, que le trinitrotoluène a remplacé la dinitrobenzine.

poids de la dinitrobenzine. Quant au dépôt resté sur le filtre, on le traite par l'eau bouillante, qui dissout le nitrate de baryum, et laisse la nitrocellulose. Après avoir séché et pesé celle-ci, on la laisse digérer pendant trois heures, dans un flacon conique, avec de l'éther alcoolisé; ensuite, on passe sur un filtre taré, on dessèche le résidu à 40°, et on le pèse. On obtient ainsi le poids de la nitrocellulose insoluble; la nitrocellulose soluble est dosée par différence. Le dosage de l'azote s'effectue sur le résidu du traitement à l'eau bouillante, résidu constitué du mélange des nitrocelluloses.

Tonkin a proposé le mélange suivant :

Nitrate de potasse ou de soude	56
Charbon	26
Soufre	15
Coton-poudre en pulpe	3
	100

On peut employer aussi du coton non nitré.

Tonnerre (Poudre). — Traduction de *Thunder Powder*.

Torpilles. — Les torpilles sont des engins de guerre sous-marins chargés d'un explosif et destinés à la destruction de navires ou d'obstacles quelconques. On les divise en torpilles fixes ou mines sous-marines, et torpilles marines.

Les premières sont destinées à effectuer des sautages de navires échoués ou de rochers faisant obstacle à la navigation, et, principalement, à assurer la défense des ports et des côtes. On les désigne sous le nom de *torpilles dormantes*, quand elles reposent directement sur un fond, et de *torpilles mouillées*, lorsqu'elles sont maintenues d'une façon quelconque entre deux eaux. C'est avec un chapelet de torpilles mouillées, suspendues à un câble et reliées à des bouées, qu'on rend inaccessible l'entrée d'un port, la passe d'une rivière; l'onde élastique exerce, en effet, son action destructive sur tout objet situé dans la sphère d'action. Les torpilles fixes se trouvent reliées électriquement à un poste d'observation ménagé sur la côte, d'où l'on peut établir un courant propre à déterminer l'explosion en temps opportun.

Les torpilles mobiles sont destinées à l'attaque des vaisseaux de guerre. Il est utile de pouvoir les amener au contact même des navires à détruire ; de nombreuses expériences ont démontré qu'à distance, en effet, le résultat était notablement réduit. La torpille agit avec beaucoup plus de violence si elle éclate sous la quille que si elle est placée contre un des flancs du navire. L'obtention de ce résultat est subordonné à l'emploi de bateaux-torpilleurs sous-marins.

La première catégorie de torpilles mobiles comprend les *torpilles portées*, que l'on amène, à l'aide d'une perche, au contact du navire à détruire. Au-delà de la sphère d'action, dont le rayon n'est pas bien considérable, la surface de l'eau reste parfaitement calme. C'est ce qui explique comment un bateau-torpilleur peut, avec une hampe qui n'est pas bien longue, faire sauter un navire et n'éprouver lui-même aucune avarie.

Tour dénitrante. — Voir *Nitrique (Acide)*.

Tourbe nitrée. — Voir *Nitrotourbe*.

Trap Powder V. G. P. — Voir *Du Pont de Nemours*.

Trauzl. — Voir *Détonateurs* et *Puissance des explosifs*.

Trauzl (Dynamite). — L'analyse d'un échantillon a donné le résultat suivant :

Nitroglycérine	75
Coton-poudre	23
Charbon	2
	100

A l'aide d'une forte capsule, on a pu faire détoner cet explosif imprégné de 15 0/0 d'eau, après quatre jours d'immersion.

Travers. — Voir *Acétylure de mercure* et *Fergusonite.*

Trébouillet. — Voir *Celluloïd.*

Tréhalose nitrée. — Voir *Nitrotréhalose.*

Tremblement de terre (Poudre). — Traduction de : *Earthquake Powder.*

Trench. — Voir *Gélatines explosibles*, *Oarite*, *Roburite* et *Tonite.*

Trench a fait breveter un mélange composé de sciure de bois imprégnée d'alun, de chlorure de sodium et de chlorure d'ammonium ; ce mélange, au sein duquel on place les cartouches de tonite, est destiné à abaisser la température des produits de l'explosion, de manière qu'ils ne puissent provoquer l'inflammation du grisou ou des poussières de houille. La sécurité est basée sur le même principe que les wetterdynamites.

Trench, Faure et Mackie ont fait breveter un explosif à base de coton-poudre (ou substance analogue) additionné résine, laque, ozokérite, collodion, glycérine, charbon ou suie.

(Brevet anglais n° 1.830, 20 mai 1873.)

Comme succédanés du coton, les mêmes inventeurs ont indiqué le sainfoin, le sparte, l'agave, le chanvre, le lin, la paille, le foin, l'aloès américain et le yucca.

(Brevet anglais n° 2.742, 4 juillet 1876.)

Tribénite. — Mélange de picrate, nitrate et bichromate d'ammoniaque, salpêtre, soufre, charbon, nitronaphtaline, sucre, hydrocarbures, etc. L'inventeur est M. Cadoret.

Trinitraniline. — Voir *Nitraniline.*

Trinitrobenzène ou trinitrobenzine. — Voir *Nitrobenzine.*

Trinitrocrésylate d'ammonium. — Voir *Nitrocrésylates.*

Trinitrocrésylique (Acide) ou trinitrocrésol. — Voir *Nitrocrésol.*

Trinitronaphtalène ou trinitronaphtaline. — Voir *Nitronaphtalines.*

Trinitrophénol. — Voir *Picrique* (*Acide*).

Trinitrorésorcine. — Voir *Nitrorésorcine.*

Trinitrotoluène. — Voir *Nitrotoluène.*

Tripoli. — Voir *Rouge* (*Dynamite*).

Trisulfure d'antimoine (Sb^2S^3). — On rencontre ce corps à l'état naturel, formant l'espèce minéralogique connue sous le nom de *stibine*, cristallisée en aiguilles prismatiques droites. La stibine, fondue pour être débarrassée de sa gangue, existe dans le commerce sous le nom d'*antimoine cru*. Celui-ci se présente sous la forme de masses à aiguilles brillantes, de couleur noir bleu, très cassantes, et rudes au toucher. Ce caractère de rugosité a fait choisir le sulfure d'antimoine comme élément constitutif de poudres pour étoupilles : l'action due au frottement étant accentuée, il en résulte une élévation de température plus considérable. Ce composé entre également dans la composition de la kinétite.

L'antimoine cru renferme fréquemment du sulfure d'arsenic, sel dont il doit être absolument exempt. Pour le déceler, on pulvérise finement l'échantillon à examiner, et on le laisse macérer douze heures dans l'ammoniaque. Ayant filtré, on ajoute un excès d'acide chlorhydrique : le sulfure d'arsenic, dissous dans l'ammoniaque, est insoluble dans l'acide et se précipite.

La stibine en poudre est souvent falsifiée au moyen de sulfure de plomb naturel ou galène. Pour le rechercher, on traite la substance par l'acide chlorhydrique. Le résidu, qui contient la galène, est lavé à l'eau et repris par l'acide azotique étendu, lequel la dissout partiellement. On additionne d'eau, on filtre, et il reste à rechercher le plomb dans la liqueur, au moyen des réactifs qui lui sont propres. S'il reste un résidu, il se compose du graphite que renfermait l'échantillon traité.

La solution chlorhydrique est reprise en vue de la recherche du fer, qui peut être présent dans la stibine sous forme de sulfure. Pour rechercher enfin le bioxyde de manganèse, on place un peu de poudre métallique sur un tesson de porcelaine, avec un mélange de potasse caustique et de salpêtre. Il se forme du manganate de potassium, caractérisé par sa belle couleur verte.

Tritorite. — Composition :

Nitrate d'ammoniaque	70
Dinitrobenzine	18
Nitrate de potasse	11
Charbon végétal	1
	100

Si nous représentons la décomposition explosive de la tritorite par la formule :

$$147AzO^3.AzH^4 + 18C^6H^4Az^2O^4 + 18AzO^3K + 14C = 9CO^3K + 113CO^2 + 314H^2O + 16H^2 + 174H^2,$$

le calcul donnera 2.276° comme température de détonation, et 369.250 kilogrammètres comme énergie potentielle par kilogramme d'explosif.

La tritorite est fabriquée par M. Ghinijonet, à Ougrée (Belgique).

Trituration réduite (Poudres à). — Types de poudres à canon triturées dans les tonnes ou sous des meules lourdes, pendant un quart d'heure. Ces poudres, qui donnaient les mêmes résultats balistiques que les poudres réglementaires, furent fabriquées en France, de 1882 à 1885 (*Mémorial des poudres et salpêtres*, t. I, p. 278, et t. II, p. 326).

Triumph Safety Powder. — Voir *Courteille* (*Poudre*).

Trobach a proposé l'emploi de la composition suivante, pour détonateurs :

Picrate de baryum..........................	70
Nitrate de pyridine et de cuivre, de nickel ou de bismuth..............................	15
Chlorate de potasse..........................	15
	100

Pour préparer le nitrate double de pyridine et de métal, on ajoute de la pyridine à la solution du nitrate métallique, jusqu'à ce qu'on perçoive l'odeur caractéristique qu'elle dégage ; on constate ainsi qu'il y a refus. Le produit obtenu, très inflammable, n'est pas hygroscopique.

(Brevet allemand T. n° 2.752, 12 août — 21 juillet 1890.)

Troisdorf (**Le détonateur**) renferme 95 0/0 de fulminate de mercure.

Troisdorf (**Poudre**). — Poudre sans fumée se composant de nitrocellulose gélatinisée, avec ou sans addition de nitrates (à l'exception des nitrates de plomb ou d'ammoniaque).

La poudre Troisdorf est employée par l'armée allemande. Importée en Belgique par la *Rheinisch-Westfälische Actiengesellschaft*, de Cologne, qui fabrique aussi les détonateurs Troisdorf, elle est fabriquée également en Angleterre, par la Chilworth Gunpowder Co., Ltd., sous le nom de *Chilworth Smokeless Sporting Powder*. Elle se présente sous la forme de grains plats, graphités.

Trotman a proposé le mélange du coton-poudre ou d'autres variétés de nitrocelluloses en pulpe avec des laines de scories, les proportions respectives étant de 3 et 4. Les laines de scories proviennent de hauts-fourneaux; on les emploie habituellement pour confectionner les enveloppes non conductrices destinées à des conduites de vapeur, etc.

Trotten (Poudre). — Voir *Progressives (Poudres)*.

Trütschler-Falkenstein (Von). — Voir *Himly*.

Tschirner (La poudre) se compose de 57 0/0 d'acide picrique et de 43 0/0 de chlorate de potasse, agglomérés avec 5 parties de résine pulvérisée. Le produit obtenu est arrosé de benzine ou de pétrole, afin de dissoudre la résine. On le transforme en une masse plastique, facile à mouler, et on évapore le dissolvant.

(Brevets anglais n° 447, 31 janvier 1880, et n° 3.846, 22 septembre 1880.)

Tubéite. — Voir *Ballistite*.

Tubes à bombes. — Voir *Balles luisantes*.

Tubes à feu. — Voir *Lances à feu*.

Tubes détonants. — Voir *Cordeaux détonants*.

Tubini, à Londres, a fait breveter des projectiles éclairants chargés de magnésium ou d'autres substances analogues. La mise en feu, déterminée par le choc ou par une fusée à temps, se produit à l'issue ou au cours du trajet.

[Brevet anglais n° 8.496 (1900), accepté le 4 mai 1901.]

Turpin. — Voir *Boritine*, *Celluloïdine*, *Duplexite*, *Fluorine*, *Mélinite*, *Oxydine*, *Panclastites*, *Picramique (Acide)*, *Picrique (Acide)*, *Progressite* et *Pyrodialytes*.

Turpin (Poudres) dites à double effet. — Ces poudres, dont une des variétés contient 80 0/0 de chlorate de potasse et 20 0/0 de goudron de houille et de charbon de bois, peuvent être considérées comme les précurseurs des pyrodialytes. Il est loisible de remplacer par du nitrate de potasse ou de plomb la moitié du chlorate, et d'ajouter de la silice, de la kieselguhr, etc., suivant le degré de fluidité du goudron de houille. On peut aussi substituer 1 à 10 0/0 de permanganate de potasse à une quantité équivalente de chlorate.

(Brevets anglais n° 4.544, 18 octobre 1881, et n° 2.139, 27 avril 1883.)

Turpin a fait breveter l'application des propriétés explosives des composés chloro-, bromo- ou iodonitrés dérivés des goudrons, ces composés étant employés sans le concours d'un agent oxydant. L'amorçage peut s'effectuer au moyen du fulminate de mercure; on peut employer également une cartouche-amorce de dynamite, de fulmicoton ou même de poudre noire, si le bourrage est soigneusement effectué.

(Brevet français n° 185.029, 27 juillet 1887.)

Turpin a fait breveter le mélange suivant, dont l'explosion peut être obtenue sans le concours d'un détonateur :

Nitrate de baryte	60
Binitrobenzine	15
Nitrophénol	25
	100

(Brevet français n° 189.426, 17 mars 1888.)

Turpin a appelé l'attention sur l'emploi des percarbonates, et notamment du percarbonate de potassium, $C^2O^6K^2$. Ces sels, dont la décomposition engendre de l'oxygène et qui sont susceptibles de faire explosion sous l'influence d'un détonateur puissant, peuvent être employés comme explosifs, sans nécessiter l'adjonction d'aucune autre substance. On peut les mélanger avec les pyrodialytes.

Tutonite. — Explosif analogue à la forcite.

U

Uchatius. — Voir *Nitramidon*.

Ulmate ou humate d'ammoniaque. — Voir *Gaens* et *Reuland*.

Ungania. — Voir *Fulgor*.

Unionite. — Poudre sans fumée, que l'on obtient en soumettant à la nitrification des feuilles de papier à filtrer et en laissant séjourner le produit obtenu, pendant trois à quatre heures, dans une solution d'ammoniaque à 5 0/0. On sèche à la température de 22°. Cette poudre est due à M. Schratzenhaller, de Vienne.

[Brevet anglais n° 3.976 (1898), accepté le 2 avril 1898.]

United States Naval Friction Fuse Composition. — Mélange dont on détermine électriquement l'explosion par des amorces à friction et qui est employé, à l'état humide, pour l'amorçage des torpilles. En voici la composition :

Chlorate de potasse	45,00
Sulfure d'antimoine	20,75
Phosphore amorphe	5,75
Charbon	28,50
	100,00

United States Naval Smokeless Powder. — Poudre sans fumée adoptée par la marine des États-Unis et répondant à la composition suivante :

Nitrocellulose	80
Nitrate de baryte	15
Salpêtre	4
Carbonate de calcium	1
	100

La nitrocellulose se compose de produits solubles et insolubles; elle renferme 12,75 0/0 d'azote. Après avoir séché séparément et tamisé ces produits, on les mélange avec le carbonate de calcium, préalablement desséché. D'autre part, les nitrates de baryte et de potasse ayant été dissous dans de l'eau bouillante, on additionne graduellement le mélange, en ayant soin d'agiter sans cesse. On obtient une masse pâteuse, qui est desséchée à la température de 48° maximum et introduite ensuite dans un appareil malaxeur, où l'on fait arriver également un mélange de 2 parties d'éther éthylique ($d = 0,72$) et 1 partie d'alcool éthylique à 95°.

Le malaxage terminé, le produit obtenu est transformé successivement en cylindres et en rubans, que l'on découpe en morceaux dont la longueur varie avec le calibre des armes à employer. Il reste à effectuer la dessiccation finale.

United States Smokeless Powder Company (The), à San-Francisco, a fait breveter un explosif renfermant du picrate et du nitrate d'ammoniaque, avec ou sans addition de nitroglycérine.

(Brevet français n° 222.808, 5 juillet — 18 octobre 1892; brevet anglais n° 12.415, 22 octobre 1892.)

United States Smokeless Powder Company (The), a proposé le mélange suivant :

Picrate d'ammoniaque	55
Picrate de potasse ou de soude	25
Bichromate d'ammoniaque	20
	100

(Brevet anglais n° 1.983, 3 mars 1894; brevet américain n° 527.563, 16 octobre 1894.)

Urate d'ammoniaque. — Voir *Lansdorf*.

Urée. — Voir *Dawson et Karstairs*, *International Powder Company (The)*, *Léonard*, *Maxim-Schüppaus*.

Urée (Nitrate d'). — Voir *Wanklin*.

Urée (Oxalate d'). — Voir *Hamilton*.

V

Vallonea. — Mottes de tan obtenues comme résidu dans les tanneries. Ce produit entre dans la composition de certaines poudres.

Van Breukeleveen. — Voir *Nitrate de potassium.*

Van Hassel. — Voir *Chaux* et *Emploi des substances explosibles.*

Van Loock préconise l'emploi du carbure de calcium, comme succédané des explosifs.

[Brevet anglais n° 6.461 (1897), accepté le 15 mai 1897.]

Van Olegar. — Voir *Okell.*

Vaseline. — Mélange d'huiles lourdes et de paraffines, que l'on obtient en distillant les pétroles tant qu'ils fournissent des produits volatils, oxydant le résidu à l'air libre, et filtrant ensuite à chaud, sur du noir animal.

C'est une substance demi-solide, amorphe, blanche ou jaunâtre; elle a l'aspect d'un corps gras, onctueux au toucher. Insipide et inodore quand elle est pure, elle est insoluble dans l'eau et la glycérine, peu soluble dans l'alcool bouillant, facilement soluble dans l'éther, surtout à chaud, dans le chloroforme, le sulfure de carbone, les huiles fixes ou volatiles. Elle est absolument neutre et inaltérable à l'air.

La vaseline doit satisfaire aux conditions suivantes : chauffée au bain-marie pendant douze heures, elle ne peut perdre plus de 0,2 0/0 de matières volatiles. Densité : 0,87 à 38°; point d'ébullition : 278°; point de fusion : 30° au minimum. La température d'inflammation ne peut être inférieure à 204°,5.

Végétale (Poudre). — Cette poudre, brevetée par M. Castan, répond à la composition suivante :

Chlorate de potasse	20
Nitrate de potasse	48
Fleur de soufre	20
Sciure de bois	12
	100

(Brevet français n° 163.375, 18 juillet 1884.)

Veltérine ou weltérine. — On désigne, sous ce nom, un certain nombre de mélanges explosibles à base de trinitrocrésylate d'ammoniaque, brevetés par M. Louis Roux et fabriqués à Viesville (Belgique), par MM. Boinet et Cie, de Paris.

La poudre destinée au tir contient 40 0/0 de nitrocrésylate et 60 0/0 d'azotate de baryum; il est loisible de remplacer les deux tiers de celui-ci par du salpêtre. Si on lui substitue le salpêtre de Chili, on obtient une poudre de mine pour la consommation locale, que l'on peut additionner de 20 0/0 de nitroglycérine.

Il existe plusieurs variétés de veltérines à l'azotate d'ammoniaque. La première en renferme 76 à 80 0/0; la deuxième (grisoutine-couche), 93 0/0; la troisième (grisoutine-roche), 88 0/0. Ces mélanges sont identiques, comme composition, à ceux que l'on désigne en France sous le nom d'explosifs de mine, type C.

Si nous considérons la variété à 78 0/0 d'azotate d'ammoniaque et représentons sa décomposition explosive par la formule :

$$11AzO^3.AzH^4 + C^7H^4O\,(AzO^2)^3.AzH^4 = 7CO^2 + 26H^2O + 13Az^2,$$

le calcul donnera 2.190° comme température de détonation, et 367.320 kilogrammètres comme énergie potentielle, par kilogramme d'explosif.

La puissance de la veltérine, ainsi que l'innocuité des produits de la détonation, ont fait l'objet d'essais effectués aux mines de Bruay, de Freiberg, et à l'isthme de Panama. En ce qui concerne la sécurité, rappelons l'incendie qui éclata le 15 décembre 1897, à la poudrerie de Vicsville, et détruisit l'atelier de séchage, consumant les 400 kilogrammes de veltérine qu'il renfermait; une vingtaine de kilogrammes furent retrouvés intacts. Aucune explosion ne se produisit.

La veltérine C, mélange à poids égaux de nitrocrésylate d'ammoniaque et de chlorate de potasse, peut être préparée au moment même de l'emploi; il est facultatif d'ajouter 15 à 20 0/0 de nitroglycérine. Cet explosif a fait l'objet d'essais favorables, effectués aux mines de mercure de Ras-El-Ma (Algérie). Sous le nom de veltérine, on emploie également, en Belgique, un simple mélange de 83 parties de nitrate d'ammoniaque avec 17 parties de dinitrobenzine.

[Brevet français n° 232.068, 9 août — 15 novembre 1893; certificat d'addition du 5 décembre 1893 — 20 février 1894; brevet anglais n° 4672 (1897), accepté le 3 juillet 1897.]

Vending a fait breveter en 1882, sous le nom de dynamite nitrobenzoïque, un explosif répondant à la composition suivante :

Nitrate d'ammoniaque	50 à 73	pour 100
Nitroglycérine	15 à 45	»
Nitrobenzine	5 à 10	»
Nitrocellulose	1 à 3	»

Vereinigte Köln-Rottweiler Pulverfabriken (**La Société**) fabrique à Rottweil (Wurtemberg) les poudres sans fumée dites M 88/91, M 91/93, M 91/94, RGP, WP, DRP et RRP (en tuyaux), ainsi que la cordite. Voir aussi *Köln-Rottweiler Sicherheits Sprengpulver*.

La même société a fait breveter l'emploi d'un procédé destiné à donner l'apparence cornée à la nitrocellulose, sans recourir à l'emploi d'un dissolvant. Pour arriver à ce résultat, on la réduit à un état de division extrême; puis, après dessiccation partielle, on la laisse reposer sous forme comprimée.

[Brevet anglais n° 18.930 (1897), accepté le 28 septembre 1897.]

Afin d'augmenter la stabilité de la nitrocellulose et d'en prévenir la décomposition spontanée sous l'influence des agents atmosphériques, on la soumet à l'ébullition, à la température de 135°, six heures durant. C'est après avoir subi le lavage consécutif à l'élimination des acides qu'on procède à cette opération. Il est indifférent que la nitrocellulose soit granuleuse, fibreuse ou pulvérulente.

[Brevet belge n° 148.850, 28 mars 1900; brevet anglais n° 5.830 (1900), accepté le 5 mai 1900.]

Verstraete. — Voir *Dynamo-électrique* (*Explosif*).

Verte (Poudre). — Composition :

Chlorate de potasse	66,67
Acide picrique	19,03
Prussiate jaune de potasse	14,30
	100,00

Chacun des ingrédients est finement pulvérisé, après avoir été séché ; le mélange se fait dans des tonnes en bois, avec des gobilles en bois.

Vertes picratées (Les poudres) étaient des poudres de guerre ordinaires, dont la moitié environ du salpêtre avait été remplacée par du picrate d'ammoniaque.

Elles présentaient certains avantages, mais elles durent être abandonnées en raison des altérations qu'elles subissaient au cours de l'emmagasinage.

Vickers (Poudres). — Cinq variétés de ces poudres furent présentées à l'examen des autorités anglaises, en 1898 et 1899. Mais il fut constaté qu'aucune d'elles ne répondait aux formules qui avaient été indiquées.

Vickers, Sons et Maxim, Ltd., à Sheffield. — Cette importante société est propriétaire d'un grand nombre de brevets relatifs l'artillerie proprement dite, notamment de ceux qui lui ont été cédés par M. H.-S. Maxim.

Victoria (Poudre) ou victorite. — Voir *Von Dahmen*.

Victorite. — Poudre composée d'acide picrique pour plus de moitié, d'environ 40 0/0 de chlorate de potasse, et d'une petite quantité d'huile d'olive ou autre, avec ou sans addition de nitrate de potasse, de soude ou de baryte, ainsi que de charbon.

La victorite, brevetée par M. Punshon, se présente sous la forme d'une poudre gris jaunâtre, laissant une tache huileuse sur le papier. Extrêmement sensible au choc et au frottement, elle n'a pas été admise en Angleterre. Elle présente certaines ressemblances avec la poudre Tschirner.

Dans une des variétés, le chlorate de potasse est remplacé par la nitroglycérine.

(Brevet anglais n° 11.140, 1887.)

Vieillard. — Voir *Magnier*.

Vieille (Poudre). — La poudre Vieille, à l'origine, était un mélange d'acide picrique et de nitrocellulose. Le premier de ces ingrédients a été abandonné ultérieurement, pour laisser seul le second. Voir *B Poudre*.

Vigorine. — Explosif breveté par M. L.-A. Bjorkmann, de Stockholm, et répondant à la composition suivante :

Nitroline	40
Cellulose	22
Nitrate de potasse	22
Chlorate de potasse	16
	100

Certaines variétés renferment de la houille, du tanin, et d'autres substances encore.

(Brevet anglais n° 2.459, 8 juillet 1875.)

La vigorine est désignée parfois sous la dénomination de *vigorite*, que M. Salvati considère comme incorrecte.

Vigorine américaine. — Voir *Bjorkmann (C.-G.)*.

Vigorite, vigorite américaine. — Composition :

Nitroglycérine	43,75	30
Nitrate de potasse	18,75	7
Chlorate de potasse	17,50	49
Farine de bois, nitrifiée ou non	11,25	9
Carbonate de calcium ou de magnésium	8,75	5
	100,00	100

Cet explosif est fabriqué par la California Vigorite Powder Company.

Vigorite, vigorite américaine. — Sous la même dénomination, l'Hamilton Powder Company fabrique l'explosif suivant :

Nitrate de soude	60
Nitroglycérine	30
Nitrocellulose ou nitrolignine	5
Charbon	5
	100

Un grave accident fut occasionné par l'explosion spontanée d'un chargement de vigorite, que l'on transbordait en gare de Strafford (Ontario). On eut à déplorer la mort de deux personnes ; plusieurs autres furent blessées. Il y eut vingt-quatre wagons détruits ; cent furent avariés. Sans nul doute, l'hygroscopicité du nitrate de soude, ayant provoqué l'exsudation de la nitroglycérine, fut la cause de cet accident.

Viner. — Voir *Wiener*.

Violette (Poudre). — Composition :

Nitrate de soude	62,50
Acétate de soude	37,50
	100,00

Les deux composants peuvent être fondus ensemble, afin d'en obtenir le mélange intime ; toutefois, ils font explosion si la température atteint 350°. La poudre Violette est hygroscopique.

Violette découvrit également, en 1871, les propriétés détonantes du mélange de salpêtre et d'acétate de soude.

Virite. — Sorte de dynamite n° 2 présentant deux variétés : la première possède, comme absorbant, un mélange de salpêtre et de charbon ; elle a été admise en Angleterre. Quant à la seconde, renfermant du nitrate de soude, elle est susceptible d'exsudation et a été rejetée.

Virite. — Sous la même dénomination, la *Nitrate Explosives Co., Ltd.*, fabrique à Gatebeck (Westmoreland), une poudre qui répond à la composition suivante :

Nitrate d'ammoniaque	35 à 40 pour 100
Nitrate de potasse	33 à 38 »
Oxalate d'ammoniaque	9 à 12 »
Charbon de bois	10,5 à 12,5 »
Soufre distillé	1 à 2 »
Humidité	1 à 2 »

En vertu d'un arrêté ministériel du 11 juin 1901, la virite figure sur la *special list*, composée des substances autorisées dans les exploitations houillères dangereuses et qui ont satisfait à des épreuves plus rigoureuses que d'autres explosifs de sûreté (*permitted explosives*).

L'autorisation est subordonnée à l'emploi d'une enveloppe en papier résistant et complètement imperméabilisé au moyen de résine ou de paraffine. La mise en feu ne peut s'effectuer qu'à l'aide d'un détonateur électrique renfermant 5 grains ($0^{gr},32$) de poudre noire, ou de tout autre procédé présentant une sécurité équivalente.

L'explosif qui fait l'objet de la rubrique précédente fut admis en Angleterre, il y a vingt ans ; il n'a cessé, depuis lors, de figurer sur la liste des explosifs autorisés. La désignation, sous le même nom, d'une poudre qui ne présente avec lui aucun caractère commun, est susceptible de prêter à confusion.

Vizer. — Voir *Punshon.*

Vogt. — Voir *Girard.*

Volkman (Poudres). — Mélanges de salpêtre, ferrocyanure de potassium et sciure de bois. La poudre de mine s'appelle *nitropyline*, et la poudre de chasse, *collodine.*

Volney a fait breveter, en 1874, les mélanges suivants :

Mononitronaphtaline	20,79	»
Binitronaphtaline / Trinitronaphtaline	»	86,16
Salpêtre	68,61	7,68
Soufre	10,60	6,16
	100,00	100,00

Le premier est un explosif destiné aux torpilles ou obus-torpilles ; le second, au sautage des roches peu résistantes.

Volney. — Voir *Nitromonochlorhydrine.*

Volney (C.-W.), États-Unis d'Amérique, a fait breveter une poudre sans fumée dont le noyau est constitué de trinitrocellulose et la partie externe de dinitrocellulose. Pour obtenir ce résultat, on traite les grains par des agents réducteurs : sulfites, sulfures alcalins, etc.

[Brevet américain n° 592.485, 26 octobre 1897 ; brevet anglais n° 25.204 (1897), accepté le 4 décembre 1897.]

Volney (C.-W.) a proposé une autre poudre sans fumée, destinée au tir des canons et présentant la composition suivante :

Trinitrocellulose	86,00
Rosaline basique	7,82
Benzine (dissoute dans l'acétone)	6,18
	100,00

On peut employer des homologues de la benzine ou de la rosaline.

[Brevet anglais n° 25.413 (1897), accepté le 4 décembre 1897.]

Volpert (Le Dr), à Dortmund (Allemagne), a proposé l'explosif suivant :

Salpêtre	40
Nitroglycérine	30
Sulfate de magnésie	24
Essence de térébenthine	4
Coton-collodion	1
Soude	1
	100

(Brevet allemand n° 106.733, 4 juin 1896.)

Volpert (Le Dr) a proposé l'addition, aux explosifs de sûreté à base d'azotate d'ammoniaque, d'une des substances suivantes :

1° Sels des acides sulfurique, pyrosulfurique, polysulfurique ou polythionique ;

2° Sels acides du bore, du wolfram, du molybdène ou de l'étain ;

3° Composés du phosphore, du silicium, du tellure ou de l'antimoine.

Voici une des formules indiquées :

Pyrosulfate de potasse	7,50
Azotate d'ammoniaque	82,50
Naphtaline	5,00
Ferrocyanure de potassium	5,00
	100,00

[Brevet belge n° 127.511, du 10 avril 1897 ; brevet anglais n° 14.196 (1897), accepté le 31 juillet 1897.]

Von Blankenfeld. — Voir *Von Stubenrauch*.

Von Brank a fait breveter, en 1890, une poudre sans fumée composée de nitrocellulose additionnée de cire de carnauba ou d'une autre substance analogue.

Von Brank a proposé les mélanges suivants, destinés respectivement aux applications de l'industrie et de la chasse :

Chlorate de potasse	86,96
Résine	13,04
	100,00

Chlorate de potasse	70,67
Huile de lin bouillie	28,57
Oxyde de plomb	1,06
	100,00

(Brevet anglais n° 5.027, 20 mars 1891) ;

ainsi qu'une poudre pour armes de guerre :

Chlorate de potasse	59,52
Bichromate de potasse	34,53
Cire de carnauba	5,95
	100,00

(Brevet allemand B. n° 13.807, 24 octobre — 25 décembre 1892.)

Von Dahmen (Le Chevalier Johann), à Vienne, a fait breveter, en 1888, sous le nom de *dynamite de sûreté*, un explosif dont le principe actif s'obtient en nitrifiant de la glycérine, mélangée au préalable avec 3 à 10 0/0 d'un hydrocarbure nitré, la nitrobenzine de préférence. Le produit obtenu présente l'avantage de se congeler moins facilement que la dynamite ordinaire. En outre, il est moins dangereux à fabriquer et à manier.

Von Dahmen a proposé l'addition de naphtaline, d'anthracène ou de phénantrène aux explosifs de sûreté à base d'azotate d'ammoniaque ou de potasse. Parmi ces mélanges explosifs, il convient de citer la dahménite A, laquelle répond à la composition suivante (spécification réglementaire anglaise) :

Nitrate d'ammoniaque	91 à 93,5 pour 100
Naphtaline	4 à 6,5 »
Bichromate de potasse	1,5 à 2,5 »
Humidité (proportion max.)	1

(Brevet anglais n° 23.579, 7 décembre 1893.)

Cet explosif, que l'on désigne sous le nom de poudre Victoria ou victorite lorsqu'il est grené, a donné des résultats favorables, au cours des essais dont il a fait l'objet en Allemagne, de 1894 à 1897. En Angleterre, il figure sur la liste des substances autorisées dans les exploitations dangereuses. L'autorisation est subordonnée à l'emploi de cartouches en papier imperméabilisé au moyen de cérésine et de résine, et de détonateurs renfermant, au minimum, 1 gramme et demi de composition à 80 0/0 de fulminate de mercure et 20 0/0 de chlorate de potasse.

Si l'on considère la variété de dahménite dont les proportions respectives des composants sont 91,3, 6,5 et 6,2 0/0, le calcul de la température de détonation donne, comme résultat, 2.064° ; énergie potentielle par kilogramme d'explosif : 341.000 kilogrammètres (Heise).

Les charges-limites satisfaisant à la sécurité, déterminées dans la galerie d'essais de Schalke (Westphalie), avec 8 0/0 de grisou, ainsi que des poussières de houille, ont été évaluées comme suit :

Explosion à l'air libre	50 gr.	(explosif pulvérulent)
» »	500 gr.	(» grené)
Tir au canon, sans bourrage	450 gr.	(» pulvérulent)
» »	700 gr.	(» grené).

La dahménite A se fabrique en Angleterre, depuis 1899, ainsi qu'en Hollande ; elle est admise à l'importation en Belgique. Dans la colonie de Victoria, la même dénomination se rapporte à un explosif composé de nitrate de potasse, nitrate d'ammoniaque et naphtaline.

En Allemagne, les explosifs brevetés par M. von Dahmen sont fabriqués par la *Castroper Sicherheits-Sprengstoff Actiengesellschaft*, à Castrop (Westphalie). Un incendie, qui détruisit l'usine, en date du 14 juillet 1896, a permis d'apprécier le degré de sécurité que ces explosifs présentent : deux tonnes et demie de dahménite furent totalement consumées, sans qu'aucune explosion vînt à se produire. Eu égard à ce résultat, on autorisa la reconstruction de l'usine sous forme d'un bâtiment ordinaire en briques, avec toit, portes et châssis de fenêtre en fer.

M. von Dahmen a proposé également la formule suivante :

Nitrate d'ammoniaque	92,00
Phénanthrène	5,50
Bichromate de potasse	2,50
	100,00

(Brevet allemand D. n° 6.764, 16 février — 11 novembre 1895.)

Citons également la composition que voici :

Nitroglycérine	30
Azotate d'ammoniaque	30
Sciure de bois	35
Bichromate de potassium	5
	100

[Brevet anglais n° 3.135 (1897), accepté le 4 décembre 1897.]

Le bichromate de potasse peut être remplacé par du bioxyde de manganèse, à l'effet d'augmenter l'aptitude à la détonation :

Nitrate d'ammoniaque	90
Anthracène	7
Bioxyde de manganèse	3
	100

Von Dahmen. — Voir *Britainite.*

Von Dahmen a fait breveter l'emploi des acides acétique, tartrique ou citrique, ainsi que de leurs sels, comme ingrédients entrant dans la composition d'explosifs de sûreté ou autres.

Voici quelques formules indiquées :

Azotate d'ammoniaque	85,00	79,00	73.00
Binitrobenzine	11,20	16,50	»
Binitronaphtaline	»	»	21,75
Acide acétique	1,40	4,50	5,25
Oléine	1,90	»	»
	100,00	100,00	100,00

Nitroglycérine	93
Acétate de soude	7
	100

(Brevet belge n° 134.399, du 15 mars 1898; brevet anglais n° 7.562, 29 mars 1898 — 4 février 1899; brevet français n° 293.553, 21 octobre 1899 — 5 février 1900.)

Von Falkenstein (Kalliwoda). — Voir *Cibalite*.

Von Forster, à Berlin, a fait breveter une poudre sans fumée fabriquée comme suit : on prépare une pâte composée de 80 parties de trinitrocellulose et 20 parties de coton-collodion, que l'on gélatinise par un dissolvant formé de 2 parties d'éther sulfurique et 1 partie d'alcool. Sans laisser à l'opération le temps de se terminer, on lamine le produit obtenu en feuilles de 1/10 de millimètre d'épaisseur, qui sont découpées en carrés de 2 millimètres de côté. Ces carrés sont soumis à la dessiccation, sous l'action d'une chaleur assez élevée.

La gélatinisation partielle a eu comme résultat de donner aux feuillets une surface rugueuse et non polie, que la dessiccation rapide racornit et ondule sensiblement. Il s'ensuit que l'on augmente la surface d'inflammation de la poudre ; celle-ci présente, en outre, l'avantage de la légèreté.

L'importation de la poudre Von Forster est autorisée en Angleterre.

Von Forster. — Voir *Wolff*.

Von Freeden a fait breveter un procédé de granulation des mélanges à base de nitrocellulose, consistant à agiter la masse gélatinisée en présence d'un liquide ou d'une vapeur non susceptible d'exercer une action chimique.

(Brevet français n° 203.734, 12 février 1890.)

Von Geldern-Egmont (Le comte) a fait breveter l'emploi de la cellulose carbonisée naturellement : tourbe, feuilles ou bois mort, etc., mélangée à du nitrate d'ammoniaque, avec ou sans addition de substances oxydantes.

(Brevet anglais n° 25.568, 3 décembre 1898 — 14 janvier 1899 ; brevet français n° 283.744, 6 décembre 1898 — 10 mars 1899.)

Depuis 1890, la marine autrichienne emploie un explosif analogue du même inventeur, lequel est président du *Kaiserliches und Königliches Technisches Militar-Comité*, à Vienne. Cet explosif n'est pas breveté ; il se distingue par la qualité spéciale de charbon de bois qu'il renferme. Désigné d'abord sous le nom de poudre de sûreté à l'ammoniaque, cet explosif est employé, depuis 1898, sous la dénomination de *dynammon*.

Vonges (Dynamites de). — Composition :

Dynamite réglementaire n° 1 :

Nitroglycérine	75,00
Randanite	20,80
Silice de Vierzon	3,80
Sous-carbonate de magnésie	0,40
	100,00

N° 2 :

Nitroglycérine	50,00
Silice de Vierzon	48,00
Craie de Meudon	1,50
Ocre rouge	0,50
	100,00

N° 3 :

Nitroglycérine	30
Silice de Launois	60
Laitier de haut-fourneau	4
Carbonate de chaux	1
Ocre jaune	5
	100

Numéro spécial :

Nitroglycérine	90
Randanite	1
Sous-carbonate de magnésie	1
Silice spéciale	8
	100

Von Neuman. — Voir *Signaux de brouillard pour chemins de fer.*

Von Ruckterschell. — Voir *Silotvor.*

Von Stubenrauch, à Rastatt (Allemagne), a fait breveter une poudre renfermant du chlorate de potasse additionné de charbon de bois. Celui-ci, pris au sortir de la calcination, lorsqu'il n'est pas encore refroidi, est mélangé avec du goudron préalablement désulfuré et déshydraté, ou avec une substance telle que la vaseline, etc. On ajoute le chlorate ensuite.

Voici les proportions indiquées :

Chlorate de potasse	80	pour 100
Charbon de bois, coke ou tourbe carbonisée	12 à 14	»
Goudron	5,5 à 7,5	»
Carbonate de chaux ou de magnésie	0,5 à 1	»

(Brevet allemand St. n° 4.443, 15 février 1896 — 22 juillet 1897 ; le brevet belge n° 126.396, du 12 février 1897, est pris en collaboration avec M. von Blankenfeld.)

Von Stubenrauch, en vue de protéger les explosifs contre l'action de l'humidité, propose de les imprégner d'une huile mélangée de chlorure de soufre, lequel forme un enduit résistant.

(Brevet allemand n° 104.505, 28 janvier 1898.)

Von Stubenrauch a fait breveter une poudre sans fumée à base de nitroglycérine et imprégnée, après lavage, d'une solution d'oxalate double de potasse et de chrome, afin d'augmenter la teneur en oxygène. L'oxydation est accentuée par l'exposition à la lumière du soleil [1].

(Brevet anglais n° 2.264, 28 janvier — 17 décembre 1898.)

Von Stubenrauch a proposé un explosif contenant 80 0/0 de nitrate d'ammoniaque additionné de ferrocyanure de potassium finement pulvérisé, et 20 0/0 de trinitrotoluène.

(Brevet belge n° 135.984, du 2 juin 1898.)

[1] Il n'est pas sans intérêt de rappeler, à ce propos, que la nitroglycérine est susceptible de se décomposer sous l'influence des rayons solaires.

Von Stubenrauch a préconisé l'emploi d'une composition détonante à base de crésylate de potasse, qu'il obtient en traitant l'acide nitrocrésylique par le bichromate ou le chromate de potasse.

(Le brevet belge n° 148.978, du 4 avril 1900, a été cédé à la Compagnie « La Forcite ».)

Von Trütscher-Falkenstein. — Voir *Himly*.

Von Wendland a fait breveter, en 1886, une poudre préparée en saturant la dinitrocellulose par du chlorate de potasse. Le produit obtenu, soumis à l'action d'un dissolvant, est transformé en feuilles ; celles-ci servent à la confection des cartouches.

Voswinkel (Le Dr), à Berlin, prépare la nitrocellulose gélatinisée de la manière suivante : dans 25 à 30 kilogrammes d'un mélange, à poids égaux, de chlorure de zinc, d'acide ou anhydride acétique et d'acide azotique fumant, on introduit graduellement 1 kilogramme de cellulose [1]. Après avoir laissé digérer pendant trois à quatre jours, ou davantage, à la température de 10 à 15°, on obtient une masse gélatineuse, qu'il reste à laver à l'eau jusqu'à élimination de toute trace d'acide. Ce procédé est applicable aux celluloses de toutes provenances, notamment au pollen des lycopodes.

(Brevet allemand V. n° 1.993, 29 avril — 20 novembre 1893.)

Voswinkel (Le Dr) a fait breveter la préparation de l'*α-trinitrophénol-dinitroglycérine* et de la *dinitronaphtol-dinitroglycérine* : on prend 20 parties de dinitro-α-chlorhydrine, que l'on dissout dans 60 parties d'alcool. On mélange la solution avec 27 parties de picrate de potasse et on chauffe à 70-80°, jusqu'à ce qu'il ne se dépose plus de chlorure potassique. On concentre ensuite, de manière à obtenir la cristallisation.

(Brevet allemand V. n° 2.007, 27 mai — 20 novembre 1893.)

(1) A proprement parler, on transforme d'abord la cellulose en hydrocellulose.

Vril. —Cette poudre répond à la composition suivante :

	N° 1	N° 2
Chlorate de potasse	50,00	48,00
Nitrate de potasse	25,00	24,30
Prussiate jaune de potasse	4,50	9,10
Charbon de saule	12,50	11,60
Paraffine	6,00	6,50
Ferrate de potasse	2,00	»
Oxyde de fer	2,00	0,50
	100,00	100,00

Le ferrate de potasse (FeO^4K^2) est une substance d'un rouge foncé, que l'on prépare en faisant passer un courant de chlore à travers une dissolution concentrée de potasse contenant en suspension de l'hydrate ferrique.

La poudre Vril n'a pu être admise en Angleterre, les épreuves auxquelles on l'avait soumise n'ayant point donné de résultats satisfaisants quant à la sécurité.

Vulcain (Dynamite). — Dynamite-lignine contenant du nitrate de soude.

Vulcaïne. — Poudre de mine brevetée par Mlle Mourette, à Toulouse, et répondant à la composition suivante :

Salpêtre	64,00
Soufre	25,00
Charbon	5,00
Cendres	5,50
Chlorate de potasse	0,50
	100,00

(Brevet français n° 232.977, 23 septembre — 18 décembre 1893.)

Vulcan Powder. — Composition :

Nitroglycérine	30,00
Nitrate de soude	52,50
Charbon	10,50
Soufre	7,00
	100,00

Cette dynamite, brevetée par M. Warren, ressemble à la vigorite et à la virite n° 2. Il en fut employé près de cinq tonnes, lors de la première explosion des récifs de Hell Gate, près New-York. [Voir *Sous-marines (Explosions.)*]

Vulcanienne (Poudre). — Voir *Espir.*

Vulcanite. — Poudre brevetée par MM. Moritz et Köppel (Autriche). Composition :

Nitrate de potasse	35,00	33,00
Nitrate de soude	19,00	22,00
Soufre raffiné	11,00	12,50
Chlorate de potasse	9,50	»
Sciure de bois	9,50	19,00
Charbon de bois	6,00	7,00
Sulfate de soude	4,25	5,00
Sucre raffiné	2,25	»
Acide picrique	1,25	1,50
Cyanure jaune de potassium	2,25	»
	100,00	100,00

W

W (Poudres). — Poudres noires fabriquées à Wetteren (Belgique), et anciennement employées pour le tir des canons de 10 à 34 centimètres.

W Pulver. — Voir *G Pulver*.

W Pulver. — Poudre noire autrichienne, à grains de 31/38 millimètres et de 45/54 millimètres, employée dans les canons de 150 à 280 millimètres.

W. A. Powder. — Poudre sans fumée, fabriquée par l'*American Smokeless Powder Company*, et composée de fulmicoton additionné de nitroglycérine préalablement dissoute dans l'acétone, ainsi que de nitrates minéraux. On l'emploie sous forme de cordes ou de tuyaux. Cette poudre est fabriquée également par la *Laflin and Rand Powder Company*.

Wadsworth. — Voir *Griffith*.

Waffen. — Voir *Ledérite*.

Waffen a fait breveter l'explosif que voici :

Dynamite-gomme à 94 0/0	40,00
Nitrate de soude	22,50
Bois épuisé sec	36,00
Acide picrique	0,25
Soufre	1,00
Carbonate de soude	0,25
	100,00

Waffle Powder. — Cette poudre, proposée par le commodore Jeffers, est analogue à la poudre hexagonale, avec la différence que la section des pyramides tronquées est quadrangulaire.

Wagner a fait breveter l'explosif de sûreté suivant :

Nitrate d'ammoniaque..........	90 à 98 pour 100
Résine........................	10 à 2 »

(Brevet allemand W. n° 4.062, 5 août — 24 décembre 1894.)
Ce mélange a été modifié ultérieurement comme suit :

Nitrate d'ammoniaque...........	90 à 92 pour 100
Résine.........................	5 »
Chrome ou sel de chrome........	3 à 5 »

Les ingrédients sont pulvérisés et mélangés, à une température suffisamment élevée pour amollir la résine, mais non la fondre. On granule la masse, après refroidissement.

Les sels de chrome sont destinés à abaisser la température de l'explosion.

[Brevet anglais n° 14.775 (1895), accepté le 14 septembre 1895.]

Il n'est pas sans intérêt de remarquer, au sujet de la première des compositions ci-dessus indiquées, qu'elle ne présente guère de différence avec la westphalite n° 1, brevetée antérieurement ; d'autre part, l'addition du chrome ou de ses sels a été brevetée également.

Wagner. — Voir *Mèches de sûreté.*

Wahlemberg (Explosifs). — Mélanges à base de benzine nitrée, additionnée de chlorate de potasse et de nitrate d'ammoniaque ; celui-ci est préalablement mélangé avec une petite quantité de paraffine.

(Brevet anglais n° 2.422, du 12 juin 1876.)

Wahlenberg. — Voir *Nitrate d'ammoniaque.*

Walker. — Voir *Gahaller.*

Walker (H.) a fait breveter un mode spécial de chargement des mines, consistant à ne placer le détonateur que postérieurement au bourrage. Après avoir introduit la charge proprement dite, on place un tube en bronze ou en cuivre dont une des extrémités pénètre dans la cartouche-amorce, l'autre atteignant ou dépassant légèrement l'entrée du trou de mine. On procède ensuite au bourrage, puis à l'amorçage : le détonateur, armé de la mèche ou des conducteurs électriques, est introduit dans le tube et pénètre dans la cartouche-amorce. Il reste à retirer le tube. Nous passons sous silence certains points de détail, dont on trouvera la description dans les *Transactions of the Federated Institution of Mining Engineers*, décembre 1894, p. 164.

Ce système présente évidemment des avantages au point de vue de la sécurité. Toutefois, si le tirage n'est pas effectué par l'électricité, l'amorçage n'aura pas la précision voulue; il pourra y avoir contact direct entre la mèche Bickford et la substance explosible, ce qui est un inconvénient sérieux, susceptible d'occasionner des ratés, des fumées très désagréables, etc. On ne peut négliger, d'autre part, la complication qu'il entraîne dans la main-d'œuvre et à laquelle s'astreindront difficilement les ouvriers payés à la tâche.

[Brevet anglais 9.935 (1897), accepté le 18 septembre 1897.]

Walsrode (Poudres de). — Poudres sans fumée, destinées à la chasse et fabriquées à Walsrode (Allemagne) par MM. Wolff et Cie, ainsi qu'en Angleterre, par la Chilworth Gunpowder Co., Ltd.

La seule substance qui entre dans leur composition est la nitrocellulose chimiquement pure, gélatinisée au moyen d'éther acétique, dans un malaxeur où les deux substances sont laissées en contact pendant une heure. Ayant ajouté ensuite un quart du volume total d'eau, chauffée à 60°, on continue le malaxage, et on introduit en même temps de la vapeur. Au bout de quelques minutes, la combinaison de ces deux actions transforme la masse gélatineuse en grains de petites dimensions. Il reste à éliminer le dissolvant par l'eau bouillante et l'eau par compression, à turbiner, sécher et tamiser le produit obtenu.

Les poudres de Walsrode s'emploient spécialement comme poudres de chasse. Elles échauffent et corrodent peu le canon des fusils. En outre, elles sont peu sensibles à l'action de l'humidité ou de la chaleur. Elles présentent les variétés suivantes :

K. et K. P. 2 : grains de couleur grise et de petites dimensions ;

R. P : grains de couleur blanche et de petites dimensions ;

W. G. P. 92/A : tablettes légèrement noircies au graphite ;

Poudre à canon : tablettes de 5 millimètres carrés et de $0^{mm},25$ d'épaisseur.

Wanklin a fait breveter des mélanges renfermant 1 partie de nitrate d'urée et 2 à 5 parties de fulmicoton, de dynamite ou de tout autre composé nitré pouvant convenir.

[Brevet anglais n° 9.7999 (5 juillet 1888) ; brevet français n° 1 99.375, 4 juillet 1889.]

War and Sporting Smokeless Powder Syndicate Ltd. (The). — Voir *Cannonite*.

Ward et Gregory. — Voir *Amorces-jouets*.

Ward et Gregory ont fait breveter la composition détonante que voici :

Chlorate de potasse	97,40
Phosphore amorphe	1,30
Coke	1,30
	100,00

Ces ingrédients sont mélangés à l'aide d'un dissolvant volatil. On ajoute de la paraffine ou du suif.

Warren. — Voir *Tétranitrocellulose* et *Vulcan Powder*.

Warren a proposé un explosif obtenu en ajoutant, à la poudre noire comprimée, une proportion variable d'un mélange contenant 1 partie de nitrocellulose et 10 parties de nitroglycérine, et additionné d'hydronitrocellulose jusqu'à obtention d'une poudre sèche. Comme proportions, il recommande 70 0/0 de poudre noire et 30 du mélange en question.

Warrite. — Cet explosif, que l'on appelle aussi dynamite n° 3 B, est analogue à la dynamite n° 3 ; la teneur en nitroglycérine, toutefois, est réduite à 30 0/0.

Wass a fait breveter une poudre sans fumée, composée de nitrocellulose partiellement gélatinisée et mélangée avec du sesquioxyde de manganèse.

Wasserfuhr. — Voir *Cologne* (*Poudre de*).

Watson. — Voir *Davey*.

Wayne.— Voir *Celluloïd*.

W. B. C. Powder. — Poudre brune employée pour les canons de gros calibre, en Angleterre, et remplacée par la poudre S. B. C.

Weber. — Voir *Nitrocelluloses*.

Weber (Poudre). — Mélange de chlorate de potasse, nitrocellulose ou nitrolignine et charbon, dont on forme une pâte avec de l'huile.

Wellite. — Voir *Hebbler* (*Poudre*).

Well's Powder. — Voir *Hall's Powder*.

Wellorech (Poudre). — Poudre sans fumée à base de cellulose pure.

Weltérine. — Voir *Veltérine*.

Wenghöffer, à Berlin, a proposé l'emploi de mélanges à base d'aluminium ou de magnésium finement divisé, d'alliages ou de composés organiques de ces métaux. L'élément oxydant se compose de chlorate de potassium, acide picrique, etc.

[Brevet belge n° 146.559 du 7 décembre 1899; brevet anglais n° 23.377 (1899), accepté le 6 octobre 1900.]

Wenghöffer. — Voir *Picrique (Acide)*.

Werner et Pfleiderer. — Voir *Poudres sans fumée*.

Westphalite. — Explosif de sûreté inventé par M. Bielefeldt et répondant à la composition suivante (type primitif, Allemagne) :

Azotate d'ammoniaque	94,00
Résine	5,50
Chlorure d'ammoniaque	0,10
Sulfate d'ammoniaque	0,40
	100,00

Cette composition a été modifiée ultérieurement :

Azotate d'ammoniaque	91
Azotate de potasse	4
Résine	5
	100

Pour le second de ces types, la température de détonation est de 1.806° et le travail maximum par kilogramme d'explosif, 274.000 kilogrammètres (Heise).

Voici les variétés fabriquées en Angleterre :

	N° 1 (1)	N° 2
Azotate d'ammoniaque	94 à 96 pour 100	90 à 92 pour 100
Résine	4 à 6 »	4 à 6 »
Azotate de potasse	» »	3 à 5 »

La première fait l'objet du brevet anglais n° 15.566 (23 septembre 1893), et la seconde, du brevet allemand n° 112.067 (9 août 1896).

Examinons sommairement la fabrication de la westphalite n° 1 : la résine est dissoute dans la moitié de son poids d'alcool. Pour faciliter l'opération, on additionne le mélange d'un poids

(1) La composition de la bénédite, explosif admis à l'importation en Angleterre, est identique à celle de la westphalite n° 1.

égal d'éther éthylnitrique; on utilise, à cet effet, celui qui provient de la fabrication du fulminate de mercure. La dissolution de résine obtenue, on la verse sur le nitrate d'ammoniaque; celui-ci, finement pulvérisé, a été humecté au préalable, afin de faciliter le broyage et le malaxage. Il reste ensuite à éliminer le dissolvant par la chaleur, moudre le produit obtenu, et procéder enfin à l'encartouchage.

Cette opération s'effectue au moyen d'un appareil dont nous reproduisons les dispositions (Voir *fig.* 44), d'après les spécifications du brevet anglais nº 7.573 (accepté le 18 novembre 1893). Cet appareil permet de régler et de rendre homogène la densité des cartouches obtenues. La poudre, introduite dans la trémie *a*, passe dans le tambour rotatif *b*, à compartiments d'où elle tombe dans la cartouche *c*. Celle-ci est placée sur le cadre *h*, lequel repose sur la came *g* et oscille entre les guides *f*. Deux chaînes sans fin mues par une poulie, que commande la manivelle *i*, actionnent le tambour de distribution et la came. Les vitesses sont réglées de telle façon que le passage de chacun des secteurs corresponde à un certain nombre de secousses imprimées à la cartouche.

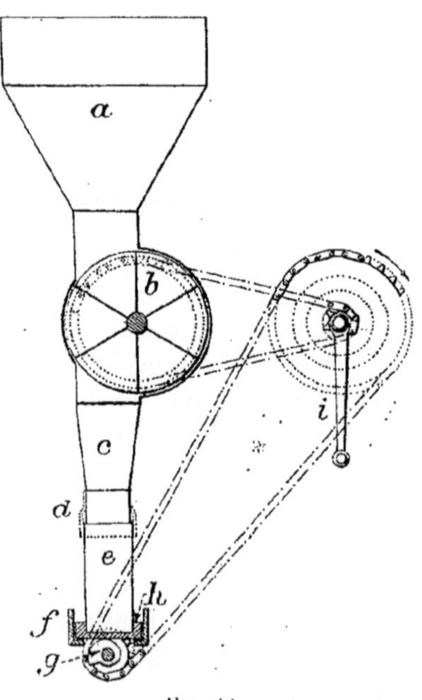

Fig. 44.

La westphalite a fait l'objet, en Allemagne, d'expériences officielles relatives à la sécurité en présence du grisou et des poussières de houille, et qui furent effectuées de 1894 à 1897 ; les résultats furent favorables. Cet explosif figure, en Angleterre, sur la liste de ceux qui sont autorisés dans les exploitations dangereuses. L'autorisation est subordonnée à l'emploi de détonateurs renfermant, au moins, 2 grammes de composition à 80 0/0 de fulminate de mercure et 20 0/0 de chlorate de potasse.

La fabrication de la wesphalite, dans ce pays, est récente. Elle s'effectue à Denaby (Yorkshire), par les soins de la *British and Colonial Colliery Supply Association, Ltd.* Antérieurement, l'explosif était importé d'Allemagne, où il est manufacturé par la *Westphälisch-Anhaltischer-Sprengstoff-Actiengesellschaft*, de Coswig-Anhalt. Cette société a fait breveter l'addition de 3 à 5 0/0 d'un sel de chrome à la westphalite n° 1, dans le but d'accroître la sécurité.

(Brevet allemand W. n° 11.881, 18 juillet — 11 novembre 1895.)

Un brevet ultérieur concerne la substitution d'un autre nitrate alcalin au salpêtre que renferme la westphalite n° 2.

[Brevet anglais n° 2.557 (1897), accepté le 4 décembre 1897.]

Westphälisch - Anhaltischer - Sprengstoff - Actiengesellschaft (Die) a fait breveter des mèches de sûreté spéciales, dont la combustion est exempte d'étincelles et ne dégage que fort peu de fumée, ainsi qu'une quantité de chaleur fort restreinte.

[Brevet anglais n° 2.225 (1898), accepté le 12 mars 1898.]

Wetterdynamite. — Composition :

	N° 1	N° 2
Nitroglycérine	45	40
Sulfate de magnésie	42	49
Carbonate de soude	1	1
Kieselguhr	12	10
	100	100

Voir *Grisoutite*.

Wetterdynamite à la soude. — Composition :

Nitroglycérine	52
Carbonate de soude	34
Kieselguhr	14
	100

Wetterdynamite de Wittenberg. — Voir *Carbonite.*

Wetteren (Poudre de). — Voir *Cooppal* et *W(Poudres).*

A Wetteren, on fabrique également une poudre sans fumée qui se présente sous la forme de tablettes d'aspect carré et se compose presque totalement de nitrocellulose gélatinisée, avec addition d'une petite quantité de carbonate de chaux.

Wetteren (Poudre de bois de). — Fulmibois additionné de nitrates de potasse et de baryte. Le mélange est fait sous des meules, comprimé à la presse hydraulique et séché. La cartouche est plongée dans la paraffine fondue, puis recouverte d'une enveloppe de papier paraffiné.

La poudre de Wetteren est plus dense que la dynamite et contient, à l'état normal, 2 à 2,5 0/0 d'eau ; elle est peu sensible au choc. D'un aspect analogue au coton-poudre, elle ne se dégrène pas. On peut diviser les cartouches en faisant à la surface une petite entaille, au moyen de la pointe d'un couteau, et en exerçant à la main une pression latérale.

Cette poudre était employée, par le génie belge, pour les travaux de rupture. Mais, comme elle n'est pas d'une conservation suffisamment assurée, on l'a remplacée par la tonite.

Wetzlar (Poudre de). — Composition :

Nitrate de soude	68,68
Tan épuisé	18,71
Soufre	11,77
Humidité	2,84
	100,00

Weyel (Allemagne) a fait breveter l'addition, à la nitroglycérine, de la créosote ou de composés analogues. Le même principe a été préconisé par le Dr Nahnsen ; nous avons indiqué les avantages qu'il comporte.

Voici une formule pour poudre de mine :

Nitrate de soude	53,00
Nitroglycérine	27,00
Créosote	4,50
Coton-collodion	1,00
Bicarbonate de soude	5,50
Farine de seigle	9,00
	100,00

M. Weyel préconise également l'addition de ces composés aux poudres sans fumée.

[Brevet anglais n° 23.242 (1895), accepté le 15 février 1896.]

White. — Voir *Celluloïd.*

Wiener (Le colonel), de l'armée russe, a proposé de mélanger, à l'état sec, les ingrédients qui entrent dans la composition de la poudre noire et de les soumettre à l'action d'une presse chauffée à la température d'environ 120°, au moyen d'une circulation externe de vapeur. Le soufre fond et se distribue dans le mélange, dont il assure l'homogénéité et la compacité.

(Brevet anglais n° 3.731, 17 novembre 1873.)

Cette poudre, qui fut fabriquée d'abord en Amérique, par une méthode différente, est désignée également sous le nom de poudre russe ou de poudre anhydre. Le principe des poudres anhydres est dû au commandant français Colson, ainsi qu'au colonel d'artillerie S. Robert, de l'armée italienne.

Les expériences dont ce procédé de fabrication fit l'objet à l'arsenal de Woolwich, en 1878, ne donnèrent pas de résultats favorables. Des essais ultérieurs furent tentés, en faisant chauffer de la poudre ordinaire jusqu'au point de fusion du soufre ; on obtint ainsi la *baked powder*. Ces essais ne furent pas poursuivis.

Le colonel d'artillerie de Maria, qui fit subir à la fabrication des poudres progressives italiennes des perfectionnements si notables, a soumis la méthode Wiener à l'expérimentation et exprimé l'opinion que ses avantages ne compensaient ni les dangers, ni les frais de la fabrication.

Wigfall (Poudre) ou feu prussien. — Composition renfermant les ingrédients que voici : chlorate de potasse, salpêtre, acide nitrique, phosphore, soufre, charbon, sucre, plomb rouge, tournure d'acier.

Il est douteux que ce dangereux explosif ait jamais été préparé.

(Brevet anglais n° 2.888, 18 novembre 1863.)

Wildrick. — Voir *Broberg*.

Wilhelm a fait breveter des explosifs à base de nitrates minéraux additionnés de chlorhydrates ou de sels organiques des amines aromatiques. Voici les formules qu'il propose :

Azotate d'ammoniaque	92
Acétate d'aniline	8
	100

Azotate d'ammoniaque	90
Chlorhydrate ou tartrate neutre d'aniline	10
	100

Oxalate de potasse	94
Oxalate de naphtylamine	6
	100

Ces explosifs sont fabriqués par la *Dynamit Actiengesellschaft vormals Alfred Nobel*, à Hambourg.

(Brevet allemand W. n° 9.952, 16 avril — 17 septembre 1894.)

Wilks. — Voir *Pigou*.

William (Poudre). — Composition :

Chlorate de potasse	57,15
Prussiate de potasse	19,05
Amidon	7,14
Huile minérale brute	5,95
Noix de galle	5,95
Bichromate de potasse	2,38
Charbon	2,38
	100,00

Williams, Williamson, Willcon. — Voir *Détonateurs*.

Williard. — Voir *Hercule* (*Poudres*).

Windsor (La poudre) se prépare en ajoutant 25 parties de sucre à 100 parties de poudre noire.

(Brevet anglais n° 3.510, 4 décembre 1871.)

Winiwarter a fait breveter des compositions fulminantes à base d'*éther-oxyline*, dénomination sous laquelle il désigne la solution de pyroxyline dans un poids double d'éther.

La variété n° 1 renferme du fulminate de mercure, du chlorate de potasse, du sulfure d'antimoine, du charbon, du salpêtre, du ferrocyanure de potassium et du bioxyde de plomb. Variété n° 2 : fulminate de zinc, chlorate de potasse, sulfure d'antimoine, bioxyde de plomb et ferrocyanure de potassium ; n° 3 : phosphore amorphe, bioxyde de plomb, charbon et salpêtre.

(Brevets anglais n° 13.935, 29 janvier 1852, et n° 306, 4 février 1853.)

Wohanka ajoute de la cellulose aux explosifs liquides obtenus en dissolvant, dans l'acide nitrique concentré, des dérivés nitrés d'hydrocarbures aromatiques. Il en résulte la gélatinisation de ces substances.

(Brevet anglais n° 7.608, 25 mai 1887.)

Wohl (Le D[r]), à Berlin, a proposé de chauffer la glycérine, avec de l'acide sulfurique concentré, à la température de 130-160°, avant de la soumettre à la nitrification. On obtiendrait un produit incongelable, par suite des composés provenant des polyglycérines engendrées au début. Avant la première chauffe, on peut ajouter de l'alcool éthylique ou méthylique : outre les polyglycérines, il se forme des éthers alkylés de la glycérine, tandis que les éthers (oxydes) alkyliques simples distillent.

(Brevet allemand W. n° 7.036, 16 août 1890 — 6 avril 1891.)

Wohler. — Voir *Détonateurs*.

Wolff et Cie. — Voir *Walsrode* (*Poudre de*).

Wolff et von Forster confectionnent des cubes de fulmicoton comprimé, qu'ils immergent quelques instants dans l'éther acétique; celui-ci dissout partiellement la couche superficielle, formant une sorte de collodion dur et parfaitement imperméable, après dessiccation. Les blocs acquièrent ainsi une grande solidité et peuvent être employés, avec avantage, pour les mines sous-marines.

(Brevet français n° 164.792, 14 octobre 1884.)

Woodnite. — Dynamite brevetée par M. Chabert et dont l'absorbant se compose de pâte de bois nitrifié ou non.

(Brevet français n° 191.906, 19 juillet 1888.)

WP ou Würfelpulver (*Poudre-dé*). — Poudre sans fumée, fabriquée par la Société *Vereinigte Köln-Rottweiler Pulverfabriken*, de Rottweil (Wurtemberg), et admise à l'importation en Belgique.

WP C/89. — Cette poudre, fabriquée par la même société, se présente sous la forme de grains cubiques, de dimensions diverses. Elle est employée, par l'armée allemande, pour le canon-revolver de 3[cm],7, le canon à tir rapide de 53 millimètres, le 15 centimètres court, etc. Elle diffère assez peu de la ballistite, paraît-il.

Wynants. — Voir *Saxifragine*.

X

Xanthine (La), due au professeur Schwarr, de Grätz, est de la poudre noire dont le soufre et une partie du charbon sont remplacés par du xanthate de potasse, $C^2H^5.KCOS^2$, composé qui s'obtient en ajoutant, à l'alcool absolu, un excès de potasse caustique pure et de sulfure de carbone.

Voici la composition de cette poudre :

Nitrate de potasse	68,49
Xanthate de potasse	27,40
Charbon	4,11
	100,00

Xylène ou xylol nitré. — Voir *Nitroxylène ou nitroxylol.*

Xylobrome. — Cet explosif, qui fut fabriqué en Angleterre, de 1877 à 1879, se composait de nitrolignine additionnée de nitrates.

Xyloglodine. — Explosif breveté par M. Dittmar et obtenu par la nitrification de la glycérine mélangée avec de l'amidon, de la cellulose, de la mannite ou de la benzine.

Xyloïdine. — Voir *Nitramidon.*

Xylonite Manufacturing Company. — Voir *Celluloïd.*

Xylose nitré. — Voir *Nitroxylose.*

Yates. — Voir *Harrison* (*Poudres*).

Yonck. — Voir *Néoclastite.*

Yonck a fait breveter, sous le nom de yonckite, un explosif répondant à la composition suivante :

Perchlorate d'ammoniaque	50
Trinitrotoluène	10
Carbonate ou oxalate d'ammoniaque	40
	100

(Brevet belge n° **143.499**, du **28** juin **1899.**)

Le brevet de perfectionnement n° **143.653**, daté du 6 juillet, concerne le mélange, à poids égaux, de perchlorate et d'azotate d'ammoniaque.

Yucca nitré. — Voir *Trench.*

Z

Zabel, à Berlin, a imaginé un dispositif destiné à la réalisation pratique du principe suivant : si on fait agir de l'eau oxygénée sur un carbure métallique, il y a formation d'acétylène, avec dégagement d'oxygène. Comme ces produits sont à une température très élevée, ils ne tardent pas à s'enflammer et à faire explosion.

L'inventeur emploie un vase métallique, divisé, par un diaphragme, en deux compartiments : le premier est chargé de chlorure de calcium additionné de bioxyde de baryum ; dans le second, on introduit un acide étendu. Il suffit, dès lors, de faire venir l'acide en contact avec le mélange, pour que la réaction se produise et l'explosion en résulte.

(Brevet allemand n° 118.396, 17 février 1899.)

Zaliwsky a proposé d'additionner le chlorate de potasse d'acide oxalique avant de l'ajouter aux autres ingrédients qui l'accompagnent dans la composition des poudres. Il en résulterait un accroissement de sécurité.

Zanky. — Voir *Krümmel (Dynamite de)*.

Zaunschirm. — Voir *Azote (Dosage de l')*.

Zellstofffabrik (La Société dite), à Waldhof, près Mannheim, a proposé de soumettre la cellulose, avant la nitrification, à un traitement qui lui donne l'apparence du feutre; on augmenterait ainsi la stabilité du produit obtenu.

(Brevet allemand Z. n° 1.320, 17 décembre 1890 — 11 juin 1891.)

Zini. — Voir *Maïzite.*

Zschokke. — Voir *Allumeurs de sûreté.*

IMPRIMERIE DESLIS FRÈRES, 6, RUE GAMBETTA. — TOURS.

Traité sur la poudre, les corps explosifs et la pyrotechnie, par UPMANN et von MEYER; ouvrage traduit de l'allemand, revu et augmenté par DESORTIAUX, ingénieur des poudres et salpêtres. 1 fort vol. gr. in-8° avec fig. et pl. 18 fr.
Les matières premières, la fabrication et les propriétés de la poudre, les poudres dérivées de la poudre ordinaire, les corps explosifs dérivés des matières organiques et la pyrotechnie sont longuement étudiés dans ce travail important.

Leçons sur les métaux, professées à la Faculté des sciences de Paris, par DITTE, professeur de chimie à cette Faculté. 2 vol. in-4°, avec fig.......... 33 fr.

Traité élémentaire de chimie organique, par M. BERTHELOT, membre de l'Institut, professeur au Collège de France. et E. JUNGFLEISCH, membre de l'Académie de médecine, professeur à l'Ecole de pharmacie, 4e édit., avec de nombreuses fig., revue et considérablement augmentée. *Tome Ier*. Généralités. — Carbures d'hydrogène. — Alcools. — Aldéhydes. 1 fort vol. gr. in-8°.... 20 fr.
Le tome II et dernier est à l'impression et coûtera également..... 20 fr.

Traité d'analyse des substances minérales, par Adolphe CARNOT, membre de l'Institut, inspecteur général des mines, professeur et directeur des laboratoires à l'Ecole supérieure des mines. *Tome Ier*. Méthodes générales d'analyse qualitative et quantitative. 1 fort vol. gr. in-8°, avec 357 fig. Broché 35 fr.; cartonné toile pleine.. 36 fr. 50
Souscription à l'ouvrage complet en 3 vol.......................... 90 fr.

Résumé de chimie analytique appliquée spécialement à l'industrie et à l'agriculture, par M. MUNTZ, directeur des laboratoires à l'Institut agronomique, in-8°, avec fig. .... 25 fr.

Les laboratoires de chimie, par MM. FREMY, CARNOT, JUNGFLEISCH, TERREIL, HENRIVAUX, GIRARD et PABST. 1 vol. in-8° et atlas .... 25 fr.

Analyse des matières alimentaires et recherches de leurs falsifications, par Ch. GIRARD et A. DUPRÉ, chef et sous-chef du Laboratoire municipal de la ville de Paris, avec la collaboration de F. BORDAS, SANGLÉ-FERRIÈRE, J. DE BRÉVANS, A. SAGLIER, LADAN-BACKAIRY, TRUCHON, V. GÉNIN, L. ROBIN et P. GIRARD, chimistes principaux du Laboratoire municipal de la ville de Paris. 1 fort vol. in-8°, cartonné, de plus de 700 pages, avec nombreuses figures .... 32 fr. 50

Manuel commercial d'analyse chimique, par NORMANDY et NOAD, traduit sur une nouvelle édition anglaise et remis au courant des connaissances scientifiques actuelles, par QUÉRY et DEBACQ, pharmaciens. 1 vol. in-18, avec fig., cartonné .... 8 fr.

Formulaire de manipulations de chimie générale et de chimie industrielle. Notation atomique. Suivi d'un précis d'analyse qualitative et quantitative, par A. BEGHIN, professeur à l'Ecole nationale des arts industriels de Roubaix. 1 vol. in-8° de 404 pages, cartonné.......................... 8 fr.

Produits chimiques. Le soufre et ses dérivés, salpêtre, acide nitrique, sel marin et sel gemme, sulfate de soude, acide chlorhydrique, soude, par SOREL, ancien ingénieur des manufactures de l'Etat. 1 fort vol., gr. in-8°, avec fig.. 40 fr.

Produits chimiques. Généralités, chlorures de chaux, phosphates et superphosphites, aluns, chlorates, par FREMY, NIVOIT, KOLB, POMMIER et PÉCHINEY. 1 vol. gr. in-8°, avec fig. et pl.... 15 fr.

Fabrication des couleurs. Qualité des couleurs, préparation des produits; composition, fabrication et emploi des couleurs; théorie physique, phénomènes de contraste, classification, par GUIGNET, répétiteur à l'École polytechnique. 1 vol gr. in-8°, avec fig.. 10 fr.

Le bois. Propriétés physiques et chimiques; description; répartition dans les diverses contrées du globe; forêts; conservation des bois; applications, par Paul CHARPENTIER, ingénieur chimiste. 1 vol. gr. in-8°, avec fig . 17 fr. 50

Le papier. Matières premières, fabrication, classification et usages du papier, par Paul CHARPENTIER, ingénieur-chimiste. 1 vol. gr. in-8°, avec fig.. 17 fr. 50

Gélatines et colles. Fabrication, emploi et essais, par Paul CHARPENTIER, ingénieur-chimiste. 1 vol. gr. in-8°, avec fig. .... 6 fr. 25

Industrie des produits ammoniacaux. Production et fabrication, par C. VINCENT, professeur à l'École centrale. 1 vol. gr. in-8°, avec fig.................. 9 fr.

Imprimerie DESLIS FRÈRES, rue Gambetta, 6. — TOURS

www.ingramcontent.com/pod-product-compliance
Ingram Content Group UK Ltd.
Pitfield, Milton Keynes, MK11 3LW, UK
UKHW020612230726
13926UKWH00005B/2350

9 782016 197905